MINISTÈRE

DE L'AGRICULTURE, DU COMMERCE ET DES TRAVAUX PUBLICS.

ENQUÊTE

SUR LES SELS.

MINISTÈRE
DE L'AGRICULTURE, DU COMMERCE ET DES TRAVAUX PUBLICS.

ENQUÊTE
SUR LES SELS.

TOME II.

DÉPOSITIONS.

(SUITE.)

RÉGIONS DU MIDI, DE L'EST ET DU SUD-OUEST.

ENQUÊTE SUPPLÉMENTAIRE.

PARIS.
IMPRIMERIE IMPÉRIALE.

M DCCC LXVIII.
1868

SOMMAIRE.

RÉGION DU MIDI.

DÉPARTEMENTS

VAR. — BOUCHES-DU-RHÔNE. — GARD. — HÉRAULT. — AUDE.

PYRÉNÉES-ORIENTALES. — HAUTE-GARONNE.

Commission B.

DÉPARTEMENT DU VAR.

Dans le département du Var, l'Enquête a eu lieu du 22 au 26 juin 1866. Elle a été annoncée et le Questionnaire a été publié par des insertions faites dans les journaux ci-après :

Le Var des 17 mai et 21 juin;
Le Toulonnais du 19 juin.

Une note spéciale invitait les personnes qui pourraient avoir des observations ou des renseignements à présenter à la Commission à en donner avis à la préfecture.

La Commission s'est complétée par l'adjonction de :

MM. de Biancour, secrétaire général de la préfecture du département du Var;
Pour-Peyruc, président de la chambre de commerce de Toulon.

La Commission a visité les lieux de fabrication du sel de mer établis sur les salins suivants, situés dans l'arrondissement de Toulon :

Les Vieux-Salins, à Hyères;
Les Pêcheries, ou Pesquiers, ou Nouveaux-Salins, à Hyères;
Les Ambiers, dans l'île de ce nom.

Elle a reçu les déclarations verbales ou écrites de :

MM.

1° Chappon, membre du conseil général du département du Var, pour le canton de Collobrières;
2° Hains, directeur des douanes de Toulon;
3° Vidal, directeur des contributions directes du département du Var;
4° Collet-Meygret, ingénieur en chef des ponts et chaussées;
5° Lunclas, ingénieur ordinaire des ponts et chaussées;
6° Calvy, premier médecin en chef de l'Hôtel-Dieu de Toulon, membre du conseil d'hygiène publique et de salubrité du département, médecin des épidémies;
7° Pellicot, président du comice agricole;
8° Ricard, agent de la compagnie des Salins du Midi, à Hyères, gérant des Vieux-Salins;
9° Lieutaud, négociant, membre de la chambre de commerce de Toulon;

MM.

10° Charles GÉRARD, gérant de la société Gérard et Cie de Toulon, propriétaire du salin des Pêcheries;

11° TROTABAS, gérant copropriétaire du salin des Ambiers;

12° BOUDE fils, directeur de la fabrique de produits chimiques de MM. Renard et Boude, à Porquerolles (Var);

13° GASQUET, négociant;

14° MACHEMIN, avoué, copropriétaire du salin des Ambiers.

DÉPARTEMENT DU VAR.

M. CHAPPON,

Membre du conseil général du département du Var pour le canton de Collobrières.

(Déposition orale et écrite.)

Questions.

3. Il n'y a pas, dans le département du Var, de marais salants abandonnés, ni de marais en chômage.

4. La valeur d'un hectare de marais salant est de 2,500 à 3,000 francs, chauffoirs compris;
6, 7. celle des bois de chênes-liége de première qualité est de 5 à 6,000 francs l'hectare; mais le prix ordinaire d'un hectare de bois ne dépasse pas 1,000 à 1,200 francs. L'hectare de terres non arrosables vaut de 4 à 5,000 francs; celles qui sont arrosables atteignent un prix de 25 à 30,000 francs. Les plus belles cultures s'étendent jusqu'au bord même des marais salants, lorsque le sol des salins a un niveau inférieur à celui des champs environnants; mais lorsqu'un marais est en contre-haut des terres voisines, les infiltrations d'eau salée qui se produisent leur enlèvent toute fertilité.

10. Un hectare de table salante peut produire jusqu'à 600 tonnes de sel.

19. Le prix de revient de la tonne de sel mise sous vergues peut être évalué, pour les salins du département du Var, entre 5 et 8 francs, non compris l'intérêt du capital engagé.

65. Les propriétaires des marais salants du Var se livrent à une exportation de sel considérable. Les navires du Nord qui viennent débarquer des bois à Marseille prennent du sel comme fret de retour. On expédie aussi du sel pour la Grèce, pour les pêcheries de Terre-Neuve et pour Buénos-Ayres, où se font de grandes salaisons de viandes.

44. Il serait avantageux pour les Vieux-Salins d'Hyères que l'on créât un petit port au fond de la rade; car aujourd'hui les bâtiments qui veulent charger du sel sont obligés de jeter l'ancre assez loin du rivage et restent exposés aux vents de l'est, très-violents surtout à l'arrière-saison.

76, 77. Le déposant est un des propriétaires des salins de Cagliari, en Sardaigne; il donne sur la production et la vente du sel de cette contrée les détails suivants :

La tonne de sel mise en barque revient à 4 francs aux producteurs,

COMMISSION B. — VAR. — M. Chappon.

non compris 1 franc de taxe dû au Gouvernement italien. Elle est aujourd'hui livrée pour 9 francs au commerce; elle n'était vendue autrefois que 8 francs. Si le prix de revient est peu élevé, cette circonstance doit être attribuée en partie à ce que les forçats du bagne de Cagliari sont employés comme ouvriers sur les salins. La compagnie qui les exploite a traité, pour la fourniture du sel dans l'ancienne province du Piémont, au prix de 18 francs la tonne, avec le Gouvernement italien, qui revend le sel à la consommation au prix de 400 francs la tonne, réalisant ainsi un bénéfice très-élevé. La livraison annuelle de la compagnie s'élève à 50,000 tonnes.

La compagnie des salins de Sardaigne possède deux marais. Le grand salin de Cagliari a une superficie de 1,500 hectares et produit environ 130,000 tonnes. Un hectare de table salante donne, en moyenne, 800 tonnes par an. La récolte du sel n'a lieu qu'au mois de septembre, tandis qu'elle commence en France au mois d'août; ce retard permet aux tables salantes de se couvrir d'une couche de sel plus épaisse.

Le sel de Sardaigne ne vient pas en France. Le fret de Cagliari pour Marseille, qui est de 12 francs, et le droit protecteur de 5 francs par tonne l'empêchent de pénétrer sur nos marchés; mais il est expédié en grande quantité pour la Suède, la Norwége et la Russie, où on le préfère aux sels français, parce qu'il est plus lourd. Il est emporté surtout en fret de retour par des navires venus dans la Méditerranée chargés de bois. Si on l'expédie directement, le fret est assez élevé: il est pour Stockholm, par exemple, de 25 francs par tonne[1].

Question 93. Dans le département du Var, le sel n'est pas employé en agriculture; c'est à l'absence des bestiaux, bien plutôt qu'à la difficulté des procédés de dénaturation, que ce fait doit être attribué.

---

[1] La saline de Cagliari a expédié à l'étranger, en 1865, quatre-vingt-seize navires portant 45,610 tonnes, à savoir :

Pour la Suède, la Norwége et la Russie	73 navires.
Terre-Neuve	4
la France (sels de potasse)	6
le Canada	2
les États-Unis	5
le Brésil	2
la mer Noire	4
	96

Dans la même année, l'hectare de table salante a produit 1,010 tonnes de sel, desquelles il faut déduire au moins 15 p. 0/0 pour le déchet que les sels en camelles subissent avant l'expédition.

On lève le sel à Cagliari sur une épaisseur moyenne de 7 centimètres.

M. HAINS,

Directeur des douanes à Toulon.

(Déposition orale et écrite.)

Questions. 3. Il n'y a pas eu depuis vingt ans de marais mis en chômage; les superficies de fabrication ont, au contraire, été augmentées par la création du salin des Pêcheries.

10, 11. Les archives locales permettent d'établir ainsi qu'il suit les quantités de sel produites par les trois salins du département pendant les dix dernières années et d'en déduire la production moyenne par hectare dans chaque salin.

ANNÉES.	QUANTITÉS PRODUITES (EN TONNES DE 1,000 KILOGRAMMES), SUR LES SALINS						TOTAL GÉNÉRAL.
	des Ambiers (18 hectares).		des Pêcheries (230 hectares).		d'Hyères (307 hectares).		
	En totalité.	Par hectare.	En totalité.	Par hectare.	En totalité.	Par hectare.	
1856	1,404	78	17,296	75	18,704	61	37,404
1857	1,404	78	20,000	87	20,000	65	41,404
1858	1,600	89	19,300	84	17,000	55	37,900
1859	1,404	78	19,500	85	18,500	60	39,404
1860	1,404	78	20,250	88	21,000	68	42,654
1861	2,250	125	19,000	83	20,000	65	41,250
1862	3,000	167	19,110	83	18,090	59	40,200
1863	2,000	111	14,000	61	10,000	33	26,000
1864	2,800	156	22,000	96	23,552	77	48,352
1865	1,900	106	14,000	61	19,600	64	35,500
	19,166	1,066	184,456	803	186,446	607	390,068
MOYENNES	1,917	107	18,446	80	18,645	61	39,007

Suivant que les conditions atmosphériques sont plus ou moins favorables, la production du sel est plus ou moins importante. Les débouchés sont depuis longtemps les mêmes et demandent, d'ordinaire, le même chiffre de production [1].

19. D'après des informations puisées auprès de la gérance des salins d'Hyères et des Pêcheries, informations qui n'embrassent d'ailleurs qu'une série

[1] Les renseignements statistiques adressés par M. le directeur des douanes en réponse aux articles 10 et 18 sont compris dans les tableaux généraux transmis par la direction générale des douanes et insérés au *Résumé synoptique*, Question 18. (*Note de la Commission.*)

Commission B. — de neuf années, le prix des sels à l'extraction de ces marais aurait offert les variations suivantes : Var. — M. Hains.

ANNÉES.	SOUS VERGUES.	
	CONSOMMATION.	EXPORTATION.
	La tonne de 1,000 kilog.	La tonne de 1,000 kilog.
1857	"	8f 20c
1858	"	"
1859	12f 00c	10 00
1860	10 00	8 00
1861	10 00	8 00
1862	9f 00c à 10f 00c	7f 50c à 8f 00c
1863	11 00	7 50 à 8 50
1864	11 00	8 50 à 9 00
1865	11 00 à 12 00	9 00 à 10 00

Les villes de Draguignan et de Toulon sont, pour la vente du sel à l'intérieur, les seuls marchés de quelque importance.

Depuis la réduction de l'impôt les prix ont peu varié. Ils se sont tenus :

A Toulon .... de 20 à 25 francs la tonne.
A Draguignan .... de 30 à 35

Questions. 23. Les sels étrangers ne sont jamais entrés dans le ressort de la direction des douanes du Var.

24. Les salins du département appartiennent à des sociétés qui les exploitent. La compagnie des Salins du Midi, qui est propriétaire des Vieux-Salins d'Hyères, ne distribue pas de dividendes à ses actionnaires depuis plusieurs années, mais elle fait sur ses salins des travaux et des améliorations qui absorbent les bénéfices annuels.

51, 67. D'après les renseignements fournis par le comptoir du Crédit mobilier, à Marseille, les taux du fret sont ainsi établis en ce qui a trait aux chargements effectués au salin d'Hyères.

Redon, Paris, Nantes	20f	à raison de 1,100 kilogrammes la tonne.
Cherbourg, Bordeaux, Le Havre	18	
Dieppe, Dunkerque	19	
Marseille	4 francs, la tonne de 1,000 kilogrammes.	

COMMISSION B. Aux Pêcheries, le fret, qui est le même pour la plupart des points ci-dessus indiqués, a été réglé comme il suit à destination de Dunkerque et de Marseille : VAR. M. Hains.

Dunkerque.............................. 18f 50c le tonneau.
Marseille.............................. 4 50

Questions. 74. On ne s'explique pas bien pourquoi la compagnie des Salins du Midi, dont les marais salins produisent chaque année plus de sel qu'elle n'en vend, achète encore les sels des petits producteurs. Elle a sans doute pour but de se rendre maîtresse du marché en restreignant la concurrence. Si cette opération commerciale réussit, le prix du sel pourra être élevé légèrement; mais la concurrence que font aux sels du Midi ceux de l'Est et de Sardaigne met le consommateur à l'abri d'une hausse abusive dans les prix.

57, 82. Il paraît impossible d'établir l'impôt sur la richesse du sel en chlorure de sodium. La constatation de la richesse donnerait lieu à des lenteurs et à des frais. Qu'on se rappelle ce qu'a produit l'emploi du saccharimètre, à propos de l'impôt sur le sucre. Il est à douter que l'on trouve aisément un instrument capable d'apprécier les différentes qualités du sel. Du reste, il ne faut pas perdre de vue que les consommateurs et les armateurs pour la pêche s'inquiètent peu d'avoir du sel riche en chlorure de sodium; les fabricants de produits chimiques eux-mêmes n'achètent pas tous le sel le plus pur et le plus lourd.

91. En principe, le déposant estime qu'il serait désirable que le déchet légal fût accordé aux sels des diverses régions salicoles, non pas sur les quantités expédiées, mais sur les quantités constatées dans le port de débarquement. De cette façon, l'impôt serait toujours établi sur les quantités de sel réellement livrées à la consommation, et le déchet légal couvrirait les pertes que subit le sel dans le transport entre le lieu du débarquement et celui où il est consommé. Si le Gouvernement adoptait ce système, il devrait rendre uniforme pour les sels des diverses provenances le déchet légal, puisque ce déchet ne serait plus destiné qu'à compenser les pertes de route par terre, à peu près égales pour tous les sels. Il y aurait lieu également, afin d'éviter les fraudes pendant la traversée, de soumettre les sels à une double pesée, une au départ et l'autre à l'arrivée; on s'assurerait ainsi que les quantités expédiées n'ont pas été détournées en cours de transport.

Néanmoins, cette innovation nécessite une sérieuse réflexion. La double pesée n'entraînerait-elle pas des lenteurs et des frais, et la fraude en cours de transport dont on vient de parler pourrait-elle être efficacement prévenue?

COMMISSION B.

VAR.

MM. Vidal. Collet-Meygret. Lunclas.

M. VIDAL,

Directeur des contributions directes du département du Var.

(Déposition écrite.)

Questions.

1. Les marais salants qui existent aujourd'hui dans le département du Var sont situés sur les territoires des communes d'Hyères et de Six-Fours. Ceux de la commune d'Hyères sont désignés sous les noms de Vieux-Salins et de Salins-Neufs ou des Pêcheries; ceux de la commune de Six-Fours s'appellent les Ambiers.

Ces établissements figurent aux matrices cadastrales comme suit :

Les Vieux-Salins	218h 82a
Les Salins-Neufs ou Peschiers	269 00
Les Ambiers	17 98

2. La création du salin des Peschiers remonte à moins de vingt ans; il est établi sur des terrains qui étaient auparavant en étang.

4. Le revenu de l'hectare des terrains occupés par les Vieux-Salins d'Hyères est porté au cadastre à 55 francs.

Ce revenu rehaussé représente un revenu réel de 165 francs, dont la valeur vénale, à raison de 4 p. 0/0, serait de 4,125 francs. Le revenu des salins de Six-Fours, porté à la matrice pour 40 francs, aurait par hectare un revenu réel de 110 francs, valant, à 4 p. 0/0, 2,750 francs.

6. Dans la commune d'Hyères, on peut estimer la valeur vénale de l'hectare de marais salant à 4,125 francs; celle des terres labourables à 2,360 francs; celle des vignes et oliviers, à 2,530 francs; celle des prés et jardins, à 8,350 francs l'hectare. Dans la commune de Six-Fours, l'hectare de salin vaut 2,750 francs; l'hectare de terres labourables, 1,450 francs; celui de vignes et d'oliviers, 2,350 francs; et celui de prés et jardins, 5,100 francs.

M. COLLET-MEYGRET,

Ingénieur en chef des ponts et chaussées du département du Var.

M. LUNCLAS,

Ingénieur ordinaire des ponts et chaussées, à Toulon.

(Dépositions orales.)

44. Les marais salants du département du Var sont dans une excellente situation au point de vue des voies de communication. Les routes qui conduisent aux Vieux-Salins d'Hyères sont en très-bon état; celles qui mènent aux Salins des Pêcheries, sans les égaler, ne sont pas dégradées. Les navires peuvent approcher, pour charger du sel, jusqu'à 200 mètres

MM. Collet-Meygret. Lunclas. Le docteur Calvy. Pellicot.

des Vieux-Salins et à 1,300 mètres seulement des Pêcheries, le fond du golfe, près de ce dernier salin, étant vaseux et de mauvaise tenue pour les ancres. Un embranchement de chemin de fer qui desservira la ville d'Hyères et doit aboutir aux Vieux-Salins est décrété; son exécution diminuera considérablement les frais de transport du sel que l'on expédie par le chemin de fer.

Le troisième salin du département est situé dans l'île des Ambiers. Les petits navires seuls peuvent y aborder par le beau temps. Il se trouve à proximité de deux petits ports placés dans d'assez bonnes conditions, Saint-Nazaire et Bandol. Du reste, le sel de ce marais sert à la consommation locale et ne dépasse pas la Ciotat et Toulon.

M. LE DOCTEUR CALVY,

Premier médecin en chef de l'Hôtel-Dieu à Toulon, membre du conseil d'hygiène publique et de salubrité du département du Var, médecin des épidémies.

(Déposition orale.)

Questions. 26, 45. Dans les marais salants du département du Var, il ne règne pas de fièvres paludéennes. Il est même remarquable que la création du salin des Pêcheries a beaucoup amélioré la santé publique dans la partie basse de la plaine d'Hyères. Une mesure très-utile a été également de ne plus rejeter les eaux mères dans les fossés qui entourent les salins; car elles s'y mélangeaient avec des eaux douces et ce mélange produisait des fièvres.

Les ouvriers qui travaillent sur les marais salants ont en général une alimentation substantielle.

M. PELLICOT,

Président du comice agricole de Toulon.

(Déposition écrite.)

93, 94, 82. Le sel n'est pas un engrais pour notre sol, car toutes les terres du littoral qui montrent des efflorescences salines sont improductives. Nous n'élevons pas de bétail, et le peu qui se nourrit de nos fourrages et de nos regains y trouve une salure naturelle déposée par le vent. On donne aux bêtes malades quelques poignées de sel, et la consommation pour cet objet est très-faible. Aussi les agriculteurs du département demandent qu'il ne soit point touché à l'impôt sur le sel.

M. RICARD,

Agent de la compagnie des Salins du Midi à Hyères, gérant des Vieux-Salins.

(Déposition orale.)

7. Le marais des Vieux-Salins est entouré de riches cultures; les plantes potagères elles-mêmes prospèrent dans les terrains contigus aux partènements. Il en est ainsi parce que le salin étant en contre-bas du sol environnant, des infiltrations d'eau salée ne peuvent pas se produire.

26. Les fièvres intermittentes n'atteignent pas les ouvriers qui travaillent au salin. Beaucoup d'entre eux n'y sont employés que temporairement; ils se livrent en général aux occupations agricoles. Leur salaire est de 2 fr. 50 cent. par jour.

Pour de plus amples détails, le déposant déclare s'en référer aux explications fournies par les directeurs de la compagnie des Salins du Midi.

M. LIEUTAUD,

Négociant, membre de la chambre de commerce de Toulon.

(Déposition orale.)

60. Le déposant a souvent envoyé au Canada du sel provenant des salins du Var. Il en a expédié aussi dans les ports de la Russie sur la Baltique; mais en Russie, où l'impôt sur le sel est perçu à la mesure et où le sel est ensuite vendu au poids, on préfère au sel français le sel d'Espagne, qui est plus lourd. Les navires suédois prennent également un chargement de sel plutôt en Sardaigne qu'en France. Le fret de Toulon au Canada coûte 17 ou 18 francs la tonne; il est à peu près aussi élevé pour aller de Toulon à Dunkerque.

86. Le déchet réel que supportent les sels n'excède pas 5 p. 0/0, même dans de longues traversées; il n'est parfois que de 2 p. 0/0; mais on peut l'estimer en général à 3 ou 4 p. 0/0. Il ne dépasse ces limites que si des avaries sont arrivées au bâtiment pendant la traversée.

M. CHARLES GÉRARD,

Gérant de la société Gérard et Cie, propriétaire du salin des Pêcheries.

(Déposition orale et écrite.)

1, 2, 32. Le marais salant des Pêcheries, dont la création remonte à 1849, a une superficie totale de 565 hectares. Cette étendue se divise de la manière suivante :

MISSION B. — VAR. — M. Charles Gérard.

Étang	265	hectares.
Partènements extérieurs	90	
Partènements intérieurs	50	
Bassins creux ou de réserve	20	
Tables salantes	40	
Terres vagues	100	
TOTAL	565	

Questions. Il n'existe pas dans le Var de salin à l'état de chômage.

7, 9. Quelques maigres pâturages sont les seules cultures que l'on trouve dans les salins du Midi. Comme ils sont situés presque tous au-dessous du niveau de la mer, ils ne sauraient être convertis en terres cultivées, à moins qu'on n'élevât leur niveau à grands frais.

10. Le salin des Pêcheries produit, en moyenne, 16,000 tonnes de sel par an. La production par hectare du salin est, eu égard à sa superficie totale, de 34 tonnes et demie; eu égard à l'étendue de ses partènements, tant extérieurs qu'intérieurs, et de ses tables salantes, de 80 tonnes; et, eu égard à l'étendue de ses tables salantes seulement, de 400 tonnes.

19. Depuis quinze ans, le prix des ventes pour les salins d'Hyères ont été :

De 7 à 15 francs la tonne, pour l'exportation;

De 10 à 17 francs la tonne, pour la consommation.

Dans le moment actuel, on vend à la consommation les sels les plus purs, les plus blancs et les plus cristallisés à 20 francs les 1,000 kilogrammes.

21. On peut évaluer l'accroissement de la consommation du sel depuis vingt ans à 15 ou 20 p. 0/0.

23. Il n'est pas à croire qu'il soit entré du sel étranger dans le Midi depuis la loi du 28 décembre 1848. Il est à remarquer, d'autre part, que beaucoup de navires pêcheurs, qui venaient autrefois acheter du sel à Hyères et à Cette, vont charger maintenant sur les établissements de l'Espagne et du Portugal.

24. La société en commandite du salin des Pêcheries a un capital social nominal de 800,000 francs divisé en quarante actions de 20,000 francs chacune. Elle a été constituée en 1849 par association d'actionnaires.

Pendant les cinq ou six premières années, les actionnaires n'ont pas touché de dividendes et le directeur de l'entreprise est resté longtemps sans recevoir aucune rémunération de sa gestion. Puis le prix du sel

COMMISSION B. s'étant élevé et les envois pour l'exportation ayant pris de l'importance, des dividendes ont été distribués. VAR.

M. Charles Gérard

Des sommes assez considérables, représentant à peu près un dixième des bénéfices annuels, ont été dépensées sur le salin en améliorations jugées nécessaires. Mais les travaux qui ont été exécutés n'ont pas augmenté la valeur de la propriété dans la proportion des dépenses qu'ils ont entraînées. En réalité, les actionnaires n'ont pas tiré, depuis la création de la société, plus de 5 à 6 p. o/o du capital par eux engagé. Encore faut-il remarquer que le salin des Pêcheries se trouve être dans des conditions de production et de débouchés exceptionnellement favorables. Il y a des propriétaires de salins qui depuis quinze ans n'ont pas touché un centime de revenu.

Question. 26. Pour l'exploitation du salin des Pêcheries, la compagnie Gérard emploie dix agents à l'année, qui reçoivent un traitement fixe et des gratifications.

Ces agents sont :

Un agent principal, aux appointements de	3,400f
Un saunier chef	2,000
Deux sous-sauniers	2,200
Un mécanicien	1,600
Un interprète expéditionnaire	1,300
Un contre-maître chargé de veiller à l'embarquement du sel	1,200
Un contre-maître chargé de l'expédition à la camelle	1,100
Deux charretiers	1,600

En outre, la compagnie a un chantier quotidien de trente ouvriers, au salaire de 2 fr. 50 cent. ou 3 francs par jour, pour travaux au salin et expédition des produits. Pendant la récolte qui dure six semaines, du 1er août au 15 septembre, la compagnie occupe de deux à trois cents personnes gagnant, en moyenne, 4 ou 5 francs par jour[1].

---

[1] Prix de revient de la tonne de sel des salins des Pêcheries d'Hyères, sur une récolte moyenne :

FRAIS RELATIFS AU CAPITAL ENGAGÉ (800,000 francs).

Intérêts à 8 p. o/o du capital engagé : 64,000 francs	4f 00c	5f 00c
Amortissement, 2 p. o/o : 16,000 francs	1 00	

FRAIS RELATIFS À LA FABRICATION.

Entretien de l'établissement	1 18	7 51
Mouvement de l'eau	0 67	
Récolte des sels	2 07	
Expédition des navires	1 20	
Contributions	0 08	
Personnel	0 65	
Administration et gérance	0 63	
Frais généraux	1 03	
TOTAL du prix de revient		12 51

A cette époque, les ouvriers sont rares, à cause de l'extrême fatigue qu'entraînent les travaux de *levage* et de *battage* du sel. Néanmoins ils sont dans une bonne situation hygiénique et se nourrissent bien.

Questions. 29. Dans le Midi, le procédé suivi pour l'extraction du sel marin est l'évaporation naturelle de l'eau de la mer sous l'influence du vent et du soleil.

Le Midi a introduit diverses économies et améliorations dans la fabrication de ses sels. Les plus importantes sont :

1° L'élévation des eaux de la mer au moyen de machines à vapeur, en remplacement des roues hydrauliques mues par des chevaux;

2° La construction de bassins où les eaux, à un degré de saturation élevée, sont conservées pendant l'hiver pour l'usage de la fabrication de l'année suivante;

3° La production de plusieurs qualités de sel ayant des caractères bien distincts, obtenues au moyen de la séparation des eaux plus ou moins denses, depuis 25 jusqu'à 32 degrés de l'aréomètre, suivant que l'on veut obtenir des sels plus ou moins purs.

30. D'après ce que nous avons appris, les procédés employés à l'étranger sont les mêmes que ceux dont nous nous servons dans le Midi de la France.

31. Le degré initial de salure de la mer est de 3 degrés et demi. Aux Pêcheries, nous puisons dans un étang qui précède le salin les eaux nécessaires à la fabrication ; elles ont de 4 à 5 degrés de salure. Ces eaux, conduites par la pente naturelle du terrain sur les partènements extérieurs, sont montées au moyen d'une machine à vapeur sur les surfaces des partène-
34. ments intérieurs. Cette opération ne nous coûte que 70 centimes environ par tonne, chiffre excessivement bas, par la raison que nous n'élevons qu'une seule fois nos eaux, alors que beaucoup d'établissements les montent deux et même trois fois avant de les jeter sur les tables salantes.

37. La récolte du sel commence, dans le Midi, dans les premiers jours du mois d'août et se termine vers le 15 septembre. La main-d'œuvre est très-chère dans la commune d'Hyères : dans les dix dernières années, elle a augmenté de 25 à 30 p. o/o. Suivant l'usage généralement adopté dans le Midi, on entasse le sel sur la partie du salin que l'on nomme *gravier*, et on le recouvre de tuiles. On ne recouvre point les sels destinés aux produits chimiques.

39. Aucun salin du Var ne se livre à la fabrication des eaux mères.

Commission B. — Questions. — Var. — M. Charles Géran

43. A Hyères, le prix du sel le plus pur et le plus cristallisé, propre surtout à la consommation, est de 20 francs la tonne; celui du sel livré à l'exportation, 10 francs la tonne, et celui du sel livré aux produits chimiques, 9 francs la tonne.

Le prix du transport de notre établissement à la gare du chemin de fer d'Hyères est de 8 francs par tonne. La majeure partie du transport de nos sels se fait par mer.

44. La compagnie du chemin de fer de Lyon à la Méditerranée fait étudier, dans le moment actuel, divers tracés relatifs à l'embranchement qui doit relier Hyères à la mer. L'un d'entre eux descend dans la plaine, dans la direction de la presqu'île de Giens, et contourne vers l'est, presque à la porte de nos salines. L'adoption de ce dernier projet serait d'une importance majeure pour notre établissement.

51. Lorsqu'on expédie les sels par grand cabotage, les greniers ou *fardages* des navires sont évalués entre 60 et 70 centimes par tonne. Lorsque les sels sont expédiés en sacs, la location de la sacherie est comptée à raison de 50 centimes par tonne.

52. Il serait utile pour les producteurs de sel que les formalités prescrites par la douane fussent rendues moins rigoureuses. On ne peut pas évaluer de combien le prix du sel est augmenté par l'obligation de se soumettre à ces formalités.

57. Le commerce, dans ses transactions, ne tient aucun compte de la richesse en chlorure de sodium que contient un sel; mais ordinairement, à prix égal, il donne la préférence à celui qui est blanc et bien cristallisé, sans se préoccuper de sa composition chimique. Parmi les fabricants de produits chimiques, les uns tiennent à ce que le sel qu'ils achètent soit pur, parce qu'il leur fournit plus de chlorure de sodium; les autres préfèrent les sels de qualité inférieure, parce qu'ils s'attaquent plus facilement par les acides.

59. Connaissant les procédés de fabrication de l'Ouest, il est impossible d'admettre que le sel de cette région ait une saveur et des qualités qui le rendent préférable pour le consommateur.

64. Nous avons entendu dire bien souvent au commerce que les sels de l'Est gagnaient en poids en cours de transport. En tout cas, ils ont un immense avantage, c'est de pouvoir être transportés rapidement par les chemins de fer sur des points éloignés du territoire, de telle sorte qu'ils ne subissent aucun déchet de route. Au contraire, les sels du Midi, comme

Commission B. — ceux de l'Ouest, sont obligés d'emprunter la voie maritime, et quand ils arrivent au lieu de destination, ils ont subi un déchet réel presque aussi élevé que le déchet légal. Var. — M. Charles Gérard.

Je suis intimement convaincu que les sels de l'Ouest ne perdent point en totalité les 5 p. o/o qui leur sont alloués à titre de déchet de route. Ainsi, pour ce qui est des transports par mer, les acquits-à-caution, constatant le rendement de chaque chargement de sel à l'arrivée des navires, fournissent la preuve, en ce qui concerne les expéditions sur Dunkerque, par exemple, que les déficits des sels de l'Ouest sont moins considérables que ceux éprouvés par les sels du Midi.

Questions. 65. Les sels du marais salant des Pêcheries ne vont pas plus loin que Rouen, Saint-Valery, Calais et Dunkerque. Autrefois les expéditions pour le nord de la France étaient considérables : elles montaient à 10,000 tonnes par an; aujourd'hui ce chiffre est descendu à 2,000 tonnes, par l'effet de la concurrence que les sels de l'Est font aux sels du Midi.

On peut dire, en général, que, pour les sels du Midi, les débouchés à l'extérieur sont : la Suède, la Norwége, la Russie, l'Amérique et la Belgique; mais ce dernier pays ne reçoit presque plus de sels du Midi depuis que les sels de l'Est peuvent y entrer.

74. Il n'existe pas, entre les différents producteurs de sel dans les départements du Midi, une entente qui soit de nature à changer les conditions d'une loyale concurrence. En ce qui concerne le marais des Pècheries, la compagnie des Salins du Midi vient de traiter pour six ans avec ses propriétaires pour une fourniture annuelle de 4,500 tonnes, moyennant le prix annuel moyen des sels vendus par la compagnie Renouard ellemême. La société Gérard et Cie s'est, en même temps, réservé le droit de vendre le surplus de sa récolte aux prix qu'elle voudra fixer, même à des prix inférieurs à ceux adoptés par la compagnie des Salins du Midi.

Beaucoup de petits producteurs des départements du Midi ont traité avec cette compagnie, pour lui vendre les quantités de sel dont ils ne prévoient pas le placement; ils évitent ainsi l'encombrement de la marchandise sur leurs graviers.

En fait, ils suivent dans leurs marchés les prix de vente fixés par la compagnie des Salins, mais ils ne s'entendent pas avec elle pour la fixation de ces prix.

76. Le cours des sels à l'étranger est ainsi établi :

Cadix	11f 00c la tonne.
Cagliari	9 00
Trapani	7 50 à 8f

78. Si le Gouvernement autorisait l'introduction des sels anglais, même à

COMMISSION B. — VAR. — M. Charles Gérard.

un faible droit, cette entrée aurait lieu en France par le littoral de l'Océan. Ce serait pour les marais salants de l'Ouest une ruine prompte et inévitable. Les sels du Midi eux-mêmes souffriraient de cet état de choses en perdant leurs débouchés des ports de la Manche.

Questions. 79. La nature déliquescente des sels de l'Ouest provient de ce que les paludiers laissent déposer aux eaux denses, dans un même mélange, non-seulement le chlorure de sodium, mais encore tous les sels impurs que contient l'eau de la mer. Une augmentation de boni en leur faveur blesserait tous les principes de justice et de raison.

82. L'impôt du sel doit continuer à être perçu en conformité des règlements actuellement en vigueur. Il n'existe pas de procédé pratique qui permette de constater la richesse des sels en chlorure de sodium.

86. Il y aurait une grande injustice à supprimer l'augmentation de remise de 2 p. 0/0 accordée aux sels du Midi lorsqu'ils vont par la voie de mer dans les ports de l'Océan. En effet, la navigation des navires chargés en sel du Midi pour la destination de Dunkerque, par exemple, étant de quarante jours environ, alors que la traversée des marais de l'Ouest au même port de destination ne dépasse pas, en moyenne, quinze jours, le déchet de route des premiers se trouve être toujours plus considérable que celui des seconds.

87. Les droits qui frappent les sels étrangers à leur entrée en France paraissent suffisamment protecteurs.

90. Les sels étrangers n'étant pas d'une meilleure fabrication que les sels du Midi, ce n'est point une raison de qualité qui les fait préférer par les armateurs de la pêche. Au retour de Terre-Neuve, les navires merluchiers cherchent à trouver un fret pour les ports de l'Océan, et, comme ils ont intérêt à arriver de bonne heure sur le banc, ils vont prendre du sel soit à Cadix, soit en Portugal, au lieu d'aller s'approvisionner en Méditerranée. Il conviendrait donc, dans l'intérêt de l'industrie des sels, qui manque de débouchés, qu'on augmentât les droits dont sont frappés les sels étrangers pour la pêche.

91. Il y aurait grand avantage pour les producteurs à ce que les remises pour déchets ne fussent appliquées que sur les quantités reconnues au débarquement du navire. Cette mesure couperait court aux plaintes et aux difficultés incessantes auxquelles donne lieu la législation actuelle.

En effet, aujourd'hui, si du sel perd en cours de transport plus que son déchet légal, l'expéditeur est obligé de payer l'impôt même sur les

MM. Charles Gérard. Boude fils. Machemin. Trotabas. Gasquet.

quantités qui ont disparu pendant la traversée : l'impôt n'est donc pas réellement perçu sur les quantités qui sont livrées à la consommation. Il vaudrait mieux qu'au moyen d'une pesée faite au moment du chargement et d'une nouvelle pesée faite au moment du déchargement dans le port de destination, on parvînt à n'établir l'impôt que sur les quantités constatées en dernier lieu. Cette double pesée aurait pour but d'empêcher toute fraude. Si le système proposé était admis, il faudrait que le déchet de 3 p. o/o fût généralisé pour toute la France, ou que les déchets fussent complétement supprimés.

Questions.

94. Il paraît impossible de faire un usage direct de l'eau de mer dans le Midi comme engrais pour les terres.

M. BOUDE FILS,

Directeur de l'usine de produits chimiques de MM. Renard et Boude, à Porquerolles (Var).

(Déposition écrite).

52, 92. Le Gouvernement devrait réduire à un chiffre plus modéré la redevance de 3 francs par tonne de sel employée, qui est imposée actuellement aux fabricants de produits chimiques.

En effet, cette redevance n'a pour objet que de couvrir les frais qu'entraîne pour l'Administration des douanes la surveillance des usines de produits chimiques; or une fabrique qui consomme 600 tonnes de sel par mois paye au Trésor une somme de 21,600 francs par an. Cette somme est de beaucoup supérieure au traitement des quatre douaniers placés dans la fabrique pour constater l'entrée et la décomposition du sel. L'indemnité de 3 francs par tonne devrait donc être diminuée; il n'en résulterait pas pour l'État une perte de revenu bien considérable, et cela apporterait à l'industrie des produits chimiques un soulagement sensible.

M. MACHEMIN,

Avoué, copropriétaire du salin des Ambiers.

M. TROTABAS,

Copropriétaire et gérant dudit salin.

M. GASQUET,

Négociant, correspondant des propriétaires du salin des Ambiers pour la vente de leurs sels.

(Dépositions orales et écrites.)

1. L'étendue du marais salant des Ambiers est de 18 hectares. L'île dans laquelle il se trouve a été achetée 100,000 francs au mois de mars 1863; dans ce prix, le salin a figuré à raison de 4,000 francs l'hectare environ.

24. Il est affermé à un saunier, moyennant une redevance nette de

Commission B. — Var. — MM. Machem, Trotabas, Gasquet.

900 tonnes de sel par an. Les impôts sont à la charge des propriétaires, ainsi que les grosses réparations; le fermier est chargé des dépenses d'entretien. Jusqu'à ce moment, les trois copropriétaires du salin des Ambiers n'ont tiré aucun bénéfice de l'acquisition par eux faite en 1863, parce qu'ils ont exécuté sur le marais des travaux et des améliorations indispensables.

Questions.

26. Le saunier exploite seul le salin avec l'aide de sa femme et de trois de ses enfants. Pour préparer les tables, il emploie deux ou trois ouvriers, et pour faire la récolte du sel, il en fait venir sur son marais environ quatre-vingts. En outre, un peseur est chargé du mesurage et de l'expédition du sel. Le salaire des ouvriers est, dans le cours de l'année, de 2 fr. 50 cent. à 3 francs par jour, et pendant la récolte, de 5 à 7 francs.

32. La superficie du salin est de 13 hectares 40 ares en partènements et de 4 hectares 40 ares en tables salantes.

Par suite du peu d'étendue des partènements extérieurs, comparativement à celle des tables salantes, le saunier est obligé d'introduire l'eau saturée sur les tables quand elle marque 24 degrés et d'employer une partie

10. des tables salantes comme partènements. Le salin des Ambiers produit 100 tonnes de sel par hectare, eu égard à son étendue totale, et 400 tonnes par hectare de tables salantes.

35. Le mouvement des eaux d'une partie à l'autre du salin s'opère au moyen d'une machine qui élève l'eau à trois reprises à $1^{m},50$. Les frais de cette opération peuvent être évalués à 1 fr. 56 cent. par tonne de sel produite.

37. On commence la récolte du sel vers le 12 août; elle dure un mois. Le sel récolté est placé sous un hangar fermé jusqu'au moment de l'expédition, ou bien il est mis en *camelles*, couvertes en tuiles[1].

---

[1] PRIX MOYEN DE LA TONNE DE SEL ET RÉSULTAT DE L'EXPLOITATION.

Intérêt du capital, à 6 p. o/o		3f 33c, ce qui donne		6,000f
Frais de la machine et pour le mouvement des eaux, par tonne	1f 56c	6 37	—	2,810
Frais du salin par tonne	0 22		—	386
Matériel du salin	0 29		—	522
Récolte sur le gravier	1 35		—	2,430
Saunier	0 86		—	1,500
Mesurage, ou le sel rendu au bord du quai	1 00		—	1,800
Gérance	0 56		—	1,000
Peseur	0 50		—	900
Total par tonne		9 67	Total général	17,348
Vente de 1,800 tonnes de sel; la moyenne est de 10 francs. Produit				18,000
Reste pour produit net				652

[Q]uestions. MM. Machemin. Trotabas. Gasquet.

43. En vertu d'un traité récemment passé pour six ans par les propriétaires du marais des Ambiers avec la compagnie des Salins du Midi, ils lui vendent chaque année 700 tonnes de sel, à raison de 14 francs la tonne destinée à la consommation intérieure et de 10 francs la tonne destinée à l'exportation. Sur la redevance que leur fournit leur fermier, ils se sont réservé 200 tonnes qu'ils vendent, par l'entremise de M. Gasquet, à l'administration de la marine, moyennant 20 francs la tonne; mais dans ce dernier prix sont compris les frais de transport jusqu'à Toulon et de débarquement, une commission de 3 p. 0/0 pour M. Gasquet et une retenue de 3 p. 0/0 au profit de la caisse des invalides de la marine.

51. Le prix du transport du sel des Ambiers jusqu'à Toulon par bateaux coûte 3 francs par tonne, et à ce prix il faut ajouter 50 centimes pour l'embarquement et 1 fr. 50 cent. pour le déchargement. Tous ces frais sont augmentés de 2 francs quand, au lieu d'expédier le sel directement à Toulon, on l'envoie en barque à Saint-Nazaire (Var), où il est chargé sur des navires.

53. Le sel fait aux Ambiers est peu lourd, mais très-blanc: c'est ce qui le fait préférer par l'administration de la marine au sel des autres marais du département.

74. Dans le département du Var, la compagnie des Salins du Midi cherche à accaparer toute la production afin de faire hausser les prix. Les petits producteurs de sel établissent leurs prix de vente d'après les siens et ils profitent de l'augmentation. Quant aux consommateurs, ils ne peuvent en souffrir, car l'impôt fait presque seul la valeur du sel; la hausse des prix ne peut causer une légère perte qu'aux intermédiaires.

92. La présence obligatoire des employés de la douane au pesage et à l'expédition du sel est chose gênante. Souvent, en effet, ils sont retenus par leur service de surveillance des côtes, et la perte de temps qui résulte de la nécessité de les attendre entraîne une perte d'argent. Il est, en outre, très-désirable que les agents de la douane reçoivent la recommandation expresse d'accorder aux exploitants de salins la tolérance légale de 2 hectogrammes par pesée.

DÉPARTEMENT DES BOUCHES-DU-RHÔNE.

Dans le département des Bouches-du-Rhône, l'Enquête a eu lieu du 28 juin au 14 juillet 1866. Elle a été annoncée et le Questionnaire a été publié par des insertions faites dans les journaux ci-après :

Le Courrier de Marseille des 4, 5 et 18 juin 1866;
Le Sémaphore du 19 juin;
Le Nouvelliste de Marseille du 19 juin;
La Gazette du Midi du 20 juin;
Le Mémorial d'Aix du 27 mai;
Le Conciliateur de Tarascon des 26 mai et 2 juin.

Une note spéciale invitait les personnes qui pourraient avoir des observations ou des renseignements à présenter à la Commission à en donner avis à la préfecture.

La Commission s'est complétée par l'adjonction de :

MM. Fanjoux, secrétaire général de la préfecture;
Arnavon, membre de la chambre de commerce, délégué par cette chambre pour remplacer le président empêché.

Elle a visité les lieux de fabrication de sel de mer établis sur les salins suivants :

Giraud................	situé dans l'arrondissement d'Arles;
Berre.................	situés dans l'arrondissement d'Aix.
Caronte...............	
La Chapellanie........	
La Roubine............	
Les Martigues.........	
Fos...................	
Citis.................	
Lavalduc..............	

Elle a reçu les déclarations orales ou écrites de :

MM.

1° de Leuglay, directeur des douanes de Marseille;
2° Agard, directeur divisionnaire de la compagnie en commandite des Salins du Midi, Renouard et Cie;

3° Merle, ingénieur civil, gérant de la société en commandite H. Merle et Cie, fabricant de produits chimiques et exploitant de salin;

4° Levat, ingénieur civil, membre de ladite société;

5° Prat, fabricant de produits chimiques, administrateur de la société en commandite Prat et Cie;

6° Gayet, fabricant de produits chimiques;

7° Grimes, fabricant de produits chimiques;

8° Dony, chimiste de la compagnie des Salins du Midi;

9° Bargmann, directeur des docks de Marseille;

10° Thibault, inspecteur sédentaire des douanes à Marseille;

11° Dol père et fils, propriétaires du salin des Martigues;

12° Vidal, propriétaire des salins de Caronte et de la Chapellanie;

13° Fraix, propriétaire du salin de la Roubine;

14° Tardif, courtier de commerce à Marseille;

15° Frisch, courtier maritime à Marseille;

16° Bourguet, médecin des épidémies de l'arrondissement d'Aix;

17° Courtois, capitaine des douanes à Badon;

18° Villiard, lieutenant des douanes à Vignolles;

19° Pelloquin, ancien exploitant de salins;

20° Lacroix, gérant du salin de Lavalduc;

21° Lagarde, saunier du salin de Citis;

22° Navarre, contre-maître du salin de Badon;

23° Tassy, gérant du salin de Vignolles;

24° Caudière, gérant du salin de Ponteau.

DÉPARTEMENT DES BOUCHES-DU-RHÔNE.

M. DE LEUGLAY,

Directeur des douanes de Marseille.

(Déclaration écrite.)

Questions. 3. Il y a, dans le département des Bouches-du-Rhône, deux marais en chômage depuis trois ou quatre ans; un troisième, celui de Mazet, est complétement détruit depuis 1861.

10 et 18 [1], D'après le relevé des écritures de la douane de Marseille, le chiffre moyen de la production totale de tous les salins du département a été annuellement, pendant la période 1856 à 1865, de 110,000 tonnes.

52. On sait que les fabricants de soude sont soumis à la formalité des acquits-à-caution, au plombage des sacs et à une redevance de 3 francs par tonne de sel qu'ils emploient. Beaucoup de ces fabricants voudraient que l'on diminuât le taux de la redevance. Le déposant n'appuie pas, en ce qui le concerne, leur prétention. En effet, la surveillance des usines de produits chimiques impose à la douane des frais considérables; ainsi, dans chacune il y a :

Un commis principal à..............................	1,800f
Deux commis à 1,500 francs........................	3,000
Un commis à..	1,200
TOTAL..................	6,000

Le nombre de ces agents ne peut pas être diminué, car ils ont à faire un double service de jour et de nuit; d'ailleurs, si certaines fabriques très-importantes payent une redevance supérieure aux dépenses que nécessite leur surveillance, il y en a d'autres dont la redevance ne couvre pas ces dépenses, et, en somme, il s'établit presque compensation entre les recettes et les déboursés du Trésor. Ainsi, dans la direction de Marseille, il existe dix fabriques de produits chimiques qui acquittent ensemble 90,000 francs de droits, et dont la surveillance coûte 60,000 francs.

81. Les sels, à la sortie des entrepôts, présentent généralement des excédants lorsqu'ils sont vieux et qu'ils ont perdu, sous l'influence prolongée du vent et du soleil, presque tout le chlorure de magnésium qui les rend déliquescents. Ces sels absorbent, en effet, dans les magasins où ils sont déposés, une quantité d'humidité plus ou moins grande qui augmente

---

[1] Les renseignements statistiques adressés par M. le directeur des douanes, en réponse aux articles 10 et 18, sont compris dans les tableaux généraux, transmis par la direction générale des douanes et insérés au *Résumé synoptique*, Question 18. (*Note de la Commission.*)

COMMISSION B. — BOUCHES-DU-RHÔNE. — MM. de Leuglay, Agard, Ch. Mion.

leur poids; mais les sels nouveaux enlevés des salins par un temps brumeux présentent, à la sortie d'entrepôt, des déficit qui absorbent entièrement le déchet légal.

Questions. 82. Asseoir l'impôt sur la richesse relative des sels en chlorure de sodium paraît au déposant impraticable ailleurs que dans un laboratoire de chimie : en effet, la qualité du sel varie de salin à salin, et, sur le même salin, de camelle à camelle.

86. L'augmentation de remise de 2 p. 0/0 accordée aux sels du Midi, lorsqu'ils vont par la voie de mer dans les ports de l'Océan, est nécessaire pour leur permettre de soutenir la concurrence des sels d'Espagne et de Portugal ; cette remise doit être maintenue.

87. Le droit établi sur les sels étrangers protége suffisamment l'industrie salicole; d'un autre côté, l'abondance de la production du sel indigène et le défaut de débouchés suffisants doivent faire écarter la concurrence en France du sel étranger. Le droit existant paraît donc devoir être maintenu.

92. Les formalités imposées aux producteurs de sels sont fort simples et réduites au plus strict nécessaire, en vue d'assurer la perception de l'impôt et de sauvegarder ainsi les intérêts du Trésor. Toute modification qui aurait pour effet de réduire les garanties du service serait dangereuse et sans utilité appréciable pour l'industrie salicole.

MM. AGARD ET CH. MION.

Directeurs divisionnaires de la compagnie des Salins du Midi.

(Dépositions orales et écrites.)

1. La compagnie des Salins du Midi possède dans les départements des Bouches-du-Rhône, du Gard et du Var, onze salins qui représentent ensemble une superficie de 3,864 hectares [1].

[1] GARD. — Peccais. On donne le nom de Peccais à un groupe de sept salins distincts, dont les principaux sont ceux de Perrier, de la Fangouze, des Estaques 2,680h

VAR. — Vieux-Salins d'Hyères		243
BOUCHES-DU-RHÔNE.	Berre	331
	Nord de Lavalduc	27
	Plan-d'Arenc	20
	Le Passage	7
	La Gaffette	14
	Fos	71
	Laroque	244
	Badon	161
	La Vignoles	66
	TOTAL	3,864

ission B.

estions.

Bouches-du-Rhône.

—

MM. Agard.
Ch. Mion.

2. L'étendue des salins appartenant aujourd'hui à la compagnie était la même il y a vingt ans.

3. Tous les ans, plusieurs des salins exploités par la compagnie sont laissés en chômage. La difficulté qu'elle rencontre à écouler annuellement tous ses produits l'oblige à restreindre sa production. En 1865, par exemple, cinq salins d'une surface évaporante de 460 hectares n'ont pas sauné. La même année, deux des salins affermés, d'une superficie de 22 hectares, sont également restés en chômage.

4. Dans le Midi, on ne calcule pas la valeur d'un marais salant à tant par hectare, mais en tenant compte des quantités de sel qu'il peut produire, de l'importance du prix de revient et de la facilité des débouchés.

5. La valeur des salins du Midi a diminué depuis le commencement du siècle de 50 à 75 p. o/o. Ils avaient sous le premier Empire un grand nombre de débouchés qu'ils ont perdus depuis. L'Italie, la Russie méridionale, où l'importation du sel est prohibée par les ports de la mer Noire, les côtes de la Manche, où les chemins de fer et les canaux amènent les sels de l'Est, lui sont aujourd'hui fermés. Les bâtiments armés pour la pêche peuvent maintenant s'approvisionner de sel à l'étranger, et, dès lors, un grand nombre cessent de charger dans les ports du midi de la France : c'est ce qui explique comment la tonne de sel, vendue sous le premier Empire 70 francs, est descendue à 8 ou 10 francs. Encore faut-il remarquer que le prix de revient s'est élevé par suite de la cherté de la main-d'œuvre et d'autres circonstances.

9. Il serait possible de convertir en pâturages presque tous les salins du département des Bouches-du-Rhône si l'on dessalait le sol; mais l'irrigation nécessaire pour y parvenir entraînerait d'énormes dépenses et répandrait des fièvres dans la contrée. La conversion en pêcheries est impraticable, à cause du peu de profondeur que présentent les partèmements.

11. La production est excitée ou ralentie suivant l'importance des demandes, et comme les ventes pour la consommation intérieure et pour les fabriques des produits chimiques sont constantes, on peut dire que la production dépend des débouchés à l'extérieur. La production dépassant de beaucoup les débouchés, il est très-désirable que l'Administration facilite les débouchés à l'extérieur.

12. Les circonstances atmosphériques peuvent réduire la récolte de 50 p. o/o et l'accroître seulement de 25 p. o/o.

COMMISSION B. — Questions. — BOUCHES-DU-RHÔNE. — MM. Agard, Ch. Mio

19. Les prix de vente des sels de la compagnie du Midi varient suivant qu'elle les livre à la consommation intérieure, à la fabrication des produits chimiques ou à l'exportation. Ils sont indiqués dans un tableau renfermant les opérations de la compagnie pour les dix dernières années, de 1856 à 1865, duquel sont extraites les moyennes suivantes :

Sels vendus à la consommation........................ 11f 47c
——— aux produits chimiques.................... 8 57
——— à l'exportation (sel gros).................. 9 15
——— à l'exportation (sel fin)................... 12 35

Voici l'évaluation moyenne de notre prix de revient par tonne de sel mis sur le gravier, non compris les intérêts du capital engagé :

DÉSIGNATION.	SALINS APPARTENANT à la compagnie.	SALINS AFFERMÉS.	MOYENNE.
Frais divers........................	1f 89c	2f 44c	2f 00c
Mouvement d'eau.....................	0 56	1 08	0 66
Levage..............................	1 43	1 64	1 47
Contribution........................	0 36	0 30	0 34
Loyer...............................	0 02	4 21	0 85
Frais généraux......................	0 51	0 52	0 51
TOTAUX..............	4 78	10 21	5 86

Pour représenter la part des frais généraux portés directement au compte profits et pertes pour diminuer la valeur du stock, il faut ajouter à ces 5 fr. 86 cent. par tonne 48 centimes, et pour représenter les pertes résultant du déchet, 42 centimes, ce qui porte le prix de revient total à 6 fr. 77 cent. par tonne. Enfin, les frais de chargement sont en moyenne de 1 fr. 14 cent. par tonne, ce qui porte le prix de revient de la tonne de sel prête à être livrée à l'acheteur à 7 fr. 91 cent.

20. La Norwége, l'Association allemande, la Belgique, la Suisse, l'Algérie, le Brésil, Terre-Neuve sont les principaux débouchés à l'extérieur de la compagnie des Salins du Midi. L'Autriche, l'Espagne, l'Italie, la Turquie prohibent l'entrée des sels français sur leur territoire. La Russie a, depuis quelques années, interdit l'importation du sel dans les ports de la mer Noire, et cette mesure porte aux saliniers du Midi un grave préjudice, car les navires qui vont chercher du blé à Odessa emporteraient du sel comme lest s'ils en avaient la faculté. Il est bon de signaler aussi à l'attention du Gouvernement que des droits locaux très-élevés viennent d'être établis aux Indes orientales sur le sel français.

21, 22. Depuis vingt ans, la consommation du sel, tant alimentaire qu'industrielle, s'est accrue de 20 p. o/o environ; mais le Midi n'a pas profité de cet accroissement, parce que l'Est a envahi une partie de ses débouchés.

Questions.

23. Il a été introduit très-peu de sel étranger à l'intérieur, dans le midi de la France, mais un grand nombre de navires qui chargeraient en France pour les besoins de la pêche maritime vont charger à l'étranger, au préjudice de l'industrie nationale.

24. Les entreprises qui ont pour objet l'extraction du sel de l'eau de la Méditerranée et des étangs voisins sont, les unes entre les mains de sociétés, les autres entre les mains de propriétaires isolés. Dans le premier cas, les sociétés sont, les unes civiles, les autres en commandite.

Il y a quinze ans, on comptait dans la région du Midi cinquante-deux exploitations salicoles et presque autant de propriétaires différents. L'état misérable dans lequel ils se trouvaient a fait naître en eux l'idée de s'associer : ils voulaient ainsi éviter les effets désastreux de la concurrence, en restreignant la production suivant les besoins de la consommation, et se donner les moyens de résister aux envahissements croissants des sels de l'Est. L'espoir de tirer de grands bénéfices de l'exploitation des eaux mères, au moyen des procédés récemment inventés par M. Ballard, et qui exigeaient l'emploi de grands travaux, développait aussi cette pensée.

Les premiers efforts d'association furent tentés en 1853. En 1854, un commencement de fusion eut lieu; mais la constitution définitive de la compagnie ne date que de 1857. Les différents salins mis dans la société furent estimés et payés en actions dont le Crédit mobilier acheta la moitié.

Il ne faut pas croire que les différents salins entrèrent dans les apports pour leur prix originaire d'acquisition et pour les sommes consacrées à leur aménagement et leur amélioration. Le salin de Berre, par exemple, qui devrait représenter une valeur de 3,600,000 francs, fut compté dans la compagnie des Salins du Midi pour 1,100,000 francs. Le salin de Peccais, pour lequel il a été dépensé au moins 4 millions, n'a figuré que pour 1,500,000 francs.

La compagnie des Salins du Midi s'est constituée en commandite; son capital nominal est de 10 millions, dont 6 millions seulement sont versés. Ses bénéfices annuels ont été presque constamment employés en améliorations et immobilisations reconnues nécessaires. Quatre années seulement ont donné lieu à des bénéfices réalisés, distribués ou à distribuer.

Un certain nombre de propriétaires, dont les marais salants sont placés dans des conditions exceptionnellement favorables au point de vue des transports ou de la production, sont restés en dehors de la société.

La compagnie des Salins du Midi, outre les salins qui lui appartien-

COMMISSION B. nent, exploite cinq salins qu'elle a affermés. Ces salins sont ceux de : Quarante-Sous (Gard), Étang-du-Lion, Nord-Lavalduc, la Larbière, Mourgues (Bouches-du-Rhône). BOUCHES-DU-RHÔNE. MM. Agard. Ch. Miun

Les locations de ces salins ont été faites, en général, sur le pied de 3 à 5 francs par tonne de sel vendue, suivant la position des salins et la nature de leurs débouchés.

Questions. 25. L'intérêt des saliniers du Midi exige que les sauniers de l'Ouest améliorent leurs procédés de fabrication; il vaut mieux pour le Midi rencontrer comme concurrents des sels marins comme les siens, que d'avoir à lutter contre des sels ignigènes plus blancs et plus fins que les sels marins. Si l'Ouest continue de fabriquer des sels très-déliquescents et d'une couleur désagréable, son rayon de vente se restreindra au profit des sels ignigènes de l'Est ou de l'Angleterre. Les sels de ces deux contrées sont moins éloignés que ceux du Midi des pays que l'Ouest approvisionne aujourd'hui.

20. L'exploitation des salins du Midi est en majeure partie directe. Quelques salins seulement sont donnés à ferme. Les ouvriers sont tous payés au mois ou à la journée, ce qui les a laissés complétement étrangers aux pertes que les salins du Midi ont eu à supporter. Bien souvent, au moment de la récolte, les ouvriers font la loi aux propriétaires et leur imposent des frais de levage très-élevés. Dans le courant de l'année, le prix ordinaire de la journée d'un ouvrier est de 2 fr. 50 cent. à 3 francs; pendant la récolte, ce prix est en moyenne de 5 ou 6 francs, et s'élève parfois à 9 et 10 francs, notamment à Peccais. Il n'en est pas de même dans l'Ouest, où les ouvriers, payés en nature, partagent le sort du propriétaire, et sont peut-être amenés par le besoin d'argent à livrer leur part de récolte au-dessous des cours.

27. Les petits établissements sont presque tous gérés par leurs propriétaires, qui économisent ainsi les frais d'administration et peuvent surveiller de près tous les détails.

Les grands établissements trouvent une compensation à ces avantages dans un assortiment plus complet, dans la possibilité de créer des moyens de transport spéciaux et d'organiser des entrepôts pour la vente.

28. La réunion des propriétaires de marais salants en syndicats est très-désirable dans l'Ouest; associés, ils pourront surmonter des difficultés qu'ils ne peuvent vaincre en restant isolés. Au lieu d'avoir, sur une étendue de 2 ou 3 hectares au plus, de petits marais salants qui sont nécessairement défectueux, ils devraient utiliser ceux qui sont les plus éloignés et les moins bien établis comme partènements, et se servir de ceux qui

MM. Agard. Ch. Mion.

sont placés près des voies de communication comme tables salantes. Les travaux à faire pour réaliser ces changements seraient peu coûteux; après l'exécution de ces travaux, un moins grand nombre de sauniers serait nécessaire; la production deviendrait plus abondante, les frais de transport beaucoup moindres.

Dans le département des Bouches-du-Rhône, un syndicat a été formé entre les propriétaires des salins avoisinant l'étang de Lavalduc, dont les eaux ont depuis quelques années perdu plus de moitié de leur salure, par suite de l'introduction d'eaux douces. Le syndicat se propose de détourner ces eaux douces et de ramener l'eau de la mer. Les dépenses prévues s'élèvent à 250,000 francs environ.

Question. 29. Dans le Midi, les eaux salées prises à la mer ou dans des étangs sont introduites dans la première pièce d'une nombreuse série de bassins, conduites d'une pièce à l'autre par une marche régulière et amenées dans la dernière pièce au degré de saturation. Les eaux marchent par la pente naturelle du terrain dans chaque série. Comme tous les terrains consacrés à un salin ne sont pas au-dessous du niveau de la mer ou des étangs, on doit forcément élever les eaux une ou plusieurs fois dans le cours de la série, au moyen de machines mues par des chevaux ou par la vapeur. Arrivées dans la table salante, les eaux saturées y cristallisent et sont remplacées par d'autres au fur et à mesure de l'évaporation. Plusieurs établissements laissent cristalliser sur une même table tout le sel marin que les eaux peuvent fournir et obtiennent alors des sels très-impurs, mais propres à certains usages, comme les salaisons de poissons; d'autres fractionnent les dépôts qui sont alors plus ou moins purs, suivant le degré de l'eau dans laquelle ils ont cristallisé.

Dans les marais salants de l'Ouest, la série de pièces qui précède la table est très-courte, ce qui ne permet pas de recevoir journellement des eaux saturées. Ces marais sont dépourvus des nombreux fossés et rigoles qui sillonnent les salins du Midi et y facilitent tous les mouvements d'eau. En revanche, le mouvement de la marée les dispense de machines élévatoires.

Les salins du Midi étaient exploités, il y a cinquante ans, suivant une routine séculaire assez conforme à celle suivie dans l'Ouest; mais des procédés perfectionnés y ont été introduits et tendent à se généraliser.

M. Agard résume ainsi les perfectionnements qu'il a apportés à la fabrication du Midi :

1° Des sauniers nouveaux ont été formés. L'aréomètre a été mis en usage. Cet instrument était inconnu : on jugeait de la densité des eaux par leur viscosité.

COMMISSION B. BOUCHES-DU-RHÔNE — MM. Agard. Ch. Mi[...]

2° Les eaux de la mer ont été soumises à l'analyse. (Nous avons demandé à des chimistes, MM. Usiglio et Dony, un travail complet sur leur composition, qui a jeté une vive lumière sur la fabrication.)

3° Une méthode nouvelle a été employée pour établir la meilleure répartition des jeux ou mouvements de l'eau et des surfaces d'évaporation.

Autrefois trois pièces plus ou moins grandes composaient un salin :

La *maïre*, ou partènement extérieur, produisant l'eau à 8 ou 10 degrés;

Le *tampan*, ou partènement intérieur, produisant l'eau à 20 ou 25 degrés;

La *table salante*, dans laquelle l'eau cristallisait.

On ne décantait l'eau de la maïre dans le tampan et de celui-ci dans la table que lorsque les degrés ci-dessus étaient atteints. Il résultait de cette marche intermittente que les eaux des tables atteignaient 34°, 36°, 38° pour retomber à 25°, 26°, 28° quand on les regarnissait. En subdivisant la maïre et le tampan en pièces nombreuses, et en organisant celles-ci en séries, on a obtenu une fabrication continue.

4° Dans les anciens procédés, les tables n'avaient aucune communication entre elles : on y recueillait tous les sels que les eaux de la mer donnent entre 25° et 36°, c'est-à-dire un sel moyen très-impur. J'ai mis les tables en communication et j'ai fait marcher les eaux d'une table à l'autre : par ce procédé, j'ai obtenu séparément les produits différents de l'évaporation. Arrivées à 32°,5, les eaux sont considérées comme impropres à la fabrication du sel. On les rejette ou on les traite comme eaux mères.

Pour satisfaire des convenances commerciales, je sépare, à Berre, les dépôts de 25° à 26°,5, de 26°,5 à 28°, de 28° à 32°,5.

5° J'ai fait construire des bassins de mise en réserve pour les eaux salées. Quand on n'a pas d'eaux en réserve, ou quand les eaux réservées sont à des degrés faibles, on n'obtient des eaux saturées pour garnir les tables que du 20 juin au 1er juillet; la cristallisation se fait en juillet et août; la récolte, forcément ajournée à fin d'août ou commencement de septembre, est exposée aux orages. Si, au contraire, on a une bonne réserve d'eau à 10°, à 18°, à 20°, on peut faire cristalliser en juin et juillet et récolter fin juillet et commencement d'août, avant l'époque des orages. Pour obtenir une grande réserve d'eau, les eaux faites en août sont mises dans des réservoirs de 0m,50 à 0m,80 de profondeur, et y sont classées suivant leur densité. Ce procédé donne une récolte plus assurée et plus forte, en quantité, de 40 à 50 p. 0/0.

6° L'évaporation des eaux est faite même en hiver. Il résulte d'un travail sur l'évaporation que si celle-ci n'est assez intense pour faire du sel que pendant trois mois de l'année, on peut, même en hiver, porter des eaux de 2 à 6 degrés. Nous utilisons donc le semestre d'hiver (septembre à mars) à fabriquer des eaux qui sont classées dans des réservoirs.

7° Un système complet de fossés appelés *égouts* permet d'amener les eaux de chaque partie du salin vers le centre et d'alléger ainsi telle ou telle partie. Un autre système complet de rigoles appelées *courois* permet de porter des eaux dans toutes les parties du salin et d'alimenter toutes les surfaces.

8° Autrefois les eaux étaient élevées des surfaces basses sur les surfaces plus hautes au moyen de roues à godets, ou vis d'Archimède, établies dans chacun des douze ou quinze salins séparés qui composaient le salin de Berre. Ces machines montaient peu d'eau et utilisaient très-peu la force du cheval qui les mettait en mouvement. J'ai introduit à Berre le tympan construit rationnellement; j'en ai établi deux sur chaque point central. Chaque groupe est mis en mouvement par une machine à vapeur. e puis élever par heure 2,500 mètres cubes d'eau.

9° La présence séculaire d'eau très-dense avait ramolli le sol; il a été raffermi en le lavant avec des eaux très-faibles. En n'y tenant pas de grandes épaisseurs d'eau, les frais d'entretien ont été diminués.

Nous avons revêtu nos tables d'une couche de feutre naturel, formée d'une sorte de lichen, qui permet de lever le sel très-proprement en empêchant le terre de se délayer dans l'eau.

10° Nous avons généralisé le revêtement en planches des séparations des tables. Par ce moyen, la terre qui forme ces divisions ne vient pas tacher le sel au moment des pluies.

11° Un nombre plus grand de *buzets*, ou planchettes glissant dans une rainure, a été établi autour des tables afin de pouvoir les vider ou les remplir en peu de temps. Une porte placée à ces buzets comme déversoir permet de faire sortir après une pluie l'eau douce qui surnage.

12° Un petit chemin de fer portatif, avec corde sans fin mue par un manége et traînant des wagonnets, permet de faire à moins de frais une portion du levage.

13° Des encadrements en muraille reçoivent les camelles, ce qui permet sur la même surface de placer plus de sel. L'impureté du sel obligeait de laisser les camelles découvertes pour que la pluie le purgeât

Commission B. des sels déliquescents. La fabrication de sel blanc et pur a permis de couvrir les camelles et par suite d'éviter les pertes considérables dues aux pluies. J'ai introduit la couverture en grosses tuiles ou en nattes de roseaux.

Bouches-du-Rhône — MM. Agard. Ch. Mi[illegible]

L'Ouest n'est pas entré dans la même voie que nous. Là, tous les perfectionnements sont à introduire encore. Ils sont possibles par cela seul que l'Ouest fait des sels déliquescents. Si l'Ouest a une intensité d'évaporation suffisante pour faire cristalliser ses sels, il n'a pas le droit de se plaindre des circonstances atmosphériques et doit s'en prendre à lui-même de l'infériorité de ses produits.

Questions.

30. Nous ne croyons pas qu'il existe à l'étranger de meilleurs procédés de fabrication du sel que ceux employés dans le midi de la France.

31. Les eaux de la Méditerranée ont 3°,5 de densité à l'aréomètre. Ceux des salins qui sont alimentés d'une manière directe prennent les eaux à ce degré; mais ceux qui s'alimentent dans les étangs du littoral la reçoivent presque tous à un degré bien inférieur, quelquefois même à 1 degré seulement.

Presque tous les salins ont une partie de leur surface inférieure au niveau de la mer et y reçoivent l'eau naturellement et sans frais.

32. Le rapport de surperficie des partènements extérieurs et intérieurs avec les tables salantes est comme 6 est à 1 dans les meilleures conditions et peut aller jusqu'à la proportion de 10 à 1.

34. Dans le Midi, le mouvement des eaux d'une partie à l'autre du salin s'opère par des machines hydrauliques mues par des chevaux ou par la vapeur. Les frais de cette opération s'élèvent par tonne de 1 fr. 50 cent. à 2 francs.

35. Les eaux sont élevées généralement à 1 ou 2 mètres. Dans les établissements qui entourent les étangs de Lavalduc, on élève l'eau de 6 à 18 mètres.

37. La récolte du sel se fait fin juillet et dure tout le mois suivant. Le sel mis en camelles est couvert au moyen de tuiles ou de roseaux posés immédiatement sur le sel. Les frais de couverture s'élèvent à 20 centimes par tonne et par année. Généralement on ne couvre le sel qu'après les premières pluies d'automne, qui le débarrassent d'une partie des sels déliquescents qu'il peut contenir.

Bien souvent, soit que les moyens de couverture manquent, soit volontairement, le sel reste exposé à la pluie; dans ce cas, une camelle disparaît en douze ans.

Question. 39. Notre compagnie s'est formée en vue d'exploiter non-seulement le sel marin, mais encore les eaux mères. On croyait que celles-ci pourraient à elles seules donner un revenu considérable, et que le sel marin, devenant alors un produit accessoire, exonéré d'une grande partie des frais généraux, se défendrait par son bas prix de revient contre les envahissements des sels ignigènes.

Depuis sa formation, et pendant quelques années, notre société a étudié à Berre, dans un salin construit exprès, tous les procédés d'exploitation des eaux mères. Elle avait réussi à obtenir au prix de 20 fr. le chlorure de potassium, qui se vendait dans le commerce de 55 à 60 francs les 300 kilogrammes. Comme elle pouvait faire dans tous ses établissements de 25 à 30,000 quintaux métriques de ce produit, elle se voyait à la veille de réaliser un bénéfice de près d'un million; mais la découverte et l'exploitation en Prusse de gisements puissants de chlorure de potassium est venue ruiner les espérances qu'on avait fondées sur cette nouvelle industrie. On offre au Havre le produit prussien au prix de 20 à 22 francs, ce qui rend toute exploitation impossible.

Le salin des eaux mères à Berre n'a qu'une étendue de 10 hectares, dont 5 en tables salantes et 5 en bassins et usines. Il a coûté à établir 192,000 francs. On y emploie, pour la machine à vapeur, la houille de Bességes, qui revient à 21 francs la tonne, rendue à Berre.

Les eaux mères donnent successivement, en se concentrant à partir de 32°,5, plusieurs produits différents. De 32°,5 à 35°, elles déposent un sel qu'on appelle sel mixte et qui contient à peu près moitié de sel marin ordinaire et de sulfate de magnésie. On dissout le sel mixte dans de l'eau douce et on le soumet au froid; on obtient du chlorure de magnésium, qui reste en dissolution, et du sulfate de soude, qui cristallise. — On ne peut tirer parti que du sulfate de soude. Il est hydraté à 56 p. o/o d'eau; il coûte à dessécher 1 fr. 50 cent. les 100 kilogrammes.

A Berre, on n'a pas encore employé le froid artificiel pour décomposer le sel mixte; le froid naturel a manqué deux années sur dix, et les huit autres il n'a permis de retirer que la moitié du sulfate de soude qu'on pouvait obtenir des sels mixtes.

Quand les eaux sont parvenues à 35 degrés, il y a deux méthodes pour les traiter. Par la première, on obtient du sulfate de magnésie, et, l'année suivante, du chlorure double de magnésium et de potassium, duquel on tire ensuite le chlorure de potassium. Le sulfate de magnésie n'a que des débouchés très-limités; on en a vendu jusqu'ici annuellement environ 300 tonnes en Angleterre; mais les marchés avec ce pays ne seront peut-être plus renouvelés. Avec le sulfate de magnésie,

Commission B. on fabrique des produits magnésiens pharmaceutiques. Quant au chlorure double de potassium et de magnésium, on essaye, depuis la découverte des mines de Stassfurt, de le transformer en sulfate triple de soude, de potasse et de magnésie; ce sulfate triple serait un complément des engrais pour l'agriculture, et il empêcherait les terres de s'appauvrir en potasse. Par la seconde méthode, on obtient, par l'évaporation immédiate des eaux à 35 degrés, des sels dits sels d'été, qui trouveront peut-être leur placement en agriculture comme engrais, soit bruts, soit sulfatisés.

Bouches-du-Rhône. — MM. Agard. Ch. Mion.

Questions.

40. Il n'y a pas de raffineries de sel dans le Midi; mais il est devenu nécessaire, pour lutter contre les sels ignigènes, de moudre le sel marin. Nous l'offrons sous une forme qui le fait ressembler au sel sortant des raffineries. On fabrique trois qualités de sel moulu : les deux premières se font avec des meules, c'est le sel fin et demi-fin; la troisième se fait avec des cylindres, c'est le gros sel. Le prix du sel moulu est actuellement rémunérateur; mais il y aura sans doute lieu de le baisser pour soutenir la concurrence.

43. Le prix du sel de choix destiné à la consommation est aujourd'hui de 20 à 25 francs la tonne; les sels moins beaux, destinés à l'exportation ou à l'industrie, se vendent de 9 à 11 francs.

Autrefois, les salins du Midi manquaient de matériel de transport. La compagnie en a acheté un considérable, qui lui a coûté 400,000 francs, mais qui lui permet d'éviter plusieurs transbordements inutiles et de livrer les sels plus promptement.

Les prix de transport sont ainsi réglés pour les principaux salins de la compagnie :

De Berre à Marseille, par Martigues	4f 25c
De Bouc à Marseille	3 00
De Berre à Bouc	2 50
De Fos à Arles	1 75
De Peccais à Aigues-Mortes	1 70
De Peccais et d'Aigues-Mortes à Cette	2 85
D'Aigues-Mortes et Peccais à Beaucaire	5 80
D'Aigues-Mortes à Montpellier	2 85
D'Aigues-Mortes à Lunel	2 20

L'amélioration des moyens d'accès aux marais salants aurait une très-grande influence sur le prix de revient du sel aux ports d'embarquement ou aux gares de chemins de fer.

44. La compagnie demande :

1° A Hyères, l'exécution de l'embranchement d'Hyères par la compagnie de la Méditerranée, qui en est chargée;

MM. Agard. Ch. Mion.

2° A Bouc et Martigues, le prompt creusement du canal maritime, à 6 mètres de profondeur, exécuté par l'État;

3° A Lavalduc, la création d'un chemin de fer départemental s'embranchant à Miramas;

4° Aux bouches du Rhône, l'achèvement du canal Saint-Louis, entrepris par l'État;

5° A Aigues-Mortes, l'exécution la plus prompte de l'embranchement de Lunel à Aigues-Mortes par la compagnie de la Méditerranée, qui en est chargée;

6° Le rachat du canal de Beaucaire, qui a porté ses droits à 6 centimes par tonne et par kilomètre, tandis que sur les canaux de l'État le droit est d'un demi-centime par tonne et par kilomètre, c'est-à-dire douze fois moindre;

7° L'achèvement du chemin vicinal de grande communication qui mène d'Agde au salin de Luno.

[Q]uestions.

51. Le montant du fret de Marseille, de Bouc et d'Hyères est ainsi fixé, par tonne de 1,100 kilogrammes, pour les points de débarquement ci-après :

Redon	20f
Nantes	20
Cherbourg	18
Bordeaux	18
Le Havre	18
Dieppe	19
Dunkerque	19

52. Les mesures réglementaires que nécessite la perception du droit augmentent le prix de vente du sel, parce que le commerce n'est pas libre d'expédier aux heures, avec les instruments et de la manière qu'il lui convient; et cependant l'Administration des douanes y met tout le bon vouloir possible. Il est difficile d'évaluer cette augmentation; toutefois, nous la fixerons à 25 ou 30 p. o/o des frais d'expédition.

L'intérêt des sommes avancées pour l'impôt, jusqu'à l'époque où le sel entre dans la consommation, peut être évalué à 1 fr. 45 cent. pour trois mois et par tonne.

On peut évaluer à 20 p. o/o du prix du sel l'influence des mesures prises pour empêcher la fraude sur les quantités employées aux produits chimiques, et à 5 p. o/o sur celles livrées à l'exportation.

En ce qui concerne les sels destinés à l'agriculture, les mesures fiscales ont eu pour résultat d'en empêcher l'emploi.

53. Les sels produits dans le Midi sont cristallisés en grains variant de grosseur; ils sont généralement blancs et propres. Ils sont légers ou

Commission B. lourds, impurs ou purs, suivant qu'ils ont été fabriqués dans des eaux plus ou moins denses. Il en est qui ne renferment pas plus de chlorure de sodium que les sels de l'Ouest.

Bouches-du-Rhône — MM. Agard. Ch. Mi[illegible]

Questions.

54. Quand on parle de l'humidité des sels, il faut remarquer qu'ils contiennent de l'eau sous trois états. Une partie enveloppe les grains; en laissant laver les camelles de sel par les pluies d'automne, cette eau s'écoule et disparaît. Une autre partie est combinée au sulfate de magnésie, et la troisième est emprisonnée dans les cloisons des cristaux. Plus les sels sont faits dans des eaux voisines de 25 degrés, moins les cristaux renferment d'eau d'hydratation et d'interposition. L'eau qui mouille l'extérieur des grains tient à la propriété hygrométrique du chlorure de magnésium; donc, moins il y a de ce chlorure dans un sel, moins ce sel absorbe l'humidité de l'atmosphère.

55, 57. Les sels de Sétubal (en Portugal) ne doivent leur réputation de supériorité, pour la salaison des poissons, qu'à leur déliquescence et à leur blancheur. Les chairs sont desséchées par des sels trop purs.

Pour la consommation intérieure, en France, on ne donne pas la préférence aux sels marins les plus riches en chlorure de sodium, mais plutôt au genre de cristallisation, à la couleur et au poids auxquels on est habitué.

Les fabricants de soude repoussent en général le sel trop pur, parce que l'acide attaque plus difficilement ses gros grains compactes; ils spécifient seulement que les camelles de sel à eux destinées doivent rester découvertes au moins six mois.

Dans ses transactions, le commerce ne tient pas compte de la richesse du sel en chlorure de sodium pour fixer le prix d'achat ou de vente.

58. Les saliniers de l'Est cherchent à imiter, non-seulement les sels de l'Ouest, mais encore ceux du Midi, en vue d'étendre le débit de leurs produits sur les marchés qui ne sont pas habitués aux sels fins raffinés.

59. Le sel de l'Ouest n'a ni une saveur ni des qualités qui justifient la préférence du consommateur; elle est déterminée par l'habitude.

60. Les sels français qui sont moins recherchés à l'étranger et en France, pour les salaisons de pêche, sont les sels trop purs, qui dessèchent les poissons, et les sels terreux, qui ternissent leur blancheur.

61. Un sel est d'autant plus humide qu'il est de fabrication plus récente, qu'il a été fabriqué dans une eau plus dense et qu'il a été couvert plus tôt.

62. La démonstration de l'hygrométricité d'un sel peut se faire par l'analyse; elle dépend de la quantité de chlorure de magnésium qu'il contient.

Sous la gabelle de Provence, les sels se faisaient tellement mal dans le Midi, à Berre et à Hyères, qu'elle exigeait une exposition de trois ans à la pluie pour les sels qu'elle livrait à la consommation intérieure.

63. Si l'hygrométricité est trop grande et le séjour dans une atmosphère humide trop prolongé, un sel peut perdre du poids; ce déchet est dû à la dissolution du chlorure de magnésium qui s'écoule à travers l'emballage ou sur le sol des magasins. Si l'hygrométricité n'est pas très-grande, le sel ne perd pas beaucoup de son poids.

64. Le sel fortement étuvé gagne du poids en cours de transport, quelle que soit son origine; le sel qui n'est pas étuvé en perd.

Les sels du Midi, transportés à Dunkerque, y arrivent avec un déchet plus fort que ceux de l'Ouest.

65. La création des chemins de fer a beaucoup facilité la concurrence que l'Est fait au Midi et à l'Ouest; cependant le Midi a réalisé de grandes améliorations, dont le consommateur a profité. Ainsi, avant la réduction de l'impôt, les 100 kilogrammes payaient 27 fr. 65 cent. de droits, déduction faite de l'escompte, et ils se vendaient 37 francs à Lyon; aujourd'hui l'impôt, sous la même déduction, est de 9 fr. 60 cent. pour 100 kilogrammes, et ils y sont vendus 13 fr. 70 cent. Ainsi, on est parvenu à réduire de 9 fr. 35 cent. à 4 fr. 10 cent. le prix intrinsèque des 100 kilogrammes de sel rendus à Lyon, prix destiné à rémunérer les frais de production et de transport; de plus, pour soustraire les consommateurs aux exigences des épiciers et autres revendeurs en détail, la compagnie des Salins du Midi a établi des magasins spéciaux où elle livre le sel par fraction de 100, de 50 et de 25 kilogrammes, au prix des ventes en gros. Pour arriver à ces résultats, il a fallu acheter la clientèle des marchands en gros, organiser sur les canaux de Beaucaire et d'Arles des moyens de transport économiques, obtenir des bateaux à vapeur du Rhône de bas prix de voiture, se servir aussi peu que possible des entrepôts de la douane à Lyon, enfin diminuer tous les frais des ventes. Ce qui a été fait à Lyon a eu lieu également dans tous les centres de consommation.

Malgré tous les efforts qu'elle a pu faire, la compagnie des Salins du Midi n'a pas réussi à étendre les débouchés des sels du Midi. Elle a cherché à pénétrer jusqu'à Bordeaux, mais n'a pas pu s'y maintenir; elle est montée au nord jusqu'à Tonnerre, mais elle a perdu Gray, Besançon, Dijon. La limite de ses marchés peut être figurée par une ligne courbe

COMMISSION B. partant de Bagnères-de-Luchon, et passant par Agen, Mauriac, Clermont, Moulins, Beaune, Châlon-sur-Saône, Nantua, Genève.

BOUCHES-DU-RHÔNE. MM. Agard, Ch. M.

Voici le prix de vente de la tonne de sel, non compris l'impôt, sur les principaux marchés de la compagnie, en 1865 et en avril 1866.

DÉSIGNATION.	1865.	1866.
Châlon-sur-Saône	31f 80c	41f 20c
Lyon	39 30	43 30
Nevers	48 30	43 10
Moulins	37 60	40 50
Clermont-Ferrand	38 40	42 90
Grenoble	35 10	43 00
Aix-les-Bains	40 30	40 60
Montpellier	21 40	31 50
Béziers	20 60	34 00
Carpentras	14 10	22 10

Questions. 8. En 1856, sur 80,519 tonnes vendues par la compagnie à l'intérieur, 28,711 ont été achetées par les fabricants de produits chimiques, c'est-à-dire qu'un peu plus des cinq huitièmes des ventes ont été faites en vue des besoins de l'alimentation. En 1865, sur 82,351 tonnes vendues à l'intérieur par la compagnie des Salins du Midi, 25,246 seulement ont été absorbées par les usines de produits chimiques. La proportion dans les ventes de sel pour les usages domestiques et les produits chimiques est donc restée à peu près la même.

74. Il n'existe aucune entente entre le Midi et l'Est. Quant aux sels du Midi, il est vrai que la compagnie des Salins du Midi a cherché à centraliser entre ses mains la production et la vente; mais son but n'est pas de tuer la concurrence, il est de la restreindre. Afin d'étendre ses opérations, elle a affermé plusieurs salins, et elle a passé des traités avec d'autres propriétaires pour l'achat de leurs sels; dans ce dernier cas, elle s'est engagée à fournir les clients des propriétaires qui s'adressent à eux pour avoir une fourniture. Il n'y a pas à craindre qu'à l'expiration des traités faits avec les petits producteurs, ceux-ci ne trouvent plus à écouler leurs produits; en effet, si, pendant la durée des traités, ils ne conservent aucun rapport direct avec leurs correspondants, ils sont certains d'avoir toujours comme débouchés les pays qui avoisinent leurs salins, parce qu'ayant des frais de transport moins élevés, ils pourront y vendre leurs produits à plus bas prix. A côté de la compagnie des Salins du Midi, il existe une association en participation formée en 1865 entre plusieurs des grands saliniers du Midi. Toutes ces combinaisons commer-

ciales ont permis dans les premiers mois de la présente année d'élever à 20 ou 25 francs le prix de la tonne de sel destinée à la consommation intérieure; ce prix ne pourra pas être dépassé, à cause de la concurrence des sels étrangers et des sels de l'Est; d'ailleurs il est rémunérateur.

Questions. 75. Les déposants déclarent énergiquement que la compagnie des Salins du Midi ne fait pas usage de prix différentiels, en ce sens que ses prix de vente absolus ne sont pas moins élevés loin des lieux de production que près des salins; mais afin de conserver ses débouchés, elle se contente sur la tonne de sel d'un bénéfice moins considérable quand elle se trouve sur des marchés où la concurrence des autres sels se fait sentir.

79. La déliquescence des sels, tenant au mode de fabrication et non au climat, constitue bien plutôt un défaut qu'une qualité : il n'y a donc pas lieu d'établir une différence proportionnelle dans le taux du déchet de route en faveur des sels déliquescents; ce serait accorder une prime à la mauvaise fabrication.

Il est certain que pour obtenir la faveur qui serait accordée à l'Ouest, le Midi se déciderait à faire des sels tout aussi déliquescents que les siens. Il le ferait d'autant plus facilement que des analyses ont prouvé que les sels fabriqués sur certains salins du Midi ne contiennent que 85 et 89 p. o/o de chlorure de sodium.

80. Le taux de 3 p. o/o est bien en rapport avec l'état hygrométrique moyen des sels de diverses provenances et, par suite, avec le déchet qu'ils font en voyageant à l'intérieur. Ce taux devrait donc être appliqué à tous les sels, Est, Ouest, Midi; mais comme le déchet est plus grand lorsque les sels vont de la Méditerranée dans l'Océan, ou *vice versa*, par voie de mer, il y a lieu de maintenir pour les sels de toute origine le taux de 5 p. o/o, quand ils sont transportés par le grand cabotage.

81. Le taux des déchets a été fixé comme un maximum; il n'est pas étonnant que le déchet réel ne s'élève pas toujours à 3 et 5 p. o/o. Le bénéfice que peut faire l'acheteur en dedans du maximum est une véritable prime pour la bonne fabrication.

82. L'impôt du sel doit continuer à être perçu en prenant pour base les quantités et non la richesse en chlorure de sodium : d'abord, parce que cette richesse n'est pas la raison déterminante de la préférence accordée par le commerce et le consommateur; ensuite, parce que, le sel variant de qualité dans chaque salin et même dans chaque partie d'un salin, il y aurait lieu à analyser chaque expédition qui serait faite, et

Commission B. — Questions. | Bouches-du-Rhône — MM. Agard. Ch. Mion

que cette opération entraînerait des difficultés ou pour mieux dire une impossibilité pratique.

83. Cette innovation jetterait la perturbation dans le commerce qui, pour avoir un plus bas prix, achèterait des sels pauvres en chlorure de sodium et pourrait frauduleusement les vendre comme sels riches. Elle occasionnerait au Trésor une perte qui pourrait s'élever à 10 p. o/o du montant de la taxe du sel.

84. Nous ne croyons pas qu'on trouve un procédé pratique pour constater le titre du sel. A défaut de ce procédé, il ne faut pas recourir à la fixation des moyennes régionales par les motifs indiqués plus haut, mais à une moyenne générale. Cette moyenne, pour tous les sels provenant de cristallisation d'eau de mer ou de saline, devrait être unique pour toute la France. La remise allouée uniformément à tous les sels devrait être fixée à 3 p. o/o, comme il a été dit ci-dessus pour l'intérieur, et à 5 p. o/o pour le grand cabotage. En tout cas, il ne faudrait jamais que le déchet accordé à l'Ouest dépassât 5 p. o/o. Lui accorder exclusivement les 15 p. o/o qu'il demande, ce serait lui accorder le privilége d'un dégrèvement d'impôt, ce qui serait contraire au principe de l'égalité devant l'impôt. 10 p. o/o en sus des 5 p. o/o qu'il a aujourd'hui constitueraient une bonification de 10 francs par tonne, suffisante pour que l'Ouest adjoignît une zone de 300 kilomètres autour de ses débouchés actuels, c'est-à-dire pour qu'il enlevât à l'Est et au Midi les trois quarts de leurs débouchés. Au taux auquel sont faits aujourd'hui les transports des sels sur les réseaux de l'Ouest, de l'Est, du Midi, de l'Orléans et de la Méditerranée, 10 francs permettraient cette invasion sur une profondeur de 300 kilomètres. Il ne peut arriver que l'État donne une pareille subvention aux uns pour détruire les autres.

86. Les sels du Midi arrivent dans les ports de l'Océan avec un déchet plus fort que les sels de l'Ouest : il n'y a donc pas lieu de réduire celui de 5 p. o/o qui leur est alloué pour aller d'une mer à l'autre.

87. Les droits qui frappent à leur entrée en France les sels étrangers ne sont pas à modifier; ils sont suffisamment bas pour empêcher une hausse exagérée dans les prix, et assez élevés pour protéger l'industrie nationale.

89. Il convient de maintenir la division de la France en zones pour l'application des tarifs différents d'entrée en ce qui concerne les sels étrangers. L'Ouest demande avec raison le maintien du *statu quo*.

90. Les droits dont sont frappés les sels étrangers destinés à la pêche de

ISSION B. la morue ont été assez réduits pour que tous les intérêts soient sauvegardés : ils doivent donc être maintenus.

BOUCHES-DU-RHÔNE.

MM. Agard. Ch. Mion.

estions.

91. Il y aurait de graves inconvénients à calculer le déchet sur les quantités reconnues au débarquement au port de destination et à ne plus les calculer sur les quantités embarquées au lieu de production. Ce serait exposer à de trop fortes tentations le personnel employé au cabotage.

92. Il est possible de diminuer, sans atténuer les garanties contre la fraude, les charges qui résultent pour les producteurs de sels des formalités de douane; la compagnie a réclamé et demande encore :

1° La liberté de faire dans l'enceinte des salins, à toute heure du jour ou de la nuit, toutes manipulations, transformations ou déplacements du sel marin ou du sel des eaux mères;

2° Qu'à défaut de vérificateurs, les brigadiers ou simples employés fassent eux-mêmes les expéditions de sel;

3° Que la durée des heures de présence des employés aux expéditions soit augmentée autant que possible;

4° Que la tolérance ou tombée accordée pour les sels soit portée à 1 kilogramme comme pour toutes les autres marchandises;

5° Que le cône tronqué employé au mesurage, au lieu d'être de 50 litres, soit de 70 ou de 75;

6° Qu'il soit permis d'employer, sauf contrôle par la balance à plateaux, toute espèce de système de pesage, comme bacholle, bascule, romaine, etc.

7° Que les sacs qui doivent être plombés le soient de telle manière que le col n'en soit pas traversé par un instrument tranchant, ce qui les met hors d'usage;

8° Que la sortie du salin des sels pesés et leur circulation hors du salin soient permises à toute heure;

9° Qu'un matériel spécial ne soit pas exigé pour le transport des sels à Cette, et que le plombage des écoutilles suffise;

10° Que l'on diminue autant que possible les frais que le sel a à supporter dans les entrepôts réels, et spécialement dans les docks de Marseille; un séjour de six mois dans ces docks surcharge le prix du sel de 6 à 8 francs par tonne et en élève le prix de revient à 20 francs. Or il serait très-important que les sels pussent être mis en entrepôt à Marseille en grande quantité. Cette denrée, qui constitue une marchandise d'encombrement, serait souvent emportée comme lest, et son exportation deviendrait très-considérable, surtout après le percement de l'isthme de Suez.

COMMISSION B.

BOUCHES-DU-RHÔNE. — MM. Henri Merle, Levat.

M. HENRI MERLE,

Gérant de la compagnie en commandite des produits chimiques d'Alais et de la Camargue, sous la raison sociale Henri Merle et Cie.

M. LEVAT,

Ingénieur civil, attaché à la même compagnie.

(Dépositions orales et écrites.)

Questions. 24. Notre société s'est constituée en 1855, au capital de 4 millions; en 1862, son capital a été porté à 6 millions. Son but était : 1° de créer et d'exploiter à Salyndres, près d'Alais, une usine de produits chimiques; 2° d'exploiter, par les procédés Balard, les vastes étangs salés de la Camargue, dont nous nous étions rendus propriétaires. La fabrication du sel n'était, dans nos prévisions de cette époque, qu'un accessoire. Comme nous nous proposions, en effet, d'appliquer les procédés Balard sur une très-grande échelle, nous ne pouvions songer à livrer au commerce qu'une fraction très-restreinte de sel, correspondant aux eaux mères que nous voulions obtenir et traiter. Des circonstances, que nous exposerons plus loin, nous ont forcés, d'une part, à restreindre considérablement notre exploitation salinière et chimique en Camargue, et, d'autre part, à chercher, dans la production et la vente du sel, une rémunération que le traitement des eaux mères ne pouvait plus nous donner.

1, 10 et 11. Les étangs que nous possédons en Camargue occupent une surface de 12,500 hectares environ. Notre but, en en faisant l'acquisition, était de consacrer la totalité de ces étangs au traitement des eaux mères; mais, depuis l'exploitation des mines de Stassfurt, nous avons distrait de leur destination primitive la plus grande partie de ces surfaces, soit les 10,000 hectares environ qui sont formés par l'étang du Valcarès et les étangs dits Étangs inférieurs, situés entre le Valcarès et la mer. Nous nous proposons de les convertir en pêcheries et en marais roseliers : c'est là, dans les conditions actuelles, la seule utilisation fructueuse qui puisse être faite de ces étangs. Notre exploitation salinière ne s'exerce ainsi que sur 2,500 hectares, dont 1,500 hectares, étant en communication directe avec la mer, servent de réservoir où nous allons puiser nos eaux; ce sont les étangs du Vieux-Rhône, de Sainte-Anne, du Vaisseau et de Rascaillon.

Les autres 1,000 hectares, dont se compose l'ancien étang de Giraud, forment notre établissement salinier proprement dit.

Notre production a commencé en 1859; elle a été :

En 1859, de	15,000 tonnes.
En 1860	15,000
En 1861	42,000

En 1862 .... 24,000 tonnes.
En 1863 12,000
En 1864 25,000
En 1865 30,000

On voit combien la production a été restreinte par rapport à la surface exploitée. Cette réduction dans les récoltes nous a été imposée par l'insuffisance des débouchés.

Questions. 18. Voici le tableau des ventes avec les trois destinations : ventes à l'intérieur, ventes à l'exportation, ventes faites à nous-mêmes pour l'alimentation de notre usine de produits chimiques de Salyndres :

ANNÉES.	INTÉRIEUR.	EXPORTATION.	SALYNDRES.	TOTAUX.
1861	5,331^t	7,780^t	3,718^t	16,829^t
1862	6,385	7,208	3,592	17,185
1863	5,091	6,785	3,247	15,123
1864	10,114	4,469	4,419	19,002
1865	11,805	4,833	4,586	21,224

29. Nos sels sont tous de qualité uniforme; ils sont tous produits dans des eaux dont la densité ne dépasse pas 27 degrés à 27 degrés et demi au plus. Nous ne levons pas le sel qui se produit à un degré de concentration plus avancé; nous n'en saurions que faire, faute de débouchés. Nous sommes toutefois obligés, pour avoir les eaux mères, de passer par toutes les phases de la saunaison et de faire déposer une quantité de sel beaucoup plus considérable que celle que nous récoltons. Il n'en serait pas ainsi, et notre position serait bien améliorée, si, les débouchés augmentant, nous pouvions livrer au commerce les 60,000 tonnes que le salin de Giraud est susceptible de produire. La production du sel et le traitement des eaux mères correspondant formeraient alors deux industries annexes, qui pourraient se soutenir l'une par l'autre.

31. L'eau salée que nous introduisons dans notre salin de Giraud ne vient pas directement de la mer, mais, ainsi que nous l'avons dit, des étangs qui sont en communication avec elle. Son degré de salure ne dépasse pas, en moyenne, le degré de salure de la mer, soit 3 degrés et demi; cela provient des eaux douces qui s'introduisent dans ces étangs pendant le cours de l'été et qui compensent les effets de l'évaporation. Ces eaux douces sont dues en partie aux écoulements naturels, mais surtout aux affluences du Rhône, qui, poussé par les vents d'est, entre souvent en grande masse dans ces étangs. Nous pourrions, il est vrai, remédier en partie à cet état de choses, mais ce serait au prix de travaux très-

Commission B. — coûteux, que ne peut justifier l'état de malaise et d'infériorité où se trouve l'industrie salinière. L'eau salée, puisée dans ces étangs, est amenée à l'étang de Giraud presque entièrement par machine à vapeur; ce n'est qu'au commencement de la campagne que l'introduction peut se faire naturellement.

Bouch-du-Rh — MM. Henri Levat

Question. 32.

On peut estimer le rapport entre les partènements extérieurs et intérieurs et les tables salantes dans notre établissement d'après les bases suivantes :

Sur les 1,000 hectares qui composent la surface totale de notre salin, 100 sont consacrés au dépôt du sel et sont divisés en deux parties : 53 hectares de sol naturel et 47 hectares où le sol a été piétiné par des chevaux. Dans les 53 hectares de sol naturel se fait le dépôt du sel entre 25 et 27 degrés, destiné à être récolté. Dans les 47 hectares piétinés se fait le dépôt du sel entre 27 et 32 degrés, sel qui est abandonné, mais dont le dépôt est nécessaire pour obtenir les eaux mères. Nous estimons à environ 60,000 tonnes, année moyenne, le sel obtenu dans ces 100 hectares, réparties à peu près également entre les deux espèces de tables : soit 30,000 tonnes dans les tables à sol naturel, et 30,000 tonnes dans les tables piétinées; d'après cela, le rapport entre les partènements et les tables salantes serait comme 9 est à 1. Cette disproportion est énorme, surtout en regard des moyens artificiels employés, mais cela provient de la grande perméabilité de notre sol, triste privilége de la plupart des salins du Midi, notamment des salins de la Camargue, de Peccais et d'Hyères. Les réclamations des saliniers de l'Ouest sont en partie basées sur l'inégalité prétendue des conditions atmosphériques. Il est certain que si l'on ne tenait compte que du degré de température, les salins du Midi auraient sous ce rapport un avantage; mais la température n'est qu'un des éléments de la production. Un autre élément beaucoup plus important, c'est le degré de perméabilité du sol. Avec un sol comme celui de la Camargue ou de Peccais, pour combattre cette cause de dégradation des eaux, il faut une évaporation très-vive, qui, pour les degrés avancés, ne se rencontre que dans des étés exceptionnels. Ce qui s'est passé l'année dernière et ce qui se passe cette année ne confirment que trop ce que nous disons ici. Aussi n'hésitons-nous pas à affirmer que les salins de l'Ouest sont, sous le rapport de la capacité productive du sol, dans une condition bien meilleure que les salins du Midi. La preuve saillante en est dans la nature même du sel obtenu dans l'Ouest. Pour avoir à Giraud des eaux mères au degré où elles arrivent naturellement dans l'Ouest, nous sommes obligés de raffermir le sol, de l'imperméabiliser dans une certaine mesure en le faisant piétiner, et cela dès que nous arrivons à 27 degrés. Au delà de 32 degrés, le piétinage ne suffit plus et nous sommes forcés d'employer le béton, ainsi que nous le verrons quand nous parlerons du traitement des eaux mères.

34. Nous avons dit que les eaux au degré de la mer étaient introduites par machine. Quand ces eaux sont parvenues de 15 à 20 degrés, elles subissent un second mouvement par machine; à 25 degrés, une machine les prend encore pour les porter sur le salin; enfin, parvenues à l'état d'eaux mères, il faut encore des machines pour les mouvoir et les faire jouer dans les diverses tables où doivent se déposer les produits. Tous ces mouvements, quelque compliqués qu'ils paraissent, ne sont pas très-coûteux et n'atteignent pas, dans l'état actuel de notre production, 1 franc par tonne; ils nous sont, du reste, imposés moins par la disposition du terrain, qui se prêterait à des mouvements naturels, que par le désir que nous avons de faire travailler le plus possible nos surfaces au prix de quelques frais supplémentaires, et d'arriver ainsi à un quantum d'eaux mères plus abondant. C'est pour nous le seul moyen de lutter contre la déperdition, qui est le fléau que nous avons surtout à combattre.

36, 37, 38. Le prix de revient des sels est une chose extrêmement délicate à préciser : il dépend, en effet, d'éléments complexes qui varient pour chaque salin. Déjà difficile à établir pour un salin qui écoule annuellement sa production, il est bien plus difficile quand il s'agit d'un salin qui est forcé de la restreindre et qui la fait varier suivant les demandes. L'intérêt du capital engagé et son amortissement jouent aussi un rôle difficile à apprécier; ce capital peut, en effet, être inférieur ou supérieur à la valeur réelle de l'établissement, et, suivant les cas, il y aura d'énormes différences dans le prix de revient; enfin, il y a des établissements qui ne se préoccupent que du sel, et d'autres qui cherchent à utiliser les eaux mères, ce qui complique encore cette question de prix de revient. Il est vrai que nous sommes à peu près seuls dans ce dernier cas.

Notre production normale de sel marin par an peut être estimée à 30,000 tonnes. C'est cette quantité qui, réduite à environ 26,500 par les déchets, peut être considérée comme formant notre contingent probable de vente; c'est donc sur 30,000 tonnes que doivent peser les frais de notre exploitation. Ces frais ont été, dans les premières années, trop mélangés avec les frais d'organisation et d'installation pour qu'il soit possible d'en dégager un prix de revient quelconque sérieux; l'année dernière seulement, ils ont été calculés avec beaucoup de soin. D'après ce qui s'est passé en 1865, les 30,000 tonnes que nous avons produites auraient coûté 7 fr. 30 cent. la tonne, les dépenses ayant été de 220,000 francs. Toutefois, nous devons dire que, parmi ces dépenses, il y en a plusieurs qui ont été exceptionnelles, d'autres qui ont été trop fortes; et pour être plus dans le vrai, nous devons suivre le budget de notre exploitation de 1866, budget dont nous nous sommes tellement rapprochés pendant le 1er semestre qu'il peut être considéré comme l'expression de ce qui est et de ce qui sera à l'avenir. D'après ce budget, les dépenses salinières annuelles seraient de 165,000 francs, ce qui donnerait pour la tonne de sel le prix de 5 fr. 50 cent. Ces dépenses se répartissent en frais généraux et frais spéciaux; les frais spéciaux se subdivisent en trois groupes: mouvement des eaux, dépenses préparatoires de récolte et récolte de sel marin.

Les frais généraux comprennent une part des frais d'administration supérieure, les frais d'administration locale, le payement de tout le personnel, les impositions de tout genre, les servitudes, etc. et se montent à 85,000 francs, soit 2 fr. 83 cent. par tonne.

Le mouvement des eaux, dont nous avons déjà parlé, se monte à 22,000 francs, soit 73 centimes par tonne; les dépenses préparatoires de récoltes comprennent l'entretien et la réparation des chaussées et canaux, le roulage des tables, etc. et se montent à 16,500 francs, soit 55 centimes par tonne; enfin la récolte du sel proprement dite, c'est-à-dire battage et enjavelage, se monte à 41,500 francs, soit 1 fr. 38 cent. par tonne; en tout 165,000 francs ou 5 fr. 50 par tonne.

A ce prix de revient, il faut ajouter l'intérêt du capital engagé et l'amortissement de ce capital. Il est d'autant plus nécessaire d'en tenir bon compte, que c'est par l'intensité même du capital d'établissement que nous sommes parvenus à avoir un prix de revient brut aussi bas que celui que nous venons d'énoncer. Notre récolte ne se fait pas en effet à bras d'hommes, la main-d'œuvre étant difficile à se procurer dans un pays aussi peu accessible que la Camargue. Nous avons dû adopter l'emploi de moyens mécaniques pour le levage du sel [1]. Nous avons vu que c'est aussi par machine que se font tous les mouvements d'eaux. Or, dans le prix de revient dont il a été question, rien n'est porté pour l'intérêt et l'amortissement de tous ces organes, qui restent classés dans les comptes d'établissement avec toutes les autres dépenses de même nature.

Notre compte d'établissement pour nos établissements de la Camargue

[1] La récolte du sel dure, à Giraud, de vingt à vingt-cinq jours. Cent ouvriers environ y sont employés: ils sont divisés en deux escouades de cinquante hommes chacune; ils travaillent à la tâche et gagnent à peu près 10 francs par jour. Ils remplissent de sel de grandes caisses en bois portées par des barques, qui, en suivant les canaux qui sillonnent le salin, parviennent auprès des graviers; là sont disposées deux grues élévatoires qui servent à enlever des barques les caisses chargées de sel et à en verser le contenu sur les graviers. Si tout cet ensemble de canaux et de grues n'existait pas à Giraud, il faudrait trois fois plus d'ouvriers pour faire la récolte. Or il serait impossible de réunir dans la Camargue trois cents ouvriers sur un même salin.

MM. Henri Merle. Levat.

était, au 31 décembre 1865, de 4,278,676 francs; il faut en éliminer ce que nous ont coûté les étangs intérieurs de la Camargue, soit environ 1 million; il reste 3,300,000 francs.

Il faudrait maintenant défalquer de cette somme ce qui est relatif aux eaux mères; cette défalcation est assez difficile à faire exactement, beaucoup de dépenses ayant été communes à la création des deux genres d'exploitation; toutefois, en examinant les tableaux, le partage peut être fait approximativement de la manière suivante : 2 millions pour le salin proprement dit, et 1,300,000 francs pour les eaux mères. Sur les 2 millions du salin, 350,000 francs représentent l'acquisition du sol; le reste a été absorbé par les installations de machines, les canaux, les chaussées, etc. C'est donc un capital de 2 millions qui pèse sur notre production annuelle de 30,000 tonnes de sel. Pour avoir, suivant les tables d'amortissement, amorti la moitié de notre capital en vingt-cinq ans et l'avoir réduit à 1 million, qui représente à peine sa valeur vénale, il faut que nous comptions 2 p. o/o à cet effet; 2 p. o/o d'amortissement et 5 p. o/o d'intérêt font annuellement une somme de 140,000 francs qui grève notre exploitation, soit 4 fr. 66 cent. par tonne; 4 fr. 66 cent. et 5 fr. 50 cent. font 10 fr. 16 cent. Tel est le prix de revient de notre sel à la récolte; à cela il faut ajouter le déchet, que nous estimons à 8 p. o/o la première année, à 4 p. o/o la seconde, à 3 p. o/o la troisième; en tout 15 p. o/o pour trois ans, ce qui est la moyenne du temps que le sel passe sur les graviers [1]. On arrive ainsi à 11 fr. 68 cent. pour le prix de revient réel de la tonne de notre sel lors de la vente [2].

Question. 61. Nos déchets sont forts, parce que nous ne couvrons pas les camelles; nous trouvons cependant un avantage à agir ainsi. Il nous est en effet toujours facile de compenser les déchets par la production de l'année suivante; et notre production étant relativement illimitée, il y a plus d'économie pour nous à faire les frais de levage de ces 15 p. o/o qu'à

[1] Il est intéressant de signaler que, lors de la création d'un salin, une camelle de sel perd en trois ans plus de 15 p. o/o. En effet, le sol des graviers n'est pas encore solide, et au centre de la camelle il se produit, par l'effet de son poids énorme, des tassements où l'humidité s'accumule et fait fondre des quantités considérables de sel.

[2] Total du prix de revient de la tonne :

Frais d'installation	2f 83
Mouvement des eaux	0 73
Préparation de récolte	0 55
Récolte	1 38
	5 50
Déchet	1 52
Amortissement du capital	4 66
	11 68

COMMISSION B. — BOUCHES-DU-RHÔNE. — MM. Henri M Levat.

réduire le chiffre du déchet au moyen d'une couverture qui serait coûteuse; le système de couverture convient surtout aux salins qui peuvent vendre toute leur production. Il faut remarquer d'ailleurs qu'en laissant les camelles découvertes, on finit par obtenir du sel beaucoup plus sec, et il faut attribuer en grande partie la déliquescence des sels de l'Ouest à ce que, dans cette région, on couvre avec de la terre le sel à mesure qu'il est récolté. Une autre cause de la déliquescence des sels de l'Ouest doit être vue dans ce fait que la récolte du sel se fait sur les côtes de l'Océan presque journellement, d'où il résulte que les cristaux de sel sont moins gros, et que pour un poids donné leur nombre est plus considérable. Or la surface de chacun de ces cristaux est enduite d'eau imprégnée de chlorure de magnésium, et comme les surfaces sont plus étendues pour le sel de l'Ouest que pour le sel du Midi, à poids égal, le premier doit nécessairement contenir plus de chlorure de magnésium que le second.

Pour compléter ce qui est relatif à notre exploitation salinière, il nous reste à parler des résultats obtenus jusqu'ici dans cette exploitation. Le résultat qu'accusent nos bilans, depuis 1860 jusqu'au 31 décembre 1865, témoigne assez de la déplorable condition qui nous était faite et de la nécessité où nous avons été de recourir à une organisation commerciale qui pût sauvegarder nos intérêts. Les sels que nous avons vendus pendant ces cinq dernières années nous sont ressortis au gravier aux prix suivants :

ANNÉES.	VENTES À L'INTÉRIEUR.	VENTES À LA MER.
1861	7f 50c	3f 45c
1862	8 14	4 15
1863	9 76	4 44
1864	9 30	3 43
1865	9 18	4 45

Question. 39.

Le traitement des eaux mères, qui avait été considéré dans le principe par son auteur, M. Balard, comme un moyen d'utiliser un produit rejeté, a été envisagé plus tard à un autre point de vue, c'est-à-dire comme pouvant être une source de sulfate de soude et de sels de potasse, indépendamment du sel marin correspondant. Les éléments qui, dans l'eau de mer, peuvent donner du sulfate de soude et des sels de potasse, sont en effet en si petite quantité, relativement au sel marin, qu'il était impossible de songer à créer une industrie sérieuse de produits chimiques par cette méthode, en prenant pour base la vente de tout le sel marin. C'est donc abstraction faite du sel marin, ou du moins de la plus grande partie du sel marin, que nous avons voulu exploiter les

MM. Henri Merle. Levat.

eaux mères et que nous avons, à cet effet, acquis les grands étangs de la Camargue.

Les saliniers qui nous avaient précédés dans l'exploitation des procédés de M. Balard avaient successivement suivi deux méthodes dans cette exploitation. Dans la première, les eaux mères, c'est-à-dire les eaux qui étaient parvenues à 32 degrés et demi étaient évaporées sur le sol jusqu'à 36 degrés et demi et rejetées ensuite comme ne contenant plus de matières utiles; cette évaporation donnait lieu à deux sortes de dépôts : le premier de 32 degrés et demi à 35 degrés, dit *sel mixte;* le second de 35 degrés à 36 degrés et demi, dit *sel d'été.* Le premier, le *sel mixte,* était, ainsi que l'indique son nom, un mélange par parties à peu près égales de sulfate de magnésie et de sel marin; il suffisait d'exposer les dissolutions de ce dépôt aux grands froids de l'hiver pour que, sous l'influence de ce froid, il se fît une double décomposition entre le sulfate de magnésie et le sel marin, et l'on obtenait du sulfate de soude cristallisé qui n'avait besoin que d'être desséché pour devenir marchand; le second, le *sel d'été,* était un mélange assez complexe qu'on pouvait considérer comme un sel de potasse brut. Par la cristallisation, on perdait environ la moitié de la potasse; l'autre moitié était condensée dans un beau produit cristallisé et qui est connu en chimie sous le nom de sulfate double de potasse et de magnésie. Ce sulfate double de potasse et de magnésie servait à faire de l'alun.

Telle fut la première phase de l'exploitation des eaux mères. Cette méthode appliquée au salin du Bagnas, dans un terrain propice aux évaporations, réussit parfaitement et donna de bons résultats, qui confirmèrent d'une manière éclatante les prévisions de M. Balard.

L'alun ammoniacal ayant une tendance de plus en plus prononcée à remplacer l'alun potassique, la méthode qui vient d'être décrite n'avait plus sa raison d'être; le sulfate double de potasse et de magnésie devenait sans emploi. On se serait sans doute préoccupé de lui trouver un débouché en le convertissant en carbonate de potasse; mais comme dans le même moment le chlorure de potassium, matière première du salpêtre, commençait à être recherché, on songea à retirer directement, sous cette forme de chlorure de potassium, la potasse que renferment les eaux mères.

Cela donna lieu à une seconde méthode. La première s'était appelée la méthode *des sels d'été,* la seconde s'appela la méthode *des eaux à 35 degrés.* Par cette méthode, les eaux mères, au lieu d'être évaporées sur le sol jusqu'à 36 degrés et demi, n'étaient évaporées que jusqu'à 35 degrés; on ne retirait ainsi, sous forme de dépôt salinier, que le sel mixte dont on connaît la composition et l'emploi. Les eaux mères à 35 degrés étaient, à la fin de la campagne, enfermées dans de profonds réservoirs pour être soustraites à la dégradation des eaux de pluie. Quand venaient les

Commission B. Bouches-du-Rhône — MM. Henri Leval.

premiers froids de l'automne, on retirait ces eaux de leurs réservoirs et on les répandait sur des tables, où se déposait, sous l'influence de ces légers froids, du sulfate de magnésie. Les eaux, dépouillées de sulfate de magnésie, étaient réintégrées dans leurs réservoirs, et, l'été venu, on les exposait de nouveau sur des tables, mais cette fois c'était pour être évaporées; toute la potasse afférente à ces eaux se déposait sous forme de chlorure double de potassium et de magnésium, et à 36 degrés et demi les eaux mères étaient rejetées. La différence essentielle entre cette méthode et l'autre, c'était :

1° Qu'au lieu de ne retirer que la moitié de la potasse, on la retirait en totalité;

2° Qu'on retirait cette potasse sous forme de chlorure double de potassium et de magnésium, au lieu de l'avoir sous forme de sulfate double de potasse et de magnésie;

3° Enfin, qu'on obtenait dans ces différentes manipulations un produit de plus, le sulfate de magnésie, dont la vente pouvait être une nouvelle source de bénéfice. Le chlorure de potassium et de magnésium pouvait facilement être dédoublé et converti en chlorure de potassium.

Cette méthode des eaux à 35 degrés fut surtout appliquée au salin de Berre; elle donna encore de meilleurs résultats que la première. Le terrain était, il est vrai, moins imperméable que celui du Bagnas et les récoltes étaient moins abondantes; mais le haut prix auquel on vendait le chlorure de potassium et le sulfate de magnésie, et surtout l'habile direction qui présidait à l'exploitation, rendirent cette opération très-fructueuse : ainsi fut affirmée une seconde fois, par des faits très-positifs, la justesse des principes énoncés par M. Balard.

C'est à ce moment que nous sommes arrivés. Nous n'avions pas à hésiter dans le choix à faire des deux méthodes. C'était surtout la production du chlorure de potassium que nous avions en vue. C'est donc pour le traitement des eaux à 35 degrés que nous nous sommes organisés. Mais nous avons eu dès le début à lutter contre de grands obstacles. Les irrégularités résultant des variations atmosphériques, déjà gênantes dans une petite exploitation, avaient une influence bien plus nuisible quand il s'agissait d'opérer en grand. En outre, le sulfate de magnésie, qui, dans le traitement restreint de Berre, constituait un produit d'une vente facile, ne pouvait avoir de débouchés dès que sa production dépassait une certaine limite. Il ne pouvait plus être considéré que comme un élément d'un sel mixte artificiel, susceptible de donner par une addition de sel marin du sulfate de soude comme le sel mixte ordinaire. Ces deux causes d'infériorité ne constituaient qu'un amoindrissement dans les résultats et nous en avions tenu compte dans notre organisation; mais nous rencontrâmes une troisième difficulté, celle-là tout à fait imprévue et d'un ordre bien plus grave. Le sol de la Camargue, qui, vu sa composition argileuse, avait été considéré comme très-propre à ce genre d'opération, se trouva inférieur, non-seulement à celui du Bagnas auquel on croyait pouvoir l'assimiler, mais à celui de Berre. Sa perméabilité était tellement grande qu'il était impossible d'y récolter et d'y conserver en quantité sérieuse la matière première du traitement des eaux à 35 degrés.

Nous nous préoccupions de remédier à ces différents inconvénients, quand surgit l'invention de M. Carré qui résolvait le problème de la production industrielle et économique du froid artificiel. L'application que nous fîmes du froid artificiel aux eaux mères nous permit de nous affranchir de toutes les causes d'insuccès que nous avions rencontrées, et nous pûmes créer une troisième méthode qui, toujours fondée sur les principes émis par M. Balard, paraissait être la solution définitive et complète de la question. Dans cette troisième méthode, dite *méthode des eaux à 28 degrés*, l'évaporation des eaux mères sur le sol n'était pas poussée au delà de 28 degrés; parvenues à ce point de concentration, elles étaient renfermées dans de grands réservoirs bétonnés et, pendant toute la série du traitement, ne quittaient plus les vases étanches et métalliques. Ainsi se trouvait résolue la plus grave des difficultés, celle de la perméabilité dont l'influence ne devient réellement funeste que quand on veut arriver à des degrés élevés; les irrégularités résultant des influences atmosphériques disparaissaient ainsi complétement, puisque tout le traitement était rendu industriel et avait la houille pour base, comme les traitements industriels ordinaires; enfin il n'y avait plus de production de sulfate de magnésie.

Nous procédions de la manière suivante : les eaux à 28 degrés étaient extraites des grands réservoirs pendant toute l'année au fur et à mesure des besoins; conduites aux machines réfrigérantes, elles étaient soumises à un refroidissement de 18 degrés au-dessous de zéro, et, par cette première opération, l'on retirait la presque totalité du sulfate de soude qu'elles étaient susceptibles de donner. Ainsi dépouillées du sulfate de soude, ces eaux devenaient propres à donner par la concentration au feu et à la cristallisation, d'abord du sel raffiné, puis du chlorure double de potassium et de magnésium, lequel, par un dédoublement facile, était converti en chlorure de potassium. Et de même qu'on avait eu tout le sulfate de soude afférent aux eaux à 28 degrés, on avait aussi tout le chlorure de potassium afférent à ces mêmes eaux. Le trait caractéristique de cette méthode, c'était d'abord sa constance et sa régularité; c'était aussi la facile obtention de la matière première et, partant, l'abondance de produits. Les seules difficultés que présentait ce traitement étaient les difficultés d'organisation qu'offre toujours une industrie nouvelle, mais qui étaient plus grandes encore dans les conditions où s'établissait celle-là: pays fiévreux, absence de population, main-d'œuvre coûteuse, par conséquent difficile à maîtriser.

Nous avions aussi eu quelques mécomptes dans le coût du froid artificiel, qui était loin d'être d'une aussi facile obtention que l'avait pensé son auteur. Toutefois ces difficultés allaient s'aplanissant de jour en jour, et comme le principal produit dont nous poursuivions la fabrication, le chlorure de potassium, allait augmentant de prix tous les jours, nous étions encouragés dans nos efforts et nous nous croyions à la veille d'avoir réalisé une œuvre aussi fructueuse pour nous que féconde pour l'industrie en général, quand est survenu le fait des exploitations prussiennes, qui a bouleversé les conditions commerciales. Le prix de vente du chlorure de potassium correspond désormais, à peu de chose près, au prix de revient qui résultait de notre traitement; il devient impossible de le continuer. Toutefois, comme nous avions fait de très-grandes dépenses et que notre usine de Salyndres nous constituait une position spéciale qui nous permettait de tirer parti de produits qui sans cela eussent été sans emploi, nous n'abandonnâmes pas le traitement, mais force fut de le modifier encore. Le chlorure de potassium étant devenu sans valeur, ce ne fut plus sous cette forme qu'il fallut rechercher la potasse. Nous reprîmes l'ancien procédé, le plus ancien, celui qu'avait tracé M. Balard à l'origine et qu'on avait suivi au Bagnas, en régularisant toutefois par l'emploi du froid artificiel ce que ce procédé avait de plus délicat dans son fonctionnement. Mais il restait toujours deux grandes difficultés à résoudre : 1° l'obtention de la matière première en quantité sérieuse; 2° l'utilisation des produits. L'exposé de notre traitement indiquera comment et dans quelle mesure nous avons surmonté ces deux difficultés.

Voici comment nous procédons : les eaux mères qui ont déposé le sel entre 25 et 27 degrés sont, ainsi que nous l'avons dit, conduites sur 47 hectares de tables piétinées où elles se concentrent jusqu'à 32 degrés et demi, et, à partir de là, tout se passe comme autrefois au salin du Bagnas; de 32 degrés et demi à 35 degrés se fait le dépôt du sel mixte, et de 35 degrés à 36 degrés et demi se fait le dépôt du sel d'été. Ce sel mixte est dissous sur place, et sa dissolution est emmagasinée dans de grands réservoirs où elle est extraite au fur et à mesure des besoins pour passer aux machines réfrigérantes où s'opère la conversion en sulfate de soude.

Quant aux sels d'été, ils sont récoltés et conservés en camelles comme le sel marin ordinaire. Dissous à chaud quand la saison froide est venue, ils donnent par cristallisation la moitié de leur potasse, sous forme de sulfate double de potasse et de magnésie. Les eaux mères de la cristallisation, bien qu'elles renferment encore la moitié de la potasse, sont rejetées après toutefois avoir passé aux machines réfrigérantes où elles abandonnent une assez forte quantité de sulfate de soude.

La seule différence, comme on le voit, avec l'ancien traitement du Bagnas, c'est que les sels mixtes sont traités industriellement par le froid artificiel et que les eaux mères du sulfate double ne sont rejetées qu'après avoir donné une certaine quantité de sulfate de soude; c'est une notable amélioration qui a rendu cette opération bien normale et bien régulière.

Le sulfate double de potasse et de magnésie ne présente pas non plus de difficulté dans son obtention; son utilisation seule offrait des obstacles : on ne pouvait plus en faire de l'alun comme autrefois. Nous avons bien songé à des emplois agricoles, avec d'autant plus de raison que les sels analogues que l'on applique en Allemagne à cet usage sont moins riches en potasse et plus chers que ne le seraient les nôtres; mais nous ne nous sommes pas dissimulé tout ce que cette application avait d'éventuel, et c'est par leur conversion en carbonate de potasse que nous cherchons à tirer parti de nos sulfates doubles. C'est dans notre usine de Salyndres que se fait cette conversion; les difficultés qu'elle a présentées au début sont aujourd'hui surmontées, et nul doute que si l'on avait à sa disposition des sels d'été comme on a du sel marin, on pourrait créer, par les moyens que nous employons, une source abondante de carbonate de potasse. Mais il n'en est pas ainsi, et ce qui fait et fera toujours défaut dans cette industrie, c'est la matière première. Déjà si restreinte par rapport au sel marin, la potasse des eaux de la mer se restreint bien davantage par l'effet de l'infiltration à mesure que les eaux se concentrent davantage.

Nous avons dit que, pour diminuer les causes d'infiltration, nous avions fait piétiner le sol sur lequel les eaux se concentrent de 27 degrés à 32 degrés et demi; à partir de 32 degrés et demi, le piétinage ne suffit plus, et nous avons été forcés de faire bétonner le sol où se font les dépôts de sel mixte et de sel d'été; nous avons 15 hectares de tables ainsi bétonnées sur une épaisseur de $0^m,08$; enfin nous avons, pour enfermer à la fin de la campagne les eaux mères du roulement, des réservoirs bétonnés cubant 100,000 mètres cubes. Malgré cette mise en œuvre considérable, nous ne parvenons qu'à avoir des quantités relativement faibles de ces dépôts saliniers. Nous serions très-satisfaits si nous pouvions arriver à une récolte moyenne de 6,000 tonnes de sels mixtes et de 4,000 tonnes de sels d'été, ce qui correspondrait à 1,500 tonnes de sulfate de soude anhydre et 1,200 tonnes de sulfate double.

. . . . . .

Quant aux résultats que peut donner le traitement de ces dépôts, abstraction faite de la difficulté qu'il y a à les obtenir, voici ce que nous pouvons dire : le sulfate de soude salinier nous a coûté jusqu'ici plus

Commission B. | Bouches-du-Rhône. | MM. Henri M... Levat.

que ne nous coûte le sulfate de soude ordinaire; nous espérons arriver à la parité, mais non descendre au-dessous.

La conversion des sulfates doubles ou carbonates de potasse est de date trop récente pour que nous puissions rien préciser à cet égard; nous pensons cependant que, pratiquée dans de bonnes conditions, elle peut être fructueuse, mais dans des limites assez restreintes.

Le véritable produit potassique des eaux mères était le chlorure de potassium. Cette matière première du salpêtre faisait de plus en plus défaut à la consommation; les eaux de la mer seules paraissaient susceptibles de combler cette lacune. Par le traitement des eaux à 28 degrés, on pouvait en fabriquer des quantités considérables et à d'excellentes conditions de prix de revient. La découverte des gîtes de Stassfurt a tout bouleversé; et nous n'hésitons pas à dire que si pour nous le terrain était vierge, avec la nature de notre sol surtout, nous ne songerions pas à tirer un parti quelconque des eaux mères du sel, et nous croyons qu'aucun salinier ne peut sérieusement y songer; mais les dépenses que nous avons faites et le concours que nous prête notre usine de Salyndres nous créent une position spéciale, et en continuant à appliquer nos efforts à cette industrie, si nous ne tenons pas compte du capital que nous y avons engagé, nous espérons bien la rendre fructueuse, à moins que le carbonate de potasse ne subisse de la part des mines de Stassfurt une atteinte analogue à celle qu'a subie le chlorure de potassium.

Questions. 41. Nous devons dire, pour être sincères, qu'il nous paraît impossible de faire du sel raffiné avec les eaux de la mer concentrées à 25 degrés. Nous avons fait des tentatives dans ce sens pour utiliser les chaudières qui, dans le système des eaux à 28 degrés, nous servaient à faire du sel raffiné; nous avons complétement échoué : le sulfate de magnésie qui se dépose pendant l'ébullition encroûte la chaudière au point de rendre la suite de l'opération impossible.

43, 44. Nous avons pour aller de Giraud à Marseille un fret de 4 fr. 25 cent. par tonne, et pour aller à Arles un fret de 3 fr. 50 cent. L'ouverture du canal Saint-Louis améliorera notablement, nous l'espérons, notre position, en nous permettant d'exporter davantage et de partager les débouchés maritimes avec les salins de Bouc et d'Hyères.

Aujourd'hui, presque tous les navires qui veulent charger du sel se rendent dans la rade d'Hyères ou dans le port de Bouc. Au contraire, quand le canal Saint-Louis sera achevé, les salins de la Camargue pourront envoyer sur les bords de ce canal d'immenses quantités de sel; les bâtiments venant de Marseille y arriveront avec des frais insignifiants; ils y trouveront du sel à bas prix qu'ils pourront charger en sûreté, et dès lors les exploitations salicoles de la Camargue auront des chances sérieuses de succès[1].

Questions.

52. L'influence des mesures réglementaires que prend la douane dans les fabriques de produits chimiques est d'un effet à peu près nul sur la vente des sels destinés à cet emploi. Nous devons rendre justice à l'Administration qui a su concilier la sécurité de ses droits avec la convenance des fabricants.

93. Il paraît malheureusement impossible à M. Merle que la question puisse être résolue avec le même bonheur pour l'agriculture. Il ne connaît pas de moyens pratiques pour dénaturer le sel et le livrer ensuite en franchise, et il doute qu'on puisse en trouver. L'emploi du sel, au point de vue de l'amélioration du bétail, est d'un autre côté d'une incontestable utilité : il n'y a qu'à voir ce qui se passe en Angleterre. La seule solution qu'il voit à ce problème, c'est la suppression complète de l'impôt. C'est la solution qui a été adoptée chez nos voisins et qui tôt ou tard devra être adoptée en France.

82. M. Levat estime au contraire qu'on trouvera tôt ou tard un moyen pratique de dénaturation du sel. Déjà, en Autriche, en Prusse, on vend en grande quantité, pour les usages agricoles, du sel dénaturé, dont le Trésor n'a pas à craindre la rénaturation. En France, M. Cazalis de Marseille, propose des procédés de dénaturation qui méritent d'être pris en sérieuse considération.

74. Beaucoup de petits producteurs de sel dans les départements du Midi ont, dans ces derniers temps, passé des traités avec la compagnie des Salins du Midi. Ils lui vendent, les uns toute leur récolte, les autres des quantités de sel déterminées. Ils trouvent ainsi l'avantage d'éviter l'encombrement des produits sur leurs graviers, et, de son côté, la compagnie se met à l'abri d'une concurrence désastreuse. L'entente ainsi établie entre les différents exploitants des salins dans le Midi était nécessaire pour les préserver d'une ruine complète. La nécessité en était si vivement sentie que plusieurs grands propriétaires de salins du département des Bouches-du-Rhône ont, depuis quelques années déjà, formé pour la production et la vente du sel une association en participation, et cette association existe parallèlement à la compagnie des Salins du Midi. Cette compagnie cherche en ce moment à élever le prix de vente de la tonne de sel livrée à la consommation intérieure; mais la concurrence des sels de Sardaigne, de l'Espagne et de l'Est, empêchera toujours que le

---

(1) Le sel raffiné obtenu dans l'ancienne méthode de traitement des eaux mères (méthode des eaux à 28 degrés) se vendait facilement à Marseille à raison de 28 francs la tonne.

prix du sel ne subisse une hausse exagérée. D'ailleurs, comme l'impôt constitue presque à lui seul la valeur du sel vendu aux consommateurs, ceux-ci ne peuvent pas être atteints par une hausse de quelques francs dans le prix de la tonne.

Questions.

75. On ne peut pas reprocher à la compagnie des Salins du Midi de faire usage de prix différentiels pour écouler ses produits; il est vrai que, dans les villes éloignées de son centre de production, elle se contente sur la vente d'une tonne de sel d'un bénéfice moindre, mais elle ne la vend pas à perte et moins cher que dans les lieux qu'elle alimente exclusivement.

Il n'est pas à craindre que jamais le Midi s'allie avec l'Est, car le sel de cette région se vend dans un rayon de plus en plus étendu, et un traité passé avec le Midi ne pourrait que lui interdire certains débouchés.

79. Les sels de l'Ouest sont déliquescents, parce qu'on ne les lave pas en les exposant à la pluie comme nous le faisons dans le midi de la France, où nous les découvrons et les laissons longtemps s'écouler en camelles. Si l'on augmente le déchet légal des sels déliquescents, le Midi se mettra à laver des sels dans des eaux de 30 à 32 degrés et demandera le même déchet que l'Ouest, ce qu'on ne pourra lui refuser.

80. Nous croyons que le taux de 3 p. o/o devrait être appliqué à tous les sels voyageant à l'intérieur et que le taux de 5 p. o/o devrait être appliqué aux sels de toute origine allant d'une mer à l'autre.

82, 84. Il n'existe pas de procédé pratique pour déterminer couramment la teneur d'un sel en chlorure de sodium. Ce moyen existât-il, les analyses devraient être si multiples, vu les différences de qualité pour un même salin, qu'il serait inapplicable. Le principe en vertu duquel l'impôt serait perçu d'après la richesse relative des divers sels en chlorure de sodium constituerait du reste une prime à la mauvaise fabrication.

92. Tout en constatant que le service des douanes est devenu depuis deux ou trois ans beaucoup plus libéral dans ses relations avec les producteurs de sel et avec ceux qui se livrent au commerce de cette marchandise, nous croyons qu'il y aurait encore des améliorations importantes à apporter. Le service de la douane en hiver a lieu pendant un nombre d'heures si restreint que la main-d'œuvre des chargements s'en trouve notablement augmentée. D'une manière générale, quand on examine le prix de revient des chargements dans les salins de Sicile et de Sardaigne, où la douane n'intervient pas, on voit que ces salins font leur chargement à peu près à moitié prix de ce que nous payons; le travail y est de huit heures au moins en hiver et de onze en été; chez nous, il est de cinq heures à cinq heures et demie en hiver, de huit à neuf heures en été.

MISSION B. — BOUCHES-DU-RHÔNE. — MM. Henri Merle. Levat. Prat.

En ce qui concerne les fabricants de produits chimiques, ils ont à se plaindre de la redevance de 3 francs par tonne de sel employée qui leur est imposée. Dans beaucoup d'usines, cette redevance atteint un taux de 15,000, 18,000 et 20,000 francs. Or elle n'est destinée qu'à couvrir les frais de la douane. La surveillance est exercée par quatre employés aux appointements de 5,000 à 6,000 francs par an. La fixation des droits à 3 francs par tonne de sel est donc exagérée, et il faudrait, pour se conformer à l'esprit du législateur, qui a aboli l'impôt sur le sel destiné aux fabriques de soude, ou bien réduire le taux de la redevance, ou bien accorder aux fabricants la faculté d'abonnement.

M. PRAT,

De la société Prat et compagnie, fabricant de produits chimiques et propriétaire de salin.

(Déposition orale.)

Questions. 29, 31, 32. Le salin de Rassuen, exploité par la société Prat et compagnie, a une superficie de 36 hectares de surfaces évaporantes et de 9 hectares en graviers et chaussées. L'étendue des tables salantes est de 16 hectares. Les eaux sont tirées de l'étang de La Valduc, où elles marquent 9 degrés. Autrefois leur salure atteignait 16 et même 20 degrés. Aussi la production du salin a considérablement baissé : de 16,000 tonnes par an elle est descendue à 10,000 tonnes. Encore la production serait-elle moindre si l'on n'avait pas construit à Rassuen de grands bassins qui permettent de conserver pendant l'hiver des eaux neuves, ayant déjà atteint à la fin de la campagne précédente un degré de saturation assez élevé, et de porter ces eaux pendant le printemps jusqu'à 18 et 22 degrés.

24. La valeur du salin de Rassuen est d'environ 600,000 francs. Il appartient à la société en commandite Prat et compagnie constituée au capital de 2,500,000 francs, divisé en 10,000 actions de 250 francs. Outre le salin, la société possède deux usines de produits chimiques.

Jusqu'en 1862, le produit annuel du salin était de 10 p. 0/0 environ; mais à cette époque des eaux douces ont été introduites dans l'étang de la Valduc; la production a dès lors diminué comme il a été dit ci-dessus; les frais de fabrication ont augmenté et le revenu du salin a presque entièrement disparu; il n'a rapporté, tous frais payés, que 5,000 francs en 1865.

19. On peut évaluer à 6 francs le prix de revient de la tonne de sel, non compris l'intérêt du capital engagé. Le prix moyen de vente, pour le sel

destiné à la consommation intérieure, est de 15 francs la tonne; ce prix est depuis quelques mois plus élevé.

Questions. 28, 74. Le déposant fait partie d'une société en participation pour la vente du sel, formée entre la compagnie des Salins du Midi et différents propriétaires d'exploitations salicoles. Il est entré également dans un syndicat qui est constitué entre les propriétaires des salins voisins de l'étang de La Valduc, et qui a le double but de détourner les eaux douces qui menacent de dessaler cet étang et d'y amener les eaux de la mer.

39. Le déposant n'hésite pas à condamner, comme ne pouvant donner aucun bénéfice, l'exploitation des eaux mères. Il est le premier industriel qui ait cherché à extraire de ces eaux des sels de soude et de potasse; il a fait des dépenses considérables pour atteindre un résultat sérieux, et il a été obligé de renoncer promptement à appliquer les procédés inventés par M. Balard. D'ailleurs la découverte récente des mines de chlorure de potassium de Prusse a dû enlever tout espoir à ceux qui attribuaient encore des chances de succès au traitement des eaux mères.

79. Il est injuste de faire jouir la région de l'Ouest d'une remise pour déchet plus forte que celle qu'on accorde à la région du Midi. Les bons principes économiques veulent que les producteurs combattent à armes égales, et qu'on ne concède pas à une partie du territoire français des faveurs qui sont refusées aux autres. Pour être fidèle à sa mission d'impartialité, le Gouvernement, loin d'augmenter le déchet légal de l'Ouest, devrait le réduire au taux de 3 p. 0/0 qui est imposé au Midi.

82. Quant à l'idée d'établir l'impôt, non plus sur la quantité du sel, mais sur sa qualité, elle est impraticable. Il y a en effet sur le même salin, presque dans la même camelle, plusieurs qualités de sel, et leur constatation serait longue et coûteuse, en admettant même qu'elle fût possible.

Que partout on adopte de bons procédés de fabrication, et partout on fera du sel de bonne qualité; ce n'est pas la température qui fait la richesse du sel en chlorure de sodium. Ainsi, dans les États-Romains, on a fabriqué de mauvais sels, jusqu'au moment où l'on y a adopté les moyens de fabrication employés dans le midi de la France.

93, 94. Le déposant ne pense pas que le sel devienne jamais d'un usage fréquent en agriculture. Il pense que le climat de la France rend moins nécessaire que dans certains autres pays l'emploi du sel pour la nourriture des bestiaux. Il a essayé d'améliorer des fourrages en les arrosant avec de l'eau de mer, mais cette tentative n'a pas donné de résultant saillant.

92. Les formalités douanières sont vexatoires et onéreuses pour les saliniers.

ISSION B. BOUCHES-DU-RHÔNE.

MM. Gayet. Grimes.

M. GAYET,

Fabricant de produits chimiques à Marseille.

(Déposition orale.)

estions. Depuis longtemps le prix du sel a peu varié sur la place de Marseille.
19. La tonne destinée aux usines de produits chimiques, mise sur charrettes, n'y est jamais descendue au-dessous de 13 francs, et n'a pas dépassé 16 francs. On peut dire qu'en moyenne le prix a été de 14 francs. La tonne sur le gravier ne vaut que 9 ou 10 francs.

57. Les fabricants de produits chimiques recherchent surtout les sels qui sont facilement attaquables par l'acide sulfurique. Le déposant emploie autant que possible du sel qui ne soit pas déliquescent, mais il n'a jamais comparé la richesse relative en chlorure de sodium des sels de différentes qualités.

52, 92. Il serait très-avantageux pour les fabricants de produits chimiques de n'être plus soumis à la redevance actuelle de 3 francs par tonne de sel employée. Le chiffre de cette redevance n'est pas en proportion avec les dépenses qu'elle est destinée à couvrir; ainsi dans l'usine du déposant, où l'on emploie annuellement environ 5 ou 6,000 tonnes de sel, le fabricant doit acquitter 15 ou 18,000 francs de droits. Il est bien évident qu'une pareille somme dépasse de beaucoup les frais qu'entraîne, pour l'Administration des douanes, l'exercice auquel est soumise la fabrique, exercice qui est confié à quatre douaniers, et pour lequel, du reste, deux suffiraient. Les fabricants de produits chimiques demandent tous que l'indemnité de 3 francs par tonne soit diminuée; le Gouvernement, en accueillant cette réclamation, leur permettrait de mieux soutenir la concurrence anglaise, et leur donnerait réellement en franchise, comme c'est sa volonté, le sel destiné à la fabrication de la soude.

M. GRIMES,

Fabricant de produits chimiques.

(Déposition orale.)

39. Le déposant n'a jamais cherché à traiter les eaux mères, parce que dès l'abord l'exploitation de ces eaux lui a paru devoir entraîner de grandes dépenses et ne rapporter que de petits bénéfices. Les pertes qu'ont subies d'autres industriels en voulant exploiter la découverte de M. Balard le font s'applaudir de sa prévoyance. L'exploitation des eaux mères lui paraît complétement ruinée, depuis qu'on peut faire venir de Prusse du chlorure de potassium au prix de 20 francs les 100 kilogrammes, et que les Indes nous expédient en grande quantité des sels

de potasse. Ainsi les azotates de potasse, qui se vendaient il y a quelques années 110 francs les 100 kilogrammes, ne valent plus actuellement que 58 francs.

Questions.

92. Le déposant ne voit qu'un moyen de relever l'industrie salicole en France et en même temps de donner une vive impulsion à la fabrication des produits chimiques, c'est de supprimer l'impôt du sel. Il n'admet pas qu'une denrée puisse être frappée d'un impôt qui représente vingt fois son prix de revient.

19. Le déposant estime qu'en moyenne le prix de revient actuel est de 3 fr. 50 cent. la tonne mise sur le gravier. Ce prix de revient du sel diminuerait si les débouchés augmentaient, et ils n'augmenteront que si les fabriques de produits chimiques et les nations étrangères consomment de plus grandes quantités de sel qu'elles ne le font aujourd'hui.

52. Le déposant estime que les formalités et la redevance imposées par la douane aux fabricants de produits chimiques, leur font subir une charge qui peut être évaluée à 1 fr. 40 cent. par 100 kilogrammes de sel de soude fabriqués.

M. DONY,

Chimiste de la compagnie Renouard, des Salins du Midi.

(Déposition écrite.)

29. Dans le midi et l'ouest de la France, le sel est obtenu par évaporation spontanée de l'eau de mer sur le sol; dans l'Est, on évapore en chaudière des eaux de sources salées ou des dissolutions de sel gemme. De ces deux procédés, le premier est évidemment le plus économique; mais il ne peut être appliqué avantageusement que sur les côtes de l'Océan et de la Méditerranée, où l'on trouve de grandes surfaces presque horizontales, à un niveau inférieur ou très-peu élevé au-dessus de celui de la mer. Dans l'Est, le sol a une valeur trop grande et il est trop accidenté pour que l'on puisse économiquement, par évaporation spontanée, évaporer des eaux de sources salées.

Dans le Midi, l'industrie salinière a progressé depuis vingt ans; mais c'est surtout à partir de 1830 qu'aux procédés barbares des anciens sauniers ont été substitués des principes de fabrication conformes aux données scientifiques de notre époque.

Parmi les modifications apportées dans la fabrication du sel marin dans le midi de la France, et en particulier dans les salins de notre société, je citerai les suivantes :

1° Diminution notable des frais de mouvement d'eau, soit par les améliorations apportées dans la construction des machines élévatoires, soit aussi par une étude intelligente du sol, dont les différences de niveau ont été mieux utilisées;

2° Culture du *Microcoleus corium* (vulgairement appelé *feutre des salins*), qui recouvre nos tables salantes et nous permet de récolter du sel très-blanc, même sur des sols vaseux; ce feutre a de plus l'avantage de rendre le sol des tables salantes moins perméable;

3° Emploi de réservoirs dans lesquels sont emmagasinées, à la fin de chaque campagne, des eaux de densités différentes qui permettent de commencer, l'année suivante, la cristallisation du sel marin dès le commencement de juin;

4° Séparation complète des eaux mères, et par conséquent obtention d'un sel marin plus pur que par le passé.

Grâce à ces modifications, on est parvenu à augmenter d'un tiers le rendement en sel d'une surface donnée; le salin de Berre en particulier produisait, il y a une quinzaine d'années, un maximum de 12,000 tonnes de sel, et aujourd'hui sa récolte moyenne est de 18 à 19,000 tonnes. (*Voir la réponse n° 54 pour ce qui concerne l'Ouest.*)

iestions.

31. Les salins placés sur les bords de la Méditerranée prennent l'eau de mer entre 3 degrés et 3°,5 Baumé; ceux de l'étang de Berre, à 1°,5 Baumé, et enfin ceux qui s'alimentent dans l'étang de La Valduc trouvent aujourd'hui cette eau à 10 degrés Baumé: ils la prenaient, il y a cinq ans, à 15 et à 18 degrés Baumé.

Presque tous les salins de mer et ceux de l'étang de Berre sont alimentés naturellement par un ou plusieurs canaux avec *martelières*, qui amènent l'eau salée dans les partènements extérieurs au-dessous de l'étiage. Dans la contrée de La Valduc, les eaux salées sont envoyées dans les salins à l'aide de machines plus ou moins puissantes, et sont élevées à des hauteurs qui varient entre 6 et 35 mètres. Les frais d'alimentation sont dans ce dernier cas de 1 fr. 15 cent. à 2 francs par tonne de sel.

32. Les rapports de superficie entre les tables salantes et les partènements intérieurs et extérieurs varient nécessairement avec la densité de l'eau salée introduite dans le salin. Pour les salins de mer, ce rapport est de 1 à 6; pour ceux de Berre, de 1 à 10, et enfin pour ceux de La Valduc, de 1 à 3.

Dans la construction d'un salin, il faut autant que possible éviter les frais de terrassement, utiliser les pentes naturelles du sol et n'élever l'eau salée que lorsque la circulation naturelle est arrêtée. Plus l'eau salée est concentrée, moins elle occupe de volume, et moins grands aussi sont les frais de mouvement d'eau.

Dans le salin de Berre, l'eau de l'étang est amenée par la pente natu-

COMMISSION B. relle du sol de 1°,5 à 8 degrés Baumé sur les partènements extérieurs qui ont une superficie de 250 hectares; par un premier mouvement, elle est renvoyée dans 40 hectares de partènements intérieurs, d'où elle sort à 18 degrés Baumé pour être reprise une dernière fois et emmenée dans 8 hectares d'avant-pièces. A la sortie des avant-pièces, l'eau marque 25 degrés Baumé et peut alimenter naturellement 32 hectares de tables salantes. BOUC-DU-RH[illegible] — M. D[illegible]

A Berre, une tonne de sel exige une surface d'évaporation de 176 mètres carrés.

Dans les salins alimentés avec de l'eau de mer, il faut 112 mètres carrés de surface par tonne de sel marin produite.

Enfin les salins qui prennent des eaux salées à 10 degrés Baumé dans l'étang de La Valduc, exigent seulement une surface de 48 mètres carrés par tonne de sel.

Ces données sur l'évaporation varient nécessairement avec la nature plus ou moins perméable du sol des salins; elles sont déduites d'observations pratiques, et on peut les considérer comme une moyenne pour les salins du midi de la France.

Plus un sol est imperméable et moins il faut de surface d'évaporation pour l'obtention d'un poids donné de sel marin.

Questions. 34, 35. Pour des hauteurs de 1 à 2 mètres, on emploie le tympan comme machine élévatoire des eaux salées.

Le tympan est mis en mouvement par des chevaux, et quelquefois par des machines fixes et des locomobiles. Les salins qui puisent leurs eaux dans l'étang de La Valduc, à des hauteurs comprises entre 6 et 35 mètres, se servent de machines fixes et de pompes. Les frais de mouvement d'eau varient de 50 centimes à 2 francs par tonne de sel.

39. Les eaux mères du sel marin sont exploitées à Berre, depuis 1852, par les procédés de M. Balard. De nombreuses études ont été faites dans ce salin, et nous étions parvenus, il y a déjà quelques années, à obtenir de notre exploitation d'eaux mères, à Berre, un revenu annuel de 40,000 francs en moyenne pour une dépense capitale de 200,000 francs environ. Ce résultat pouvait facilement être obtenu sur chacun de nos salins, et en premier lieu sur celui de Peccais, le plus important de tous et aussi le mieux étudié.

Le traitement des eaux mères allait être appliqué au salin de Peccais lorsque la compagnie des Salins du Midi eut connaissance de la découverte et de l'exploitation à Stassfurt d'un gisement considérable de chlorure double de potassium et de magnésium. Après avoir, en 1864, étudié moi-même sur les lieux l'importance de ce gisement, et m'être assuré de la facilité de traitement du chlorure double, le conseil, d'après mon rapport, n'a pas hésité à renoncer à l'exécution des projets de Peccais. En effet, le chlorure de potassium que nous avions produit pendant sept années consécutives au prix de 20 à 25 francs les 100 kilogrammes, et dont nous avions trouvé facilement la vente à raison de 55 et 60 francs les 100 kilogrammes, se vendait déjà, pendant mon séjour en Prusse, 30 francs; aujourd'hui, on offre au Havre le chlorure de potassium prussien au prix de 20 francs. Dans ces conditions, la lutte n'était plus possible, et nous avons dû renoncer au mode d'exploitation des eaux mères que nous avions appliqué jusqu'alors.

Voici brièvement la description des procédés de traitement des eaux mères qui ont été appliqués à Berre depuis 1851.

Les eaux mères du sel marin évaporées sur le sol abandonnent, de 32°,5 à 35 degrés Baumé, un mélange de sel marin et de sulfate de magnésie hydraté. Ce produit est connu généralement sous le nom de *sel mixte*. Une dissolution saturée de ce sel à 30 degrés Baumé environ, et exposée en hiver à une température aussi basse que possible, donne naissance, par double décomposition, à du sulfate de soude hydraté qui se dépose sur le sol, et à du chlorure de magnésium; on lève le sulfate de soude après avoir fait écouler le chlorure de magnésium. A partir de 35 degrés Baumé, les eaux mères peuvent être traitées de deux manières différentes :

1° Par évaporation immédiate sur le sol jusqu'à 38 degrés Baumé; elles donnent alors un dépôt appelé *sel d'été* dont la composition moyenne est la suivante :

Sulfate double ($MgO,SO^3,KO,SO^3 + 6HO$)……….	52.6
Chlorure double ($Mg^2Cl^2,KCl + 12HO$)…………	16.6
Chlorure de magnésium ($MgCl$)………………	10.4
Chlorure de sodium ($NaCl^2$)………………	15.1
Eau d'interposition………………………	4.8
Matières insolubles………………………	0.5
	100.0

2° Emmagasiner les eaux à 35 degrés dans de vastes réservoirs, en couche de 3m,50 d'épaisseur, et, au commencement de l'hiver, exposer ces eaux sur les tables jusqu'à ce qu'elles soient descendues à la température de + 6 degrés. On obtient de cette façon environ 90 kilogrammes de sulfate de magnésie brut par mètre cube d'eau à 35 degrés.

Après ce dépôt, les eaux à 35 degrés Baumé ne marquent plus que 33°,5 Baumé; elles sont renfermées une deuxième fois dans les réservoirs et ce n'est que dans la campagne salinière suivante que ces eaux donnent, par évaporation de 33°,5 à 38 degrés Baumé sur les tables salantes, la potasse qu'elles renferment sous forme de chlorure double; ce sel n'est pas pur et contient en moyenne :

Chlorure double ($Mg^2Cl^3,KCl + 12HO$)	63.2
Sulfate de magnésie ($MgO,SO^3 + 7HO$)	16.5
Chlorure de potassium (KCl)	4.2
Chlorure de sodium ($NaCl$)	10.3
Matières insolubles	0.7
Eau d'interposition	5.1
	100.0

Ce sel est dédoublé par les procédés ordinaires, et fournit, comme à Stassfurt, du chlorure de potassium plus ou moins pur; celui que nous avons produit jusqu'à ce jour renfermait de 91 à 98 p. o/o de chlorure de potassium pur.

Les eaux mères à 38 degrés Baumé provenant soit du sel d'été, soit du chlorure double, n'ont pas encore trouvé de débouché assuré; évaporées à siccité et chauffées au rouge sous l'influence de la vapeur d'eau, elles donnent par leur décomposition naissance à de l'acide chlorhydrique et à de la magnésie brute. Nous avons préparé par ce procédé environ une centaine de tonnes de magnésie renfermant de 88 à 92 p. o/o de MgO (magnésie pure).

L'eau mère à 38 degrés Baumé est encore employée en médecine; elle renferme presque autant de bromure que celle de Kreutznach et produit par conséquent les mêmes effets curatifs; mais ce sont là des débouchés insignifiants pour notre production, et une application sérieuse du chlorure de magnésium ou de ses dérivés reste encore à trouver.

Des deux modes de traitement de l'eau mère à 35 degrés Baumé, nous avons, pendant neuf années, pratiqué le second; mais maintenant que la production du chlorure de potassium n'est plus possible à un prix rémunérateur, quelle route devons-nous suivre?

Probablement la première, si l'emploi des sels d'été comme engrais potassique prend en France le développement qu'il a déjà pris en Prusse. Nos efforts sont dirigés de ce côté; de nombreuses expériences ont été faites et se font encore maintenant par des agriculteurs distingués et consciencieux, sur l'emploi du sel d'été brut ou sulfatisé comme engrais potassique. En cas de succès, les eaux mères pourront encore donner quelques bénéfices, mais sous ce rapport nos illusions ont disparu et nous nous estimerions heureux de trouver dans le traitement des eaux mères des salins le revenu ordinaire des affaires industrielles.

On pourrait alors, sur un ou deux de nos salins privilégiés au point de vue de l'imperméabilité du sol et dans lesquels il n'y aurait pas nécessité absolue de bétonner les tables salantes de 35° à 38° Baumé (travail qui eût été indispensable à Peccais), faire du sel d'été avec les eaux mères de l'année, et satisfaire ainsi, sans dépense de capital, aux demandes de l'agriculture.

Telle est, à mon avis, la seule porte de salut laissée ouverte à l'industrie des eaux mères; si cette porte se fermait, on pourrait considérer le traitement des eaux mères comme une affaire morte.

[Q]uestion. 54.

Dans le Midi, on produit sur certains salins une, deux ou trois qualités de sel marin.

Les sels de première qualité, qui sont livrés spécialement à la consommation, sont obtenus au moyen d'eaux vierges de 25° à 26° Baumé; ces mêmes eaux, évaporées sur d'autres surfaces jusqu'à 28° Baumé, donnent les sels de deuxième qualité; enfin, on obtient le sel de troisième qualité de 28° à 32° Baumé. Ces trois qualités de sel marin ont, bien entendu, une composition chimique spéciale.

Ceux de première qualité (sels de pièces maîtresses) pèsent de 96 à 100 kilogrammes l'hectolitre; ayant été formés dans une eau vierge, les cristaux de ce sel sont nourris et le plus souvent transparents.

Les sels de deuxième qualité sont, en général, destinés à la fabrication des produits chimiques; ils sont moins purs et moins transparents que les précédents et pèsent de 94 à 97 kilogrammes l'hectolitre.

Enfin, les sels de troisième qualité doivent être nécessairement plus impurs, puisqu'ils sont produits par des eaux ayant déjà déposé une forte proportion de leur sel marin et dont la densité est en grande partie due à leur forte teneur en sels étrangers, qui constituent l'eau mère proprement dite.

Les sels de troisième qualité sont destinés à l'exportation et servent principalement aux salaisons; ils pèsent de 90 à 94 kilogrammes l'hectolitre.

La composition moyenne des sels de mer ayant une année de gravier et lavés seulement par les pluies d'automne, est la suivante :

DÉSIGNATION.	N° 1.	N° 2.	N° 3.
Sel marin ($NaCl^2$)	94.80	92.14	90.34
Chlorure de magnésium (MgCl)	0.35	0.47	0.72
Sulfate de magnésie (MgO,SO^3)	0.27	0.52	1.13
Sulfate de chaux (CaO,SO^3)	1.15	0.84	0.35
Matières insolubles	0.11	0.13	0.10
Eau par différence	3.32	5.90	7.36
TOTAL	100.00	100.00	100.00

J'ai été envoyé l'année dernière, par la compagnie des Salins du Midi, dans l'Ouest pour étudier sur les lieux mêmes les procédés de fabrication du sel marin actuellement usités dans les départements de la Charente-Inférieure, de la Vendée et de la Loire-Inférieure. J'ai eu, pendant près de trois semaines, l'occasion d'analyser avec soin ces procédés, qui, à mon avis, pourraient et auraient déjà dû depuis très-longtemps être modifiés. Parmi ces modifications, il en est une qui est capitale au point de vue du prix de revient du sel marin dans l'ouest de la France. Sans bouleverser de fond en comble les marais salants actuels, ne pourrait-on pas arriver à grouper un certain nombre de ces salins parmi lesquels on choisirait les plus rapprochés d'une route, d'un chemin de fer ou d'un canal pour y amener l'eau en sel et la faire cristalliser? Évidemment oui, et je ne comprends pas que l'on n'ait pas déjà, surtout par cette combinaison, songé à diminuer les prix de transport d'une marchandise qui tend de jour en jour à avoir moins de valeur et dont le prix de revient est quelquefois plus que doublé par les frais de transport.

De tous les échantillons de sel marin que j'ai rapportés de l'Ouest et analysés, un seul provenait de la récolte de 1864; je l'avais pris sur un navire en chargement dans l'île d'Oleron. Ce sel pesait 86 kilogrammes l'hectolitre; il renfermait:

Chlorure de sodium ($NaCl^2$)	90.158
Chlorure de magnésium ($MgCl$)	1.013
Sulfate de magnésie (MgO,SO^3)	0.845
Sulfate de chaux (CaO,SO^3)	0.510
Matières insolubles	0.546
Eau par différence	6.926

Les autres échantillons de sel marin venaient d'être récoltés et renfermaient par conséquent encore une quantité d'eau mère assez forte; mais ce qui m'a frappé dans le travail analytique auquel je me suis livré sur les sels de l'Ouest, c'est la faible quantité de sulfate de chaux que ces sels renferment (au plus 0.73 p. 0/0); ce fait à lui seul prouverait que dans ces salins, le chlorure de sodium cristallise dans un milieu souillé par la présence d'une quantité d'eau mère assez forte pour rendre impossible la solubilité du sulfate de chaux. En effet, lorsque l'on fait évaporer de l'eau de mer, le sulfate de chaux commence à se déposer à 15° Baumé, et à 25°,5 les neuf dixièmes de ce sel ont déjà cristallisé. De 25° à 26°,5 le dépôt de chlorure de sodium entraîne avec lui une assez forte quantité de sulfate de chaux dont la proportion diminue à mesure que l'eau augmente de densité, et à 30° Baumé ce sel n'existe plus dans les eaux.

Il résulte de cette observation que dans une saline où l'on travaille d'une manière méthodique, c'est-à-dire où l'on classe les dépôts de sel marin, les sels les plus purs sont ceux qui ont été obtenus de 25 à 26°,5 Baumé; ils renferment, il est vrai, 1 à 1.2 p. 0/0 de sulfate de chaux, mais en compensation ils sont presque exempts de sulfate de magnésie et de chlorure de magnésium.

SSION B. La faible proportion de sulfate de chaux que renferment les sels de l'Ouest prouve d'une manière incontestable que ces sels sont obtenus par un procédé condamné depuis longtemps dans nos salins du Midi; ce procédé consiste à laisser pendant toute la récolte l'eau mère dans les aires et à remplacer au fur et à mesure l'eau évaporée par de l'eau à 25° Baumé. Il est facile de comprendre que le sulfate de chaux contenu en dissolution dans l'eau vierge se précipite au moment où cette eau est mélangée avec celle que renferme déjà l'aire et qui, le plus souvent, marque un degr élevé. La plus grande proportion du sulfate de chaux se dépose alors tumultueusement en cristaux très-petits et ne fait pas partie du sel marin, qui cristallise plus tard; en lavant le sel marin dans l'aire même, le sulfate de chaux pulvérulent et léger reste en suspension dans l'eau et finit par faire partie constituante du sol de l'aire.

BOUCHES-DU-RHÔNE.
—
M. Dony.

estions. Un sel marin pur et en gros cristaux ne doit pas changer de poids
3, 64. sous l'influence de variations hygrométriques; s'il est en très-petits cristaux et étuvé comme celui de l'Est, il doit même, ainsi que toutes les substances pulvérulentes et sèches, absorber une certaine quantité d'eau dans une atmosphère humide. Malheureusement la plus grande partie du sel marin qui est récolté en France cristallise dans un milieu d'autant plus impur que les eaux salées ont une densité plus forte; les cloisons microscopiques qui forment la cristallisation cubique du sel marin retiennent entre elles de l'eau mère très-riche en chlorure de magnésium qui attire l'humidité de l'air avec une grande énergie. Pendant le transport, les cristaux se brisent, l'eau mère s'écoule et il est vrai de dire que le déchet produit sur du sel marin de mauvaise qualité est en raison directe de la durée du transport.

79. L'État doit-il, en accordant un boni exceptionnel aux sels de qualités inférieures que l'on produit surtout dans l'Ouest, favoriser la routine et l'application de procédés déjà condamnés depuis longtemps par tous les sauniers intelligents? Nous ne le pensons pas, car une mesure pareille aurait pour conséquence immédiate l'abandon des progrès acquis dans l'industrie salinière et le retour aux errements anciens; ce serait donner un brevet à l'incapacité et à la routine. On ferait partout, et cela serait facile, des sels très-impurs. Le boni doit être considéré sous deux points de vue différents : 1° comme compensation de la perte de poids en cours de transport; 2° comme une prime donnée à la fabrication des sels purs, et, sous ce double point de vue, il doit être maintenu tel qu'il est.

M. BARGMANN,

Directeur des docks de Marseille.

(Déposition orale.)

Questions. 60, 51. Le commerce d'exportation du sel est devenu insignifiant à Marseille depuis une quinzaine d'années. Les navires du Nord, entre autres, vont presque tous charger du sel en Sardaigne ou en Espagne. Il faut attribuer ce fait à ce que les bâtiments étrangers ne trouvent pas à Marseille un stock de sel assez considérable pour qu'ils puissent en charger promptement une grande quantité. Or, si les sels du Midi n'affluent pas à Marseille, c'est que les tarifs des docks sont trop élevés et ne leur permettent pas d'être mis à l'entrepôt. Une tonne de sel paye, comme droits d'entrée, de magasinage, etc., 4 fr. 40 cent. pour rester déposée un mois dans les docks : ce prix élevé explique pourquoi il n'y a jamais à l'entrepôt plus de 150 ou 200 tonnes de sel. La compagnie des docks de Marseille manque d'un emplacement suffisant pour recevoir en entrepôt réel les marchandises encombrantes comme le sel, et c'est ce qui lui fait établir des tarifs élevés pour ces marchandises. Toutefois, elle espère bientôt, grâce au concours éclairé que l'administration maritime lui prêtera sans doute, pouvoir disposer d'un espace assez vaste pour recevoir un stock de 10 à 15,000 tonnes de sel. Ce résultat sera très-avantageux pour les producteurs de sel du Midi, car le sel deviendra aussitôt une marchandise d'encombrement très-précieuse comme frêt et comme lest, et il luttera avec la houille, qui seule aujourd'hui sert à cet usage.

65. La compagnie du chemin de fer de Paris à Lyon et à la Méditerranée n'a plus, depuis plusieurs années, pour le transport des sels, de tarifs spéciaux avec certaines compagnies propriétaires de salins; les traités particuliers, jadis permis, ne sont plus autorisés. Le prix du transport par kilomètre n'est pas uniforme sur les différents réseaux de la compagnie, mais ils sont, pour chacun d'eux, déterminés d'une manière invariable.

M. THIBAULT,

Inspecteur sédentaire des douanes à Marseille.

(Déposition orale et écrite.)

51. Les sels arrivent à Marseille en vrac et presque toujours par barques ou chalands plombés; on peut dire que les frais d'emballage sont nuls. Le fret est ordinairement, savoir :

De l'étang de Berre à Marseille	4f 00c la tonne.
De Port-de-Bouc à Marseille	3 00
De Chamone à Marseille	4 25

ssion B. — BOUCHES-DU-RHÔNE. — M. Thibault.

Le tarif de la compagnie de la Méditerranée varie en raison des distances; il est de 3 centimes et demi par kilomètre pour un parcours de plus de 200 kilomètres. On m'assure qu'il est moindre sur les lignes d'Orléans et de l'Est. On m'affirme aussi que la compagnie de la Méditerranée maintient des prix beaucoup plus élevés sur certaines parties de son réseau, notamment sur les embranchements de Lyon à Genève et de Valence à Chambéry. Si mes informations sont exactes, la société des Salins du Midi demanderait une importante réduction sur ces dernières lignes, que ses produits emploient pour les destinations de la Savoie et de la Suisse.

uestion. 52.

Les frais résultant de la surveillance des salins et des mesures réglementaires que nécessite la perception sont à la charge de l'État. Cette surveillance, ces mesures peuvent avoir pour effet seulement une certaine gêne dans les mouvements du commerce, telle, par exemple, que l'obligation de n'opérer les chargements et déchargements qu'aux heures réglementaires de travail, et de n'employer pour la pesée et le mesurage que les instruments déterminés par les instructions. Il est fort difficile d'apprécier en argent dans quelle mesure le prix du sel peut en être augmenté : on aperçoit aisément que cette augmentation est à peu près insignifiante.

D'après les informations prises, les principaux entrepôts de l'intérieur, ceux de Lyon et de Toulouse, par exemple, ne reçoivent presque plus de sel : cela tiendrait à ce que les chemins de fer offrent de grandes facilités pour l'approvisionnement des contrées qui étaient alimentées par ces entrepôts. A raison de la rapidité avec laquelle les transports s'effectuent, on trouve avantage à faire arriver les sels acquittés des lieux de production plutôt que de les tirer de l'entrepôt, où ils se trouvent grevés de frais. Par cela même que la denrée arrive rapidement à sa destination, les producteurs peuvent et doivent recouvrer le prix de vente à l'acquitté dans le délai de trois et de six mois qui leur est accordé pour se libérer du droit, et, en réalité, ils n'ont pas d'avances à faire. Le simple commerçant ne fait pas d'avances non plus, parce que le sel n'est pas une marchandise sur laquelle il y ait à spéculer et qu'il n'a pas d'intérêt à faire des achats hors de proportion avec ses ventes ordinaires et prévues.

Les fabricants de produits chimiques payent pour frais d'exercice une redevance de 30 centimes par 100 kilogrammes de sel; ils sont en outre tenus de fournir un logement aux employés; les autres frais à supporter par eux consistent dans la taxe de plombage, taxe très-minime, les plombs étant appliqués par capacité, c'est-à-dire sur les wagons ou sur les charrettes employés au transport. L'ensemble de ces différentes charges peut être évalué à 35 ou 40 centimes au plus par 100 kilogrammes de sel employés dans l'industrie.

Questions. 92, 93. Il est difficile d'apprécier l'importance des frais qu'occasionnent, d'après les formules adoptées jusqu'à ce jour, les mélanges auxquels doivent être soumis les sels destinés à servir d'engrais ou à l'alimentation du bétail. On peut dire cependant que ces frais et les formalités à remplir sont un obstacle réel à l'emploi du sel à ces usages; on sait que les quantités qui reçoivent cette destination n'ont presque pas d'importance.

Les sels exportés sont affranchis de toute taxe. La seule charge qui affecte les producteurs ou exportateurs est celle qui résulte des mesures réglementaires dont il a été parlé plus haut et que nous considérons comme à peu près insignifiantes, quand on les traduit en une somme d'argent. On ne saurait voir une charge réelle dans l'obligation qui existe, en certains cas, de plomber les écoutilles d'un bâtiment portant 50, 100 et même 150 tonnes de sel.

80. Les sels venant à Marseille par mer des lieux de production qui approvisionnent ce port sont dans un état de siccité tel qu'ils n'éprouvent, à moins d'avaries accidentelles, qu'un déchet de 1 kilogramme p. 0/0 tout au plus. Souvent même on constate des excédants; mais on doit les attribuer, pensons-nous, à des écarts résultant de l'emploi d'instruments différents pour le pesage ou le mesurage. Ici, le sel est ordinairement mis en sacs uniformes et pesé intégralement, tandis que sur les lieux de départ il est mesuré et pesé par épreuves. Les chargements de sels vérifiés à Marseille pendant les années 1864 et 1865 et pendant les cinq premiers mois de 1866 n'ont donné en moyenne qu'un déficit de 1/2 p. 0/0 environ. Vu leur grande siccité, les sels réexpédiés de Marseille vers l'intérieur par les voies de terre ne doivent plus éprouver de déperdition. Il nous semble, dès lors, qu'une allocation de 1 1/2 p. 0/0 sur les sels de cette origine, transportés d'un port à l'autre de la Méditerranée ou dirigés immédiatement par terre vers l'intérieur, compenserait suffisamment leur déchet naturel.

Nous n'avons pas de données certaines quant au déchet qui se produit sur les sels expédiés par cabotage de la Méditerranée dans l'Océan ou la Manche; mais nous pensons que, vu leur état hygrométrique, la remise de 5 p. 0/0 est plus que suffisante.

81. Les explications données sous le numéro précédent nous paraissent répondre à cette question et confirmer le fait allégué que les allocations actuelles, en ce qui concerne les sels du Midi, font plus que compenser les déchets réels. Les producteurs du Midi ne méconnaissent pas, je crois, le bénéfice qui résulte pour eux, ou plutôt pour leurs acheteurs,

ssion B. — de ces allocations : ils le considèrent comme une prime accordée à une bonne fabrication. Est-il équitable de leur conserver cette sorte de prime, si la bonne qualité de leurs sels tient à des conditions climatériques plus avantageuses que les conditions dans lesquelles sont placés les producteurs de l'Ouest? Telle est la question à résoudre. J'hésiterais beaucoup à me prononcer sur ce point. Bouches-du-Rhône. — M. Thibault.

stions. , 83. Nous pensons que la base d'impôt la plus rationnelle, sinon la plus équitable, mais, dans tous les cas, la seule pratique, est celle de la quantité de denrée. Au point de vue de l'équité, nous croyons d'ailleurs que ce n'est point sur la richesse du sel en chlorure de sodium que se détermine pour le commerce et le consommateur la véritable qualité et la valeur marchande du sel. Pour les industriels, la question est sans intérêt, puisque la franchise leur est acquise dans tous les cas. Nous ajouterons que, suivant nos informations, la richesse du sel varie entre chaque salin, et même entre les diverses parties d'un même salin. Or on conçoit à quelles longues expériences il faudrait recourir si l'impôt était assis sur la quantité de chlorure de sodium, et quelles difficultés, quels sujets de contestation ferait naître un pareil mode de procéder. C'est alors que l'on pourrait élever des plaintes sur la réglementation, sur les embarras et les lenteurs qu'elle occasionnerait. Il arriverait ceci encore : c'est que les marchands achèteraient des sels pauvres en chlorure de sodium et les revendraient, au préjudice du consommateur, comme sels riches. Quant au Trésor, il perdrait une portion de son revenu que nous ne sommes pas en mesure d'apprécier exactement, mais que nous évaluons à 8 ou 10 p. 0/0, à moins que la quotité de l'impôt ne soit relevée proportionnellement aux matières hétérogènes que n'atteindraient plus la taxe. Les complications qu'entraînerait l'innovation auraient pour conséquence aussi d'accroître les frais de régie dans une certaine mesure de 10 et peut-être même de 20 p. 0/0.

86. Nous avons fait observer plus haut que nous n'avions pas de données positives sur le déchet qui se produit sur les sels expédiés d'une mer dans l'autre. Les bureaux de douane de l'Océan et de la Manche doivent être bien fixés sur ce point. Nous admettons que la déperdition doit s'augmenter en raison des distances, mais nous répéterons qu'à notre avis l'allocation de 5 p. 0/0 ne doit pas être entièrement absorbée, et que, pour les expéditions d'une mer dans l'autre, comme pour celles dans la même mer, elle peut être réduite d'environ 2 p. 0/0.

87. La taxe de 50 centimes par 100 kilogrammes applicable dans la Méditerranée éloigne la concurrence étrangère : l'absence de toute importation notable le prouve assez. Cette taxe équivaut presque à une prohi-

COMMISSION B. bition; mais en nous appesantissant sur la question, nous nous demandons s'il est juste de maintenir, si faible qu'elle paraisse, une taxe en quelque sorte prohibitive. C'est à la faveur de cette taxe d'entrée qu'il existe dans le commerce des sels une anomalie qui ne se présente pas pour toute autre marchandise : ainsi le sel vendu par les producteurs du Midi pour la consommation intérieure vaut environ 20 francs la tonne, tandis que, s'il est destiné à l'exportation, il ne se vend que 12 francs : différence à la charge du consommateur français, 8 francs à peu près par tonne. Ce n'est, il est vrai, que 80 centimes par 100 kilogrammes et moins de 1 centime par kilogramme, et il est évident qu'un si faible écart sera sans influence sur le prix de la vente en détail, et qu'il est sans intérêt, par suite, pour la masse des consommateurs qui généralement ne s'approvisionnent que par petites quantités. C'est la seule raison à notre avis qui puisse justifier le maintien d'un régime qui ne protége qu'une industrie relativement assez restreinte et qui n'est guère en harmonie avec les principes économiques admis dans ces derniers temps.

BOUCHES-DU-RHÔNE — M. Thibault

Questions.

90. Les armateurs pour la pêche de la morue attachent du prix, paraît-il, à pouvoir employer pour la préparation du poisson des sels du Portugal. Le droit de 50 centimes dont ces sels sont grevés n'a rien d'exagéré, et il constitue une protection en faveur des producteurs français. Nous pensons que ce droit ne peut qu'être maintenu. Selon nous, il protége suffisamment les sels du Midi, ceux qui ont le plus d'analogie avec les sels du Portugal; s'il y avait lieu de l'élever, ce ne serait qu'en faveur des sels de l'Ouest. Il est à remarquer cependant que ceux-ci entrent pour la plus forte part dans les approvisionnements des navires terre-neuviens.

91. Aujourd'hui, et au moyen d'un plombage appliqué sur les écoutilles des navires, on se dispense dans bien des cas de procéder à une nouvelle vérification au port d'arrivée. Si l'allocation pour déchet devait être calculée sur les quantités arrivées à destination, il faudrait toujours faire une double vérification et priver le commerce d'une facilité dont il est en possession. D'un autre côté, quelle mesure prendrait-on à l'égard des déficit que l'on reconnaîtrait? Il faudrait, sans doute, en faire remise pure et simple lorsqu'il ne s'élèverait pas de soupçon grave de détournement frauduleux. La question qui se poserait ainsi devant le service pour la plupart des chargements ne pourrait-elle pas devenir une occasion de fraude? Ne serait-ce pas s'exposer à ce que les équipages des navires caboteurs abusassent de la facilité qu'on leur accorderait? Nous croyons que le mieux est de s'en tenir à la règle actuelle. Il y aurait d'ailleurs, selon nous, des inconvénients, sous le rapport de l'équité, à accorder aux sels qui ont déjà subi un transport par mer et éprouvé une

partie de la déperdition naturelle à laquelle ils sont sujets, une remise aussi élevée que pour ceux qui des salins mêmes seraient expédiés directement par les voies de terre sur les lieux de consommation.

Sur la demande de la Commission, M. Thibault complète ses déclarations comme il suit :

[...]stion. [...]92. Sur la Question n° 92, la compagnie Renouard a formulé plusieurs demandes que je vais examiner :

1° Liberté de faire dans l'enceinte des salins, à toute heure du jour et de la nuit, toutes les manipulations, transformations ou déplacements du sel marin et du sel des eaux mères.

Ce qu'on désirerait, c'est, en ce qui concerne le *sel marin*, de pouvoir pendant le jour, mais hors des heures réglementaires, entamer plusieurs camelles, piocher leurs surfaces pour faire sécher le sel destiné à être pulvérisé, emplir des sacs d'une contenance uniforme qui seraient ultérieurement pesés en totalité ou par épreuves par les agents des douanes, transporter le sel d'un point à un autre dans le salin, soit pour le moudre, soit pour l'emmagasiner, et de pouvoir enfin, pendant la nuit, procéder à la mouture ou égrugeage dans les locaux à ce destinés.

En ce qui concerne le sel des eaux mères, ce qu'on désire encore c'est la faculté de les manipuler la nuit comme le jour, ou, en d'autres termes, de les traiter par l'eau, le feu et le froid, afin de les raffiner ou d'obtenir du sulfate de soude, du sulfate double, du chlorure de potassium, etc. etc.

Les opérations qui consistent à remuer ou pelleter le sel pour le sécher, à le transporter d'un point à un autre, à le mettre en sacs, à l'emmagasiner et à le battre ou l'écraser au grand air, sont du ressort des agents préposés à la surveillance et dont la mission est simplement d'empêcher tout enlèvement subreptice. Je crois qu'il ne peut pas y avoir d'inconvénients sérieux à ce que ces opérations s'effectuent hors des heures d'ouverture des bureaux, pourvu que ce soit dans le jour et jamais la nuit. Il me semble qu'il ne doit pas en résulter d'accroissement dans le personnel affecté actuellement à la garde des salins.

Quant aux opérations qui s'effectuent dans des bâtiments *ad hoc*, et qui consistent soit à moudre le sel marin par des procédés mécaniques soit à manipuler le sel des eaux mères pour le convertir en différents autres produits chimiques, je crois qu'il n'y a pas d'inconvénients non plus à ce qu'elles aient lieu aussi bien de nuit que de jour sous la condition expresse, absolue, que les produits nouveaux ne pourront être retirés des bâtiments d'exploitation et sortir des salins que dans le jour et après qu'ils auront été reconnus, vérifiés par les employés du ser-

COMMISSION B. vice des bureaux. La surveillance d'ensemble qui s'exerce sur les salins et à l'extérieur des bâtiments d'exploitation doit suffire, semble-t-il, pour prévenir ou réprimer au besoin toute tentative de fraude. Je dois dire cependant que je n'ai pas assez d'expérience sur ce qui se pratique pour émettre à cet égard une opinion absolue.

BOUCHES-DU-RHÔNE — M. Thib[illegible]

2° Qu'à défaut de vérificateurs, les brigadiers ou simples employés fassent eux-mêmes les expéditions du sel.

Il est admis dans la pratique que, dans des moments de presse, un brigadier ou même un simple préposé peut suppléer le vérificateur, et dans ce cas ce dernier conserve la responsabilité de l'opération : c'est là une tolérance qui ne présente pas d'inconvénient, mais, dans l'intérêt de la perception, il ne saurait être question d'en faire une règle; il faut laisser au chef local le soin d'apprécier l'opportunité de l'expédition.

3° Que la durée des heures de présence des employés aux expéditions soit augmentée autant que possible.

On a en vue ici l'arrivée tardive sur le salin ou le départ anticipé des employés de bureau, qui, n'étant pas en résidence sur le salin ou près du salin, font entrer dans les heures réglementaires de travail le temps qu'ils passent à aller et venir.

Il faut autant que possible, et dans la juste mesure des forces humaines, que les employés donnent au service tout le temps qu'ils lui doivent. Les réclamants reconnaissent qu'en fait les employés se prêtent aux besoins du commerce et que souvent ils devancent ou dépassent les heures fixées, en été surtout, parce que le travail matinal ou de la fin du jour est moins pénible pour tous. On ne peut faire à ce sujet que des recommandations aux chefs de service et aux agents d'exécution; il n'y a pas de règle à changer.

4° Que la tolérance ou tombée accordée pour les sels soit portée à 1 kilogramme comme pour toute autre marchandise.

Ici, les réclamants font une erreur qu'ils reconnaissent. Le pesage de toute marchandise en douane se fait à un kilogramme ou à un demi-kilogramme près, selon que chaque pesée est de 100 kilogrammes et plus, ou de moins de 100 kilogrammes. La règle en matière de sels est de peser à 2 hectogrammes près, c'est-à-dire de ne pas tenir compte des fractions de poids inférieures à 2 hectogrammes. Le but de la demande ne serait pas de profiter d'une tombée un peu plus forte, mais de rendre le pesage plus prompt en ne cherchant pas une trop grande précision. Comme en définitive le mode de procéder en usage n'a pas la prétention d'être rigoureusement juste, puisque le poids se détermine par des épreuves, je suis d'avis que l'on peut accéder à la demande sans préjudice réel pour le Trésor. Le poids du cône tronqué n'étant au brut que de 55 kilogrammes environ, on négligerait les fractions de moins de 5 hectogrammes.

5° Que le cône tronqué employé au mesurage, au lieu d'être de 50 litres, soit de 70 ou de 75 litres.

Je suppose qu'en adoptant une mesure de la contenance de 50 litres seulement on a voulu avoir un instrument d'un mouvement facile et pas trop fatigant pour les hommes de peine. Si l'on admet que les ouvriers peuvent sans inconvénient se servir d'une mesure plus grande, rien ne doit s'opposer, ce me semble, à ce qu'on l'adopte. Pour la facilité des calculs, elle devrait être de la contenance de 75 litres juste. Rien n'empêcherait, du reste, que l'on employât, au gré des intéressés, l'un ou l'autre récipient, à la condition que l'acquit-à-caution indiquerait celui dont on a fait usage, afin qu'au bureau de destination des sels, la vérification se fasse avec la même mesure. Du reste, l'emploi d'une plus grande surface serait plutôt à l'avantage du Trésor qu'à celui du redevable, puisque pour une quantité donnée il y aurait moins de pesées et par conséquent moins de fractions négligées.

6° Qu'il soit permis d'employer, sauf contrôle par la balance à plateaux, toute espèce de système de pesage, comme bacholle, bascule romaine, etc.

La bacholle n'est autre qu'une romaine à laquelle est adapté un récipient.

La demande dont il s'agit ici a un double objet : d'une part, pouvoir, quand les sels s'expédient en sacs, employer la bacholle pour faire ces sacs d'un poids égal, sauf au service à constater leur poids effectif par l'instrument qui lui convient; et, d'autre part, faire admettre les grandes bascules pour peser en une seule fois, soit une charrette, soit un wagon chargé, dont la taxe a été préalablement constatée.

La règle aujourd'hui est de ne peser qu'avec la balance à plateaux; mais cette règle n'est pas sans exception. A Marseille, par exemple, il a été d'usage de tout temps d'employer la romaine aussi bien pour les sels que pour toute sorte de marchandises; elle donne des résultats non moins exacts que la balance à plateaux. Je ne vois pas de motifs réels d'en interdire l'usage.

Pour répondre à la première partie de la demande, je dirai qu'il importe peu que l'on emploie tel ou tel moyen pour faire des sacs uniformes pourvu qu'ils aient exactement le poids voulu (100 kilogrammes net); l'intérêt du service est garanti par la pesée intégrale ou partielle à laquelle il procède. Si les sacs n'ont pas le poids indiqué, ce sera à l'intéressé qu'il appartiendra d'y ajouter ou d'en retirer la quantité de sel nécessaire pour arriver au poids exact. L'essentiel est que les employés tiennent la main à cette exactitude.

Je n'admets pas que l'on se serve de la bascule pour les pesées ordinaires : le mécanisme de l'instrument est sujet à trop de dérangements que l'on n'aperçoit pas, surtout sous l'influence de l'humidité que répand le sel; mais je crois que ce danger n'existerait pas pour les grandes bascules employées au pesage par capacité et qui sont placées à demeure. Je serais donc d'avis de permettre ce système de pesage dans les cas indiqués, à condition que les instruments seraient fournis aux frais des redevables et placés à couvert, afin que leur mécanisme fût à l'abri des influences de l'eau. Il est bien entendu que chaque bascule devrait être agréée par le service, et qu'on aurait le moyen d'en vérifier l'exactitude avant de commencer une opération quelconque.

7° Que les sacs qui doivent être plombés le soient de telle manière que le col n'en soit pas traversé par un instrument tranchant et mis hors d'usage.

La question est secondaire. L'aiguille d'emballage dont on se sert ici pour passer la corde du plomb dans les plis du sac est celle dont se servent tous les emballeurs du commerce. Il suffit de signaler l'inconvénient pour que les agents emploient désormais une aiguille plus petite et d'un autre modèle. Des ordres ont été donnés dans ce sens dès que la plainte a été connue, et, en ce qui concerne le service local, le but que l'on poursuit est déjà rempli.

8° Que la sortie du salin des sels pesés et leur circulation hors du salin soit permise à toute heure.

La loi interdit la circulation des sels dans le rayon de surveillance entre le coucher et le lever du soleil. Cette disposition n'est pas rigoureusement appliquée en fait; on use d'une grande tolérance. Je ne crois pas que l'on puisse sans danger rapporter la disposition de la loi. Les réclamants ne le demandent même pas : ce qu'ils voudraient seulement, ce serait la conservation officielle de la tolérance.

Par les mots « sortie du salin à toute heure » les réclamants entendent la faculté ou plutôt la facilité d'enlever hors des heures réglementaires, mais non la nuit, les sacs de sel qui ont été précédemment vérifiés. C'est une facilité qui est généralement accordée dans la pratique, sans nul inconvénient, et au sujet de laquelle on ne peut faire au service que de simples recommandations, celles de ne pas montrer des rigueurs inutiles.

9° Qu'un matériel spécial ne soit pas exigé pour le transport des sels à Cette et que le plombage des écoutilles suffise.

On fait allusion ici à la disposition du règlement qui veut que les bateaux employés au transport du sel affranchi d'une seconde vérification au port d'exportation aient les cales doublées à l'intérieur de feuilles de tôle ou de zinc. J'ignore si à Cette on tient rigoureusement à l'exécution de cette mesure; je ne la crois pas indispensable. Depuis longtemps, elle n'est pas exigée à Marseille, et rien n'autorise à penser qu'il en soit résulté le moindre abus.

10° Diminuer autant que possible les frais que le sel a à supporter dans les entrepôts réels, et spécialement dans les docks de Marseille; un séjour de six mois dans ces docks surcharge le prix du sel de 6 à 8 francs par tonne et en élève le prix de revient à 20 francs.

La valeur vénale du sel est trop faible, en effet, pour qu'il puisse supporter des frais de magasinage notables. Il y a un grand intérêt commercial maritime cependant à ce que nos grands ports, comme celui de Marseille, puissent recevoir en entrepôt des quantités considérables de cette denrée. Je sais que la compagnie des docks, que j'ai moi-même entretenue de cet intérêt, se préoccupe sérieusement du moyen d'offrir au commerce des locaux qui, établis à peu de frais et tout en donnant satisfaction aux justes exigences du fisc, permettent d'entreposer la denrée moyennant une taxe de magasinage très-modérée. A mon sens, le Gouvernement ne peut qu'encourager ces vues et en faciliter la réalisation.

Question. 19. Le sel *commun* se vend actuellement au détail 15 centimes le kilogramme. Il paraît cependant que certains détaillants placés hors du centre de la ville le vendent 20 centimes. Ce serait là un prix exceptionnel, car dans les principaux centres de population qui environnent Marseille le prix ordinaire n'est également que de 15 centimes le kilogramme.

Les prix de la vente au détail n'ont pas varié depuis bien des années, quoique les prix en gros ou au demi-gros aient subi des fluctuations.

Le sel simplement *égrugé*, dit sel fin ou mi-fin, se vend à raison de 20 centimes le kilogramme. Ce prix n'a pas varié non plus depuis bien des années.

Depuis le 10 mars dernier, la vente au demi-gros, c'est-à-dire par quantités de 50, de 100 et même de 200 ou 300 kilogrammes est fixée à 13 francs les 100 kilogrammes; antérieurement au 10 mars et depuis bien longtemps, le prix n'était que de 12 francs.

Le prix en gros, c'est-à-dire celui que payent aux producteurs les marchands au demi-gros, car les détaillants ne se pourvoient que chez ces derniers, est présentement de 12 fr. 30 cent. rendu au magasin; antérieurement au 10 mars, ce prix n'était que de 11 fr. 40 cent.

Ainsi les prix ont augmenté depuis quatre mois : au demi-gros,

COMMISSION B. — BOUCHES-DU-RHÔNE. — MM. Thibault. Dol père et [fils].

de 1 franc, et en gros, de 90 centimes, tandis que les prix au détail n'ont pas changé.

Je crois pouvoir ajouter à ces renseignements, que j'ai puisés moi-même chez divers marchands et détaillants, que c'est le défaut de concurrence dans la vente en gros qui a amené les élévations de prix ci-dessus.

A Marseille, la vente au demi-gros a lieu de deux manières : d'abord, il existe des marchands qui achètent ou vendent pour leur compte, et ensuite des magasins, dits *entrepôts*, où le sel est vendu pour le compte des producteurs, par des agents rétribués par eux.

Chez un des marchands opérant pour leur propre compte, on m'a présenté, comme émanant de la compagnie des Salins du Midi un petit tableau sans date, mais se rapportant à l'époque du 10 mars dernier, qui est ainsi conçu :

ON VOUS FACTURERA.		VOUS VENDREZ.	
Le sel gros	12f 30c	Le sel gros	13f 00c
Le sel mi-fin	13 25	Le sel mi-fin	14 00
Le sel fin	14 00	Le sel fin	15 00

C'est à ces mêmes prix de 13, de 14 et de 15 francs que les trois qualités de sel sont vendues dans les magasins exploités pour le propre compte de la compagnie ; c'est ce qui fait dire ici qu'il n'y a pas de concurrence réelle, et que c'est, en quelque sorte, la compagnie elle-même qui fixe le cours des ventes en gros et au demi-gros.

MM. DOL, PÈRE ET FILS.

Propriétaires du salin des Martigues.

(Déposition orale.)

Questions.

I. Le salin des Martigues a une étendue totale de 15 hectares ainsi subdivisée :

Tables salantes	3 hectares.
Partènements	11
Graviers, chaussées	1
TOTAL	15

4. La valeur d'un salin dans les parages de Bouc est de 20,000 francs l'hectare. Cette valeur était un peu moindre avant la création du grand canal de navigation établi entre l'étang de Berre et le port de Bouc.

10. La production moyenne du salin des Martigues est de 1,500 tonnes

SION B. par an; elle s'est accrue depuis que les procédés de fabrication se sont améliorés. BOUCHES-DU-RHÔNE.

— MM. Dol père et fils.

tions. 9. Parmi les procédés employés pour accroître la quantité et la qualité du sel récolté sur les marais salants du Midi, il faut citer la culture du feutre, sorte de mousse ou de lichen qui couvre le sol des tables salantes, le rend moins perméable et plus lisse, et permet de faire le levage du sel sans y mêler d'impuretés. Le feutre naît de lui-même lorsqu'on introduit sur les tables des eaux douces ou n'ayant qu'un faible degré de salure, quelques heures seulement après que des eaux fortes ont été évacuées. Le feutre doit rester à l'abri de l'action de l'air et du soleil, sinon il se dessèche et se crevasse; aujourd'hui il est cultivé sur presque tous les salins du Midi.

Comme procédés de fabrication nouveaux et d'une incontestable utilité, il convient encore de remarquer : 1° la préparation d'eaux neuves entre deux campagnes consécutives; 2° le cheminement des eaux sur les tables salantes, combiné de telle sorte que les différentes qualités de sels se déposent dans des cristallisoirs différents; 3° l'emploi rationnel d'eaux mères à 28 degrés qui sont mélangées avec des eaux neuves, mais seulement à la fin des campagnes : on précipite ainsi le chlorure de sodium qui n'aurait pas eu le temps de cristalliser par simple évaporation.

19. A Bouc, le prix moyen de la tonne de sel rendue à bord a été, pendant les vingt dernières années, de 10 à 11 francs. Les déposants vendent, en vertu d'un traité souscrit pour six ans, leurs sels à la compagnie des Salins du Midi au prix de 11 francs la tonne mise sous vergues. De plus, ils ont un intérêt calculé sur la vente de 300 tonnes livrées à la consommation d'après le prix moyen du sel vendu avec cette destination par la compagnie. Ils supportent pour la production et l'expédition de leurs sels des frais qui montent à 6 francs par tonne et se décomposent comme suit :

Entretien annuel du salin	1f 25c
Mouvement d'eau	1 25
Levage et mise en camelles	1 25
Mise à bord	1 25
Réparations accidentelles	1 00
TOTAL	6 00

26. Le personnel du salin se compose d'un saunier à 1,200 francs, de six ouvriers occupés pendant six mois à 2 fr. 50 cent. par jour, de vingt ouvriers payés 3 francs par jour et employés pendant les quarante jours que durent les deux récoltes de juillet et de septembre.

34. Le mouvement des eaux sur le salin s'opère au moyen d'une machine mue par deux chevaux et d'une machine à vapeur qui sert en même temps à moudre le sel.

40. Le sel de première qualité, qui est moins déliquescent, se triture plus aisément; la trituration coûte 6 ou 8 francs par tonne; ces frais sont largement couverts par les prix de vente du sel moulu.

44. Le jour où le canal des Martigues à Bouc sera creusé à une profondeur de 6 mètres, les navires pourront venir charger sur le quai même du salin; il en résultera pour les propriétaires une économie qu'on peut évaluer à 1 franc par tonne.

53, 55. Si les sels de l'Ouest sont d'une qualité inférieure à ceux du Midi, il faut l'attribuer à une imperfection des procédés de fabrication en usage sur les côtes de l'Océan. En outre, les exploitations salicoles sont trop divisées. M. Dol fils a parcouru les marais salants de l'Ouest, et il estime que la fabrication pourrait facilement y être améliorée. Il est également convaincu que la richesse du sel en chlorure de sodium ne dépend pas de la chaleur du climat; il cite pour exemple la saline de Cagliari qu'il a visitée, où la température est plus élevée que dans le midi de la France, et dont le sel n'est pas plus riche en chlorure de sodium que les sels français du Midi.

57. La pureté du sel dépend de sa bonne fabrication. D'ailleurs, la richesse du sel en chlorure de sodium a peu d'influence sur le prix de vente. Jamais on ne s'en est préoccupé dans les ventes à la consommation intérieure; les armateurs pour la grande pêche préfèrent le sel déliquescent, parce qu'il est meilleur pour les salaisons, et les fabricants de produits chimiques achètent toujours du sel de deuxième qualité, par le double motif qu'il est moins cher et que ses grains étant moins gros, il est plus facilement attaquable par l'acide sulfurique. Les camelles de sel qui leur sont destinées ne sont pas couvertes, afin que les pluies les lavent et entraînent le chlorure de magnésium.

55, 30, 76, 77. Les voyages qu'a faits M. Dol lui permettent de donner sur les sels d'Espagne et de Sardaigne les renseignements suivants : à Cadix et à Sétubal, on fabrique des sels déliquescents très-chargés de chlorure de magnésium; leur déliquescence jointe à leur blancheur les fait rechercher pour les salaisons de pêche. Ils sont obtenus par des procédés arriérés, et ils sont, comme dans l'Ouest, récoltés journellement. A Cagliari, on tâche aujourd'hui d'imiter la fabrication de la Provence. Le prix de revient sur ce dernier salin est, par tonne, de 3 francs, non compris les frais de chargement et la taxe que perçoit le Trésor italien. Le salin produit en moyenne 120,000 tonnes par an, dont 40,000 sont livrées par la compagnie propriétaire au Gouvernement italien au prix de 18 francs la tonne. La compagnie livre au commerce la tonne de sel à raison de 9 francs, frais de mise à bord compris. Le prix du fret de Cagliari à Nice ou Marseille est de 10 à 12 francs la tonne; pour Gênes, le fret ne coûte que 8 francs. On voit donc que si les sels du Midi dépassaient le prix de 22 à 25 francs la tonne, les sels de Sardaigne pourraient pénétrer dans nos ports.

…stions. 79. Il n'y a pas lieu d'augmenter le déchet légal de 5 p. 0/0 dont jouissent les sels de l'Ouest; s'ils sont déliquescents, beaucoup des sels fabriqués dans le Midi le sont également.

82. L'impôt ne doit pas être établi suivant la richesse du sel en chlorure de sodium; la difficulté de constatation serait considérable. En outre, en achetant du sel, on n'attache pas de prix à la quantité de chlorure de sodium qu'il contient. La preuve en est que le sel de troisième qualité se vend souvent plus aisément que celui de première qualité.

86. Il y aurait injustice à supprimer l'augmentation de déchet de 2 p. 0/0 accordé aux sels du Midi voyageant par le grand cabotage; le déchet de de 5 p. 0/0 couvre à peine les pertes que subit le sel pendant un transport long et difficile.

92. Les déposants n'ont qu'à se louer du service des douanes. Ils doivent dire cependant qu'on se plaint généralement de ce que le cône de 50 kilogrammes prescrit pour les pesées du sel est trop petit; si l'on portait sa capacité à 75 kilogrammes, le prix de la main-d'œuvre serait diminué.

M. VIDAL,

Propriétaire des salins de Caronte et de la Chapellanie.

(Déposition orale et écrite.)

10, 12, 32. Le marais salant de Caronte a une superficie de 30 hectares, dont 5 forment les tables salantes. L'étendue du salin de la Chapellanie n'est que de 15 hectares. Leurs dépendances en étangs, canaux et graviers peuvent être évaluées à 50 ou 60 hectares. Par suite de leur situation favorable, sur les bords mêmes du port de Bouc, ces deux salins ont une valeur considérable; le déposant estime à 800,000 francs le capital par lui dépensé en prix d'achat et frais de réparations; il a refusé, il y a quelques années, de vendre ses salins pour un million. Il doute mainte-

COMMISSION B. nant qu'on lui offre jamais un pareil prix. La production annuelle est, en moyenne, de 5,500 tonnes; suivant que les conditions atmosphériques sont plus ou moins favorables, elle varie sensiblement d'un maximum de 8,000 tonnes à un minimum de 800 tonnes. BOUCHES-DU-RHÔNE. — M. Vidal.

Questions. 19, 36. Le prix de la tonne de sel prise sous vergues dans le port de Bouc est de 10 francs aujourd'hui; il était de 8 francs il y a peu de temps. On peut évaluer le prix de revient à 5 francs par tonne; il se décompose ainsi :

Mouvement d'eau et réparations annuelles du salin	1f 00c
Battage	1 00
Mise en camelles	1 00
Mise à bord	1 00
Réparations accidentelles du salin	1 00
TOTAL	5 00

74. En vertu d'un traité passé avec la compagnie Renouard, le déposant a vendu pour six ans sa récolte au prix de 10 francs la tonne.

20. Presque tous les sels produits dans les environs du port de Bouc sont destinés à l'exportation. Leurs principaux débouchés sont la grande pêche, la Norwége, la Suède, l'Autriche.

26. Le déposant exploite par lui-même les deux salins dont il est propriétaire. Il emploie un personnel fixe composé de deux sauniers, d'un mécanicien, de dix ouvriers et de quatre femmes, occupés à l'entretien des graviers et partènements et au chargement du sel; pendant la récolte, il emploie quatre-vingts femmes et quinze hommes au levage du sel et à la mise en camelles. A son exploitation salicole est jointe une exploitation de pêcheries, dont il tire d'assez beaux bénéfices.

29, 61. Depuis vingt ans, les procédés de fabrication du sel marin se sont beaucoup perfectionnés dans le Midi. De grandes dépenses ont été faites, et des chimistes distingués ont été appelés sur les salins afin d'apprendre aux sauniers comment le sel doit être extrait des eaux de la mer. Le déposant fabrique à volonté des sels plus ou moins déliquescents et plus ou moins lourds, en mélangeant en proportion convenable des eaux mères aux eaux vierges. Le sel léger et déliquescent obtenu avec intervention d'eaux mères est très-recherché par les armateurs pour la grande pêche, quoiqu'il subisse d'assez forts déchets par suite de la déliquescence. Les fabricants de produits chimiques préfèrent les sels purs et lourds. Les sels qu'il vend aux armateurs pèsent de 80 à 90 kilogrammes par hectolitre.

ssion B. — stions.

37. On fait, en général, deux récoltes de sel par année sur les salins du déposant : la première a lieu du 1er au 15 juillet; la seconde, au milieu de septembre. L'épaisseur de la couche de sel est chaque fois d'environ 5 centimètres.

79. Dans l'opinion du déposant, on ne pourrait augmenter le déchet légal dont jouissent en ce moment les sels de l'Ouest sans accorder une véritable prime à la mauvaise fabrication. D'ailleurs, il serait facile aux saliniers du Midi de produire des sels aussi déliquescents que ceux de l'Ouest, et alors il faudrait leur accorder le boni concédé à ces derniers. Sans doute, la remise légale de 5 p. o/o accordée à l'Ouest est légitimée par la nature du sel de cette région; mais il ne faut pas oublier que s'il est en général plus hygrométrique que le sel du Midi, cela tient à une fabrication moins avancée, et que taxer plus fortement ce dernier sel serait un singulier encouragement aux progrès accomplis à grands frais dans le Midi.

91. Les remises pour déchet calculées *a priori* au moment de l'embarquement des sels destinés à voyager par cabotage ne devraient être appliquées qu'au port de destination et d'après les quantités trouvées dans le navire. On arriverait ainsi à ce résultat désirable, de ne faire frapper l'impôt que sur les quantités réellement livrées à la consommation, et d'atteindre toutes ces quantités. Il y a, en effet, une fraude que l'on commet aujourd'hui; elle consiste à expédier des sels très-secs et à les mouiller en cours de transport pour augmenter leur poids. En établissant que les sels devraient être pesés au moment de l'embarquement et au moment du débarquement, on rendrait impossible tout détournement pendant le trajet. Du reste, aujourd'hui la diminution de l'impôt donne peu d'intérêt à la fraude.

M. FRAIX,

Propriétaire du salin de la Roubine.

(Déposition orale.)

, 10, 19. Un marais salant, à Bouc, doit être estimé à raison de 20,000 francs l'hectare. L'hectare produit 100 tonnes par an en moyenne, et la tonne se vend 10 francs rendue sous vergues. Son prix de revient est de 5 francs. Un marais salant, calculé sur ce prix, est donc susceptible d'un revenu de 2 1/2 p. o/o.

0, 34, 35, 37. Le salin de la Roubine a une superficie de 20 hectares et une production annuelle de 2,000 tonnes. Sa production s'est élevée quelquefois jusqu'à 2,500 tonnes, et, par contre, dans les très-mauvaises années, elle n'atteint que 1,000 tonnes.

Commission B. Pour son exploitation, le déposant emploie un saunier et sa femme payés à l'année; un chantier de dix hommes, payés à raison de 2 fr. 50 cent. par jour, depuis le mois de mars jusqu'au mois de septembre; enfin, un chantier exceptionnel de vingt-cinq personnes, hommes ou femmes, qui, pendant la récolte, gagnent 4 francs par jour.

L'élévation des eaux est faite au moyen d'une roue à tympan mue par deux mules; les eaux circulent d'elles-mêmes sur le salin, grâce à des pentes combinées. Le levage et le charriage se font à forfait.

Le salin de la Roubine donne deux récoltes par an; chacune dure une quinzaine de jours : la première, du 1er au 15 juillet; la deuxième, du 1er au 15 septembre.

Questions. 30. Le déposant conserve des eaux mères à 28 degrés d'une campagne à l'autre, et au printemps il prépare des eaux neuves pour les mélanger avec elles au mois de juin.

31, 32. Le degré initial de la salure de l'eau introduite dans le salin est de 2 degrés. La prise d'eau se trouve dans le canal de Bouc. L'étendue des tables salantes est par rapport à la superficie des partènements, tant intérieurs qu'extérieurs, comme 1 est à 7.

44. Il serait très-avantageux pour les propriétaires des salins de Bouc que le grand canal de navigation de Bouc à Martigues fût approfondi et élargi. Dans son état actuel, il ne peut livrer passage qu'aux bâtiments d'un faible tonnage. Il serait également désirable que l'on améliorât le port de Bouc, qui n'est ni assez profond ni assez sûr.

65. Les sels de Bouc sont presque tous enlevés pour l'exportation. Un grand nombre de navires merluchiers, après avoir déposé à Marseille leurs cargaisons de morues, viennent charger du sel dans le port de Bouc et partent achever leur armement dans les ports de Bretagne ou de Normandie. Quelques bâtiments suédois et norwégiens emportent aussi du sel comme fret de retour.

60. Les armateurs demandent toujours du sel déliquescent pour les salaisons. Le sel trop riche en chlorure de sodium est réputé dessécher le poisson.

74. Le déposant vient de passer un traité avec la compagnie des Salins du Midi, pour lui vendre ses récoltes pendant six ans. Il lui cède la tonne de sel, mise sur le pont du navire, à raison de 9 fr. 75 cent. De plus, comme ces sels peuvent être en partie livrés par elle à la consommation intérieure moyennant un prix élevé, il a stipulé un intérêt correspondant

sion B. à la vente de 300 tonnes pour la consommation, au prix moyen des ventes faites par la compagnie des Salins du Midi. Il n'est pas à craindre que cette compagnie arrive jamais à anéantir les petits producteurs de sel; ceux-ci auront toujours les débouchés que leur assure la situation de leurs salins, et, en ce moment, ils trouvent dans les traités qu'ils passent avec la compagnie Renouard le grand avantage de ne pas avoir à redouter l'encombrement de leurs produits.

tions. 9. Il n'y a pas lieu d'accorder aux sels déliquescents de l'Ouest un déchet légal plus fort qu'aux sels du Midi, car souvent ceux-ci ne sont pas de meilleure qualité que les premiers; et le commerce apprécie autant les sels déliquescents que les sels très-riches en chlorure de sodium.

34. On ne saurait considérer l'eau de mer comme un bon engrais. Partout sur les côtes les plantes meurent quand l'eau salée atteint leurs racines.

M. TARDIF,

Courtier de commerce et courtier maritime, à Marseille.

(Déclaration orale.)

9. Depuis longtemps les prix du sel destiné à l'exportation ont peu varié. La tonne de sel achetée en barque dans le port de Bouc se vend 11 francs en ce moment. Rendue à Marseille, les exportateurs la prennent pour 14 francs, remise du courtier comprise. Autrefois, le prix de la tonne de sel était de 9 francs dans le port de Bouc, et de 12 francs dans le port de Marseille.

3, 57. Le commerce ne se préoccupe nullement de la richesse du sel en chlorure de sodium, il ne s'inquiète que de la blancheur. Les fabricants de produits chimiques tiennent moins à la couleur, mais ils spécifient, dans leurs marchés, que le sel doit être pur de matières terreuses. Les armateurs pour la grande pêche demandent du sel blanc et en grains menus.

60. Le sel s'expédie maintenant en moins grande quantité qu'autrefois pour la pêche de la morue; le nombre des bâtiments se livrant à cette pêche a diminué de moitié, et ceux qui continuent cette industrie trouvent avantage à charger soit à Cagliari, soit à Cadix, où les prix sont inférieurs à ceux de France.

20. Les principaux débouchés d'exportation pour les sels du Midi sont l'Amérique, le Brésil, l'Inde et la côte d'Afrique. Le sel est principalement exporté pour ces régions comme fret de retour.

COMMISSION B. — Questions. 81.

Le déposant n'a jamais reçu de plaintes au sujet des déchets subis en cours de transport par les chargements expédiés à l'étranger.

BOUCHES-DU-RHÔNE — MM. Tardi[illegible] Frisch

M. FRISCH,

Courtier maritime à Marseille.

(Déposition orale et écrite.)

Le déposant se présente devant la Commission au nom de M. William Cazalis, négociant. Il remet, à l'appui de sa déposition, cinq échantillons consistant en blocs de sel comprimé, dont un à l'état naturel et les quatre autres dénaturés.

93. M. Cazalis a songé à fabriquer, avec le sel marin, des blocs de sel gemme artificiel destiné à la consommation, et de sel dénaturé propre à être employé en agriculture. Il y est parvenu en faisant usage de procédés pour lesquels il a pris un brevet. Depuis plusieurs années déjà, il exporte pour les provinces Danubiennes une quantité assez considérable de sel gemme artificiel; les blocs supportent parfaitement le voyage sans se briser et sans donner lieu à des déchets sensibles.

Le bloc nº 1, de couleur blanche, est un échantillon du sel gemme artificiel fabriqué par M. Cazalis.

Quant au sel dénaturé propre aux usages agricoles, M. Cazalis n'est pas encore parvenu, malgré ses efforts, à en faire sentir les avantages aux agriculteurs; il compte sur le temps et sur le concours de différents comices agricoles de France. La fraude résultant de la renaturation n'est pas à craindre pour le Trésor. Elle ne saurait être utilement tentée par des particuliers. Pour l'obtenir, il faudrait se livrer à une exploitation en grand, qui ne pourrait demeurer cachée aux agents du fisc et qui, dès lors, n'est en aucune façon à redouter.

De plus, la forme de blocs donnée par M. Cazalis à ses produits de sel dénaturé facilitera singulièrement la tâche des agents du Trésor appelés à contrôler les dépôts de ce sel chez les détenteurs.

Les sels dénaturés à l'usage de l'agriculture se divisent en deux catégories :

1° Ceux destinés à l'engrais des terres;
2° Ceux destinés à la nourriture des bestiaux.

Les premiers sont représentés par l'échantillon nº 2. Ils sont de couleur verte, à base de sulfate de cuivre.

Les échantillons nºs 3, 4 et 5 représentent les trois types de sel destiné à la nourriture des bestiaux.

Le nº 3, couleur de brique cuite, est à base d'oxyde de fer dans la proportion de 4 kilogrammes par 1,000 kilogrammes de sel. Il contient, de plus, une dose d'extrait de réglisse.

Ce sel peut chimiquement être renaturé en le faisant dissoudre entièrement dans l'eau chaude, en laissant déposer le mélange et en recristallisant ensuite la solution; mais comme l'extrait de réglisse est soluble dans l'eau et reste toujours en suspension, le sel renaturé conserverait une couleur jaune verte.

Le n° 4, couleur noire, contient 8 kilogrammes de goudron et un kilogramme de gentiane en poudre sur 1,000 kilogrammes de sel.

Comme le précédent, ce sel ne pourrait être renaturé qu'au moyen de la recristallisation. Il serait plus simple d'acheter du sel imposé que de supporter la dépense de l'opération.

Le n° 5, couleur noire, s'obtient avec un kilogramme de décoction de noix de galle, un kilogramme de pelure de grenade et une partie de sulfate de fer par 1,000 kilogrammes sel.

Les difficultés de renaturation pour ce sel sont encore plus grandes que pour les n°s 3 et 4.

Ces divers sels peuvent être fournis à 20 francs la tonne de 1,000 kilogrammes. Si l'on affranchissait entièrement de tous droits le sel pour engrais, et si l'on frappait celui destiné aux bestiaux d'un droit réduit de 25 francs la tonne, on pourrait livrer à l'agriculture, le premier à 2 francs, et le second à 4 fr. 50 cent. les 100 kilogrammes.

Loin de nuire aux intérêts du Trésor, ces nouveaux produits ne tarderaient pas à augmenter ses revenus d'une manière sensible, soit directement par la perception du droit sur le sel destiné aux bestiaux, soit indirectement par l'accroissement de la prospérité générale.

M. BOURGUET,

Médecin des épidémies de l'arrondissement d'Aix.

(Déclaration écrite.)

Question. 45. J'ai visité en 1863-1864 avec détail les marais salants de Berre, Martigues et Fos; je me suis livré sur les lieux mêmes à une enquête approfondie sur leur degré d'insalubrité et sur l'influence qu'ils exercent autour d'eux au point de vue de la production des fièvres paludéennes. Il est résulté pour moi de ces investigations que, loin d'être une cause d'aggravation de l'insalubrité des points divers sur lesquels ils ont été établis, ces salins ont eu pour résultat, à mesure qu'ils ont pris de l'extension et qu'ils ont été mieux aménagés, de diminuer, dans d'assez fortes proportions, le nombre des cas de fièvre intermittente que l'on y observait auparavant et qui se présentent d'ailleurs à l'état endémique dans chacune de ces localités.

Commission B. | Bouches-du-Rhône. — MM. Bourguet, Courtois, Villiard.

Il est de notoriété publique que les affections intermittentes étaient autrefois beaucoup plus communes qu'aujourd'hui à Berre et à Martigues; d'une autre part, on a pu constater que l'amélioration de l'état sanitaire de ces deux centres de population a suivi, dans ses phases successives, l'extension des salins et des surfaces qui n'étaient auparavant que de simples marais, en même temps qu'elle a coïncidé avec les progrès accomplis dans l'aménagement intérieur des salins eux-mêmes.

Quant au village de Fos, si les maladies paludéennes s'y présentent encore en très-grand nombre, la cause, selon moi, doit en être attribuée, non aux salins situés à l'est et au sud-est du village, mais aux marais insalubres qui existent, sur une immense étendue, à l'ouest de Fos, entre les embouchures du Rhône, la plaine de la Crau et le canal de navigation d'Arles à Bouc.

Je trouve la preuve de cette assertion dans ce fait que, tandis que la population du village et les habitants des maisons isolées situées vers l'ouest, au voisinage des marais, étaient, en 1863, décimés par la fièvre intermittente (plus de 450 personnes sur une population totale d'environ 700 habitants en ayant été atteintes dans l'espace de deux mois), les ouvriers et les employés du salin, au nombre de 15, n'en présentaient pas un seul cas; et que, sur les deux postes de douaniers placés à peu de distance du salin, le plus rapproché des marais renfermait 8 fiévreux sur 19 individus, tandis que le plus éloigné de ces mêmes marais n'avait que 5 fiévreux sur 20 habitants.

M. COURTOIS,

Capitaine des douanes, en résidence à Badon.

M. VILLIARD,

Lieutenant des douanes, en résidence à la Vignole.

(Dépositions orales.)

Question 45. La situation hygiénique du personnel des douanes employé dans la Camargue est très-mauvaise. Il arrive quelquefois que, dans un poste de vingt hommes, un ou deux restent seuls valides. Les fièvres dont souffrent les douaniers paraissent devoir être attribuées au mélange des eaux douces avec l'eau salée. C'est ainsi que la création de la digue à la mer des Saintes-Maries a rendu plus mauvais encore l'état sanitaire du pays; cette digue empêche les eaux de la mer de pénétrer dans les étangs situés à l'extrémité de la Camargue, les eaux douces s'y accumulent, et, comme le sol est imprégné de sel, les fièvres intermittentes naissent en grand nombre.

M. PELLOQUIN,

Ancien négociant et fabricant de sel.

(Déposition orale.)

[...]estions.

11. Le déposant expose à la Commission que depuis cinquante ans il s'est occupé de la question salicole. Il peut donc affirmer, sans crainte d'être démenti, que les départements riverains de la Méditerranée sont placés, au point de vue de la production du sel, dans une position exceptionnellement favorable. Si l'on utilisait tous les salins qui existent dans le Midi et si l'on en créait quelques autres qui peuvent être établis sans frais, on arriverait à décupler la production actuelle. Le Midi ne peut se plaindre que du manque de débouchés.

18. Le prix de revient de la tonne de sel ne dépasse pas 5 ou 6 francs, intérêt du capital engagé compris. En ce moment, la tonne de sel destinée à la consommation est vendue à raison de 20 francs par les producteurs, et les marchands en détail vendent le sel au prix de 20 centimes le kilogramme. Les uns et les autres font donc des bénéfices exagérés. La différence entre le prix de vente et le prix de revient explique comment la compagnie des Salins du Midi parvient chaque année à réaliser des gains énormes, qu'elle ne distribue pas, il est vrai, en dividendes à ses actionnaires, mais qu'elle emploie comme il lui convient.

24. Interrogé sur l'organisation des sociétés qui exploitent des salins dans le département des Bouches-du-Rhône, le déposant entre dans de longs détails sur les moyens, qu'il qualifie de frauduleux, à l'aide desquels quelques industriels seraient parvenus à se créer dans le Midi un monopole pour la fabrication et la vente du sel. Il prétend avoir été ruiné et dépouillé en 1836 des salins qu'il exploitait alors. Il mentionne les différents procès qu'il a soutenus. Il exprime la crainte que la compagnie des Salins du Midi, formée en 1856 par l'association d'un grand nombre de propriétaires et soutenue par une puissante société de crédit, n'arrive prochainement à écraser les petits producteurs qui osent encore lui faire concurrence, et ne parvienne même un jour à réunir dans sa main tous les marais salants de France.

92. Il termine en demandant que l'État, dans l'intérêt même des particuliers, qu'il préservera de payer le sel à des prix excessifs, s'empare de la fabrication et de la vente. Il a la conviction, sans plus ample démonstration, que le monopole du sel dans les mains de l'État rapportera annuellement au Trésor 130 millions.

COMMISSION B.

M. LACROIX,

Gérant du salin de Lavalduc, propriété de MM. Daguin et Cie.

(Déposition orale.)

Questions. 12, 32, 34, 35. La contenance totale du salin de Lavalduc est de 22 hectares, dont 12 sont utilisés comme surfaces d'évaporation et 10 en graviers, chaussées, etc. Dans le courant des dix dernières années, on a augmenté de 4 hectares l'étendue du salin. La superficie des tables salantes est de 3 hectares. L'eau est prise dans l'étang de Lavalduc à 9 ou 10 degrés de salure. Un machine à vapeur, à deux corps de pompe, l'élève à une hauteur de 18 mètres, et l'envoie à l'extrémité du salin par un aqueduc en pierres long de plusieurs centaines de mètres. Cette machine consomme par an 130 tonnes de houille; elle est servie par deux mécaniciens, employés seulement pendant six mois et payés à raison de 3 fr. 50 cent. et 5 francs par jour.

10, 31. La production actuelle varie entre 1,400 et 2,000 tonnes de sel. Elle était autrefois de 3,500 tonnes. Cette diminution doit être attribuée à l'introduction des eaux douces dans l'étang de Lavalduc, introduction qui a abaissé à 9 degrés la salure des eaux qui atteignait primitivement 16 ou 18 degrés.

26. La direction est confiée à un gérant et à un saunier, logés par le propriétaire et touchant ensemble une somme totale de 2,200 francs par an comme appointements fixes, plus une somme variable calculée sur les produits du salin. Ils ont sous leurs ordres un sous-saunier et huit ouvriers employés toute l'année; pendant les vingt jours de récolte, soixante ou quatre-vingts ouvriers travaillent sur le salin. Le salaire des ouvriers est, en temps ordinaire, de 2 fr. 40 cent. par jour; pendant la récolte, il monte à 5 francs pour les hommes et à 3 francs pour les femmes.

Le lavage et la mise en camelles coûtent 1 fr. 25 cent. par tonne.

19, 43. Le prix de vente de la tonne de sel rendu en gare de Miramas est aujourd'hui de 16 fr. 50 cent.; il a été longtemps de 14 fr. 50 cent. Le prix du transport de la tonne de sel jusqu'à Miramas varie entre 3 fr. 50 cent. et 5 francs. Les frais de fabrication peuvent être évalués à 6 francs par tonne. On peut se convaincre, en examinant les dépenses qu'entraîne l'exploitation du salin de Lavalduc, que le prix auquel revient la tonne rendue à Miramas est de 15 francs ou 15 fr. 50 cent., non compris les intérêts du capital engagé.

65. On ne fait sur le salin qu'une seule qualité de sel obtenue avec des

sion B. eaux dont le degré est maintenu, par addition d'eaux vierges, au-dessous de 27 degrés. BOUCHES-DU-RHÔNE. — MM. Lacroix. Lagarde.

Le sel produit à Lavalduc est entièrement livré à la consommation intérieure; il en est fait tous les ans des expéditions à Avignon, Grenoble, Vienne, Saint-Chamond, Privas et Carpentras.

tions. Le déchet légal de 3 p. 0/0 accordé au sel du Midi n'est pas en pro-
1. portion avec le déchet réel que ce sel subit en cours de transport. Le déposant a reçu de ses correspondants des plaintes fréquentes au sujet des pertes considérables que subissent les sels qu'il leur envoie.

)2. L'Administration des douanes devrait laisser plus de liberté aux saliniers, tant pour leurs travaux de saunage que pour la vente de leurs produits. Il serait utile qu'ils pussent adopter le mode de pesage qui leur conviendrait le mieux; les systèmes de mesurage qui leur sont imposés aujourd'hui sont très-incommodes. Le congé obligatoire à chaque voiturier pour transporter du sel du salin à la gare devrait être supprimé; il est sans utilité, puisque le droit est payé au départ du salin.

M. LAGARDE,

Saunier du salin de Citis.

(Déposition orale.)

24. Le salin de Citis appartient à M. le comte d'Imécourt. Il date d'environ trente ans. Il occupe l'emplacement d'un ancien étang. Afin de le mettre à l'abri des eaux de pluie qui descendent des pentes qui l'environnent, on l'a entouré d'un fossé d'écoulement qui est vidé par une machine à vapeur.

1, 35. Le salin prend son eau à 9 ou 10 degrés dans l'étang de Lavalduc, dont il n'est séparé que par une colline de 100 mètres de hauteur environ et d'une largeur de 7 à 800 mètres à la base. Un canal d'amenée traverse la colline et donne passage aux eaux, qu'une machine établie sur les bords de l'étang de Lavalduc élève à 6 mètres.

51. La sortie des produits s'opère à l'aide d'un souterrain situé du côté opposé, qui perce la montagne et donne issue sur les rives de l'étang de Berre. L'ouverture de ce souterrain se trouve à 16 mètres au-dessus du niveau du salin; il faut quatre chevaux pour monter jusqu'au tunnel un chariot chargé de 2 tonnes; sous le tunnel deux chevaux suffisent pour traîner des wagonnets chargés de 4 tonnes et glissant sur des rails. On peut évaluer à 1 fr. 70 cent. par tonne le coût du transport du sel depuis la camelle jusqu'au port du Rauquet, sur l'étang de Berre.

34. Le sol du salin est argileux. La circulation des eaux salées s'opère naturellement, au moyen des pentes.

53. On fait à Citis deux qualités de sel : la première est obtenue avec des eaux de 25 à 27 degrés; la deuxième, avec des eaux de 27 à 30 degrés; à ce dernier degré, les eaux sont toujours rejetées.

A la fin de chaque saison, on prépare des eaux neuves pour la campagne suivante.

10. La production moyenne du salin est de 8,500 tonnes par an, avec un maximum de 10,000 et un minimum de 7,500.

20. Le personnel fixe du salin se compose d'un saunier aux appointements de 1,400 francs par an, d'un sous-saunier à 1,000 francs, d'un aide-saunier à 90 francs par mois pendant les six mois d'été, et d'un mécanicien à 1,800 francs.

En outre, d'avril à juillet, un chantier de vingt-cinq ouvriers est chaque jour employé pour l'aménagement du salin : leur salaire est de 2 fr. 50 cent.

Lors de la récolte, cent ouvriers y sont occupés : leur salaire est de 4 francs.

37. La récolte dure à peu près quarante jours; les frais de levage du sel sont de 1 fr. 60 cent. par tonne; ceux de transport sur les graviers et de mise en camelles atteignent le même prix.

M. NAVARRE,

Contre-maître du salin de Badon, agent de la compagnie des Salins du Midi.

(Déposition orale.)

3, 31. Le marais salant de Badon est en chômage depuis quatre ans; il reste encore sur le gravier environ 9,000 tonnes. Ce salin tire ses eaux d'un étang où l'eau salée ne marque pas même un degré au commencement de la campagne et n'atteint pas 2 degrés au mois d'août. Autrefois la salure de l'étang était de 5 ou 6 degrés; mais, depuis la création de la digue à la mer des Saintes-Maries, l'eau douce s'accumule dans l'étang et menace de le dessaler complétement.

Le chômage du marais a augmenté les fièvres intermittentes dans la contrée.

M. TASSY,

Agent principal de la compagnie des Salins du Midi pour le salin de la Vignole.

(Déposition orale.)

Le déposant déclare qu'étant le simple agent d'une grande société, il a reçu la recommandation de s'en référer, pour plus d'exactitude, aux renseignements que les chefs de son administration doivent donner à la Commission, lorsqu'ils seront entendus à Marseille.

Il donne ensuite les détails suivants :

[Qu]estions.

32. Le salin de la Vignole a une étendue totale de 16 hectares de tables salantes et 7 hectares environ de partènements intérieurs; un étang, d'une superficie de 25 hectares, où l'eau marque au commencement de la campagne 6 degrés de salure et où elle atteint à la fin 20 degrés, est utilisé comme bassin d'évaporation. Cet étang est lui-même alimenté par les grands étangs voisins qui reçoivent les eaux de la Méditerranée.

10. La production annuelle du salin peut être d'environ 8 à 9,000 tonnes.

20. Le salaire quotidien des ouvriers occupés au *javelage* est de 4 fr. 50 cent. Le travail de la mise en camelles étant plus difficile, le prix de la journée s'élève à 6 francs.

3. Depuis deux ans, le marais de la Vignole reste en chômage. L'encombrement des produits, la nécessité de les écouler forcent la compagnie des Salins du Midi à interrompre la fabrication. Il y avait sur le gravier, il y a deux ans, un stock de 14,000 tonnes, descendu aujourd'hui à 5,000 tonnes.

52, 92. Le service des douanes se fait très-régulièrement; les employés se rendent exactement aux heures réglementaires de pesée, et la surveillance qu'ils exercent est utile aux saliniers.

M. CAUDIÈRE,

Gérant du salin de Ponteau, propriété de M. Ferlier aîné.

(Déclaration écrite.)

1, 2, 4, 10. Le salin de Ponteau a une superficie de 9 hectares; sa création remonte à 1837; il produit environ 900 tonnes par an, soit 100 tonnes à l'hectare. Sa valeur approximative est de 50,000 francs.

19. Le prix de revient de la tonne de sel peut être évalué à 5 ou 6 francs.

Le propriétaire du salin a vendu pour cinq ans tous ses sels au prix de 9 fr. 50 cent. la tonne.

Questions. 31, 34. Le mouvement des eaux s'opère au moyen de deux roues à tympan mues par des chevaux. Le degré initial des eaux est 2 à 3 degrés.

39, 53. A Ponteau, on ne traite pas les eaux mères pour en extraire des sels de soude ou de potasse; mais on garde pendant l'hiver, pour commencer la fabrication de l'année suivante, les eaux qui ont atteint 28 degrés. Ces eaux contiennent des sels déliquescents en grande quantité, et il n'est pas douteux que le sel qu'elles servent à produire ne soit très-sensible à l'humidité de l'air.

37. Les ouvriers reçoivent dans le cours de l'année un salaire qui varie entre 2 francs et 2 fr. 50 cent. par jour. Au moment de la récolte, ils sont payés plus cher. Sur plusieurs salins, comme ceux de Citis, du Plan-d'Arenc, de Lavalduc, les chefs sauniers traitent à forfait avec des compagnies d'ouvriers des deux sexes, dites *chiourmes*, qui se chargent de transporter le sel sur les graviers. Ces ouvriers gagnent de 4 à 8 fr. par jour. Ils font un travail fort rude, la tête enfouie dans un sac bourré de paille, les pieds nus et souvent blessés par les cristaux de sel et par l'eau salée. Ils se nourrissent mal, prennent peu de repos, couchent sur un tas de paille, et restent exposés tout le jour à un soleil ardent, le corps ruisselant de sueur; ils contractent souvent des fièvres intermittentes.

51. Pour parvenir à Marseille, le sel de Ponteau supporte par tonne 3 fr. 10 cent. ou 3 fr. 60 cent., dont 60 centimes pour le transport jusqu'au navire et 2 fr. 50 cent. ou 3 francs pour nolis jusqu'à Marseille.

82, 84. L'impôt ne devrait porter que sur la quantité de chlorure de sodium contenue dans le sel de chaque qualité. Il serait facile d'en déterminer la richesse au moyen de liqueurs titrées et de burettes graduées. Cette manipulation pourrait être confiée aux employés des douanes, et ne présenterait pas plus de difficulté que celle prescrite pour la vérification du titre des soudes.

94. Les habitants de Marignane emploient depuis longtemps pour fumer leurs vignes les algues rejetées sur les rives de l'étang de Berre; ils les enfouissent dans la terre encore imprégnées d'eau de mer. Leurs vignes ont été préservées de l'oïdium.

DÉPARTEMENT DU GARD.

Dans le département du Gard, l'Enquête a eu lieu du 12 au 19 juin 1866. Elle a été annoncée et le Questionnaire a été publié par des insertions faites dans les journaux ci-après :

L'Opinion du Midi des 23, 27, 30 mai et 3 juin 1866;
Le Courrier du Gard des 26, 27, 28, 29 mai et 3 juin.

Une note spéciale invitait les personnes qui pouvaient avoir des observations ou des renseignements à présenter à la Commission à en donner avis à la préfecture.

La Commission s'est complétée par l'adjonction de :

MM. Boissier, conseiller de préfecture, délégué par M. le préfet du Gard, pour remplacer M. le secrétaire général, en congé;
Guiraud, président de la chambre de commerce de Nîmes.

La Commission a visité les lieux de fabrication du sel de mer établis sur les salins du Peccais, de la Marette, de Médard ou du Repausset, situés dans le canton d'Aigues-Mortes.

Elle a reçu les déclarations verbales ou écrites de :

MM.

1° Le Conseil général du département du Gard;
2° Valz, membre du conseil général du département du Gard pour le canton d'Aigues-Mortes;
3° Hérail, notaire et maire de la ville d'Aigues-Mortes;
4° Le Directeur des contributions directes du département du Gard;
5° Fargues, avocat, membre de la société du canal de Beaucaire;
6° Lenthéric, ingénieur des ponts et chaussées;
7° Thouvenot, ingénieur du service hydraulique;
8° Canteloube, contrôleur des contributions directes, à Nîmes;
9° Pleindoux, chirurgien en chef de l'hôpital de Nîmes, membre du conseil d'hygiène et de salubrité du département;
10° Léna, inspecteur des douanes à Aigues-Mortes;
11° Rédier, directeur de la société à responsabilité limitée du Crédit agricole d'Aigues-Mortes;
12° Guex, gérant de la société concessionnaire du salin de la Marette;
13° Ancet père et fils, fermiers de ce salin et entrepositaires de sel à Beaucaire;

14° TAIGNON, agent d'exploitation du salin de la Marette;
15° GRESSE, entrepreneur de camionnage à Nîmes;
16° BONNEFOI, agent de la maison Vigne aîné, à Beaucaire;
17° MALBOIS, propriétaire et ancien exploitant de salins;
18° BARAGNON, ancien négociant et exploitant de salins.

DÉPARTEMENT DU GARD.

CONSEIL GÉNÉRAL DU GARD,

Session de 1866.

Questions. 82, 92, 94. Les salins ont, dans le Gard, une importance considérable, tant au point de vue de la production que des transactions auxquelles donne lieu l'industrie salinière et des transports maritimes. Le Conseil exprime au sujet de cette industrie, dans l'intérêt des propriétaires de salins et de l'intérêt général, les vœux suivants :

1° Amélioration des moyens d'accès aux marais salants, aux ports d'embarquement et aux gares des chemins de fer;

2° Prompte exécution du chemin de fer de Lunel à Aigues-Mortes;

3° Diminution des frais que ces produits sont exposés à supporter dans les entrepôts réels et spécialement dans les docks de Marseille, où un séjour de six mois surcharge le prix du sel de 6 à 8 francs par tonne et en élève le prix de revient à 20 francs;

4° Suppression d'un matériel spécial pour le transport des sels à Cette, transport pour lequel le plombage des écoutilles serait suffisant;

5° La liberté de faire dans l'enceinte des salins, à toute heure du jour et de la nuit, toute manipulation, transformation, déplacement de sel marin ou des eaux mères;

6° Nouvelles études pour dénaturer les sels affectés à l'agriculture;

7° Réduction de l'impôt des sels, lequel impôt est dix fois plus fort que le prix de revient. Le prix d'achat sur les lieux est de 10 francs par tonne, tandis que l'impôt est de 100 francs par tonne.

Le Conseil général ne peut que renvoyer ces vœux à l'Administration, en les recommandant d'une manière particulière à son attention.

M. VALZ,

Membre du conseil général du Gard pour le canton d'Aigues-Mortes.

Le déposant remet à la Commission des observations écrites ayant particulièrement trait à la direction de l'embranchement de chemin de fer qui doit relier Aigues-Mortes à la ligne de Lunel à Arles. Ce rapport, dont il est fait extrait ci-dessous, a été adressé à M. le Ministre de l'agriculture, du commerce et des travaux publics.

29, 79. Aucun pays n'est dans des conditions climatériques supérieures au canton d'Aigues-Mortes pour produire du sel de bonne qualité et à bon marché : il suffit de soumettre l'eau de mer à la double influence du soleil et du vent du nord.

COMMISSION B. Les provinces moins favorisées doivent perdre tout espoir d'une concurrence facile avec les contrées dotées, au point de vue de la production du sel, d'avantages spéciaux. Il semble que le Gouvernement, qui doit avoir en vue l'intérêt général, ne peut mieux faire que de laisser en toutes choses leur libre cours aux lois naturelles. GARD. — MM. Valz. Hérail.

Questions. 44. L'embranchement voté en 1861, qui unira le port d'Aigues-Mortes au réseau du chemin de fer de la Méditerranée, a pour l'industrie salicole du pays une grande importance.

Mais il importe que le tracé de l'embranchement autorisé par la loi du 5 juin 1861 soit rectifié et qu'au lieu de se diriger vers Lunel, il aille directement à Nîmes, en passant par Aimargues et Vauvert. Un coude de 10 kilomètres sera ainsi évité. Ce nouveau tracé est vivement désiré par les populations des communes intéressées, qui se sont engagées à donner les terrains nécessaires à l'établissement de la voie ferrée, et par la compagnie de la Méditerranée, qui consent à exécuter l'embranchement proposé sans le concours de l'État. Enfin la ville de Lunel, reliée par un chemin de fer avec Arles, rencontrera à Aimargues l'embranchement d'Aigues-Mortes; elle ne peut faire entendre de légitimes réclamations.

Ces observations ne sont que la reproduction des vœux exprimés par une pétition revêtue de plus de quatre mille signatures, vœux auxquels ont adhéré la chambre de commerce et le conseil municapal de Nîmes.

M. HÉRAIL,

Notaire, maire d'Aigues-Mortes.

(Déclaration orale et écrite.)

1, 2. Lors de la confection du cadastre, en 1811, l'étendue des marais salants dans le département du Gard était d'environ 1,650 hectares; depuis lors, on a créé les salins du Perrier, du Repausset et de la Marette, ce qui a porté à environ 2,500 hectares l'étendue des marais salants. Toutefois plusieurs salins ont été abandonnés, tels que ceux de Roquemaure et de Brascives, détruits depuis longtemps.

3. On prétend que plusieurs des marais actuellement existants sont chaque année en chômage; cela n'est pas exact. Il est bien vrai que tous les marais ne salent pas en même temps, mais c'est par la volonté de leurs propriétaires, qui, ne voulant pas produire plus qu'ils ne peuvent vendre, restreignent leurs moyens de fabrication.

4, 5. La valeur de l'hectare de marais salants est de 1,000 à 1,200 francs; elle n'a pas varié depuis cinquante ans. Plusieurs marais, dans ces dernières années, ont été achetés au prix de 800 ou 900 francs l'hectare ; le salin du Repausset est dans ce cas. Il est bien possible que si aujourd'hui un acheteur se présentait, il fût obligé de payer un prix plus élevé, mais cette augmentation provient des travaux qui, tout récemment, y ont été exécutés.

Questions. 6. On peut dire qu'en général, dans la commune d'Aigues-Mortes, la valeur d'un hectare cultivé en salin est la moitié de celle d'un hectare cultivé en pré, bois ou vigne ; or cette dernière est d'environ 2,000 francs.

7, 8, 9. Les marais salants sont entourés de terrains incultes qu'il serait bien difficile de rendre propres à la culture. La conversion d'un marais en pâturages a cela de dangereux qu'il faudrait avant tout introduire de l'eau douce sur la terre salée du marais, ce qui aurait pour résultat inévitable de produire des fièvres dans la contrée, ainsi que l'a trop malheureusement démontré la grande inondation du Rhône en 1840.

10, 11. Les huit marais salants situés aujourd'hui sur le territoire de la commune d'Aigues-Mortes produisent annuellement environ 47,000 tonnes, soit 18 à 19 tonnes par hectare, eu égard à leur étendue totale, étangs compris.

Ce chiffre peut varier au maximum de 50 p. 0/0 suivant les circonstances atmosphériques ; on le considère comme très-avantageux. La production est naturellement limitée par les besoins de la consommation.

19, 20, 65. Le prix du sel a peu varié depuis vingt ans. Depuis trois mois, il a atteint 20 francs la tonne. Avant cette époque, il se maintenait, suivant les années, à 7 fr. 50 cent., 10 francs, 12 fr. 50 cent., 15 francs.

Les sels d'Aigues-Mortes ne trouvent de débouchés que dans un rayon assez restreint ; ils ne dépassent pas les départements du Puy-de-Dôme, de l'Ardèche, du Rhône et de la Haute-Garonne. Les principaux marchés sont Nîmes, Beaucaire, Valence, Lyon, Montpellier, Toulouse.

21. Depuis vingt ans, la consommation du sel d'Aigues-Mortes est restée stationnaire.

24. Presque tous les marais salants situés sur le territoire d'Aigues-Mortes appartiennent à la compagnie des Salins du Midi, dont la raison sociale est « Renouard et Cie. » Les actions de cette société ont été émises à 500 francs, et aujourd'hui elles ne peuvent se vendre 200 ; depuis dix ans, les actionnaires n'ont touché qu'une seule fois, en 1857, un

dividende de 6 p. o/o. Il est vrai que de grands travaux ont été pendant cette période exécutés par la compagnie.

Le salin du Repausset appartient depuis deux ou trois ans à la compagnie de crédit agricole d'Aigues-Mortes, société à responsabilité limitée, au capital de 700,000 francs; aucun dividende n'a encore été distribué.

Enfin, le marais de la Marette appartient à la commune d'Aigues-Mortes, qui l'a affermé pour soixante-dix ans, moyennant une redevance annuelle de 5,000 francs, à un principal locataire, lequel l'a sous-loué moyennant une somme annuelle de 17,000 francs; le prix de revient par tonne de sel est, sur ce marais, de 8 fr. 59 cent.

Questions. 30, 40. Relativement aux procédés de fabrication, M. le maire d'Aigues-Mortes donne des détails conformes pour la plupart à ceux que l'on trouvera reproduits dans les dépositions de personnes qui s'appliquent spécialement à la fabrication du sel. Il faut toutefois noter les chiffres suivants :

Produit des tables salantes : 50 kilogrammes par mètre carré en cinquante jours de fabrication, soit 500 tonnes par hectare ;

Produit moyen de la surface totale d'un marais salant : 50 tonnes par hectare (étangs non compris);

Frais d'élévation d'eau : 50 centimes par tonne ;

Frais d'entretien des canaux et bassins : 25 centimes par tonne ;

Frais de couverture des camelles : 27 centimes par tonne.

43, 44. Les habitants d'Aigues-Mortes demandent avec instance qu'on accorde enfin à leur ville un embranchement de chemin de fer; la commune s'est engagée à acquérir les terrains nécessaires à l'établissement de la voie ferrée. Cette voie se raccorderait à Aimargues avec la ligne de Lunel à Arles. Les habitants demandent également qu'on élargisse et qu'on approfondisse le canal de Beaucaire, entre la mer et Aigues-Mortes, ce qui permettrait aux navires de 200 ou 300 tonneaux de venir charger le long des salins mêmes. En ce moment, les fabricants de sel sont obligés de transporter leurs produits par canal et de payer par 1,000 kilogrammes 3 centimes à la compagnie concessionnaire, ou bien d'envoyer leurs sels à Cette ou à Marseille, et de payer par tonne 6 à 7 francs de fret. Ils supportent en outre les frais de chargement, qui s'élèvent à environ 80 centimes ou 1 franc par tonne.

9, 45. Telles sont les améliorations sérieuses et réalisables; mais c'est une illusion de croire qu'on peut dessécher et transformer les marais gâts. Le sol de ces marais est trop salé pour qu'il puisse être utilisé à aucune culture. Il est bien vrai que près d'Aigues-Mortes, la propriété du Môle, qui était naguère inculte, a été dernièrement desséchée et rendue culti-

[...]MMISSION B. vable; mais cette propriété n'était pas un véritable marais salant, et en y apportant des terres d'alluvion, en y amenant de l'eau douce pour les irrigations, on devait réussir. D'ailleurs quel serait l'avantage de dessécher les marais gâts? Ils ne répandent pas de miasmes et, pas plus que les salins, ils ne sont insalubres; ainsi, à Aigues-Mortes, il résulte de l'inspection des registres de l'état civil que, sur une population de 4,000 âmes, le nombre des naissances a dépassé de 152 le chiffre des décès dans l'espace des cinq dernières années. Les personnes étrangères au pays sont à peu près seules exposées aux fièvres : les douaniers, notamment, dont la vie est fatigante, qui sortent la nuit et le matin et se nourrissent mal. GARD. — M. Hérail.

Questions. 52. Les mesures réglementaires nécessitées par la perception de l'impôt et l'intérêt des sommes avancées sur cet impôt, jusqu'à l'époque de l'entrée du sel en consommation, n'exercent sur le prix de vente du sel aucune influence.

74, 75. Quant aux coalitions que formeraient les producteurs de sel du Midi, il y a, il est vrai, des ententes entre les fabricants les plus considérables, mais ces ententes sont justifiées par la liberté commerciale; le seul but en est de maintenir les prix à un taux rémunérateur, en faisant cesser la concurrence qui les dépréciait. Il y a déjà eu plusieurs fois de ces accords secrets, qui, du reste, n'ont pas subsisté longtemps; mais, tant qu'ils durent, on voit les compagnies des salins vendre leurs produits plus cher dans les départements riverains de la Méditerranée, dont ils sont les fournisseurs incontestés, et abaisser leurs prix dans les départements où la concurrence des sels de l'Ouest et de l'Est se fait sentir. Personne ne peut se plaindre de cette combinaison, car les sels étrangers ne coûtant à Marseille que 22 francs la tonne, le prix des sels fabriqués dans le Midi ne peut pas dépasser 20 francs pour que ceux-ci aient la préférence; or, à 20 francs, le consommateur ne paye pas trop cher son sel.

79, 82. Il n'y a pas lieu d'accorder aux sels de l'Ouest un déchet de route plus considérable qu'aux sels du Midi. Beaucoup de ces derniers sont aussi déliquescents que les premiers, et en accordant une remise plus forte aux sels de qualité inférieure on aurait le double tort de décourager la fabrication perfectionnée et de favoriser la routine. Il n'y a pas lieu non plus de changer la base de l'impôt et de l'établir, non pas sur les quantités produites, mais sur la qualité relative des différents sels.

90. Le droit dont sont frappés les sels étrangers destinés à la pêche de la morue doit être augmenté.

Commission B. — Questions. 91. Les remises pour déchets ne devraient être appliquées qu'au port de destination et d'après les quantités trouvées dans le navire. Gard. — MM. Hérail. le Directeur des contributions directes.

94. Il ne paraît pas praticable d'employer l'eau de mer comme engrais pour les terres. Des essais ont été tentés; ils sont toujours restés sans succès.

LE DIRECTEUR DES CONTRIBUTIONS DIRECTES.

(Déposition écrite.)

1, 2. L'étendue superficielle des marais salants dans le Gard est aujourd'hui de 2,700 hectares.

Commune d'Aigues-Mortes	2,550h
——— de Saint-Laurent	150
Total	2,700

Il n'en existe pas d'autres dans le département.

Presque tous les marais salants ont été établis sur des étangs et pêcheries.

Depuis vingt ans, il n'est pas survenu de modification dans l'étendue superficielle des marais salants du Gard.

3. Les marais salants de Brascives et de Roquemaure, d'une étendue superficielle de 700 hectares, ne sont pas exploités depuis plus de quarante ans, et leur déclassement ayant été obtenu en 1828 par leurs propriétaires, ils semblent ne plus devoir être considérés comme des marais salants.

4. D'après diverses ventes qui se sont effectuées depuis moins de vingt ans, la valeur vénale moyenne d'un hectare de marais salant est de 1,200 francs environ. Ce prix se justifie d'ailleurs par divers baux passés dans la même période et qui en portent le loyer annuel de 58 à 62 francs.

5. L'impôt foncier supporté par l'hectare de marais salant est de 7 fr. 70 cent. en principal, et de 11 fr. 50 cent. en principal et centimes additionnels.

Depuis plus de vingt ans la valeur vénale des marais salants n'a pas varié d'une manière appréciable dans le Gard.

6. Elle diffère peu ou point de celle des propriétés rurales en culture, telles que terres, prés et vignes, mais elle est le double de celle des bois et pâtures.

7. Le voisinage des marais salants comprend principalement des pâtures et des terrains incultes, et par exception quelques terres ensemencées de blé ou de garance et très-peu de vignes.

9. Aucune transformation de salins en terrains cultivables ne paraît s'être produite dans le Gard, à moins qu'on ne considère comme tel l'abandon, depuis plus de quarante ans, des marais de Brascives et de Roquemaure, qui se sont, en grande partie, naturellement et sans frais, convertis en pâturages ou en terrains vagues.

M. FARGUES,

Avocat, membre de la société du canal de Beaucaire,

(Déposition écrite.)

[.]1, 20, 66. La production du sel est, dans les salines du Gard, placée dans les conditions les plus favorables. Nulle part le prix de revient de cette denrée n'est aussi bas, et des canaux qui pénètrent dans l'intérieur même des salins permettent de diriger le sel sans transbordement sur tous les points desservis par la navigation du Rhône et de la Saône. Aussi la production n'a d'autres limites que celles qui lui sont assignées par les besoins de la consommation, besoins absolus et, quoi qu'on en ait dit, très-peu susceptibles d'extension, ainsi que par la concurrence, qui, à une distance considérable de la mer, devient facile aux sels de l'Est et de l'Ouest. Ils alimentent les Cévennes, le bassin du Rhône, la Savoie, le marché de Lyon et la vallée de la Saône jusqu'à Gray. Sous le premier Empire, les débouchés des sels d'Aigues-Mortes étaient encore plus considérables; alors en effet le Piémont et l'Italie du Nord leur étaient ouverts, et les salines de l'Est ne donnaient que des produits insignifiants.

10. En moyenne, on fabrique annuellement dans le canton d'Aigues-Mortes de 40,000 à 50,000 tonnes. La compagnie des Salins du Midi a pris en 1860, envers la société qui doit exécuter le chemin de fer de Lunel à Aigues-Mortes, l'engagement de lui faire transporter par an 50,000 tonnes de sel, et elle a même parlé de porter sa production à 60,000 et 100,000 tonnes.

51. Aujourd'hui le coût du transport d'Aigues-Mortes à Beaucaire par canal, et de Beaucaire à Lyon par le chemin de fer ou par le Rhône est de 15 à 16 francs par tonne de sel.

Commission B.

M. LENTHÉRIC,

Ingénieur ordinaire des ponts et chaussées.

(Déposition orale.)

Questions. 44. L'amélioration du port d'Aigues-Mortes produirait les résultats les plus heureux pour tous les producteurs de sel de cette commune. Si les bâtiments de 200 ou 300 tonneaux pouvaient venir charger du sel sur les lieux mêmes de production, les exploitants de marais salants économiseraient les frais que leur occasionne aujourd'hui le transport de leurs sels sur des allèges jusqu'à Cette, où ils sont chargés sur les bâtiments de grande pêche.

Les travaux à exécuter pour rendre praticable le chenal jusqu'à Aigues-Mortes ne seraient pas trop dispendieux, car la profondeur du chenal est en ce moment de 3 mètres et celle de la passe de 3^{m},50. De plus, il n'y aurait pas à craindre que l'entrée du canal s'ensablât, comme cela arrive pour Cette; en effet, depuis que le Vidourle a été détourné de son cours et vient se jeter dans la mer à l'extrémité du canal, les vases sont chassées et les sables repoussés au loin.

Le draguage du canal de Beaucaire aurait en outre l'avantage de permettre la conversion de terrains incultes en champs d'une grande fertilité. Le fond du canal consiste en un amas de bourbe qui, répandue sur ses bords, deviendrait une riche terre végétale. Il y a quelques années, un entrepreneur d'Aigues-Mortes, en exécutant le draguage d'une partie du canal, fit jeter les vases extraites du fond sur un marais inculte que cette opération a converti en terres de la meilleure qualité.

En tout cas, si l'État n'améliore pas le port d'Aigues-Mortes, il serait à désirer qu'il rachetât le canal de Beaucaire, dont les concessionnaires ont établi des prix de transport très-élevés, au grand préjudice des exploitants de salins.

M. Lenthéric remet en outre à la Commission un tableau indiquant les quantités d'eau tombées à Aigues-Mortes, chaque mois, depuis l'année 1846 jusqu'à l'année courante.

M. THOUVENOT,

Ingénieur du service hydraulique à Nîmes.

(Déposition écrite.)

114. Non-seulement l'eau de mer ne nous paraît pas constituer un bon engrais, mais l'expérience faite sur une grande échelle, dans les marais situés au sud du canal de Beaucaire, a prouvé que le sel est le plus grand ennemi de la végétation et de la production agricole. Partout, dans cette région, on protége les terrains contre l'invasion des eaux salées et l'on

cherche à les dessaler par l'introduction d'eaux douces prises au Rhône. Par le seul fait du dessalement opéré dans les marais autrefois salés des bassins de Scamandre et de Leyran, la production en fourrages et en roseaux, à peu près nulle il y a quarante ans, atteint actuellement des chiffres très-élevés et augmente chaque année.

M. CANTELOUBE,

Contrôleur des contributions directes, à Nîmes.

(Déposition orale et écrite.)

Questions. 4, 5, 6. La valeur moyenne de l'hectare de marais salant dans le canton d'Aigues-Mortes est de 1,100 francs. Elle n'a pas varié depuis longtemps; elle est inférieure, en ce moment, d'au moins un tiers à la valeur des vignes et terres arables situées dans la même commune.

24. On ne peut pas sérieusement prétendre que la compagnie des Salins du Midi fasse de mauvaises affaires. Il est vrai qu'elle ne distribue pas de dividendes, mais elle exécute des travaux considérables et emploie ainsi ses bénéfices à augmenter son capital.

L'exploitation du salin du Repausset, appartenant à la compagnie agricole Redier et Cie, a lieu, d'après les déclarations du directeur lui-même, dans les meilleures conditions.

Celle du salin de la Marette, troisième entreprise salicole du département, doit donner des produits que l'on peut évaluer à plus de 5 p. 0/0 du capital engagé.

9. Il serait possible de convertir certains salins en pâturages; il faudrait commencer par les dessécher, puis y amener de l'eau douce afin de les dessaler. Mais la transformation des marais salants ne présenterait qu'un faible intérêt, les dépenses devant être très-considérables et la valeur vénale d'un hectare de pâturages n'étant guère plus élevée que celle d'un hectare de marais salant. Il serait peut-être plus avantageux de convertir en pêcheries les salins qui ont une profondeur d'eau suffisante; on en tirerait un beau produit; ainsi l'étang de la Ville, à Aigues-Mortes, dont la superficie est de 250 hectares, est affermé comme pêcherie, moyennant un prix annuel de 8,000 francs.

6. Le classement des marais salants devrait être modifié, afin de ramener la proportionnalité dans l'impôt. En effet, lors de la confection du cadastre en 1811, les terres labourables de première qualité et les salins avaient la même valeur et produisaient le même revenu. Or la valeur des terres a, dans ces derniers temps, beaucoup augmenté;

celle des marais salants, au contraire, est restée stationnaire. Il en résulte qu'aujourd'hui les terres labourables payent une imposition égale au huitième de leur revenu, tandis que les salins supportent des contributions qui absorbent plus du cinquième de leur revenu. Pour que l'égalité de l'impôt fût rétablie, les marais salants devraient être descendus de la première classe à la troisième. D'ailleurs le Trésor perdrait peu de chose, dans le département du Gard, à un nouveau classement des marais salants, car sur 2,000 hectares de marais en exploitation, 900 environ, créés depuis le cadastre, ont conservé leur allivrement primitif et ne payent que de 10 à 50 centimes d'impôt foncier par hectare.

M. PLEINDOUX,

Chirurgien en chef de l'hôpital de Nîmes, membre du conseil d'hygiène du département.

(Déposition orale.)

Questions. 26. La population d'Aigues-Mortes est chaque année exposée à des fièvres intermittentes, surtout pendant les mois d'août, septembre et octobre. En effet, à cette époque, les pluies sont fréquentes et le mélange de l'eau douce avec l'eau des salins engendre des émanations miasmatiques, dangereuses surtout le soir et le matin; mais les habitants du pays savent s'y soustraire en évitant d'être dehors à ces heures. Du reste les fièvres qui sévissent à Aigues-Mortes sont peu dangereuses; elles disparaissent quand le malade change de localité.

La nourriture de la population est en général très-substantielle; le vin et la viande y figurent à l'état ordinaire. Les hommes seuls travaillent aux champs et aux marais salants; les femmes restent au logis attachées aux soins du ménage.

9. On ne pourrait pas convertir les marais salins en prairies ou en vignes sans faire naître des fièvres dans le pays. Il faudrait, en effet, pour fertiliser le sol d'un salin, commencer par l'arroser d'eau douce, et des miasmes seraient immédiatement produits.

Le dessèchement des marais gâts ou roseliers situés aux environs d'Aigues-Mortes présenterait le même danger. Le sol de ces marais est bourbeux et encore imprégné de sel; dès qu'il serait retourné par la charrue, la pluie et l'humidité engendreraient des émanations fébrifères. Il arrive même souvent que les roseaux provenant de ces marais, transportés au loin comme engrais, amènent avec eux les fièvres intermittentes.

M. LÉNA,

Sous-inspecteur des douanes à Aigues-Mortes.

(Déposition orale et écrite.)

uestions. , 12, 21. La production du sel reste stationnaire dans le département du Gard. Elle a été annuellement pendant la période de 1859 à 1865 de 56,700 tonnes, en moyenne. Suivant les conditions atmosphériques plus ou moins favorables, les quantités de sel produites dans une année peuvent augmenter ou diminuer de 20 p. o/o. Le sel fabriqué à Aigues-Mortes est de plusieurs qualités, trouvant toutes la même faveur.

19. Les prix de vente ont été longtemps fixés de la manière suivante :

15 francs la tonne pour les sels livrés à la consommation;

12 fr. 50 cent. la tonne pour les sels envoyés sur les entrepôts de l'intérieur;

10 francs la tonne pour les sels destinés à l'exportation ou à la fabrication des produits chimiques.

Depuis quelques mois, les prix ont été un peu élevés.

Le déposant ignore quel est exactement aujourd'hui le prix de revient de la tonne de sel; mais il peut affirmer que ce prix était de 4 francs en 1846, non compris les frais de mise en barque, qui peuvent être évalués à 75 centimes.

29. Suivant le degré de perfection des procédés de fabrication en usage sur chaque salin, les cônes tronqués d'une capacité d'un demi-hectolitre, dont la douane se sert pour peser le sel, atteignent un poids plus ou moins élevé. Ainsi le poids moyen du demi-hectolitre est :

Au Repausset, de 42 à 44 kilogrammes;

A la Marette, de 45 à 46 kilogrammes;

Au Perrier, de 48 à 49 kilogrammes;

A la Fangouse, de 48 à 49 kilogrammes;

A la Larbière, de 49 à 50 kilogrammes.

Ces trois derniers salins font partie du groupe de Peccais.

52. Le déposant n'a jamais entendu de plaintes dirigées contre les mesures que prend la douane pour assurer l'exacte perception de l'impôt. Il ne voit pas comment le prix de vente du sel pourrait être augmenté par l'intérêt des sommes avancées sur l'impôt, jusqu'à l'époque où le sel entre dans la consommation. En effet, pour les ventes de sel livré directement à la consommation, le payement immédiat des droits a lieu sous

COMMISSION B. la déduction de l'escompte; pour les envois faits dans les entrepôts, les acquits-à-caution permettent de ne payer l'impôt qu'une fois la vente effectuée.

Il arrive souvent qu'en vertu d'une tolérance de l'Administration des douanes, des sels expédiés sur l'entrepôt de Lyon avec un acquit-à-caution, dont l'effet devrait être régulièrement d'assurer l'arrivée des sels à cette destination, sont livrés à la consommation en cours de transport. En ce cas, l'expéditeur de sel ou le soumissionnaire de l'acquit-à-caution évitent de grever leur denrée de frais de route; mais ils perdent une partie de l'escompte en rapport avec le temps qui s'écoule entre le jour de la délivrance des sels et celui de la déclaration de mise à la consommation.

Questions.

82. Il serait nuisible pour les intérêts du Trésor d'asseoir l'impôt du sel sur la richesse relative en chlorure de sodium : afin de payer des droits moins forts, la fabrication des sels déliquescents se développerait. Le commerce ne se préoccupe aucunement du plus ou moins de richesse du sel en chlorure de sodium.

92. Quoi qu'en disent les saliniers de l'Est et de l'Ouest, qui prétendent que les douanes du Midi accordent un bon poids aux expéditeurs de sel, il est facile de démontrer qu'aucun reproche ne peut avec raison être adressé au service des douanes. Les employés qui sont chargés de l'opération suivent avec un soin particulier le remplissage de tous les cônes; ils veillent à ce que ces récipients soient toujours rasés uniformément, et ils prennent leurs pesées d'épreuves sur tous les points de la camelle qui offrent des variations dans le poids du sel, de manière à obtenir les données les plus justes. Ils ne commencent jamais une opération sans s'être assurés, au préalable, que les instruments de pesage fonctionnent avec précision et régularité, et ils apportent en outre la plus grande attention aux pesées.

Le déficit que le commerce a eu occasion de reconnaître parfois dans ses entrepôts est uniquement de son fait et tient à la nature des choses aussi bien qu'à des habitudes invétérées.

Il n'est pas rare, en effet, que, dans un chargement de sel quelconque, les trois quarts du chargement soient mis à bord à la vacation du matin. Or, comme il arrive souvent que les tares du cône faites le soir accusent un poids inférieur à celui des tares du matin, on applique dans cette hypothèse et forcément une tare plus faible à une partie du chargement. Il résulte de là que le poids net du sel augmente et que le nombre de cônes pleins à accorder au commerce diminue.

La démonstration de ce fait ressort de la comparaison des deux exemples suivants :

Il s'agit d'un chargement de 95,000 kilogrammes donnant lieu, lors de la première opération, à la délivrance de 2,248 cônes tronqués, au poids moyen de 42 kilog. 254 gr.; avec un appoint de 13 kilog. 008 gr., on obtient le chiffre de 95,000 kilogrammes, objet de la déclaration d'enlèvement.

Dans la deuxième opération, au contraire, la quantité de cônes pleins délivrés étant la même, le poids net moyen du cône, avec la tare qui s'y rapporte réellement, apparaît au chiffre de 42 kilog. 183 gr.

Ce qui représente, pour les 1,700 cônes embarqués le matin	71,711k 100g
Et pour les 548 cônes embarqués le soir, qui complètent le chargement	23,024 768
Soit	94,735 868
En y ajoutant pour plus de justesse l'appoint indiqué	13 008
On obtiendrait seulement une quantité de	94,748 876
La déclaration d'enlèvement étant de	95,000 000
Le déficit qui a pu se produire au détriment du commerce s'élève à	251 124

La responsabilité des déficit de l'espèce doit retomber sur les saliniers du Midi, qui n'ont pas soin de scinder leurs embarquements du matin et du soir en parties égales. Toutefois, pour atteindre ce but, ils lutteraient en vain contre les habitudes d'une population ouvrière toujours plus disposée à travailler dans la première partie du jour que dans la seconde.

Les manquants dont ils se plaignent peuvent aussi provenir d'une autre cause : quand le sel est très-humide, il adhère aux parois du cône et forme une croûte assez épaisse, dont une portion est susceptible de se détacher avant la fin de la vacation. Dans ce cas, la tare, qui doit être déduite du poids brut moyen des pesées pour obtenir le poids effectif du sel, est atténuée dans un sens défavorable au commerce; car il est évident que le nombre de cônes à délivrer augmente ou diminue suivant que la tare est plus forte ou plus faible. Les déficit peuvent être attribués aussi pour une portion à la perte du sel dans son transport de la camelle au lieu d'embarquement. Voilà pour les chargements effectués en vrac, c'est-à-dire en grenier.

En ce qui concerne les sacs de 100 kilogrammes, ils ne contiennent jamais au delà de 100 kilog. 20 décag. de sel, et le plus souvent ils restent au-dessous de ce poids.

Répondant à la demande des saliniers du Midi, ayant pour objet d'obtenir qu'il leur soit alloué pour les sacs de 100 kilogrammes une tombée

Commission B. supérieure à 20 décagrammes, le déposant est d'avis qu'elle ne soit pas accueillie.

On pourrait objecter à cela que des marchandises importées de l'étranger, bien que soumises à des droits plus élevés que le sel, sont plus favorablement traitées, en ce sens que, lorsque les colis sont de 100 kilogrammes et au-dessus, on néglige les nombres fractionnaires. Cette raison paraît au déposant sans portée. Le poids des colis étrangers varie et ne saurait être fixé au départ d'une manière exacte, en vue d'un boni, tandis qu'il serait très-facile aux peseurs commissionnés par la douane, et qui sont en même temps les agents de confiance des chargeurs, d'élever le poids des sacs à la dernière limite et de profiter ainsi de toute la latitude qui serait accordée à titre de tolérance. Supposons un instant qu'on agisse à l'égard des sacs de sel comme pour les marchandises étrangères dont les colis dépassent 100 kilogrammes : il est certain que le commerce cherchera à obtenir pour chaque pesée un poids fractionnaire de 8 à 9 hectogrammes en sus du poids de 100 kilogrammes. Il arriverait ainsi à bénéficier, sur un chargement de 100,000 kilogrammes, de 800 à 900 kilogrammes, qu'il ne semble ni juste ni nécessaire de lui allouer.

M. RÉDIER,

Directeur de la société à responsabilité limitée du Crédit agricole d'Aigues-Mortes.

(Déposition orale.)

Questions 24. Cette société a été constituée au capital de 700,000 francs, représenté par 14,000 actions. Elle a en outre contracté au Crédit agricole un emprunt de 100,000 francs. Elle a acheté, il y a quelques années, le marais du Repausset, d'une contenance de 500 hectares, moyennant 500,000 francs. Elle y a consacré depuis 300,000 francs en améliorations et transformations. Lors de l'achat, cette propriété comprenait environ 200 hectares cultivés en salin et 300 hectares improductifs, mais propres à être desséchés et rendus cultivables. Aujourd'hui le salin a une contenance de 250 hectares, et le reste de la propriété est en état
7, 9, 45. de défrichement. La partie du Repausset cultivée en marais salant est entrée dans l'évaluation du prix, lors de l'achat, pour les quatre cinquièmes environ, soit 400,000 francs. On regardait comme impossible dans le pays de dessécher, d'assainir et de transformer en terre arable un marais jusqu'alors inculte. Pour défricher ce marais, on a commencé par ouvrir des fossés afin de faire évacuer l'eau saumâtre qui le couvrait, puis on a favorisé le débordement du Vidourle, petite rivière voisine, qui dépose chaque hiver une couche épaisse de limon. On peut évaluer à 5 mètres la hauteur de la couche qu'elle a apportée sur

les plaines environnantes pendant une période d'environ vingt ans. Le déposant espère obtenir d'ici peu d'années une propriété d'un grand rapport.

L'expérience démontre que l'on prétend à tort que de belles cultures ne peuvent pas prospérer dans le voisinage des salins. En effet, M. Rédier y a créé une ferme, dont les terres, couvertes de vignes, de luzernes, de céréales, sont à quelques centaines de mètres seulement des marais salants. Il se chargerait en trois ans de transformer en roselier un salin; il ne lui faudrait pour cela que de l'eau douce à introduire sur le marais après avoir chassé l'eau salée.

Questions. 0, 19, 43. Le salin du Repausset produit 6,000 à 7,000 tonnes par an; il rapporte 21,000 francs. On y fabrique deux qualités de sel; la tonne de sel de qualité inférieure est vendue 7 fr. 50 cent., frais de chargement compris (80 centimes), ce qui fait ressortir le prix net à 6 fr. 70 cent.; la tonne de première qualité est vendue 9 francs, non compris les frais de chargement. Cette différence dans le prix tient à la méthode employée pour fabriquer chacune des deux qualités. Pour faire le sel à 7 fr. 50 cent. la tonne, on emploie des eaux mères conservées pendant l'hiver dans une pièce maîtresse d'une profondeur de 60 à 70 centimètres et qui, après avoir perdu 10 à 12 degrés de saturation par suite des pluies, marquent encore 18 ou 20 degrés quand elles sont mélangées au mois de juin avec des eaux neuves à 10 ou 12 degrés. Au contraire, pour faire le sel de première qualité, on n'emploie que des eaux neuves. M. Rédier remarque que l'emploi des eaux mères lui donne du sel en plus grande quantité et plus vite.

57. Le négociant qui a traité avec lui pour l'achat de son sel vend pour la consommation intérieure les deux qualités au même prix; il vend pour la grande pêche exclusivement le sel de deuxième qualité, à raison de sa plus grande déliquescence.

34, 37. Les frais qu'entraîne le mouvement des eaux sur le salin montent à 4,000 francs par an. Le saunier est payé 1,300 francs et le sous-saunier 1,000 francs; ces agents ont en outre un bénéfice dans l'exploitation; le salaire du mécanicien de la machine élévatoire est de 1,100 francs.

Au moment de la récolte, on emploie plus de cent ouvriers; ce sont tous des hommes d'Aigues-Mortes, payés à raison de 5, 6 et même 8 francs par jour. Les femmes et les enfants ne travaillent jamais sur un salin. Les ouvriers qui font la récolte du sel ont un travail pénible, mais ils se nourrissent très-bien, mangent chaque jour de la viande et boivent du vin.

61. On peut évaluer à 3 p. 0/0 le déchet de route que subit le sel de qualité supérieure dans le transport d'Aigues-Mortes à Cette, et à 10 ou 12 p. 0/0 celui de seconde qualité.

74. M. Rédier ne connaît aucune entente formée entre les différents producteurs de sel pour faire hausser les prix. Il est vrai qu'assez souvent les petits propriétaires traitent avec la compagnie des Salins du Midi pour lui vendre leurs récoltes et lui louer leurs marais, mais c'est afin d'éviter les chances de pertes si fréquentes auxquelles sont exposés les fabricants de sels.

92. Loin de demander que la douane exerce une surveillance moins active sur le chargement et le transport des sels, M. Rédier est d'avis que cette surveillance continue; il la considère comme très-avantageuse pour les propriétaires de salins, auxquels elle évite le payement d'agents chargés d'empêcher le détournement de leurs produits.

94. L'eau de mer ne peut être considérée comme un engrais; quand on veut rendre fertile une terre imprégnée d'eau saumâtre, il faut commencer par la dessaler.

M. GUEX,

Gérant de la société concessionnaire du salin de la Marette.

MM. ANCET PÈRE ET FILS,

Fermiers de ce salin et entrepositaires de sel à Beaucaire.

M. TAIGNON,

Agent d'exploitation du salin.

(Dépositions orales et écrites.)

10, 11, 12. La production annuelle des salins d'Aigues-Mortes est, depuis vingt ans, d'environ 55,000 tonnes. Cette production varie suivant les circonstances atmosphériques plus ou moins favorables, mais rarement de plus de 40 p. 0/0; on a vu cependant des récoltes détruites complétement par des orages.

18. Depuis vingt ans, les propriétaires des marais salants d'Aigues-Mortes vendent annuellement 40,000 tonnes environ pour les marchés de l'intérieur; leurs opérations commerciales n'ont pris aucun développement.

24. Le terrain où se trouve situé le salin de la Marette a une superficie de 143 hectares. Il appartient à la ville d'Aigues-Mortes qui l'a loué en 1843

(COM)MISSION B. — GARD. — MM. Guex. Ancet père et fils. Taignon.

pour une durée de soixante-dix ans et une redevance annuelle de 5,000 francs, à une société en commandite constituée au capital de 187,500 francs. Cette société, après l'avoir mis en état de production, l'a elle-même sous-loué moyennant une somme annuelle de 17,000 francs. Elle conserve à sa charge les impôts, les frais de surveillance et d'entretien des chaussées. Elle distribue environ 9,000 francs par an aux actionnaires.

Questions. 10, 32. La superficie du salin proprement dit est de 120 hectares, dont 11 hectares sont employés à la cristallisation du sel, et 109 servent à l'évaporation des eaux de la mer; ces eaux sont introduites au moyen d'une prise d'eau établie sur le chenal maritime. La moyenne des produits du salin de la Marette, depuis l'époque de sa création, ne s'élève pas au-dessus de 80,000 *minots*, du poids de 45 kilogrammes chacun, ce qui représente une production annuelle de 3,600,000 kilogrammes, desquels il faut déduire 10 p. 0/0 de déchet que fait le sel avant qu'il puisse être vendu[1]; reste donc 3,240,000 kilogrammes, soit 3,240 tonnes.

FRAIS D'EXPLOITATION DÉTAILLÉS.

Levage et battage du sel	10,000f
Chargement pour l'expédition et intérêts du fonds de roulement	7,000
Agents employés à la fabrication du sel et à la surveillance des travaux	3,600
Frais de couverture des camelles	1,200
Nourriture des mules et mortalité	2,000
Pelles de battage servant à ramasser le sel	400
Cabas pour mettre le sel en camelle sur les graviers	500
Nivelage et entretien du salin, y compris les chaussées de ceinture et chauffoirs ou bassins d'évaporation	2,000
Entretien des tympans, charrettes, chariots pour le transport de l'eau destinée à l'alimentation des ouvriers et des mules	500
Entretien des cabanes servant d'habitation aux employés du salin	300
TOTAL	27,500

26. Dans le département du Gard, l'exploitation des salins est faite par les propriétaires ou par les fermiers. Les ouvriers qui y sont employés sont payés tous les dimanches; ils ont ainsi l'avantage de ne courir aucune chance des mauvaises récoltes. Les femmes et les enfants ne prennent pas part aux travaux des salins d'Aigues-Mortes, ce qui oblige les fermiers

[1] Les sels ne se vendent qu'un an après la récolte, et quelquefois deux et même trois ans.

COMMISSION B. ou propriétaires à donner un prix de journée de 3 francs à 3 fr. 50 cent. par homme, pour une moyenne de sept heures de travail par jour. Au moment de la récolte, une centaine d'ouvriers sont employés sur le salin de la Marette, et ils gagnent alors de 6 à 8 francs par jour. GARD. MM. Guex. Ancet père. Taignon.

Questions. 27. Les fermiers des salins exploités en dehors de la compagnie des Salins du Midi n'ont aucune raison pour craindre l'influence de cette compagnie, puisqu'ils exploitent dans les mêmes conditions qu'elle.

29, 31, 34, 35. Les procédés suivis pour la fabrication n'ont pas varié depuis vingt ans; ils consistent à faire passer les eaux de la mer sur de vastes terrains préparés à cet effet, afin que la chaleur et les vents du nord en amènent l'évaporation. L'eau de mer, de 3 degrés de salure, atteint 25 degrés; dans cet état de concentration, les cristaux de sel commencent à se précipiter sur les tables de cristallisation.

Le mouvement de l'eau s'opère au moyen de tympans mus par des mules ou des machines à vapeur, qui l'élèvent à environ un mètre.

L'eau de mer est introduite sur le marais au moyen d'une ou plusieurs prises d'eau et d'un large fossé qui l'amène dans les étangs.

37. La récolte du sel commence du 10 au 15 août.

39. A la Marette, les eaux mères sont conservées pendant l'hiver dans une pièce maîtresse; elles atteignent en automne 25 degrés, mais par suite des pluies d'hiver elles n'en ont plus que 12 l'année suivante, à la reprise de la fabrication. L'emploi de ces eaux permet de récolter plus de sel que si l'on n'avait recours qu'à des eaux neuves. Il est vrai que le sel ainsi fabriqué est plus déliquescent.

43. Quelle que soit la qualité des sels, ils sont tous vendus au même prix pour la consommation. Ce prix a varié depuis vingt ans de 8 à 12 francs la tonne. Aujourd'hui et depuis quatre mois, il s'élève à 20 francs; c'est un taux rémunérateur.

44. En ce moment, les transports de sel se font par bateaux, sur le canal de Beaucaire. La création du chemin de fer projeté d'Aigues-Mortes et l'élargissement du chenal maritime seraient une grande amélioration pour les salins d'Aigues-Mortes. On éviterait les droits récemment augmentés du canal de Beaucaire en empruntant le chemin de fer, et si l'entrée du port d'Aigues-Mortes et la profondeur d'eau du chenal permettaient aux navires de venir auprès des salins prendre leur chargement de sel, les frais de transport jusqu'à Cette par bateaux se trouveraient supprimés. Il résulterait de ces travaux un écoulement plus facile

ISSION B. pour les produits d'Aigues-Mortes. On ne saurait trop en solliciter l'exécution.

GARD.

MM.
Guex.
Ancet père et fils.
Taignon.

estions.
51. MM. Ancet transportent leurs sels à Beaucaire par le canal de ce nom moyennant un prix de 6 francs par tonne. Ils vendent en général contre remboursement ou par traite à quinze ou vingt jours.

57. La différence de richesse en chlorure de sodium des divers sels n'est pas appréciée dans le commerce.

64. Tous les sels éprouvent un déchet; il est plus ou moins considérable suivant le plus ou moins d'humidité de l'atmosphère au moment de l'embarquement, et surtout suivant les procédés employés pour leur fabrication.

65. Les ventes des sels d'Aigues-Mortes s'étendent depuis Toulouse jusqu'à Lyon et les départements limitrophes.

4, 75. Il est certain que la compagnie des Salins du Midi cherche à éteindre la concurrence en achetant la récolte des petits producteurs et en louant des marais qu'elle laisse ensuite en chômage; mais son seul but paraît être de ramener la production dans les limites de la consommation.

79. Le déchet de route de 5 p. 0/0 alloué actuellement aux sels de l'Ouest est bien suffisant. Il paraît même équitable de le réduire à 3 p. 0/0, comme pour les sels du Midi, beaucoup de ces derniers étant aussi déliquescents que ceux de l'Ouest.

82. L'impôt du sel doit être perçu comme il l'a été jusqu'à ce jour, sans tenir compte de la qualité de cette denrée ni de sa richesse en chlorure de sodium, attendu que le consommateur ne saurait en faire la différence; il ne considère que la beauté du grain et la couleur de la marchandise.

92. Il serait fâcheux de rien changer aux mesures que prend la douane pour assurer la rentrée du droit sur le sel.

94. Jamais dans ce pays l'eau de mer n'a été employée comme engrais; l'application n'en paraît pas possible. On voit une plante périr dès que l'eau de mer séjourne sur sa racine.

COMMISSION B.

M. GRESSE,

Entrepreneur de camionnage à Nîmes.

(Déposition écrite.)

L'industrie salicole du Midi est dans un grand dépérissement depuis longues années. Cette souffrance est le fait de la concurrence que les producteurs, grands et petits, se font entre eux.

Questions 11. Les salins se sont tellement multipliés et agrandis sur tout le littoral de la Méditerranée que la production dépasse de beaucoup la consommation. Par le fait même des excédants, les détenteurs cherchent trop avidement à s'en débarrasser.

26. Le bien-être qui se généralise dans les populations de la campagne et des villes restreint chaque jour davantage le nombre des ouvriers qui se livrent habituellement à la récolte du sel, et il leur faut aujourd'hui des salaires bien plus élevés qu'autrefois.

74, 79. Le remède à ce mal? Ce serait peut-être la liberté entière de l'industrie salicole, ou bien une entente rationnelle entre les producteurs, au prorata de leur importance, qui leur permettrait de vendre à un prix commun et suffisamment rémunérateur.

Cette question se rattache au système de liberté commerciale récemment inauguré et auquel nous donnons une préférence sans partage.

M. BONNEFOI,

Agent de la maison Vigne fils aîné, de Beaucaire.

(Déposition orale.)

19. Le déposant se livre depuis longtemps au commerce des sels. Il peut donc indiquer quels ont été, pendant les vingt dernières années, les prix des sels provenant du marais de Peccais et rendus à Beaucaire. Voici ces prix nets d'impôt :

ANNÉES.	LA TONNE.
1846	48f
1847	48
1848	18
1849	22
1850	18
1851	14
1852	12
1853	12

[…]ISSION B.,

GARD.

M. Bonnefoi.

ANNÉES.	LA TONNE.
1854	12, 15f
1855	14, 13
1856	14, 19, 25
1857	24, 19
1858	19
1859	18
1860	18
1861	15
1862	27, 17, 20
1863	14
1864	14
1865	14
1866	19, 22, 28

Ainsi la moyenne du prix de la tonne de sel rendue à Beaucaire a été de 18 fr. 50 cent. environ, en calculant sur les vingt dernières années.

[…]uestions.

20. Pendant la même période, la limite extrême des débouchés pour les sels expédiés de Beaucaire a été, au nord, Dijon; à l'est, Grenoble et Bourgoin; à l'ouest, Aubenas, le Puy et Issoire.

24. Les entreprises qui ont pour objet l'extraction du sel de l'eau de la Méditerranée et des étangs voisins s'organisent par association d'actionnaires et par fusion de propriétaires. Le déposant a été actionnaire dans de semblables sociétés à deux époques différentes; il n'a jamais eu à se féliciter des dividendes reçus. Ainsi depuis six ans qu'il a acquis quelques actions de la compagnie des Salins du Midi, il n'a pas touché d'intérêts. Il reconnaît cependant que, grâce à des efforts intelligents, le capital de la société a été sensiblement amélioré, et qu'il viendra probablement un jour où, si la liberté commerciale reste entière, les actionnaires recevront la récompense légitime des travaux qui ont été exécutés.

43. Les sels, pour venir de Peccais à Beaucaire, passent par le canal de ce nom, qui présente entre Aigues-Mortes et Beaucaire une longueur de 50 kilomètres. Les frais de transport montent à 5 fr. 40 cent. la tonne de sel rendue en gare à Beaucaire; ce prix se décompose ainsi:

Droit de canal	3f 00c
Voiture	1 50
Mise sur gare	0 90
TOTAL	5 40

COMMISSION B. Le transport d'une tonne rendue par le Rhône à Beaucaire coûte 5 fr. 80 cent., et ce prix se décompose ainsi :

Droit de canal	3f 30c
Voiture	1 50
Sortie de l'écluse et transbordement	1 00
TOTAL	5 80

Questions.

44. On voit par les chiffres précédents combien l'amélioration des moyens d'accès aux lieux de production serait désirable. Le déposant demande donc l'amélioration de la navigation du Rhône, l'approfondissement du port d'Aigues-Mortes, mais spécialement le rachat par l'État du canal de Beaucaire sur lequel les droits sont excessifs.

57. Tous les sels qui se vendent dans le Midi n'ont pas la même qualité; les uns contiennent plus de chlorure de sodium que les autres. Mais le commerce, comme les consommateurs, ne s'attache qu'à la couleur du sel et à la grosseur du grain. Les fabricants de produits chimiques eux-mêmes ne font pas attention à la qualité; ils préfèrent même les sels déliquescents, parce qu'ils sont d'un prix moins élevé.

63. Le sel qui serait chargé bien sec prendrait plutôt du poids en route qu'il n'en perdrait, si son transport était effectué par un temps très-humide ; mais ces circonstances favorables sont extrêmement rares et, en moyenne, les sels éprouvent en route, de Peccais à Beaucaire, un déchet d'environ 1/2 p. 0/0.

74, 75. M. Bonnefoi ne connaît point d'entente établie entre les différents producteurs de sel dans son rayon de vente. Représentant d'une maison qui dépend elle-même de la compagnie des Salins du Midi et chargé en cette qualité de l'alimentation d'un certain nombre d'entrepôts, il déclare que les prix de vente dans ces divers entrepôts sont toujours plus élevés à mesure qu'ils sont plus éloignés du centre de production.

Voici d'ailleurs ces prix par tonne, l'impôt non compris :

Vienne	38f 00c
Le Péage	38 00
Les Roches	39 00
Grenoble et Voiron	42 00
Tullins et Moirans	41 00
La Côte-Saint-André	40 00
Andancette, Saint-Vallier et Tournon	35 50
Vinay	40 00
Saint-Marcellin	39 50
Romans	37 50

Valence	36f 50c
Montélimar	34 00
Viviers et Pierrelatte	35 00
Orange et Carpentras	34 00
Alais	36 00
Saint-Ambroix	37 00
Beaucaire	28 00

Questions.

77. Jamais les sels étrangers, venant de Sicile, de Sardaigne ou de tout autre pays, n'ont fait concurrence aux sels français du Midi sur nos marchés.

79. L'établissement d'une différence proportionnelle dans les taux de déchet de route serait en réalité la protection à l'intérieur donnée à une industrie, comparativement onéreuse à la France, contre une industrie identique qui lui est supérieure. Une semblable mesure paraîtrait en contradiction avec les principes de liberté commerciale qui dirigent le Gouvernement.

82. Il convient de continuer la perception de l'impôt sur le sel, en prenant pour base les quantités de cette denrée :

1° Parce qu'il pourrait être fort difficile d'établir exactement la richesse du sel en chlorure de sodium;

2° Parce que ni le commerce ni les consommateurs n'en tiennent compte, et que, dès lors, il en résulterait cette anomalie, que les sels les plus riches seraient délaissés, à cause de leur différence de prix, au profit de ceux qui seraient moins purs.

92. En diminuant les garanties contre la fraude, on s'exposerait à livrer les commerçants loyaux et honnêtes à la concurrence de personnes qui ne le seraient pas, et comme il s'agit d'une denrée frappée d'un droit qui en représente à peu près toute la valeur, cette concurrence serait ruineuse.

M. MALBOIS,

Propriétaire et ancien exploitant de salin.

(Déposition orale.)

4. La valeur moyenne d'un hectare de marais salant se maintient depuis longtemps de 500 à 600 francs. C'est un prix peu élevé; mais il faut considérer qu'un salin ne donne pas un produit assuré et qu'une inondation, un orage peuvent lui causer des dégâts presque irréparables.

9. La conversion d'un salin en vignes ou en pâturages est impossible.

Commission B. — Questions. Gard. — MM. Malb[illegible] Barag[illegible]

19. Le prix de la tonne a varié, pendant les vingt dernières années, entre 8 francs et 20 francs, sans jamais dépasser ces limites extrêmes; le prix de revient est en général de 7 francs ou 7 fr. 50 cent. la tonne.

24. Le déposant fait partie d'une société civile existant depuis 1793, dont le capital est aujourd'hui de 111,000 francs, divisé en 222 actions de 500 francs. Cette société est propriétaire du marais de la Larbière, d'une étendue de 300 à 400 hectares, affermé pour 12,000 francs à la compagnie des Salins du Midi. De ce prix de bail il faut déduire les dépenses d'entretien des chaussées et de la maison du saunier, qui restent à la charge de la société.

44. Il serait très-important pour tous les producteurs de sel du département du Gard que le port d'Aigues-Mortes fût rendu praticable pour les navires d'un fort tonnage et qu'un embranchement de chemin de fer réunît Aigues-Mortes au réseau du chemin de Paris à Lyon et à la Méditerranée.

53. Les sels fabriqués dans le Midi n'ont pas tous la même qualité; certains d'entre eux sont très-déliquescents. La cause doit en être attribuée, non-seulement aux procédés de fabrication, parfois défectueux, mais aussi à la nature du sol des différents marais.

74, 75. Il n'existe pas d'entente entre la compagnie des Salins du Midi et les autres fabricants de sel pour faire hausser les prix; mais il est certain que la compagnie, pour se rendre maîtresse du marché, afferme autant qu'elle le peut des marais appartenant à des industries séparées dont elle craint la concurrence. Elle fait usage de tarifs différentiels, élevés ou abaissés selon que les marchés sur lesquels elle envoie des sels se rapprochent plus ou moins de sels concurrents.

M. BARAGNON,

Ancien négociant et ancien exploitant de salins.

(Déposition orale et écrite.)

10, 11, 12. Pour apprécier la production d'un marais salant, il ne faut pas considérer uniquement son étendue, il faut surtout tenir compte de la nature de son sol. Ainsi, à superficie égale, un salin à sol argileux donnera une récolte plus abondante qu'un autre dont le sol permet les infiltrations d'eau douce et laisse écouler les eaux saturées. Quant aux conditions atmosphériques, elles exercent moins d'influence sur la quantité que sur la qualité du sel produit; un été pluvieux, des orages tardifs ne permettent de récolter que du sel déliquescent. Aussi la région de l'Ouest ne

MISSION B. peut-elle pas avoir la prétention sérieuse de lutter avec le Midi au point de vue de la production du sel. Elle n'a pas pour l'établissement de ses marais salants des plages aussi bien disposées que le Midi, ni surtout le soleil et les vents chauds de la Méditerranée. GARD. M. Baragnon.

Les marais salants du Midi pourraient facilement donner un quart en sus de leur production actuelle; il ne leur manque que des débouchés.

uestions.

74. La concurrence ardente que les différents propriétaires du Midi se faisaient sur le marché pour vendre leurs sels a longtemps amené une baisse désastreuse dans les prix. En ce moment, la compagnie des Salins du Midi est parvenue à les relever par ses combinaisons commerciales.

19. On peut évaluer le prix de revient d'une tonne de sel à 3 francs, non compris les frais de mise en barque, de transport et les intérêts du capital engagé. Le prix moyen de vente à la consommation est de 16 à 17 francs, y compris les frais de chargement.

24. Le déposant a longtemps été associé avec deux autres industriels pour l'exploitation des marais salants de Mourgues et de la Larbière. Ils louaient ces marais moyennant un prix annuel de 12,000 francs. Ils avaient passé avec le Gouvernement sarde, pour la fourniture du sel dans l'ancienne province de Savoie, un marché qui leur procurait de gros bénéfices.

9. On compte dans le département du Gard plusieurs marais roseliers, susceptibles d'être transformés en marais salants par l'expulsion des eaux douces et l'introduction des eaux salées. A l'inverse, pour convertir un salin en pâturages, l'eau de mer devrait être évacuée et le sol dessalé par des eaux douces; mais cette double transformation entraînerait de grosses dépenses.

75. Afin de lutter contre la concurrence des sels de l'Est, la compagnie des Salins du Midi se contente d'un bénéfice moins considérable quand elle vend son sel dans les villes éloignées du littoral, que lorsqu'elle le vend dans les villes rapprochées des lieux de fabrication.

79. La fabrication et le commerce du sel devraient être libres. L'agriculture obtiendrait alors des sels de rebut à 5 francs la tonne. Les consommateurs payeraient le leur 12 fr. 50 cent. les 1,000 kilogrammes, à leur grand profit comme au profit des producteurs. L'impôt actuel pourrait être remplacé par un droit fixe de capitation: il porterait le nom d'impôt ou taxe du sel. Ce droit serait de 1 à 2 francs par tête.

COMMISSION B. GARD. M. Baragn

Cette solution serait peut-être la meilleure, car si pleine liberté n'est pas laissée à la production du sel, on tombe forcément dans le monopole des grandes compagnies salicoles qui, sans entente, ne peuvent faire aucun bénéfice, ou dans le monopole de l'État; on est, en outre, obligé de se prémunir contre la fraude.

Questions. 82, 57. Si cependant on laisse subsister l'impôt sur le sel, il serait injuste de l'établir d'après la richesse relative des divers sels en chlorure de sodium. En effet, sans parler des longueurs et des frais qu'entraînerait le titrage du sel de chaque qualité, il est à remarquer que le commerce se préoccupe uniquement de la blancheur du sel et de la beauté du grain; il paraît s'inquiéter peu de sa richesse et de sa pureté.

87. Il n'y a pas lieu de modifier les droits qui frappent à leur entrée les sels étrangers; ils sont suffisamment protecteurs. En ce moment, les frais de production du sel en France sont assez bas pour empêcher l'introduction, sur nos marchés, des sels venant des pays voisins, dont les prix d'achat sont augmentés par les frais du transport et par le droit établi à l'importation.

93. Les procédés de dénaturation aujourd'hui en usage sont trop coûteux pour permettre aux agriculteurs d'employer le sel. Si l'on veut que l'usage du sel se généralise en agriculture, il faut inventer des moyens plus simples et plus économiques pour le dénaturer. Le déposant, convaincu de cette nécessité, s'est longtemps appliqué à en trouver; il doit avouer qu'il n'a pas réussi.

94. En arrosant avec de l'eau de mer certains engrais, on pourrait assurément amender les terres, car l'eau salée contient de la potasse, qui est un puissant agent de fertilité.

DÉPARTEMENT DE L'HÉRAULT.

Dans le département de l'Hérault, l'Enquête a eu lieu du 14 juin au 1er juillet 1866. Elle a été annoncée et le Questionnaire a été publié par des insertions faites dans les numéros des 29 et 30 mai, 7 et 15 juin 1866, du journal *le Messager du Midi*.

La Commission s'est complétée par l'adjonction de :

MM. ALAZARD, secrétaire général de la préfecture de l'Hérault;
PAGÉZY, président de la chambre de commerce de Montpellier.

La Commission a visité les lieux de fabrication du sel de mer établis sur les salins de Villeneuve, Pérols, Gramenet, Villeroy et Bagnas.

Elle a reçu les déclarations verbales ou écrites de :

MM.

1° MION, directeur des salins exploités par la compagnie des Salins du Midi sur la rive droite du Rhône;
2° BAZILLE, président de la société d'agriculture de l'Hérault;
3° GERVAIS, ingénieur de la compagnie des Salins du Midi;
4° VIVARÈS, négociant à Montpellier;
5° JOYEUSE, copropriétaire actionnaire du salin de Villeneuve;
6° ALICOT, secrétaire du comité d'administration du salin de Frontignan;
7° VIDAL, négociant, exploitant plusieurs salins;
8° ASTRUC (Mme), propriétaire en participation d'une saline située aux environs de Venise;
9° DE PAUL, copropriétaire du salin de Bagnas;
10° LOUVRIER, marchand épicier;
11° BRUEL, entrepositaire de sel pour le compte de la compagnie des Salins du Midi, à Montpellier;
12° BROUSSE, entrepositaire de la maison Roudier et Vidal, à Montpellier;
13° DURAND, propriétaire du salin de Gramenet;
14° CLERGET, directeur des douanes, à Montpellier;
15° La Chambre de commerce de Montpellier.

Commission A.

DÉPARTEMENT DE L'HÉRAULT.

M. CHARLES MION,

Directeur divisionnaire de tous les salins exploités par la compagnie des Salins du Midi sur la rive droite du Rhône.

(Déposition orale et écrite).

Questions.

1. Les marais du département de l'Hérault sont au nombre de neuf, savoir :

Villeroy, Quinzième, Luno, exploités par la compagnie des Salins du Midi ;

Villeneuve, Frontignan, Mèze, Bagnas, exploités par la maison Roudier et Vidal ;

Gramenet, appartenant à M. Achille Durand et chômant depuis cinq ans.

Pérols, abandonné comme marais salant depuis cinq ans, et que son propriétaire actuel, M. de la Prunarède, cherche à convertir en marais roselier.

2. La contenance des salins exploités par la compagnie ne s'est pas modifiée.

3. Les établissements en chômage dans le Midi sont les suivants :

Carry, depuis trois ou quatre ans;
Mazet, depuis trois ou quatre ans;
Badon, depuis trois ans;
La Vignole, depuis un an;
La Larbière, depuis quatre ans;
Mourgues, depuis un an ;
Pérols, depuis cinq ans; abandonné comme salin;
Gramenet, depuis cinq ans;
Ouveilhan, depuis quinze ans; abandonné;
Fleury, depuis quinze ans;
Leucate, depuis quinze ans.

4, 5. La valeur de la propriété d'un marais est très-difficile à déterminer ; les bases de cette évaluation sont le produit, la nature du sol plus ou moins perméable, la facilité de prise d'eau salée et des moyens de transport du sel. Il ne se fait pas beaucoup de mutations de propriété; les marais ne représentent pas une valeur facilement réalisable; ils consti-

ISSION A. tuent le fond d'une industrie dont le produit est essentiellement variable HÉRAULT.
et aléatoire. La contenance qui varie suivant les diverses nécessités de M. Charles Mion.
l'évaporation ne saurait ainsi être une mesure d'évaluation, de sorte que la valeur à l'hectare est bien difficile à déterminer.

estions.
6. Il n'y a aucun rapport entre les valeurs des salins et des autres natures d'immeubles.

7. La culture aux environs des marais n'est point uniforme; elle est généralement pauvre et subordonnée à l'influence de plusieurs conditions, entre autres de la présence de l'eau douce, à l'état sablonneux du sol et à l'élévation du terrain.

9. On essaye de transformer en marais roselier le salin de Pérols; c'est tout récent. Il n'y a pas encore de résultat assuré.

10. Il est difficile de déterminer *exactement* la quantité de sel de chaque qualité produite annuellement. Comme évaluation approximative, on récolte un cinquième de sel de première qualité obtenu dans des eaux de 25 à 27 degrés, deux cinquièmes de sel de deuxième qualité obtenu dans des eaux de 27 à 30 degrés, deux cinquièmes de sel de troisième qualité obtenu dans des eaux d'un degré supérieur à 30 degrés.

Dans le Midi, le sel de première qualité est celui qui se présente sous la forme de gros cristaux allongés et transparents. La qualité diminue avec la grosseur du grain. Dans les eaux de 25 à 27 degrés, le sel cristallise en gros cristaux : il est alors de première qualité. La composition chimique du sel n'entre pour rien dans la détermination de sa qualité, à tel point que, certaines années, par suite de diverses circonstances atmosphériques, les eaux de 25 à 27 degrés peuvent donner des sels à petits grains; ils sont alors réputés de qualité inférieure, quoique, au point de vue chimique, ils contiennent autant de chlorure de sodium que le sel en très-gros cristaux.

11. La production est excitée ou ralentie suivant la demande, et, comme les ventes à l'intérieur et aux soudes sont constantes, on peut dire que la production dépend des débouchés à l'extérieur. La production dépasse de beaucoup les débouchés; il est donc très-désirable que l'Administration facilite les débouchés à l'extérieur.

12. La récolte étant 100 en moyenne, les circonstances atmosphériques peuvent la réduire de 50 p. o/o et l'accroître seulement de 25 p. o/o.

21, 22. Depuis vingt ans la consommation du sel, tant alimentaire qu'industrielle, s'est accrue de 20 p. 0/0 en général; mais le Midi n'en a pas profité parce que l'Est a envahi une partie de ses débouchés.

Depuis l'établissement du chemin de fer dans le département, les salins de l'Hérault ont fourni un plus large contingent à la consommation intérieure.

Questions.

23. Il a été introduit très-peu de sel étranger à l'intérieur dans le midi de la France, mais un grand nombre de navires qui chargeraient annuellement en France pour les besoins de la pêche maritime vont charger à l'étranger, au préjudice de l'industrie nationale.

24. On a déjà dit que la compagnie exploitait trois marais dans le département : le marais de Luno, qui lui appartient et dont le prix est représenté par 475 actions d'une valeur nominale de 500 francs (aux cours de certaines négociations récentes, ces actions auraient une valeur réelle de 250 à 300 francs); les marais de Villeroy et du Quinzième, qui appartiennent à des associations de propriétaires et qu'elle afferme 40,000 francs, sur le pied d'une production moyenne annuelle de 12,000 à 13,000 tonnes.

En réponse aux autres questions comprises dans l'article 24, le déposant s'en réfère aux statuts de la compagnie, ainsi qu'à ses bilans annuels, desquels il résulte que, depuis la constitution de la société, il n'a été distribué ni dividendes ni intérêts.

Les locations des salins sont faites en général sur le pied de 3 à 5 fr. par tonneau de sel vendu, suivant les positions des salins et la nature de leurs débouchés.

27. Les petits ou moyens établissements du Midi ont assez d'importance pour n'avoir pas à souffrir de la concurrence des grandes sociétés salinières.

32. Voici les rapports superficiels des diverses parties de chacun des trois marais exploités par la compagnie dans l'Hérault :

	Villeroy.	Quinzième.	Luno.
Partènements extérieurs	65 p. 0/0	51 p. 0/0	54 p. 0/0
——— intérieurs	26	40	37
Tables salantes	9	9	9
	100	100	100

34. Le nombre des mouvements d'eau est de trois à Villeroy, de deux au Quinzième et de trois à Luno.

Les chiffres suivants donnent les frais de mouvement d'eau dans tous les marais exploités par la compagnie (Hérault et autres départements) :

Salins appartenant à la compagnie	0f 56c par tonne.
Salins affermés	1 08

La différence entre les deux chiffres résulte des perfectionnements et améliorations faits par la compagnie sur les salins à elle appartenant.

[Qu]estions. 37. Le déposant entre dans quelques détails sur les travaux de la récolte du sel :

Quand arrive le moment de faire la récolte ou levage du sel, on fait écouler les eaux mères qui restent sur les tables salantes et l'on met à sec le sel cristallisé pendant deux ou trois jours.

La couche de sel a généralement une épaisseur de 3 à 6 centimètres. La première opération est celle du battage, qui consiste à séparer le sel du sol à l'aide d'une pelle plate. Le sel ainsi détaché est amoncelé en petits tas dits *gerbes*. On le laisse égoutter pendant un jour ou deux. Le travail du battage a besoin d'être fait avec soin, en ce sens qu'il importe de briser le sel le moins possible. Par cette raison, les ouvriers batteurs sont payés à la journée et font 5 à 6 tonnes de sel par jour. Leur salaire est de 3 fr. 50 cent. Vient ensuite la mise ou le port en camelles. Ce travail se fait à forfait. Le port en camelles revient à peu près à 1 franc par tonne. Les frais de levage ou récolte pour tous les salins exploités par la compagnie sont de 1 fr. 43 cent. pour les salins appartenant à la compagnie, 1 fr. 64 cent. pour les salins affermés : 1 fr. 47 cent. en moyenne.

Après la récolte, les tables sont lavées avec de l'eau verte qui est mise en réserve pour l'année suivante.

43. Les préférences pour telle ou telle qualité ou pour telle ou telle nature de sel sont déterminées par les habitudes et les goûts des consommateurs. Les prix des sels d'un même salin ne sont pas gradués suivant les qualités. La situation des salins, la facilité plus ou moins grande des moyens de transport, sont les causes qui influent le plus sur les prix de vente.

Les frais de transport par eau aux points d'embarquement sont les suivants :

Villeroy	1f 10c
Quinzième	1 30
Bagnas	1 70
Frontignan	1 15
Villeneuve	1 40
Mèze	1 20

51. Les sels sont expédiés en vrac ou en sacs par bateaux, charrettes ou chemins de fer.

COMMISSION A. Le tarif de la compagnie de la Méditerranée sur la ligne principale est de 3 centimes et demi pour les distances au delà de 200 kilomètres, tandis qu'il est moindre sur l'Orléans et l'Est pour les grandes distances. HÉRAULT — M. Charles

La compagnie de la Méditerranée maintient sur diverses lignes très-importantes, par exemple, Lyon à Genève, Valence à Chambéry, un tarif de 6 centimes par tonne et kilomètre; il faudrait que ces lignes fussent considérées comme faisant partie de la ligne principale et tarifées comme elle.

Questions.

51. Les frais de transport sur le canal et sur le chemin de fer du Midi sont les suivants:

Canal: 2 centimes par 5 kilomètres et 100 kilogrammes, sans que la taxe puisse excéder 80 centimes par 100 kilogrammes, quelle que soit la distance;

Chemin de fer: 6 centimes par tonne et par kilomètre; mais quand le transport emprunte la ligne principale et un embranchement, il n'est rien perçu de plus pour la distance parcourue sur l'embranchement.

53. Les sels de l'Ouest sont en grains menus, généralement gris, parce qu'on les traîne sur le sol pour les sortir de la table; on les blanchit par le lavage. Ils sont impurs et, par suite, déliquescents, parce qu'ils sont formés dans des eaux trop denses et qu'on ne laisse pas les camelles ou mulons exposés à la pluie d'automne, qui les débarrasse d'une bonne partie de leur déliquescence.

Les sels de l'Est se vendent sous deux formes, soit à l'état de sel gemme tel qu'il sort de la mine, en roche ou concassé, soit à l'état raffiné fin ou demi-fin. Son éclatante blancheur et sa propreté lui font surmonter plus facilement les difficultés que les habitudes invétérées des populations opposent à toute substitution d'un produit à un autre. Grâce à cet avantage et à la création des canaux et chemins de fer, les sels de l'Est ont envahi les débouchés du Midi, soit dans le centre de la France, soit dans les ports de la Manche et de la mer du Nord. L'Est a fait plus: là où les sels fins prenaient difficilement, il a offert des se s façon *sels du Midi*, qu'il a su fabriquer en chaudière; et là où les habitudes des populations font préférer les sels de l'Ouest, il a envoyé des sels de même grain et de même couleur.

Les différences entre les qualités des sels de diverses origines ne déterminent pas la préférence des consommateurs; elle est déterminée par les habitudes.

57. Les différences de poids des sels tiennent principalement à leur mode de cristallisation, et ne sont pas absolument corrélatives à leur degré de

pureté. Cependant on peut dire, en thèse générale, que les sels les plus beaux et les plus purs sont presque toujours les plus lourds.

Questions.

59. La saveur particulière des sels de l'Ouest, qui est appréciée par les populations, tient à la présence du chlorure de magnésium. Les sels du Midi, cristallisés dans les eaux à 30 degrés, ont une saveur pareille, et cette petite quantité de chlorure de magnésium constitue une des qualités du sel marin au point de vue alimentaire. On peut ajouter qu'à ce point de vue il est nécessaire que le sel contienne une certaine quantité de chlorure de magnésium; en effet, pour les salaisons de la viande et du poisson, on ne peut pas employer des sels absolument purs; il doit en être de même pour le sel employé à la cuisine. Il serait donc illogique de vouloir asseoir le droit de douane sur la teneur seule en chlorure de sodium, puisque le bon sel alimentaire doit contenir une certaine quantité de sulfate de magnésie et de chlorure de magnésium.

68. L'ouverture des chemins de fer de la Bretagne, de la Vendée, des deux Charentes, facilitera beaucoup les débouchés de l'Ouest.

74. Il n'existe aucune entente entre le Midi et l'Est ou le Midi et l'Ouest.

Il a été fait, le 9 juin 1855, une association en participation entre tous les producteurs de sels dans les marais salants du Midi, dans le but de diminuer les frais généraux et les frais de transport, de compléter leur assortiment de qualités diverses de sels et d'assurer le meilleur approvisionnement des marchés.

D'après les clauses de ce contrat, que la Commission a eu sous les yeux, tous les sels à fournir pendant cinq ans, tant à l'intérieur qu'à la mer, doivent être mis en commun et vendus pour le compte de l'association et par les soins de la compagnie Renouard, sauf en ce qui concerne les sels produits par les marais salants de M. Vidal, qui reste chargé d'opérer les ventes en son nom, mais à charge de tenir compte à l'association des prix de ses ventes.

Toutes les affaires sociales doivent être réglées à la majorité des voix des associés. L'acte social contient d'ailleurs diverses clauses qui règlent les rapports de ces derniers entre eux, soit pour la fourniture des sels, soit pour le partage des bénéfices.

L'effet de ce traité permettra de tenir les prix des sels du Midi à un chiffre supérieur à celui qui s'établissait dans l'état antérieur des choses; mais cette élévation, contenue dans de justes limites par la menace d'intervention des sels étrangers sur les marchés du Midi, ne pourra jamais atteindre le consommateur; car il s'agit, en définitive, d'un centime par kilogramme qui restera dans la caisse des producteurs, au seul détriment des intermédiaires.

76. Les prix du sel sont :

En Sicile, 8 francs les 1,000 kilogrammes;

En Sardaigne, 9 francs les 1,000 kilogrammes;

A Cadix, 11 francs les 1,000 kilogrammes.

En Sardaigne, il est alloué à l'entrepreneur chargé de la fabrication 3 francs par tonne;

Les frais généraux sont de 1 franc;

Les frais divers sont de 50 centimes.

A l'exportation, les sels de Sardaigne sont grevés d'un droit de 1 franc par tonne. Le Gouvernement italien, qui a le monopole de la vente du sel, paye à la compagnie propriétaire des salins de Sardaigne 18 francs par tonne du sel vendue à Gênes. Le fret, de Cagliari à Gênes, est de 10 francs par tonne.

77. Les prix de transport des sels de Sardaigne et de Sicile dans la Méditerranée seraient de 8 à 10 francs les 1,000 kilogrammes.

Il résulte du rapprochement de ces deux chiffres que les sels de Sardaigne peuvent arriver dans les ports français de la Méditerranée à 17 francs, soit 22 francs, en payant les droits d'entrée, d'où la conséquence que le prix des sels du Midi ne peut pas s'élever au delà de 25 francs.

Les sels de Cadix et de Portugal sont employés pour la pêche en concurrence avec les sels français.

78. C'est par les côtes de l'Océan que les sels anglais pourraient entrer sur le territoire français et s'y trouver en concurrence avec les sels des Pyrénées, de l'Est, de l'Ouest et du Midi.

Dans le cas où l'on supprimerait le droit sur les sels étrangers, la concurrence serait surtout à craindre pour les producteurs de l'Ouest; mais le Midi lui-même en souffrirait *indirectement,* par suite du reflux des sels de l'Ouest vers le Midi.

87. Le déposant croit savoir que les sels anglais se vendent 10 à 11 francs sur le lieu de production et que le fret que ces sels auraient à supporter pour venir en France pourrait être d'environ 8 francs.

Si le droit de 50 centimes par 100 kilogrammes imposé aux sels étrangers à l'entrée des ports français de la Méditerranée était supprimé, il en résulterait, par l'absence de réciprocité, une inégalité de conditions défavorable aux sels français, puisque le monopole existe en Italie et en Espagne, et que conséquemment l'entrée des sels français y est prohibée.

M. GASTON BAZILLE,

Propriétaire, membre du conseil municipal de Montpellier, président de la société d'agriculture de l'Hérault.

(Déposition orale et écrite.)

Questions.

3. Il existe à ma connaissance deux marais en chômage, les salins de Pérols et de Gramenet. Leur chômage remonte à quatre ou cinq ans.

1, 2. La superficie des terrains exploités en marais salants a plutôt dû diminuer qu'augmenter depuis vingt ans.

La valeur vénale des marais et des actions qui les représentent est difficile à établir; les actions ne donnent pas lieu à de fréquentes mutations; elles sont peu recherchées, difficiles à négocier et ne représentent plus aujourd'hui qu'une valeur généralement inférieure à celle qu'elles ont eue.

5. Les actions du salin de Bagnas se vendaient couramment 10,000 francs il y a une vingtaine d'années; aujourd'hui, c'est tout au plus si l'on en trouverait 4,000 ou 5,000 francs.

6. Je ne connais pas la valeur d'un hectare de terrain transformé en salins; ce sont presque toujours des terrains à peu près impropres à la production agricole, des plages infertiles, des marais de mauvaise nature, qui acquièrent en général plus de valeur par leur transformation en salins, mais n'atteignent cependant pas le prix des bons sols consacrés à l'agriculture. Dans les environs de Montpellier, le prix d'un hectare de bonnes prairies arrosables (elles y sont fort rares) varie de 5,000 à 7,000 francs; les terres à céréales de bonne qualité valent de 3,000 à 5,000 francs; une bonne vigne en terrain de plaine vaut de 6,000 à 7,000 francs l'hectare; sur les coteaux, cette valeur diminuerait sensiblement; par contre, dans ces dernières années, des vignes, dans le territoire de certains villages, Gigean, Fabrègues, Poussan, etc., se sont vendues de 10,000 à 18,000 francs l'hectare. Aujourd'hui que les prix des vignes sont revenus à leur taux normal, la valeur d'un hectare de vigne, même dans ces quelques villages, a beaucoup baissé.

Les garrigues, étendues rocailleuses propres seulement à la dépaissance des bêtes ovines, dont certaines parties peuvent avec avantage être défrichées et converties en vignes, se vendent de 150 à 400 francs l'hectare. Les bois proprement dits, bois de chênes verts, exploités en taillis et coupés tous les douze ou quinze ans pour le chauffage, valent un millier de francs par hectare.

7, 94. Toutes les cultures souffrent dans les sols qui contiennent une trop forte proportion de sel. La luzerne, mais surtout la garance, sont les deux plantes qui réussissent le mieux dans les terrains quelque peu salés. Les céréales y donnent d'assez bons produits dans les années pluvieuses au printemps, presque rien dans les années sèches. La qualité des grains y est bonne.

Questions.

9. Je ne connais pas de marais salants déjà convertis en pâturages, en terres cultivables. Les seuls essais entrepris aux environs de Montpellier sont ceux que la Commission a pu voir dans le salin de Pérols. Ils sont encore loin de donner des résultats satisfaisants; à mon avis, le propriétaire de cet ancien salin ne dispose pas toute l'année d'une quantité d'eau douce suffisante pour que la transformation du salin en prairies palustres soit prompte et facile.

21. A ma connaissance, dans le voisinage des étangs et de la mer, les paysans, depuis l'abaissement des droits, ont augmenté leurs provisions de poisson salé, principalement d'anguilles.

93. Je n'ai jamais vu dénaturer des sels dans nos environs pour les employer à des usages agricoles. Je n'en ai jamais vu introduire dans les fumiers. Théoriquement, une légère quantité de sel mélangée aux fumiers doit produire un effet utile, mais, pratiquement, c'est une opération dont je ne puis indiquer le résultat. D'ailleurs, dans l'état actuel, le droit est beaucoup trop élevé pour qu'on ait pu mélanger du sel aux fumiers.

94. Je n'ai jamais vu employer directement l'eau de mer comme engrais; il eût été impossible de le faire sans s'exposer à des poursuites et à de fortes amendes. Sur les bords des étangs du littoral, on emploie avec avantage comme fumier ou amendement, dans les terres plantées en vigne, le *zertera maritima*, vulgairement *mousse de mer*. Les petits cultivateurs surtout recueillent avec soin ces zertères et en emploient à dose considérable, en les mettant en hiver au pied de leurs souches préalablement déchaussées; ils en emploient jusqu'à vingt voyages à deux colliers par hectare. Généralement ceux qui se servent de cet engrais le ramassent eux-mêmes sur les bords des étangs; on trouve cependant à en acheter au prix moyen de 3 francs le collier, soit 1,200 à 1,300 kilogrammes environ.

Ces zertères, dont les bons effets ne sont pas admis par tous les bons agriculteurs (entre autres M. Cazalis, qui, bien que très-voisin des étangs, ne voulait pas les employer), agissent de deux manières : par les sels qu'ils contiennent, principalement sels de soude, et aussi par leur très-lente décomposition dans le sol. Nos terres sont le plus souvent fortes, argileuses; toute matière qui tend à les diviser, à les rendre plus perméables à l'air et à l'eau, facilite les cultures et favorise la végétation.

M. ALFRED GERVAIS,

Ingénieur civil, ingénieur de la compagnie des Salins du Midi (rive droite du Rhône).

(Déposition orale.)

uestion. 29. Les divers procédés suivis dans le Midi pour la fabrication du sel reposent tous sur la concentration, au moyen de l'évaporation naturelle, d'eaux salées puisées soit à la mer, soit plus souvent à des étangs.

L'eau salée est répandue sur une première série de surfaces d'évaporation portant le nom de partènements extérieurs. Ces surfaces sont généralement en contre-bas de l'étang d'alimentation et l'eau y arrive naturellement; mais, dans quelques salins, elles sont à un niveau plus élevé; le recours à une machine est alors nécessaire pour y amener les eaux.

Des partènements extérieurs, les eaux sont amenées à un puits, d'où une roue à tympans les élève et les porte sur une seconde série de surfaces, appelées partènements intérieurs, où la concentration continue et atteint dans la dernière pièce, nommée pièce maîtresse, un degré très-voisin du degré de saturation.

Un second puits reçoit ces eaux et une roue à tympans les porte sur les dernières surfaces, nommées *tables salantes,* où se dépose le sel.

Il arrive d'ailleurs très-fréquemment que la pièce maîtresse joue le rôle d'une table salante et qu'on y récolte du sel.

En général, depuis la prise d'eau à l'étang ou à la mer jusqu'à la pièce maîtresse, il s'établit une circulation continue d'eau salée à travers les différents compartiments des partènements extérieurs et intérieurs.

La concentration de l'eau en sel augmente graduellement depuis la prise d'eau, et le degré de concentration reste à peu près constant sur le même point du marais.

Cette partie de la fabrication, qui consiste à amener les eaux à un degré assez élevé, est commune à tous les procédés en usage dans le Midi pour la production du sel. Les différences ne se manifestent que dans la manière d'opérer sur les tables salantes.

On peut à cet égard distinguer quatre méthodes distinctes:

1° La première, qui est la plus parfaite, consiste à établir entre les diverses tables salantes une circulation continue, de manière à avoir dans chaque table un degré différent de concentration, à recueillir ainsi du sel dans des eaux à 25 degrés, à 26 degrés, etc. jusqu'à 32 degrés, et à rejeter les dernières eaux, qui ne renferment plus que très-peu de sel marin et au contraire une grande quantité de sels étrangers;

2° La seconde consiste à n'établir aucune circulation dans les tables salantes en les faisant communiquer toutes isolément avec la pièce maîtresse; à laisser les eaux s'y concentrer de 25 à 32 degrés, ce qui produit alors un sel de qualité moyenne, comme celui qu'on obtiendrait par le mélange des diverses qualités que donne le premier procédé, et à rejeter les eaux mères dès qu'elles ont atteint 32 degrés.

3° La troisième consiste à conserver les eaux mères à 32 degrés, pour les employer l'année suivante, en les mélangeant avec des eaux déjà amenées au degré de saturation, c'est-à-dire à 25 degrés, par la seule force de l'évaporation naturelle. Le degré s'élève dans ce cas très-rapidement, et sous l'influence des sels étrangers au sel marin (chlorure de magnésium, sulfate de magnésie, chlorure de potassium, etc.) renfermés en grande quantité dans l'eau mère, il se produit un véritable précipité de sel marin. On obtient ainsi immédiatement l'effet qu'on eût été obligé de demander à une longue évaporation si, au lieu d'employer les eaux mères de l'année précédente, on les avait rejetées. Mais le sel produit de cette façon est impur, chargé de sels déliquescents et très-difficile à sécher. Les cristaux sont volumineux et légers. Ce sel pèse beaucoup moins sous le même volume que le sel obtenu dans des eaux amenées par l'évaporation régulière à 25 ou 26 degrés, lequel est pur, en cristaux plus gros et plus denses, peu déliquescent, et se sèche avec une grande facilité;

4° Enfin, la quatrième méthode consiste à employer les eaux mères de l'année précédente en les mélangeant avec des eaux amenées, par l'évaporation régulière, à un degré *inférieur* au degré de saturation, à 22 degrés, par exemple, et, au moyen de ce *coupage*, à obtenir, par l'effet des sels étrangers, un précipité de sel marin dans des eaux à 26 ou 28 degrés, dont la composition est différente de celle des eaux amenées au même degré de concentration par l'évaporation régulière.

Le sel produit ainsi est en cristaux volumineux, en forme de trémies, tandis que le sel pur cristallise en cubes. Il est très-déliquescent et très-léger. On l'affecte aux régions de l'Ouest où le sel se vend au volume. Le département de l'Aude présente particulièrement l'application de cette méthode.

Dans toutes les méthodes, la fabrication du sel n'occupe les sauniers que du mois de mars au mois de septembre. L'hiver occasionne dans le marais des détériorations qu'il faut réparer au commencement de la campagne, et qui consistent surtout à réparer les prises d'eau et les petites digues nommées *cairels* et *levadons*, qui séparent entre eux les divers compartiments du marais. Ce travail effectué, on donne accès aux eaux si, comme cela se fait souvent, on a conservé dans un réservoir des eaux de l'année précédente, n'ayant pas encore déposé ce sel; on les place dans les partènements d'après le degré auquel elles sont arrivées.

Au commencement de juin, les eaux sont en général arrivées à un degré assez élevé pour pouvoir être introduites dans les tables salantes. Il faut alors, vers cette époque, se préoccuper de la préparation de ces tables. Leur préparation est une opération délicate et essentielle; si elle

MISSION A. est mal faite, le sel adhère au fond, ou bien le sol se boursoufle. Dans ces deux cas, on enlève au moment de la récolte une partie du sol avec le sel qui est alors rendu impur. Quelques personnes cherchent pendant l'hiver à produire sur les tables ce qu'on appelle un *feutre*, végétation qui se développe sous l'influence d'eaux douces et qui a l'avantage de donner au sol de l'imperméabilité et de l'uniformité. Mais la conservation de ce feutre demande beaucoup de soin; sans cela, il se pourrit très-facilement, forme des *figues* qui se mêlent au sel et le rendent impur. Le déposant n'est pas partisan de la production du feutre. On l'empêche de se développer en enlevant l'eau douce quand elle tombe. HÉRAULT. M. Alfred Gervais.

Pour préparer les tables, on enlève les eaux qui les couvrent et on comprime et nivelle le sol au moyen d'un rouleau. On introduit ensuite l'eau à 25 degrés.

Questions. 37. La récolte se fait en général au commencement du mois d'août. On commence par faire écouler les eaux qui surmontent le sel dans les tables salantes. On divise ensuite les surfaces en carrés de 8 mètres de côté. Chaque carré est enlevé par un ouvrier qui accumule le sel au centre et forme un cône appelé *gerbe*. Ce travail est le *battage*. Il est d'autant plus facile que le sel s'est déposé dans des eaux plus concentrées. Ce travail devant être fait avec soin, le batteur est payé à la journée. Généralement un batteur ramasse à la pelle 8 à 10 tonnes par jour. D'autres ouvriers transportent le sel des gerbes sur les chaussées situées autour du marais. Ils travaillent à prix fait. Cette opération est le levage ou transport. Enfin une troisième catégorie d'ouvriers met le sel en tas nommés *camelles*. Après un certain temps d'exposition à l'air et à la pluie, on recouvre les camelles d'une couverture de joncs.

Après la récolte, on lave les tables salantes avec de l'eau à 15 degrés qui enlève le peu de sel qui reste, et l'on conserve cette eau pour l'année suivante.

35. Les frais d'élévation de l'eau varient beaucoup suivant les salins. Il en est quelques-uns où l'on élève l'eau à 40 mètres de hauteur;

Au salin du Quinzième, il y a trois mouvements d'eau de $0^{m},60$ de hauteur chacun;

Au salin de Villeroy, il y a deux mouvements d'eau de $0^{m},58$ chacun;

Au salin d'Héricourt, il y a trois mouvements de $0^{m},60$ chacun;

A Luno, où l'on prend l'eau de la mer à 3 degrés et demi, il y a trois mouvements d'eau : le premier de $0^{m},67$ de hauteur; le deuxième de $0^{m},30$; le troisième de $0^{m},30$.

37. Généralement un batteur ramasse à la pelle 8 à 10 tonnes par jour. En 1862, la journée du batteur fut de 5 francs. En 1865, elle fut

seulement de 4 francs, à cause du chômage d'un grand nombre de salins.

Les tables ont en général aujourd'hui la forme d'un carré de 100 mètres de côté.

Un homme transporte sur le dos, à une distance moyenne de 100 mètres, 4 à 5 tonnes par jour.

Le levage est payé à prix fait.

En 1862, la récolte du salin de Villeroy fut de 3,858 tonnes. On employa pour cela 379 journées de battage qui furent payées 1,719 fr. 75 cent., dont 349 fr. 25 cent. pour le sel qui se trouve au-dessous de la gerbe, ce qui met le prix de la journée du battage à 4 fr. 55 cent.

Pour la même récolte, on employa 925 journées de transport qui furent payées 4,102 fr. 50 cent., ce qui met le prix de la journée à 4 fr. 43 cent.

Les frais de récolte montèrent, en 1862, pour le marais de Villeroy, en exceptant seulement les frais de couverture, à la somme de 6,616 fr. 25 cent., c'est-à-dire à 1 fr. 72 cent. par tonne.

On couvre les camelles avec des roseaux ou des joncs deux ou trois mois après la récolte.

Les frais de couverture peuvent être évalués à 20 centimes par tonne.

Questions. 53. Les sels déliquescents sont préférés pour la pêche de la morue; il est cependant important que la déliquescence ne dépasse pas une certaine limite. Pour les autres usages du sel, ce sont surtout les habitudes qui déterminent les préférences des consommateurs. Les sels de diverses qualités s'expédient dans des régions différentes, mais ils se vendent tous, à très-peu près, le même prix.

59. Les sels du Midi doivent valoir ceux de l'Ouest pour les salaisons.

60. Ce sont les conditions d'expédition, les retards considérables qu'entraînent les formalités de douane qui s'opposent à ce que les pêcheurs de morue emploient beaucoup de sels français, mais ce n'est pas leur défaut de qualité.

Les sels d'Angleterre, de Prusse, de Saxe, sont des sels ignigènes analogues aux sels de l'Est. Les sels de Sicile, de Portugal, de Sardaigne, sont au contraire des sels provenant de marais salants.

87. Les droits qui frappent, à leur entrée en France, les sels étrangers doivent être maintenus. La suppression du droit de 50 centimes sur les sels étrangers introduits par les côtes de la Méditerranée, serait désastreuse pour l'industrie salicole du Midi.

82. Personne ne s'occupant de la richesse du sel en chlorure de sodium, on ne peut asseoir l'impôt sur la quantité de chlorure de sodium contenue dans le sel livré au commerce. La détermination pratique du chlorure de sodium est impossible et entraînerait d'ailleurs une expérience particulière pour chaque sac.

92. Les agents de la douane apportent dans l'opération du pesage une rigueur extrême; la tombée de 2 hectogrammes n'est même pas accordée le plus souvent; dans l'Est, au contraire, les employés des contributions indirectes agissent beaucoup plus largement et accordent des tolérances de poids plus grandes; la différence entre les deux manières de procéder est assez sensible pour placer les sels du Midi dans une situation d'infériorité réelle.

94. Il n'est pas rare de voir des sacs de sel de l'Est pesant 105 ou 107 kilogrammes au lieu de 100.

M. ÉDOUARD VIVARÈS,

Négociant à Cette et membre de la chambre de commerce de Montpellier

(Déposition écrite et orale.)

Ma maison de commerce existe sous le nom de *Hilaire Vivarès aîné*. Elle est propriétaire d'un certain nombre d'actions de la compagnie des Salins du Midi et de la compagnie des Salins de Cette. Cette dernière compagnie est une réunion de propriétaires qui possèdent en commun les salins de Villeroy et du Quinzième. Leurs parts de propriété sont représentées par des actions.

Je suis personnellement l'un des administrateurs de la compagnie anonyme des Salins de Sardaigne.

Ma maison de commerce a des rapports intimes avec la compagnie des Salins du Midi, à laquelle elle sert d'agent pour la vente et la livraison des produits au port de Cette pour l'exportation.

2. Sauf à Villeneuve, où la contenance a été un peu augmentée, l'étendue des salins de l'Hérault n'a pas changé depuis vingt ans.

3. Le salin de Pérols est l'objet d'une tentative de conversion en marais

roselier et ne fonctionne plus depuis quatre à cinq ans. Gramenet chôme depuis la même époque.

Questions. 1, 2. La valeur d'un marais salant s'établit en bloc, en raison de son produit et des facilités qu'il présente au débouché, et non pas d'après la superficie. Cette valeur a généralement diminué. La propriété, par exemple, du salin de Bagnas est représentée par cent vingt actions dont la valeur était de 9,000 francs l'une, il y a vingt ans, et qui ne valent plus aujourd'hui que de 4,000 à 6,000 francs. La propriété des salins de Cette est divisée en deux cent quarante actions valant, il y a vingt ans, 3,000 francs, et actuellement 2,600 à 2,700 francs. Encore cette valeur actuelle n'est-elle due qu'à cette circonstance que Villeroy et le Quinzième sont tenus à ferme par la compagnie des Salins du Midi.

6. La valeur comparée des marais avec les terres voisines est très-inférieure. Si la valeur d'une vigne dans le voisinage est de 5,000 francs l'hectare, celle d'un marais n'est que de 1,300 francs environ. Cependant les marais ont coûté fort cher en frais d'établissement, à ce point que dans l'état actuel des choses, personne ne songerait à en établir.

7. Les terres qui touchent aux marais salants sont peu susceptibles de culture à l'ordinaire. On n'y voit que de maigres dépaissances et quelques fourrages qui servent à la nourriture des bêtes de trait employées au mouvement des eaux. En dehors de ce premier rayon, on retrouve, plus ou moins rapprochées, les autres cultures du pays et surtout la vigne.

8. On ne trouve pas ordinairement dans le Midi de cultures jointes à l'exploitation salicole, mais seulement les dépaissances et fourrages dont je viens de parler. Le Bagnas en a 100 hectares et les salins de Cette 1,000 environ.

9. Pérols est le seul marais salant qui soit l'objet de tentative de conversion. Son propriétaire cherche à le ramener à son état ancien de marais roselier.

11, 12. Les causes qui influent sur la production d'un marais sont les circonstances atmosphériques d'une part, qui peuvent l'augmenter ou la restreindre de 50 p. 0/0 et, d'autre part, la demande plus ou moins active du commerce. On limite la production tout naturellement quand il y a encombrement.

18, 19, 20. Pendant un certain temps la hausse des prix dans l'Ouest avait déter-

ssion A. — Hérault. — M. Éd. Vivarès.

miné le Midi à transporter du sel dans les ports du Nord, mais ces expéditions de grand cabotage ont à peu près cessé aujourd'hui, soit par la disparition de leur cause, soit surtout parce que les sels de l'Est ont évincé sur ce point ceux du Midi.

Relativement à l'influence de la qualité des sels sur les prix de vente, le titre du sel n'est pas une cause de préférence absolue et générale. Chaque pays a sur ce point ses habitudes. Là où le sel se vend à la mesure, on recherche les sels légers, c'est-à-dire d'un titre inférieur. Il y a tel point du territoire où les sels moins purs sont également préférés; de sorte qu'on peut dire qu'en général, s'il y a avantage à fabriquer mieux et à produire des sels de première qualité parce qu'on éprouve moins de déchet, cet avantage, au point de vue commercial, se réduit à ceci, qu'un salin qui est bien assorti en sels de toute espèce, est en mesure de satisfaire à toutes les exigences des acheteurs, et qu'en somme les sels les plus beaux, sans être vendus plus chers, sont d'une vente plus facile.

estion. 24.

En 1821, MM. Louis Serres et Cie, MM. Lischtentein et Vialars, de Montpellier, M. Pierre Vivarès et M. Hilaire Vivarès aîné, de Cette, formèrent un compte en participation pour le commerce du sel marin en prenant à ferme dès le début le salin de Villeneuve.

En 1826, MM. Rigal et Cie entrèrent dans le compte en participation, et M. Rigal aîné en fut institué le gérant.

Cette association développa ses opérations, et diverses personnes de Montpellier et de Cette entrèrent successivement dans l'association, dont le but était la ferme des salins et le commerce du sel marin.

Les salins de Cette ayant été mis en vente, furent achetés par l'association. Pour conserver son caractère commercial, les intéressés se partagèrent entre eux les actions de ces salins, qui continuèrent à former une compagnie distincte. Le compte en participation demeura fermier de cet établissement, comme il l'était déjà de la plupart des salins de l'Hérault et de l'Aude.

Les opérations de cette association se développèrent au grand avantage des propriétaires des salins, qui eurent des revenus assurés, et des populations ouvrières, qui trouvèrent une source abondante de travail, non-seulement dans les récoltes de sel, mais en outre dans les améliorations successives et continuelles opérées dans les établissements saliniers, sans qu'il en résultât aucune aggravation pour le consommateur dans le prix de la vente au détail.

Ainsi, tandis qu'il n'y avait, au 31 mars 1827, que 128,812 quintaux métriques de sel en camelles, et au 31 mars 1828, 320,360 quintaux métriques, les inventaires montrent que les existences sur les salins affermés par la compagnie s'élevaient, au 31 mars 1840, à 1,111,116 quintaux, et au 31 mars 1841, à 1,123,886 quintaux, quantité suffisante pour faire face à toute éventualité de disette ou de mauvaise récolte.

A cette époque, la compagnie avait commencé, avec le concours de M. Balard, les recherches relatives aux produits chimiques à extraire des eaux mères des salins.

Ce qu'un propriétaire isolé n'aurait pu entreprendre fut poursuivi par la compagnie avec ardeur et à grands frais. Les belles découvertes de M. Balard avaient coûté 600,000 francs à la compagnie pour arriver à des méthodes et à une exploitation industrielle, lorsqu'en 1851 elle dut procéder à sa liquidation. Ces exploitations, qui étaient présentées en 1851 à la Commission parlementaire d'Enquête sur les sels comme l'ancre de salut des salins du Midi, devaient être reprises sur une grande échelle par la compagnie des Salins du Midi; lorsque les découvertes faites en Prusse dans ces dernières années les ajournèrent, peut-être indéfiniment [1].

Les inondations du Rhône, en 1840, avaient submergé plus de 1,200,000 quintaux métriques de sel et détruit les salins de Peccais.

La compagnie Rigal, avec le concours d'un petit nombre des anciens actionnaires de Peccais, acheta cet établissement entièrement détruit, procéda à grands frais au rétablissement des anciens salins et créa, à proximité d'Aigues-Mortes, un nouvel établissement qui, à lui seul, occasionna un débours de plus de 600,000 francs.

Une nouvelle inondation vint, en 1842, ajourner le fonctionnement des salins de Peccais, qui furent de nouveaux dégradés.

Les existences de sel des salins de l'Hérault firent alors face aux débouchés ordinaires des sels du Gard et de l'Hérault et aux besoins extraordinaires de l'exportation, par suite de la pénurie des récoltes dans l'ouest de la France et à l'étranger. Mais, au 31 mars 1845, les existences étaient réduites à 213,347 quintaux métriques, pour tous les salins de l'Hérault. On craignait de ne pouvoir faire face aux besoins de la consommation intérieure. C'est alors que fut établi le prix nominal de 40 francs pour l'exportation, qui, arrêtant les sorties par le port de Cette, conserva le sel pour la consommation locale.

A la mort de M. Rigal, qui eut lieu en 1850, la compagnie avait dépensé en constructions et améliorations, à Peccais, plus de 2,600,000 fr. Ses débours, pour les produits chimiques, s'élevaient à 600,000 francs, employés en recherches, création de fabrique, matériel, etc. Pour pousser plus activement ses travaux, elle avait contracté envers la Banque une dette de 1 million.

Aussi, à cette époque, ses existences de sel avaient été reconstituées.

---

[1] Voir l'article de M. Payen dans le numéro de la *Revue des Deux Mondes* du 15 juin 1866, pages 959 à 983, et notamment 980 à 983.

Elles s'élevaient à 1,100,000 quintaux métriques dans l'Hérault et à 1,400,000 quintaux métriques dans le Gard, non compris 400,000 à 500,000 quintaux métriques appartenant à divers propriétaires de salins.

A partir de 1850, il fut procédé à la liquidation; les baux à ferme ne furent plus renouvelés à mesure qu'on arrivait à terme, et les propriétaires des salins rentraient dans l'exploitation de leurs établissements. Les nombreux intéressés de la compagnie Rigal eurent à traverser des jours bien difficiles.

Enfin, en 1855, la propriété de tout l'actif de Peccais, qui depuis 1850 avait occasionné plus de 3 millions de débours, fut vendue pour 1,100,000 francs à la compagnie des Salins du Midi, partie en argent et partie en actions de cette nouvelle compagnie. La propriété de l'actif du compte en participation de l'Hérault fut vendue pour 250,000 francs à la même compagnie, partie en argent et partie en actions. Les espèces furent employées à solder la dette contractée envers la Banque.

Il est donc resté de cette liquidation, désastreuse pour les nombreux intéressés de la compagnie Rigal, des actions de la compagnie des Salins du Midi, dont la valeur (au prix d'émission de 500 francs) ne représente pas le dixième de la valeur portée aux inventaires de la compagnie Rigal.

Il faut ajouter que ces actions, qui sont entre les mains des intéressés depuis dix ans, ont produit en 1856 un dividende de 30 francs par action, et, depuis lors, il n'a été distribué ni intérêt ni dividende.

Si cette position est fâcheuse pour les détenteurs des actions des Salins du Midi en général, elle l'est bien davantage pour les actionnaires autrefois intéressés dans la compagnie Rigal.

La Commission d'Enquête a pu voir par elle-même tous les efforts faits par l'administration de la compagnie des Salins du Midi pour améliorer cette position difficile, qui paraît exciter la jalousie des pétitionnaires de l'Ouest et qui motive la demande injuste d'un nouveau surcroît de *privilèges.*

Je termine par une dernière observation ma réponse à la Question 24.

Lorsque, dans la dernière réunion de la chambre de commerce de Montpellier, je faisais l'exposé de la situation des actionnaires de la compagnie des Salins du Midi précédemment intéressés dans la compagnie Rigal, M. Blanquier cita le fait suivant, qui le concernait personnellement.

Il faisait partie de l'ancienne société de Peccais; après l'inondation de 1850, il conserva son intérêt dans la nouvelle société de Peccais constituée par la compagnie Rigal. Depuis 1850 jusqu'en 1855, il n'a touché ni intérêt ni dividende; en 1855, il fut dans la nécessité de payer 30,000 francs pour pouvoir faire l'abandon de la part d'intérêt qu'il avait dans la société de Peccais.

26. Les exploitations sont directes ou par baux à ferme. Je ne connais pas de métayage.

27. Le propriétaire d'un petit ou d'un moyen établissement ne pourrait prospérer. D'abord, s'il économisait les travaux de quelques dépenses sur la récolte du sel en raison du moins grand nombre d'ouvriers qu'il lui faut à un moment donné, tous ses autres frais de fabrication ressortiraient à un chiffre égal au moins, sinon supérieur à celui des frais supportés par une grande compagnie. En second lieu, pour ce qui concerne la vente de ses produits, le petit propriétaire isolé est dans de mauvaises conditions. L'acquisition de l'outillage nécessaire pour la vente à l'extérieur (des barques réglementaires, par exemple) serait trop onéreuse pour lui; il ne peut donc trouver de débouchés à l'exportation, et pour la vente à l'intérieur il serait obligé de se faire commerçant.

28. Ce que je viens de dire explique les avantages que des propriétaires isolés pourraient trouver dans un syndicat, c'est-à-dire dans la réunion de leurs efforts pour la vente et les expéditions. Du reste, cette union a existé et existe encore aujourd'hui dans le Midi pour les ventes.

29. Anciennement on conservait autant que possible les eaux mères de l'année précédente et on les mêlait l'année suivante aux eaux nouvelles contenues dans les partènements. Il y avait même un autre procédé qui se pratique encore aujourd'hui, surtout dans l'Aude, procédé d'après lequel le coupage se faisait sur les tables salantes, où il déterminait un dépôt plus rapide du sel. Dans les deux systèmes, on ne faisait que du sel uniforme et généralement d'une qualité médiocre, parce qu'on laissait trop concentrer les eaux.

Un employé des salins de Cette, nommé Vivarès, fut le premier à remarquer qu'il y avait avantage à rejeter les eaux mères et à arrêter à un degré convenable, à 30 degrés par exemple, la concentration des eaux. Il transporta son procédé à Berre, où son application fit dès l'abord une sensation qui disparut, quand il fut reconnu qu'on obtenait par ce moyen du plus beau sel.

Le nouveau procédé ne tarda pas à être adopté par les fabricants intelligents; mais, grâce à la résistance routinière des sauniers, plusieurs salins utilisent encore les eaux mères de l'année antérieure. Toutefois, c'est impossible à Cette, en raison de la perméabilité du sol, qui absorbe toutes les eaux qu'on y laisse séjourner.

Au salin de Villeneuve, on continue à suivre l'ancien système. Au Bagnas, on avait installé un service qui devait s'emparer des eaux à 30 degrés pour les employer à des combinaisons chimiques; c'était l'occasion d'une lutte fréquente avec le saunier qui, pour ne pas jeter des eaux qu'il croyait encore utiles, les rafraîchissait sans cesse, de manière que le chiffre de 30 degrés ne fût jamais atteint.

Du reste, si mal que l'on fabrique, je ne crois pas que l'on puisse jamais dépasser 35 degrés. Le progrès dans la fabrication consiste, non-seulement dans les données que je viens de vous expliquer, mais encore dans la séparation des divers sels obtenus aux différents degrés de concentration, comme le pratique la compagnie du Midi dans quelques salins. Le perfectionnement dans la fabrication est français d'origine; on ne l'applique même point encore à l'étranger, sauf en Sardaigne où il commence à s'introduire. La qualité de sel qui en résulte est généralement préférable; elle permet surtout de satisfaire à toutes les demandes, ce qu'on ne pouvait faire auparavant et ce que l'Ouest ne peut faire. Toutefois, dans plusieurs cas, on demande des sels inférieurs.

Dans l'Hérault, on trouve les divers procédés de fabrication. Je ne connais rien à imiter dans la fabrication étrangère.

Questions. 31. L'eau de mer marque 3°,5 à l'aréomètre. L'étang qui alimente le Bagnas n'a qu'un demi-degré de salure et l'étang de Thau varie de 1 à 2 degrés. Cette eau est introduite tantôt par la pente naturelle du terrain, tantôt par des puits à tympan.

33. Pour le marais de Bagnas, la surface cristallisante est de un cinquième de la surface totale; la même pour Frontignan; un douzième pour Villeroy; un dixième pour le Quinzième.

37. La récolte a lieu d'ordinaire dans le mois d'août. On laisse le sel exposé à la pluie pendant un temps qui varie suivant les quantités d'eau tombées après que le sel a été mis en camelles, deux mois en moyenne. Lorsqu'il a été suffisamment lavé et débarrassé aussi des sels déliquescents qu'il renfermait, le sel (en camelles) est recouvert de joncs ou de roseaux. Les frais de cette opération, ajoutés à ceux de récolte, en élèvent le chiffre à 2 francs par tonne. Dans l'Ouest, où l'on couvre le sel d'une couche de terre imperméable aussitôt après la cueillette, il ne se lave pas et reste impur et déliquescent. Avec notre système, au contraire, il se produit un déchet de 15 p. o/o environ, dont 10 p. o/o la première année; mais le sel reste plus beau. En Sardaigne, on ne couvre pas du tout, et le sel perd 20 p. o/o.

40. Point de raffineries dans le Midi; il existe seulement à Villeroy un moulin qui moud les sels de première qualité pour les rendre propres au service de table. Cette opération augmente de 1 fr. 50 cent. par 100 kilogrammes le prix de revient.

Voici quels ont été, depuis 1846, les prix de vente à l'exportation au port de Cette :

ANNÉES.	PRIX.	ANNÉES.	PRIX.
1846	18 à 15f	1854	8 à 10f
1847	12f 50c	1856	15 à 10
1849	10 et 11f	1857	14, 15, 16 et 17f 50c
1850	11	1858	12f 50c
1851	9 et 10	1859	10 et 11f
1852	7 et 8	1860	9 et 10
1853	6 et 7	1865	11

Questions 43, 44. L'exportation ne se fait pas sur les sels de première qualité. Les marais du département de l'Hérault sont tous placés à proximité d'un chemin de fer ou d'un canal et quelquefois de tous les deux. Luno seul a un parcours de 4 à 5 kilomètres pour se rendre au port d'Agde. C'est leur situation qui détermine leurs ventes à l'intérieur ou à l'exportation. Les exploitants vous indiqueront les frais de chargement sur le wagon, si c'est pour l'intérieur, et sur le bateau, si c'est pour le transport à Cette, point d'où partent les expéditions. Les frais de ce dernier transport varient suivant les marais.

51. En fait de voies navigables et de chemins de fer, le Midi se sert du canal de Beaucaire, qui se meut dans un tarif dont le maximum était anciennement de 8 centimes par tonne et par kilomètre. Son prix actuel est à 6 centimes, tandis que sur le canal des Étangs, racheté par l'État, et dont se servaient aussi les mêmes salins, le tarif est d'un demi-centime. Il serait donc très-désirable que le canal de Beaucaire fût racheté également.

Quant au canal du Midi, il appartient à la même compagnie que le chemin de fer de ce nom, et cette compagnie n'a pas intérêt à favoriser sa navigation. Cependant les sels préfèrent cette voie quand ils se rendent à Toulouse. En fait de chemins de fer, celui du Midi a un tarif plus onéreux que celui de la Méditerranée.

Le fret est variable suivant les époques et les ports de débarquement; il est en général par tonne délivrée au débarquement :

De Cette à Rouen	24f
— à Nantes	24
— à Cherbourg	20
— au Havre	24
— à Dieppe	de 15 à 25
— à Dunkerque	de 15 à 18

ssion A. — stions. 59. La préférence qu'on pourrait donner aux sels de l'Ouest est une affaire d'habitude, quoiqu'il ne soit pas impossible que le sel de magnésie et la terre qu'ils renferment leur impriment un goût particulier. Hérault. — M. Éd. Vivarès.

60. Il n'y a aucune raison de préférer pour la pêche les sels étrangers aux sels français, surtout depuis que la fabrication de ceux-ci a été perfectionnée. C'est donc une question de commodité pour les armateurs qui prennent les sels qu'ils trouvent sur leur route, quand ils ne sont pas partis d'un port français.

63, 64. Les sels de l'Ouest sont généralement plus humides que les sels du Midi, parce qu'ils ont été moins lavés.

Les sels de l'Est, s'ils sont fortement étuvés, peuvent gagner en poids par le transport, surtout s'il s'exécute en temps humide.

77, 78. Les sels de Cagliari se vendent 9 francs; ceux de Sicile, 8 francs; ceux de Cadix et de Portugal, 12 francs, pris sur le lieu de production.

Pour transporter dans un port de la Méditerranée les sels de Sardaigne ou de Sicile, le fret est de 8 à 10 francs; dans l'Océan, de 25 à 30 francs. Les sels d'Angleterre auraient un fret de 26 francs pour venir à un port de la Méditerranée, mais ils viendraient dans l'Ouest avec un fret de 8 à 10 francs, ce qui est ordinairement le taux du fret des sels de l'Ouest en petit cabotage.

La concurrence des sels anglais se produirait dans les ports de la Manche, à Nantes et jusqu'à Bordeaux, et, dans ce cas, les sels de l'Ouest ne pouvant soutenir cette concurrence avec des sels qui sont très-bon marché, la production cesserait dans cette région.

Il est arrivé que des armateurs de Dunkerque ont fait à Cagliari quelques chargements de sel pour la pêche. Je demande à ce propos que la franchise accordée aux sels destinés à la pêche d'Islande soit supprimée et que ces sels payent le même droit que les autres. Je crois savoir d'un autre côté que, par suite de la fraude des armateurs, les sels étrangers sont employés pour la pêche sans avoir payé le droit. Il serait à désirer qu'on exerçât à cet égard un contrôle plus sévère.

, 80, 81. La déliquescence dépendant de la fabrication et certains sels du Midi étant aussi déliquescents que ceux de l'Ouest, parce qu'ils ont été produits dans les conditions anciennes, il ne convient pas d'accorder un déchet spécial à quelques-uns; mais le taux doit en être le même pour tous.

Il en est de même en ce qui concerne l'hygrométricité des sels. Le boni du déchet est une remise sur la taxe, à l'inverse du décime, qui augmente celle-ci. Cette faveur doit être égale pour tous les producteurs.

COMMISSION A. Le boni, en général, n'est pas absorbé par les déchets réels en cours de transport. Le déchet est proportionnel à la durée de ce transport, à l'état du sel, au temps qui règne. HÉRAU — M. Éd. Vi

L'allocation du boni, si elle est différente pour les divers sels, devient trop complexe pour être exacte. Il vaudrait mieux la supprimer pour tous que de maintenir l'inégalité. Ce qui vaut mieux, c'est l'uniformité du droit et des remises.

Questions. 82, 83. Il faut bien se garder de changer l'assiette de l'impôt et de chercher à atteindre le chlorure de sodium. Ce serait impraticable en raison des masses de sel sur lesquelles il y aurait à opérer. Ce serait abusif, parce qu'on tromperait le consommateur qui continuerait à acheter du sel et non du chlorure de sodium, et auquel on livrerait, surtout dans l'Ouest, des sels qui contiendraient toujours moins de cette substance. Ce serait encourager enfin la mauvaise fabrication, car il n'y aurait plus intérêt à faire du sel pur.

84. Le titrage du sel est d'ailleurs impraticable et, quant aux moyennes, elles sont impossibles à établir et seraient injustes si on les déterminait par les diverses régions, car beaucoup de sels dans le Midi présentent une composition plus défectueuse que ceux de l'Ouest. Du reste, la richesse du sel varie beaucoup, même dans chaque salin.

85. La troque est un privilége et il n'y a pas lieu de la rétablir.

86. Il ne faut rien changer au boni accordé au Midi pour le grand cabotage. Le relevé comparatif des sels livrés à Dunkerque justifie l'allocation de 2 p. o/o, ainsi que les raisons qui l'ont déterminée dans le principe et qui sont les mêmes aujourd'hui qu'alors.

87. Les droits doivent être maintenus tels qu'ils sont; si l'on supprimait le droit de 5 francs par tonne pour les ports de la Méditerranée, ce serait la ruine de l'industrie salicole dans le Midi, comme la réduction à 5 francs sur les côtes de l'Ouest ruinerait les producteurs de cette région par l'invasion des sels anglais.

90. Pour encourager l'industrie salicole française, ces droits devraient être augmentés; tout au moins faut-il les maintenir et assimiler la pêche d'Islande à la pêche des bancs de Terre-Neuve.

91. La réponse est négative. En changeant le système actuel et en ne prenant le droit qu'au port de débarquement, on créerait des tentations et des facilités à la fraude.

92. Je m'associe à toutes les réclamations de M. Mion sur ce point, qui est fort important, car si l'exportation se développe en Sardaigne, c'est grâce à l'absence complète de toutes les formalités de la surveillance douanière, qui font perdre un temps précieux et sont assez onéreuses au point de vue financier.

94. On ne s'est pas servi de l'eau de mer comme engrais, dans le Midi tout au moins. Peut-être est-ce en raison de l'interdiction d'en puiser, interdiction qui, pour le dire en passant, n'a point de raison d'être.

82. En finissant, j'ose hasarder une observation générale. Il y a un moyen radical de supprimer toutes les questions, toutes les difficultés de l'industrie salicole : c'est de supprimer le droit complétement, comme on l'a fait en Angleterre, et comme on tend à le faire ailleurs. L'industrie des sels a pris en Angleterre un immense développement depuis cette mesure; il en serait de même chez nous. Dans tous les cas, l'Administration qui aurait renoncé à percevoir aucun impôt sur le sel pourrait à bon droit se désintéresser et cesser de s'occuper des producteurs de sel. Les 30 millions que produit cet impôt me paraissent d'ailleurs pouvoir être repris sur le sucre sans même que le consommateur s'en ressente. On peut en juger ainsi par l'effet qu'a produit le rétablissement du deuxième décime.

M. LOUIS JOYEUSE,

Copropriétaire actionnaire du salin de Villeneuve.

(Déposition écrite et orale.)

20. La consommation intérieure a pour limite extrême Clermont-Ferrand, Dijon, les frontières de la Suisse, et de l'autre côté Toulouse, principalement les départements de l'Aveyron, de la Lozère et de l'Hérault.

24. La saline de Villeneuve est entre les mains de propriétaires actionnaires qui tiennent en partie la propriété provenant de leurs auteurs, qui ont fondé cet établissement et l'ont administré eux-mêmes de 1853 à 1864, époque où MM. Vidal et d'Ortomay en sont devenus les fermiers au prix de 32,000 francs, de laquelle somme il faut déduire pour impositions 2,603 fr. 67 cent., et celle pour frais de surveillance et du trésorier, 1,000 francs, reste net 28,396 fr. 33 cent.; de plus, il a été cédé aux fermiers un fonds de table, et sans intérêts 8,500 tonnes de sel et environ 30,000 francs de cabaux, c'est-à-dire tympans, mules, voitures, en un mot tout ce qui est nécessaire à l'exploitation d'une saline; ces avantages réduisent encore le prix d'une somme considérable.

En 1819 jusqu'à 1830, la saline avait été affermée à MM. Rigal et Cie 20,000 francs; en 1830, elle fut affermée 30,000 francs, non compris la jouissance des marais de l'Estagnol. De 1848 à 1853, le prix de ferme, toujours avec MM. Rigal et Cie, fut porté à 40,000 francs; le fond de table, à cette époque, n'était que de 4,243 fr. 20 cent.; à l'expiration du bail, 31 mars 1853, il ne s'est plus présenté de fermiers; les anciens, la compagnie Rigal, n'offraient que 14,000 francs: les propriétaires se sont trouvés obligés d'exploiter par eux-mêmes.

Question. 6. Ayant exploité pendant onze années, il est très-aisé de répondre en quelques mots à la 6e Question, concernant la valeur des marais salants comparée à celle des champs, prés et vignes. Cette valeur tient en grande partie à la facilité qu'il y a de les exploiter, soit par canaux et chemins de fer, soit par la nature du sol qui varie en plusieurs localités, par la facilité que l'on a de prendre les eaux directement de la mer, des étangs ou des canaux, soit encore par la facilité que l'on a de se procurer des ouvriers. La saline de Villeneuve ne prenant l'eau que de l'étang et se trouvant entourée d'une population aisée, l'exploitation y est difficile et coûteuse. Les salines dépendent encore presque exclusivement de la bonne ou mauvaise administration qui les dirige; il est certain que si l'on ne soignait pas ce genre de propriété avec plus d'attention et de surveillance que les propriétés rurales, sa valeur pourrait être compromise à tel point que, dans deux ou trois ans, elle pourrait être diminuée de moitié, des deux tiers et même anéantie. Ces terrains se trouvant garantis par des chaussées en terre qui les contournent, une rupture, produite par une crue d'eau ou par un vent du midi faisant regonfler les eaux dans l'intérieur autour des chaussées, peut les couronner et détruire l'établissement; cela s'est produit maintes fois, et ce n'a été qu'avec de grosses dépenses qu'on a pu les rétablir. Il est donc suffisamment prouvé que des propriétés de ce genre ne peuvent jamais être comparées pour la valeur aux prés, vignes et champs, qui sont ce qu'il y a de plus certain.

Pendant la période de onze années que les propriétaires ont administré leur saline, de grandes améliorations ont été faites; il y a eu réorganisation complète et générale, tout a été en grande partie refait; on a abandonné l'ancienne routine et l'on a exploité par des moyens nouveaux, qui ont amené à changer la qualité du sel qui se trouvait avant presque toujours défectueux par la quantité de magnésie qui s'y introduisait et qui détériorait quelquefois la moitié de la récolte; néanmoins on la mettait sur les feuilles et le plus souvent après être restée invendue pendant plusieurs années, on était obligé de la jeter dans le canal de la saline; ce n'est qu'au prix de grands sacrifices, et en puisant dans leurs ressources personnelles étrangères aux revenus des salins, que les propriétaires ont pu parvenir à ce résultat.

22. Il serait de toute équité que ces propriétés, qui ont avec elles de si terribles chances et qui donnent un gros revenu à l'État, qui n'a à craindre aucun danger pour son capital, puisqu'il n'en expose aucun, il serait, dis-je, désirable qu'une industrie sujette à tant de variations pour les vrais propriétaires fût plus favorisée qu'elle ne l'est actuellement, au point de vue des charges qui la grèvent; ajoutez que la douane ne se met pas suffisamment à la disposition des propriétaires; les heures qu'elle donne pour faire les enlèvements ne concordent pas avec les habitudes du travail des ouvriers dont la journée commence à six heures, tandis que la douane n'exerce son service qu'à partir de huit heures; ce qui fait que l'ouvrier est obligé d'attendre, pour commencer son travail, l'ordre de la douane, et le temps qu'il perd chaque jour constitue une dépense considérable pour l'exploitation.

Au nombre des dépenses occasionnées pour obtenir l'amélioration de l'établissement, il convient de mentionner un chemin de fer construit aux frais des propriétaires sur une longueur de près de 4 kilomètres et destiné au transport des sels à la ligne ferrée de Montpellier à Cette.

24. Le capital engagé est difficile à établir, depuis longtemps personne ne voulant se défaire de ses actions; on peut néanmoins l'estimer à 500,000 francs. Il existe 142 actions qui reçoivent annuellement pour chacune un dividende de 180 francs tant que durera le bail.

29. L'emploi d'eaux mères trop concentrées et la réserve de ces eaux mères pour l'année suivante constituent un procédé de fabrication défectueux. Pour bien fabriquer, il faut beaucoup d'eau, beaucoup d'espace, une bonne manœuvre des eaux et arrêter leur concentration à un degré modéré. On trouve à se défaire beaucoup plus facilement des bons sels, tels qu'on les fait aujourd'hui, que des sels fabriqués autrefois par de moins bons procédés.

Anciennement on faisait un très-mauvais sel en laissant concentrer les eaux jusqu'à 35 degrés. Le prix des sels s'établit pour un salin sur la qualité moyenne de ses produits. Le prix de revient des sels varie entre 7 francs et 7 fr. 50 cent. la tonne, non compris l'intérêt du capital. Le droit actuel de 5 francs sur les sels étrangers constitue une protection suffisante, mais nécessaire.

30. Le déposant croit que le déchet de 3 p. o/o est suffisant pour les sels les meilleurs; mais il pense que le déchet des sels inférieurs est de plus de 3 p. o/o.

M. MICHEL ALICOT,

Secrétaire du comité d'administration des salins de Frontignan.

(Déposition écrite et orale.)

Questions.

1. La superficie totale de la saline de Frontignan est de 250 hectares, sur lesquels 106 sont spécialement affectés à la préparation des eaux salantes, 16 à la cristallisation, 119 aux pâturages naturels, 9 à la production des céréales ou des fourrages.

2. La saline de Frontignan a été créée en 1802 et n'a été augmentée, depuis cette époque, que de quelques acquisitions de terres ou marais adjacents, n'ayant pas pour but immédiat l'extension de la production du sel.

3. Le chômage n'a jamais existé d'une manière complète sur la saline de Frontignan; toutefois, les besoins du commerce ou la concurrence survenue par suite de la création d'établissements nouveaux, ont pu, à diverses reprises, déterminer les producteurs à laisser chômer une partie de leur saline.

4. On ne peut fixer exactement la valeur du terrain affecté à l'industrie salicole. Cette valeur varie avec la nature du sol, sa perméabilité et le degré de salure des eaux voisines qui sont amenées dans la saline pour y être préparées jusqu'à la période de cristallisation.

5 La saline de Frontignan est divisée en 234 parts qui se vendaient chacune, il y a vingt ans, 1,500 francs; aujourd'hui, elles se vendent de 1,400 à 1,500 francs.

6. La valeur de l'hectare de terrain affecté à la saline est de beaucoup inférieure à celle des terres consacrées à l'agriculture. Cependant, la saline de Frontignan est rangée au cadastre parmi les terres de la première classe. A ce titre, elle paye 3,500 francs d'impôt foncier. Ce chiffre est exagéré par rapport au revenu qui s'est trouvé, dans les mauvaises années, réduit à une faible somme. Les propriétaires considéreraient comme un avantage une révision du cadastre qui amènerait, à n'en pas douter, un notable dégrèvement dans les charges qui pèsent sur leur immeuble.

7. Les terrains voisins ne se prêtent pas également à tous les genres de culture usités dans le pays; certains ne peuvent produire que des roseaux ou de maigres dépaissances; quelques-uns, plus élevés au-dessus des eaux, sont plantés de vignes ou ensemencés en fourrages.

ISSION A. — estions. HÉRAULT. — M. Michel Alicot.

8, 9. La saline de Frontignan a été établie sur un marais inculte, sans ressources au point de vue agricole; elle est occupée pour un sixième environ par des terres labourables ou des terres incultes. Tout ce qu'elles produisent sert à la nourriture des chevaux ou mulets employés au service de la saline.

11. Des circonstances atmosphériques peuvent limiter la production : ce sont notamment la température de l'air et son état hygrométrique; l'insuffisance des entrepôts destinés à recevoir les récoltes, le ralentissement de la consommation et l'insuffisance des débouchés peuvent aussi restreindre la production.

12. Les récoltes peuvent varier d'un tiers à la moitié au-dessus et au-dessous de la moyenne.

18. La saline de Frontignan vend annuellement une grande partie de ses produits, à cause de la proximité du port de Cette et de la voie ferrée. Les deux tiers environ de la quantité vendue sont destinés à l'exportation et en partie employés aux besoins de la pêche maritime. Un tiers se vend à l'intérieur.

19. Depuis longtemps, le sel exporté se vend à bord de 8 à 9 francs la tonne; par suite de la concurrence étrangère, il faut déduire de ce prix, pour les frais de transport, environ 3 francs. A l'intérieur, le prix a varié de 10 à 12 francs la tonne prise sur les entrepôts de la saline, mais il faut déduire 1 franc pour frais de camionnage.

20. Les limites extrêmes des débouchés pour le salin de Frontignan sont Toulouse et Lyon.

24, 26. La saline de Frontignan a été établie en 1802 par un petit nombre de propriétaires sur un terrain acquis par eux. Cette propriété est aujourd'hui entre les mains de leurs héritiers ou cessionnaires. Ceux-ci s'administrent eux-mêmes et désignent annuellement cinq d'entre eux pour les représenter. Le capital engagé est d'environ 500,000 francs. Les dividendes s'élèvent en moyenne aujourd'hui à la somme totale de 20,000 francs depuis onze ans. Auparavant, c'est-à-dire de 1826 à 1855, la saline de Frontignan était affermée. Le prix du fermage a été de 33,000 francs; en outre, le payement des contributions était à la charge du fermier. Le bail ayant cessé en 1855, n'a pu être renouvelé, les conditions offertes par les fermiers n'étant pas acceptables. Depuis cette époque, le salin de Frontignan est exploité par les propriétaires.

29. Depuis vingt ans, les procédés de fabrication n'ont pas été changés, si

ce n'est que l'emploi de la vapeur a été appliqué à l'élévation des eaux et à la trituration des sels.

Le procédé employé dans le Midi nous paraît présenter d'immenses avantages sur celui qui est usité dans l'Ouest. Les sels déliquescents ne sont pas en aussi grande abondance dans les produits du Midi que dans ceux de l'Ouest; en outre, les sels des bords de la Méditerranée, et notamment ceux de la saline de Frontignan, offrent de beaux cristaux d'un blanc très-pur, tandis que les sels de l'Ouest sont peu agréables à l'œil à cause de leur couleur grise.

Questions. 31. Le degré de salure de l'eau de mer est de 3 degrés; la saline de Frontignan ne peut opérer que sur des eaux à 1 degré de salure. Elle reçoit les eaux par deux écluses disposées sur le parcours de son canal particulier, qui est alimenté par l'étang dit d'*Ingril*. Les eaux introduites d'abord dans les partènements s'y élèvent à 7 degrés environ; placées ensuite sur les surfaces évaporantes au moyen de puits à tympan, elles arrivent à 14 degrés environ; enfin elles sont amenées sur les surfaces cristallisantes où le sel se dépose entre 25 et 28 degrés.

A un degré plus élevé, on ne saurait opérer qu'avec de grands inconvénients. On aurait alors des sels déliquescents.

43. Les sels vendus à l'étranger sont dirigés sur Cette par le canal des Étangs ou le chemin de fer de Lyon à la Méditerranée.

44. La saline de Frontignan est placée dans le voisinage du grand canal des Étangs et de la ligne du chemin de fer de Lyon à la Méditerranée. Elle communique avec le canal des Étangs au moyen d'un canal particulier; mais pour arriver à la voie ferrée, elle a un parcours de 2 kilomètres à faire, ce qui occasionne des frais de camionnage qui s'élèvent à environ 1 franc par tonne.

Jusqu'à ce jour, les sels ont pu être chargés sur les wagons de la compagnie de Lyon à la Méditerranée qui viennent les recevoir sur une gare placée en face de la saline et bordant sa propriété. Ce mode de chargement est très-avantageux, la gare des marchandises de Frontignan étant très-éloignée de la saline et d'un accès difficile à cause de l'absence d'un chemin direct.

Depuis que la compagnie de Lyon à la Méditerranée fait exécuter sur le tronçon de Montpellier à Cette la seconde voie qui n'existait pas et qui n'est point encore terminée, elle manifeste l'intention de supprimer la gare de chargement de la saline de Frontignan qui existe depuis l'établissement du chemin de fer de Montpellier à Cette, c'est-à-dire depuis 1836. Les propriétaires de la saline répondent à cette prétention que l'existence de la gare est une condition du cahier des charges imposé à la

[COM]MISSION A. — compagnie; celle-ci prétend au contraire que cette gare était simplement destinée aux évitements, et que la seconde voie la rendant inutile, il y a lieu de la supprimer. Cette suppression serait la source de difficultés considérables pour la saline de Frontignan, et aurait pour cause des dépenses inutiles en l'état. Les propriétaires espèrent que l'Administration du commerce et des travaux publics les aidera à soutenir les termes du cahier des charges sur lesquels s'appuie le droit qu'ils invoquent. HÉRAULT. — M. Michel Alicot.

Questions. 64. Le moyen le plus efficace de se rendre compte des déchets dont se plaint l'industrie salicole de l'Ouest est de consulter les constatations faites par la douane au moment de la sortie des sels. Nous pensons que le chiffre de 5 p. o/o accordé par la loi dépasse les déchets véritables.

74. Une entente existe entre les salins du Midi qui, en se faisant concurrence, perdaient des sommes considérables en frais de transports inutiles; mais cette entente ne peut avoir les inconvénients que l'on pourrait redouter; les sels étrangers qui entrent au droit minimum de 5 francs par tonne peuvent toujours empêcher une élévation exagérée du prix.

79. Nous ne pensons pas qu'il soit juste d'accorder un déchet plus élevé aux sels de l'Ouest. Cette faveur serait contraire au principe d'égalité qui tend à dominer dans le commerce. Nous pensons que l'industrie salicole de l'Ouest pourrait, en améliorant ses produits, éviter les inconvénients dont elle se plaint.

80. Il n'y a pas lieu, selon nous, de tenir compte des différences hygrométriques dans le taux des déchets demandés.

81. Les déchets alloués sont plus que suffisants. Les constatations de la douane le prouvent.

82. Le droit doit être payé sur la quantité de sel transportée et non sur celle de chlorure de sodium qu'il contient.

83. Un pareil procédé amènerait de graves difficultés dans les constatations de la douane et nuirait aux intérêts du Trésor en même temps qu'à l'industrie elle-même.

84. Nous ne connaissons aucun procédé pratique de constatation. Il n'y a pas lieu de recourir à des moyennes.

86. Il y a lieu d'assimiler pour les déchets les sels du Midi aux sels de

l'Ouest lorsqu'ils vont dans les ports de l'Océan; une longue navigation leur fait éprouver des pertes considérables.

Questions.

87. Les droits sur les sels étrangers sont suffisamment élevés, mais si on les abaissait l'industrie française en souffrirait.

91. On doit appliquer la remise des déchets au moment de l'embarquement.

94. Il n'y a pas d'inconvénients à faciliter à l'agriculture l'emploi de l'eau de mer comme engrais. Les moyens employés aujourd'hui sont impraticables, l'eau de mer revenant aussi cher que le sel par suite des prescriptions administratives à observer en pareil cas.

M. CHARLES VIDAL,

Négociant à Montpellier.

(Déposition écrite et orale.)

1. Le salin de Villeneuve, créé en 1801, est composé de 258 hectares, divisés comme il suit :

Les eaux de l'étang sont élevées par les puits à tympan sur le Wagaran, contenance..........................	59 hectares.
Elles parcourent le partènement extérieur, d'où elles sortent à 6 degrés, contenance..........................	47
Elles sont reprises, par les puits à tympan, à 6 degrés pour être élevées sur le partènement intérieur et arriver à la pièce maîtresse à 25 degrés, contenance..................	35
Nota. Si le temps n'est pas propice, on est obligé de les reprendre pour les faire arriver à la pièce maîtresse à 25 degrés.	
Elles sont alors élevées de nouveau, par les puits à tympan, sur les tables de cristallisation appelées salin, où elles déposent les sels, contenance..........................	17
Total..........................	158
Terres labourables..........................	2
Joncasse, dépaissances..........................	20
Estagnol..........................	78
Contenance totale de la propriété..	258

Le salin de Frontignan, créé en 1802, est d'une contenance totale de 250 hectares.

Partènements extérieurs et intérieurs................	106 hectares.
Tables à cristallisation ou salin..................	16
Terres labourables..........................	9
Dépaissances..........................	119
Contenance totale de la propriété..	250

Le salin du Bagnas, créé en 1800, a une contenance totale de 314 hectares.

Partènements extérieurs	118 hectares.
Partènements intérieurs	70
Tables de cristallisation ou salin	49
TOTAL	237
Dépaissances	77
CONTENANCE TOTALE de la propriété	314

Le salin de Mèze, créé en 1830, est d'une contenance totale de 40 hectares.

Questions. 2. Sur ces trois salins, il y a environ un cinquième d'augmentation depuis vingt ans [1].

3. Les salins du Bagnas chôment depuis 1860 sur environ les deux cinquièmes et souvent la moitié de leur superficie.

9. On a essayé de convertir en pâturages le salin de Pérols : on veut en faire l'essai au salin de Gramenet; ces deux établissements ont été abandonnés comme salins.

Pour remettre Gramenet en état de sauner, il faudrait peut-être y dépenser au moins la moitié des frais de premier établissement, lesquels ont dû s'élever à 120,000 francs environ. Dans cette dépense de 50 à 60,000 francs, serait comprise l'acquisition d'un droit de prise d'eau salée dans l'étang voisin, qu'une récente décision judiciaire a déclaré être une propriété de la commune de Lattes. Il faudrait, en outre, attendre plusieurs années la première récolte de sel pour en avoir de bonne qualité.

10. Le salin de Villeneuve a produit de 7,000 à 8,000 tonnes;

Celui de Frontignan, de 6,000 à 7,000 tonnes;

Celui du Bagnas, depuis environ douze à quatorze ans, 12,000 tonnes de sel; il pourrait en produire de 18,000 à 20,000 s'il y avait des débouchés suffisants.

Celui de Mèze a produit de 3,000 à 4,000 tonnes. Les sels de Mèze sont généralement de mauvaise qualité.

Dans tous les salins que j'exploite, je fais autant que possible deux qualités de sel; la première comprend le sel déposé dans les eaux à 25

[1] Le salin signifie ici table salante, c'est-à-dire que la contenance totale n'a pas varié, mais qu'un cinquième de plus a été affecté aux cristallisations.

 degrés et forme le tiers de la récolte totale. La seconde qualité comprend les autres sels jusqu'à 30 degrés, et forme les deux tiers de la récolte.

Il y a une exception pour le salin de Mèze qui ne produit que des sels d'une qualité inférieure et difficiles à placer. Il a une teinte jaune que lui communique le sol qui a été inondé et bouleversé.

Questions. 11, 12. Sur dix années il y en a sept qui se ressemblent.

19. Le prix du sel est, depuis environ vingt ans, de 9 à 10 francs la tonne rendue à bord du navire dans le port de Cette ou d'Agde, déduction faite des frais du salin pour les rendre à bord, ce qui fait ressortir ce prix de 6 à 7 francs la tonne sur le gravier. A l'intérieur, la moyenne du prix est de 10 à 15 francs. L'écart entre 10 et 15 francs indique la marge qui peut résulter de la distance des différents points du territoire : ainsi 10 francs en barque ou sur wagon près du salin, 15 francs au point le plus éloigné, là où le sel arrive grevé de frais de transport. Du reste, ces indications ne contiennent que des moyennes aussi approximatives que possible, et ne concernent que les prix antérieurs à l'exécution de la société en participation qui a pour objet la vente de tous les sels du Midi. A la mer, le sel se vend de 10 à 11 francs la tonne, transporté à Cette; 11 francs quand le sel est trituré, comme les armateurs le demandent d'ordinaire. Ces chiffres comprennent le prix du chargement.

Pour la mer, nous livrons de préférence les sels de seconde qualité, réservant les autres pour le service de la consommation intérieure. Toutefois, quand il manque de ces derniers sels, on vend également les sels moins beaux sans différence de prix.

20, 65. La consommation intérieure a pour limites extrêmes pour nos salins:

Salins de Villeneuve et de Frontignan. — Clermont-Ferrand, Dijon, la frontière de la Suisse; de l'autre côté, Toulouse et principalement les départements de l'Aveyron, de la Lozère et de l'Hérault.

Salin du Bagnas. — Toulouse, Montrejeau, et anciennement Lyon.

Salin de Mèze. — Les ventes se bornent dans le voisinage du département où se trouve le salin.

21. Le Bagnas a perdu son principal débouché, le Piémont, qui se fournit actuellement à Cagliari (Sardaigne).

23. La consommation intérieure a un peu augmenté; le Midi lui fournit plus de sels qu'il y a vingt ans, surtout pour les marais le plus à proximité des chemins de fer.

24. Les salins du Bagnas, Villeneuve, Frontignan et Mèze sont entre les

mains de propriétaires ou d'actionnaires, dont les auteurs ont créé ces établissements. Les propriétaires administrent eux-mêmes et ont chacun des délégués particuliers pris entre eux pour les représenter. Le salin du Bagnas a été affermé de 84,000 à 85,000 francs par an, à la compagnie Rigal; le salin de Villeneuve, 40,000 francs; le salin de Frontignan, 48,000 francs; celui de Mèze, de 12,000 à 14,000 francs. Ces prix sont ceux de baux qui ont expiré de 1850 à 1855.

stions. 27, 28, 74. Pour les opérations qui concernent la vente des sels de mes salins, j'agis seul et en mon nom, après toutefois que le prix des divers sels a été arrêté entre tous les producteurs associés pour la vente; puis je verse dans la caisse commune.

Je refuse d'affermer le Bagnas et Frontignan, en raison des dangers d'inondation auxquels ces marais sont soumis. Dans l'état actuel de nos rapports entre propriétaires et exploitants, s'il survient un désastre, les conséquences en sont supportées en commun.

Pour la fabrication du sel, les établissements isolés, comme ceux que j'exploite, se trouvent dans de meilleures conditions que ceux des grandes compagnies, déchargés qu'ils sont des frais généraux d'administration, et ayant l'avantage d'être gérés économiquement et soigneusement sous l'œil de l'intéressé; la preuve en est que, depuis 1856, la compagnie des Salins du Midi ne donne ni intérêts ni dividendes, tandis que j'ai pu faire quelques bénéfices dans l'exploitation de mes marais.

Mais, lorsqu'il s'agit de vendre le sel, les grandes compagnies disposent de moyens plus complets que le producteur isolé. Ce qu'il y a de mieux à faire, c'est de s'associer tous pour les ventes, comme nous venons de le faire dans le Midi; cela nous permet d'espérer de meilleures ventes à l'avenir : la position du consommateur et celle des intermédiaires n'en est pas aggravées.

26. Frontignan et le Bagnas n'ont pas trouvé de fermier; le Bagnas, principalement, qui est exposé aux inondations des eaux de l'Hérault pendant les fortes crues, depuis l'établissement du chemin de fer du Midi et depuis que le canal du Midi est entre les mains de la même compagnie. En 1860, le Bagnas a été entièrement submergé, et en a éprouvé des pertes considérables; depuis cette époque, il a été menacé à plusieurs reprises; cet état fâcheux et permanent occasionne à cet établissement un grand préjudice, par suite de la difficulté de trouver des fermiers.

Nous avons avec les propriétaires de ces salins un traité par lequel ils nous donnent 2 fr. 50 cent. par tonne pour tous les frais de fabrication, et ils ont à payer l'entretien des canaux, digues ou chaussées d'enceinte, contributions de toute nature et entretien des maisonnages; moyennant

COMMISSION A. ce prix de fabrication, les frais d'exploitation du salin, comprenant l'entretien en général, le mouvement des eaux, les frais de levage et d'employés, et tout ce qui concerne la jouissance des terres cultivables, dépaissances ou prairies pour la nourriture des bestiaux, tout est à notre compte. HÉRAUL[illegible] M. Charles [illegible]

Moyennant le prix ci-dessus et 4 francs par tonne que nous avons à payer aux propriétaires pour tous les sels vendus et mis en barque ou sur char, l'excédant pour arriver au prix de vérité, déduction faite de tous les frais de transport et autres, est partagé : les deux tiers pour les propriétaires et un tiers pour nous.

Par exemple :

En supposant que nous vendions la tonne de sel sur le gravier au prix de........................		10f
Il faut en déduire d'abord les 4 francs par tonne revenant aux propriétaires........................		4
		6
Sur ce prix il faut encore déduire les frais de transport par barque ou sur char, que nous supposons être de........		3
RESTE....		3
A partager : deux tiers revenant aux propriétaires, soit.	2f	3
Un tiers pour nous........................	1	

Questions, 27. Le salin de Villeneuve nous a été affermé au prix de 32,000 francs; les propriétaires nous ont donné 8,500 tonnes de sel comme fond de table, et environ pour une valeur de 30,000 francs de cabaux, c'est-à-dire tympans, mules, voitures, en un mot, tout ce qui est nécessaire à l'exploitation d'un salin; ces avantages nous réduisent le prix de ferme à environ 28,396 fr. 33 cent., impôt foncier et mobilier à la charge des propriétaires.

Le salin de Mèze est affermé 10,000 francs par an; nous comptions sur une vente plus considérable des sels de ce salin; mais ils se trouvent être de mauvaise qualité par suite d'une inondation.

Nous avons de plus acheté à la société agricole d'Aigues-Mortes environ 8,000 tonnes de sel par an, au prix de 7 fr. 50 cent. la tonne rendue en barque.

28. La réunion des propriétaires, fermiers ou détenteurs de sel est désirable.

Est-elle possible? Oui, par la force des choses : par suite des pertes considérables éprouvées par chacun; par suite du manque de débouchés suffisants; par suite des frais d'exploitation qui se sont élevés depuis plusieurs années; par la cherté des ouvriers qui, aujourd'hui, consentent difficilement à travailler dans les salines,

Question. 29. Dans le Midi, où les seuls agents d'évaporation sont le soleil et les vents, il suffit d'étendre en couches peu épaisses les eaux contenant le sel marin sur des surfaces d'une grande étendue : ces eaux, après des passages successifs d'une table à l'autre, finissent par acquérir un degré de concentration suffisant pour que le sel marin qu'elles contiennent se dépose. Ces eaux marquent alors environ de 25 à 26 degrés à l'aréomètre ou pèse-sel de Baumé, et c'est à ce moment que le sel contenu dans ces eaux commence à se déposer dans la pièce maîtresse.

Le sel déposé le premier, celui de la pièce maîtresse, est le plus beau et constitue le sel de première qualité. Nous en faisons de deuxième qualité dans les tables salantes, où les eaux amenées des pièces maîtresses se concentrent jusqu'à 28, 30 et même quelquefois 32 degrés.

Anciennement la fabrication n'était pas aussi soignée : on opérait avec une plus petite quantité d'eau, et l'on était ainsi obligé de tirer parti des eaux mères, dont l'emploi est avantageux quand on ne tient pas à la qualité du sel. Aujourd'hui, au contraire, la superficie des tables salantes a été augmentée dans la proportion de 1 à 5. Les eaux mères ne sont utilisées que lorsque leur concentration n'est pas excessive, c'est-à-dire lorsqu'elle ne dépasse pas 32 degrés, et lorsqu'on manque d'eau vierge.

Voici quelques-unes des améliorations apportées dans la fabrication.

Il y a dix ans, un salin d'un produit ordinaire avait de 8 à 10 tympans pour élever les eaux sur les surfaces évaporantes; chaque tympan exigeait trois bêtes pour le faire fonctionner journellement, pour élever environ 2,000 litres d'eau par minute; aujourd'hui, par l'amélioration que l'on a fait subir à ces tympans dans leur construction, leur nombre a été réduit de moitié, ainsi que celui des bêtes de trait; ces tympans élèvent les eaux à $1^{m},50$ de hauteur, donnant une quantité d'eau de 5 à 7,000 litres par minute; les mules marchent au pas.

Les petites séparations en terre des divisions des tables à cristallisation ont été revêtues en planches, afin d'éviter l'éboulement des terres sur les sels.

Je ne pense pas qu'en l'état de la fabrication il y ait de grandes améliorations à introduire dans le Midi, sauf peut-être la substitution de la vapeur aux bêtes de trait pour la force motrice des tympans. Cette amélioration n'a pas lieu généralement parce qu'elle exigerait des sacrifices qui ne sont pas en rapport avec la prospérité actuelle de l'industrie salicole.

Commission A. — Questions. 31, 37. Hérault. — M. Charles Vid[illegible]

Le degré initial de salure de l'eau de la mer, introduite dans les marais salants, est de 3 degrés à l'aréomètre de Baumé.

Le degré de salure de l'eau des étangs est inférieur de moitié environ aux eaux de la mer; il varie du reste d'un étang à l'autre, et même entre les diverses parties d'un étang. Les salins de l'Hérault sont alimentés par les étangs, excepté Luno, qui est en communication directe avec la mer.

L'eau de la mer ou de l'étang arrive par une espèce de canal, muni d'une martellière ou vanne, dans un premier réservoir divisé en compartiments ou tables qui sont entourées et partagées par de petits canaux appelés *gorgues*, pour servir à la manœuvre des eaux. Ces tables prennent le nom de partènement extérieur; c'est dans ces tables que les eaux se débarrassent des sels étrangers, tels que chaux et autres corps; on les fait passer ensuite par une série de petits canaux dans d'autres pièces très-larges et peu profondes, appelées partènement intérieur. Les eaux, par ces passages successifs, se concentrent de plus en plus et arrivent sur les tables de cristallisation, où elles sont élevées par les roues à tympans; ces eaux marquent de 24 à 25 degrés à l'aréomètre de de Baumé. En ce moment seulement, elles déposent le sel marin qu'elles contiennent; on enlève ensuite l'eau qui surnage, connue dans les salins sous le nom d'eaux mères; ces eaux mères marquent de 28 à 30 degrés, et serviraient avantageusement à la préparation des sels de soude et de magnésie, si l'on en possédait en assez grande quantité, et si l'on avait, pour les utiliser, des procédés plus rationnels et plus simples que ceux employés jusqu'à présent. Une fois l'eau mère enlevée de dessus le sel marin, on le met en gerbes ou tas de forme conique, afin qu'il puisse s'égoutter promptement; quand il s'est égoutté, on le porte sur les *feuilles* ou graviers, où il est dressé en une masse de la forme d'un prisme tronqué nommée camelle, et couvert, après quelques semaines, de sagues ou roseaux, afin de le préserver des atteintes de la pluie.

34. Le mouvement des eaux d'une partie à l'autre du salin se fait au moyen de petits canaux suivant la pente naturelle du terrain, et surtout par les roues à tympans, dont la construction est basée sur celle de la vis d'Archimède.

35. L'eau est élevée, par les roues à tympans, de $0^m,90$ à $1^m,50$ de hauteur.

Pour les frais, voir l'article 36.

36. Le prix de revient d'une tonne de sel peut, en général, être établi comme suit :

Entretien de l'établissement, bâtiments, canaux, chemin de fer, chaussée	1f 80c
Personnel	0 40
Mouvement d'eau	1 30
Récolte, levage	1 40
Couverture en roseaux d'étang	0 35
Déchets des premières années et des années suivantes, moyenne	0 60
Impôts de toute nature	0 45
Frais généraux	0 50
Expédition à bord ou sur char	0 60
TOTAL	7 40

Questions.

37. La récolte se fait pendant les mois de juillet et d'août.

En année ordinaire, il faut environ vingt à vingt-cinq jours pour amener à 25 degrés l'eau prise à la mer ou dans les étangs.

44. Si les salins à proximité des chemins de fer avaient des embranchements les reliant aux lignes principales, le transport tant du sel que des objets nécessaires aux salins serait plus facile et moins coûteux, et cela faciliterait l'arrivée des ouvriers étrangers qui viennent des départements voisins en assez grand nombre à l'époque de la récolte.

Les dépenses de l'établissement de chacun de ces embranchements seraient plus ou moins considérables, suivant la position du salin par rapport à la ligne principale, et cette dépense devrait être supportée en commun par les parties intéressées et suivant le bénéfice qui pourrait en résulter pour chacune d'elles.

53, 57, 60. Dans le Midi, on obtient deux qualités de sel : la première provient du dépôt des premières eaux dans les pièces maîtresses et avant-pièces, qui donnent un sel bien cristallisé, blanc, en gros grains et à couleur transparente. La deuxième est le produit des eaux sortant des pièces et avant-pièces maîtresses pour aller déposer dans les tables de cristallisation appelées *salin*. La qualité de ce dernier sel a une manière d'être tout à fait opposée à celle du sel de la première qualité; il est plus léger et moins cristallisé; il sert en majeure partie pour la pêche.

Le sel marin des salins du midi de la France est plus avantageux pour les usages comestibles à cause de sa richesse en chlorure de sodium, avantages que n'offrent pas les sels de l'Ouest qui contiennent environ 87 p. o/o de chlorure de sodium, et le reste en sels étrangers. D'ailleurs les sels du Midi sont recherchés pour les salaisons et conservent mieux les viandes.

Dans ses préférences, le commerce s'attache bien plus à l'aspect exté-

COMMISSION A. — rieur du sel, à sa couleur, sa propreté, sa transparence, au mode d'être des grains qu'à la composition chimique. Ainsi, quand je vends au commerce du sel de deuxième qualité, je ne fais pas de différence dans le prix de vente. HÉRAULT. — M. Charles V

Questions. 59. Nous ne pensons pas que les sels de l'Ouest soient l'objet d'une préférence.

60. Si les sels français sont moins recherchés pour les salaisons de la pêche que les sels d'autres provenances, c'est que l'on charge dans les rades, ainsi que cela se pratique à Cagliari et en Sicile, sans avoir de frais de transport pour arriver aux navires comme en France.

64. Nous ne pensons pas que les sels puissent jamais gagner en poids par le transport, si ce n'est par suite de la malpropreté de l'emballage, qui est compté pour un kilogramme de poids et qui, se chargeant de corps étrangers, peut augmenter le poids à l'arrivée.

65. Du côté de l'ouest, les ventes s'étendent jusqu'à Toulouse et Montrejeau, du côté du nord jusqu'à Châlons, à l'est jusqu'à la frontière de la Suisse.

Nos ventes sont d'ailleurs presque nulles aux endroits où nos sels se rencontrent avec ceux de l'Est, à cause de l'éloignement de nos salines.

74. Il existe dans le Midi une vente en participation où chacun vend pour le compte général des participants. Une fois les frais de fabrication prélevés sur le prix de la vente, le restant est partagé suivant l'importance de chaque salin; mais, dans tous les cas, les prix ne peuvent jamais excéder 2 francs, 2 fr. 50 cent. les 100 kilogrammes, à cause des sels étrangers qui arriveraient facilement en concurrence sur nos débouchés.

Dans cette association en participation pour la vente, la maison Renouard et Cie, des Salins du Midi, se charge de toutes les ventes, les nôtres exceptées, car nous avons voulu conserver nos relations personnelles avec les acheteurs; mais nous tenons compte du prix à l'association.

Nous ne connaissons aucune entente, particulièrement avec les salins de l'Est, dont les sels se rencontrent avec les nôtres en concurrence en certains rayons.

75. S'il y a une différence dans les prix des sels, elle provient des prix de transport plus ou moins élevés sans autres combinaisons étrangères.

ISSION A. — HÉRAULT.

estions. — M. Charles Vidal.

79. Le déchet des sels provient généralement du plus ou moins de déliquescence causée par la présence du chlorure de magnésium et du sulfate de magnésie; ces sels sont produits par la trop grande évaporation des eaux dans les tables de cristallisation.

Il arrive souvent que dans certains salins, pour avoir une plus grande quantité de sels à récolter, on emploie les eaux mères en les mélangeant avec des eaux d'un degré inférieur. Il se produit aussi dans le Midi beaucoup de sels déliquescents comme ceux de l'Ouest; c'est pourquoi il n'y a aucune raison d'établir une différence dans les taux de déchets alloués.

Le boni du déchet profite généralement à l'acheteur.

81. Dans les entrepôts, nous expédions généralement des sels d'avant-pièces maîtresses et de pièces maîtresses qui sont de première qualité et donnent, par conséquent, moins de déchets; lesquels déchets sont plus forts pour les sels de deuxième qualité, que nous sommes souvent obligés de livrer à la consommation.

Le déchet de 3 p. o/o étant raisonnable devrait être généralisé dans les trois régions.

53. Les sels gros, blancs et grainés sont généralement préférés pour la vente à la consommation intérieure, sans que l'on tienne compte de leur plus ou moins grande richesse en chlorure de sodium.

82. Le système qui consisterait à frapper simplement le chlorure de sodium ne serait pas en rapport avec les habitudes commerciales ou domestiques.

19. Nous avons à Montpellier un entrepôt qui vend le sel en gros et demi-gros, presque au détail. Le prix des 100 kilogrammes était de 11 fr. 75 cent. Lorsqu'il s'agit de quantités inférieures, le prix s'augmente de quelques centimes.

74. Depuis l'exécution du traité pour les ventes, le prix du sel a augmenté de 1 franc par 100 kilogrammes.

83. On doit maintenir le même impôt pour toute la France, sans se baser sur la richesse du sel en chlorure de sodium; le déchet accordé pour l'Ouest devrait être le même que celui accordé aux salins du Midi.

86. Il ne convient pas de supprimer l'augmentation de remise aux sels du Midi, puisqu'elle se trouve inférieure à la perte réelle.

87. Il n'y a pas lieu de modifier les droits qui frappent l'entrée en France des sels étrangers.

COMMISSION A. — HÉRAULT — M. Charles Mme Astruc.

Si l'eau de la mer était prise en trop grande quantité par les particuliers, ils pourraient arriver à produire des sels et s'affranchir des droits qui pèsent sur les salins; quant à son utilité en agriculture pour l'amendement des terres, elle ne paraît pas établie d'une manière solide.

MME ASTRUC SAINT-GERMAIN,

Propriétaire, en participation avec M. de Rothschild, d'une saline située aux environs de Venise.

(Déposition orale.)

Un traité passé avec le Gouvernement autrichien lui assure pendant soixante ans, à dater de 1848, au prix de 2 fr. 15 cent. les 100 kilogrammes, prix moyen, et moyennant une retenue de 5 p. 0/0 pour déchet, le placement de tout le sel que la saline peut produire annuellement jusqu'à concurrence de 150,000 quintaux métriques. Jusqu'alors la production n'a pas atteint ce chiffre; elle s'est élevée, en 1865, à 140,000 quintaux métriques, tandis qu'en 1848 elle n'était que de 14,000 quintaux métriques.

Cette saline se trouve dans des conditions particulièrement difficiles à cause de fréquents orages qui viendraient incessamment compromettre la récolte, si l'on n'avait pas pris des mesures pour se garantir contre leurs atteintes.

Mme Astruc remet à la Commission un mémoire renfermant la description des moyens employés à cet effet, et qui ont valu à la saline de Venise deux médailles aux Expositions universelles de Paris et de Londres. Ces moyens consistent essentiellement dans l'établissement, autour des tables salantes, de réservoirs profonds, d'une contenance suffisante pour renfermer l'eau qui couvre les tables dans le courant de la fabrication, et placés les uns à un niveau inférieur, les autres à un niveau supérieur à celui des tables. Lorsqu'un orage vient s'abattre sur le salin, on déverse immédiatement dans les réservoirs inférieurs les eaux qui n'ont pas encore déposé de sel; elles se trouvent ainsi accumulées sur une grande épaisseur et leur degré de concentration n'est pas sensiblement altéré par la pluie. Si du sel est déjà déposé et qu'il s'agisse de le préserver, on déverse sur le salin une certaine quantité d'eau concentrée à 25 degrés que renferment toujours les réservoirs supérieurs. Cette eau sert pour ainsi dire au sel de manteau contre la pluie et le protége contre la dissolution. Le beau temps revenu, les eaux sont, à l'aide de machines, reportées aux places qui leur sont assignées d'après leurs degrés respectifs.

La surface du marais salant de Venise est de 750 hectares. Le sel en est d'excellente qualité. L'eau d'alimentation provient de la lagune et marque 2 degrés et demi à l'aéromètre de Baumé. Elle s'introduit à marée haute, et quatre roues à tympans, mises en mouvement par deux machines à vapeur de la force de 12 chevaux, servent à lui faire parcourir les différentes parties du marais.

On ne produit qu'une seule qualité de sel, et cette qualité est très-bonne, car les eaux sont rejetées dès qu'elles ont atteint 29 degrés. On favorise la formation du sel en gros cristaux ou sel grainé, en maintenant dans les tables salantes une épaisseur d'eau de 12 centimètres.

La fréquence des orages oblige à faire de trois à cinq récoltes par an, depuis le mois de juin jusqu'au commencement d'octobre.

Mme Astruc estime que le capital dépensé pour l'établissement de la saline de Venise a été de 3 millions de francs environ. Le prix moyen e revient du quintal métrique, pour les années 1861, 1863 et 1865, les seules pour lesquelles Mme Astruc puisse donner dans ce moment des renseignements, a été de 0 fr. 9985, y compris les frais généraux, qui sont considérables, mais non compris l'intérêt du capital engagé.

M. GABRIEL DE PAUL,

Domicilié à Montpellier, l'un des propriétaires indivis du salin dit *le Bagnas*.

(Au nom du comité administratif du salin du Bagnas.)

(Déposition orale et écrite.)

Questions.

1. Le salin du Bagnas a une superficie de 314 hectares environ, dont 203 pour les salines, 90 pour les prairies, 4 pour les canaux de prise d'eau et 17 en terres cultivées ou non sur les bords des susdits canaux.

2. L'étendue de cet établissement a toujours été la même depuis sa fondation qui remonte à la fin du dernier siècle, sauf l'achat qui a été fait à diverses époques de quelques parcelles situées le long des canaux de prise d'eau.

3. Le salin du Bagnas n'a jamais entièrement chômé depuis qu'il existe; mais, depuis l'encombrement des sels qui s'est produit à l'occasion de l'établissement de nouveaux salins dans le Midi, il a été obligé de se borner à laisser chômer, soit la moitié, soit le tiers, en moyenne les deux cinquièmes de cet établissement dont on n'aurait pu écouler tous les produits.

4. La valeur d'une saline n'est pas proportionnée à sa surface; elle tient au plus ou moins d'imperméabilité de son sol et au degré de salure des eaux qui y sont introduites par les canaux de prise d'eau.

5. Le salin du Bagnas est divisé en cent vingt parts; elles se vendaient il y a vingt ans 10,000 francs; depuis lors, elles sont graduellement descendues à 4,000 francs, prix actuel; c'est un fait facile à prouver, cette société étant dans l'usage de se faire remettre par les acheteurs, à chaque mutation, une copie de l'acte en vertu duquel celle-ci est opérée.

Les dernières ventes faites d'autorité de justice ne se sont élevées qu'à 3,900, 3,600 et 3,000 francs.

6. La valeur du salin, suivant naturellement celle des actions ou parts de propriété, a diminué par conséquent de plus de moitié depuis vingt ans, et cependant les terrains employés à ce genre d'industrie étant tous classés comme terres de première classe, il serait juste de les dégréver, comme cela se fait pour toute autre industrie. Le salin du Bagnas paye plus de 8,000 francs d'impôts et il lui est arrivé plusieurs fois de ne donner aucun dividende à ses propriétaires dans le cours d'une année, souvent 12,000 francs seulement et depuis longtemps pas plus de 24,000 francs.

7. Toutes les cultures du pays sont pratiquées dans le voisinage du salin.

8. Un tiers environ de la propriété est en nature de prairies et terres cultivées ou non et sert à la nourriture et à la dépaissance des mules employées à tourner les puits à tympans pour élever les eaux des partènements où elles sont amenées par les canaux de prise d'eau sur les surfaces évaporantes, et de celles-ci sur les tables saunantes.

9. Le salin du Bagnas est un ancien marais converti, il y a soixante-dix ans environ, en salin, dont le sol est trop saturé de sel pour pouvoir être cultivé comme terre arable; on ne pourrait qu'en faire à grands frais de mauvaises dépaissances.

10. Le salin du Bagnas a, depuis treize ans, produit en moyenne 12,000 tonnes de sel, soit 60 tonnes par hectare employé aux travaux de saunage; c'est l'époque où l'on a commencé à restreindre la fabrication du sel, par suite de l'avilissement du prix et de l'augmentation du nombre des salins; cet établissement, qui était affermé auparavant depuis vingt-quatre ans, produisait en moyenne 18,000 tonnes de sel, parce que les fermiers lui faisaient produire tout ce qu'il pouvait rapporter.

11. Les influences atmosphériques auraient été la seule cause de l'augmentation ou de la diminution de cette production, si l'encombrement des graviers n'avait forcément obligé les propriétaires à réduire la fabrication du sel.

12. Les mêmes influences peuvent à elles seules faire varier la production du salin du Bagnas de 10,000 à 20,000 tonnes de sel par récolte.

18. Le salin du Bagnas, en réglant sa production sur sa consommation, a toujours vendu ce qu'il produisait et n'a, par conséquent, sur ses graviers que les approvisionnements nécessaires pour ses débouchés, sur lesquels 70 p. 0/0 se trouvent placés à l'extérieur de la France et s'écoulent par le port de Cette, à destination du nord de l'Europe en général, et 30 p. 0/0 dans l'intérieur pour la consommation du pays.

19. Le prix du sel exporté est resté depuis longtemps stationnaire entre 9 et 10 francs la tonne rendue à bord, par suite de la concurrence étrangère, ce qui ne le fait revenir qu'à 6 ou 7 francs la tonne prise sur les graviers; à l'intérieur, le prix a varié de 10 à 12 francs la tonne prise sur le salin.

Les prix indiqués ci-dessus sont ceux auxquels ont été vendus les sels du Bagnas depuis la cessation de la ferme à la fin de 1852.

20. Le débouché de la consommation intérieure a pour limites Lyon et Toulouse; les sels du Bagnas vendus à l'intérieur sont transportés à Toulouse par le canal du Midi, qui est en communication avec les canaux intérieurs de ce salin, ce qui permet de charger les sels à pied de camelle; ils sont transportés à Lyon par la ligne de canaux qui va jusqu'à Beaucaire, et de là par la voie du Rhône ou par le chemin de fer.

21. Une des causes principales de la diminution de la consommation des sels du Bagnas a été produite par ce fait que le Piémont, qui se fournissait exclusivement des sels colorés du Bagnas à cause du monopole qui existe dans cet État sur cette denrée et pour éviter plus aisément la contrebande, les tire maintenant des salins établis depuis quelque temps dans l'île de Sardaigne.

24. Le salin du Bagnas a été primitivement établi par quatre propriétaires sur un terrain acheté par l'un d'eux; il appartient aujourd'hui à leurs héritiers ou à leurs cessionnaires; les propriétaires actuels l'administrent eux-mêmes et désignent à cet effet annuellement quelques-uns d'entre eux pour les représenter. Le capital engagé est de plus de 1 million.

Les dividendes ont été nuls quelquefois depuis la cessation de la ferme; ils sont descendus jusqu'à 12,000 francs, mais sont en moyenne de 24,000 francs. Pendant tout le temps qu'a duré la ferme, les dividendes ont été en moyenne de 72,000 francs par an; mais en 1855 et 1856 ils se sont élevés jusqu'à 84,000 francs et 96,000 francs, pendant deux années où les salins de l'Hérault se sont syndiqués.

26. Le salin du Bagnas a été affermé depuis vingt-quatre ans, de 1830 jusqu'en 1853, au prix de 70,000 francs jusqu'en 1836, et à celui de 80,000 francs depuis cette date, plus, dans l'un et l'autre cas, les impositions payées par les fermiers et quelques autres articles qui portaient à 10,000 francs l'augmentation des chiffres indiqués. Le fermage était donc un avantage considérable pour les propriétaires, aussi n'a-t-il cessé que parce qu'ils n'ont plus trouvé de fermiers à aucun prix; ils administrent eux-mêmes maintenant et n'ont diminué leur production, comme il a déjà été dit, que par suite de la création de nouveaux salins avec lesquels il a fallu partager une consommation qui n'augmente pas en proportion.

27, 28, 29. Les procédés de fabrication n'ont pas changé depuis vingt ans dans le Midi, sauf peut-être les moyens mécaniques pour élever les eaux; mais l'Ouest, qui se plaint de ne pouvoir soutenir la concurrence contre notre région, est la propre cause de la diminution de ses débouchés parce qu'il fabrique mal en faisant déposer des eaux qui sont à un degré trop élevé et contiennent par ce fait une plus grande quantité de sels déliquescents. Il résulte de cet état de choses que les armateurs qui envoient leurs bâtiments à la pêche de la morue préfèrent prendre du sel à l'étranger malgré le droit qu'ils ont à payer en douane; parce que ces sels, étant blancs au lieu d'être gris comme ceux de l'Ouest, donnent une plus belle couleur au poisson et, partant, plus de valeur.

31. Le degré de salaison de l'étang de Thau où le Bagnas a sa prise d'eau est de 1 degré à l'aréomètre de Baumé (la mer est à 3 degrés). Ces eaux, introduites dans les partènements, s'y élèvent à 6 ou 7 degrés, puis elles sont élevées dans les surfaces évaporantes au moyen de puits à tympans, tournés par des mules, où elles s'élèvent à 12 ou 14 degrés, et enfin elles sont amenées successivement dans les tables cristallisantes où on les fait déposer le sel entre 25 ou 28 degrés, mais jamais au delà, à cause des sels déliquescents qu'elles contiendraient si l'on dépassait ce chiffre.

On recommande aux sauniers de ne pas laisser déposer les eaux au delà de 28 degrés de concentration, mais on ne pourrait affirmer que cette pratique soit respectée et que, dans le fait, le degré 28 ne soit pas souvent dépassé.

34, 35. Les eaux sont élevées au moyen de mules et de puits à tympans à $1^{m},50$ environ.

37. La récolte se lève dans le courant des mois de juillet et août.

C'est au moment où le sel est récolté que l'on peut se rendre compte des frais de fabrication. L'opération la plus coûteuse est sans contredit celle du levage. Il y a bien quelques travaux à faire au printemps et une main-d'œuvre continuelle pour les mouvements d'eau, mais ces divers travaux sont presque tous exécutés par le saunier et son aide, tandis que pour le levage et la mise en camelles, il faut un grand nombre d'ouvriers à la journée ou à forfait.

Tous les frais de fabrication répartis sur 12,000 tonnes, qui sont la production annuelle du Bagnas, ne dépassent pas le chiffre de 4 francs la tonne. De telle sorte qu'en ajoutant à ce chiffre ce que nous donnons à celui qui est chargé de vendre pour nous, ainsi que les frais de chargement et de transport, s'il y a lieu, en le comparant ensuite avec le prix de vente, on voit quelle est la rémunération du producteur.

L'augmentation de la production ne diminuerait pas sensiblement le prix de revient de chaque tonne de sel.

D'après ces données, une tonne de sel vendue 10 francs pour l'exportation donne 2 francs pour la part du propriétaire. Il faut déduire 3 francs pour le chargement et le transport à Cette. Restent 7 francs, dont 4 francs pour les frais de fabrication et 3 francs à partager entre l'exploitant et le propriétaire, sur le pied d'un tiers au premier. Vendue à la consommation intérieure, la tonne donne un bénéfice plus fort, car il n'y a pas dans ce cas de dépense de transport, mais seulement de chargement.

Le Bagnas n'est malheureusement pas dans des conditions à vendre beaucoup à l'intérieur. La proportion d'un tiers est même au-dessus de la vérité, si bien que le bénéfice sur les 12,000 tonnes de production annuelle n'est en réalité que de 24,000 francs, à raison de 2 francs la tonne, la différence en plus que devrait donner la vente à l'intérieur disparaissant dans la moyenne primitive, grossie de quelques frais imprévus.

Pendant que nous avons exploité sans le concours d'un fermier, nous avions un agent pour les ventes du sel. Un propriétaire ou une compagnie de propriétaires ne peut, à cet égard, se passer d'intermédiaire.

Aujourd'hui nous avons confié l'exploitation du Bagnas à M. Vidal, suivant des arrangements particuliers contenus dans un traité qu'il vous soumettra. Pour la vente, il s'est entendu avec la compagnie des Salins du Midi, et nous avons ratifié cette combinaison, que nous croyons devoir être avantageuse à nos intérêts communs.

Questions. 43. Le salin du Bagnas vend sur place le sel pour la consommation intérieure, et il porte dans le port de Cette les sels vendus à l'extérieur, en passant par le canal du Midi et en traversant l'étang de Thau; le prix de ce transport ne dépasse pas 3 francs par tonne, y compris 50 centimes pour chargement sur barque.

44. Si le chemin de fer du Midi, au lieu de relier le port d'Agde au port de Cette par la plage, avait passé par Mèze, comme l'indiquait sa loi de concession primitive, pour desservir les populations de cette contrée

COMMISSION A. — HÉRAULT — M. Gabriel d...

populeuse et riche, le salin du Bagnas, placé entre un chemin de fer et un canal, aurait eu les plus grandes facilités pour les transports de la denrée encombrante et de si peu de valeur qu'il produit.

Au lieu de choisir un parcours si rationnel, le chemin de fer du Midi traverse les terrains incultes qui se trouvent entre le canal du Midi et la mer, d'Agde à Cette; le salin du Bagnas ne peut dès lors se servir de ce moyen de transport placé, par rapport à lui, au delà du canal du Midi. En outre le chemin de fer a pour le salin le grave inconvénient d'empêcher, lors des crues de l'Hérault, les eaux de cette rivière d'aller, comme par le passé, se jeter dans l'étang de Thau, par suite du relief de la chaussée sur lequel il traverse les basses terres de cette partie du littoral.

On a livré en outre le canal du Midi au chemin de fer du Midi qui, ayant un grand intérêt à annihiler la navigation dans le présent et l'avenir, maintient ses tarifs aux taux les plus élevés, quand l'État fait de grands sacrifices pour racheter les autres canaux afin de réduire les droits de navigation à un tarif aussi minime que possible. Le résultat de cet état de choses fait que le salin du Bagnas, placé sur les bords d'un canal et à proximité d'un chemin de fer, ne peut pas se servir de ce dernier, qui n'est pour lui qu'un voisin très-dangereux, et ne jouit sur l'autre d'aucun des avantages dont sont en possession les établissements similaires, placés comme lui près d'un canal ou d'un chemin de fer.

Questions. 51. Sur la question des frais de transport des sels et des tarifs de navigation, je vous donnerai relativement au canal de Beaucaire un renseignement spécial qui ne manque pas d'intérêt.

Depuis l'établissement du chemin de fer de la Méditerranée, les revenus de ce canal sont allés en diminuant, et tant par ce motif que pour la raison que son administration, après avoir abaissé le prix de transport jusqu'à 2 centimes la tonne par kilomètre, l'a relevé jusqu'à son maximum actuel, soit 6 centimes. Ce maximum était de 8 centimes avant le décret de 1852, qui a prorogé la durée de la concession.

Cette mesure a été prise quand la compagnie des Salins du Midi a fait ouvrir un canal pour le transport à Aigues-Mortes des sels du Peccais, et a privé ainsi une section du canal de Beaucaire du parcours correspondant.

58. Les sels du Bagnas, dont certains tirent de la couleur du sol une teinte rosée, ont été imités par d'autres salins qui envoyaient chercher de la terre dans le pays pour la mélanger avec leurs sels à l'époque de la fourniture du Piémont, mais nous ignorons si les salins de l'Est usent de ce procédé à l'égard de l'Ouest.

64. La douane seule peut signaler d'une manière positive la quotité du

déchet éprouvé par les sels de l'Ouest après leur transport sur les lieux de consommation et confirmer ainsi la notoriété publique, qui ne pense pas que ce déchet puisse atteindre les 5 p. o/o qui leur sont alloués par la loi.

…uestions. 74. Les salines du Midi ont, il est vrai, été obligées de s'entendre pour la vente des sels afin d'éviter de se faire concurrence entre elles et d'élever inutilement les frais de transport, par exemple en portant à Toulouse les sels de Provence, et à Lyon les sels de l'Aude; mais les sels étrangers, qui entrent au droit minime de 5 francs par tonne, sont toujours prêts à empêcher une élévation de prix qui ne peut aller au delà de 20 francs par tonne pour une marchandise qui paye 100 francs de droits.

75. Nous croyons, sans en avoir la certitude, que les prix différentiels existent, car ce n'est que de la compétence des négociants faisant le commerce des sels, et nous ne faisons que vendre notre denrée sur le lieu qui la produit; mais comme nous savons que le Gouvernement faisait de même lorsqu'il était propriétaire des salines de l'Est à l'égard des salines du Midi et de l'Ouest, et qu'il fait toujours de même pour le tabac, dont il a le monopole, le vendant bien meilleur marché dans les départements qui sont sur les frontières de terre que dans le reste de la France à cause de la contrebande, nous ne comprenons pas pourquoi les particuliers ne pourraient pas faire ainsi, en l'absence d'une loi qui le défende.

79. D'après le système d'égalité en vigueur, nous ne voyons pas pourquoi le Gouvernement accorderait un déchet plus élevé à une région qu'à une autre; le Corps législatif a prouvé dans sa dernière session combien il était partisan de cette égalité en supprimant le droit de vinage, qu'on avait accordé à sept départements du Midi à cause de la différence de leurs produits avec ceux des autres départements viticoles.

80. Nous ne pensons pas qu'on doive tenir compte des différences hygrométriques dans le taux du déchet à accorder en vertu du principe d'égalité susindiqué.

81. Les constatations de la douane prouvent que les déchets alloués ne sont jamais atteints.

82, 83. On doit faire payer les droits sur la quantité de sel transportée et non sur la quantité de chlorure de sodium contenue dans le sel transporté, parce que ni les vendeurs ni les acheteurs ne se préoccupent de la richesse du sel.

COMMISSION A. — HÉRAULT — M. Gabriel de

Cette innovation serait nuisible aux intérêts du commerce à cause de la difficulté de sa constatation, et à ceux du Trésor par suite de la perte qu'il éprouverait en accordant une augmentation de déchet à une région, sans compter l'injustice qui serait commise au détriment des autres.

Questions.

84. Nous ne connaissons aucun moyen pratique de constater la richesse du sel, et nous pensons qu'il n'y a pas lieu de recourir à des moyennes entre les divers salins d'une même région, car, dans le Midi, il y a souvent des différences considérables d'une partie d'un salin à l'autre.

86. Les sels du Midi passant le détroit de Gibraltar doivent avoir le même déchet que les sels de l'Ouest, à cause de la longue navigation qu'ils ont à supporter.

87. Il n'y a pas lieu d'augmenter les droits sur les sels étrangers, mais il ne faut pas les diminuer si l'on ne veut ruiner entièrement les salines françaises.

91. On doit appliquer les remises de déchet au moment de l'embarquement, sans cela ce serait un moyen détourné d'augmenter ces remises.

93. La loi existante concernant la dénaturation du sel n'est pas applicable; nous ne connaissons pas les moyens qu'il faudrait prendre pour arriver à l'exécution de cette loi.

94. Le long des rives du canal de Beaucaire existent de vastes étendues de terrain que l'on est parvenu à mettre en culture et qui rendent à la compagnie du canal jusqu'à 300,000 francs par an. Pour arriver à ce résultat, il a fallu isoler ces terrains de l'eau de la mer, et lorsque celles-ci y pénètrent, il se produit aussitôt ce phénomène que la récolte diminue et manque même totalement, suivant le degré de l'inondation. Ce qui prouve que l'eau de mer ne vaut rien pour l'engrais des terres.

Ces détails sont à ma connaissance personnelle parce que je fais partie du comité d'administration locale.

Quant à l'usage du sel dans l'alimentation des bestiaux, il ne se pratique pas sur les bords de la mer ni dans les environs. On se borne généralement, et ainsi fais-je moi-même, quand on veut donner du sel aux bestiaux, à les envoyer paître les dépaissances du littoral, qui se composent d'une herbe salée.

ission A.

Hérault.

MM.
Étienne Louvrier.
Pierre Bruel.

M. ÉTIENNE LOUVRIER,

Marchand épicier à Montpellier.

(Déposition orale.)

uestions. 9, 43. Je m'approvisionne de sel pour la vente au détail à l'entrepôt de la compagnie des Salins du Midi, tenu par M. Bruel. J'y prends le sel fin, c'est-à-dire préparé pour la table, au prix de 14 fr. 25 cent. les 100 kilogrammes. Le gros sel m'est vendu 1 fr. 75 cent. et même 2 francs de moins que le premier. Il y a deux mois, ce prix de 14 fr. 25 cent. était de 12 fr. 50 cent. À cette époque, je revendais en moyenne le sel sur le pied de 15 centimes le kilogramme et 10 centimes le demi-kilogramme. Aujourd'hui le kilogramme se vend 20 centimes, et ce prix de vente résisterait à une augmentation de 2 et même 3 francs sur 100 kilogrammes par les producteurs. Quand je vendais 15 centimes, j'ajoutais 5 centimes au prix de vente du sel fin, et actuellement les deux espèces de sels se vendent au même prix chez moi et chez tous les autres détaillants à ma connaissance, à Montpellier. Je vends par quinzaine, en moyenne, 200 kilogrammes de sel, moitié de l'un, moitié de l'autre.

M. PIERRE BRUEL,

Entrepositaire de sel à Montpellier pour le compte de la compagnie des Salins du Midi.

(Déposition orale.)

19, 43. M. Bruel vend le sel en gros et demi-gros jusqu'à la limite minimum de 12 kilogrammes et demi; il vend aux prix fixés par la compagnie. Ce prix est de 12 fr. 75 cent. les 100 kilogrammes depuis environ trois mois.

Antérieurement le prix était de 11 fr. 75 cent.; depuis dix ans, les variations ont été peu sensibles : 11 fr. 75 cent., 12 francs, 12 fr. 25 cent., 12 fr. 50 cent.

On vend quelques centimes de plus les petites quantités de 25 kilogrammes à 12 kilogrammes et demi.

Le déposant croit savoir que le détaillant, l'épicier, vend 20 centimes le kilogramme depuis quelque temps. Il y a quelques mois, le prix au détail était de 15 centimes. Le déposant vend le sel moulu, dit *sel de table*, 1 fr. 50 cent. de plus que le sel en grains.

Il est alloué par la compagnie à l'entrepositaire une commission de 40 centimes par 100 kilogrammes de sel en grains, 60 centimes par 100 kilogrammes de sel moulu. La dépense de l'entrepôt, de la sacherie, l'avance des droits de douane sont à la charge de l'entrepositaire. La sacherie constitue une dépense annuelle de 700 à 800 francs; la nécessité d'un fonds de roulement d'environ 12,000 francs représente une perte d'intérêt de 600 francs.

Depuis quelque temps, l'entrepôt de M. Bruel est approvisionné par le salin de Villeneuve, exploité par M. Vidal. Les sels qu'il reçoit de ce marais sont de médiocre qualité.

Par sel de belle qualité, M. Bruel entend le sel propre et en cristaux gros et transparents; par sel de qualité inférieure, celui qui est gris, terreux, mat de nuance et en petits grains.

Questions. 63. Le déposant fait observer qu'en arrivant à l'entrepôt les sacs de 100 kilogrammes présentent généralement un déchet de 1 kilogramme ou 1 kilogramme et demi, qu'il attribue à ce que les pesées de la douane, faites avec une extrême rigueur, sont plutôt inférieures que supérieures au poids réel et n'admettent pas même la tombée de 2 hectogrammes.

M. BROUSSE,

Entrepositaire de la maison Roudier et Vidal.

(Déposition orale.)

M. Brousse distingue en trois qualités le sel mis en vente par l'entrepôt : le sel gros, qui est vendu 12 fr. 75 cent. les 100 kilogrammes; le sel demi-gros, c'est-à-dire sel concassé, qui sert à la salaison des fromages, vendu 13 fr. 75 cent.; le sel fin ou sel de table, vendu 14 fr. 25 cent. Tous ces prix étaient moins élevés de 1 franc il y a quelques mois.

Les prix sont élevés de quelques centimes pour les ventes de petites quantités.

L'épicier vend le sel gros 15 à 20 centimes, le sel fin de table 25 centimes le kilogramme.

L'entrepôt est approvisionné par le marais de Villeneuve et quelquefois par celui de Frontignan.

M. ACHILLE DURAND,

Propriétaire à Montpellier.

(Déposition orale.)

M. Durand est propriétaire du salin de Gramenet; ce salin est en chômage depuis quatre ans par suite de contestations judiciaires, de frais trop considérables qu'exigeraient les travaux d'amélioration et de fabrication sur ce marais.

La cherté croissante des frais de fabrication du sel est telle que M. Durand fabriquerait à perte.

9. M. Durand a complétement renoncé à exploiter sa propriété en salin; il espère la convertir en terres cultivables, prairies, ou tout au moins en

ISSION A. marais roseliers, au moyen des eaux douces dont il dispose en abondance. Toutefois ce sera une œuvre de patience qui ne devra pas demander moins d'une dizaine d'années et qui nécessitera la construction d'une digue pour protéger les terres contre l'envahissement des eaux salées. Une fois dessalé, le sol de la propriété pourrait valoir de 2,000 à 2,500 francs l'hectare. HÉRAULT. MM. Achille Durand. Clerget.

Invité à s'expliquer sur les motifs qui lui font conserver depuis plusieurs années sur les graviers du marais plusieurs camelles représentant quelques milliers de tonnes de sel, M. Durand répond que, dans l'état des prix, les frais d'enlèvement seraient plus élevés que les prix de vente.

M. CLERGET,

Directeur des douanes à Montpellier.

(Déposition écrite.)

uestions. 1. Les salins de l'Hérault sont au nombre de huit, savoir : Gramenet, Villeneuve, Frontignan, Villeroy, Mèze, Quinzième, Bagnas et Luno, d'une superficie totale de 950 hectares environ.

2. Un neuvième salin existait autrefois, celui de Pérols, qui est abandonné depuis deux ans; sa superficie était de 60 hectares, ce qui portait l'étendue des marais salants de l'Hérault à 1,010 hectares.

3. Le salin de Gramenet est le seul qui soit actuellement en chômage ; il a cessé de fabriquer depuis cinq ans à la suite de contestations survenues entre le propriétaire et la commune de Lattes.

9. L'ancien marais salant de Pérols a été converti l'année dernière en roselier; mais l'expérience est trop récente pour qu'on puisse apprécier les avantages, les inconvénients, les bénéfices ou les pertes de l'opération.

10, 12. La production moyenne annuelle (1856-1865) a été de 42,700 tonnes pour tous les salins du département[1].

Les circonstances atmosphériques, lorsqu'elles sont défavorables, peuvent atténuer de 50 p. 0/0 le chiffre d'une récolte moyenne. Dans les meilleures conditions, au contraire, elles ne l'élèveraient pas au delà de 20 p. 0/0.

19. En 1846, les prix des sels étaient les suivants :

---

[1] Les renseignements statistiques adressés par M. le directeur des douanes, en réponse aux articles 10 et 18, sont compris dans les tableaux généraux transmis par la direction générale des douanes, et insérés au *Résumé synoptique*, Question 18. (*Note de la Commission.*)

COMMISSION A. — HÉRAULT — M. Clerge

Pour la consommation..................	4f 00c les 100 kilogrammes.
Pour l'étranger ou le grand cabotage......	1 50
Pour la pêche, sels écrasés..............	1 70

Une compagnie puissante, la maison Rigal et Cie, avait alors le monopole des salins du Languedoc. Sur la fin de l'année suivante, de nouveaux établissements ayant été créés par une compagnie rivale, les prix sont descendus ainsi qu'il suit :

Pour la consommation..................	1f 25c les 100 kilogrammes.
Pour l'étranger ou le grand cabotage......	1 00
Pour la pêche, sels écrasés..............	1 20

Jusqu'en 1866, ces prix n'ont pas varié sensiblement; cependant, pendant un an ou deux, ils ont baissé pour la consommation jusqu'à 1 fr. 10 cent. les 100 kilogrammes et pour l'exportation jusqu'à 90 centimes. Mais, depuis le 1er mars de l'année courante, la compagnie des Salins du Midi qui exploite ou qui possède la presque totalité des salins des Bouches-du-Rhône, du Gard, de l'Hérault, de l'Aude et des Pyrénées-Orientales, les a élevés, savoir :

Pour la consommation...........	2f 10c à 2f 20c les 100 kilogrammes.
Pour l'exportation..............	1 00 à 1 10

Questions.

23. Aucune partie de sels étrangers n'a été importée par les ports du département.

43. Les sels arrivent au port d'embarquement par les canaux ou les chemins de fer; ils sont chargés directement dans la plupart des salins sur barques ou en wagons. Dans ceux qui ne sont pas placés à proximité des canaux ou des chemins de fer, les sels sont conduits par charrettes jusqu'au point où ils peuvent être transbordés. Les frais de transport sont inconnus au déposant.

44. Les moyens d'accès aux marais salants de l'Hérault sont généralement très-faciles. Il n'y a pas d'amélioration importante à y apporter. La production, déjà supérieure aux besoins de la consommation, ne pourrait être favorisée que par l'ouverture de nouveaux débouchés.

53. Les sels de l'Ouest sont généralement plus déliquescents que ceux du Midi; on doit en rechercher la cause uniquement dans le mode de fabrication. Dans l'Ouest, les eaux sont portées à un degré de densité trop élevé (34° ou 35°); les sels produits retiennent alors une trop forte quantité de sulfates de magnésie et de potasse, substances qui absorbent plus facilement l'humidité de l'air.

60. Les sels français sont, je crois, tout aussi propres que ceux de l'étran-

ger pour les salaisons de pêche. Quelques marais du Midi en produisent qui ont toutes les qualités nécessaires. Ceux de l'Ouest conviendraient également par leur propriété déliquescente, s'ils y joignaient plus de blancheur. S'ils ne sont pas plus employés, c'est surtout à cause des parties terreuses qu'ils contiennent et dont ils communiquent la nuance au poisson.

Questions. 65, 78. Les sels étrangers de toute nature n'ont rien à espérer dans le Midi.

79. Étant démontré que le plus ou moins de déliquescence des sels provient uniquement du mode de fabrication, il serait contraire à tous les principes économiques d'établir une différence proportionnelle dans le taux des déchets de route alloués aux sels provenant de telle ou telle région, où les procédés de fabrication sont plus ou moins perfectionnés, car ce serait encourager une production défectueuse.

80. Les déchets de route actuellement accordés constituent déjà un privilége en faveur des sels de l'Ouest. En droit strict, ils devraient être ramenés à un taux uniforme pour toutes les provenances. On se demande en effet ce que deviendrait la situation des salins de l'Ouest en présence de ceux du Midi, si le droit du sel était complétement aboli. L'État devrait-il les indemniser pour l'infériorité des sels qu'ils produisent? La question ainsi présentée me semble résolue.

81. Le taux annuel du boni représente le maximum des déchets que les sels peuvent éprouver en cours de transport; il n'est donc pas étonnant que cette limite ne soit pas toujours atteinte.

82, 83. Dans mon opinion, le seul mode pratique de percevoir l'impôt du sel est celui en usage.

Une perception assise sur la richesse relative des divers sels en chlorure de sodium serait préjudiciable aux intérêts du commerce par les lenteurs qui s'ensuivraient dans les opérations, et à ceux du Trésor par les inexactitudes inévitables qui résulteraient de l'emploi d'un instrument que peu de mains seraient assez habiles à manier.

Pour un produit d'une valeur bien supérieure à celle du sel et taxé à un droit bien plus élevé, le sucre, on s'est servi pendant quelque temps d'un appareil destiné à déterminer sa richesse en matière imposable, mais on a dû bien vite y renoncer. Cette expérience doit suffire.

La richesse des sels en chlorure de sodium ne varie pas seulement d'un marais à l'autre ou d'une masse à l'autre, mais, dans la même masse, elle est différente à la base et au sommet, à la surface et à l'intérieur; elle change d'une veine à l'autre. Il faudrait donc faire des épreuves répétées qui prolongeraient les vérifications, au grand détriment des expéditeurs. Ce serait une source de discussions toujours renaissantes.

Questions. 84. Il existe des procédés scientifiques, mais il est fort douteux qu'ils soient à la portée de tout le monde.

Du reste, je ne puis voir dans le mode proposé, dans l'adoption de moyennes comme dans l'établissement de taux différentiels de déchets, qu'un système de primes accordées à une fabrication défectueuse, système propre uniquement à enrayer les progrès de l'industrie.

85. Dans le principe, le sel de troque n'était délivré aux sauniers et aux paludiers des pays pauvres et privés de toutes voies de communication, dans quelques départements de l'Ouest, qu'à condition de rapporter et de représenter en nature des grains pour l'alimentation locale. Peu à peu cette dernière obligation fut éludée; les certificats des maires augmentèrent fictivement le nombre de têtes composant les familles qui étaient admises à profiter de l'indemnité, jusqu'à y comprendre des personnes décédées depuis longtemps ou même à y faire figurer une terre ou un rocher comme une famille de plusieurs membres. La complaisance dont les autorités municipales faisaient ainsi preuve n'était pas toujours gratuite, car, étant inspecteur à Guérande et ayant été chargé de déraciner ces abus, j'ai acquis la conviction qu'elle procurait à certains maires un revenu de 5 à 6,000 francs. En présence de pareils faits, je ne crois pas avoir besoin d'insister contre le retour de l'immunité de la troque, qui n'a plus de raison d'être.

86. La conservation de la remise de 2 p. o/o accordée aux sels du Midi expédiés par la voie de mer dans les ports de l'Océan me semble justifiée par la longueur du trajet et les accidents de route auxquels ils sont exposés. Quant au petit cabotage, il résulte des constatations de la douane que, sur des quantités s'élevant à 40,000 kilogrammes adressés de l'Hérault dans le port de Bastia, en 1865, le déchet a été de 764 kilogrammes, soit 2 p. o/o.

L'état des sels entreposés à Cette en 1865-1866 ne constate aucun déchet.

87, 88. Les droits qui frappent les sels étrangers à leur entrée en France sont, à mon avis, très-suffisants pour protéger notre industrie, mais ils sont nécessaires.

89. Les taxes actuelles sont plus élevées sur les frontières ou les côtes plus exposées à la concurrence étrangère. C'est un système de zone très-rationnel qui ne peut qu'être maintenu, sans avoir besoin d'être étendu.

90. Le droit dont sont frappés les sels étrangers destinés à la pêche de la morue est suffisant.

91. N'appliquer les remises pour déchet qu'au port de destination et d'après les quantités trouvées dans le navire serait encourager les abus en facilitant les versements frauduleux à la consommation.

92. Certains producteurs ont demandé :

1° La liberté de faire dans l'enceinte des salins, à toute heure du jour et de nuit, toutes manipulations, transformations ou déplacements du sel marin ou du sel des eaux mères.

Tant qu'il ne s'agit pas des opérations préparatoires aux expéditions de sel, tels que tare et remplissage des sacs, la liberté de faire de jour dans l'enceinte des salins les travaux indiqués ci-contre n'offre pas d'inconvénient sérieux; les propriétaires ont toujours rencontré à cet égard la plus grande tolérance de la part du service. Mais *la nuit* toute liberté de ce genre serait propre à occasionner de nombreux abus. Nous ne pouvons pas permettre qu'on puisse organiser un enlèvement à la faveur des ténèbres, enlèvement d'autant plus à redouter que les suppressions opérées dans le personnel des douanes rendent la garde des salins extrêmement difficile.

2° Qu'à défaut de vérificateurs, les brigadiers ou les simples préposés fassent eux-mêmes l'expédition des sels.

C'est à l'Administration, gardienne des intérêts du Trésor, qu'il appartient de régler cette question selon les cas et les circonstances et aussi selon la valeur de son personnel. Impossible d'admettre qu'un simple préposé puisse faire seul, ou accompagné d'un autre préposé, une expédition quelconque de sel. Des brigadiers sont quelquefois et depuis longtemps chargés des opérations de sel lorsqu'il y a impossibilité absolue de désigner un employé de bureau; mais on ne saurait changer l'exception en règle absolue. Il y a des distinctions à établir suivant la nature des opérations et un choix à faire d'après le degré d'instruction et d'intelligence des brigadiers. Ces distinctions, ce choix, doivent être laissés évidemment aux chefs qui ont la responsabilité du service.

Le commerce ne peut avoir, du reste, d'autre désir que de n'être jamais entravé, arrêté dans ses opérations; or je ne sache pas qu'aucune plainte ait jamais été formulée sous ce rapport. La plupart du temps, les employés arrivent sur le salin avant que tout soit prêt pour l'opération. Il est même arrivé assez fréquemment qu'ils ont dû rentrer à leur résidence sans que l'opération ait pu avoir lieu, parce qu'il manquait soit des ouvriers, soit des emballages, soit des moyens de transport. Je

COMMISSION A. — HÉRAULT — M. Clerge

comprends que, dans ces différents cas, il serait plus commode aux saliniers d'avoir sous la main un simple agent à qui ils auraient recours pour réparer le temps perdu par leur imprévoyance. Mais, je le répète, l'Administration ne saurait trouver dans un agent subalterne des garanties suffisantes.

3° Que la durée des heures de présence des employés aux expéditions soit augmentée autant que possible.

Les vacations durent huit heures en hiver (de huit heures du matin à six heures du soir) et dix heures en été (de sept heures du matin à sept heures du soir), avec deux heures de repos après midi. Je ne crois pas que les forces des ouvriers puissent aller au delà. Il faut tenir compte aussi de la situation de quelques salins qui sont à d'assez grandes distances de la résidence des employés; à Agde, par exemple, il ne fait pas jour, l'hiver, lorsque le vérificateur quitte son domicile pour se rendre sur les salins, et il ne rentre pas chez lui le soir avant la nuit même.

4° Que la tolérance, ou *tombée*, accordée pour les sels soit portée à 1 kilogramme comme pour toutes autres marchandises.

La tolérance, ou *tombée*, pour les marchandises autres que le sel n'est pas de 1 kilogramme; on se borne seulement, pour les colis de 100 kilogrammes et au-dessus, à négliger les fractions de poids inférieures à 1 kilogramme.

Quoi qu'il en soit, cette tolérance ne me semble pas applicable aux sels. En effet, le poids des colis venant de l'étranger est variable; on n'a pas à craindre qu'il ait été préparé au départ en vue d'un bénéfice, tandis qu'il serait facile au commerce d'élever le poids des sacs de sel à la dernière limite et de profiter ainsi de toute la latitude qui serait accordée. Il chercherait à obtenir pour chaque pesée un excédant de poids de 8 à 9 hectogrammes, et en résultat, sur un chargement de 100,000 kilogrammes, formant mille sacs de 100 kilogrammes, il arriverait à bénéficier de 8 à 900 kilogrammes (de 80 à 90 francs de droits) qu'il ne me semble ni juste ni nécessaire de lui allouer. Le boni de 3 p. o/o et l'escompte dont il jouit sont bien suffisants.

5° Que le cône tronqué employé au mesurage, au lieu d'être de 50 litres, soit de 70 à 75.

Au point de vue des intérêts du Trésor, je n'ai aucune objection à opposer. Toute la question consiste à savoir si un cône de 70 à 75 litres qui, étant plein de sel, représentera un poids de 90 à 100 kilogrammes (70 à 80 kilogrammes pour le sel et 20 kilogrammes au moins pour le récipient), ne sera pas trop difficile à manier et, par suite, ne retardera pas les opérations au lieu de les accélérer.

6° Qu'il soit permis d'employer, sauf contrôle par la balance à plateaux, toute espèce de système de pesage, comme bacholle, bascule, romaine, etc.

Tout instrument de pesage poinçonné par les agents spéciaux peut être admis sans difficulté.

Le contrôle de la douane au moyen de la balance à plateaux suffit pour constater la régularité des opérations. Il est à remarquer toutefois que la célérité des chargements s'obtient surtout avec la bacholle qui est en usage depuis plusieurs années dans les salins du Midi.

7° Que les sacs qui doivent être plombés le soient de telle manière que le col du sac ne soit pas traversé par un instrument tranchant et mis hors d'usage.

La substitution d'une aiguille entièrement ronde à l'aiguille à bords tranchants dont on paraît se servir sur quelques points est prescrite dès à présent. Les plaintes du commerce à cet égard vont donc cesser. Mais il y aurait un moyen encore plus efficace d'empêcher la détérioration des sacs, ce serait de disposer, près de l'orifice, des œillets dans lesquels passerait la ficelle servant au plombage.

8° Que la sortie du salin des sels pesés et leur circulation hors des salins soient permises à toute heure.

La circulation de nuit est permise toutes les fois que le commerce en justifie la nécessité; mais une demande préalable d'autorisation est indispensable, afin que le service soit en mesure d'exercer la surveillance; accorder une entière liberté à cet égard serait créer des embarras non moins sérieux que par la liberté des manipulations pendant la nuit (Question n° 1). Quand il s'agit d'assurer la perception d'un impôt, il faut une certaine mesure de surveillance dont on ne saurait se départir sans compromettre l'impôt lui-même.

9° Qu'un matériel spécial ne soit pas exigé pour le transport des sels à Cette et que le plombage des écoutilles suffise.

Ainsi que je l'ai dit dans mes réponses au Questionnaire de l'Enquête, l'Administration me semble pouvoir renoncer à exiger pour le transport des sels à Cette l'emploi des barques dites *de sûreté*, c'est-à-dire revêtues intérieurement de feuilles de zinc. Mais pour que le plombage seul des écoutilles offre une garantie sérieuse, il est de toute nécessité qu'il n'existe aucune communication entre la cale et la cabine de l'équipage. Je dois ajouter qu'en renonçant à la garantie des barques de sûreté, l'Administration serait amenée à user de la plus grande sévérité à l'égard des soustractions qui pourraient être commises en cours de transport.

Commission A.

HÉRAULT. — La Chambre de commerce de Montpellier.

CHAMBRE DE COMMERCE DE MONTPELLIER.

(Délibération du 25 août 1865.)

Les propriétaires et sauniers de l'Ouest demandent l'intervention de l'État pour arrêter la concurrence que les sels du Midi et de l'Est font à leurs produits.

A l'époque où le régime protecteur pesait sur le commerce de la France, on comprenait que des producteurs français vinssent demander au Gouvernement protection contre la production étrangère; mais lorsque le principe de la liberté commerciale est devenu la règle générale dans toute l'étendue de l'Empire, comment peut-on demander en faveur d'un produit français de l'Ouest une protection contre un produit français similaire provenant de l'Est et du Midi de la France?

Une denrée quelconque de l'Ouest, expédiée à la rencontre d'un produit similaire du Midi, trouve la limite de son débouché normal là où le prix de la marchandise, grevée du prix de transport, forme l'équivalent du prix de la marchandise venant du Midi et grevée des mêmes frais.

Quand les sels de l'Ouest et du Midi se trouvent en présence à la limite des débouchés respectifs, la voiture et la taxe en ont élevé la valeur, du prix de 50 ou 90 centimes, à 13 francs les 100 kilogrammes. Une moins-value de 50 centimes sur 13 francs est facilement subie par les sels humides, déliquescents, terreux de l'Ouest. Or ces 50 centimes, ainsi qu'on l'a établi au sein du Corps législatif, c'est le prix vénal actuel de la marchandise qui disparaît en présence d'une denrée de qualité supérieure, mais en réalité le mal n'est pas aussi sérieux qu'il pourrait l'être. L'honorable M. Pagézy a démontré, dans la séance du 22 juin du Corps législatif, que la part des débouchés de l'Ouest dans la consommation intérieure de la France n'a pas sensiblement diminué, mais que le malaise dont on se plaint provient de l'excédant de production de ces dernières années. Les documents officiels nous apprennent en effet que, tandis que la production moyenne de 1853 à 1862 a été, dans l'Ouest, de 201,200,000 kilogrammes, la production s'est élevée, en 1863, à 312 millions de kilogrammes et, en 1864, à 350 millions de kilogrammes.

Aussi, aux réclamations de l'Ouest, que répondent le Gouvernement par l'organe de ses commissaires et le Sénat par l'organe de son éminent rapporteur? Ils conseillent aux producteurs d'améliorer leur fabrication, car le défaut de qualité amène facilement dans le prix vénal une dépréciation de 50 centimes qui absorbe le prix initial de la denrée.

Ils leur conseillent de se syndiquer pour arriver le plus facilement et le plus économiquement possible aux consommateurs, en expédiant directement des salines les mieux situées pour les approvisionnements correspondants, car avec la concurrence acharnée que se font les détenteurs surchargés de marchandises qu'ils veulent réaliser, il se produit nécessairement des mouvements désordonnés, des directions vicieuses dans les expéditions, lesquels se traduisent par une surcharge si facile à atteindre de 30 à 40 centimes par 100 kilogrammes dans les frais de transport, absorbent la majeure partie de la valeur actuelle de la denrée, et que les syndicats auraient pu certainement économiser.

Mais en résumé, l'autorité doit-elle tout sacrifier à l'Ouest, contrairement à la loi inexorable du progrès? Un produit du Midi vient envahir le débouché ou prendre la place d'un produit similaire de l'Ouest dans la consommation générale (ainsi que nous l'avons déjà vu lorsqu'il a été question de la pêche de la morue); par le fait soit du bas prix, soit des convenances de la consommation, le produit évincé peut en souffrir, mais il n'a pas le droit de demander et d'obtenir du Gouvernement des mesures exceptionnelles en sa faveur; ce sont des révolutions économiques qu'il faut savoir subir.

L'Ouest, dont les salines sont exploitées par des colons partiaires, continue à produire du sel à outrance, quelles que soient l'abondance des récoltes antérieures et l'accumulation des sels sur les graviers, dont la conséquence première est l'avilissement du prix de vente. Pour rétablir l'équilibre entre l'offre et la demande, pour élever les débouchés à la hauteur de la production, nous l'avons déjà vu réclamer, à l'exclusion des sels étrangers, la fourniture du sel pour la pêche par l'élévation de la taxe de 50 centimes à 2 francs les 100 kilogrammes. Il est donc naturel que, dans le même but, c'est-à-dire pour l'extension de ses débouchés, il réclame l'amélioration des ports, la diminution des tarifs sur les chemins de fer et les canaux.

En présence de l'accroissement des débouchés de l'Est, en présence d'une production totale de la France normalement supérieure à la consommation intérieure et aux débouchés de toute nature, nous joignons nos réclamations à celles de l'Ouest, car avec des débouchés insuffisants, tant à l'intérieur qu'à l'étranger, diverses salines du Midi sont abandonnées par leurs propriétaires, tandis que d'autres propriétaires condamnent leurs établissements à un chômage forcé pendant une ou plusieurs années consécutives.

Nous demandons la diminution des tarifs des chemins de fer et surtout, au point de vue de l'industrie des sels, la diminution des tarifs des canaux et l'amélioration des ports, pour que le midi de la France puisse lutter avec les salines rivales d'Espagne et d'Italie, qui nous disputent et nous enlèvent nos débouchés à l'étranger.

Qu'il nous soit permis de rappeler ici que le sel ne peut être un élément important de fret pour la marine qu'à la condition que les frais du salin au port n'en aggravent pas le prix et que toutes les facilités possibles soient accordées dans les ports pour leur transbordement dans les navires exportateurs.

Le centre principal de la production du Midi est dans les environs d'Aigues-Mortes, d'où l'on approvisionne la vallée du Rhône et le port de Cette par le canal des Étangs et le canal de Beaucaire.

Le canal des Étangs, qui appartient à l'État, a un tarif de un demi-centime par tonne et par kilomètre pour le sel, mais il est en mauvais état, et les barques de sel ne peuvent le parcourir à pleine charge.

Le tarif du sel sur le canal de Beaucaire est actuellement fixé au chiffre très-élevé de 4 centimes par tonne et par kilomètre. Une décision récente de la compagnie du canal, portée à la connaissance du commerce par voie d'affiches, élève la taxe au chiffre exorbitant de 6 centimes par tonne et par kilomètre à dater du 15 août 1865.

Les pétitionnaires de l'Ouest demandent au Sénat un boni de 15 p. o/o, réduit à 10 p. o/o par l'honorable M. Bethmont devant le Corps législatif. Ils demandent, en outre, que la perception soit faite sur la quantité de chlorure de sodium contenue dans 100 kilogrammes de sel, et qu'ils établissent à 92 p. o/o pour les sels de l'Ouest. Nous ne savons pas si, dans leur idée, ces deux chiffres doivent ou non s'ajouter, ou si, en définitive, le boni demandé doit être 23 p. o/o, 18 p. o/o, 15 p. o/o ou enfin 10 p. o/o, ainsi que le porte l'amendement des honorables députés de l'Ouest.

Quant à nous, nous nous empressons d'adhérer à la proposition formulée dans l'amendement présenté par divers députés et soutenu par l'honorable M. Pagézy, et à demander que le boni soit le même pour tous les sels de toute provenance, quelle que soit leur richesse en chlorure de sodium.

Notre principal argument, c'est celui qui a été invoqué l'an dernier avec succès contre le Midi, notamment par un grand nombre de députés de l'Ouest, dans la question du vinage des vins, *l'égalité devant la loi.* Le boni alloué aboutit à une réduction sur la taxe. L'inégalité du boni, c'est l'inégalité devant l'impôt. Comment justifier que la taxe du sel, qui est de 9 fr. 50 cent. dans l'Ouest, y soit réduite à 9 francs par 100 kilogrammes lorsque l'Est et le Midi payeraient 9 fr. 70 cent., ce qui constituerait un privilége, une faveur, une différence supérieure à la valeur intrinsèque de la marchandise?

N'est-ce pas déjà une faveur suffisante pour l'Ouest que le droit de douane à l'entrée soit de 1 fr. 75 cent. par 100 kilogrammes sur l'Océan et la Manche, tandis qu'il n'est que de 50 centimes sur la Méditerranée?

Ne serait-ce pas un encouragement à la fabrication des sels impurs, pour lesquels le producteur payerait moins à la douane et obtiendrait tout autant du consommateur? Ce serait une nouvelle tactique à ajouter à celle des sels naturellement légers de l'Ouest (d'autant plus légers qu'ils

La Chambre de commerce de Montpellier.

sont plus impurs), qui, vendus à l'hectolitre lorsqu'ils ont payé à la douane aux 100 kilogrammes, trompent l'acheteur sur la quantité et le prix de la marchandise livrée.

Suffit-il enfin aux producteurs de sel de l'Ouest de réclamer sans relâche pour obtenir des faveurs aux dépens du Midi? Nous ne le pensons pas.

Les producteurs de blé du Midi seraient-ils en droit de demander et demandent-ils des faveurs exceptionnelles contre les producteurs de blé de l'Ouest, dans la position précaire que leur font les prix actuels, résultant de deux ou trois récoltes abondantes?

Nous ajouterons quelques considérations pratiques militant en faveur de l'égalité du boni, c'est-à-dire, en définitive, l'uniformité de la taxe du sel.

La plupart des propriétaires des salins de l'Ouest livrent l'exploitation de leurs salins à des colons partiaires généralement illettrés. Ces sauniers ne connaissent ni l'aréomètre, ni sa graduation. Ils ne distinguent pas l'*eau en sel* de l'*eau mère;* ils conservent les eaux dans leurs tables jusqu'à 35 degrés, et, en exploitant de la sorte, ils obtiennent des sels impurs et en quantité moins considérable.

Dans le Midi, il y a encore des salins où l'on n'est pas plus avancé que dans l'Ouest; mais, en général, grâce au concours de savants et d'ingénieurs distingués, les compagnies ont appris à produire des sels purs avec les eaux de 25 à 28 degrés, des sels moins purs que les précédents, mais d'une qualité satisfaisante avec les eaux de 8 à 32 degrés. Quant aux eaux de 32 à 35 degrés, on les exploite à un autre point de vue et l'on obtient des sels de magnésie et de potasse ainsi que du sulfate de soude.

Si les salins du Midi, à la suite de laborieuses recherches et de dépenses très-considérables, sont parvenus à améliorer leur fabrication; s'ils ont pu obtenir des sels beaucoup plus purs pour la consommation humaine; si, avec ce qui rend les sels impurs et déliquescents dans l'Ouest, ils sont parvenus à créer une nouvelle industrie de produits chimiques, améliorations importantes constatées par les plus hautes récompenses dans les expositions successives de l'industrie, doivent-ils devenir les victimes des progrès qu'ils ont réalisés et supporter pour leurs produits des taxes plus élevées que ceux qui persévèrent dans leurs procédés d'une routine séculaire?

Rien ne s'oppose à ce que l'Ouest réalise tous les progrès qui se sont accomplis dans le Midi. L'Ouest n'a pas le soleil du Midi, a-t-on dit; mais n'a-t-on pas établi, dans les discussions du Sénat et du Corps législatif, qu'on y obtient comme dans le Midi des eaux depuis 25 jusqu'à 35 degrés? L'Ouest a du reste des avantages dont le Midi est privé : la marée y opère le mouvement des eaux sans aucuns frais; dans le Midi,

COMMISSION A. — HÉRAULT. — La Chambre de commerce de Montpellier.

au contraire, ce n'est qu'à force de travail et par l'intermédiaire des chevaux ou des machines à vapeur qu'on parvient à alimenter les salins.

Dans l'Ouest, le propriétaire fait exploiter par un saunier; cette exploitation ne lui occasionne aucuns déboursés; la récolte faite, le propriétaire et le saunier ont du sel. Ils retirent par la vente, l'un de sa propriété, l'autre de son travail, la valeur représentative du produit en espèces. Ce produit est plus ou moins considérable, suivant la récolte et l'encombrement des marais salants.

Dans le Midi, l'opération est bien différente pour les propriétaires qui exploitent eux-mêmes leurs salins. Le nombre considérable d'ouvriers occupés à la journée occasionne dans le courant de l'année des déboursés importants; le renchérissement énorme de la main-d'œuvre pèse de tout son poids sur la récolte, et le produit des sels vendus ne couvre pas toujours les dépenses effectuées. Aussi, dans le Midi, arrive-t-il souvent que le résultat de l'exploitation est *moins que rien*, tandis que le propriétaire de l'Ouest a toujours sa part du sel, dont il peut obtenir quelque chose.

Les compagnies de salins du Midi, après de grands travaux et de grandes dépenses, avaient compté sur le produit des sels de potasse pour obtenir une amélioration dans leur position, aussi précaire que celle de l'Ouest. Aujourd'hui elles doivent avoir perdu tout espoir à ce sujet, à cause de l'énorme baissé que ces sels ont éprouvée à la suite des découvertes faites en Prusse.

Dans le Midi comme dans l'Ouest, des récoltes abondantes ont avili le prix du blé, du vin, du sel. Si le producteur y perd momentanément, le consommateur y gagne. Mais l'égalité devant la loi et devant l'impôt, qui est la base de nos institutions, doit s'opposer à ce que les producteurs français de l'une de ces denrées soient favorisés aux dépens des producteurs similaires, et nous terminerons par les paroles prononcées devant le Sénat par M. le commissaire du Gouvernement : *En faisant droit aux demandes de l'Ouest en ce qui concerne le boni, on conférerait aux dépens du Trésor, à une industrie française, un véritable privilége sous forme de diminution d'impôt, pour combattre une autre industrie française.* Nous avons donc la ferme espérance que l'ordonnance royale du 8 décembre 1843, qui a créé l'inégalité du boni et le privilége en faveur de l'Ouest, sera rapportée et que les dispositions égalitaires du décret du 11 juin 1806 seront rétablies.

Ne pouvons-nous pas ajouter que si la sympathie de l'autorité pour l'Ouest pouvait la conduire à un privilége en sa faveur, la sympathie, que le Midi mérite tout autant, doit la maintenir dans la voie de la justice et de l'égalité?

Si l'Ouest n'obtient pas les faveurs qu'il demande, il réclame la suppression de l'impôt du sel.

Il est certain, en effet, qu'une taxe de 10 francs par 100 kilogrammes

La Chambre de commerce de Montpellier.

sur une marchandise dont la valeur intrinsèque varie de 50 centimes à 1 franc les 100 kilogrammes, est une très-lourde charge qui en restreint considérablement la consommation et les débouchés, qui ne peuvent s'élever à la hauteur de la production, ce qui est la cause du malaise permanent de cette industrie.

L'Angleterre, que nous voulons suivre dans la voie du progrès industriel et commercial, percevait une taxe énorme sur le sel. Cette taxe fut réduite dans une grande proportion en 1823. En 1825, l'impôt fut entièrement aboli, et depuis lors le sel est devenu, après la houille, l'élément le plus important du fret en Angleterre. C'est aussi de cette suppression que date l'immense développement de l'industrie des produits chimiques dans les Iles-Britanniques.

En France, où la taxe de 30 francs par 100 kilogrammes a été réduite à 10 francs par la loi du 28 décembre 1848, où l'on réclame des éléments de fret pour notre marine et où l'industrie des produits chimiques ressent si vivement la concurrence de l'Angleterre, une pareille mesure produirait de grands résultats au point de vue agricole, commercial et industriel. En outre elle mettrait fin aux réclamations incessantes des producteurs de sel, dont l'industrie prendrait une très-grande extension; mais nous ne devons pas nous dissimuler que, dans l'état actuel de nos finances, l'impôt du sel (dont une partie du produit est absorbé par les frais de perception) ne pourrait être supprimé qu'à la condition de grever d'un impôt correspondant un ou plusieurs autres produits.

En résumé, il nous paraît résulter de ce qui précède :

Que l'État n'a pas à intervenir au profit de l'une et au détriment de l'autre, lorsque deux parties de la France se disputent les débouchés pour des produits similaires ;

Qu'il doit au contraire intervenir d'une manière générale en faveur de tous, indistinctement, en ce qui concerne l'amélioration des ports, les diminutions de tarifs sur les canaux et les chemins de fer, afin que les débouchés puissent s'élever à la hauteur de la production ;

Qu'une prime ne peut être accordée à la routine et aux procédés défectueux de fabrication du sel; qu'une industrie française ne doit pas obtenir un privilége sous forme de diminution d'impôt ou d'allocation de boni au détriment d'une autre industrie française, et que, par suite, le boni doit être exactement le même pour les sels français de toute provenance ;

Et qu'enfin la France, lorsque la situation financière le permettra, pourrait entrer dans la voie ouverte par l'Angleterre, en supprimant l'impôt du sel, dans l'intérêt de l'agriculture, du commerce, de la marine et de l'industrie des sels marins et des produits chimiques.

DÉPARTEMENT DE L'AUDE.

Dans le département de l'Aude, l'Enquête a eu lieu du 2 au 6 juillet 1866. Elle a été annoncée et le Questionnaire a été publié par des insertions faites dans les numéros du *Courrier de l'Aude* des 20 et 24 mai 1866.

Un avis spécial au public a invité les personnes qui pouvaient avoir des renseignements à donner à la Commission à se présenter devant elle.

La Commission s'est complétée par l'adjonction de :

MM. Gérard, secrétaire général de la préfecture de l'Aude;
Castel, président de la chambre de commerce de Carcassonne.

La Commission a visité les lieux de fabrication du sel de mer établis sur les salins de Grimaud, Peyriac et Sigean.

Elle a reçu les dépositions verbales ou écrites de :

MM.

1° Lasserre, actionnaire des marais de Sigean et de Peyriac, agent représentant de la compagnie des Salins du Midi dans l'Aude et les Pyrénées-Orientales;
2° Le Directeur des douanes de Montpellier et M. Philip, inspecteur des douanes à Narbonne;
3° Tallavignes, propriétaire de salin, et Maltret, régisseur de salin;
4° de Martin, propriétaire du salin Grimaud;
5° Pouderous et Figeac, copropriétaires actionnaires du salin d'Estarac;
6° Dartiguelongue, copropriétaire des salins de Peyriac et de Sigean;
7° Bossuge, commerçant en sel;
8° Guayraud, commerçant en sel;
9° Baisset, épicier à Narbonne;
10° Abraham, épicier à Narbonne.

Commission A.

DÉPARTEMENT DE L'AUDE.

M. LOUIS LASSERRE,

Propriétaire à Narbonne, actionnaire des marais de Sigean et de Peyriac, agent de la compagnie des Salins du Midi dans l'Aude et les Pyrénées-Orientales.

(Déposition écrite et orale.)

Questions.

1. L'étendue superficielle du salin de Peyriac-de-Mer est de 60 hectares environ. Le salin est imposé à la somme de 745 francs. La superficie du grand salin de Sigean est de 92 hectares 61 ares. Ce salin est imposé à 1,375 francs.

2. La superficie de ces marais n'a pas varié depuis deux cents ans environ.

3. Le salin de Fleury chôme depuis 1848 ou 1849; les salins de Leucate et d'Ouveillan n'existent plus depuis à peu près la même époque.

Le salin de Fleury a été abandonné parce qu'il se trouvait dans les conditions les plus défavorables au point de vue tant de sa prise d'eau qui s'effectuait dans la mer au moyen d'une longue rigole fréquemment ensablée, que de l'écoulement de ses produits.

Quant à Leucate, on y a fait une tentative de pisciculture, laquelle n'a pas donné de résultat.

4. La compagnie propriétaire de nos salins n'ayant pas été formée par une mise de fonds en capitaux, il est difficile d'évaluer un hectare ou même la totalité de nos marais; seulement le salin d'Estarac, à 2 ou 3 kilomètres du salin de Peyriac, a été créé il y a environ soixante ans, par une mise de fonds de 300,000 francs divisés en trente actions de 10,000 francs l'une.

Durant de longues années, les actions de ce salin se sont maintenues à ce prix et ont eu même une valeur supérieure; mais, depuis 1848, la moyenne du prix de vente de ces actions a été de 5,000 francs, ce qui donnerait aujourd'hui à ce salin une valeur de 150,000 francs. Le salin de Peyriac-de-Mer, produisant de plus fortes quantités et en aussi belle qualité, pourrait donc être évalué à la même somme. Le grand salin de Sigean, à cause de son étendue et de sa production, pourrait être évalué à 200,000 francs.

5. En ne remontant pas au delà de vingt ans, cette valeur des marais était à peu près la même.

7. On pratique dans le voisinage des marais toute espèce de culture.

8. Il n'y a pas de terres cultivables jointes aux marais de Peyriac et de Sigean.

9. L'ancien salin de Narbonne, dit *salin de Mandirac*, vendu par notre compagnie en 1827 pour la somme de 55,000 francs, ne fonctionnait plus depuis longues années; la compagnie qui en devint propriétaire y dépensa des sommes fabuleuses, hors de proportion avec la valeur définitivement acquise; elle fit plusieurs tentatives de culture; celle qui a le mieux réussi, ce sont les pâturages à l'aide de l'introduction des eaux de la Robine.

Parmi les autres salins de l'Aude, le Lac seul pourrait être l'objet d'une tentative semblable avec quelques soins.

10. De 1857 à 1865, pendant l'espace de neuf ans, le salin de Peyriac a produit en moyenne 2,500 tonnes; celui de Sigean, 4,100 tonnes environ.

La moyenne du prix de revient de ces sels, en ne comptant que les dépenses annuelles, a été, pour Peyriac, 9 fr. 46 cent. la tonne; pour Sigean, 5 fr. 58 cent.

L'écart entre ces deux prix de revient, pour Sigean et Peyriac, tient à plusieurs causes. Le marais de Sigean étant plus considérable, les frais généraux, répartis sur la production totale, y ressortent à un chiffre moins élevé; d'autre part, on y fait beaucoup plus de sel fort qu'à Peyriac. Or le prix de revient est moins coûteux pour le levage du sel fort.

11. Aucune circonstance volontaire n'a limité ni excité la production; les intempéries des saisons l'ont quelquefois arrêtée et même annulée; des voies de communication plus facile l'auraient sans doute excitée.

12. Dans les neuf années ci-dessus, Peyriac et Sigean ont produit, dans les plus mauvaises années, 3,000 tonnes de moins que dans la meilleure année; la différence de leurs plus mauvaises années avec la moyenne a été de 1,250 tonnes pour Peyriac et de 1,800 tonnes pour Sigean.

13. Les salins de Peyriac et de Sigean, par leur situation, ne vendent pas à l'exportation; ces salins ne vendent qu'à la consommation intérieure. La moyenne de leurs quantités vendues a été, pour Peyriac, de 2,000 tonnes, et pour Sigean, de 3,500 tonnes.

20. Dans certaines années de mauvaises récoltes de l'Ouest, nous avons vendu des sels menus pour Châteauroux, Libourne et Bordeaux.

24. Les salins de l'Aude appartiennent à un seul propriétaire ou à des sociétés ou compagnies de propriétaires; ceux de Peyriac et de Sigean, primitivement *champs salants* ou *guérites à sel*, ont une date très-ancienne qui remonte au IXe ou Xe siècle. En 1600 ou 1604, une fusion eut lieu entre cette société et celle des guérites à sel de Narbonne (dite *Mandirac*).

Le marais de Sainte-Lucie se divise en trois parties : le vieux salin de Sainte-Lucie, le salin Jules et le salin de la Cantine. Ils appartiennent à M. Delmas. Le marais de Sainte-Lucie a été créé en 1830 et affermé quelque temps après à la compagnie Lischtentein pour le prix de 25,000 francs de fermage. C'est pendant la durée de ce fermage que M. Delmas a créé les salins Jules et de la Cantine. Puis, après la dissolution de la société Lischtentein, les marais de Sainte-Lucie ont été exploités par le propriétaire. Aujourd'hui, les trois marais de Sainte-Lucie sont affermés, comme les autres salins de l'Aude, à la compagnie Renouard.

Le prix de fermage est de 14,000 francs.

La production moyenne est d'environ 3,000 tonnes.

Le marais de Sainte-Lucie est avantageusement placé pour l'expédition de ses produits; mais l'exploitation en est peut-être un peu plus coûteuse que celle des autres salins du département, à cause de son éloignement des lieux habités.

Le vieux salin de Sainte-Lucie fait surtout du sel fort; le salin Jules fait plutôt du sel léger.

M. Delmas a créé, à Sainte-Lucie, une triturerie; cette usine n'est pas affermée à la compagnie. M. Delmas triture à son compte le sel qu'il achète. Il revend 4 francs les 100 kilogrammes de sel trituré qu'il achète brut au prix courant, soit 2 francs en ce moment; sur ce prix de 4 francs, il y a 50 centimes pour le transport.

Les marais de Sainte-Lucie sont traversés par le canal de la Robine; d'une partie à l'autre les eaux sont mises en communication par deux syphons.

Avant 1852, les salins de l'Aude étaient exploités à titre de ferme par la compagnie Lischtentein d'abord et, depuis 1848, par M. de Coussière. En 1852, leurs propriétaires les reprirent à leur main et cette exploitation directe a duré jusqu'au mois de mars dernier. Aujourd'hui tous ces salins sont de nouveau affermés par la compagnie Renouard par des baux dont le déposant met le type sous les yeux de la Commission.

Le prix de fermage, pour les deux salins de Peyriac et de Sigean, est de 16,000 francs avec les augmentations éventuelles prévues par le bail.

uestions.

26. L'exploitation se faisait directement par les propriétaires avant le mois de mars dernier.

29. On fabrique du sel fort avec les eaux de 25 à 26 degrés, puis des sels légers dans les degrés supérieurs jusqu'à 29 ou 30 degrés. On ramène après cela les eaux mères dans le mouvement de la fabrication en les mélangeant avec des eaux vertes de 4 à 6 degrés dans un premier réservoir.

Le sel fort pèse de 95 à 100 kilogrammes l'hectolitre.

Le sel léger brut pèse 78 kilogrammes l'hectolitre, et en gros grains, après le criblage, 58 à 60 kilogrammes.

31. Nos salins ne reçoivent pas directement les eaux de la mer; ils sont alimentés par des étangs communiquant avec la mer, mais dans lesquels débouchent plusieurs courants d'eau douce et principalement celui des eaux de la Robine. Les eaux de ces étangs sont de 1 à 2 degrés au plus; elles arrivent dans nos salins par de longues et grandes rigoles.

34. Les eaux arrivent naturellement dans les parties basses de nos salins; avant de les introduire dans les tables saunantes, nous leur faisons subir trois opérations:

1° Nous élevons les eaux vertes pour les porter sur des partènements où elles arrivent à 10 ou 12 degrés;

2° Nous reprenons ces eaux, que nous appelons *eaux de reprise*, et nous les portons sur d'autres partènements où elles acquièrent le *mercial*, degré d'eau en sel, et d'où nous les reprenons pour les porter sur les tables saunantes.

La dépense de ces trois opérations a été, en moyenne, pour Peyriac, 1 fr. 98 cent.; pour Sigean, 1 fr. 55 cent.

35. Les eaux sont élevées par le moyen de tympans à une hauteur de $1^{m},50$ environ. Au marais de Sigean, les tympans sont mus par la vapeur.

37. La récolte se fait de juin au 15 ou fin septembre.

Le sel est conservé par le moyen d'une couverture de roseaux fins; les frais de couverture peuvent être évalués à 40 centimes par tonne. Dans cette dépense, nous ne comprenons pas le déchet des sels. La couverture de nos sels, afin de pouvoir les livrer très-secs à la vente, se fait en novembre pour les sels forts, février ou mars pour les sels légers.

Le sel fort est récolté en une seule fois. Le sel léger donne lieu à deux et quelquefois trois récoltes. Les salins qui produisent du sel léger sont ceux qui ont des tables saunantes peu étendues. On ne laisse, en effet, qu'une très-mince couche d'eau sur le sel, et si les tables avaient une grande surface, le moindre coup de vent en mettrait une partie à découvert.

Question. 43.

Le prix moyen de la vente des sels de Peyriac, pris aux salins, a été de 15 fr. 11 cent. la tonne; à Sigean, 10 fr. 07 cent.

L'écart des prix de vente entre Peyriac et Sigean provient de ce que dans le premier de ces salins, on fabrique du sel d'une plus belle couleur, celui de Sigean étant un peu terreux, et encore de ce que Peyriac est plus rapproché de Narbonne.

Aujourd'hui, c'est-à-dire depuis l'accord intervenu entre les producteurs du Midi, les prix de vente sont :

Sels forts, 2 francs les 100 kilogrammes.

On ne crible que les sels légers, et après l'opération on obtient deux sortes de sels :

1° Sels criblés (gros grains), 2 francs l'hectolitre;
2° Sels menus (criblures), 1 fr. 25 cent. les 100 kilogrammes.

Le sel criblé gros grains est destiné aux pays où l'on vend à la mesure. Les criblures constituent une qualité inférieure au point de vue commercial dans le Midi où l'on recherche de préférence les gros grains. Aussi on les expédie dans les localités voisines de la région de l'Ouest, c'est-à-dire dans le Lot-et-Garonne, le Cantal, etc., tandis que les gros grains, qui se vendent à la mesure, vont dans les départements limitrophes de l'Aude.

Quant aux moyens et frais de transport, les sels des salins de Peyriac, Estarac et du Lac, vont à Narbonne par voiture et coûtent à transporter 5 francs la tonne. Les distances sont de 12 kilomètres pour Peyriac, de 10 kilomètres pour Estarac, de 15 kilomètres pour le Lac.

Les autres salins, c'est-à-dire Grimaud, Sigean et Tallavignes, vont à la Nouvelle par le même moyen de transport, au prix de 3 fr. 50 cent.

Le transport de la Nouvelle à Narbonne, par chemin de fer, coûte 1 fr. 50 cent. la tonne.

Les tarifs spéciaux des chemins de fer du Midi ont établi les mêmes prix de transport dans la direction de Toulouse, à partir de la Nouvelle, de Narbonne et même de Cette.

Le marais de Sainte-Lucie, qui se trouve dans de meilleures conditions au point de vue des transports, par sa situation sur le canal de la Robine, peut transporter les sels soit à Narbonne, soit à la Nouvelle.

MISSION A. — Questions. 51.

Les prix de transport sont :

AUDE. — MM. Louis Lasserre. — le Directeur des douanes de Montpellier. l'Inspecteur des douanes de Narbonne.

De Sainte-Lucie au quai de la Nouvelle	2f 00c la tonne.
——— à la gare de la Nouvelle	3 50
De la Nouvelle à Auch	20 00
——— à Saint-Gaudens, Saint-Girons, Montrejeau.	15 00
——— à Bordeaux	16 60
——— à Foix	13 00
——— à Mazamet, Castres	12 00
——— à Figeac	29 55
——— à Rodez	28 80

44. L'amélioration des moyens d'accès diminuerait des trois quarts les frais de camionnage; lors de la création du chemin de fer du Midi, nous avons offert à M. Carvalo, ingénieur en chef de cette compagnie, à Narbonne, de ne demander aucune indemnité à sa compagnie s'il voulait traverser par la voie ferrée nos marais salants; nous demandions seulement de nous laisser établir, à nos frais, une gare ou embarcadère de raccordement.

53. Les qualités distinctives des sels consistent surtout dans leur aspect extérieur et leur poids.

Le sel fort est plus gros en grains et moins friable que le sel léger. Le commerce s'attache surtout au degré de siccité. Aussi achète-t-il de préférence du sel vieux.

65. Nos débouchés ordinaires sont les départements ci-après : Cantal, Lot, Lot-et-Garonne, Aveyron, Tarn-et-Garonne, Ariége, Tarn, Aude, Pyrénées-Orientales et quelques contrées de l'Hérault.

82. L'impôt du sel doit continuer à être perçu d'après le poids; tout autre mode serait vicieux et sujet à erreur.

87. Les droits frappant les sels étrangers doivent au moins être maintenus.

94. L'eau de mer peut être un bon engrais pour les terres de certaines contrées, mais nous pensons qu'elle n'est pas nécessaire pour celles du Midi.

M. LE DIRECTEUR DES DOUANES DE MONTPELLIER ET M. L'INSPECTEUR DES DOUANES DE NARBONNE.

(Dépositions écrite et orale.)

1. Les salins de l'Aude sont au nombre de huit, savoir : Estarac, Pey-

MM. le Directeur douanes Montpellie[r] l'Inspecteur douanes de [Nar]bonne.

riac, le Lac, Sigean, Grimaud, Tallavignes, Sainte-Lucie et salin Jules, ensemble d'une superficie totale de 317 hectares.

Questions. 2, 3. Il y avait en plus autrefois le salin de Fleury, d'une superficie de 150 hectares. L'abandon de ce marais a tenu à deux causes principales : les dégâts auxquels il était exposé du fait des inondations et les difficultés d'accès. L'emplacement de ce marais avait donc été tout d'abord mal choisi ; de plus, la courte exploitation qui en a été faite a laissé beaucoup à désirer. Les frais d'établissement, qui ont pu s'élever à une soixantaine de mille francs, peuvent être considérés comme perdus. Ce salin, qui date de 1846, n'a sauné qu'une seule fois, en 1847.

5. Avant 1849, la valeur des salins de l'Aude paraît avoir été supérieure à la valeur actuelle. Ils étaient alors soumis à un système de fermage en commun qui les rendait plus productifs.

7. Dans le voisinage immédiat des salins, il est peu de terrains susceptibles d'être mis en culture. Autour de quelques marais on voit des prairies artificielles de mince valeur, des espaces où se trouvent des plantes fourragères clair-semées et craignant beaucoup l'extrême sécheresse très-fréquente sur le littoral de l'Aude. Auprès des salins, les terres cultivées ne sont pas toujours dépendantes des salins mêmes. Elles sont d'ailleurs différemment constituées. Ce n'est déjà plus l'argile pure et compacte, mais l'argile fortement mêlée de calcaire sablonneux ou de craie.

9. Un ancien marais salant abandonné se trouve à l'ouest et à environ 200 mètres de la gare de Leucate. On cultive aujourd'hui la vigne sur la partie de ce salin la plus rapprochée des terrains crayeux et cette culture semble en bonne voie pour l'avenir. Les éboulements d'un terrain supérieur bien constitué lui sont nécessaires pour recouvrir le sous-sol d'une couche de meilleur terrain.

10, 11. La production annuelle moyenne de l'ensemble des salins de l'Aude a été pour la période 1856-1865 de 13,800 tonnes [1]. A partir de 1848 la production fut excitée par la réduction de la taxe de 30 francs à 10 francs les 100 kilogrammes; mais depuis 1854 elle a pris une allure régulière qui n'a varié que par l'effet d'influences atmosphériques assez rares.

---

[1] Les renseignements statistiques adressés par M. l'inspecteur des douanes, en réponse aux articles 10 et 18, sont compris dans les tableaux généraux transmis par la direction générale des douanes et insérés au *Résumé synoptique*, Question 18. (*Note de la Commission.*)

MM. le Directeur des douanes de Montpellier. l'Inspecteur des douanes de Narbonne.

Les hivers longs et pluvieux dégradent beaucoup les salins et retardent par cela même l'époque de la saunaison. Dès orages et les pluies de juin, juillet et août nuisent considérablement à la récolte et la détruisent parfois en grande partie.

uestions.

12. Telles circonstances atmosphériques dans le cours de l'année peuvent faire que le sel ne soit obtenu qu'à partir de la fin de juin et que la saunaison finisse au commencement de septembre. De plus, il peut arriver encore que la concrétion de juin à septembre soit plusieurs fois arrêtée et même détruite par les orages de juillet et d'août. Cela s'est vu dans l'Aude en 1865. Il avait dû en être de même, paraît-il, pour la récolte de 1856, neuf ans auparavant.

Les variations, pour les récoltes d'une année à l'autre, ont encore d'autres causes; mais celles-là dépendent moins du temps, quand il est favorable, que de l'administrateur du salin même, lequel ne renouvelle ses quantités de sel que selon leur écoulement, plus ou moins activé par les demandes qu'il reçoit.

18. M. l'inspecteur signale une très-forte diminution dans les quantités livrées à l'exportation: de 1849 à 1859, la moyenne des exportations est tombée de 19,000 à 10,000 tonnes; mais il fait observer que ces chiffres ne s'appliquent pas seulement au département de l'Aude, les salins de ce département n'ayant jamais fourni qu'un faible contingent à l'exportation; ils s'appliquent aux exportations beaucoup plus importantes faites par plusieurs salins du département de l'Hérault, compris dans sa division d'inspection. Il n'existe dans le département de l'Aude qu'un seul port, celui de la Nouvelle, d'un accès impossible aux navires d'un certain tonnage.

19. Sur le salin même, le prix en dehors de la taxe a été rarement au-dessus de 1 fr. 50 cent. les 100 kilogrammes.

20. Depuis vingt ans et plus, l'Aude fournit du sel aux départements ci-après: Pyrénées-Orientales, Ariége, Haute-Garonne, Tarn-et-Garonne, Tarn, Lot, Aude, Cantal, Puy-de-Dôme et Lozère.

Le transport par charrettes est encore celui qu'on pratique le plus.

23. Aucune partie de sels étrangers n'a été importée par les ports du département de l'Aude; ce département ne fournit pas non plus de sels pour la pêche maritime.

24. Depuis le 1er mars 1866, la compagnie des Salins du Midi exploite, à titre de ferme seulement, les huit salins de l'Aude qui sont en bon

COMMISSION A. état et connus des consommateurs par le mérite bien caractérisé de leurs produits. Elle a traité pour salin Jules, Sainte-Lucie, Grimaud et le Lac, avec les propriétaires mêmes, et pour Peyriac, Estarac, Sigean et Tallavignes, avec les sociétés capitalistes, composées d'actionnaires associés. AUDE. MM. le Directeu douanes Montpelli l'Inspecteur douanes d bonne.

Le dividende était très-faible avec l'exploitation précédente, par suite: 1° de la concurrence que les huit salins se faisaient entre eux; 2° d'une autre concurrence qu'ils trouvaient dans le sel de l'Hérault, entre les mains de la compagnie des Salins du Midi; 3° et de l'impossibilité de se relier à la voie ferrée, de Perpignan à Narbonne, autrement que par le roulage. L'insuffisance des capitaux et certaines difficultés de position topographique ont dû nuire aussi quelquefois à quelques-uns des salins désignés.

Les propriétaires des salins ne s'en dessaisiraient pas sans absolue nécessité: les salins représentent un capital dont le fonds ne perd point en temps ordinaire.

Questions. 43. On classait le sel sur les salins avant le 1er mars dernier, savoir:

DROITS NON PAYÉS SUR LES MARAIS.

Léger. — Prix moyen........................	1f 20c les 100 kilog.
Fort. — Prix moyen........................	1 10

DROITS ACQUITTÉS HORS DES MARAIS.

Léger. — Prix moyen........................	11f 20c les 100 kilog.
Fort. — Prix moyen........................	11 10
Sel trituré, droits non payés. — Prix moyen.....	4 00

Depuis le 1er mars, les prix ont été modifiés ainsi qu'il suit, savoir:

DROITS NON PAYÉS SUR LES MARAIS.

Léger. — Prix moyen........................	2f 20c les 100 kilog.
Fort. — Prix moyen........................	2 10

DROITS ACQUITTÉS HORS DES MARAIS.

Léger. — Prix moyen........................	13f 00c les 100 kilog.
Fort. — Prix moyen........................	13 10
Sel trituré, droits non payés. — Prix moyen.....	5 00

53. Les marais de l'Aude produisent deux espèces de sel; le sel fort et le sel léger. Ces deux sels diffèrent principalement par le poids: l'hectolitre de sel fort pèse habituellement de 92 à 100 kilogrammes; l'hectolitre de sel léger de 70 à 80 kilogrammes. Les procédés de fabrication ne sont pas tout à fait les mêmes: le sel fort s'obtient dans les eaux les moins concentrées; les tables où il se dépose sont recouvertes d'une nappe d'eau relativement épaisse; il se produit lentement et ne donne lieu qu'à une

MM.
le Directeur des douanes de Montpellier.
l'Inspecteur des douanes de Narbonne.

seule récolte à l'époque ordinaire, c'est-à-dire au mois d'août. Le sel léger s'obtient dans des eaux arrivées à un degré plus élevé; les tables où il se produit ne sont recouvertes que d'une nappe d'eau très-mince; il se dépose très-rapidement; il peut en être fait, quand le temps est propice, deux et même trois récoltes dans la saison.

Le sel léger est habituellement criblé.

Ces diverses espèces de sel, qui peuvent présenter des qualités distinctes comme composition chimique, ne constituent pour la production que des nuances appropriées aux goûts des consommateurs: tel voiturier charge du sel fort, tel autre du sel léger, tel autre du sel criblé.

Les sels légers sont emportés dans les localités où le détaillant vend à la mesure.

L'intérêt du producteur est d'avoir un approvisionnement varié, afin de pouvoir satisfaire aux diverses demandes. Le prix de vente au salin est d'ailleurs, à très-peu de chose près, le même pour les diverses espèces de sel; il ne différerait que pour le sel léger criblé, ou autrement dit pour les criblures de sel léger qui se vendent moins cher que les gros cristaux.

uestions. Les sels étrangers, de toute nation, n'ont rien à espérer de l'Aude.

78.

79. Il paraît juste de régler les déchets de route sur la perte régulièrement établie.

81. Il n'y a pas à la Nouvelle assez de moyens de comparaison pour établir, d'une manière certaine, que les entrepôts présentent toujours des bonis de 1 à 2 p. 0/0; mais il est vrai, toutefois, que les déperditions survenues en cours de transport laissent le plus souvent subsister une partie de ce qui est alloué pour déchets: cela tient à des conditions atmosphériques plus encore qu'à la siccité du sel, qui n'existe pas toujours dans le Midi, d'autant plus que le principal mouvement de circulation se fait durant la saison pluvieuse, de novembre à la fin de mars.

Voici l'état des sels expédiés des marais salants de cette inspection, par petit cabotage, et les déchets constatés aux points d'arrivée, pendant l'année 1865.

NOMS des bureaux.	NUMÉROS des acquits-à-caution.	DESTINATION.	QUANTITÉS au départ.	BONI RÉGLEMENTAIRE.		QUANTITÉS reconnues à l'arrivée.	DÉCHETS CONSTATÉS.		OBSERVATIONS.
				Quotité.	Quantité.		Quantités.	Quotité.	
			kilog.		kilog.	kilog.	kilog.		
Jules...	1	Collioure...	9,395	3 p. 0/0.	281.85	9,405.9	"	"	Excédant 10.9 (température humide).
	2	Banyuls....	5,500	3 p. 0/0.	165.00	5,392.5	107.5	2 p. 0/0.	Déficit (température humide).
	3	Collioure..	2,500	3 p. 0/0.	75.00	2,500.0	"	"	Reconnu conforme après vérification.
	4	La Nouvelle.	1,987	3 p. 0/0.	59.61	1,987.0	"	"	Idem.

COMMISSION A. — Questions. 82, 83, 84. — AUDI. — MM. le Directeur des douanes de Montpellier, l'Inspecteur des douanes de Bonne.

La base sur les quantités paraît la meilleure; celle qui serait établie d'après la richesse en chlorure de sodium entraînerait des lenteurs dont le commerce souffrirait. Elle serait susceptible aussi d'occasionner des erreurs préjudiciables aux intérêts du Trésor comme à ceux du commerce en général.

86. De la Méditerranée à l'Océan le voyage par mer est long et soumis à des risques qu'il n'est pas toujours possible d'expliquer et de justifier au moyen de rapports spéciaux. La suppression de la remise de 2 p. o/o arrêterait probablement, dans les salins du Midi, les expéditions qui s'y font encore pour le nord de la France et restreindrait ainsi ses lieux de placement, où l'on rencontre d'ailleurs la concurrence des sels d'Angleterre et de Portugal, pour les qualités moins déliquescentes que celles de l'Ouest.

91. N'appliquer les remises pour déchet qu'au point de destination et d'après les quantités trouvées dans le navire, ce serait encourager les abus en facilitant les versements frauduleux à la consommation.

92. Il faut toujours des garanties pour assurer l'exactitude des opérations. La déclaration, la consignation de la taxe en quelques cas, la vérification et la levée des quittances sont nécessaires pour ce qui passe à la consommation immédiate. Des mesures analogues ou complémentaires sont nécessaires aussi pour ce qui va à l'entrepôt réel. Il faut également la déclaration et la soumission spéciale pour le sel accordé en franchise de taxe aux fabriques de produits chimiques, aux armements pour la pêche maritime et à l'agriculture.

Il y a lieu de maintenir les mesures réglementaires actuelles; on ne pourrait s'en départir sans inconvénient.

93. Les moyens indiqués administrativement sont les plus simples et les moins coûteux. Ils arrêtent néanmoins encore, parmi les agriculteurs, ceux qui voudraient quelquefois du sel pour amender leurs terres. Mais l'obstacle qui seul les empêche de donner suite à leurs projets tient au besoin de récipients particuliers pour le transport du sel ou des matières avec lesquelles il serait mélangé, et surtout à la nécessité d'éviter les frais de transport qui sont trop élevés généralement, lorsque le terrain à amender se trouve éloigné du lieu où le sel est en entrepôt.

M. CHARLES-VICTOR TALLAVIGNES,

Représentant ses copropriétaires du salin du même nom.

M. FRANÇOIS MALTRET,

Régisseur de M. le duc de Sabran, propriétaire du salin du Lac.

(Déposition orale.)

Questions. 2, 3, 4, 5. Le salin de Tallavignes, établi par le bisaïeul du déposant, est resté dans sa famille dont les membres s'en sont divisé la propriété au moyen de parts ou actions, lesquelles sont aujourd'hui au nombre de vingt-cinq. Le déposant en a acheté récemment quelques-unes 2,500 francs et il pense avoir fait un bon marché, car, suivant lui, le marais, dont la valeur était plus considérable autrefois, vaut encore 75,000 francs.

4. Le salin du Lac, qui valait 70,000 francs il y a vingt ans, ne vaut plus que 50,000 francs actuellement.

1, 2, 8. Le premier a une surface de 46 hectares. Le second a une surface de 26 hectares. Ces contenances n'ont pas varié depuis vingt ans. Il n'y a pas de culture jointe.

9. Quant à rendre le sol d'un salin apte à la culture, ce résultat n'est possible qu'avec beaucoup d'eau douce et beaucoup de temps.

10, 18. Tallavignes produit, en moyenne, 2,000 à 2,200 tonnes de sel, dont cinq sixièmes de sel fort et un sixième de sel léger.

Le Lac produit environ 1,000 tonnes en moyenne, dont un cinquième seulement de sel fort et le reste en sel léger.

Ces chiffres se réfèrent aux sels vendus et non aux sels récoltés et aux bonnes années.

La presque totalité en est vendue pour la consommation intérieure.

24. Jusqu'en 1848, ces deux marais ont été affermés par la compagnie Lichtenstein (dite aussi *compagnie Rigal,* ou encore du *Monopole*), savoir : Tallavignes, 22,500 francs, et le Lac, 12,000 francs.

De 1848 à l'année présente, ces marais ont été exploités directement. C'est la compagnie Renouard qui en est fermière maintenant. Elle paye un fermage qui varie avec les divers prix de vente des sels. Prenant pour base *minima* un chiffre de vente de 13 francs la tonne, la compagnie fermière a promis un prix de ferme de 3,000 francs pour Tallavignes (en se chargeant de l'impôt), et de 1,500 francs pour le Lac dont le propriétaire supporte l'impôt. Ce prix minimum sera augmenté d'un quart si le prix de vente excède le chiffre ci-dessus fixé; d'un autre

COMMISSION A. quart encore si cet excédant dépasse 25 centimes par 100 kilogrammes, et ainsi de suite pour chaque excédant semblable. AUDR.

MM. C.-V. Tallavi François Mal

Questions.

29. Les deux marais qui ont un sol argileux emploient le même système ou les mêmes procédés de fabrication, sans modification appréciable, depuis vingt ans.

31, 35. Les eaux prises à 1 degré et au-dessous dans l'étang de Sigean, à 0 degré même pour le Lac, passent dans un réservoir à l'aide de puits à tympans avec mules; elles sont élevées une seconde fois à 8 ou 10 degrés, et une troisième à 24 degrés environ dans la pièce maîtresse, d'où elles passent dans les tables salantes. Là elles déposent de 26 à 27 degrés le sel de première qualité, appelé *sel fort*. Puis, dans une deuxième série de tables, elles déposent jusqu'à 29 ou 30 degrés un sel appelé *léger*. Les eaux sont reprises ensuite et ramenées dans le premier réservoir avec les eaux vertes. A la fin de la campagne, ces mêmes eaux sont conservées pour être utilisées l'année suivante dans le premier réservoir. Quelquefois les eaux mères sont mélangées dans les tables salantes avec des eaux vierges qui n'ont pas atteint le degré nécessaire à la formation des sels, et ce coupage donne lieu à un précipité immédiat de sel léger de qualité inférieure, mais en petite quantité.

Dans le salin de Sainte-Lucie, on ne conserve pas les eaux mères.

37. La récolte se fait en juillet et août, quelquefois en juin. Les sels légers sont récoltés les premiers, parce que la couche en est très mince et qu'on les fait déposer dans une très-faible épaisseur d'eau.

Les pluies sont rares pendant le temps de la récolte, mais, quand il en survient, leur influence est très-pernicieuse. On fait alors ce qu'on peut pour réparer le mal causé, et, à cet effet, on évacue les eaux superposées à la couche de sel, afin d'empêcher celui-ci de fondre.

Quand la récolte est faite et le sel entassé sur les graviers en forme de camelles, on le laisse égoutter et laver par les pluies jusqu'à l'entrée de l'hiver pour les sels forts, et jusqu'à la fin pour les sels légers. On recouvre alors les camelles avec des roseaux.

Les déposants ne se sont pas rendu compte des frais de fabrication par relation aux diverses opérations successives; mais ils admettent tous deux que le prix de revient total sur leurs salins est de 6 francs la tonne. Ce chiffre comprend les frais de couverture, et il est fixé d'après la quantité de sel produit. Mais lorsque cette quantité a été diminuée par le déchet, la tonne de sel revient à 7 fr. 20 cent. ou 7 fr. 50 cent. Les frais de récolte représentent à eux seuls la moitié du prix total de revient.

MISSION A. — Questions. 19, 43. Les prix du sel ont peu varié pendant les années d'exploitation directe, de 1848 à 1866. En moyenne, Tallavignes, qui ne produit à peu près que du sel fort, a vendu au poids, à raison de 1 franc les 100 kilogrammes, et le Lac, qui produit presque tout en sel léger, a vendu à la mesure sur le pied de 1 franc l'hectolitre (80 kilogrammes), c'est-à-dire qu'il a cherché à maintenir ce prix-là, préférant ne pas vendre que d'avilir sa denrée. AUDE. — MM. C.-V. Tallavignes. François Maltret. Joseph de Martin.

Pour les ventes de ces deux salins, il n'y a pas eu de différence sensible entre les sels forts et les sels légers. Cependant le Lac demandait 25 centimes de plus par 100 kilogrammes pour les premiers.

Aujourd'hui, par suite de l'accord entre les producteurs, la tonne de sel se vend de 17 fr. 50 cent. à 20 francs.

57. L'acheteur ne se détermine dans son choix que par les habitudes de ses clients, lesquelles n'ont d'autre règle que les qualités extérieures du sel, et souvent par un rabais de quelques centimes.

65. Tallavignes et le Lac ont les mêmes débouchés : l'Aude, les Pyrénées-Orientales, le Tarn, la Haute-Garonne, l'Ariége. Ils vendent à des acheteurs qui viennent au salin enlever sur des charrettes. Le chargement s'effectue par les ouvriers fixes du marais, auxquels l'acheteur donne une gratification de 5 centimes par sac. Le prix de revente du sel augmente ensuite avec les distances à parcourir pour le rendre à destination.

Les charrettes se rendent de la route impériale, assez mal entretenue, jusqu'au salin, à l'aide d'un chemin d'accès court et en bon état.

79, 80. Il y a dans le Midi des sels aussi déliquescents que peuvent l'être ceux de l'Ouest; tous les sels doivent être traités de la même façon, en ce qui touche le taux du déchet.

94. L'eau de mer n'est pas un engrais, le sel n'a pas d'utilité en agriculture pour les pays voisins de la mer, où les bestiaux mangent assez d'herbe salée.

M. JOSEPH DE MARTIN,

Propriétaire du salin Grimaud.

(Déposition orale.)

1, 2. Le salin Grimaud a une contenance de 40 hectares; depuis sa création, en 1796, sa contenance n'a pas varié quant à ses pièces intérieures, mais ses partènements extérieurs ont été agrandis.

9. Il ne paraît pas possible de convertir les salins de l'Aude en terres susceptibles de donner un produit agricole.

10, 12. La production moyenne du marais Grimaud peut être évaluée à 1,500 tonnes. Cette production n'a été que de 500 tonnes en 1865, année exceptionnellement mauvaise. Dans une très-bonne année, la production pourrait arriver à 3,000 tonnes.

L'exploitation du sel était liée à celle d'une ferme importante, de manière à ne nécessiter aucuns frais inutiles.

24. De 1825 à 1846, le marais a été affermé suivant un prix de ferme variable, qui s'est élevé un instant jusqu'à 17,000 francs. Depuis 1846 jusqu'en 1866, il a été exploité par son propriétaire, auquel il n'a donné, malgré la meilleure administration, qu'un revenu toujours décroissant. Il est affermé, depuis le commencement de l'année, à la compagnie Renouard, sur la base d'un prix minimum de 3,000 francs, et avec les mêmes clauses ou conditions d'augmentation que les autres marais du département.

31, 35. Le mouvement des eaux nécessite trois élévations successives, au moyen de puits à tympans mis en mouvement par des mules. L'eau a un degré initial qui varie de 0 à 2 degrés.

On n'a jamais fabriqué que de beau sel. Les eaux ayant servi à la fabrication étaient rejetées à la fin de la saison; mais, suivant leur degré, elles étaient utilisées par le mélange avec les eaux neuves dans les premiers bassins dans le courant de la même saison.

37. Juillet et août sont les deux grands mois de la récolte. On ne faisait sur le salin qu'un seul levage et l'on couvrait le sel pendant l'hiver. Dans les années favorables, il s'est fait, et cela a eu lieu souvent, un second levage de sel léger.

Le déposant ne s'est pas rendu compte des frais de chacune des opérations de la fabrication du sel, mais il indique, comme prix moyen de revient, le chiffre de 7 francs à 7 fr. 50 cent. par tonne (non compris la contribution), mais en tenant compte du déchet éprouvé jusqu'au moment de la vente. Il lui est arrivé exceptionnellement de fabriquer au prix de revient de 4 francs. L'année dernière, au contraire, année de mauvaise récolte, la tonne de sel lui a coûté 9 francs.

Les prix de revient indiqués ci-dessus ne comprennent que la moitié des frais de chargement. Pour cette opération, on est en effet obligé de recourir à un travail supplémentaire effectué par des ouvriers à la journée, concurremment avec les ouvriers fixes.

ISSION A. L'exploitation du salin occupe un personnel permanent de : AUDE.

M. J. de Martin.

Un saunier ou patron	1,200f
Un receveur	60 à 70f par mois (chacun).
Un charretier et un aide	
Et trois mésadiers	

Du fait de ce personnel permanent et eu égard à l'importance et à la production restreinte du marais, le prix de revient se trouve grevé de frais généraux relativement élevés.

Quand le personnel permanent est insuffisant, on emploie des journaliers que l'on paye 2 fr. 25 cent., soit 25 centimes de plus que pour les travaux de la campagne.

uestions. 53. On fabriquait dans le salin de Grimaud du sel fort et du sel léger, le sel fort, pesant de 90 à 100 kilogrammes l'hectolitre, et le sel léger, de 60 à 70 kilogrammes. Les poids intermédiaires constituent les sels demi-forts. Le poids du sel léger précité est celui de l'hectolitre *criblé*.

19, 43. Pendant la période de l'exploitation directe de 1846 à 1866, de M. de Martin, il a vendu ses sels à raison de 1 franc les 100 kilogrammes, pris sur le salin, en moyenne et sans distinction de qualité. Il s'est toujours attaché à ne mettre en vente que du sel vieux, plus recherché par les acheteurs en raison de sa siccité.

Le marais de Grimaud est desservi par un chemin vicinal et par la route impériale. La distance qui le sépare de la Nouvelle est de 9 kilomètres. Les produits sont emportés par charrettes ; ils sont, pour la plupart, achetés par des voituriers et transportés directement vers l'intérieur.

44. La route impériale, d'une part, est en mauvais état, et, d'autre part, le port de la Nouvelle ne permet pas l'accès de bâtiments en état de charger le sel pour l'exportation.

51. Le déposant signale encore la situation désavantageuse faite aux salins de l'Aude par le chemin de fer du Midi, dont le tarif est le même, malgré la différence de la distance, pour les sels expédiés de Cette ou de la Nouvelle.

57. M. de Martin ne s'est jamais occupé d'analyser le sel du marais Grimaud et d'en connaître le titre. C'est un ordre d'idées dont le commerce ne se préoccupe en aucune façon. Le commerce recherche le sel de belle apparence, bien grainé, sec, transparent; le producteur cherche à faire le sel qui convient au consommateur.

82. On devrait considérer la présence dans le sel d'une certaine proportion de magnésie plutôt comme une qualité et une cause de supériorité que comme un défaut. L'idée seule que l'on pense à percevoir l'impôt d'après le titre du sel a surpris M. de Martin au dernier degré.

M. de Martin est médecin et, en cette qualité, il exprime le vœu qu'on ne vende que du sel vieux.

On se plaint des salaisons, et pourtant la fabrication s'est plutôt améliorée; mais on livre les sels trop tôt, surtout pour la salaison des viandes. Le déposant s'est toujours attaché à ne vendre que du sel vieux, et il croit l'avoir vendu un peu plus cher que ses voisins ne vendaient le sel récemment fabriqué.

Il vendait autrefois du sel destiné aux fabriques de produits chimiques; mais, depuis que la loi a affranchi ce sel de l'impôt, il a cessé d'en vendre pour cette destination; il croit pouvoir attribuer ce résultat aux formalités prescrites par cette même loi pour empêcher la fraude.

74, 75. On ne peut considérer l'entente existant actuellement entre les producteurs du Midi que comme une simple association, non-seulement utile et licite, mais encore indispensable, si l'on veut que les marais salants de cette région ne continuent pas à végéter misérablement.

94. Les bons effets de la fumure avec l'algue marine sont présumés tenir à la présence des substances salées.

MM. CHARLES POUDEROUS ET FRANÇOIS FIGEAC,

Copropriétaires, actionnaires du salin d'Estarac.

(Déposition orale.)

1, 2. Le salin d'Estarac a une contenance de 59 hectares, contenance qui n'a pas varié depuis vingt ans.

4, 5. La propriété du salin d'Estarac est divisée en trente actions qui ont valu, autrefois, 12,000 francs chacune. Leur valeur a diminué successivement et est actuellement de 4,000 francs.

10, 11, 12. La production moyenne, pour les neuf dernières années, s'élève à 1,860 tonnes; le produit maximum a atteint, en 1864, 2,618 tonnes; le produit minimum a été, en 1865, de 1,024 tonnes. Cet écart est dû simplement aux circonstances atmosphériques.

24. Jadis le salin d'Estarac était affermé à la société Lischtentein pour un prix de 32,000 francs. Depuis 1846, les propriétaires ont exploité

MISSION A. eux-mêmes jusqu'en 1866. Pendant cette période de vingt années, le revenu net a atteint une moyenne de 8,500 francs. Il a été nul pendant quatre années; en revanche, il s'est élevé exceptionnellement, en 1846, à 27,000 francs et, en 1857, à 30,000 francs.

AUDE. MM. C. Pouderous. François Figeac.

Actuellement, et depuis cette année, le marais est affermé à la compagnie des Salins du Midi au prix de 7,600 francs (prix minimum), quel que soit le prix de vente des 100 kilogrammes, sur le salin, au-dessous de 1 fr. 30 cent.; le prix de ferme est augmenté d'un quart du prix minimum, lorsque les 100 kilogrammes se vendent de 1 fr. 30 cent. à 1 fr. 55 cent.; d'un nouveau quart, lorsque le prix de vente est entre 1 fr. 55 cent. et 1 fr. 80 cent., et ainsi de suite.

L'impôt, qui est de 1,500 francs, est à la charge des propriétaires.

Questions. 7, 8. Le marais comprend des garrigues, des dépaissances et quelques terres cultivables dont le produit est évalué à 1,000 ou 1,200 francs par an.

29. La fabrication n'a pas varié depuis vingt ans: elle consiste, comme dans les autres salins de l'Aude, à faire des sels forts, qu'on obtient dans des eaux de 26 ou 27 degrés; puis on emploie les eaux mères à un degré supérieur pour leur faire déposer des sels légers; après quoi les eaux de 29 à 30 degrés sont reprises et conduites dans les premiers partènements, où elles se mélangent avec des eaux vertes pour rentrer dans le mouvement de la fabrication.

Après la récolte, les eaux mères sont gardées, et on les fait souvent resservir l'année suivante mélangées avec des eaux neuves.

35. Dans le salin d'Estarac, les eaux subissent trois élévations au moyen de roues à tympans. On emploie huit chevaux pour opérer ces mouvements d'eau. L'introduction de machines à vapeur serait une amélioration dans la fabrication, mais le salin n'est pas assez prospère, actuellement, pour qu'on puisse établir ce perfectionnement.

37. Les sels forts sont couverts en novembre; les sels légers, en janvier ou février.

Le prix de revient (contributions comprises) a été de 12 francs à 12 fr. 50 cent. par tonne, en moyenne, pendant les neuf dernières années.

Ce prix de revient est de beaucoup supérieur à celui des marais voisins, et cela résulte de ce que le salin d'Estarac fabrique dans d'assez mauvaises conditions.

31. La saline d'Estarac fabrique dans de mauvaises conditions à cause des eaux douces que la Robine déverse dans l'étang de Bages, ce qui tient

COMMISSION A. — Aud. MM. C. Pouderous. François Figes. E. Dartiguelon[gue].

la saline à un degré très-bas. La main-d'œuvre est la même que celle des établissements voisins.

La saline fabrique les quantités dites plus haut, soit, en moyenne, 1,860 tonnes.

Le personnel permanent du salin se compose ainsi :

Un saunier	1,000f à 1,200f	
Un receveur	1,000	1,200
Un sous-saunier	60 par mois.	
Un charretier	60	
Un aide-charretier	30	
Quatre mésadiers (chacun)	60	

Questions. 19. Lorsque les propriétaires du salin d'Estarac exploitaient eux-mêmes de 1846 à 1866, ils ne vendaient qu'à la mesure. Le poids moyen des sels, tant forts que légers, était de 80 kilog. l'hectolitre. Il se vendait 1 franc, pour les sels forts comme pour les sels légers. Malgré l'uniformité du prix pour des sels de poids différents, les marchands préféraient les sels légers lorsqu'ils devaient les porter dans les pays où l'on vend à la mesure. Il faut dire aussi que pour le sel léger on leur faisait bonne mesure, et qu'ils profitaient alors d'une différence de 4 à 5 p. o/o.

43. Les sels du salin d'Estarac sont transportés en charrettes à Narbonne au prix de 55 centimes les 100 kilog. (la distance est de 8 kilomètres).

65. Les débouchés sont les départements suivants : Tarn, Lot, Lot-et-Garonne, Ariége et Cantal.

M. EUGÈNE DARTIGUELONGUE,

Copropriétaire des salins de Peyriac et de Sigean.

(Déposition orale.)

1. Il existe dans l'arrondissement de Narbonne onze salins, savoir :

1° Le salin d'Estarac, situé dans la commune de Bages, établi vers 1810; contenance, 53 hectares;

2° Le salin de Peyriac, situé dans le commune de ce nom; contenance approximative, 60 hectares;

3° Le salin du Lac, établi vers 1810 sur les dépendances du domaine appartenant actuellement au duc de Sabran, commune de Sigean; contenance, 26 hectares 62 ares.

4° Le salin dit *grand salin de Sigean;* contenance, 92 hectares 61 ares;

5° Le salin Grimaud, établi l'an III de la République dans la commune de Sigean; contenance, 29 hectares 91 ares;

MISSION A. AUDE. M. Dartiguelongue.

6° Le salin Tallavignes, établi en l'an XI dans la commune de Sigean ; contenance, 46 hectares 56 ares;

7° Le salin de Sainte-Lucie, établi vers 1828 dans la commune de la Nouvelle ;

8° Le salin Jules, établi vers 1844 à l'île Sainte-Lucie, commune de la Nouvelle;

9° Le salin de Leucate, situé commune de Leucate;

10° Le salin de Fleury, situé commune de Fleury;

11° Le salin d'Ouveillan, situé commune de ce nom.

Ces trois derniers salins ont cessé d'être en activité depuis plusieurs années.

Questions. 4. Dans l'arrondissement de Narbonne, on ne peut fixer la valeur de la propriété d'un marais salant par hectare et surtout celle des salins dits *de Peyriac* et *de Sigean*, dont la création remonte à l'année 1600; à cette époque, lorsque ces deux salins furent autorisés, ils durent être entourés de fossés, digues et chaussées. Le salin comprit ainsi des terres excessives, et si aujourd'hui l'on évaluait la valeur de ces salins suivant le nombre des hectares, cette évaluation serait complétement inexacte.

Pour convertir en terres arables ces partènements ou hectares excessifs, il faudrait amener sur ces terres les eaux douces; ces eaux n'existent pas, les propriétaires ne peuvent se les procurer, ni naturellement, ni artificiellement; de là, nécessité pour les propriétaires des salins de rester absolument dans le *statu quo*.

5. Suivant toute autre mesure, on ne peut également fixer la valeur véritable d'un des salins de l'arrondissement de Narbonne; d'après le rôle des contributions, les salins sont imposés comme des terres de première classe; quelques années exceptionnelles semblent justifier ce classement. Mais à côté de ce rapport exceptionnel se trouvent des années où les salins n'ont donné aucun dividende, et ces salins n'en restent pas moins classés comme terres de première classe. La vérité est que si ces salins n'appartenaient à des sociétés composées d'actionnaires qui ne gardent ces actions que comme un héritage de peu de valeur, ou si quelques-uns de ces salins n'appartenaient à des propriétaires riches qui les trouvent enclavés pour ainsi dire dans leur propriété rurale, les salins de l'arrondissement de Narbonne seraient depuis longtemps abandonnés ou inexploités. Les premiers frais d'établissement d'un salin sont considérables; l'exploitation annuelle très-coûteuse. Chaque année, les salins de Peyriac et Sigean, qui appartiennent à la même société, exigent un mouvement de fonds de 40,000 à 50,000 francs lorsque le levage des sels n'est pas considérable, et de 60,000 à 70,000 francs lorsque les levages sont abondants. Dans cette position, lorsque quelques actions des

COMMISSION A. — AUDIT. — M. Dartiguelo

salins de Peyriac et Sigean sont mises en vente, on trouve difficilement des acquéreurs, et lorsque ces acquéreurs se présentent, ces actions se vendent à des prix qui très-certainement aujourd'hui ne représentent pas un tiers des frais de premier établissement. Il est donc bien difficile, sinon impossible, d'établir la valeur exacte d'une pareille propriété, qui n'a ni marché ni revenu régulier, dont l'exploitation est très-onéreuse, qui a coûté de grands frais de premier établissement et dont la valeur a été toujours en diminuant dans un pays où toutes les autres propriétés rurales ont plus que triplé de valeur par l'effet seul des années écoulées.

Questions.

6. Les propriétés rurales ont eu, dans l'arrondissement de Narbonne, une progression constante; on peut hardiment affirmer que la propriété achetée il y a quarante ou cinquante ans a doublé et triplé de valeur, sans que le propriétaire se soit livré à de grands travaux d'amélioration.

Pour les salins, au contraire, leur valeur a successivement diminué; pour ma part, je puis affirmer et prouver le fait suivant :

Depuis plus d'un siècle (1761), ma famille est propriétaire d'un trentième environ de la société des salines dites *Narbonne, Peyriac et Sigean;* dans les actes de partage antérieurs à 1789, cette part est évaluée à 10 000 livres; dans les actes postérieurs à 1789, cette part est évaluée à 10,000 francs; et si aujourd'hui je voulais vendre ou céder cette part, je serais obligé d'attendre un moment favorable pour obtenir ce prix de 10,000 francs; très-certainement, si une vente forcée avait lieu à une époque malheureusement trop fréquente dans l'histoire de nos salines (ainsi périodes 1816 à 1828, 1847 à 1856, 1861 à 1865), on n'obtiendrait pas ou l'on obtiendrait très-difficilement le prix d'achat de 1761, si toutefois encore on peut regarder, en 1866, 10,000 francs comme équivalent de la somme de 10,000 livres en 1761.

9. A ma connaissance, un seul salin, celui dit *salin de Narbonne* et aujourd'hui propriété de Mandirac, a subi cette conversion, car le salin de Leucate ne peut être pris pour exemple, et le salin d'Ouveillan, pour cause de salubrité publique, a été converti ou est en train d'être converti.

Le salin de Narbonne, vendu, le 28 mars 1832, à la compagnie Lichtenstein, moyennant la somme de 55,000 francs, avait une superficie très-étendue. Situé sur les bords du canal de la Robine, il pouvait s'irriguer les eaux du déversoir, et sa destination première était susceptible d'être modifiée. La compagnie Lichtenstein a fait d'énormes travaux, établi des rizières, puis des prairies, a dépensé successivement plus d'un million, et, en fin de compte, cette propriété, trente ans après, a été revendue de 250,000 à 300,000 francs.

Une semblable opération ne peut se renouveler, et si les propriétaires des salins de Narbonne, Peyriac et Sigean étaient forcés de renoncer à l'exploitation de leurs salins de Peyriac et Sigean, ce qu'ils auraient de mieux à faire serait de constituer un capital pour payer les impôts annuels et les réparations des digues qui les protégent contre les envahissements des eaux salées, éviter ainsi toutes les expropriations, laisser leurs terres en friche et attendre du temps et des eaux de la pluie la transformation de leurs partènements et de leurs tables saunantes en terres arables.

estions.

10. La production moyenne annuelle est de 30,000 hectolitres pour le marais de Peyriac et de 50,000 pour le marais de Sigean. L'hectolitre de sel fort pèse de 80 à 90 kilogrammes, l'hectolitre de sel léger pèse de 50 à 60 kilogrammes. Du reste le poids varie suivant les salins.

11. Dans l'arrondissement de Narbonne, aucune circonstance favorable n'excite la production du sel; aucune circonstance ne permet également de limiter cette production lorsque les salins ne sont pas affermés à une compagnie puissante, Lichtenstein, Rigal ou Renouard.

En effet, lorsque les salins sont exploités par leurs propriétaires, aucune circonstance favorable n'excite cette production :

1° Par la concurrence de tous les établissements, les prix sont avilis;

2° L'établissement de la voie ferrée à 10 kilomètres des salins augmente les frais de transport et facilite, au contraire, les débouchés des salins de l'Hérault;

3° Ces derniers salins sont, en outre, très-injustement favorisés par les tarifs spéciaux qui diminuent les marchés naturels du département de l'Aude;

4° Les routes impériales sont en mauvais état; en 1865, le mauvais état de la route impériale n° 9 empêcha aux mois de janvier et février les charretiers d'aller charger du sel aux salins de Peyriac et Sigean;

5° Enfin, la situation du port de La Nouvelle est telle qu'elle ne permet pas aux navires de la Baltique de venir charger les vins de Narbonne dans ce port et de prendre pour complément de fret les sels de nos salins.

Toutes ces causes n'excitent pas la production.

D'un autre côté, les constitutions de ces salins ne permettent pas de la limiter. Un salin est géré par un contrôleur, par un patron saunier, par plusieurs journaliers, afin de pouvoir répondre à toute demande de vente. Pendant l'été, la douane ne permet pas que les sels qui se déposent naturellement sur les tables saunantes restent en cet état; elle exige que ces sels soient levés et réunis en masse, ou bien qu'on les noie; de là, nécessité de faire manœuvrer les puits à roue. Toutes ces nécessités constituent des dépenses fixes presque invariables, de telle sorte que pour les rendre profitables, il n'est besoin que d'ajouter à ces frais ceux

Commission A. de levage des sels; de là, nécessité ou calcul, pour ces établissements, de sauner chaque année. Aude. — M. Dartigue.

Si l'impôt sur les sels venait à être supprimé complétement, nul doute que la liberté donnée à cette industrie ne serait très-avantageuse aux salins de l'arrondissement de Narbonne; les sels, salis par les pluies d'orage et noyés parce qu'ils ne sont pas en l'état actuel classés comme sels marchands, seraient vendus à l'agriculture comme engrais; les nombreux troupeaux des Corbières, des Pyrénées-Orientales, de l'Ariége, du Tarn, etc. doubleraient ou tripleraient notre consommation.

Sous tous ces rapports, la liberté complète de l'industrie des sels serait très-avantageuse pour l'arrondissement de Narbonne.

Questions. 12. Un été sec, sans orages, avec persistance de vent du nord (le vent venant de la mer mollit les eaux, et malgré un soleil brûlant le sel ne dépose pas), permettrait sans effort de lever, sur le salin de Peyriac, 4,500 tonnes de sel, et sur celui de Sigean, 5,500 tonnes.

Lorsqu'un orage survient fin juin ou au commencement de juillet, il faut diviser en deux périodes la saison : la première est annihilée, la deuxième permet de récolter du sel léger; la récolte du sel fort est alors nulle ou presque nulle.

Un été pluvieux rend quelquefois tout levage impossible; le plus souvent les levages sont insignifiants; le sel léger récolté est alors très-déliquescent et, réuni en camelles, il perd en grande quantité.

Je puis affirmer le fait suivant : en 1853, le printemps fut pluvieux, les travaux préparatoires des salins de Peyriac et Sigean furent retardés, et cette année l'on ne put faire qu'un seul levage; ce levage ne pouvait être commencé à cause des fêtes patronales qu'après les 15 et 16 août. Le samedi 13 août 1853, je visitai le salin de Peyriac; la récolte était magnifique, abondante; le mardi 16 août, un violent orage survint, la récolte fut presque entièrement perdue et ce seul orage d'une nuit occasionna aux deux salins de Peyriac et Sigean une perte de 40,000 francs au moins.

Il est donc incontestable que les circonstances atmosphériques ont une influence radicale sur la production du sel; mais on peut ajouter qu'en général les conditions climatériques sont favorables à la production du sel dans le Midi.

19. Les prix de vente sur les salins ont varié : on les a vus à 6 francs la tonne, prix auquel on peut considérer le producteur plutôt en perte qu'en bénéfice. Ils ont été souvent à 7 francs et 7 fr. 50 cent. Il y a quelques années, une association faite entre les marais de Peyriac et Sigean et celui d'Estarac a permis d'obtenir un prix de 10 francs la tonne. En 1857, par suite de circonstances tout à fait exceptionnelles, le prix de vente de la tonne a doublé et même triplé.

Nos débouchés ordinaires sont :

Lot, Cantal, Lot-et-Garonne, Aveyron, Tarn-et-Garonne, Haute-Garonne, Ariége, Tarn, Aude, Pyrénées-Orientales et partie du département de l'Hérault. Exceptionnellement (1857) Libourne, Châteauroux, Bordeaux.

Les salins du département de l'Aude ont droit de prétendre aux marchés de Lot-et-Garonne (Agen, Nérac), Lot, Cantal, Haute-Garonne, Ariége, Tarn, Tarn-et-Garonne, Pyrénées-Orientales.

Très-certainement la bonne qualité de leurs sels et le prix de revient assureraient ces marchés à la consommation des produits des salins de l'Aude, si des réglementations injustes et contre lesquelles ils n'ont cessé de protester ne leur avaient enlevé ces marchés.

De 1830 à 1852, les salins de l'arrondissement de Narbonne ont été monopolisés par la compagnie Lichtenstein, dont le siége était à Montpellier. Aucun article du traité n'exigeait de cette compagnie de respecter les marchés naturels de chaque région. La compagnie Lichtenstein, forte de son monopole, négligea les salins de l'arrondissement de Narbonne et porta tout ou presque tout le mouvement de ses ventes sur les salins de l'Hérault.

De 1852 à 1857, les salins de l'arrondissement de Narbonne, devenus libres par suite de la dissolution de la compagnie Lichtenstein, regagnèrent peu à peu leur influence naturelle sur les marchés et débouchés relevant naturellement de leur région.

L'établissement du chemin de fer du Midi, en plaçant la voie ferrée à une distance moyenne de 9 kilomètres de chaque salin, a nécessité de chaque salin aux gares de chemin de fer un accessoire de transport par charrette qui a favorisé les salins de l'Hérault et attribué à ceux-ci une certaine influence sur les marchés des régions qui ne devraient relever que des salins de l'arrondissement de Narbonne; mais ces avantages ont été singulièrement et, selon moi, très-injustement aggravés par l'homologation donnée aux tarifs spéciaux de la compagnie du chemin de fer du Midi; ainsi :

1° Le tarif spécial n° 5, homologué les 6 septembre 1864, 5 mai, 25 septembre, 23 octobre et 26 décembre 1865 et 8 mai 1866, règle le transport à Foix; la distance est :

De Lapeyrade-Cette à Foix	301 kilom.
De La Nouvelle à Foix	246
De Narbonne à Foix	227

Le prix de transport des sels est fixé :

De Lapeyrade-Cette à Foix	15f 00c la tonne.
De La Nouvelle à Foix	13 00
De Narbonne à Foix	11 50

COMMISSION A. — AUDE. — M. Dartiguelongue.

En comparant ces prix avec les distances à parcourir, on voit un avantage accordé à chaque tonne partant de Cette. En exacte justice, le prix devrait être :

De La Nouvelle à Foix	12f 30c au lieu de	13f 00c
De Narbonne à Foix	11 35	11 50

Le même tarif règle les transports suivants :

De Lapeyrade-Cette, Narbonne, La Nouvelle	à Castres	12f
	à Saint-Gaudens	15
	à Montrejeau	15
	à Saint-Girons	15
	à Auch	20

Le tarif spécial n° 40, homologué le 31 août 1864 et le 31 janvier 1866, réglemente le transport :

Lapeyrade-Cette, Narbonne à Bordeaux	prix unique :
Narbonne à Bordeaux	16f la tonne.

Et comme le chemin de fer permet au wagon de s'arrêter en route, ce tarif est avantageux et applicable à toutes les localités où le tarif ordinaire de la tonne dépasse 16 francs, c'est-à-dire à Agen.

Ces tarifs spéciaux sont injustes, abusifs; ils le seraient bien davantage si nous ne protestions pas.

On ne peut croire aux raisons alléguées par la compagnie du chemin de fer du Midi; évidemment cette compagnie cherche à favoriser les salins de l'Hérault qui, sous la dénomination de *salins du Midi,* se rattachent, par leur origine et leur administration, à la même origine et administration que la compagnie des chemins de fer du Midi.

Le tarif spécial n° 46, homologué les 30 août 1864, 24 avril et 28 septembre 1865, en donne la preuve.

Ce tarif réglemente comme suit le transport par tonne :

Lapeyrade-Cette à Lodève, 84 kilomètres	7f 00c
La Nouvelle à Lodève, 123 kilomètres	8 50
Narbonne à Lodève, 102 kilomètres	8 50

Il n'y a égalité ici que pour Narbonne et La Nouvelle, mais non plus comme dans les tarifs spéciaux nos 5 et 40 pour Cette et La Nouvelle et Narbonne.

Question 24. Les propriétaires des marais de Sigean et Peyriac forment une société en participation. Cette société s'est constituée en l'année 1600.

Depuis le 1er mars 1866, les marais sont affermés à la compagnie des Salins du Midi.

De 1852 à 1866, les propriétaires ont exploité eux-mêmes. Anté-

[COM]MISSION A. rieurement à 1852, ils affermaient leurs marais, et le dernier fermage était de 25,000 francs. AUDE. M. Dartiguelongue.

La société des salins de Peyriac et Sigean a distribué à ses actionnaires, de 1846 à 1865, une somme moyenne et annuelle de dividende de 15,750 francs (calcul fait sur l'ensemble des sommes distribuées) après en avoir distrait les deux années où le revenu a été le plus élevé et les deux années où il a été le moins élevé.

D'après les mêmes calculs, les vingt années antérieures à 1845 ont donné une moyenne de dividende de 33,000 francs.

Toutefois nous devons faire observer que, pour ne parler que du produit de la vente des sels, il faut réduire chacun des chiffres ci-dessus de 4,000 francs. Ces 4,000 francs proviennent soit du revenu de quelques immeubles, soit de quelques capitaux en réserve appartenant à l'association depuis et avant la vente du salin de Mandirac à la compagnie Lischtentein, en 1832.

Questions. 29. Les procédés de fabrication dans le Midi sont meilleurs que dans l'Ouest, en ce sens que les sauniers du Midi ne récoltent le sel que quand il est bien formé, au lieu de le récolter presque journellement.

Dans le Midi, les sels légers restent découverts tout l'hiver.

Le reversement des eaux mères dans les eaux qui doivent servir à faire le sel est diversement apprécié. Nous avons entendu dire à un ancien saunier que c'était jeter l'or à la mer que d'y jeter les eaux mères. Le salin de Peyriac a toujours été renommé pour les sels légers qu'il produisait, et ce résultat était attribué par ce saunier à ce que les eaux mères s'écoulaient dans un petit étang qui servait de réservoir au marais.

On ne fait qu'une récolte de sel fort, mais on en fait deux de sel léger; on peut même en faire trois si la saison est très-favorable.

[3]4, 35, 36, 37. Nous ne pouvons donner un compte exact et détaillé du prix de revient. Pour une production moyenne de 30,000 hectolitres à Peyriac et de 50,000 hectolitres à Sigean, les dépenses d'exploitation s'élevaient à 25,000 francs environ pour le salin de Peyriac et de 30,000 à 35,000 fr. pour celui de Sigean.

44. L'écoulement des produits des marais de Peyriac et de Sigean serait facilité:

Par un meilleur entretien de la route impériale de Narbonne à Perpignan: cette route devient parfois impraticable en hiver;

Par l'amélioration du port de La Nouvelle: si les navires étrangers, particulièrement ceux du Nord, pouvaient venir charger des vins à La Nouvelle, il arriverait fréquemment qu'ils compléteraient leur cargaison avec du sel.

COMMISSION A. — Questions. — AUDE. — MM. Dartiguelong, Martin Bossu[ge]

79. Nous demandons l'égalité dans l'allocation du déchet. Le sel de l'Ouest, s'il était bien fabriqué, n'aurait pas besoin d'un déchet plus considérable que celui du Midi.

93. L'agriculture n'emploie pas le sel; les moyens de dénaturation sont trop difficiles.

M. MARTIN BOSSUGE,

Grainetier à Narbonne, commerçant de sel en gros et au détail.

(Déposition orale.)

19. Avant la dernière hausse, il s'approvisionnait au grand salin de Sigean où il prenait du sel demi-fort. Le prix était ordinairement de 67 centimes et demi les 100 kilogrammes. Il a payé quelquefois 55 centimes seulement. Quand il prenait du sel fort, on lui demandait 80 centimes.

43. Aujourd'hui il se pourvoit à Peyriac et à Estarac, qui sont plus rapprochés, et paye 2 fr. 05 cent. les 100 kilogrammes de sel fort, le seul qu'il achète. Comme il envoie prendre le sel par des rouliers, il est chargé des frais de transport, lesquels, pour Sigean, s'élevaient à 60 centimes l'été, et à 70 centimes l'hiver, somme à laquelle il fallait ajouter 5 centimes pour le chargement au salin, et 5 centimes pour le déchargement chez lui. Ces mêmes frais, pour le salin d'Estarac, ne s'élèvent qu'à 55 centimes les 100 kilogrammes, y compris les 10 centimes dont il vient d'être parlé.

Le déposant se charge encore de l'acquittement du droit pour jouir du taux accordé pour le déchet, et il fait toujours des chargements assez importants pour obtenir l'escompte accordé par le Gouvernement à tout versement supérieur à 300 francs.

Le déposant revend en gros; son prix de revente était avant la hausse de 11 fr. 25 cent. le sac, et de 6 francs le demi-sac; et maintenant 12 fr. 50 cent. le sac, et 6 fr. 50 cent. le demi-sac.

Au détail, le prix ancien de 15 centimes le kilogramme à été porté à 20 centimes depuis la surélévation du prix des producteurs, et ce prix de 20 centimes ne s'élèvera désormais que si les prix sur les salins s'élevaient encore d'au moins 3 francs par 100 kilogrammes.

53. Le déposant dit que le sel préféré dans le pays est le sel fort, celui dont les grains sont gros et transparents. Dans d'autres endroits, comme à Villefranche par exemple, on préfère les sels légers. Les *rouliers* achètent au poids ce sel léger et le revendent à la mesure avec un fort bénéfice.

MM. D. Gayraud. Baisset.

M. DOMINIQUE GAYRAUD,

Marchand grainetier.

(Déposition orale.)

uestions. 19, 43. Le déposant n'a pas acheté de sel depuis l'augmentation des prix qui a eu lieu cette année. Il s'est fourni, jusqu'ici, auprès des propriétaires du salin de Sainte-Lucie, qui lui ont vendu le sel, par le passé, à 10 fr. 80 cent. les 100 kilogrammes en moyenne, rendu chez lui, droit acquitté et argent comptant. Les frais de transport devaient figurer dans ce chiffre pour 30 centimes.

Depuis que les producteurs de sel ont élevé leur prix de vente, c'est-à-dire depuis leur accord du commencement de l'année, le déposant vend le sel en gros 12 fr. 25 cent. les 100 kilogrammes; auparavant il le vendait tantôt 11 fr. 25 cent., tantôt 11 fr. 50 cent. La réunion dans une seule main de diverses salines du Midi est excessivement nuisible à tout le monde, en général. La société abuse quotidiennement du monopole qu'elle possède : en pressurant les négociants, elle les force à exercer à leur tour une pression plus grande sur les consommateurs qui, en réalité, sont les seuls à souffrir de ses actes arbitraires. Aussi une révision sévère devient-elle de jour en jour plus urgente et nécessaire.

Le déposant vend également au détail. Avant la dernière hausse, il vendait 15 centimes le kilogramme et 10 centimes le demi-kilogramme. Depuis il a essayé de vendre 20 centimes; mais il a dû reprendre l'ancien prix par suite de la concurrence des autres détaillants. Quand il vend en gros, c'est aux *rouliers* qui viennent acheter pour approvisionner les pays voisins jusque dans les environs de Foix. Il n'est approvisionné que de sel fort qui a les préférences de la contrée voisine. Certains autres pays, notamment ceux où l'on vend à la mesure, achètent du sel léger.

Il n'achète jamais au-dessous de 33 sacs, de manière à jouir de l'escompte que fait l'Administration pour chaque versement de 300 francs.

M. BAISSET,

Epicier à Narbonne.

(Déposition orale.)

19, 43. Le déposant achetait les sels 11 fr. 25 cent. avant la dernière hausse; il les achète à présent 12 fr. 50 cent. Il vendait 15 centimes le kilogramme, et il le vend aujourd'hui 20 centimes, prix qui ne serait augmenté que si le marchand en gros élevait de 4 à 5 francs son prix de vente des 100 kilogrammes. Ce prix est général et le même dans tout le pays.

Commission A.

Aude.

M. Abraham.

M. ABRAHAM,

Épicier à Narbonne

(Déposition orale.)

Questions. 14, 43.

Le déposant se pourvoit de sel en l'achetant, par sacs, chez M. Rosier, négociant en gros, qui le lui vendait, avant la dernière hausse, 11 fr. les 100 kilogrammes, lui faisant ainsi une faveur de 25 centimes, et qui le lui vend maintenant, comme à tout le monde, 12 fr. 50 cent.

Le déposant qui vendait le sel 15 centimes le kilogramme au détail, le revend aujourd'hui 20 centimes, et il croit savoir que ce prix est le même chez les autres détaillants, sauf peut-être chez ceux qui ont fait une forte provision avant l'élévation des prix, et qui en font profiter le consommateur. Ce prix de 20 centimes ne souffrira plus d'augmentation, à moins d'une forte hausse sur les prix actuels de vente aux salins.

Le déposant ne s'approvisionne que de sel fort; il l'achète et le vend au poids.

DÉPARTEMENT DES PYRÉNÉES-ORIENTALES.

Dans le département des Pyrénées-Orientales, l'Enquête a eu lieu du 7 au 9 juillet 1866. Elle a été annoncée et le Questionnaire a été porté à la connaissance du public par des insertions faites dans le journal des *Pyrénées-Orientales* des 18 mai, 1er et 5 juin et 3 juillet 1866.

La Commission s'est complétée par l'adjonction de :

MM. Baragnon, secrétaire général de la préfecture;
Vilallongue, président de la chambre de commerce de Perpignan.

La Commission a reçu les déclarations de :

MM.

1° Patau, saunier, préposé à l'exploitation des salins Cordes et Durand ;

2° Annibert, inspecteur des douanes à Elne;

3° Pastor, négociant en sel;

4° Lacoste, commerçant en sel.

Commission A.

DÉPARTEMENT DES PYRÉNÉES-ORIENTALES.

M. PATAU,

Saunier des salins Durand et Cordes.

(Déposition écrite et orale.)

Questions.

1. Le déposant est préposé à l'exploitation du salin Durand depuis plus de vingt ans; depuis le mois de mars 1866, il est en outre chargé de l'exploitation du salin Cordes.

La contenance du salin Durand est de 120 hectares.

Le déposant ne connaît pas exactement la contenance du salin Cordes; elle est à peu de chose près la même que celle du salin Durand.

Ces deux salins sont les seuls que renferme le département des Pyrénées-Orientales.

3. Le salin Cordes est en chômage cette année.

4, 5. Le salin Durand a été créé il y a vingt-cinq ans; il a coûté 144,000 fr. d'établissement, y compris 20,000 francs de constructions. La valeur actuelle est inférieure à son prix d'établissement, si l'on en juge par les produits annuels de la propriété, produits le plus souvent inférieurs aux frais de fabrication et d'entretien.

8. Il n'y a pas de terres cultivables adjointes aux marais salants.

10. La production moyenne du salin Durand est de 6,000 hectolitres, équivalant à peu près à 540 tonnes.

24. Le salin Durand appartient à une société de propriétaires, représentés par M. Justin Durand, le principal d'entre eux.

Il a été exploité pour le compte de ses propriétaires jusqu'à la fin de l'année dernière; depuis cette époque, il est affermé à la compagnie Renouard pour le prix de 3,000 francs, prix susceptible d'augmentation, conformément aux clauses communes aux baux passés avec tous les salins de l'Aude et des Pyrénées-Orientales.

Le salin Cordes appartient à Mme veuve Cordes.

Il est affermé à la compagnie Renouard depuis la fondation de cette compagnie (1836). Le prix de fermage actuel est de 3,000 francs.

29. Le salin Durand prend son eau d'alimentation à un étang; le degré de cette eau varie de 1 à 2. Cette eau est élevée immédiatement sur les par-

tènements extérieurs au moyen de tympans mis en mouvement par des mules. Deux autres élévations sont nécessaires pour amener les eaux jusqu'aux tables salantes; ces divers mouvements d'eau nécessitent le travail de huit mules.

A Cordes, l'eau entre naturellement dans les premiers partènements; néanmoins il y a aussi trois mouvements d'eau qui ne nécessitent que le travail de cinq ou six mules.

Au salin Durand, on fabrique du sel fort et du sel léger, mais plus du premier que du second. Le sel fort est obtenu des eaux amenées par l'évaporation régulière du degré 25 au degré 27. Le sel léger est obtenu par la concentration de ces mêmes eaux jusqu'au degré 30. Les eaux mères sont rejetées dans l'étang, et d'ailleurs, avec la disposition actuelle du marais, elles ne pourraient pas être conservées. A la fin de la saison, on ne garde pour l'année suivante que les eaux qui n'ont pas déposé de sel.

La fabrication n'a pas varié depuis vingt ans.

A Cordes, on ne fabrique que du sel fort.

Questions. 32. Les diverses parties du marais sont, les unes à l'égard des autres, dans les proportions suivantes :

Partènements extérieurs	2/6
Partènements intérieurs	3/6
Tables salantes	1/6

37. On fait en ce moment la récolte du sel léger au salin Durand. Dans une bonne année, il peut être fait deux récoltes de sel léger. On ne fait qu'une récolte de sel fort à l'époque ordinaire, mois d'août.

Le sel fort se couvre en novembre, et le sel léger après l'hiver.

Le personnel permanent du salin Durand se compose ainsi :

Un saunier, à	1,500f par an.
Un charretier, à	420
Un aide charretier, à	300
Trois ouvriers, à	600 (chacun).
Trois femmes, à	300 (chacune).

La préparation du marais avant l'époque de la saunaison et le lavage de la récolte nécessitent l'emploi d'un certain nombre de journaliers.

43. Le sel fort se vend au poids. Les prix de vente sur le salin, depuis 1849 jusqu'au 1er mars dernier, ont été de 75 à 80 centimes les 100 kilogrammes; avant 1849, ils se sont élevés un moment jusqu'à 3 francs; le prix actuel est de 2 francs.

Commission A. | Pyrénées-Orientales. | MM. Patau. Annibert.

Quant au sel léger, on le crible : le sel en gros grains provenant de cette opération se vend le même prix que le sel fort.

Le sel menu résidu du criblage, ou criblures, ne se vend que 85 centimes les 100 kilogrammes, quand on trouve à le vendre, car il est arrivé plus d'une fois qu'on a été obligé de le jeter. Les quantités de ce sel qui se vendent s'expédient dans la direction d'Aurillac.

L'opération du criblage donne environ un tiers de criblures.

Le sel fort pèse 95 kilogrammes l'hectolitre; le sel léger brut, 80 kilogrammes; le sel léger criblé, 63 où 64 kilogrammes.

Les sels du salin Durand s'expédient par charrettes au moins jusqu'à la gare du chemin de fer de Salces; la distance est d'environ 12 kilomètres. Le prix du transport est de 50 centimes par 100 kilogrammes.

La voie de communication est un chemin vicinal, assez mauvais en hiver.

Le salin Cordes, situé à un kilomètre au delà du salin Durand, est dans des conditions analogues.

M. ANNIBERT.

Inspecteur des douanes à Elne.

(Déposition écrite et orale.)

Questions. 1. 2. Deux salins seulement existent dans le département; le salin Durand est de 80 hectares, et le salin Cordes, de 35 hectares. Leur contenance est la même aujourd'hui qu'autrefois. Le salin Cordes ne saune pas cette année.

4, 5. La valeur des salins Durand et Cordes est de 800 francs à peu près par hectare. Ils ne sont que des marais de troisième classe à cause de la difficulté des communications. Le prix de l'hectare de terrain, au moment de la construction des deux salins, était de 80 francs environ.

6, 7. Les terres qui avoisinent les deux salins dont il s'agit sont incultes et impropres à tout genre de culture.

9. Il serait fort difficile ici de convertir les salins ou leurs environs en pâturages ou en terres cultivées. Cette opération n'a pas été tentée.

10, 11. La production annuelle moyenne des deux salins de Cordes et de Durand a été, pour la période 1856 à 1865, de 1,700 tonnes.

12. Les débouchés étant toujours les mêmes, les circonstances atmosphériques seules excitent ou limitent leur production; cette production est, par hectare : salin Durand, 125 hectolitres; salin Cordes, 200 hectolitres.

La production d'une année favorable ne dépasse jamais, pour le salin Durand, le chiffre de 10,000 hectolitres, et 7,000 hectolitres pour le salin Cordes.

Lorsque l'année est mauvaise, la récolte des salins Durand et Cordes atteint à peine le chiffre de 3 à 4,000 hectolitres pour chacun.

[Qu]estions.

19. Avant 1848, les salines des Pyrénées-Orientales étaient entre les mains d'une puissante compagnie du Midi, dont le siége était à Montpellier. Cette compagnie s'est dissoute en 1848 après avoir subi des pertes énormes. Avant 1848, les sels forts se vendaient jusqu'à 6 francs les 100 kilogrammes; après cette époque, on les donnait à 1 franc et 80 centimes le quintal métrique, c'est-à-dire dans des conditions ruineuses.

20. Les salins Durand et Cordes n'ont jamais eu d'autres débouchés que le Roussillon, la Cerdagne et quelques localités de l'Aude. Les criblures du sel léger vont dans le Cantal.

24. Le salin Durand appartient à M. Justin Durand, de Perpignan, et à deux ou trois autres propriétaires. Le salin Cordes est la propriété des héritiers de Mme veuve Cordes. Il n'y a pas de société de capitalistes et partant de capital engagé. A partir du 1er mars de l'année courante, ces deux marais ont été affermés à la compagnie Renouard, des Salins du Midi, dont le siége principal est à Paris.

Le prix de la location du salin Durand est, je crois, de 3,000 francs par an, avec réserve d'une augmentation proportionnelle lorsque la valeur du sel augmente dans une certaine proportion. Celui du salin Cordes remonte à l'année 1828 et est de 6,000 francs.

25. En général, les salaires des ouvriers paludiers sont de 2 francs par jour.

26. Le salin Durand a été exploité jusqu'à ce jour par ses propriétaires. Le salin Cordes, au contraire, a été régi depuis 1828 par la compagnie fermière actuelle des salines de l'Aude et des Pyrénées-Orientales.

L'exploitation directe est préférable pour l'ouvrier. La ferme offre plus d'avantage au propriétaire, qui n'a plus à lutter contre la concurrence des produits similaires des autres établissements.

28. La réunion des propriétaires ou des intéressés dans les marais salants est désirable, elle est possible parce qu'il n'y a rien d'impossible; mais ce qui s'y oppose, du moins dans le Midi, c'est l'apathie des propriétaires, qui sont pour la plupart des rentiers ou de riches viticulteurs, et leur défaut d'entente.

29. Les procédés de fabrication du sel sont tous les mêmes dans nos salines. Ils n'ont pas varié depuis vingt ans. Des améliorations, sans nul doute, pourraient être introduites; mais, en présence d'une bien grande fabrication dans le département voisin, le prix réduit de la denrée semble arrêter les propriétaires dans les dépenses à faire.

35. L'eau est élevée à l'aide de puits à roue à la hauteur environ de 1,m50, suivant le niveau de la mer.

37. La récolte du sel a lieu du mois de juin au mois de septembre. Le sel est mis en masses sur des emplacements appelés *fenilles*. Chaque masse, pour être préservée des pluies de l'hiver, reçoit une couverture en joncs de mer.

39. Les eaux mères, dans les Pyrénées-Orientales, ne sont pas traitées.

40. Il n'existe pas de raffineries sur les lieux de production.

43. Les moyens de transport employés aux salins Durand et Cordes, pour les sels destinés à l'embarquement ou confiés aux lignes ferrées, sont des charrettes. Le transport de 100 kilogrammes de sel de l'un des deux salins susdésignés à la gare de Rivesaltes coûte 50 centimes.

44. Les salines des Pyrénées-Orientales, et je dirai aussi celles de l'Aude, sont, par rapport à celles de l'Hérault, dans des conditions d'infériorité incontestables. Ces dernières sont traversées par les voies ferrées et possèdent des canaux qui conduisent les barques jusqu'au pied des masses. Peu de travaux seraient à faire ici pour jouir de ces avantages. On compte à peine un kilomètre des marais au Barcarès, qui est un point d'embarquement. Il suffirait donc d'ouvrir une route ou de faire un canal; mais si, comme cela paraît rationnel, la dépense devait être supportée moitié par les propriétaires et moitié par l'État, le propriétaire renoncerait aux travaux. On ne pourrait nullement recourir au budget des communes.

51. Chaque voiturier qui vient prendre du sel aux salins apporte des sacs vides. On peut dire qu'il n'y a pas de frais d'emballage.

52. Le prix de vente du sel n'est pas augmenté ou est très-faiblement augmenté dans quelques localités par les mesures réglementaires que nécessite la perception de l'impôt.

Dans ces contrées, on emploie peu de sel pour l'agriculture et l'on ne saurait non plus juger de l'influence sur le prix de vente des sels employés dans les fabriques de produits chimiques.

53. Le *sel fort* est celui qui reste le plus dans les pièces saunantes; il pèse jusqu'à 100 kilogrammes l'hectolitre.

Le *sel léger* reste bien moins de temps dans les pièces et pèse environ les deux tiers du sel fort.

Les *criblures* sont les résidus des sels criblés. On crible en général tous les sels légers. Les criblures de sel léger paraissent être employées à la fabrication des fromages en Auvergne et feraient une concurrence sérieuse aux sels de l'Ouest.

65. Le rayon des ventes à l'intérieur des sels des Pyrénées-Orientales comprend ce département et celui de l'Aude. Les principaux marchés sont Perpignan et Prades dans les Pyrénées-Orientales, Quillan et Limoux dans l'Aude.

79. Les sels de l'Ouest ne seraient peut-être pas plus déliquescents que ceux du Midi si on les laissait exposés comme ceux du Midi à l'air et à la pluie et si on ne les mettait en vente que lorsqu'ils sont bien épurés, c'est-à-dire lorsqu'ils ont deux ou trois ans d'existence, en d'autres termes, quand ils sont vieux. Le déchet de 3 p. o/o accordé aux sels du Midi me paraît suffisant, en admettant même qu'on expédie immédiatement les sels nouveaux.

80. Le boni actuel de 3 p. o/o pour les sels du Midi me paraît suffisant, sans qu'on ait besoin de s'occuper des différentes qualités des sels, ce qui finirait encore par entraver les grandes opérations d'embarquement et de débarquement.

82, 83. La base de l'impôt du sel suivant la quantité ne saurait être changée; elle est la plus simple, la plus sûre, la plus légale, la plus facile au contrôle. En prenant pour base la richesse relative ou le titre du sel en chlorure de sodium, outre les embarras, les pertes de temps des épreuves pour les perceptions de l'impôt, la plus grande partie des acheteurs de diverses classes craindraient des abus et croiraient être toujours trompés. Les conséquences de cette innovation seraient de changer bientôt toutes les bases des prix de vente des divers sels dans les différents départements, et les sels de l'Ouest ne gagneraient rien à ce mirage qui semble leur sourire.

87, 88. Il faudrait plutôt réduire les droits des sels étrangers que les augmenter en présence du monopole, ou, pour mieux dire, de la Société générale, qui semble vouloir augmenter ses tarifs.

89. La division en zones n'aurait pas une approbation générale et aucun intérêt sérieux ne paraît devoir la réclamer.

90\. La grande pêche a besoin de grands encouragements. Le Gouvernement l'a toujours reconnu. La suppression des droits n'aurait rien d'inquiétant; les abus ne sont pas à craindre, mais le droit est trop faible pour qu'il puisse être considéré comme une entrave aux progrès de la pêche.

91\. Il semble tout d'abord plus rationnel de ne faire l'application du droit qu'au port de destination et sur les quantités trouvées dans le navire; mais le mode actuel n'a rien d'abusif, rien de défectueux ni de contraire aux intérêts de chacun, et offre plus de garanties contre la fraude.

92\. Les charges sont si peu lourdes, les choses si bien organisées qu'il semble qu'il n'y ait rien à toucher ou à modifier au régime administratif actuel; néanmoins le personnel du service est à peine suffisant.

93\. Les mélanges pour la dénaturation des sels livrés à l'agriculture sont eux-mêmes des engrais, et la valeur minime de ces mélanges ne saurait être invoquée comme faisant obstacle au développement de l'emploi du sel pour l'agriculture.

94\. Les propriétés de l'eau de mer ne peuvent réellement pas s'appliquer à une bonne culture: cette eau tendrait plutôt à détruire qu'à amender.

M. JOSEPH PASTOR,

Négociant à Perpignan.

(Déposition orale.)

Le déposant prend ses sels dans les salins du département de l'Aude: le plus souvent à Sainte-Lucie, d'autres fois à Sigean et à Tallavignes. Il en prenait anciennement dans le salin de Cordes, mais ce salin ne fonctionne plus régulièrement depuis quelques années. Il trouve les sels de l'Aude préférables en raison de leur couleur, et celui de Sainte-Lucie en particulier, parce qu'il est plus fort que les autres; aussi ne s'arrête-t-il pas devant une différence de 50 centimes pour les frais de transport jusqu'à Perpignan.

Le déposant a toujours acheté son sel au poids, par sacs de 100 kilogrammes et par livraison de 32 sacs à la fois.

Avant la dernière hausse des prix, il payait les 100 kilogrammes, pris sur le salin, ordinairement 90 centimes, et, pendant deux ans, 80 centimes; il les paye aujourd'hui 2 fr. 05 cent.

Avant d'en prendre livraison, il fait cribler la plus grande partie des

M. Joseph Pastor.

sels. Cette opération portait anciennement le prix du sel à 2 fr. 05 cent. les 100 kilogrammes, et actuellement elle le porte à 3 fr. 50 cent.

A ce prix, il faut ajouter 1 franc par sac pour le port du salin au magasin du déposant, et quelques menus frais de gratification aux chargeurs.

Les frais de transport, de Durand à Perpignan, ne seraient que de 50 centimes.

Ainsi une expédition de 32 sacs donne lieu aux frais suivants :

Gouvernement	303f 48c
20 sacs, sel criblé, à 3 fr. 50 cent	70 00
12 sacs, non criblé, à 2 fr. 05 cent	24 60
Port (compris une gratification de 50 centimes)	32 50
TOTAL	430 58

Quant à la revente du sel ainsi acheté et rendu dans son magasin, le déposant explique qu'il le revend par sacs et quelquefois par fractions au-dessus de 20 kilogrammes, savoir : anciennement, 12 fr. 50 cent., non criblé (12 francs à quelques pratiques), et 13 fr. 50 cent. criblé; et, actuellement, 13 fr. 50 cent. non criblé, et 15 francs criblé. Ces prix se rapportent à 100 kilogrammes de sel, droit acquitté. Parmi ces acheteurs se trouvent les revendeurs de la ville et des pays voisins.

Le commerce du déposant roule sur une moyenne annuelle d'environ 50 tonnes.

Au détail, le sel est revendu à 15 centimes le kilogramme de sel non criblé, et 20 centimes le kilogramme de sel criblé.

Quelquefois le déposant fait moudre son sel et le revend sous cette forme, propre à la table, au prix de 20 francs les 100 kilogrammes; au détail, ce sel est revendu 25 centimes le kilogramme par les épiciers. Tous ces prix de détail n'ont pas changé et sont restés les mêmes avant et après l'augmentation.

La majeure partie des sels du salin Durand, et surtout les criblures, sont expédiés sur deux points de la frontière : le Perthus et la Cerdagne, où des contrebandiers espagnols viennent l'acheter comme ils achètent à Collioure une certaine quantité de sel rose de l'Hérault. Le surplus des sels de Durand se consomme dans le département. Ces sels, ainsi que ceux de l'Aude achetés par le déposant, font le voyage en charrettes; on n'emprunte pas la voie ferrée en raison de la multiplicité des transbordements et autres inconvénients auxquels elle donne lieu.

M. AUGUSTIN LACOSTE,

Marchand de sel à Perpignan.

(Déposition orale.)

M. Lacoste ne se borne pas simplement au rôle d'intermédiaire entre le producteur et le détaillant. Il donne une façon à la plupart des sels qu'il achète, avant de les revendre. Cette façon consiste à les moudre ou à les concasser, à faire ainsi du sel fin ou du sel demi-fin, le premier destiné à la table, le second à la salaison des viandes. Le sel qu'il achète est toujours du sel fort de premier choix et criblé. Antérieurement à l'augmentation survenue cette année, il achetait le sel à 1 franc le sac de 100 kilogrammes; il le paye maintenant 2 fr. 05 cent. Par le fait du criblage, les prix ci-dessus s'augmentent de 1 fr. 45 cent. Le déposant prend ses sels aux salins de l'Aude. Il achète environ 400 sacs par an; sur ces 400 sacs, il en revend une soixantaine dans l'état où le sel lui est livré. Il convertit le surplus en sel fin et sel demi-fin.

Voici les prix de revente :

Sel en sacs dans l'état où il est pris au marais :

Avant l'augmentation	13f 00c les 100 kilog.
Depuis l'augmentation	15 00
Sel demi-fin	17 50
Sel fin	20 00

Les prix de ces deux espèces de sel sont encore aujourd'hui ce qu'ils étaient avant l'augmentation des prix de vente au salin.

Des salins de l'Aude, où s'approvisionne le déposant, à Perpignan, le prix de transport est de 1 franc par sac, plus quelques menus frais de chargement et de déchargement, droit acquitté et tous frais payés; le sac de 100 kilogrammes, rendu au magasin du déposant, lui revient de 14 francs à 14 fr. 50 cent.

Le déposant prend toujours les sels en quantité suffisante pour profiter de l'escompte bonifié sur les payements au comptant.

Les épiciers revendent au détail le sel ordinaire au prix de 20 centimes le kilogramme, et le sel fin au prix de 25 centimes.

MISSION A.

DÉPARTEMENT DE LA HAUTE-GARONNE.

Bien que ce département ne fût pas compris dans l'itinéraire fixé aux Commissions, la Commission a jugé nécessaire de s'y arrêter pour recevoir les dépositions de certains négociants en sel qui lui avaient été indiqués, dans les départements antérieurs, comme pouvant lui fournir des renseignements utiles.

Aucune publication n'a été faite pour annoncer l'arrivée de la Commission dans le département.

La Commission a séjourné à Toulouse du 23 au 27 juillet 1866. Elle a reçu les dépositions de :

MM.

1° Goudard ....
2° Raffi ....
3° Ruffat ....
4° Viatgé ....
5° Espinasse frères ....
6° Espinasse, fils de l'aîné ....
7° Jeanbernat (Mme) ....
8° Franc ....

} négociants en sel à Toulouse.

9° Le Directeur des douanes.

Commission A.

DÉPARTEMENT DE LA HAUTE-GARONNE.

M. BERNARD GOUDARD,

Négociant à Toulouse.

(Déposition orale.)

Questions. 51. M. Goudard s'approvisionne habituellement à Peccais. Il fait venir ses chargements par la voie d'eau et le plus souvent sous acquit-à-caution.

L'année dernière le sel mis en barque au salin lui coûtait 1 fr. 10 cent. les 100 kilogrammes; depuis l'augmentation qui est résultée de l'accord entre les producteurs du Midi, les 100 kilogrammes mis en barque lui coûtent 2 fr. 15 cent.

Les frais de transport et autres de Peccais à Toulouse sont les suivants par 100 kilogrammes :

Canal des Étangs, droit de navigation	0f 12c 1/2
Canal du Languedoc, droit de navigation	0 80
Nolis	0 45
Déchargement et emmagasinage à Toulon	0 07 1/2
Frais d'entrepôt pour les marchandises expédiées sous acquit-à-caution et mises en consommation immédiate	0 03 1/3

Tous frais et droits payés, le sel de Peccais revient en magasin, à Toulouse, à 13 fr. 23 cent. les 100 kilogrammes.

Pris sur les marais de l'Hérault, Villeroy, Quinzième, Bagnas, Luno, le sel rendu à Toulouse revient à 15 ou 20 centimes de moins. La préférence habituellement donnée par le déposant au salin de Peccais vient de ce qu'on y trouve du sel plus vieux et plus sec.

Le déposant se fait expédier le sel par chargements de 100 à 120 tonnes.

19. Le déposant vend en gros et demi-gros aux prix suivants :

Sel brut, tel qu'il arrive du salin	13f 50c les 100 kilog.
Sel étuvé, moulu demi-fin	14 50
Sel étuvé, moulu fin, ou sel de luxe, rendu à domicile	15 00

Quand le sel brut ordinaire est criblé, les revendeurs des campagnes payent le gros grain 35 ou 40 centimes de plus que le sel ordinaire et le revendent à la mesure. Cette manière de procéder est très-commune dans la campagne.

MM.
B. Goudard.
Raffi.
Ruffat.
Viatgé.
Espinasse frères.
Espinasse, fils de l'aîné.

L'étuvage occasionne un déchet de 5 à 6 kilogrammes p. 0/0, et même de 7 à 8 kilogrammes, s'il n'est pas très-sec.

Avant l'augmentation des prix au salin, le déposant vendait le sel brut ordinaire 1 franc de moins qu'aujourd'hui.

Le déposant supporte en outre, à l'occasion de la revente, une dépense de 5 centimes par 100 kilogrammes pour frais de chargement à la sortie de son magasin. Enfin la fourniture de sacherie aux acheteurs forains coûte annuellement plus de 200 francs, sans parler des autres frais généraux du commerce.

Les épiciers n'ont pas changé le prix de revente au détail : c'est toujours 20 centimes le kilogramme pour le sel ordinaire et 25 centimes pour le sel fin. Le détaillant ne se déterminerait à augmenter le prix de vente au détail que si le prix de vente au salin éprouvait une hausse sensiblement plus forte.

Le déposant avait jadis un commerce de 12 à 1,500 tonnes par an. La création des embranchements de chemin de fer sur Saint-Gaudens et Saint-Girons et les tarifs spéciaux de la Compagnie ont eu pour résultat de réduire des deux tiers le chiffre de ses opérations.

Les frais de transport sont aujourd'hui les mêmes pour les marchandises expédiées de Cette, soit à destination de Toulouse, soit à destination de Bordeaux; il en résulte pour le commerce de Toulouse un sérieux préjudice, qui s'aggrave encore par la réunion dans les mêmes mains du canal et du chemin de fer.

MM. RAFFI, RUFFAT, VIATGÉ, ESPINASSE FRÈRES ET ESPINASSE, FILS DE L'AÎNÉ,

Négociants en sel à Toulouse.

(Déposition orale.)

Tant dans le passé qu'à l'époque actuelle, nous nous sommes approvisionnés dans les trois départements du Gard, de l'Hérault et de l'Aude, en préférant cependant le salin de Peccais (Gard), où nous trouvions des produits de plus belle qualité, c'est-à-dire à grains plus gros et plus transparents, car c'est l'aspect extérieur du sel qui en fait le mérite commercial. Aussi, quoique les frais du transport du salin de Peccais dépassassent de 15 centimes ceux des autres salins, nous ne nous arrêtions pas devant cette différence.

Question. 19. Les prix qu'on nous faisait dans le passé ont varié plusieurs fois. Avant la réduction de l'impôt, la compagnie Rigal, qui, jointe à d'autres, exerçait une espèce de monopole dans les salins du Midi, vendait ses sels jusqu'à 4 et 5 francs les 100 kilogrammes; mais la concurrence de quelques

COMMISSION A.

HAUTE-GARONNE.

MM.
Raffi.
Ruffat.
Viatgé.
Espinasse frères.
Espinasse, fils l'aîné.

nouveaux salins créés pour participer à cette prospérité, jointe à d'autres circonstances encore, compromit l'existence de ces compagnies, et pendant un petit nombre d'années précédant et suivant immédiatement 1848, les prix se sont abaissés jusqu'à 50 et 75 centimes les 100 kilogrammes.

A cette première période succéda celle de l'exploitation directe des propriétaires, pendant laquelle ceux-ci, rivalisant entre eux, vendaient chacun à des prix différents, suivant l'importance des récoltes et les qualités de leurs produits.

Voici quelques-unes des principales oscillations: la compagnie du Midi a vendu le sel de ses marais à 2 francs, mais en moyenne à 1 fr. 10 cent.; au grand salin de Sigean, qui fabriquait plus mal, les sels se vendaient ordinairement de 50 à 55 centimes; les autres producteurs se tenaient à la moyenne entre ces différents prix.

Ces prix, comme ceux que nous allons indiquer pour l'époque actuelle, concernent le sel pris sur les lieux et mis en barque.

Actuellement, tous les producteurs de sel étant associés pour fixer un prix uniforme, nous vendent à raison de 2 fr. 15 cent. les 100 kilogrammes, sans distinction d'espèce ni de qualité, car ils nous ont annoncé que désormais ils ne donneraient plus aucune espèce de façon à leur sel et ne vendraient que des sels bruts. Ces sels, rendus dans nos magasins, subissaient, pour une partie du moins, diverses transformations qui avaient pour objet de répondre aux différents besoins du commerce. Une certaine portion des sels était passée au crible et se divisait ainsi en deux espèces : le sel criblé grainé, d'un côté, et les criblures, de l'autre. Une autre portion des sels était étuvée, c'est-à-dire soumise pendant plusieurs jours à l'action d'une forte chaleur. Ces sels ainsi desséchés se divisaient en sels fins et demi-fins par une opération qui consistait à moudre les uns et à concasser les autres.

Nous revendions ces divers sels aux prix suivants, qui représentent une moyenne approximative:

Sel brut	12f 20c les 100 kilog.
Sel criblé gros grains	12 75
Criblures (sel passé)	12 00
Sels étuvés (demi-fin)	14 00
Sels étuvés fins	15 00

Depuis la dernière élévation des prix, fruit de l'association des producteurs, nous avons élevé nos prix de revente de 1 franc les 100 kilogrammes.

Nous revendons les sels bruts tant au commerce de la ville qu'au commerce forain. Les sels criblés gros grains sont pris par des marchands, qui le revendent au volume dans les localités voisines. Les criblures étaient achetées principalement pour le service de la boulangerie et de la

MM.
Raffi.
Ruffat.
Viatgé.
Espinasse frères.
Espinasse, fils de l'aîné.

mégisserie. Le sel étuvé demi-fin était acheté en grande partie par les charcutiers. Le sel étuvé fin était réservé pour l'usage de la table. Les épiciers, qui revendent au détail, avaient soin de s'approvisionner de ces deux espèces de sel étuvé.

Dans nos explications, nous nous sommes occupés de préférence des temps passés, parce que dans l'époque présente, grâce à une concurrence dont nous vous parlerons plus longuement tout à l'heure, notre commerce se trouve réduit à de telles proportions que nous ne le continuons plus que dans l'espoir d'un meilleur avenir et aussi en raison de la convenance qu'il y a pour nous à ne pas briser nos relations avec nos clients.

Question. 51. Quelques-uns d'entre nous acquittent directement les droits au moment de la livraison des sels; d'autres, à l'aide d'acquits-à-caution, font conduire leur sel à l'entrepôt de Toulouse. Cet entrepôt a été établi par la ville, sur les réclamations du commerce, auquel elle impose un droit de 0 fr. 033 (3 centimes un tiers) par 100 kilogrammes de sel introduits dans la ville à l'aide d'acquits-à-caution, indépendamment des droits de magasinage à supporter par ceux qui se servent réellement de l'entrepôt.

Ainsi que nous l'avons dit, le sel nous est livré mis en barque. Les frais de transport sont :

Canal du Midi	0f 80c par 100 kilog.
Nolis pour le patron	0 40
Factage (pour rendre en magasin)	0 10

Ces prix sont ceux concernant les marais placés à même du canal, tels que Frontignan.

Pour Peccais, il faut ajouter 10 centimes de plus pour le canal des Étangs, qui fait communiquer ce salin avec le canal du Midi, et qui, étant racheté par l'État, jouit d'un tarif que, dans l'intérêt du commerce des sels, nous voudrions voir établi sur les autres canaux.

Toujours pour Peccais, le droit de nolis est augmenté de 5 centimes; différence en plus pour ce salin, 15 centimes; si l'on ajoute à ces chiffres celui de 2 fr. 15 cent. pour le propriétaire et de 9 fr. 60 cent. pour l'impôt (défalcation faite du boni pour déchet et de l'escompte pour les payements supérieurs à 300 francs), on obtient un total de 13 fr. 05 cent. pour Frontignan et de 13 fr. 20 cent. pour Peccais, somme à laquelle nous revient le sel rendu dans nos magasins.

La comparaison de ces chiffres avec nos prix de revente donne la mesure des résultats de notre commerce de sel. Pour le continuer dans de justes conditions, il faudrait augmenter de beaucoup l'écart entre ces deux éléments; mais cela est rendu impossible par la rivalité du sieur Franc, qui a lancé dans le public, au mois d'avril dernier, une circulaire

COMMISSION A. | HAUTE-GARONNE. MM. Raffi. Ruffat. Viatgé. Espinasse frères. Espinasse, fils l'aîné.

dans laquelle il offre ses sels bruts ordinaires au prix de 13 fr. 20 cent. et les sels de Peccais au prix de 13 fr. 30 cent., circulaire dont nous vous remettons un exemplaire. Même, le prix auquel M. Franc nous vend les sels est de 13 fr. 15 cent. pris dans son magasin; celui de 13 fr. 20 cent. est le prix du sel transporté chez l'acheteur.

Nous ne saurions expliquer cette modicité de prix de notre concurrent que par la supposition de certains avantages secrets que la compagnie du Midi pourrait peut-être lui faire, soit à l'aide d'une remise, soit par la diminution des prix de vente ou des frais de transport. Il ne faut pas oublier en effet que la compagnie des Salins du Midi appartient à la même administration financière que celle du chemin de fer du Midi, laquelle est également concessionnaire de la grande voie de communication par eau entre Cette et Bordeaux. Nous n'affirmons toutefois rien de positif à cet égard.

Questions. 74, 75.

Nous ajouterons ici que la fusion dont nous venons de parler, non-seulement a causé et cause encore le plus grand préjudice au commerce toulousain, mais encore qu'elle a complétement dénaturé les conditions du commerce des sels du Midi, par suite de différentes combinaisons et tarifs différentiels, tant sur la ligne principale que sur les embranchements.

Ainsi, sans avoir la possibilité ni la prétention de tout vous dire à cet égard, nous vous rappellerons quelques faits saillants. Par l'établissement d'un tarif réduit pour le transport des sels de Cette à Bordeaux, on a supprimé le cabotage qui transportait les sels du Midi à destination de la pêche maritime. D'autre part, les expéditions de sel pour les points desservis par des embranchements échappent complétement au commerce de Toulouse.

Ainsi encore, en maniant habilement son tarif, le chemin de fer du Midi a supprimé le roulage presque complétement sur tous les points intermédiaires entre Toulouse et les têtes de ligne de ces embranchements; à ce point de vue, par exemple, le transport des lieux de production à Saint-Martory est tarifé plus haut que pour aller à l'extrémité de la ligne, soit à Saint-Gaudens.

En ce qui concerne particulièrement le canal, nous trouvons étrange que les prix de transport à partir de Cette soient les mêmes qu'à partir de la Nouvelle ou de Narbonne (8 francs la tonne), alors qu'il existe 49 distances (la distance étant de 5 kilomètres) entre Cette et Toulouse et 36 seulement entre Narbonne et Toulouse.

Le tarif du canal a subi plusieurs variations :

Avant l'établissement du chemin de fer, ce tarif était de 4 centimes par distance et par 100 kilogrammes. L'administration, voyant s'approcher la concurrence, réduisit son prix à 3 centimes, puis à 2 centimes quand le chemin de fer fut établi. C'est dans cette condition que la fusion se produisit et dès lors le tarif n'a pas été relevé.

Les 80 centimes uniformément perçus représentent 0 fr. 016 par distance entre Cette et Toulouse, et 0 fr. 022 entre Narbonne et Toulouse.

uestions.

93. Nous pensons que l'emploi du sel en agriculture doit être développé et que certaines mesures seraient utiles dans ce but.

La cherté relative actuelle du sel empêche beaucoup de petits propriétaires ruraux d'en donner à leur bétail, qui se trouve cependant très-bien de cette alimentation. Il serait opportun de supprimer complétement l'impôt sur le sel dénaturé pour l'agriculture, comme cela a lieu pour les sels qui ont servi à la salaison des poissons. L'un de nous possède sur les graviers de Sainte-Lucie une certaine quantité de sel impropre au commerce et qu'il aurait grand avantage à livrer à l'agriculture, s'il pouvait le faire en franchise et à l'aide des procédés de dénaturation usités actuellement, comme cela lui est arrivé pour un chargement de sel qu'il avait acheté 10 centimes les 100 kilogrammes dans un port de la Charente et qui avait servi à la salaison.

Mme JEANBERNAT,

Négociant en sel à Toulouse.

(Déposition orale.)

Mme Jeanbernat ne s'occupe que du commerce du sel; elle s'approvisionne habituellement aux salins de Peccais (Gard); le sel lui revient un peu plus cher pour le transport que si elle le prenait dans l'Hérault; mais cet inconvénient est compensé par la beauté de la marchandise; le sel de Peccais est de la plus belle grenaison.

Elle fait venir le sel par barques, en vrac et par quantités d'environ 100 tonnes; elle est dans l'habitude de se faire expédier les sels par acquit-à-caution et préfère ne payer le droit qu'à Toulouse.

La déposante se détermine à ne payer le droit qu'à l'arrivée, par le motif qu'en cas d'avarie ou de perte d'une barque, elle croit qu'il lui serait plus facile d'obtenir décharge de l'obligation de payer, que remboursement des sommes déjà comptées. Son opinion est appuyée sur un fait de perte d'une barque chargée pour son compte, et au sujet de laquelle elle a obtenu remise du droit à payer.

19. Avant l'augmentation de prix survenue par suite de l'accord des producteurs, elle payait le quintal de sel mis en barque au salin 1 fr. 10 c.; depuis quelque mois, elle paye la même quantité 2 fr. 15 cent.

Commission A. — Question. 51.

Haute-Gar... — Mme Jeanb...

Les frais de transport sont les suivants par quintal de sel mis en barque:

Droit de navigation sur le canal des Étangs	0f 12c 1/2.
Droit de navigation sur le canal du Languedoc	0 80
Nolis	0 45

La déposante, qui fait voyager ses sels sous acquit-à-caution, est chargée en outre du droit d'entrepôt qui s'élève à 3 centimes un tiers par 100 kilogrammes, et qu'elle doit payer alors même que sa marchandise est déchargée ailleurs que dans les bâtiments de l'entrepôt municipal, ce dont elle croit pouvoir se plaindre.

Enfin elle a à payer 0 fr. 075 pour frais de déchargement.

Mme Jeanbernat revend le sel en gros et demi-gros jusqu'à la quantité de 5 kilogrammes. Les prix de vente diffèrent suivant que le sel est revendu dans l'état où il est arrivé du salin ou bien suivant qu'il est criblé, étuvé et moulu dans les magasins de la déposante.

Dans le premier cas, Mme Jeanbernat vend aujourd'hui le sel 13 fr. 50 cent. les 100 kilogrammes; l'année dernière, c'est-à-dire avant l'augmentation des prix au salin, elle le vendait 12 fr. 50 cent.

L'opération du criblage donne deux espèces de produits, du menu grain et du gros grain; le menu grain se vend aujourd'hui 13 francs; le gros grain 1 franc de plus que le menu, soit 14 francs.

Le sel étuvé et moulu donne aussi deux produits : le sel demi-fin et le sel fin de luxe; le premier se vend 15 francs et le second 16 francs les 100 kilogrammes.

Le sel menu criblé se vend aux boulangers, aux corroyeurs; le sel moulu demi-fin se vend aux glaciers et aux charcutiers.

La déposante a vendu quelquefois du sel pour l'agriculture; on le mêle avantageusement à la paille des bestiaux. Elle a même ouï dire qu'on en mettait dans le vin pour l'empêcher de tourner.

Elle a vu diminuer son commerce depuis quelques années; ce résultat doit être attribué à une concurrence plus active et aux tarifs différentiels du chemin de fer qui, pour beaucoup de localités, ont modifié les habitudes du commerce et le mode d'approvisionnement de diverses localités au préjudice du commerce de Toulouse. Elle vend encore 1,400 tonnes de sel par an.

L'augmentation des prix sur les salins n'a rien fait au commerce de gros; s'il paye 1 franc plus cher, il a également augmenté de 1 franc son prix de revente. La différence de prix est au préjudice du détaillant qui vend aujourd'hui comme avant l'augmentation 20 centimes le kilogramme; ce prix de vente au détail résisterait même à une augmentation plus forte. Aussi le petit commerce aurait-il préféré à une augmentation de 1 franc une augmentation de 4 francs, qui lui aurait permis de revendre au détail 25 centimes le kilogramme.

Le sel fin de luxe se vend au détail 30 centimes le kilogramme à Toulouse même; mais, surtout dans les environs, les détaillants vendent souvent à la mesure.

M. FRANC,

Négociant en sel à Toulouse.

(Déposition orale.)

J'affirme tout d'abord que, malgré les bruits qui ont eu cours à mon sujet, aucune faveur spéciale ne m'est accordée par la compagnie des Salins du Midi, et que mes relations commerciales avec elle sont absolument les mêmes que celles de tous les autres marchands de sel. Si j'offre mes sels à des prix inférieurs à ceux que demandent pour les leurs mes concurrents de Toulouse, c'est dans le but d'attirer à moi la clientèle, et d'ailleurs le chiffre élevé de mes affaires, qui consistent uniquement en opérations commerciales sur le sel, me permet de choisir les produits de meilleure qualité et de me contenter d'un minime bénéfice.

J'ai plusieurs maisons de commerce : à Toulouse, à Agde, à Carcassonne, etc.; je vends à Toulouse environ 3,500 tonnes de sel par an, et le chiffre total de mes ventes s'élève à environ 9,000 tonnes.

Je ne me plains pas des combinaisons des tarifs du chemin de fer du Midi, qui permettent au sel d'arriver dans les localités desservies par les embranchements, Saint-Girons, par exemple, au même prix qu'à Toulouse, parce que, pour l'approvisionnement de ces localités, j'expédie directement de ma maison d'Agde.

Je vends au prix de 13 fr. 30 cent. les 100 kilogrammes de sel de Peccais, qui me reviennent à 13 fr. 20 cent., et au prix de 13 fr. 20 cent., le sel des autres provenances, qui me revient à 13 fr. 10 cent. les 100 kilogrammes rendus chez moi. J'ai eu autrefois un bénéfice plus considérable, qui s'est élevé jusqu'à 40 et 50 centimes par 100 kilogrammes, et je ne désespère pas de voir mon bénéfice actuel s'accroître par la suite.

J'ai cherché autrefois à placer à Bordeaux du sel du Midi, mais je n'ai pu parvenir à le faire accepter par les consommateurs habitués de longue date au sel de l'Ouest. J'ai renoncé à une entreprise qui eût exigé pour réussir des efforts trop longtemps soutenus.

C'est aux environs d'Agen et de Montauban que se fait aujourd'hui la lutte entre les sels de l'Ouest et ceux du Midi. Leur point de rencontre n'a pas varié d'une manière appréciable depuis vingt ans, et chacune des deux régions a conservé ses débouchés et marchés, qui sont déterminés par les habitudes des populations plus que par la qualité des divers sels.

M. LE DIRECTEUR DES DOUANES DE TOULOUSE.

(Déclaration écrite.)

Questions. 19. 74. La société du Crédit mobilier, en acquérant ou en prenant à loyer tous les salins du Midi, exerce un véritable monopole. Elle en a fait un premier usage en élevant, pendant le cours du dernier trimestre, le prix de la tonne de sel de 10 francs à 15 francs, et bientôt après à 21 fr. 50 cent., c'est-à-dire qu'elle a plus que doublé leur valeur, et elle entrevoit sans doute qu'elle peut encore l'élever, puisqu'elle a stipulé dans ses baux qu'au delà du prix de 30 francs elle ferait entrer les concessionnaires en partage d'une partie des bénéfices.

51. La compagnie du Crédit mobilier, dont les intérêts se combinent avec ceux de la compagnie d'exploitation des chemins de fer du Midi, tend à exercer un autre monopole non moins redoutable en rendant le canal du Midi inutile, pour réunir tous les transports sur la voie ferrée. Elle combine des efforts dans ce but auprès des négociants qui s'occupent des sels : non contente d'avoir des prix de transport uniformes pour Toulouse sur le canal et sur la voie ferrée, au moyen de tarifs différentiels dont on se plaint vivement, elle ferait arriver les sels, sur tous les points ayant des gares de chemins de fer au delà de Toulouse, aux mêmes conditions qu'à Toulouse même, et elle entraverait autant que possible les transports sur le canal, même à destination de Toulouse.

Si j'en crois les déclarations des négociants, la batellerie, qui consistait en plus de quatre cents grandes barques, serait réduite à moins de cent; on ferait dépecer tout bateau défectueux, on n'en créerait plus aucun; on offrirait des emplois sur la voie ferrée aux patrons, et l'on entretiendrait si mal le canal, qu'entre la Nouvelle et Narbonne on ne pourrait plus naviguer et que, sur d'autres points, on ne le ferait qu'avec des charges incomplètes.

En fait, les arrivages de sel par bateaux, à Toulouse, étaient, en moyenne, pendant les années 1856, 1857 et 1858, de 6,117 tonnes. Elles n'ont plus été, en 1865, que de 4,251 tonnes. La réduction est ainsi d'un tiers, et tout annonce une décroissance rapide.

J'ai été averti dernièrement que les négociants de Toulouse éprouvaient des difficultés pour réaliser leurs opérations ordinaires, qui consistent à expédier des sels par le canal pour payer les droits à l'arrivée à Toulouse. On leur a refusé subitement la garantie comme caution nécessaire pour obtenir les acquits-à-caution sur les marais.

La compagnie du Crédit mobilier, unie à celle des chemins de fer du Midi, voudrait échapper à la concurrence des moyens de transport sur le canal et aussi au contrôle que le service des douanes n'exerce que sur les canaux.

M. le Directeur des douanes de Toulouse.

Il me paraît qu'avec les services de perception très-réduits qui sauvegardent actuellement les intérêts du Trésor sur les marais salants, il y a lieu d'être inquiet de telles dispositions. Les grandes exploitations sans concurrence ont toujours été menaçantes en raison des moyens dont elles disposent pour déterminer des abus par voie de corruption, de pression, et par la résistance aux dispositions administratives.

Quand le consommateur souffre de la hausse des prix du sel, le Gouvernement a aussi à se préoccuper du monopole qui tend à faire disparaître une voie de transport établie à grands frais et indispensable comme moyen de concurrence, et aussi un contrôle rassurant pour les intérêts du Trésor.

Le dépôt des sels dans les entrepôts ne se pratique plus ordinairement : il n'y a que 388,373 kilogrammes de sel dans l'entrepôt de Toulouse; mais le contrôle sommaire, qui consiste à reconnaître le tirant d'eau des bateaux et l'état superficiel du chargement, sans causer de frais ni de retards au commerce, est une garantie précieuse pour le Trésor : s'il n'empêche pas la fraude, il rend les services plus vigilants sur les marais; il prévient ainsi les erreurs, il protége même le commerce contre les soustractions que les bateliers pourraient effectuer en cours de transport, et il donne aux négociants la faculté de faire eux-mêmes leurs affaires à Toulouse sans déplacement de fonds.

On ne s'expliquerait pas comment la compagnie du Crédit mobilier renoncerait elle-même, pour ses opérations, à de tels avantages, s'il n'y avait une arrière-pensée que je crois signaler en disant qu'on veut détruire, dès aujourd'hui et pour toujours, l'exploitation du canal : les intérêts du Trésor sont trop étroitement unis avec ceux du commerce et de l'industrie pour que je ne réclame pas avec eux un obstacle à ce que je considère comme un abus.

Le commerce expose l'urgente nécessité du rachat des canaux du Midi et la suppression des taxes différentielles qui ne sont pas équitables. Je crois que le Trésor a intérêt à appuyer de telles conclusions. Je ne connais pas d'autre remède aux deux monopoles que je viens de signaler, si ce n'est de contraindre la compagnie du Midi à entretenir exactement les canaux.

RÉGION DE L'EST.

DEPARTEMENTS

MOSELLE. — MEURTHE. — HAUTE-SAÔNE.

DOUBS. — JURA.

DÉPARTEMENT DE LA MOSELLE.

Dans le département de la Moselle, l'Enquête a eu lieu les 27 et 28 octobre 1866. Elle a été annoncée et le Questionnaire a été publié par des insertions faites dans les numéros des 23 et 25 mai 1866 du *Moniteur de la Moselle.*

La Commission s'est complétée par l'adjonction de :

MM. Mouton-Duvernet, secrétaire général de la préfecture de la Moselle;
Bastien, président de la chambre de commerce de Metz.

La Commission a reçu les dépositions de :

MM.

1° Dornès, directeur gérant de la saline de Sarralbe;
2° de Thon, directeur de la saline de Saltzbronn;
3° Le Directeur de contributions indirectes de Metz;
4° Le Directeur des douanes de Metz;
5° L'Ingénieur des mines de la Moselle;
6° G. Gast, directeur de la saline du Haras;
7° Le Sous-Préfet de Sarreguemines.

Commission A.

DÉPARTEMENT DE LA MOSELLE.

M. DORNÈS,

Directeur gérant de la saline de Sarralbe.

(Déposition écrite et orale.)

Les propriétaires des marais salants de l'Ouest ont allégué que les déchets alloués actuellement aux sels de l'Est et qui ont été réduits à 3 p. o/o en 1860 étaient non-seulement suffisants pour couvrir les déperditions survenues en cours de transport, mais qu'ils ne sont jamais atteints, *les entrepôts présentant toujours des bonis de 1 à 2 p. 0/0.*

Il est constant, pour tous ceux qui ne sont pas étrangers à la fabrication du sel, qu'on ne peut arriver à livrer au commerce des sels complétement privés d'humidité. On sait que les sels ne se vendent pas au fur et à mesure de leur fabrication, et que, presque toujours, ils doivent séjourner plusieurs mois dans les magasins existant dans les salines avant d'être expédiés dans les entrepôts du dehors. Pendant ce séjour prolongé dans les magasins des salines où ils arrivent souvent encore chauds, après avoir été desséchés pendant vingt-quatre heures sur des séchoirs (comme cela arrive dans les salines de la Sarre), il est évident qu'ils ne restent pas secs comme ils y sont entrés, et qu'ils doivent y prendre plus ou moins d'humidité.

Cela étant hors de doute, il s'ensuit que ces sels, contenant toujours et inévitablement une certaine humidité quand ils sortent des magasins, doivent en perdre une partie en route, après avoir été exposés pendant le trajet des salines aux entrepôts à l'action de l'air ou de la chaleur, et cette perte doit être d'autant plus grande que le trajet aura été plus long, ainsi que cela arrive quand les sels sont dirigés vers les marchés de l'Ouest ou du Midi, qui sont éloignés. Il est donc impossible que dans de pareilles conditions les sels de l'Est puissent présenter des bonis.

Au contraire, il est arrivé assez souvent que notre saline, comme d'autres aussi, a été obligée de payer aux entreposeurs des indemnités pour manquants de poids, ce qui ne pouvait avoir pour cause des erreurs sur la pesée, qui se fait dans les salines avec le plus grand soin, en présence des employés du Gouvernement, mais bien une diminution réelle sur le poids, survenue en cours de transport. L'allégation des propriétaires des marais salants de l'Ouest n'est donc nullement fondée et est contraire à la nature même des choses.

Questions. 74, 75. Ces propriétaires ont encore prétendu que les producteurs de sel de l'Est, dans le but de leur nuire et de leur faire une concurrence déloyale, faisaient usage de prix différentiels calculés de telle sorte que les sels se vendent, sur les points les plus éloignés, moins cher que sur les points les plus rapprochés de ce centre.

Il est bien vrai que ces différences de prix existent; mais, en agissant ainsi, les producteurs de sel de l'Est ne font qu'user du droit commun, d'un droit appartenant à tous.

Est-ce que les propriétaires de forges, les fabricants de sucre ou de papier, tous les industriels en général vendent toujours leurs produits à un prix uniforme dans tous leurs rayons de vente? N'arrive-t-il pas au contraire qu'ils ont tous l'habitude de baisser leurs prix sur des marchés éloignés quand ils rencontrent la concurrence d'autres établissements du même genre? Qui a jamais songé à faire à ces industriels un reproche de ces prix différentiels? Vouloir que les salines soient les seules obligées de vendre à un prix uniforme et leur interdire de baisser leurs prix en présence d'une concurrence, soit étrangère, soit intérieure, ce serait les mettre hors du droit commun et violer tous les principes de la liberté du commerce.

Sans doute il est très-fâcheux que, par suite de la nécessité où sont les salines de l'Est d'aller chercher au loin des débouchés pour écouler leurs produits (dont une bonne partie ne peut même être vendue, en raison des grands moyens de production qu'elles possèdent), elles fassent du tort aux marais salants; mais ce ne sont pas seulement les marais salants qui ont à souffrir de la concurrence: cela arrive à tous les établissements qui ont à lutter contre d'autres se trouvant dans de meilleures conditions. Si quelques-uns, par suite de cette concurrence qui est inévitable, se trouvent dans l'impossibilité de résister, on n'a jamais vu le Gouvernement leur venir en aide en forçant les établissements mieux placés à restreindre leur rayon de vente et à vendre partout à un prix uniforme.

Pourquoi le Gouvernement agirait-il à l'égard de l'industrie des sels autrement qu'à l'égard des autres industries?

Les propriétaires des marais salants ont prétendu aussi que les producteurs de sel de l'Est s'étaient coalisés pour leur faire une concurrence déloyale.

Cette allégation n'a pas plus de fondement que les autres. Il est vrai que les fabricants de sel de l'Est ont établi un syndicat; mais on interpréterait bien mal les intentions de ceux qui l'ont établi en pensant qu'il a été fait en vue des marais salants de l'Ouest et dirigé contre eux.

Il a été établi principalement dans le but d'amener de notables économies dans les prix de transport en faisant fournir dans tout notre rayon de vente les nombreux entrepôts qui s'y trouvent *par les salines qui en sont le plus rapprochées*, avantage très-grand et très-réel pour le syndicat, et qui n'a causé aucun préjudice aux consommateurs.

D'un autre côté, avant l'établissement du syndicat, les différentes salines étaient obligées chacune d'avoir un agent spécial qui voyageait une bonne partie de l'année pour placer leurs produits, surveiller les entreposeurs et donner des renseignements sur leur position et leur solvabilité. C'était pour chaque saline une forte dépense, qui s'est trouvée supprimée par l'établissement du syndicat, qui n'a qu'un seul inspecteur et qui donne à chaque saline les renseignements dont elle peut avoir besoin.

Enfin, depuis que le syndicat a été établi, si les prix du sel ont éprouvé quelque augmentation à l'égard des débitants qui auparavant avaient tout le bénéfice de la vente des sels de l'Est, le prix du sel au détail n'a pas été modifié; il est resté absolument le même, c'est-à-dire à 20 centimes le kilogramme, en sorte que les populations de l'Est n'ont nullement été atteintes par le syndicat.

Quant à ce qui concerne les marais salants, il serait facile de prouver que le syndicat dont ils se plaignent leur est moins nuisible encore que l'état de lutte qui l'a précédé. En effet, à cette époque, les salines de l'Est, qui sont beaucoup trop nombreuses pour pouvoir vendre tout ce qu'elles peuvent produire, travaillaient toutes avec tous leurs moyens de production; il en résultait que les sels de l'Est se vendaient sur les marchés de l'Ouest à des prix sensiblement inférieurs aux prix actuels. Les propriétaires eux-mêmes des marais salants peuvent se le rappeler. L'abolition du syndicat ramènerait inévitablement une nouvelle baisse sur les marchés de l'Ouest. Nous ne voyons pas en vérité ce qu'ils gagneraient à ce nouvel état de choses.

En terminant cette réponse aux plaintes formulées contre les salines de l'Est par les producteurs de sel de l'Ouest et contre la concurrence qui leur est faite, je ne puis mieux faire que de reproduire les paroles de M. le Ministre de l'agriculture, du commerce et des travaux publics, dans le rapport qu'il vient de faire à l'Empereur à l'occasion même de l'Enquête sur les sels.

L'Administration et le législateur doivent, dit M. le Ministre, *s'interdire rigoureusement toute intervention qui aurait pour résultat de changer les conditions naturelles de la concurrence à l'intérieur et de peser sur l'un des plateaux de la balance pour produire dans les intérêts un équilibre factice.*

Ces paroles de M. le Ministre me paraissent la condamnation la plus complète des plaintes des marais salants, en ce qui concerne la concurrence des producteurs de sel de l'Est.

Il me reste à répondre à quelques autres questions faites par l'Administration.

Questions. 92. 1° L'impôt du sel doit-il continuer à être perçu en prenant pour base la quantité de cette denrée, ou devrait-il être assis d'après la richesse relative des divers sels en chlorure de sodium ?

Je pense que ce dernier mode aurait plusieurs inconvénients.

Le premier serait d'obliger à faire des essais assez fréquemment, les sels, même ceux d'une même provenance, pouvant varier et être plus ou moins riches en chlorure de sodium, en raison de leur plus ou moins bonne fabrication et de leur état de dessiccation. D'un autre côté, cette nécessité de faire des essais assez fréquemment entraînerait des longueurs et des complications dans le service. Enfin, le plus grand inconvénient de ce nouveau mode de perception, c'est qu'il favoriserait la mauvaise fabrication et même la fraude, puisqu'alors on aurait intérêt à livrer des sels inférieurs en chlorure de sodium à la quantité admise comme base moyenne des sels.

L'inconvénient de ce mode de perception n'a pas échappé non plus à M. le Ministre de l'agriculture, du commerce et des travaux publics.

Voici ce que Son Excellence dit dans son rapport sur l'Enquête des sels en parlant de la Commission nommée en 1860 et à l'occasion de ce mode de perception dont il était déjà question à cette époque :

Asseoir l'impôt sur la richesse relative des divers sels en chlorure de sodium, c'eût été compliquer la perception au grand préjudice du Trésor; substituer à une base certaine une appréciation difficile, sinon arbitraire; accorder, enfin, en quelque sorte, une prime à la mauvaise fabrication et un encouragement à la routine.

93. 2° En ce qui touche spécialement l'agriculture, y aurait-il possibilité d'adopter d'autres moyens de dénaturation que ceux qui sont actuellement prescrits par les règlements?

Je pense qu'on pourrait livrer à l'agriculture du sel à bas prix en admettant ce qui se pratique en Allemagne. On y vend un sel destiné spécialement à l'agriculture et qui est composé de deux tiers de sel blanc, un tiers de sel de rebut, auquel on ajoute un quatre-centième d'ocre rouge. Ce mélange n'est pas nuisible et permet aux agriculteurs, en raison du bas prix auquel on l'obtient, de le donner au bétail et de l'employer comme engrais, tandis qu'aujourd'hui, en France, cela est absolument impossible quand toute espèce de sel est frappée indistinctement d'un droit de 10 francs par 100 kilogrammes.

En supposant que ce mode de dénaturation employé en Allemagne présentât quelques inconvénients, il me semble qu'ils seraient amplement compensés par les avantages qui en résulteraient pour l'agriculture, dont la situation n'est pas bien favorable en ce moment.

Si la Commission chargée de l'Enquête sur les sels dans notre département a besoin d'autres renseignements, je suis prêt à lui donner toutes les explications sur les faits qui sont à ma connaissance, et à répondre à toutes les questions qu'elle jugera convenable de me faire.

M. Dornès donne en outre sur un certain nombre de questions les réponses suivantes :

La saline de Sarralbe appartient à une société en commandite par actions qui a pour raison sociale Aubert, Dornès et Cie. Cette société s'est formée en 1833, dans le but d'établir à Sarralbe une exploitation comme celle qui s'était établie déjà à Saltzbronn. A Saltzbronn, on avait obtenu le droit d'exploiter un puits d'eau salée et de fabriquer 20,000 quintaux par an : c'était une concurrence faite à l'État qui, à cette époque, exploitait seul toutes les mines de sel dans l'Est. La société Dornès se proposait le même but à Sarralbe; elle entra en procès avec l'État à cette occasion, et les débats durèrent une dizaine d'années; ce ne fut qu'en 1844 qu'on obtint pour Sarralbe une concession régulière.

Questions. 13, 14, 46. Le capital primitivement engagé dans l'établissement de Sarralbe était de 600,000 francs; il s'est accru de 219,000 francs, provenant des sommes, capitalisées depuis.

L'usine a été organisée pour produire annuellement 5,000 tonnes.

15. En 1865, le dividende a été de 400 francs par action de 6,000 francs.

Depuis le 1er avril 1844 jusqu'en 1866, les bénéfices donnés par l'exploitation de l'usine ont été de 833,161 francs; sur cette somme il a été distribué 614,100 francs, et le surplus, soit 219,061 francs, a été capitalisé et employé en travaux d'amélioration.

De 1862 à 1863, outre la perte des intérêts, on a perdu 18,000 francs; cette perte a été le résultat du grand abaissement des prix, dû à l'interruption de l'entente entre les salines.

Depuis 1863, époque à laquelle les salines se sont syndiquées, les dividendes ont été :

De 1863 à 1864	45,033f
De 1864 à 1865	48,201
De 1865 à 1866	52,387

De 1865 à 1866, on a renouvelé toutes les chaudières; et cela a occasionné une dépense de 14,000 à 15,000 francs, qui n'a pas été portée en diminution du dividende afférent à cette année, mais qui devra affecter le prochain dividende.

Ces dividendes sont le produit du capital primitivement engagé, augmenté des sommes capitalisées depuis. Ils vont baisser incessamment par suite de l'établissement d'une nouvelle saline près de Rosières.

Le prix de revient, en y comprenant l'intérêt et l'amortissement du capital, n'est pas au-dessous de 4 francs par 100 kilogrammes. Si ce prix est plus élevé que pour les salines de la Meurthe, cela tient à ce que, dans la Moselle, on ne trouve l'eau qu'à une profondeur beaucoup plus grande (de 220 à 240 mètres environ). A ne considérer que les frais de fabrication, le sel revient en magasin à 2 francs ou 2 fr. 25 cent. les 100 kilogrammes.

Questions. 46. A Sarralbe, on emploie en moyenne une trentaine d'ouvriers, au salaire moyen de 1 fr. 80 cent. à 1 fr. 90 cent.; ils sont tous à la journée. Si l'on voulait augmenter la production, le nombre des ouvriers n'augmenterait pas proportionnellement à cette production.

Les frais d'entretien des bâtiments sont de 12,000 à 14,000 francs, et les frais annuels d'administration de 16,000 francs.

On paye de 1,000 à 1,100 francs d'impôt.

47, 48. On raffine de l'eau salée provenant de sondages; l'eau, en sortant du puits, ne marque que 23 ou 24 degrés. On commence par épurer cette eau. Pour cela on la fait passer dans de grands réservoirs, qui contiennent environ 6,000 hectolitres chacun. On jette de la chaux dans cette eau pour la purifier des infusoires qui, en se décomposant, rendraient le sel rouge, et pour la débarrasser du chlorure de magnésium qui rendrait le sel plus déliquescent. Les eaux une fois épurées, on les introduit dans les chaudières. Il reste encore dans ces eaux une certaine quantité de chaux libre dont on les débarrasse en y jetant de l'alun. Ce sont là des opérations dont on est dispensé dans la Meurthe.

En outre, il faut, toutes les deux ou trois semaines, faire ce qu'on appelle *l'écaillage*, opération qui consiste à détacher des parois de la chaudière une croûte épaisse de deux doigts que l'on enlève à grands coups de ciseau. Cette croûte est un sulfate double de soude et de chaux.

49. A Sarralbe, on consomme de 52 à 55 kilogrammes de houille par quintal de sel raffiné. La houille rendue à la saline, revient à 18 francs la tonne.

51. Sarralbe est à 40 kilomètres de Sarrebourg, à 14 kilomètres de Farsch-

willer (station la plus proche sur le chemin de fer de Forbach) et à 1 kilomètre du canal des houillères de la Sarre, qui rejoint près de Sarrebourg le canal de la Marne au Rhin.

Les autres salines ne sont pas éloignées de Sarralbe de plus de 2 kilomètres; elles sont par conséquent dans les mêmes conditions pour les transports.

La saline de Sarralbe a un dépôt général à Lutzelbourg. Les transports s'y font par bateau; le parcours est de 86 kilomètres et le prix du transport de 2 fr. 50 cent. la tonne.

On expédie toujours en sacs. Les frais de mise en sac et de chargement avec le plombage sont de 10 centimes par sac lorsqu'on livre le sel à la saline; ces frais s'augmentent de 10 centimes lorsqu'il faut livrer au bateau.

L'Administration a refusé l'autorisation d'expédier en vrac, à cause de la surveillance que cela exigerait pendant le transport de la saline au bateau et pendant le transbordement. Le déposant désirerait vivement que l'Administration pût se relâcher de cette rigueur.

Lorsque l'acheteur ne fournit pas les sacs, il paye 10 à 15 centimes par sac pour détérioration de la toile.

Questions.

52. Les charges résultant des mesures réglementaires (murs d'enceinte, chemins de ronde, etc.) peuvent être évaluées à 8 ou 10 centimes par quintal.

L'intérêt des sommes avancées pour payement du droit représente 10 centimes par quintal.

53. A Sarralbe et dans les autres salines de la Moselle, on fait du sel de diverses qualités :

Le sel de quarante-huit heures, qu'on fait cristalliser par une évaporation très-lente;

Le sel de vingt-quatre heures, cristallisé par une évaporation plus rapide;

Le sel de six heures;

Le sel à la minute ou finfin, appelé aussi sel de table.

Le sel de quarante-huit heures, formé en plus gros cristaux que les autres sels, est le plus dense.

Les différences de prix entre ces diverses qualités tendent à s'effacer. Sur certains points cependant, le sel en gros cristaux et le sel finfin de luxe se vendent 25 centimes de plus par 100 kilogrammes. Le sel finfin ne coûte pas plus cher de fabrication que le sel ordinaire.

58. On ne fait pas de sel gris dans les salines de la Moselle.

61. Dans ces salines, le sel, au sortir de la chaudière, commence par s'égoutter pendant vingt-quatre heures sur des plans inclinés placés au-dessus de la chaudière, puis on le fait sécher sur des plaques de fonte chauffées par les chaleurs perdues et où il reste encore pendant vingt-quatre ou quarante-huit heures. De là il passe en magasin, où il séjourne en moyenne de quatre à six semaines.

Au moment où le sel sort des séchoirs, il est extrêmement sec, mais il absorbe en magasin un peu d'humidité. Quand il est livré au commerce, il contient de 4 à 6 p. o/o d'eau.

M. Dornès représente à la Commission un procès-verbal de la manufacture des tabacs de Strasbourg, en date du 17 mai 1846, qui détermine sa réfaction à 6 p. o/o pour une fourniture de sel raffiné gros, provenant d'une des salines du bassin de la Sarre.

69. Les sels de la Moselle se vendent principalement dans l'Alsace et dans la Moselle. Deux départements qui ne s'approvisionneraient qu'aux salines de la Moselle suffiraient à absorber la production de ces salines.

Les prix des sels varient suivant la distance et sont réglés par le syndicat. Pour Metz, le prix du sel est de 15 fr. 25 cent. les 100 kilogrammes rendus en gare de Farschwiller. Le sel est revendu à Metz par un entrepositaire qui touche 1 franc de remise par quintal.

87. Les salines de la Moselle sont très-menacées par les sels suisses qui, pour arriver à Mulhouse, n'ont que 30 centimes de frais de transport, tandis que du bassin de la Sarre à Mulhouse ces frais s'élèvent au moins à 1 franc.

Le droit actuel de 50 centimes qui frappe les sels étrangers est trop faible; il faudrait le porter à 1 fr. 25 cent. pour le rendre protecteur.

93. La question de savoir si, en cas de diminution du prix du sel, on en ferait une grande consommation pour les ouvrages agricoles, divise les meilleurs esprits. Il est à présumer cependant que la consommation agricole se ressentirait d'une diminution dans le prix du sel. En Alsace, par exemple, où la culture est mieux entendue, on donne plus de sel aux bestiaux que dans les départements voisins.

M. Dornès a reconnu par lui-même le bon effet du sel mélangé aux fourrages.

M. DE THON,

Directeur de la saline de Saltzbronn.

(Déposition écrite.)

Questions.

13. Le capital engagé dans la saline de Saltzbronn monte aujourd'hui à la somme de 2,609,000 francs.

14. En 1826, la première mise a été de 480,000 francs, dont une grande partie a été employée à des frais de procès pendant vingt ans et aux acquisitions nécessaires. Les eaux plus saturées que l'on avait espéré rencontrer dans les dernières couches de marnes irisées n'avaient été que de 7 degrés; il fallait donc sonder plus loin et traverser le terrain calcaire, dans l'espoir de rencontrer des sources plus riches au-dessous de ce terrain; en attendant, on a construit des bancs de graduation et l'on a donné à l'établissement tout le développement nécessaire pour produire les 2,000 tonnes auxquelles notre concession nous avait limités; la somme engagée est ainsi montée à 912,482 francs.

En 1836, le monopole des sels avait été attaqué dans les Chambres, et son abolition étant à prévoir, Saltzbronn a dû se préparer à une production illimitée. Des ateliers nombreux furent construits, des réservoirs établis; le nombre des sondages, les murs d'enceinte et les logements des employés augmentés; le capital a donc été élevé jusqu'à 1,546,205 francs.

A partir de 1846, les dépenses pour augmenter le nombre des puits et l'aménagement des pompes ont porté le capital engagé (1856) à 1,581,670 francs et enfin (1865) à 2,609,670 francs.

15. Pour la saline de Saltzbronn le produit moyen de vingt années n'a été que de 58,475 francs, ce qui, en présence du capital engagé ci-dessus, loin de présenter un dividende, ne donne qu'un intérêt de 3. 6 p. o/o.

16, 17. La production s'est bornée aux besoins de la vente, qui forme pour les vingt ans un total de 888,834 quintaux, ou une moyenne annuelle de 44,441 quintaux métriques. L'abolition du monopole du sel nous avait permis de compter sur une extension de notre vente, qui était encore, en 1846, de 66,795 quintaux; mais, petit à petit, des salines nombreuses ont surgi sur des points bien plus favorablement placés que notre usine sous le rapport des transports, ce qui a fait diminuer l'extension de notre vente qui, en 1865, n'a plus été que de 28,339 quintaux.

18. La moyenne des vingt années de 1846 à 1865 présente le chiffre de 44,441 quintaux métriques par an pour Saltzbronn, le tout à l'intérieur.

19. Le prix moyen de vente des vingt années a été de 3 fr. 84 cent. les 100 kilogrammes pris en saline, le droit en sus.

20. Pendant les dix premières années de cette période, notre vente s'était étendue au delà des limites de la Lorraine et de l'Alsace; depuis dix ans, elle se renferme dans un cercle dont les limites sont Mulhouse, Schirmeck et Thionville.

22. Au lieu de profiter d'un accroissement de la consommation, nous ne nous sommes ressentis que de l'accroissement continuel du nombre des salines dans l'Est, en perdant quelques-uns de nos débouchés.

46. Nos usines sont montées pour une fabrication annuelle de 10,000 tonnes de sel. Le capital d'émission primitif pour une usine de 2,000 tonnes avait été de 480,000 francs; mais la compagnie, augmentant ses moyens de production, y a successivement ajouté 1,120,000 francs; de sorte que le capital engagé est aujourd'hui de 1,600,000 francs. En tout temps, nous employons de vingt-cinq à trente ouvriers à poste fixe et le plus souvent cinquante. Le salaire varie de 1 fr. 50 cent. à 3 francs; soit en moyenne 2 fr. 25 cent. Les frais d'administration sont de 13,000 francs, les frais d'entretien de 8,000 à 12,000 francs.

47. L'eau salée extraite des puits de sondage marque de 24 à 25 degrés.

48. L'eau salée de 24 à 25 degrés de salure est élevée par des pompes et conduite dans des tuyaux par lesquels elle arrive dans trois réservoirs de la contenance de 5,500 hectolitres chacun. Elle y est traitée au lait de chaux pour en éliminer autant que possible le chlorure de magnésium. On la fait arriver ensuite dans une première série de poêles, où on la fait concentrer jusqu'à 27 degrés de salure; elle passe ensuite dans une autre série de poêles où elle se clarifie en déposant les sédiments étrangers au sel alimentaire dont elle est chargée; enfin une troisième série de poêles reçoit l'eau clarifiée et la cristallisation s'y opère par l'action du feu. Au sortir de la poêle à cristallisation, le sel est d'abord déposé sur des égouttoirs, puis sur les séchoirs chauffés, et de là monté aux magasins.

La saline de Saltzbronn a eu en son temps des bancs de graduation établis à grands frais, mais qui sont devenus inutiles, lorsque l'on eut atteint des sources plus riches en sel et, plus tard, le banc de sel gemme qu'elle exploite aujourd'hui par dissolution souterraine.

49 Par tonne de sel, nous employons 550 kilogrammes de houille tirée des mines du bassin de la Sarre, du prix de 18 à 24 francs la tonne. Nous nous attendons plutôt à l'augmentation de ces prix qu'à leur diminution.

Nous n'exploitons le sel gemme que par dissolution souterraine.

50, 51. Le prix des sacs servant d'emballage au sel varie de 1 franc à 1 fr. 50 c. pour 100 kilogrammes; une grande partie de nos clients nous envoient leurs sacs en saline. Les frais de chargement et de plombage peuvent être évalués à 2 francs par tonne. Nous envoyons les sels en gare de Sarrebourg et de Farschwiller, où nous payons en moyenne 6 fr. 50 cent. par tonne pour le transport. Arrivé en gare, le sel est transporté selon le tarif des chemins de fer.

52. L'indemnité que nous paye l'Administration des contributions indirectes pour les logements de cinq employés de surveillance et de recette étant à peu près absorbée par l'entretien des logements, il en résulte que la saline perd l'intérêt du capital employé à ces logements (pour Saltzbronn, 25,000 francs). En calculant seulement trente jours pour perte d'intérêts sur l'avance des droits de 100 francs par tonne, il en résulte que ces deux pertes réunies s'élèvent à 1 franc par tonne de sel. Il faut y ajouter aussi les intérêts des sommes dépensées pour les terrains et l'établissement des chemins de ronde et pour la construction des murs d'enceinte, soit 20,000 francs, ou 1,000 francs par an à répartir sur la quantité produite. Nous ne vendons pas de sel pour les fabriques de produits chimiques. Quant à l'agriculture, il est rare qu'on nous en demande pour cette destination, à l'exception de quantités insignifiantes de sels rougis par la rouille des poêles qui ont longtemps chômé, et que l'on destine au bétail en en acquittant les droits.

53. Les sels de diverses origines se distinguent par la forme des cristaux, la couleur et le poids respectif à volume égal. A cet égard, le prix que l'on y attache dépend du caprice et des préjugés du consommateur de telle ou de telle contrée.

54. On peut évaluer la composition chimique de nos sels approximativement comme il suit :

Chlorure de sodium	95 p. 0/0
Sels impurs et déliquescents	1 p. 0/0
Eau interposée	4 p. 0/0

Cela varie du reste selon l'emploi des eaux provenant de l'un ou de l'autre des puits et de la qualité des eaux qui font fondre le sel gemme.

57. Le consommateur et le commerce ne demandent pas à avoir du chlorure de sodium pur, mais bien cette composition que l'on appelle le sel de cuisine. Les préjugés et l'habitude font souvent préférer un produit que dans une autre contrée l'on refuserait.

58, 59. Nous n'avons jamais fait usage d'un procédé ayant pour but d'imiter la couleur propre aux sels de l'Ouest, avec lesquels nous ne nous rencontrons pas sur nos marchés. Nous n'avons connaissance de ce procédé que par ouï-dire et par la discussion à la séance du Sénat du 31 mai 1864, sur une pétition des marais salants de l'Ouest. Si toutefois l'on accorde la préférence aux sels de l'Ouest, cela pourrait, à notre avis, provenir de ce que ces sels, renfermant des substances déliquescentes, doivent fondre plus rapidement et exercer par là plus vite leur influence dans l'usage domestique.

61. Nos sels ne renferment guère que de 4 à 6 p. 0/0 d'eau.

62. Nous ne pensons pas que les variations hygrométriques puissent être démontrées ni qu'elles soit constantes ; elles dépendent surtout de l'état atmosphérique. Elles proviennent de la présence dans le sel du chlorure de magnésium ou du chlorure de calcium.

63. Par les temps humides, les sels en cours de transport peuvent subir une très-faible augmentation de poids, qui se traduit bientôt en perte; l'humidité finit par faire couler le sel. Il suffit de la présence d'une quantité minime de sel hygrométrique pour faire perdre au sel de son poids quand il est entré en contact avec de l'air humide.

64. Il n'est pas exact de dire que les sels de l'Est gagnent en poids pendant le transport, attendu qu'ils ne sont pas exempts de sels déliquescents. Un boni en poids ne peut être obtenu momentanément qu'en y ajoutant de l'eau ; mais bientôt cette eau s'écoule et laisse un déficit, par suite du sel qu'elle entraîne.

65 Nous avons déjà rencontré les sels du Midi en Alsace où on les offrait au-dessous de nos prix ; mais la préférence accordée à nos sels a fini par les éliminer.

66. Nous ne rencontrons pas les sels de l'Ouest sur nos marchés.

68, 69. La facilité des transports accordée aux sels de l'Ouest et dont nous sommes déshérités finira par refouler nos sels. Les marchés actuels de Saltzbronn sont : la Moselle, le Haut-Rhin, le Bas-Rhin, la Meurthe et les Vosges, quelquefois la Meuse. Les sels y sont vendus de 16 francs à 17 fr. 50 cent. les 100 kilogrammes, droits, transport et commission de l'agent compris.

74. Les salines de l'Est, en voie de se ruiner sans profit pour le consomma-

teur et sentant la nécessité de diminuer les frais généraux qui absorbaient tous les bénéfices, ont formé une espèce de syndicat dont la mission est surtout de maintenir généralement le prix de vente en détail à 20 centimes le kilogramme. Cette organisation, conforme à celle que M. le commissaire du Gouvernement a recommandée aux marais salants de l'Ouest dans la séance du Sénat du 31 mai 1864, n'impose au consommateur aucune charge nouvelle et laisse aux intermédiaires un bénéfice honnête et suffisant; elle ne supprime pas une concurrence loyale; elle laisse à chaque saline le droit de vendre partout où elle trouve avantage à le faire et lui procure les renseignements nécessaires pour diriger sa vente aux moindres frais possibles.

Questions.

75. Afin de maintenir le prix de vente en détail à 20 centimes par kilogramme, on vend au même prix près des salines qu'à distance, le transport pour les localités plus éloignées restant au compte de l'expéditeur. Sans cette précaution, le prix de vente au détail excéderait 20 centimes par kilogramme dans les contrées un peu éloignées, sans baisser pour cela dans le voisinage des salines.

78. Nous rencontrons les sels suisses dans le Haut-Rhin. Il est évident que, sans un droit suffisamment protecteur, nous rencontrerions les sels anglais dans le Nord, les Ardennes, et partout où les transports leur permettraient de rivaliser avec les nôtres.

80. Saltzbronn pourrait se trouver satisfait si on lui allouait pour déchet le taux de 5 p. o/o comme aux marais salants.

82. Il ne paraît pas possible d'asseoir l'impôt du sel sur la richesse des sels en chlorure de sodium; la constatation serait trop difficile. Le poids nous semble être la seule mesure praticable.

83. En adoptant pour base la richesse en chlorure de sodium, nous pensons que le Trésor y perdrait et que le consommateur n'y gagnerait pas. Ce serait, il nous semble, encourager la mauvaise fabrication au détriment des producteurs qui, par de grands frais, sont arrivés à livrer au commerce des sels plus riches en chlorure de sodium, après avoir éliminé des eaux les matières nuisibles à cette qualité et en rejetant les eaux mères avant qu'elles deviennent un obstacle à la production d'un sel suffisamment pur.

87, 88. Le droit d'entrée par terre sur les frontières de l'Est étant trop faible, nous avons toujours demandé qu'il fût porté à 1 fr. 50 cent. au lieu de 50 centimes.

90. Le droit réduit dont sont frappés les sels étrangers destinés à la pêche de la morue devrait être augmenté plutôt que diminué.

93. Le moyen prescrit par l'ordonnance du 26 février 1846 (40 kilogrammes de son et 5 kilogrammes de sel) est tout à fait impraticable. Il est difficile de trouver une substance que l'on ne puisse séparer du sel par la dissolution.

94. L'emploi de l'eau salée au degré des eaux de la mer serait peut-être plus pratique que l'emploi du sel comme amendement.

M. LE DIRECTEUR DES CONTRIBUTIONS INDIRECTES DE METZ.

(Déposition écrite et orale.)

16, 18 [1]. Le total des quantités de sel fabriquées dans le département de la Moselle a été en moyenne annuellement, pour la période 1857 à 1861 de 7,300 tonnes, et pour la période de 1862 à 1866 de 5,800 tonnes.

Dans la saline de Saltzbronn, les ventes à l'intérieur (déduction faite de la remise de 3 p. 0/0) sont descendues, de 1846 à 1865, de 6,544 tonnes à 2,747. Pendant cette période de vingt ans, il n'a pas été livré de sel à l'exportation.

Dans la saline de Sarralbe, le chiffre relevé pour l'année 1846 est de 1,859 tonnes, et celui relevé en 1865 est de 1,185 tonnes. Toutefois, ce dernier chiffre paraît n'être qu'accidentel, car dans la période de vingt ans la moyenne se maintient entre 2,500 et 3,000 tonnes. Il n'a pas été vendu de sel pour l'étranger ou la pêche maritime.

Dans la saline du Haras, les ventes (toujours déduction faite de la remise de 3 p. 0/0) figurent à l'année 1846 pour un chiffre de 516 tonnes, et à l'année 1865 pour un chiffre de 1,021 tonnes. Elles ont donc progressé du double. Il n'a été vendu de sel ni pour l'exportation ni pour la pêche maritime.

19. Selon les états trimestriels et les factures d'entreposeurs de Sarreguemines, le sel, sur le carreau, aurait été vendu, droit acquitté, les 100 kilogrammes, en :

1846 et 1847	31f 50c
1848	32 72
1849 et 1850	16 50
1851	17 10

---

[1] Les renseignements statistiques adressés par M. le directeur des contributions indirectes en réponse aux articles 16 et 18, sont compris dans les tableaux généraux transmis par la direction générale des douanes et insérés au *Résumé synoptique*, Question 18.

COMMISSION A. — MOSELLE. — M. le Directeur des contributions indirectes à Metz.

1852	16f 50c
1853	14 50
1854	16 50
1855	15 30
1856 et 1857	16 00
1858 et 1859	16 00
1860	15 50
1861	13 65
1862	13 00
1863	14 00
1864	15 50
1865	16 00

Les entreposeurs vendent aux détaillants à raison de 17 à 17 fr. 50 cent. les 100 kilogrammes.

Les consommateurs qui achètent en gros s'approvisionnent aux salines mêmes. Des compensations sensibles leur sont accordées suivant les distances et suivant la hausse ou la baisse des prix, en tenant compte de la concurrence. Par suite, le prix de vente réel ne peut être déterminé qu'approximativement pour les trois salines.

Questions. 21. On ne fait guère usage de sel, dans le département de la Moselle, que pour la consommation alimentaire qui, malgré la réduction de l'impôt, est restée presque stationnaire.

52. Les mesures réglementaires n'exercent aucune influence sur le prix du sel. On estime que les sels sur lesquels l'impôt a été acquitté ne sont, en général, livrés à la consommation que trente jours après l'expédition aux entrepôts. L'intérêt des droits avancés peut donc être évalué à 40 centimes par tonne.

Les salines de la Moselle ne font pas d'expéditions aux fabriques de produits chimiques et ne font plus aucune livraison à l'agriculture. Pour ce qui concerne l'exportation, les mesures prises pour empêcher la fraude n'exercent aucune influence sur le prix de vente.

53. La forme, le poids respectif et le volume des cristaux sont les mêmes dans les trois salines de la Moselle.

Les sels de Sarralbe sont plus riches en chlorure de sodium et moins humides que ceux provenant des marais salants de l'Ouest et du Midi. On a le soin de débarrasser les sels raffinés des substances déliquescentes qu'ils peuvent contenir, telles que chlorure de magnésium, et, avant de les verser en magasin, de les faire passer sur des séchoirs convenablement chauffés, précautions qui sont négligées dans les marais salants.

MISSION A. — MOSELLE. — M. le Directeur des contributions indirectes de Metz.

La différence de qualité n'est pas sensible et ne saurait influer tout au plus sur le prix que de 20 à 25 centimes par 100 kilogrammes.

Questions. 63. Les conséquences des variations hygrométriques sont pour les sels une perte sur le poids, variable de 1 à 2 p. 0/0 quand les sels voyagent par les temps secs; un léger bénéfice, au contraire, quand le temps est humide. Cependant lorsqu'ils sont mal fabriqués et chargés sur des voitures non bâchées, ils coulent en cours de transport et alors se produit un déficit plus ou moins important.

64. Il a été constaté plusieurs fois que des sels, enlevés des salines de la Moselle à destination d'autres départements, ont fait ressortir à l'arrivée un poids supérieur à celui reconnu au départ. Ces excédants ne peuvent être obtenus que quand les sels sont transportés par un temps pluvieux.

Quant aux sels de l'Ouest, la Moselle n'en reçoit pas.

65. Les sels du Midi arrivent jusqu'aux environs de Strasbourg, dans des conditions égales de prix. La Moselle n'en reçoit pas.

70. Le sel n'est vendu que pour l'usage domestique, et des quantités très-insignifiantes sont levées pour la consommation du bétail.

80. En ne tenant compte que des différences hygrométriques, le taux de 5 p. 0/0 ne serait pas trop élevé pour les sels de la Moselle.

81. Les entreposeurs étant obligés, pour contenter l'acheteur, de donner le trait de balance, il ne leur est guère possible d'avoir des excédants disponibles. Il y a donc de l'exagération à prétendre que les entrepôts présentent toujours des bonis de 1 à 2 p. 0/0.

82. Le mode d'impôt actuel est le meilleur; asseoir l'impôt sur la richesse relative des sels est chose difficile et dangereuse : on encouragerait la production des sels impurs, le consommateur s'attachant plutôt au volume qu'à la qualité.

83. Cette innovation, qui serait plutôt désavantageuse que profitable au Trésor, parce qu'elle compliquerait le mode de perception, ne pourrait qu'ouvrir la porte à la fraude et encourager le commerce déloyal qui pourrait plus facilement tromper l'acheteur.

92. On ne pourrait diminuer les charges qui pèsent sur les producteurs de sels, d'après le mode actuel de constatation, qu'en réduisant les garanties en vigueur pour la perception du droit.

93. En ce qui concerne l'agriculture, il y aurait lieu d'adopter d'autres moyens de dénaturation que ceux prescrits actuellement par les règle-

COMMISSION A.

MOSELLE.

MM.
le Directeur contributio[ns] indirectes Metz.
le Directeur douanes Metz.

ments, et qui, trop coûteux, ne permettent pas aux cultivateurs d'employer le sel pour les usages agricoles. Il n'y aurait pas de graves inconvénients à dénaturer au moyen d'un mélange, dans une certaine proportion, d'*ocre rouge,* comme cela se pratique en Allemagne.

M. LE DIRECTEUR DES DOUANES DE METZ.

(Déposition écrite.)

La levée de la prohibition d'entrée, prononcée par la loi du 28 décembre 1848, n'a point eu pour effet, sur nos frontières, d'attirer les sels étrangers. Pendant la période de 1849 à 1865, il n'a point été introduit de sels pour la consommation intérieure et la fraude de filtration sur ce produit est à peu près nulle. Ce fait trouve son explication dans les besoins qu'ont de nos sels les puissances limitrophes. On voit, en effet, par le relevé ci-après, que ces exportations qui, en 1849, étaient de 2,621 tonnes, à destination du grand-duché de Luxembourg et de la Prusse Rhénane, se sont élevées jusqu'à 7,258 tonnes en 1865 pour ces destinations et pour le Palatinat, qui n'a reçu nos sels qu'en cette dernière année.

Quant à la Belgique, les exportations ont pris, depuis le mois de juin 1861, époque de la mise à exécution du traité de commerce conclu avec cette puissance, un développement très-marqué et se sont élevées de 1,371 tonnes, qu'elles présentaient en 1861, à 17,932 tonnes en 1863, pour redescendre, il est vrai, en 1864, à 7,557 tonnes, et, en 1865, à 6,527 tonnes; mais cette décroissance n'est qu'apparente et s'explique par la nouvelle direction qu'ont prise ces produits pour arriver en Belgique depuis l'ouverture du chemin de fer des Ardennes. Il n'en est plus depuis lors sorti qu'une partie par les bureaux de ma direction.

Les sels ainsi exportés sortiraient des fabriques de Saltzbronn (Moselle), Dieuze, Varangéville et Saint-Nicolas (Meurthe).

Voici le relevé des quantités de sels exportées, par les bureaux de cette direction, pendant les années 1849 à 1865 :

ANNÉES.	QUANTITÉS.	DESTINATIONS.	OBSERVATIONS.
	kilog.		
1849	2,621,270	Association commerciale allemande.	Les exportations à destination de la Belgique ont commencé en 1861, époque de la mise à exécution du traité de commerce conclu avec cette puissance. Ces exportations se sont d'abord effectuées par le bureau de Thionville, mais depuis l'ouverture du chemin de fer des Ardennes, les sels à destination de la Belgique empruntent, en majeure partie, cette voie ferrée plus directe.
1850	2,517,803	*Idem.*	
1851	2,460,100	*Idem.*	
1852	3,730,912	*Idem.*	
1853	3,288,529	*Idem.*	
1854	4,082,500	*Idem.*	
1855	5,776,800	*Idem.*	
1856	6,434,000	*Idem.*	

MM.
le Directeur des douanes de Metz.
l'Ingénieur des mines de la Moselle.

ANNÉES.	QUANTITÉS.	DESTINATIONS.	OBSERVATIONS.
	kilogr.		
1857	6,929,387	Association commerciale allemande.	
1858	5,868,859	*Idem.*	
1859	6,555,059	*Idem.*	
1860	7,244,586	*Idem.*	
1861	7,008,800	*Idem.*	
	1,371,300	Belgique.	
1862	7,113,929	Association commerciale allemande.	
	13,023,425	Belgique.	
1863	7,659,951	Association commerciale allemande.	
	17,932,473	Belgique.	
1864	7,855,883	Association commerciale allemande.	
	7,557,453	Belgique.	
1865	7,258,521	Association commerciale allemande.	
	6,527,245	Belgique.	

M. L'INGÉNIEUR DES MINES DE LA MOSELLE.

(Déposition écrite.)

Le département de la Moselle renferme trois établissements où s'opère la fabrication du sel. Ce sont ceux de Saltzbronn et de Sarralbe, situés à 1 kilomètre à l'est de la ville de Sarralbe, et celui du Haras, situé à près de 4 kilomètres au sud de cette même localité. A chacun d'eux, trois ordonnances du 25 novembre 1843 ont attaché une concession particulière.

Celle de Saltzbronn couvre une superficie de	231 hectares.
Celle de Sarralbe	80
Celle du Haras	100
TOTAL	411

Le sel est extrait dans les trois concessions à l'état de dissolution, au moyen de pompes montées sur des trous de sonde, d'un gisement de sel gemme contenu dans le muschelkalk inférieur.

Huit trous de sonde ont été percés dans la concession de Saltzbronn, dont deux complétement et trois momentanément abandonnés. Les trois derniers fonctionnent habituellement. Ils ont, l'un 220 mètres, les deux autres 244 mètres de profondeur.

Trois trous de sonde ont été percés dans la concession de Sarralbe, sur lesquels deux fonctionnent habituellement. Ils ont atteint les profondeurs de 220, 231 et 236 mètres.

Trois trous de sonde ont été percés dans la concession du Haras, sur lesquels deux fonctionnent habituellement. Ils ont atteint les profondeurs de 220 et 241 mètres.

Dans les trois concessions, le sel est rencontré par les sondages entre 210 et 220 mètres de profondeur.

Les eaux qui opèrent la dissolution du sel proviennent d'infiltrations naturelles. Elles sont extraites au Haras au moyen de manéges à chevaux; à Saltzbronn et à Sarralbe, au moyen de machines à vapeur.

Questions.

47. Leur degré de salure est, en moyenne, de 24 à 25 degrés de l'aréomètre de Baumé, dans l'état de l'extraction actuelle. Il serait susceptible de faiblir si l'épuisement devenait plus actif.

Une analyse des eaux salées de Saltzbronn, faite par M. Gersoz, a donné les résultats suivants :

Un litre d'eau salée ayant été soumis à l'évaporation et le résidu desséché à 110 degrés, ce résidu salin pesait 291 grammes et se trouvait composé de :

Sulfate de chaux	0k 00700
Chlorure de calcium	0 00469
Chlorure de magnésium	0 00375
Chlorure de sodium	0 27000
Ensemble	0 28544

Une portion de la différence qui existe entre la somme et le poids constaté de 291 grammes peut être attribuée à la présence de matières organiques, d'une petite quantité d'iode et de brome et sans doute aussi d'eau restée avec les chlorures de calcium et de magnésium.

48. Les eaux extraites des trous de sonde sont conduites dans des réservoirs dans lesquels on ajoute environ 50 grammes de chaux par mètre cube afin de précipiter la magnésie; de là elles vont aux poêles de concentration et de cristallisation, où elles arrivent ainsi avec le degré de salure qu'elles avaient en sortant des puits. Les poêles de concentration, qui sont de petites dimensions, ne servent en réalité, dans l'état actuel, que de réservoirs où la clarification des eaux est opérée au moyen d'alun. C'est donc seulement dans les poêles de cristallisation, dont les dimensions sont variables, mais atteignent jusqu'à 16 mètres de longueur sur 5m,50 de largeur, que s'effectue la concentration des eaux salées et la formation des cristaux de sel.

49. Ces poêles sont chauffées avec de la houille provenant du pays de Sarrebruck. C'est de la houille maigre à longue flamme dont le prix a varié en 1855, suivant la qualité et suivant l'usine, de 18 fr. 50 cent. à 20 fr.

la tonne. On peut compter en moyenne sur une consommation de 500 kilogrammes de houille par tonne de sel.

Questions.

51. Les frais d'emballage aux usines, plombs, ficelles et menus frais peuvent être évalués de 18 à 20 centimes par sac d'un quintal. Les sacs sont généralement fournis par les entrepreneurs des transports, qui reçoivent pour cette fourniture une indemnité de 25 centimes par sac et par voyage, outre la remise qui leur est allouée comme commission sur la vente.

53. On ne fabrique dans les salines de la Moselle que des sels de deux qualités différentes, qui sont, pour une même poêle et pour les mêmes eaux : celui dont la fabrication s'effectue en vingt-quatre heures, et celui dont la fabrication s'effectue en quarante-huit heures; le premier ne différant naturellement du second que par les plus faibles dimensions des cristaux. La fabrication du sel de quarante-huit heures exigeant une plus forte consommation de combustible, cette qualité est vendue 25 centimes de plus que l'autre par 100 kilogrammes.

54. On peut compter que les sels renferment 95 p. 0/0 de chlorure de sodium et 5 p. 0/0 d'eau et de matières étrangères.

58. Aucune altération des sels n'est pratiquée dans les salines de la Moselle pour imiter la couleur propre aux sels de l'Ouest.

63, 64. D'après les renseignements que j'ai recueillis, il aurait été reconnu que les sels de Sarralbe perdent de leur poids par leur exposition à l'air, et surtout à la chaleur de l'été, qui leur fait abandonner insensiblement la petite portion d'eau qu'ils contiennent.

1, 69, 70, 72, 73. Les deux points principaux sur lesquels sont dirigés les sels de la Moselle, pour être expédiés en dehors des environs mêmes de Sarralbe, sont :

La station de Cocheren, sur le chemin de fer de Metz à Forbach, et celle de Sarrebourg, sur le chemin de fer de Nancy à Strasbourg.

Le transport des salines à Cocheren est de 60 centimes par quintal.

Celui des salines à Sarrebourg est de 90 centimes à 1 franc par quintal.

La vente est limitée aux départements de la Moselle, de la Meurthe, du Bas-Rhin et, dans une limite restreinte, du Haut-Rhin. Le sel est uniquement employé pour les usages domestiques. On vend à peu près autant de sel de quarante-huit heures que de sel de vingt-quatre heures. La première qualité est principalement destinée aux campagnes, qui la préfèrent à l'autre sans motif fondé.

Commission A. — Questions. 74. | Moselle. — M. l'Ingénieur des mines de la Moselle.

74. Une entente s'est établie depuis deux ans pour la vente entre les salines de la Moselle et celles si importantes de la Meurthe. Je ne pourrais donner les termes exacts des arrangements pris (tous renseignements à cet égard seront sans doute facilement recueillis dans la Meurthe); mais je crois qu'en mettant fin à une concurrence que les salines de Sarralbe ne pouvaient avantageusement soutenir pendant longtemps, et en leur assurant une certaine part dans la vente totale des établissement de l'Est, ils ont été favorables à leurs intérêts. L'entente me paraît redoutable dans la région pour les établissements qui viendraient aujourd'hui à être créés.

78. Les sels de la Moselle ne rencontrent en aucun point la concurrence des sels étrangers. Au contraire, 48,000 à 50,000 quintaux de sels de la région sont annuellement exportés en Prusse; mais cette livraison est entièrement réservée aux salines de la Meurthe, et même, si je suis bien informé, à celle de Dieuze.

17, 18, 19, 20, 21, 22, 26. Le tableau suivant donne les éléments principaux de la statistique de l'industrie salicole dans la Moselle dans les vingt dernières années, tels qu'ils sont tirés des états dressés par les ingénieurs des mines :

ANNÉES.	NOMBRE DE CHAUDIÈRES d'évaporation		HOUILLE	NOMBRE	SEL PRODUIT.			OBSERVATIONS.
	actives.	inactives.	consommée.	d'ouvriers.	POIDS.	VALEUR.	PRIX MOYEN par quintal aux usines en dehors de l'impôt.	
			quint. mét.		quint. mét.	francs.	fr. c.	
1845.....	49	"	64,660	97	97,550	204,742	2 09	(A) Les états relatifs aux années 1849, 1850 et 1853 n'ont pas été trouvés dans le bureau des mines de la Moselle.
1846.....	49	"	59,771	97	102,270	216,262	2 11	
1847.....	54	"	56,934	97	99,026	250,073	2 52	
1848.....	42	"	48,700	97	88,737	382,769	4 31	
1849 (A)...	"	"	"	"	"	"	"	(B) Le salaire moyen des ouvriers est de 2 fr. 25 cent.
1850 (A)...	"	"	"	"	"	"	"	
1851 (B)...	44	3	50,229	87	96,613	396,154	4 10	
1852.....	44	3	56,460	87	101,140	407,823	4 03	(C) Le nombre des ouvriers a été augmenté en 1865 pour la construction de réservoirs et le curage de trous de sonde.
1853 (A)...	"	"	"	"	"	"	"	
1854.....	44	3	53,550	92	96,133	346,079	3 60	
1855.....	44	3	53,065	92	97,314	310,146	3 18	
1856.....	44	3	52,850	90	97,060	300,886	3 10	
1857.....	40	7	48,130	81	88,150	273,265	3 10	
1858.....	44	3	43,800	83	85,210	272,672	3 20	
1859.....	37	6	42,434	78	78,420	235,260	3 00	
1860.....	36	7	40,220	78	77,350	193,375	2 50	
1861.....	34	9	38,200	75	75,800	159,180	2 10	
1862.....	35	15	42,945	65	76,488	211,872	2 77	
1863.....	35	15	29,920	78	56,242	216,532	3 85	
1864.....	31	19	30,678	75	56,409	217,175	3 85	
1865 (C)...	27	26	28,283	87	52,420	226,719	4 32	

Aucun débouché nouveau ne s'est offert depuis vingt ans aux produits des salines de la Moselle. Elles se sont vues au contraire dans la nécessité de restreindre leur fabrication, comme le montre nettement le tableau ci-dessus, en raison de l'établissement de nouvelles salines, riches et très-bien placées au point de vue des transports, dans le département de la Meurthe. L'entente dont il a été question dans le précédent chapitre les met seulement à même d'utiliser avec bénéfice une portion de leurs anciennes constructions et de leur ancien matériel. Il faut cependant noter comme une circonstance avantageuse pour elles l'ouverture du canal de la Sarre, qui diminuera à la fois le prix des houilles qu'elles consomment et le prix des transports des sels à Sarrebourg.

M. G. GAST,

Directeur de la saline du Haras.

(Déposition orale.)

La saline du Haras appartient à une société civile, constituée en 1855 et prorogée en 1865. La concession du gîte salifère est de 1 kilomètre carré. L'exploitation en est faite par la société elle-même.

M. LE SOUS-PRÉFET DE SARREGUEMINES.

(Renseignements écrits.)

Le malaise qui pèse sur l'industrie du sel, tant des marais salants que des salines ignigènes, provient, il me semble, de ce que le sel est une denrée dont la consommation se borne au nécessaire.

Le bon marché, la diminution de l'impôt et tout autre moyen n'en augmentent pas la vente d'une manière sensible : on donnerait le sel pour rien que la consommation n'en augmenterait guère. Mais le capital engagé dans cette industrie est déjà beaucoup trop considérable et tend à augmenter de jour en jour, sans que la production puisse augmenter. Avant 1845, la vente annuelle à Saltzbronn atteignait 7,000 tonnes; aujourd'hui, par suite de la concurrence outrée, il est impossible à cette saline d'arriver à 3,500 tonnes, même en y comprenant une vente à l'étranger, conquise dans les derniers temps.

Le capital engagé dans les constructions reste le même; les frais généraux restent aussi à peu près les mêmes.

En continuant à augmenter encore le nombre des salines, cette industrie marche à une ruine inévitable.

Ce que nous disons ici est vrai pour les salines comme pour les marais salants.

Mais quel remède? Nous n'en connaissons qu'un seul :

Commission A.

Moselle.

M. le Sous-P[r] de Sarre[gue]mines.

C'est que le Gouvernement, tuteur naturel de ses administrés, plus éclairé qu'eux en cette question, refuse d'accorder de nouvelles concessions. Celles qui ont été accordées jusqu'à ce jour suffisent pour produire cinq fois, peut-être dix fois autant de sel qu'on pourra en vendre.

Plus on engagera de capitaux dans cette industrie, plus les prix de revient tendront à s'élever jusqu'à ce qu'une trop grande concurrence ait amené une catastrophe inévitable.

DÉPARTEMENT DE LA MEURTHE.

Dans le département de la Meurthe, l'Enquête a eu lieu du 19 au 26 octobre 1866. Elle a été annoncée et le Questionnaire a été publié par des insertions au *Moniteur de la Meurthe*, dans les numéros des 21, 23, 25 et 27 mai 1866.

La Commission s'est complétée par l'adjonction de :

MM. Meunier, secrétaire général de la préfecture de la Meurthe;
Élie Baille, président de la chambre de commerce de Nancy.

La Commission a visité les salines de Rosières-Varangéville, de Saint-Nicolas-Varangéville et de Dieuze.

Elle a reçu les dépositions de :

MM.

1° Raspony, directeur de la saline de Saint-Nicolas-Varangéville;
2° Mouet, administrateur délégué de la société des Salines de Sommerviller;
3° Quintard, administrateur de la saline de Rosières-Varangéville;
4° Lequin, administrateur de la saline d'Art-sur-Meurthe;
5° Buquet, directeur des salines de Dieuze;
6° Guyon, maire de Dieuze;
7° Botta, directeur gérant de la saline de Dombasle;
8° Gutton, directeur de la manufacture des tabacs de Nancy, ingénieur-conseil de la saline de Dombasle;
9° Bossu, directeur gérant du comptoir de Nancy;
10° Marcot, négociant, membre de la chambre de commerce de Nancy;
11° de Vauguérin, directeur des contributions indirectes à Nancy;
12° Le Directeur de la manufacture des tabacs de Strasbourg;
13° Braconnier, ingénieur ordinaire des mines du département de la Meurthe;
14° Daguin, directeur du comptoir commercial des Salines de l'Est, à Paris;
15° Burton, administrateur délégué de la société anonyme des anciennes Salines domaniales de l'Est;
16° Fournier, correspondant et entrepositaire de la saline de Sommerviller.

Commission A.

DÉPARTEMENT DE LA MEURTHE.

M. RASPONY,

Directeur de la saline de Saint-Nicolas-Varangéville.

(Déposition écrite et orale.)

Questions. 13, 14, 15, 16. Le capital engagé dans la saline de Saint-Nicolas-Varangéville est de 3 millions de francs.

Cette saline n'a que dix ans d'existence. Elle a donné 6, 5, 6.90 et 10 p. o/o de dividende.

La quantité a été :

En 1858-1859..	de.......................	20,000 tonnes.
1859-1860..	de.......................	23,200
1860-1861..	de.......................	30,000
1861-1862..	de.......................	51,000
	dont....................	6,700 pʳ Belgique et Prusse.
1862-1863	de 33,000 tonnes raffiné... de 24,000 tonnes gemme..	57,000 tonnes, dont 15,500 *id.* *id.*
1863-1864	de 27,000 tonnes raffiné... de 26,000 tonnes gemme..	53,000 tonnes, dont 17,000 *id.* *id.*
1864-1865	de 27,000 tonnes raffiné... de 26,000 tonnes gemme..	53,000 tonnes, dont 16,600 *id.* *id.*
1865-1866	de 28,000 tonnes raffiné... de 32,000 tonnes gemme..	60,000 tonnes, dont 18,000 *id.* *id.*

17. C'est l'amélioration des voies de transport qui exerce la principale influence sur la production. En 1840 et 1845, les transports coûtaient de 70 à 80 francs la tonne : ils sont descendus successivement à 15 et à 12 francs par voie ferrée, et à 10 francs et 9 fr. 50 cent. par eau. Le traité franco-belge, l'exonération des droits de consommation pour les soudières et la diminution de 30 à 10 francs pour 100 kilogrammes apportée en 1848 au droit de consommation ont eu aussi leur part d'influence. Cette dernière circonstance a élevé de 6 1/2 à 7 1/2 kilogrammes, par tête et par an, la consommation, soit environ 15 p. o/o.

19. Avant l'entente, les prix sur la saline étaient de 11 à 12 francs : aujourd'hui ils s'élèvent, suivant la destination des sels, jusqu'à 16 francs ou 16 fr. 50 cent..

23. Il n'y a que la Suisse qui ait envoyé des sels en France, à cause du droit d'entrée réduit; mais cela n'est pas très-important.

46. A Saint-Nicolas-Varangéville, le capital engagé pour une production de 36,000 tonnes de sel raffiné et 20 à 26,000 de sel gemme est de 3 millions de francs.

Une production de 10,000 tonnes de sel raffiné, extrait de l'eau salée, peut être considérée comme exigeant un capital immobilisé de 700 à 800,000 francs.

La moyenne habituelle du nombre d'ouvriers est de trois cents à Saint-Nicolas-Varangéville. Ce personnel suffirait à une production plus considérable. Le salaire varie entre les hommes de peine à 2 francs par jour et les mineurs à 4 francs, selon la nature et l'habileté du travail.

Les frais généraux à l'usine et au siége social, non compris l'intérêt et l'amortissement du capital, sont évalués à 50 centimes par 100 kilogrammes de sel raffiné. Les frais d'entretien de tous les engins de travail sont comptés à 15 centimes pour 100 kilogrammes.

47, 48. La saturation de l'eau est achevée au jour par la dissolution du sel en roches.

49. La houille consommée par les salines de la Meurthe provient presque exclusivement de la Prusse. Son prix moyen est de 20 à 22 francs, selon la qualité, et la consommation varie entre 48 et 50 kilogrammes par 100 kilogrammes de sel fabriqués. Le prix du combustible entre pour 1 franc dans le prix de revient du sel raffiné.

50. L'égrugeage du sel en roche coûte environ 50 centimes par 100 kilogrammes. Il y a différents grains, mais sans grande variation. Le grain spécial de sel choisi peut coûter, prix débattu, de 20 à 25 centimes de plus que l'ordinaire.

51. Les frais d'emballage, de camionnage et de chargement sur wagon ou sur bateau, coûtent en moyenne 10 centimes par 100 kilogrammes du magasin au véhicule d'expédition. Dans le chiffre des frais d'emballage ne sont pas comprises les dépenses de la sacherie: ces dépenses, pour l'entretien seulement, sont de 16 ou 17,000 francs par an.

Par voie d'eau, le tarif de transport se calcule à environ 2 centimes par tonne et par kilomètre; par voie ferrée de 3 à 5 centimes, selon les distances et les compagnies.

52. L'avance du droit représente une dépense de 10 centimes par sac.

Il est difficile de déterminer exactement et de chiffrer la dépense dont le produit est grevé par suite des mesures réglementaires que nécessite la perception de l'impôt. Cette dépense peut être approximativement évaluée à 10 centimes par 100 kilogrammes.

COMMISSION A. — MEURTHE. — M. Raspony.

Il y a d'abord la nécessité de l'enceinte continue, le pesage rigoureux, le plombage par sac dans bien des cas. Si tous les sacs devaient être plombés pour la douane, des ouvriers à l'entreprise feraient deux à trois cents sacs de moins par jour. Vu la difficulté d'avoir toujours des wagons fermés il faudrait obtenir le plombage sous bâches. La demande à cet égard a été formulée depuis longtemps, et M. le directeur a fait espérer une solution favorable. Il y a encore, pour les salines, l'obligation de construire une habitation pour les employés de la régie. A Saint-Nicolas-Varangéville, on a construit une maison qui a coûté 50,000 francs, et l'État ne paye que 1,600 francs de loyer, tandis que l'intérêt du capital et l'amortissement en coûtent 5,000.

Du reste, cette question de la régie est chose fort délicate à traiter; mais nous devons dire que nos relations avec les employés attachés à l'établissement ont toujours été très-bonnes.

La saline paye les droits de consommation au comptant; elle ne rentre guère qu'après deux mois dans ses déboursés.

Il y a perte de temps pour le plombage soit des sacs, soit des wagons. Ce sont des frais en plus, mais sans grande importance quand c'est par capacité. Le plomb par sac coûte 1 franc par tonne.

Questions. 53. Il y a entre les trois centres principaux de fabrication les différences suivantes :

Premier centre (Est et Sud-Ouest). Sel ignigène : blancheur, grains divers, légèreté;

Deuxième centre (Midi). Sel marin : blancheur, gros cristaux, forte densité;

Troisième centre (Ouest). Sel marin : grain moyen, densité moyenne, blancheur altérée par une certaine proportion d'argile.

En résumé, qualités identiques, différence insignifiante dans la composition chimique. Emplois déterminés par les habitudes locales : dans certaines contrées, le sel blanc est considéré comme un purgatif, etc.

Les sels étrangers (anglais et suisses) sont de tous points analogues à ceux du premier centre français; ceux d'Espagne sont analogues au n° 2 (Midi) et presque exclusivement employés pour les besoins de la pêche. Les provenances sont : Cadix (Espagne) et Sétuval (Portugal), vulgairement appelés de Saint-Ubbes.

54. Le sel est composé généralement de 88 à 90 p. 0/0 de chlorure de sodium et de 8 p. 0/0 d'eau en moyenne; le surplus est du sulfate de soude, du chlorure de magnésium et sels divers. Ces différents éléments constituent cette matière mixte appelée *sel comestible*.

Il y a quelques légères nuances dans la composition chimique des pro-

MISSION A. duits des diverses salines de l'Est; les eaux qui proviennent des couches supérieures sont généralement plus chargées de sels étrangers et donnent par cela même des produits un peu plus déliquescents. MEURTHE — M. Raspony.

Tous les sels sont à peu près les mêmes; si ceux de la Charente-Inférieure sont les meilleurs de l'Ouest, la différence de composition est très-minime et rentre dans les conditions ci-dessus.

uestions.

56. Le sel en roche du Cheshire est plus pur que le sel gemme de l'Est: il ne renferme que 1 à 1 1/2 p. o/o de matières insolubles, tandis que les sels de l'Est vont jusqu'à 10 p. o/o *non triés*.

Le sel gemme *trié*, expédié de Saint-Nicolas-Varangéville, contient encore 4 à 5 p. o/o de matières étrangères.

57. La composition des sels des différentes provenances étant à peu près la même, n'exerce aucune influence pour la consommation comestible. La préférence dépend uniquement d'habitudes locales. C'est l'aspect physique seul qui détermine la répulsion ou la préférence.

Le commerce ne s'est jamais préoccupé du degré de chlorure de sodium des sels; l'industrie elle-même, dans ses relations avec le producteur, n'a jamais fait à cet égard aucune stipulation, aucune observation. Ce que l'on recherche et ce que l'on exige, c'est un degré normal de siccité.

58. De même que les marais salants font des sels lavés et raffinés pour imiter ceux de l'Est, de même l'Est fabrique des sels gris au moyen d'une légère addition d'argile délayée, et qui se vendent sous la dénomination constante de *sels gris de l'Est*, et jamais de *sel marin*. La quantité de sel teinté en gris est de un dixième environ de la production.

59. Le sel de l'Ouest n'a pas de saveur particulière qui justifie la préférence du consommateur: il ne diffère de celui de l'Est que par la nuance et la densité.

60. On a allégué que les sels de l'Ouest appliqués à la pêche produisaient, en raison de leur argile, une légère croûte sur le poisson; cela n'est pas bien établi; mais il paraît que la consommation, comme la pêche, tend tous les jours à préférer le sel blanc au gris, bien que la proportion d'argile de ce dernier soit très-peu importante.

61. Tous les sels arrivés à l'état marchand renferment sensiblement la même humidité; pour arriver à cet état, l'Est a besoin de trois mois de magasin, et l'Ouest et le Midi de six mois. Quant aux sels gemmes qui sont presque privés d'humidité, ils ne renferment que des matières insolubles dans la proportion indiquée plus haut.

COMMISSION A. — Questions. 62, 63. — MEURTHE. — M. Raspon

62, 63. L'analyse chimique démontrera que les différences hygrométriques sont à peu près nulles; elles sont les mêmes pour toutes les provenances, sans qu'il soit possible de les déterminer, même approximativement. Les clients se plaignent souvent de déchets, et, d'un autre côté, la douane a constaté souvent des excédants de poids sur les sels livrés à l'industrie sans droit et voyageant sous plomb. La même douane a aussi, en revanche, reconnu des différences en moins.

Le poids des sels peut varier de 1 à 1 1/2 p. 0/0 en plus ou en moins, suivant la température et l'état de l'atmosphère.

64. Prétendre que les sels de l'Est gagnent en poids en cours de transport est une allégation tout à fait sans valeur et complétement erronée : l'examen des documents des douanes et du commerce en démontrerait l'erreur.

65. Les sels du Midi sont venus récemment jusqu'à Épinal.

66. L'Ouest vient jusque dans l'Aube et les Ardennes; mais le débat entre l'Est et l'Ouest se produit principalement sur le marché de Paris.

69. L'Est vend à l'état normal dans une vingtaine de départements. Ses sels pénètrent, mais en petite quantité, jusqu'à Cherbourg, Dieppe, le Mans. Du reste, en ce qui concerne le rayon des ventes, la Commission pourra être complétement édifiée par le comptoir de Paris.

71, 72. Le sel en roche est employé dans les raffineries du Nord et de la Belgique et dans les verreries.

Le sel égrugé est employé dans les fabriques de produits chimiques et dans les verreries, en France, en Belgique et un peu en Prusse.

74. Depuis longtemps les producteurs de l'Est s'étaient préoccupés, comme dans l'Ouest, de la disproportion entre les moyens de production et la consommation. Comme dans l'Ouest, cette disproportion les menaçait tous d'une ruine certaine. Pour échapper à ce danger, ils sont allés au-devant des moyens propres à l'atténuer et proposés par le Gouvernement lui-même aux producteurs de l'Ouest; ils ont constitué à plusieurs reprises des syndicats de vente, toujours éphémères, mais stipulant toujours d'une façon expresse qu'en aucun cas les prix payés par la consommation antérieurement à la formation desdits syndicats ne pourraient varier. Aujourd'hui, comme avant, les prix de détail sont, dans l'Est comme dans le reste de la France, de 20 centimes le kilogramme.

75. La constitution des syndicats a permis en effet aux producteurs des

sels de l'Est de vendre leur sel plus cher là où la concurrence de l'Ouest et du Midi ne les atteint pas.

Questions. 78, 87. Les sels anglais, avec les droits d'entrée actuels (2 fr. 75 cent. raffiné et 1 fr. 50 cent. brut ou raffiné autre que blanc, décime en sus), n'entrent que par quantité insignifiante en France. Si les droits étaient abaissés, ils pourraient venir par tout le littoral de Dunkerque à Brest, et même, suivant l'importance du droit modifié, de Brest à Bayonne, pour rayonner dans une zone assez large dans l'intérieur, et notamment jusqu'à Paris, l'un des principaux centres de consommation de cette denrée.

Les sels suisses font une concurrence assez forte aux sels français en Alsace où ils entrent avec un droit de 50 centimes seulement.

80. Le déchet devrait être le même pour tous: l'Est ne demande que l'égalité.

81. Il est rationnel d'admettre que les déchets de route sont les mêmes pour toutes les provenances, dans des conditions identiques de température et de distance. Quant aux entrepôts, on ne peut plus y répondre sérieusement, puisque, dans les habitudes actuelles du commerce des sels, on ne s'en sert plus. En somme, les réclamations pour déchet sont communes et fréquentes pour l'Est.

Le déposant atteste qu'il reçoit fréquemment de ses clients des plaintes sur les déchets que les sels font en cours de transport; et, à l'appui de son dire, il met sous les yeux de la Commission une liasse de correspondances qui toutes ont trait aux déchets et à l'humidité des sels expédiés de l'usine de Saint-Nicolas-Varangéville. Il recommande également à l'attention de la Commission une lettre qui lui a été adressée le 19 mars dernier par le directeur de la soudière de Chauny, et dont le premier paragraphe est ainsi conçu : « J'ai l'honneur de vous prévenir que les sels des bateaux *la Chiffa* et *la Bienvenue* ont donné à l'essai, 8.35 et 8.25 p. o/o d'humidité. Le relevé moyen des années précédentes oscillant entre 6.8 et 7.4 p. o/o, je vous adresse la présente réclamation afin d'éveiller votre attention. J'espère que les sels qui vont arriver me compenseront de ce surcroît d'humidité et constitueront une moyenne convenable. »

82, 83. La consommation demande au producteur ce sel mixte, produit d'assemblages divers qui forment le sel comestible, lequel est frappé de 10 francs de droit. En conséquence, le droit ne doit pas être modifié suivant les différences insignifiantes que peuvent présenter les diverses sortes de sel, le consommateur n'en tenant aucun compte. Le Trésor ne pourrait qu'en être lésé. Du reste, l'innovation paraît impraticable :

COMMISSION A. — MEURTHE. — MM. Rasponi, Mouet.

elle apporterait une perturbation profonde dans le commerce, par suite de l'incertitude des analyses.

Le consommateur ne considère que le poids du sel mixte qu'on lui donne.

Questions. 84. La moyenne existe; seulement il faudrait la ramener à l'égalité pour tous : soit 3 p. o/o, soit 5 p. o/o.

88. Le droit de douane sur les sels importés par la frontière de Suisse devrait être élevé de 50 centimes, droit actuel, à 1 fr. 50 cent. par quintal.

89. Le droit qui frappe les sels étrangers à leur entrée en France doit être partout le même.

92. Par chemin de fer, les fraudes, s'il y en a, ne peuvent être qu'insignifiantes; il en est de même pour les envois par eau aux produits chimiques, puisque la douane reconnaît aux deux extrémités. Les moyens actuels sont largement suffisants et les salines de l'Est ne peuvent que réclamer la suppression du plombage par sac, coûteux et gênant (1 fr. par tonne). Le plombage des wagons à bâches, même à claire-voie, serait suffisant avec le plomb des salines.

93. La question de la dénaturation est très-difficile : les matières végétales sont détruites par le feu, et n'empêchent pas la régénération du sel dénaturé par elles; les matières inertes offrent le même inconvénient, en raison de leur insolubilité.

M. MOUET,

Administrateur délégué de la société des Salines de Sommerviller.

(Déposition orale.)

73. La saline de Sommerviller est la propriété d'une société anonyme. L'acte de société date de 1856, mais l'usine n'a commencé à fonctionner qu'en 1859. Le capital statutaire est de 1,200,000 francs réalisables en espèces, c'est-à-dire ne comprenant aucune action libérée donnée en prime aux inventeurs et fondateurs.

Le capital engagé, converti en matières ou immobilisé, est de	1,023,406f 89c
Fonds de roulement et provision	236,701 05
TOTAL	1,260,107 94

15. Les dividendes distribués jusqu'à ce jour ont varié; la moyenne annuelle peut être évaluée de 6 à 7 p. o/o.

Dans son état actuel, l'usine de Sommerviller *peut* produire annuellement 15,000 tonnes de sels raffinés. Mais la production annuelle, depuis l'établissement des syndicats, a été réduite à 8 ou 9,000 tonnes environ.

Les proportions du terrain clos, des trous de sonde, machines à vapeur, conduites d'eau, cheminées, bâtiments de fabrication, bâtiments d'habitation, etc., ont été établies pour une fabrication annuelle de 30,000 tonnes, chiffre auquel on arriverait dans un court délai en immobilisant le tiers du capital disponible pour l'emploi des matériaux approvisionnés et l'achèvement des appareils.

46. Le nombre des ouvriers employés est de soixante-quinze; leur salaire moyen par mois est de 88 francs pour les chauffeurs, et de 66 francs pour les autres ouvriers.

Les frais annuels d'administration sont d'environ 25,000 francs; non compris ceux des représentants ou ceux qui se rapportent aux syndicats.

Les frais d'entretien des bâtiments, magasins, appareils d'évaporation, machines; chevaux, bateaux, sont d'environ 50,000 francs.

Ces frais, joints aux 25,000 francs de frais d'administration, constituent les frais permanents de l'usine, soit en tout 75,000 francs, soit 85 centimes environ par quintal; cette proportion diminuerait en raison directe de l'augmentation de la production.

La houille employée à la saline de Sommerviller revient à 20 fr. 50 cent. ou 21 francs la tonne rendue à l'usine : c'est de la houille deuxième sorte, dont on consomme une demi-tonne par tonne de sel fabriquée.

En résumé, dans la situation actuelle, le prix de revient, amortissement compris, varie de 2 fr. 50 cent. à 2 fr. 70 cent. par 100 kilogrammes; ce prix s'abaisserait si la production pouvait prendre tout son développement normal.

47 et suivantes. L'usine de Sommerviller n'extrait point de sel en roche; ses produits consistent en sels raffinés de toute espèce obtenus par l'évaporation de l'eau salée; cette eau est extraite, à l'aide d'une machine à vapeur, de trous de sonde qui ont une profondeur de 90 mètres; elle arrive saturée à 25 degrés.

La fabrication en sel fin, dans la plupart des localités, exige un peu plus de main-d'œuvre et de combustible; aussi se vend-il de 50 centimes à 1 franc de plus par 100 kilogrammes; cette différence de prix représente un peu plus que l'augmentation de dépense. La fabrication du sel fin est très-limitée.

51. L'usine de Sommerviller est située sur le canal de la Marne au Rhin, à 4 kilomètres du chemin de fer. Les frais de transport au chemin de fer et de chargement sont compris au prix de revient indiqué ci-dessus, dans les frais permanents dont ils font essentiellement partie.

64. Les sels de l'Est ne sont pas moins déliquescents que ceux des autres régions, en principe, et ne gagnent pas en cours de transport; si un fait semblable se produisait, il ne pourrait être considéré que comme exceptionnel et devait être attribué à des circonstances accidentelles.

Pendant la durée de son emmagasinage à l'usine, le sel déchette de 6 à 7 p. o/o, et quand il est arrivé par son séjour en magasin à son degré normal d'hygrométricité, il contient encore 6 à 7 p. o/o d'eau.

Postérieurement, c'est-à-dire pendant le laps de temps (trois mois environ) qui s'écoule entre son expédition de l'usine et sa mise en consommation, le sel fait encore un déchet de 1 1/2 p. o/o environ : cela résulte pour le déposant des règlements de comptes de l'usine avec l'entrepôt qui reçoit ses produits à Paris. Les quantités expédiées à cet entrepôt sont de 25,000 à 30,000 quintaux, et il y a fréquemment lieu de tenir compte à l'entreposeur, M. Fournier, des déchets qui se produisent à l'entrepôt. Le traité passé avec cette maison le 8 août 1862 stipulait l'obligation de lui tenir compte des déchets. A en croire ce négociant et quelques autres clients dont la correspondance peut être communiquée, le sel de l'Est déchetterait plus que celui de l'Ouest.

Si le sel de l'Est (fabriqué) est exposé à l'eau ou à l'humidité, l'eau pénètre à travers les lamelles des trémies du sel, s'y sature à 25 degrés, et peu à peu s'écoule entièrement en entraînant du poids; c'est le système du déchet qui s'opère dans le magasin, où ce n'est certainement pas par l'évaporation que l'eau contenue s'en va, mais bien par l'égouttage, l'écoulement.

La saline de Sommerviller a également eu à tenir compte de déchets à l'usine de Saint-Gobain.

58. Une partie des produits fabriqués à Sommerviller, un tiers environ, est teintée en gris; la teinte grise est donnée au moyen d'un mélange d'argile; la proportion d'argile mélangée est de 100, 200 ou 300 grammes par sac de 100 kilogrammes suivant la nuance demandée par le négociant et recherchée dans le pays où le sel est expédié.

19. Le prix des sels vendus à l'usine même et directement aux épiciers ou consommateurs est de 17 francs le sac de 100 kilogrammes; mais il ne se fait que très-exceptionnellement de ces sortes de livraisons.

74. L'association des salines de l'Est n'a pas toujours existé et l'usine de

MISSION A. — Sommerviller n'en a pas toujours fait partie; elle n'en a pas moins réalisé pendant un temps quelques bénéfices, parce que les salines étaient moins nombreuses, et puis aussi parce que l'usine de Sommerviller, produisant de plus grandes quantités, fabriquait à meilleur compte. Cependant, en 1862, l'excès de la concurrence ayant fait tomber les prix de vente jusqu'à 11 fr. 75 cent. les 100 kilogrammes, il est devenu indispensable de s'entendre sous peine de fabriquer à perte. MEURTHE. — MM. Mouet. Quintard.

Les variations du prix de la marchandise, au sortir de la saline, sont d'ailleurs sans influence sur le prix de revente au détail : à l'époque où les salines ne vendaient que 11 fr. 75 cent., le prix de la revente au détail est invariablement resté à 20 centimes le kilogramme comme il y a toujours été.

Questions.

82. La fixation de l'impôt d'après la richesse en chlorure de sodium, même en admettant, contre toute vraisemblance, qu'elle ait sa raison d'être, est une mesure inapplicable dans la pratique.

87. Le droit sur les sels importés de Suisse devrait être élevé de 1 fr. 50 cent., c'est-à-dire porté à 2 fr. par quintal. Les salines de Suisse fabriquent à meilleur compte que celles de France, la main-d'œuvre étant moins élevée.

92. Les formalités réglementaires et les mesures administratives qui ont pour objet de garantir la perception de l'impôt sont un contrôle pour le producteur, et les frais qu'elles lui imposent sont minimes.

M. QUINTARD,

Administrateur de la saline de Rosières-Varangéville.

(Déposition écrite et orale.)

13. Un établissement, sans raffinerie, qui serait destiné exclusivement à l'exploitation du sel gemme, c'est-à-dire qui comprendrait seulement les bâtiments nécessaires à cet effet et les puits d'extraction, occasionnerait une dépense d'environ 300 à 350,000 francs.

Les frais d'extraction s'élèveraient à 40 ou 42 centimes pour 100 kilogrammes, et l'entretien des machines à vapeur et appareils coûterait de 6 à 8 centimes.

Il n'existe dans la Meurthe ni dans la Moselle aucun établissement de ce genre.

46. L'usine de Rosières-Varangéville est la plus ancienne des cinq qui se sont établies à proximité du chemin de fer de Strasbourg et du canal de

COMMISSION A. la Marne au Rhin. Elle a commencé à fonctionner en 1853. La société qui l'a établie s'est transformée en société anonyme après la création de l'usine. MEURTHE — M. Quint.

Elle raffine le sel gemme et l'exploite en roche.

Capital de premier établissement de la raffinerie....	1,170,000f
——————————— de la mine.......	310,000

Fabrication maxima de sel raffiné : 20,000 tonnes. On ne fabrique que 12,000 à 13,000 tonnes.

Extraction de sel gemme indéfinie.

La vente actuelle de ce sel est de 15,000 tonnes.

Nombre d'ouvriers de la raffinerie, de toute espèce : quatre-vingt-quinze, dont le salaire quotidien est en moyenne de 2 fr. 70 cent.

Nombre d'ouvriers de la mine payés à l'entreprise : cent six, dont le salaire moyen est de 3 fr. 30 cent.

Frais généraux d'administration : par tonne de 1,000 kilogrammes, 20 centimes.

Frais d'entretien des bâtiments : par tonne de 1,000 kilogrammes, 15 centimes.

Le prix de revient de la tonne de sel raffiné dans l'usine de Rosières, en prenant pour base la production actuelle de 12,000 tonnes, peut être évalué approximativement au chiffre de 15 à 16 francs, non compris l'intérêt et l'amortissement du capital de 1,200,000 francs, lesquels, calculés à 10 p. 0/0, portent ce prix de revient à 25 ou 26 francs.

Le coût de la production ne présente pas un écart de plus de 10 à 15 centimes par 100 kilogrammes entre les différentes usines de l'Est, pour ce qui concerne spécialement les frais de fabrication; mais si l'on y fait entrer les frais généraux et la somme représentant l'intérêt et l'amortissement, la variation pourrait être plus considérable.

Questions. 47. On exploite l'eau d'une source naturelle à 25 degrés (maximum de saturation). Elle est extraite par des machines à vapeur et versée dans des réservoirs qui les distribuent dans les chaudières. La saturation, étant complète, n'a pas besoin d'être augmentée par les moyens artificiels de dissolution du sel gemme.

49. On emploie de la houille de Sarrebruck, devenue de très-médiocre qualité par le défaut de triage à la mine. Elle coûte, rendue en saline, par tonne de 1,000 kilogrammes, 20 fr. 06 cent. On en emploie maintenant 50 kilogrammes par 100 kilogrammes de sel, soit, par 100 kilogrammes de sel, 1 fr. 03 cent.

50. Nous ne tenons pas comptabilité de la dépense de l'égrugeage du sel gemme, mais on peut l'évaluer à 2 fr. 50 cent. par tonne de 1,000 kilogrammes. Il n'y a qu'une sorte de sel égrugé parce que l'homogénéité de la mine ne permet pas de triage. On égruge à la grosseur demandée par la clientèle.

51. Point de frais d'emballage autres que :

1° L'usure des sacs quand ils sont fournis par la saline, évaluée à 20 centimes par sac pour le sel gemme égrugé. Quand l'usine les fournit à l'acheteur, elle se crédite de 20 centimes par sac et par voyage. Le sac coûte en effet 1 fr. 20 cent. et il ne peut servir que pour cinq ou six voyages;

2° Les frais de chargement et de transport en gare du chemin de fer ou sur bateau, évalués à 15 centimes par 100 kilogrammes ou 1 fr. 50 cent. par tonne de 1,000 kilogrammes.

Les frais de transport sont ceux des tarifs des chemins de fer de l'Est, du Nord et de l'Ouest.

Nous n'expédions rien par mer.

52. Les mesures réglementaires nécessitées pour la perception de l'impôt n'augmentent point le prix du sel, car elles n'imposent pas de charges à la saline.

L'avance du droit de 100 francs par tonne de 1,000 kilogrammes représente 74 centimes d'intérêt à 6 p. 0/0, soit, par sac de 100 kilogrammes, 0 fr. 0740 pour quarante-cinq jours environ d'avance du droit.

Les sels destinés à la fabrication des produits chimiques étant exempts de droits et soumis seulement à un plombage très-peu coûteux, les mesures administratives n'influent en rien sur le prix de ces sels.

Quant aux sels que consommerait l'agriculture après dénaturation, nous ne pouvons répondre à cette question, attendu que les mesures prescrites pour cette dénaturation sont si gênantes et si dispendieuses que les agriculteurs ont renoncé à s'y soumettre et que l'agriculture n'en consomme pas, ou du moins aime mieux payer le droit intégral pour le sel qui lui est indispensable.

53. Les sels du Midi et de l'Ouest ne subissent pas l'opération épurative du schlotage des sels de l'Est, lesquels sont en outre renfermés dans des magasins bien clos et très-propres. Il n'est donc pas étonnant que les sels de l'Est l'emportent sur tous les autres en blancheur et en pureté; mais ces conditions ne sont obtenues qu'avec des frais dont s'exempte la fabrication du Midi et de l'Ouest. Toutefois la différence des qualités influe d'autant moins sur le prix des sels que chaque zone s'est habituée à chaque sorte de sels, au point qu'il est très-difficile

COMMISSION A. — MEURTHE. — M. Quintard.

aux sels de l'Est, malgré leur supériorité de qualité, de se substituer, même à prix égal, aux sels du Midi, et même à ceux de l'Ouest. Cependant pour certains usages industriels, tels que la salaison des beurres, par exemple, les sels de l'Est obtiennent, depuis quelque temps, une faveur marquée en Normandie.

Les sels de l'Est ont moins de densité que ceux de l'Ouest, circonstance qui explique pourquoi ces derniers sont réputés, par quelques personnes, comme salant davantage que les premiers : en effet, ils contiennent sous le m me volume plus de principes salants.

Questions. 54. Voici l'analyse de notre source salée :

Eau	72.789
Chlorure de sodium	25.296
Chlorure de magnésium	0.065
Sulfate de soude	1.750
Sulfate de chaux	0.100
Ensemble	100.000

(Les sulfates en dissolution dans les eaux mères forment ce que nous appelons les schlots, que l'on retire des chaudières avant la cristallisation du sel.)

Nous ne pensons pas que 100 kilogrammes de sels loyaux et marchands de l'Ouest, tels qu'ils sont livrés au commerce, contiennent plus de chlorure de sodium que 100 kilogrammes de sels, aussi loyaux et marchands, de l'Est et du Midi.

57. Quelle que puisse être la réponse que fera l'analyse comparative des sels des diverses provenances françaises (cristallisés), il est certain qu'une différence quelconque de richesse en chlorure de sodium ne peut avoir aucune influence sur les usages alimentaires. Quant aux usages industriels, les chefs d'usine faisant presque tous l'analyse comparée des sels qu'ils emploient, il est probable qu'une différence appréciable de richesse en chlorure de sodium peut exercer une certaine influence sur leurs préférences, à prix égal.

Le commerce pour la consommation alimentaire ne tient aucun compte de cette différence dans ses prix d'achat ou de vente, puisque les consommateurs n'y attachent aucune importance.

58. Il est vrai que certaines salines de l'Est imitent la couleur propre aux sels de l'Ouest, par des teintes plus ou moins foncées, plus ou moins claires, représentant les sels non lavés ou lavés de l'Ouest; mais ces sels sont livrés sous la dénomination de sels gris de l'Est. Ils coûtent plus cher que les sels blancs, puisqu'à la fabrication ordinaire il faut ajouter la manutention de grisonnage, qui n'est autre chose qu'une addition

d'un peu d'argile que les sels de l'Ouest absorbent pendant leur fabrication dans des bassins en argile.

Le préjugé qui, dans les provinces de l'Ouest, attribue un degré de salure supérieur aux sels de l'Ouest sur ceux de l'Est, commence à se dissiper, et les salines de l'Est ont tout intérêt à le détruire. Cela est si vrai que les salines de l'Est réduisent annuellement les quantités de sels grisonnés qu'elles livrent à la consommation.

Ainsi la saline de Varangéville a vendu successivement en sels gris les quantités ci-dessous pendant chacune des années ci-après indiquées :

1861	20,075	182,543
1862	28,824	166,248
1863	16,204	145,759
1864	8,219	122,840
1865	7,952	128,537
1866 (Quatre mois de)	2,004	38,688
	83,278	784,615

Questions. 59. Les sels de l'Ouest, loin d'avoir des qualités ou une saveur particulières qui justifient la préférence des consommateurs, ont au contraire une odeur nauséabonde et une couleur peu appétissante. La preuve de la supériorité réelle des sels de l'Est est l'extension progressive de ceux-ci dans les départements de l'Ouest et la disparition presque totale des sels de l'Ouest dans les départements de la Seine et limitrophes de la Seine, des départements du Nord, qu'ils alimentaient autrefois exclusivement, et dans la progression continue des ventes des sels de l'Est dans les départements de l'Ouest.

61. Pour répondre à cette question il faudrait savoir ce qu'on entend par degré de siccité des sels. Tous les sels du Midi ou de l'Ouest produits par l'évaporation solaire, et les sels de l'Est produits par l'action du feu dans des chaudières en tôle doivent contenir la même quantité d'eau interposée dans leurs cristaux au moment où on les retire des bassins ou des chaudières; ils perdent successivement, pendant leur dépôt, en partie cette eau et, par elle, une partie des sels déliquescents qu'ils contiennent. Le degré de siccité comparatif ne peut donc s'obtenir que par un temps égal de dépôt et dans des circonstances identiques.

Les sels du Midi et de l'Ouest sont amassés en dépôts coniques en plein air. Ceux de l'Est sont enfermés dans des magasins bien clos. Comment pourrait-on établir le degré de siccité comparatif des sels de ces trois provenances, surtout en tenant compte des différences des climats du Midi et de l'Ouest?

62. Les variations hygrométriques des sels proviennent principalement des sels déliquescents qu'ils contiennent; elles sont en proportion exacte avec la quantité de ces sels déliquescents. Si par un procédé, non encore trouvé, on pouvait purger intégralement le sel dit *de cuisine* de ces substances, il n'y aurait presque plus de variations hygrométriques dans le commerce.

Si les sels de l'Est sont moins susceptibles de ces variations, c'est que dans leur fabrication, et préalablement à leur cristallisation, on retire les sulfates de soude et de chaux qui se trouvent en suspension dans leurs sources salées. C'est un surcroît de dépense que s'imposent les salines de l'Est et dont s'exemptent les marais salants de l'Ouest et les salins du Midi.

63. Les conséquences des variations hygrométriques des sels se traduisent par des pertes liquides et, conséquemment par des déchets en cours de transport et dans les magasins de destination.

64. Les explications données sous les numéros 62 et 63 démontrent que les sels de l'Ouest peuvent perdre, en déchets de transport, plus que les sels de l'Est, dont la fabrication est plus soignée et plus dispendieuse. Mais il résulte aussi de ces explications que les sels de l'Est ne peuvent gagner en poids que l'humidité de l'atmosphère, quand ils voyagent assez longtemps en temps très-humide; ce boni n'est donc qu'illusoire et tout à fait momentané, car ce surcroît de poids n'est que de l'eau qui s'évapore au bout de quelque temps.

Très-souvent les marchands se plaignent de ne pas trouver le poids à l'arrivée.

Les sels de l'Est marchands, c'est-à-dire ayant atteint leur degré normal d'hygrométricité par quelques mois de séjour dans les magasins des usines, renferment ordinairement 7 à 8 p. o/o de parties humides. Une expérience concluante a été faite à cet égard à Chauny, dans une fabrique de produits chimiques: en torréfiant une certaine quantité de sel de l'Est, on en a réduit le poids dans la proportion susindiquée, bien que ce sel eût séjourné plus de quatre mois en magasin.

Les sels des diverses régions, conservés dans les mêmes conditions, doivent présenter tous la même proportion d'humidité; l'hypothèse contraire est inadmissible : il est impossible, en effet, que l'eau contenue dans les sections de cristaux ne s'échappe pas après un même temps de dépôt dans un lieu sec à l'abri des influences atmosphériques, quelle que soit l'origine des sels et leur mode de fabrication.

Partant de là, le déposant demande que le boni accordé pour les déchets de route soit ramené à l'égalité pour tous les sels.

Quant aux différences de proportion entre les différents principes solides que renferment les sels, il ne croit ni juste ni possible d'en tenir compte.

Ce qui précède ne concerne pas les sels en roche qui ne renferment pas d'humidité et qui sont destinés au raffinage. Ils contiennent 5 p. o/o de matières étrangères et présentent ainsi au raffineur plus de bénéfices que les sels marins.

Le déposant résume ainsi son opinion sur cette question capitale de l'Enquête :

Les sels de l'Est et ceux de l'Ouest se fabriquent par les mêmes procédés : les uns dans des chaudières en tôle, les autres dans des bassins en argile. Les premiers obtiennent le *précipité* des sels par le combustible allumé sous les chaudières; les seconds, par l'action du soleil qui s'applique à la surface des bassins.

Les sels de l'une et de l'autre provenance sont retirés de l'eau et retiennent, dans les sections de leurs cristaux, la même quantité d'eau interposée. Si ensuite, pour l'une et l'autre provenance, les sels sont placés dans les mêmes conditions de conservation, c'est-à-dire dans des magasins bien clos et à l'abri des influences atmosphériques, il est incontestable qu'après le même délai de dépôt les uns et les autres seront dans les mêmes conditions d'hygrométricité. Mais si, pour les uns, les conditions de conservation sont ce qui vient d'être indiqué, et si, pour les autres, ces conditions ne sont pas observées comme trop coûteuses, à qui doit être attribuée la différence d'humidité? Et serait-il juste d'indemniser une fabrication imparfaite aux dépens d'établissements rivaux, jaloux de livrer au commerce des marchandises loyales et aussi pures que possible?

Question 69. Le rayon de vente des salines de l'Est comprend d'abord presque exclusivement les départements de la Meurthe, de la Moselle, des Vosges, du Haut et du Bas-Rhin, de la Meuse, des Ardennes, de la Marne et de la Haute-Marne, de l'Yonne, de l'Aube, de la Haute-Saône, du Doubs, du Jura, de Saône-et-Loire, de la Côte-d'Or.

Et ensuite, mais partiellement et concurremment avec les sels de l'Ouest, les départements de l'Aisne, du Nord, du Pas-de-Calais, de la Somme, de l'Oise, de la Seine, de Seine-et-Oise, de Seine-et-Marne, puis les départements de l'ancienne Normandie, de Dieppe à Cherbourg et au Mans.

Les sels n'ont point, comme les bestiaux et leurs produits ni comme les grains et farines, de marchés principaux. Cette marchandise se distribue directement des lieux de production dans chaque localité, par demandes directes.

Commission A. Le prix de vente varie suivant les points de destination et le fret dont les sels sont grevés pour y parvenir; en saline, les prix varient suivant l'importance des demandes, de 12 fr. 50 cent. à 14 fr. 50 cent. les 100 kilogrammes, droit compris.

Meurt[illegible] M. Quin[illegible]

Questions. 70. Les ventes des salines de la Moselle, de la Meurthe, de la Haute-Saône, du Doubs et du Jura se répartissent ainsi qu'il suit :

55,000 tonnes vendues dans les départements de l'Est.
12,500 tonnes vendues dans les départements du Nord, y compris le sel gemme.
22,500 tonnes, vendues à Paris et dans les départements de l'Ouest.

Total. 90,000 tonnes pour la consommation alimentaire.
25,000 tonnes pour les produits chimiques.

Les consommations, ou plutôt les ventes à l'usage de l'agriculture, sont presque nulles et ne peuvent être spécifiées.

71. Le sel gemme en roche vendu à l'intérieur est presque entièrement employé par les raffineurs du Nord, qui le convertissent en sel blanc dit cristallisé.

Le sel gemme égrugé est presque entièrement consommé par les fabriques de produits chimiques.

72. Les fabriques principales de produits chimiques sont : Chauny (Aisne), Dieuze, Thann, Javel, Paris, Rouen.

74. Aucune disposition légale n'interdit aux marais salants de l'Ouest ni aux salins du Midi de se fusionner et par conséquent de mettre leurs ventes en commun, c'est-à-dire de se constituer en syndicats. Par une anomalie qu'il serait assez difficile d'expliquer par les règles de la justice distributive, l'interdiction de fusionner deux concessions salifères pèse seulement sur l'industrie salicole de l'Est; mais rien ne lui interdit de se constituer en syndicat pour la vente de ses produits, à la double condition, toutefois :

1° Que chaque concession conservera son autonomie;

2° Que ce syndicat ne pourra nuire aux intérêts des consommateurs.

C'est d'après ces principes qu'a été constituée ce qu'on appelle l'entente des salins de l'Est. Elle a consisté d'abord dans la réduction proportionnelle de la fabrication de chaque établissement, afin de ne pas avilir démesurément les prix par une production qui pourrait facilement excéder d'un grand tiers les débouchés possibles. Chaque établissement conserve son autonomie, fabrique à ses risques et périls et fournit à sa clientèle dans la mesure de son contingent et dans le rayon où les produits ont le moins de trajet à faire; tandis que dans une concurrence complète, chaque saline étend ses ventes aux portes des autres. Ce sont des frais de traction gagnés pour tout le monde. Mais la condition principale de cette entente a été la résolution complétement acceptée que dans le rayon de l'Est le prix de vente en détail n'excéderait pas 20 centimes le kilogramme (droit de 10 centimes compris), et que, dans le cas où les détaillants tenteraient dans quelques localités d'élever ce prix de détail au delà de 20 centimes, l'administration du syndicat y ouvrirait aussitôt des débits à 20 centimes. On n'a eu besoin de recourir que très-rarement à cette mesure.

Il est à remarquer d'ailleurs qu'avant la formation du syndicat la vente en détail n'est jamais descendue au-dessous de 20 centimes le kilogramme, en sorte que les détaillants, et non les consommateurs, profitaient seuls de l'avilissement des prix des établissements producteurs, ce qui s'explique facilement par l'impossibilité de fractionner le kilogramme autrement que par centimes, monnaie qui n'a pas véritablement de cours.

Le syndicat de l'Est a été le résultat nécessaire de la grande quantité de concessions accordées depuis quelques années, notamment dans le département de la Meurthe; il a eu pour objet d'empêcher la ruine de plusieurs compagnies, la gêne du plus grand nombre, mais nullement de créer à l'industrie des sels de l'Ouest une concurrence abusive et déloyale. Il est bien certain, au contraire, que si les salines de l'Est étaient restées livrées à leur complet antagonisme, elles seraient obligées d'attaquer plus énergiquement encore le rayon de vente des sels de l'Ouest, par la nécessité où elles seraient d'écouler l'excès de leur production, afin d'atténuer leurs frais généraux en les répartissant sur des ventes plus considérables. Cela est évident, et les producteurs de l'Ouest le reconnaîtraient bien vite, si le syndicat de l'Est venait à se dissoudre.

Question. 75. Les prix de vente sont plus élevés, il est vrai, dans les départements de l'Est que dans ceux du rayon extrême. D'abord, parce que ces départements consomment principalement des sels de quarante-huit et quatre-vingt-seize heures, qui coûtent plus cher que ceux de vingt-quatre, douze et six heures; en second lieu, parce que telle est la condition de toutes les industries qui, pour étendre leurs ventes et par conséquent leur fabrication, font des concessions sur les points les plus éloignés, afin d'atténuer leurs frais généraux en les répartissant sur de plus grandes masses.

Les producteurs de l'Ouest procèdent, au reste, de la même manière en offrant à très-bas prix leurs sels dans l'Yonne, les Ardennes, les départements du Nord et à Paris, où ils rencontrent les sels de l'Est. Il n'y a là rien que de très-légitime de leur part. Pourquoi cela deviendrait-il illicite pour les sels de l'Est dans des circonstances identiques?

Questions. 76, 77. Pour ce qui concerne les débouchés et les prix de vente des sels de l'Est, ainsi que pour de plus amples détails sur l'entente des salines, le déposant se réfère à la déposition de M. Bossu, directeur du comptoir de Nancy.

78. Les sels anglais rencontreraient d'abord, de Bayonne au Havre et à Dieppe, les sels de l'Ouest, qu'ils écraseraient immédiatement sans le moindre doute, si ces derniers n'étaient protégés par les droits de douane actuels.

Les sels anglais nuiraient aussi, mais à un bien moindre degré, aux sels de l'Est, en leur enlevant une partie de leurs ventes dans les cinq départements du Nord : Oise, Somme, Aisne, Pas-de-Calais et Nord; les sels de l'Ouest en seraient eux-mêmes complétement exclus.

Cette nouvelle concurrence se traduirait-elle au moins au profit des consommateurs? Non, car une différence de 2 fr. 50 cent. par 100 kilogrammes, sur lesquels pèse déjà un droit de 10 francs, et qui sont vendus en moyenne 14 et 15 francs, ne pourrait rien réduire sur le prix de détail par kilogramme, pour les motifs exposés à la Question n° 74. On ruinerait donc infailliblement l'industrie intéressante de l'Ouest sans aucun avantage pour les consommateurs.

79. Nous ne pouvons admettre que les sels de l'Ouest, fabriqués avec le même soin que ceux de l'Est, soient plus déliquescents que ces derniers. Il n'y a donc pas lieu de primer, par une différence dans le taux des déchets de route, une industrie restée stationnaire, tandis que l'industrie similaire des autres zones cherche à grands frais à se perfectionner.

81. Les salines de l'Est ne font plus depuis longtemps usage des entrepôts de la douane. Il est donc difficile de dire si les allocations de 3 et 5 p. o/o, pour déchets de route, sont ou non absorbées en tout ou en partie par les dépôts en douane; nous croyons cependant qu'elles ne sont pas entièrement atteintes par les déchets; mais ce qu'on peut dire, c'est que la déperdition est la même pour tous les sels, sortis loyaux et marchands des points de production.

82, 83. L'impôt du sel, établi, non sur les quantités de cette denrée, qui n'est pas livrée au commerce à l'état pur de chlorure de sodium, mais sur la richesse relative de cette denrée en chlorure de sodium, nécessiterait d'abord des opérations compliquées et très-délicates d'appréciation. Ces opérations, confiées à de nombreux agents subalternes, donneraient lieu à des abus considérables. Comme les consommateurs n'attachent aucune importance à la richesse en chlorure de sodium des sels alimentaires, les sels les plus riches deviendraient les plus chers et seraient délaissés par le commerce. Ni les consommateurs ni le Trésor ne gagneraient à cette innovation qui nous semble impraticable.

Questions.

84. Nous ne connaissons pas de procédé pratique pour constater le titre des sels en chlorure de sodium : s'il y en a un, il doit être très-délicat et difficile à employer.

Recourir à des moyennes sur des masses considérables, ce serait s'exposer à de graves erreurs ou à des fraudes inévitables.

85. Le principe de l'égalité des droits et des charges serait essentiellement blessé par le rétablissement du sel de troque, supprimé par la loi du 17 janvier 1840.

86. Nous réclamons l'égalité du déchet de route pour les sels de toute provenance, quelle que soit la voie qui les transporte, attendu que les sels du Midi ne font pas plus de déchet par mer que les sels de l'Est par bateau sur les canaux.

89. La France est actuellement divisée en deux zones : les frontières maritimes, les Pyrénées et la frontière du Nord jusqu'à Strasbourg sont protégées par un droit de 2 fr. 75 cent. (décime non compris) par 100 kilogrammes; la frontière de l'Est, de Strasbourg à Lyon, n'est protégée que par un droit de 50 centimes par 100 kilogrammes; aussi les sels suisses peuvent-ils venir faire concurrence en Alsace aux sels de l'Est. Pourquoi cette différence? Quels en sont les motifs et les avantages?

91. Si les remises pour déchets sur les sels destinés à voyager par le cabotage étaient calculées d'après les quantités trouvées dans le navire au port de destination, au lieu d'être calculées *a priori* aux points d'expédition, il pourrait se commettre bien des fraudes dans le trajet. Cette question, au reste, concerne plus les sels du Midi et de l'Ouest que les sels de l'Est qui, par leur situation géographique, ne peuvent faire usage du cabotage.

92. Le déposant, tout en reconnaissant les bons procédés de la régie envers les diverses usines, croit que ce serait pour les usines une amélioration et une économie de temps si au lieu de peser toutes les corbeilles, on opérait le pesage comme dans l'Ouest.

Pour ce qui regarde les sels ayant acquitté le droit à la sortie des salines,

COMMISSION A. — MEURTHE. — M. Quintard

l'Administration des finances autorise les acheteurs à verser à la recette générale de leur département les sommes dont ils sont débiteurs envers les salines contre des mandats tirés par le receveur général du département de l'acheteur sur le receveur général du département de la saline expéditrice. Ces mandats spéciaux sont délivrés sans frais et servent de valeur au comptant pour le solde des sels et du droit. Ne pourrait-on étendre cette mesure aux recettes particulières, afin de la mettre à portée d'un plus grand nombre d'acheteurs, et pour éviter aux salines des frais de recouvrement du prix d'une marchandise où le droit entre pour plus des deux tiers de la somme à recouvrer?

En ce qui regarde les sels voyageant sous acquits-à-caution, à destination soit de l'étranger, soit des fabriques de produits chimiques, on peut demander à quoi servent toutes les formalités si gênantes de plombage exigées par la régie des douanes et des contributions indirectes, alors que la compagnie expéditrice est responsable sous peine du double droit des manquants constatés soit à la sortie de France, soit à l'arrivée dans les fabriques de produits chimiques.

Ces vérifications, d'une part, et cette responsabilité de compagnies très-solvables, d'autre part, ne sont-elles pas une garantie aussi complète que peut le désirer le Trésor par la perception des droits; et, dès lors, à quoi bon compliquer le service des expéditions par des formalités que les agents de la régie regardent eux-mêmes comme parfaitement surabondantes et inutiles?

Questions.

93. Un droit de 10 francs par 100 kilogrammes sur une marchandise qui pourrait être livrée à l'agriculture (à l'état brut, sel gemme en roche), à raison de 90 centimes les 100 kilogrammes, est un appât trop grand à la fraude, le droit fût-il réduit à moitié (5 francs). Les matières organiques qu'on mélangerait aux sels peuvent être détruites par la torréfaction, et les matières minérales se sépareraient presque toutes par le lessivage, au moyen duquel on obtiendrait du sel blanc cristallisé, exempt de droit, qui rentrerait dans la consommation alimentaire au détriment du Trésor.

94. L'eau salée versée sur certaines terres, mais avec de grandes précautions c'est-à-dire avec un faible degré de salure, peut certainement provoquer une assez vive végétation.

La délivrance aux cultivateurs d'eaux salées à 2 ou 3 degrés ne pourrait donner lieu à de bien sérieux abus. Mais si l'on accorde cette faveur aux cultivateurs voisins du littoral, pourquoi ne l'accorderait-on pas aux cultivateurs de l'intérieur, qui pourraient trouver, à très-bon compte, dans les salines de l'Est, de l'eau que, sous la surveillance des agents de la régie, on réduirait à 2 ou 3 degrés de salure.

Le déposant croit que le sel est utile en agriculture, employé dans certaines proportions, et cela tant pour la nourriture des bestiaux que pour l'amendement des terres. Il a lui-même fait quelques expériences qui ont confirmé cette opinion. Il en conclut que la suppression de l'impôt du sel aurait pour conséquence d'augmenter la consommation.

M. LEQUIN,

Administrateur de la saline d'Art-sur-Meurthe, située commune de Varangéville

(Déposition orale.)

Questions. 13, 46. La saline d'Art-sur-Meurthe est située sur le chemin de fer et sur le canal; elle est exploitée depuis quatre ans par une société en commandite par actions, constituée au capital de 640,000 francs.

Les frais d'établissement ont été d'environ 600,000 francs; la saline a été organisée pour produire annuellement 10,000 tonnes; mais, par suite de l'entente entre les saliniers, entente qui a eu pour objet de limiter la production, la saline d'Art-sur-Meurthe ne produit actuellement que 5,000 tonnes par an.

Le prix de revient peut être évalué à 2 fr. 75 cent. ou 2 fr. 80 cent. par quintal: ce prix de revient s'abaisserait si la production n'était pas limitée.

La saline occupe trente ouvriers, dont le salaire moyen est de 2 fr. 40 cent.

Les frais généraux d'administration sont de 16,000 francs par an.

Les frais annuels d'entretien sont d'environ 25 centimes par quintal de sel produit.

47. A Art-sur-Meurthe, on n'extrait pas de sel en roche; on exploite une source d'eau salée qui atteint naturellement le degré 25.

51. Les frais de transport, pour rendre le sel en gare et le charger en wagon, sont de 15 centimes par 100 kilogrammes.

52. Les mesures réglementaires que nécessite la perception de l'impôt ralentissent nécessairement un peu la manutention; mais il serait difficile de déterminer par un chiffre de combien le prix du sel s'en trouve augmenté.

58. A Art-sur-Meurthe, on grisonne une certaine quantité de sel pour lui donner l'apparence de sel marin.

59. Les sels de l'Ouest ne valent ni plus ni moins que ceux de l'Est, et

 la préférence de certains consommateurs pour le sel de l'Ouest provient uniquement de leurs habitudes.

Questions.

64. Les sels de l'Est, loin de gagner du poids pendant le transport, en perdent habituellement, et si, par hasard, il se trouve des sels qui gagnent un peu de poids après leur sortie de l'usine, ce sont ceux qui ensuite en perdent le plus.

69. La saline d'Art-sur-Meurthe, ainsi que les autres salines qui sont entrées dans l'entente, ne vend ses sels que par l'intermédiaire du comptoir, auquel elle livre le sel ordinaire pour un prix de 11 fr. 75 cent. les 100 kilogrammes, et le sel fin pour un prix de 12 fr. 25 cent. Le comptoir se charge de faire les ventes et d'en fixer les prix ; le bénéfice se partage ensuite entre les salines d'après des bases déterminées.

73. Actuellement la saline d'Art-sur-Meurthe produit en totalité et par an 5,000 tonnes de sel ; elle fabrique du sel fin dans la proportion de 3 p. 0/0 de la production totale : ce dernier sel ne lui coûte pas plus cher de fabrication que le sel ordinaire.

79. Les fabriques de produits chimiques tolèrent 7 ou 8 p. 0/0 d'eau dans les sels qu'on leur expédie ; mais elles imposent une réduction de prix lorsque l'humidité dépasse cette proportion.

82. Le système qui consisterait à établir l'impôt sur les sels d'après leur richesse en chlorure de sodium serait extrêmement difficile sinon impossible à mettre en pratique.

87. Rien n'est à changer aux droits établis sur les sels étrangers.

92. Il serait préférable qu'au lieu de peser chaque corbeille de sel au moment de le mettre en sac, on laissât les ouvriers de la saline faire les pesées et remplir les sacs, et qu'on se bornât à en peser un certain nombre comme contrôle : il y aurait économie de temps et les pesées seraient plus exactes. C'est, d'ailleurs, ce qui a lieu dans l'Ouest et dans le Midi.

93. Si le sel était moins cher, on l'emploierait avantageusement en le mélangeant à la nourriture des animaux. On pourrait dénaturer le sel en y mêlant du soufre ou de l'aloès, sans le rendre impropre à l'alimentation des bestiaux. Cette dénaturation devrait être suffisante pour rassurer l'Administration contre les tentatives de fraude ; car si l'on voulait ramener à son premier état le sel ainsi dénaturé, la dépense absorberait le bénéfice que l'on pourrait tirer de cette opération.

MM. Lequin. Buquet. Guyon.

M. Lequin, comme cultivateur et maître de poste, a expérimenté le mélange du sel avec les fourrages, et ses chevaux s'en sont toujours très-bien trouvés.

Bien qu'il n'ait pas expérimenté par lui-même le mélange du sel aux engrais, il croit, néanmoins, que si les salines étaient autorisées à vendre en franchise de droit les détritus et les schlots provenant de la fabrication, on pourrait les utiliser sur les terres, et que cela rendrait service à l'agriculture.

M. BUQUET,

Directeur des salines de Dieuze.

M. GUYON,

Maire de Dieuze.

(Déposition écrite et orale.)

Question 13. Les salines de Dieuze, qui comprenaient dans leurs dépendances celles de Vic et Moyenvic, ont été la propriété de l'État jusqu'en 1842. A cette époque, ces salines, qui étaient les seules du département de la Meurthe, et dont la production annuelle s'élevait jusqu'à 220,000 à 250,000 quintaux de sel, furent cédées par l'État à une société ayant pour gérant M. de Grimaldi.

Jusqu'en 1848, aucune concurrence ne s'éleva contre les salines de Dieuze; mais à partir de cette année, il se créa de nouvelles salines, et la conséquence de ce développement industriel fut une réduction dans la production annuelle des salines de Dieuze, laquelle descendit jusqu'à 150,000 quintaux. On ne peut d'ailleurs aujourd'hui se rendre compte des bénéfices réalisés par la société Grimaldi, car les livres de cette société n'ont pas été transmis aux successeurs.

Vers 1857, M. de Grimaldi fut remplacé, comme gérant, par M. Lillo. La compagnie Lillo exploita directement jusqu'en 1859, époque à laquelle elle afferma toutes ses usines à M. de Grimaldi, agissant en son nom privé; en 1860, le bail Grimaldi fut résilié, et la compagnie Lillo devint la société Calley-Saint-Paul et Cie par suite de la nomination de M. Calley-Saint-Paul aux fonctions de gérant. Enfin, en 1861, la société Calley-Saint-Paul et Cie se transforma en la société anonyme actuelle, sous le nom de : *Société anonyme des anciennes salines domaniales de l'Est,* laquelle subsiste encore aujourd'hui.

L'État a vendu les établissements que nous possédons à notre société aux prix ci-après :

COMMISSION A. — MEURTHE — MM. Buquet. Guyon.

Dieuze	6,100,000f
Vic	466,000
Moyenvic	235,000
Arc-et-Senans	500,000
Montmorot	780,000
Droits d'enregistrement	225,000
	8,306,000
A ce chiffre on a dû ajouter, pour les approvisionnements, la marche de l'affaire et les modifications immédiatement nécessaires pour entrer dans la voie du progrès, une somme de	3,000,000
TOTAL	11,306,000

Et, en effet, on n'a pas tardé sur cette somme à dépenser :

A Montmorot	770,548f
A Arc-et-Senans	317,983
A Dieuze	500,000
Depuis, pour éviter des concurrences désastreuses, nous avons été obligés d'acheter les actions de Grozon pour	630,000
et une partie de celle de Gouhenans pour	800,000
TOTAL	3,018,531

Dans ces chiffres, les fabriques d'acide sulfurique et de produits chimiques sont comprises, dans la vente de l'État, pour environ 1,500,000 francs, avec leur fonds de roulement particulier.

Questions. 15. Les documents publiés par le Gouvernement font connaître, que pendant les années où il a possédé les salines, c'est-à-dire jusqu'en 1842 inclusivement, la moyenne de ses bénéfices annuels s'est élevée à environ 3 millions. Ce chiffre s'explique quand on pense que l'État fixait le prix de vente à 45 francs, y compris 29 fr. 10 cent. de droits.

Les bénéfices de notre société ont été certainement assez considérables jusqu'à l'époque où le Gouvernement a accordé des concessions; ils ont dû diminuer depuis progressivement. Privés des livres des anciens gérants, nous ne pouvons répondre positivement à la question posée; mais les dividendes distribués depuis la société anonyme ont été de :

En 1862	40f
En 1863	50
En 1864	60
En 1865	80

Y compris les bénéfices de la fabrique de produits chimiques.

16. La quantité de sel produite depuis la société anonyme a été, en

moyenne, pour la Franche-Comté, de 219,000 quintaux par an; en Lorraine, pour Dieuze et Moyenvic, 175,000 quintaux.

Nos affaires forment un ensemble qui va se confondre en notre maison centrale de Paris, siége de notre société.

uestions.

17. La Franche-Comté doit son augmentation de production aux améliorations et agrandissements que nous avons faits; aux voies nouvelles de transport et aux ventes plus actives que la société est parvenue à effectuer aux fabriques de produits chimiques; quant à la diminution constatée en Lorraine, elle s'explique par la concurrence faite par les concessions nombreuses que l'État, après avoir vendu ses salines, a jugé à propos d'accorder dans le bassin de la Meurthe.

18. Depuis la société anonyme (1862), la Franche-Comté a vendu à l'intérieur 199,800 quintaux, à l'étranger 22,900 quintaux;

En Lorraine, Dieuze et Moyenvic, environ 175,000 quintaux, dont 40 à 45,000 à la Prusse.

19. Tant que l'État a possédé les salines, le sel se payait sur le carreau de la mine 14 fr. 40 cent. les 100 kilogrammes. En 1860 et 1861, le sel est venu à un prix extrêmement bas; depuis 1863, il est resté à un taux à peu près constant: de 3 francs à 3 fr. 25 cent., croyons-nous; mais du reste, la vérification de nos livres a dû édifier complétement la Commission et nous craindrions, en vous l'indiquant sans vérification préalable, d'avancer un chiffre autre que celui qu'elle a trouvé.

En Lorraine, le prix est d'environ 3 fr. 15 cent.

20. Chaque région n'avait autrefois pour la limite extrême de ses débouchés, comme du reste, dans toutes les industries possibles, que les pays où elle ne pouvait vendre sans perte. Il en est de même aujourd'hui. Il est bien certain, en ce qui concerne les usines de Dieuze, qu'il y a dix ans, étant seules existantes dans leur région, elles vendaient plus et plus loin qu'aujourd'hui. L'Alsace, la Lorraine, Paris et la ligne sont ses débouchés principaux.

21. L'industrie des produits chimiques consomme chaque jour des quantités plus considérables.

22. Chaque région a profité de cet accroissement d'une manière à peu près égale.

24. Les marais salants de l'Ouest sont en souffrance; ils demandent au Gouvernement de les tirer de la déplorable situation dans laquelle ils se

MM. Buque
Guyon

trouvent. Ils étaient prospères autrefois; ils vendaient le sel, net de droits, 25 francs les 100 kilogrammes, et, dans les années où le sel était moins abondant, jusqu'à 75 francs. Cela tenait à deux causes : le Gouvernement, propriétaire des salines de l'Est alors, fixait ses prix de vente, net de droits, à 25 francs les 100 kilogrammes, et la difficulté des transports ne permettant pas aux sels du Midi et de l'Est l'accès vers l'Ouest, les marais salants de l'Ouest étaient à l'abri de toute concurrence et pouvaient élever leur prix comme ils le voulaient, lorsque la rareté des sels ne permettait pas la concurrence entre eux.

Aujourd'hui que les salins du Midi et de l'Est vendent le sel à moins de 3 fr. 15 cent., net de droits, les 100 kilogrammes; que les sels des autres contrées peuvent pénétrer dans leur zone comme eux dans la leur, le prix ne peut s'élever comme autrefois.

Il faut donc que les propriétaires de marais renoncent aux magnifiques bénéfices du passé et qu'ils se résignent à voir leurs marais salants diminuer de valeur dans une énorme proportion. Il faut se soumettre au régime des bénéfices modérés.

Cependant ils se plaignent de n'avoir aucun bénéfice; est-ce exact? Les marais salants bien organisés situés près des voies de communication et dirigés industriellement et commercialement, donnent, même à présent, des bénéfices rémunérateurs. Quant aux marais salants placés dans de mauvaises conditions, exploités comme un champ, éloignés des voies de communication, ils sont, comme les industries mal situées, mal dirigées, condamnés à périr.

La propriété salinière dans l'Ouest est divisée à l'infini; le régime syndical y est à peine connu, et les dépenses d'intérêt commun ne peuvent y être abordées; de là, l'état misérable dans lequel sont la plupart des marais salants.

Cette division entre propriétaires, la plupart gênés, amène, en outre, une autre conséquence tout aussi déplorable; chacun vend à l'envi l'un de l'autre et vend à des prix qui ne sont pas rémunérateurs.

Ainsi, nulle entente pour les dépenses d'intérêt commun, nulle entente pour ne vendre le sel qu'à un prix rémunérateur.

Si les saliniers de l'Ouest, qui sont si nombreux, sont aussi gênés qu'ils le disent; s'ils se font entre eux une concurrence que leur embarras rend pénible, même sur les points où les sels du Midi et de l'Est ne peuvent pénétrer, qu'ils aient la sincérité d'avouer qu'ils sont leurs propres ennemis et que c'est à eux-mêmes avant tout qu'ils doivent attribuer leurs mécomptes, surtout quand les progrès de la fabrication dans les salins du Midi ont habitué le pays à préférer les sels blancs aux sels gris.

Le préjugé du sel gris tend à disparaître; le public commence à comprendre que si le sel est gris c'est qu'il est mélangé de terre; que s'il a un goût amer, cela tient à la présence d'une quantité plus ou moins con-

MM. Buquet. Goyon.

sidérable de magnésie et non à un principe salant plus puissant : en un mot, le public commence à savoir que le sel gris sale moins bien à poids égal que le sel blanc, et que les différences qu'il présente à l'œil et au goût sont le résultat d'un double défaut de soins dans la fabrication.

Bientôt, sauf sur le littoral de la Bretagne peut-être, personne ne voudra plus de sel gris, et déjà les plus intelligents des saliniers de l'Ouest lavent leur sel, le dégagent de ses impuretés et le vendent à l'état de sel blanc.

De là la nécessité absolue, si l'on veut soutenir la concurrence des salins du Midi et des salins de l'Est, de ne plus livrer de sel impur, et, pour cela, il faut modifier considérablement l'état actuel des choses : abandonner les salins mal placés, centraliser la production dans les localités favorisées; faire comme nous : bien fabriquer, mettre les sels à l'abri, etc. etc., et surtout se persuader que l'industrie des sels ne peut vivre à l'état de concurrence absolue et déchaînée.

Expliquons-nous sur ce point ; il est capital dans cette Enquête.

L'abaissement du prix de vente des sels n'amène pas d'augmentation de consommation; l'augmentation de la fabrication n'amène qu'une diminution presque insensible sur le prix de revient des sels, parce que, dans cette industrie, presque tous les frais de fabrication sont proportionnels, et les frais sont très-peu élevés. Si donc on ne veut pas se syndiquer, faire la part de ceux qui peuvent le moins bien se défendre ; si les mieux placés veulent abuser de leur situation et baisser les prix de manière à absorber les ventes, les autres sont fatalement ruinés.

Voyez l'effet d'une baisse de prix :

Supposez cent marais salants ou cent divisions de propriété ; admettez qu'un tiers produit les 100 kilogrammes à 70 centimes, un tiers à 60 centimes et un tiers à 50 centimes. Le tiers qui produit à 50 centimes veut se contenter de vendre à 60 centimes; le tiers qui produit à 60 centimes ne peut rien gagner, et le tiers qui produit à 70 centimes perd 10 centimes ou cesse de vendre en attendant des prix meilleurs. Ce qui arrive à dire que, dans cette industrie, là où dans chaque localité les qualités sont les mêmes, où personne n'a de clientèle et où le prix de vente est la seule considération de la préférence, la concurrence à outrance amène fatalement la ruine de la plupart des producteurs.

Ce qui ruine les marais salants, ce n'est pas la concurrence du Midi ou de l'Est, c'est la concurrence sans réflexion, sans pitié qu'ils se font entre eux et chez eux. La concurrence du Midi et de l'Est, favorisée par les voies de transport nouvelles, a seulement restreint la zone où les marais salants de l'Ouest vivaient à l'abri de toute concurrence.

Quel remède apporterait à cette situation l'impôt basé sur la quotité de chlorure de sodium ? Si l'on ne fait payer l'impôt que sur une proportion de ce que l'Ouest vend sous le nom de sel, l'Est et le Midi se-

Commission A. — Meurthe — MM. Buquet. Guyon.

ront amenés nécessairement à mettre dans leur sel des matières qui ne payeraient pas le droit. Que gagnerait l'Ouest à cette concession? Et le public aurait-il à se féliciter des encouragements donnés à une matière impure abandonnée dans tous les pays civilisés? Nous nous contentons de poser ces deux questions.

Question. 46. La réponse à cette question ne peut pas être donnée d'une façon absolue; le capital engagé dépend de plusieurs circonstances qui ne peuvent être qu'imparfaitement prévues : un trou de soude foré et n'aboutissant pas; des éboulements survenant après achèvement du travail; la profondeur plus ou moins considérable d'une couche utilement exploitable, et, par-dessus tout, le degré trouvé dans les trous de soude, l'eau pouvant n'atteindre que 18 ou 19 degrés; toutes ces circonstances interdisent une juste appréciation. Tout ce que la société anonyme peut dire, c'est que ses usines de Salins et d'Arc, pour une production annuelle de 11,000 tonnes, lui reviennent aujourd'hui à 818,000 francs; que Montmorot, pour 9,300 tonnes, coûte 1,500,000 francs, pour les deux un fonds de roulement de 350,000 francs; que Dieuze, outre son fonds de roulement de 450,000 francs, coûte 5,100,000 francs, moyenne 235,000 francs, vu que nous avons arrêté, depuis les concurrences nouvelles, 466,000 francs; et enfin Grozon, 630,000 francs pour 20,000 quintaux.

Le prix de revient dans les salines ignigènes est de 2 fr. 75 cent. les 100 kilogrammes, tous frais compris. Dans ce chiffre, ceux des frais de fabrication qui sont proportionnels à la quantité fabriquée, c'est-à-dire les frais de combustible, de main-d'œuvre, d'entretien des appareils, etc., entrent pour environ 2 francs; le complément résulte des frais fixes de fabrication, c'est-à-dire des dépenses d'administration, de l'intérêt du capital, de l'impôt, etc. etc.

Le prix de revient est élevé à Dieuze parce que cette usine est grevée de charges considérables qui lui ont été transmises par l'État: ainsi elle paye annuellement 39,000 francs d'impôts, dont 13,000 doivent être appliqués à la saline. Elle ne se soutient que par la fabrique de produits chimiques qui y est annexée. La production de cette fabrique a doublé depuis cinq ans. C'est grâce à cette extension prise par son annexe que l'usine à sel de Dieuze a pu subsister.

Le nombre d'ouvriers occupés à Dieuze est de quatre-vingt-deux, au salaire moyen de 1 fr. 85 cent. pour la fabrication seulement; les ouvriers d'état sont payés par l'entretien qui s'élève à une somme de 42,000 francs environ par an, pour une fabrication de 210,000 quintaux; les frais annuels d'administration sont de 63,000 francs à raison de 30 centimes par 100 kilogrammes.

Quant aux frais d'administration générale, à la réserve statutaire et à la retenue qu'en bonne administration il est indispensable de faire pour parer à toutes les éventualités, tous ces renseignements seront donnés à la Commission au siége social de notre société, à Paris.

L'usine de Dieuze est restée grevée de la totalité des impôts qui la frappaient alors que, propriété de l'État, elle jouissait du monopole le plus complet.

Questions. 47. Le degré de salure des eaux directement extraites de la mine est de 25 degrés.

48. L'eau titre naturellement 25 degrés.

49. La consommation de combustible varie de 45 à 50 p. 0/0 de sel; le prix de la tonne de houille varie de 17 fr. 50 cent. à 21 francs.

51. Les frais d'emballage sont d'ordinaire à la charge de l'acheteur, qui paye aussi le plus souvent le transport; la saline fournit quelquefois les sacs à raison de 25 centimes par voyage, avec condition de retour.

52. Le prix de vente du sel est augmenté d'environ 12 centimes par les charges que font peser sur les salines le mode de perception du droit et l'intérêt des sommes avancées; ce chiffre de 12 centimes comprend les éléments suivants :

Pesée lors de l'emmagasinage	0f 040 par 100 kilog.
Mise en sac	0 014
Avances du droit pour quarante-cinq jours	0 059
TOTAL	0 113

A ce chiffre il faut ajouter les frais de logement des employés de la régie. L'État paye, à la vérité, un loyer pour les maisons qui leur sont réservées; mais ce loyer est en général notablement inférieur à l'intérêt du capital dépensé pour la construction de ces maisons.

Pour les produits chimiques, la régie peut donner des facilités qui, par 70 kilogrammes, représenteraient une économie de 25 grammes; quant à l'agriculture, les exigences de la régie sont telles que la loi de 1842 est restée lettre morte.

53. Le sel de l'Est se distingue par sa blancheur naturelle; plus léger que celui de l'Ouest, il *foisonne* davantage et nécessite des emballages plus chers et plus grands; les différences qui existent entre les différents sels tiennent uniquement aux procédés de fabrication qui, dans l'Est et le

COMMISSION A. Midi, se sont perfectionnés, tandis que dans l'Ouest ils sont restés stationnaires. MEURTHE — MM. Buquet. Guyon.

Questions. 54. La composition chimique des sels de l'Est après trois mois de magasinage, c'est-à-dire lorsqu'ils sont livrés au commerce, est établie par plusieurs analyses comme il suit :

Eau	6.10
Sel de magnésie	0.49
Sulfate de soude	1.29
Matières insolubles et sulfate de chaux	0.76
Chlorure de sodium	91.36
TOTAL	100.00

Ces chiffres résultent des expériences et analyses que nous faisons toutes les semaines pour notre fabrique de produits chimiques.

Le sel gemme qu'on extrayait autrefois à Dieuze renfermait 90 p. o/o de chlorure de sodium.

Les sels raffinés de l'Est livrés aux manufactures de tabac subissent des réfactions qui sont en général de 7 à 8 p. o/o.

57. La différence de richesse en chlorure de sodium des sels des diverses origines est trop peu sensible pour exercer une influence sur leur application aux usages soit comestibles, soit industriels, et le commerce, dans ses transactions, ne tient nul compte de cette différence de richesse dans son prix d'achat ou de vente : pour lui le sel est sel, quelle que soit d'ailleurs la quantité d'eau et de chlorure de sodium qu'il contient.

58. Il est vrai que certains saliniers de l'Est vendent des sels gris sous le nom de *sels gris de l'Est,* mais seulement sur les marchés où, par suite d'un préjugé qui tend à disparaître complétement, on leur en fait la demande : c'est une exigence à laquelle il faut satisfaire.

59. Le sel de l'Ouest n'a rien qui justifie la préférence de l'acheteur : sa couleur est due à la quantité considérable de terre qu'il contient, et l'amertume que certains acheteurs attribuent à un principe salant tient à la présence des sels étrangers, résultat d'une mauvaise fabrication.

60. Il est exact que pour les salaisons de pêche les sels étrangers sont préférés; la raison en est simple : les sels gris de l'Ouest ont seuls pu lutter contre les sels blancs de l'étranger; or ils laissent sur le salé une teinte grise noirâtre due au dépôt de l'argile qu'ils contiennent, tandis que les sels blancs donnent une couleur agréable et qui plaît à l'œil; il

MISSION A. — MEURTHE. — MM. Buquet. Guyon.

est donc très-naturel qu'ils soient préférés; si nos sels de l'Est pouvaient arriver dans les ports à assez bas prix, ils seraient prisés au même titre que les sels étrangers. Tout le monde sait d'ailleurs qu'en Angleterre, où se font beaucoup de salaisons, on repousse le sel gris; il en est de même de la Prusse.

Questions.

61. Tous les sels bien fabriqués, pris dans les mêmes conditions, c'est-à-dire au moment où ils sont livrés à la vente, doivent être dans les mêmes conditions de siccité; s'il en est autrement, c'est que les sels sont mal fabriqués et qu'on a laissé se perpétuer les eaux mères.

62. Les variations hygrométriques agissant toutes de la même manière sur les différents sels bien fabriqués, des variations anomales, quand elles sont constatées, ne doivent être attribuées qu'à une fabrication défectueuse, moins perfectionnée, et à un mauvais conditionnement.

63. Nous ne pouvons raisonner que sur nos sels qui sont bien fabriqués; voici quelles peuvent être les conséquences des variations hygrométriques sur les sels en cours de transport : perte de poids par un temps sec; par un temps moyennement humide, légère augmentation temporaire; par un temps très-humide, perte, par fonte et coulage, qui peut devenir considérable sur des sels mal fabriqués.

64. Les sels de l'Est ne gagnent pas en cours de transport, et souvent même au contraire ils perdent, ainsi que le constatent les réclamations fréquentes faites par les acheteurs, quoique les pesées soient strictement faites, entre deux fers, par les agents de l'Administration. Le sel, du reste, quelle que soit sa provenance, s'il est bien fabriqué, doit toujours être dans les mêmes conditions : à l'Est comme à l'Ouest, tout réside dans une bonne fabrication.

65. Les sels du Midi arrivent dans les Vosges, Strasbourg, Épinal, Remiremont; ils ressemblent beaucoup maintenant à ceux de l'Est.

66. Les sels de l'Ouest sont offerts à 13 fr. 35 cent. dans la Côte-d'Or et l'Yonne, à 13 fr. 10 cent. dans les départements du centre.

74. Dieuze, étant le principal actionnaire de Gouhenans et appartenant à la même société que les salines de Franche-Comté, ne va pas offrir ses sels dans les rayons de ces différentes usines.

En ce qui concerne la Lorraine, les salines, produisant toutes les mêmes sels et vendant sur les mêmes marchés, ont formé entre elles un syndicat pour le placement de leurs produits: ce syndicat a eu pour but

COMMISSION A. — MEURTHE — MM. Buquet, Guyon

d'économiser des frais de voyageurs, d'agences de renseignements et de faire cesser une concurrence qui aurait entraîné à leur perte les salines les moins fortes et laissé debout des usines puissantes qui auraient pu abuser de leur position. La première condition du syndicat a été que, dans tous les cas, aucune augmentation de prix ne serait faite sur le sel livré à la consommation : c'est ce qui a eu lieu.

La société des salines de Dieuze a fait visiter les usines à sel anglaises et elle est convaincue que leur situation est actuellement précaire. Par suite du peu de développement dont est susceptible la consommation alimentaire du sel, les usines qui le produisent ne peuvent vivre à l'état de concurrence. Le prix de revient du sel est à peu près le même dans toutes, et elles ne peuvent se maintenir qu'à la condition d'une entente entre elles sur la question de vente.

Questions. 75. Notre commerce suit la loi générale du commerce.

79, 80. Nous n'admettons pas, pour les sels de l'Ouest bien fabriqués une plus grande déliquescence que pour les nôtres, quand ils sont pris dans les mêmes conditions, c'est-à-dire livrés à la vente : le taux des déchets accordés doit donc être le même pour tous.

81. En ce qui concerne les salines de l'Est, les réclamations faites par les acheteurs prouvent que le taux de 3 p. o/o alloué pour les déchets est en général à peine suffisant, et d'ailleurs, à la manière dont la régie fait les poids à l'usine, il nous semble impossible d'arriver à un boni.

82, 83. Peu importerait aux salines de l'Est que l'impôt fût assis d'après un mode quelconque, car des sels pourraient être fabriqués de manière à renfermer moins de chlorure de sodium, si cet élément de composition était seul frappé. S'il était démontré que les sels des diverses régions, conservés avec les mêmes soins, renferment inévitablement des proportions d'eau différentes, les déposants seraient disposés à accepter comme assez conforme à l'équité un nouveau mode d'assiette de l'impôt dans lequel ces différences seraient prises en considération; mais l'expérience résultant, pour les déposants, de bien des essais faits sur des sels pris dans les mêmes conditions, leur prouve que cela n'est pas.

Ce mode d'assiette de l'impôt serait désastreux pour le commerce, en poussant à la mauvaise fabrication et même à la sophistication, et pour le Trésor, en ce sens qu'il percevrait moins de droits.

84. Aucun procédé pratique n'est connu pour titrer facilement et promptement le chlorure de sodium : il faudrait recourir à l'analyse chimique. On n'aurait d'ailleurs aucune donnée pour établir une moyenne certaine.

ISSION A. — estions. 87, 88.

MEURTHE. — MM. Buquet. Guyon.

Le transport du sel de Dieuze à Mulhouse coûte 75 centimes par 100 kilogrammes. Les sels suisses ne supportent, pour arriver à Mulhouse, que 25 centimes de frais de transport. Le droit de 50 centimes dont ils sont frappés à leur entrée en France leur permet de lutter à armes égales avec les sels de l'Est sur la marché de Mulhouse. Les déposants ne se regardent pas comme suffisamment protégés contre les sels suisses. Il est entré, à certaines années, des quantités assez considérables de ces sels en Alsace; ainsi :

En 1853 il est entré	9,565 quintaux.
En 1854	12,015
En 1855	5,909
En 1856	1,556

Pour être délivrée de cette concurrence, la saline de Dieuze a consenti à s'entendre avec les salines suisses : il fut arrêté que ces dernières ne chercheraient pas à placer leurs produits en France, à la condition que de son côté Dieuze ne placerait pas les siens en Suisse. Cette convention fut mise à exécution et, pendant quelques années, les sels suisses ne passèrent pas la frontière. Mais une nouvelle saline s'étant créée en Suisse, avec laquelle aucun traité n'a été conclu, l'Alsace est de nouveau envahie, et, du 1er janvier au 30 septembre 1866, il est entré en France 5,297 quintaux de sels suisses.

Il serait à désirer que le droit qui frappe les sels importés par la frontière suisse fût élevé de manière à devenir au moins égal à celui qui frappe aujourd'hui les sels anglais.

89. Il est désirable que les sels étrangers, quelle que soit leur provenance, soient frappés d'un droit égal au moins à celui que payent aujourd'hui les sels anglais.

92. Toute modification atténuant les charges imposées aujourd'hui aux fabricants par les mesures prises pour la perception du droit serait accueillie avec reconnaissance, et nous croyons que l'Administration pourrait en trouver si elle voulait s'en occuper sérieusement, par exemple la généralisation de l'acquit-à-caution.

Des modifications pourraient être apportées aux mesures prises pour assurer la rentrée du droit sur les sels, modifications qui profiteraient à la fois à l'État et à l'industrie. Il paraît superflu que dans l'usine de Dieuze, par exemple, douze employés de la régie ne perdent pas de vue le sel, le pèsent à son entrée en magasin, à sa sortie, et conservent les clefs de ces magasins : toute cette surveillance a plutôt pour résultat d'obliger l'industriel à des transports intérieurs très-coûteux que de garantir sérieusement les intérêts de l'État. Ces intérêts seraient, d'après les

Commission A.

Medrat. MM. Buque, Guyot, Botta.

déposants, au moins aussi sérieusement garantis, si toute surveillance intérieure était supprimée et que l'on se bornât à placer un employé à la porte de l'usine pour constater toutes les sorties de sel, et à faire vérifier de temps en temps les livres par un inspecteur, à la condition, toutefois, que la première fraude reconnue fût punie d'une forte amende, et la récidive d'une pénalité plus sévère encore : le retrait de la concession, par exemple. Nous sommes convaincus qu'aucun industriel ne serait assez aveugle sur son intérêt pour songer à faire la fraude dans de telles conditions, et que la modification proposée n'aurait que des avantages, l'industriel étant plus libre dans l'organisation de son usine, et l'État, sans rien perdre, économisant des frais de surveillance considérables. L'industrie belge et l'industrie anglaise sont complétement libres : pour lutter avec elles, l'industrie française a besoin qu'on la délivre des entraves qui la gênent. Nous indiquons encore une modification de détail qui nous paraît très-désirable : au lieu de prescrire un mode particulier de pesée des sacs, l'Administration ne pourrait-elle pas se contenter de surveiller le remplissage des sacs, et de vérifier leur poids en laissant le fabricant libre d'adopter le mode de remplissage qu'il jugerait le plus économique ?

Questions. 93.

Les exigences de l'Administration rendent impossible l'emploi du sel en agriculture et paralysent complétement les effets attendus de l'ordonnance de 1846. Les moyens indiqués par l'Administration pour la dénaturation du sel sont inapplicables et équivalent à une interdiction; différents procédés sont usités en Prusse, et vainement, jusqu'ici, nous avons tenté d'en faire agréer par l'Administration.

La mesure qui serait de nature à faire augmenter la consommation du sel par l'agriculture serait une modification dans l'action du fisc. Ce n'est pas le droit en lui-même qui paraît un obstacle à cette augmentation : ce sont surtout les formalités qu'on croit nécessaire d'employer pour assurer la rentrée.

Quant aux procédés de dénaturation, celui-là doit être regardé comme satisfaisant qui ne permet la régénération du sel que moyennant des frais suffisamment élevés.

Pour l'amendement des terres, nous recommanderions spécialement un mélange de sel et de marcs de *charrées* de soude : ces deux produits concourent au même but, et la charrée de soude est un produit sans valeur.

M. BOTTA,

Directeur gérant de la saline de Dombasle.

(Déposition orale.)

La saline de Dombasle se fonde en ce moment. Pour cette raison,

 M. Botta déclare n'être en mesure de répondre qu'à bien peu des numéros du Questionnaire.

Il donne néanmoins à la Commission les détails suivants :

…uestions. 13, 46. La saline de Dombasle a été concédée, il y a trois ans, à la société Botta et Cie, société en commandite par actions, constituée au capital de 600,000 francs. Ce capital sera dépensé pour l'établissement de l'usine, laquelle ne sera achevée qu'à la fin de l'année.

Elle est organisée pour exploiter une source d'eau salée, provenant d'un sondage, et pour produire annuellement 5,000 tonnes.

On n'a encore fait fonctionner qu'une chaudière, et jusqu'ici il n'est sorti de l'usine que 4,000 à 5,000 quintaux de sel.

Autant qu'on peut le prévoir, le prix de revient sera de 2 fr. 90 cent. à 3 francs par quintal.

74. Actuellement, la saline de Dombasle est en dehors de l'entente qui unit les autres salines.

M. GUTTON,

Directeur de la manufacture des tabacs de Nancy, ingénieur-conseil de la saline de Dombasle.

(Déposition écrite et orale.)

29. Dans l'Est, on produit le sel de deux manières : en extrayant la roche ou en évaporant les eaux saturées dans des poêles. L'une donne du sel impur, mêlé de terre ; l'autre, du sel presque chimiquement pur. Les procédés ont varié et se sont améliorés. On a substitué en partie l'eau à la poudre pour détacher des blocs de sel gemme. Quant à la fabrication du sel raffiné, on a déjà réalisé quelques économies de combustible par de meilleures dispositions. Le raffinage est destiné à recevoir de nouvelles améliorations.

J'étudie actuellement l'installation, à la saline de Dombasle, de nouveaux appareils propres à réduire notablement la main-d'œuvre et la consommation en combustible. Ces résultats doivent être obtenus par l'emploi d'une poêle cylindrique fermée, dans laquelle se meut une hélice faisant cheminer le sel d'une extrémité à l'autre, et le déversant ensuite dans les godets d'une noria, et par l'utilisation de la vapeur qui s'échappe de cette chaudière pour l'échauffement de l'eau salée contenue dans d'autres appareils.

30. Je crois qu'en général on a beaucoup imité les procédés allemands pour la fabrication du sel raffiné.

Commission A. — Questions. | Meurthe. — M. Gutton

41. Il me paraît difficile que de petites raffineries, ou même de grandes, puissent produire au prix de 20 à 21 francs du sel raffiné par le feu en prenant de l'eau de mer saturée à 25 degrés; ce n'est que le soleil qui peut donner ce résultat, parce qu'il faut d'abord saturer l'eau de mer au moyen de marais salants, et que ces marais coûtent de l'argent comme entretien et établissement, tandis que les eaux saturées des mines de sel gemme ne coûtent que des frais de premier établissement et d'entretien, qui sont minimes.

19, 49. La houille revient aujourd'hui, rendue à la saline, à 18 francs la tonne. On a même vu le prix de la houille descendre jusqu'à 16 francs. Le prix de revient du sel, tous frais compris, est de 20 à 21 francs la tonne. L'écart entre les prix de revient des différentes salines est tout au plus de 1 franc par tonne.

53. Les sels de l'Est sont très-purs : cela tient à ce que les industriels ont soin de rejeter souvent les eaux mères. Ils font aussi un sacrifice de temps, de main-d'œuvre et de combustible. Sans ces sacrifices, leurs sels seraient beaucoup plus impurs, et ils pourraient livrer des produits analogues à ceux de l'Ouest, sauf l'élément terreux qu'il suffirait d'y ajouter.

Les eaux mères rejetées marquent environ 28 degrés et demi à l'aréomètre. L'opération d'évacuation s'effectue, tous les huit à dix jours, sur une chaudière entière. On rejette ainsi environ le quinzième de l'eau que l'on évapore.

54. Les sels de l'Est sont à peu près exempts de sels de magnésie, ce qui n'a pas lieu pour ceux des marais salants, surtout ceux de l'Ouest. Les sels de l'Ouest sont donc moins riches en chlorure de sodium; seulement ils salent davantage, à cause de leur impureté: cela tient à l'amertume des sels de magnésie, dont la saveur est très-prononcée.

59. La saveur du sel de l'Ouest est plus forte et plus amère que celle des sels de l'Est, à cause de sa composition. Je ne crois pas que la quantité de sels magnésiens renfermée actuellement dans les sels de l'Ouest soit suffisante pour nuire à la santé de ceux qui en font usage; mais il me paraît indubitable que si le chlorure de sodium était la seule matière imposée dans le sel, il en résulterait immédiatement que l'on fabriquerait du sel renfermant beaucoup de sels magnésiens et dont l'emploi pourrait être nuisible à la santé publique.

61. Dans l'Est, on cherche autant que possible à dessécher les sels raffinés

pour ne pas payer l'impôt sur l'eau qui y resterait incorporée, et, par suite, le faire payer aux consommateurs.

Questions. 64. En général, les sels loyaux et marchands de l'Est, conservés trois mois en magasin, gagnent en cours de transport, parce qu'ils partent desséchés et que, s'il fait un temps humide, ils absorbent de l'humidité. Si l'Ouest s'appliquait à livrer au commerce des sels aussi desséchés que le sont ceux de l'Est; s'il consentait, pour l'emmagasinage de ses sels, à faire les mêmes dépenses que ses concurrents de l'Est, il n'aurait pas à se plaindre que ses sels perdent en cours de transport : au contraire, la quantité plus considérable de sels magnésiens, avides d'eau, qu'ils renferment, les rendrait plus absorbants que ceux de l'Est si, par la dessiccation, on les avait amenés à n'avoir que la même quantité d'eau que ces derniers. Dans un transport effectué dans les mêmes conditions de durée et d'humidité de l'air, le sel de l'Ouest, préparé comme il vient d'être dit, gagnerait donc plus de poids que le sel de l'Est.

70. Il entre très-peu de sel dans la consommation du bétail : il ne sert qu'à rendre sapide du mauvais fourrage; on ne s'en sert pour ainsi dire pas comme engrais : il est trop cher de fabrication et ne contient qu'un élément de nutrition pour les plantes, surtout le sel pur de l'Est.

79. S'il y avait une différence à établir dans le taux des déchets, elle devrait être en faveur des sels les moins déliquescents.

80. Il n'y aurait pas de différences hygrométriques sensibles, si l'on voulait fabriquer du sel pur dans les marais salants; mais cela coûterait plus cher, et c'est le seul motif pour lequel on fabrique des sels impurs.

81. Le déchet de 3 p. o/o est largement suffisant. Il peut être atteint par les sels d'une fabrication récente, remontant à huit jours, par exemple.

82, 83. Le commerce ne peut pas tenir compte de la richesse relative des sels en chlorure de sodium; il préférera pendant longtemps les sels impurs, à cause de leur plus grande saveur et de l'économie d'emploi qui en résulte. Si donc l'impôt prenait pour base la quantité de chlorure de sodium (ce qui d'ailleurs ne me semble pas pratique dans l'état actuel de la science), il détruirait la fabrication des sels purs en favorisant celle des sels impurs. En outre, la consommation diminuerait au détriment de la santé publique. Les intérêts du Trésor seraient lésés sans compensation.

94. L'eau de mer doit être un bon engrais, à condition qu'elle soit em-

Commission A.

ployée avec modération. Il ne me semble pas qu'on puisse abuser facilement de la liberté d'en prendre, car il faut chasser les neuf dixièmes de l'eau de mer pour avoir un commencement de cristallisation : ce serait pour des particuliers une dépense au moins équivalente à celle que l'impôt établit sur la valeur du sel.

Je ne crois pas que le sel soit bon pour cet usage, la potasse jouant dans les plantes un rôle beaucoup plus considérable que la soude. Je ne crois pas non plus que l'emploi du sel en mélange avec les fourrages des chevaux soit rationnel, car ces fourrages renferment des sels de potasse tout aussi sapides que le chlorure de sodium; d'ailleurs, si l'emploi du sel en agriculture était de nature à se développer beaucoup, les cultivateurs des environs de Nancy, qui ont toutes facilités pour se procurer du sel, ne manqueraient pas d'en faire usage, ce qui n'a pas lieu.

La manufacture de tabacs de Nancy ne consomme pas de sel, cet établissement s'étant borné jusqu'ici à la fabrication des cigares.

M. BOSSU,

Directeur gérant du comptoir de Nancy.

(Déposition orale.)

Questions. 74, 75.

Le comptoir de Nancy a pour objet d'associer, pour la vente du sel, les salines des départements de la Meurthe, de la Moselle et de la Haute-Saône; sa création a été la conséquence du traité intervenu le 12 juin 1863 entre les sociétés propriétaires des salines associées.

Ces salines sont celles de Saint-Nicolas, Rosières-Varangéville, Sommerviller, Art-sur-Meurthe, Dieuze, Moyenvic et Saléaux (Meurthe), Saltzbronn, Sarralbe, le Haras (Moselle), Gouhenans (Haute-Saône).

Entre les représentants de ces salines, il a été convenu ce qui suit :

Les parties désirant affranchir leurs sociétés respectives des frais considérables qui résultent pour chacune d'elles, soit de la nécessité d'entretenir, pour la vente de leurs sels, un nombre considérable de dépôts ou consignations dans les localités nombreuses où s'écoulent leurs produits en sels raffinés, soit d'avoir individuellement des agents spéciaux ou voyageurs, ont pris l'engagement de centraliser toutes leurs ventes dans deux comptoirs généraux. En conséquence, il a été créé deux comptoirs généraux pour la vente en commun du sel de toutes les usines associées, à dater du 1er juillet 1863. L'un des comptoirs a été établi à Nancy, l'autre à Paris. Chacun des directeurs placés à la tête de ces comptoirs a l'administration exclusive du comptoir confié à ses soins et la vente de tous les sels de l'Est, dans les localités dépendant du rayon de son comptoir. De condition expresse, MM. les directeurs doivent prendre les

ssion A. — Meurthe. — M. Bossu

mesures nécessaires pour que le prix de revente en détail ne dépasse pas 20 centimes le kilogramme, afin de sauvegarder les intérêts des populations.

stion. 69.

Le comptoir de Nancy est chargé de la vente du sel dans tout le rayon de l'Est et du Nord, lequel rayon comprend les départements suivants, ainsi que l'arrondissement de Montbéliard et une partie de l'arrondissement de Baume-les-Dames (Doubs): Bas-Rhin, Haut-Rhin, Haute-Saône (moins l'arrondissement de Gray), Moselle, Meurthe, Vosges, Meuse, Haute-Marne, Ardennes, Marne, Aube, Aisne, Oise, Somme, Nord et Pas-de-Calais, ainsi que les ventes à l'étranger.

Le rayon de Paris comprend les départements suivants : Seine, Seine-et-Oise, Seine-et-Marne, Eure, Seine-Inférieure, Loiret, Indre-et-Loire, Vienne, Charente et Charente-Inférieure, ainsi que tous les départements compris entre ceux qui viennent d'être nommés, plus les ventes à la compagnie de Saint-Gobain.

Il existe auprès de chaque comptoir une commission de surveillance composée d'un membre pris dans le sein des conseils d'administration de chaque société. Ces commissions se réunissent une fois par mois dans chaque comptoir. Les directeurs doivent leur donner communication de la comptabilité, des marchés et de la correspondance. Sur la proposition des directeurs, les commissions fixent les prix de vente. Toutefois, toute liberté est laissée aux directeurs pour tous les marchés ne dépassant pas 5,000 quintaux.

Le chiffre total des ventes probables de sel raffiné, dans les deux comptoirs, ayant été évalué à 1,005,000 quintaux, chacune des salines est appelée à le fournir dans les proportions suivantes :

Dieuze, Vic et Moyenvic	200,000 quintaux.
Saint-Nicolas	300,000
Rosières-Varangéville	140,000
Sommerviller	100,000
Art-sur-Meurthe	50,000
Saléaux	25,000
Saltzbronn	40,000
Sarralbe	36,000
Le Haras	14,000
Gouhenans	100,000
Total	1,005,000

Ces contingents annuels sont fournis par chaque saline au fur et à mesure des demandes des deux comptoirs.

Dans le cas où les contingents ainsi déterminés sont insuffisants pour satisfaire aux besoins de la consommation, ils sont augmentés propor-

Commission A. tionnellement, pour chacun, au chiffre du capital admis pour chaque compagnie.

Meurthe. — M. Bo…

Dans le cas où la consommation ne suffit pas à l'écoulement des contingents ci-dessus indiqués, ils subissent une réduction proportionnelle.

Les sels livrés à chaque comptoir sont facturés à des prix uniformes, fixés par les intéressés, et qui sont actuellement les prix ci-contre :

Sel fin et moyen	11f 75c les 100 kilog.
Sel gros de quatre-vingt-seize heures	12 00
Sel fin de table	12 25
Sel léger de la Sarre	12 25
Sel à écailles, n° 1	13 00
Sel à écailles, n° 2	13 75

Le tout payable à quarante-cinq jours de la facture, rendu aux gares du chemin de fer ou du canal les plus rapprochées de la saline, au choix des directeurs qui, dans la destination à donner aux sels vendus, doivent autant que possible conserver à chaque saline les avantages de sa position.

Un compte courant d'intérêt est ouvert à chaque saline, au taux de 5 p. o/o.

A l'égard des sels vendus et livrés en saline, ils sont portés, au débit du comptoir de Nancy, aux mêmes prix que ci-dessus; par contre, la société venderesse crédite le comptoir de Nancy du prix réel de la vente.

Chaque saline doit fournir aux directeurs des comptoirs la liste des clients dont elle entend que les relations soient conservées par ces derniers, et qu'elle désire voir traiter sur le pied des acheteurs les plus favorisés ; mais elle doit rester garante de la solvabilité des clients.

Les parties ayant admis le principe que le capital engagé par chaque compagnie serait pris pour base principale de la répartition des résultats actifs et passifs des comptoirs, elles sont convenues qu'ils seraient répartis dans le rapport des capitaux suivants :

Dieuze, Vic et Moyenvic	2,000,000f
Saint-Nicolas	2,000,000
Rosières-Varangéville	1,200,000
Sommerviller	900,000
Art-sur-Meurthe	490,000
Saléaux	260,000
Saltzbronn	652,500
Sarralbe	580,000
Le Haras	217,500
Gouhenans	1,700,000
Total	10,000,000

Le 31 décembre de chaque année, le directeur de chaque comptoir fait un inventaire général, et le solde du compte profits et pertes est partagé entre les intéressés dans les proportions ci-dessus établies.

Les directeurs doivent restreindre la vente de leurs comptoirs au rayon qui leur est respectivement attribué, et ils ne peuvent pas étendre leurs opérations aux départements ou arrondissements limitrophes à l'Est et au Sud, lesquels demeurent réservés aux salines de Franche-Comté. Par compensation, les représentants de la société anonyme des Salines domaniales de l'Est sont engagés à faire respecter, par les salines de Franche-Comté, le rayon de vente attribué aux comptoirs de Nancy et de Paris.

Les parties se sont interdit également et d'honneur : 1° de faire aucun marché pendant le cours de la société pour être exécuté après sa cessation; 2° de faire dans leurs usines respectives, pendant le cours de la société, aucuns travaux tendant à augmenter leurs moyens actuels de production du sel.

Les salines qui produisent des sels gemmes en conservent la libre disposition.

Les parties intervenant à ce traité qui sont propriétaires du salin de La Valduc se sont aussi réservé la vente des produits de ce salin jusqu'à Lyon, et pas au delà.

Toutes les salines se sont interdit de faire des marchés à l'intérieur et à l'étranger en dehors des comptoirs.

Tous les sels doivent être livrés comme on l'a dit: en gare ou en bateau. Par dérogation à cette stipulation, les salines qui ont des dépôts à Paris se sont réservé la faculté de continuer à livrer à ces dépôts moyennant le prix de 11 fr. 75 cent., augmenté des frais de transport et d'une commission de 15 centimes pour frais de magasinage et de chargement, sauf les traités antérieurs.

La durée du traité a été fixée à six années, qui courent du 1er juillet 1863. Le traité doit cesser dans le cas où de nouvelles concurrences viendraient à surgir dans les départements de l'Est.

Le déposant fait ensuite connaître à la Commission, sur sa demande, les prix auxquels le comptoir vend actuellement les produits des salines associées. Conformément à l'une des clauses du traité, ces prix sont ceux des sels livrés à la gare la plus proche de la saline qui les fournit, les frais de transport restant à la charge des acheteurs. Conformément aussi à l'une des clauses du traité, l'économie de ces prix a pour base l'obligation imposée aux directeurs de comptoir de faire en sorte que le prix de revente au détail ne dépasse pas 20 centimes le kilogramme; d'où résulte que, afin de laisser aux intermédiaires leur bénéfice normal, le comptoir doit nécessairement élever ou abaisser le prix de la

Commission A. — Meurthe — M. Boss

marchandise livrée en gare, suivant la destination, et par conséquent, suivant que les frais de transport à la charge de l'acheteur sont plus ou moins élevés.

Question. 69.

Voici les prix des sels à destination de divers points du rayon, par 100 kilogrammes, droit acquitté :

Nancy	15f 50c
Meurthe	15 25
Moselle	15 25
Bas-Rhin	15 25
Meuse	15 00
Vosges	15 00
Haute-Marne	14 00
Marne	14 00
Aube	14 00
Ardennes	13 75
Haut-Rhin	13 50
Aisne	13 00
Nord	12 75
Oise	12 75
Somme	12 50

Les variations dont ces prix sont susceptibles sont très-légères et ne dépassent guère 25 centimes.

A Nancy, le sel vendu 15 fr. 50 cent. par le comptoir au marchand en gros est payé, par le détaillant au marchand en gros, 16 fr. 50 cent. ou 16 fr. 75 cent., rendu à domicile. Quand, exceptionnellement, un détaillant ou un consommateur vient acheter le sel directement au comptoir, il le paye 16 fr. 50 cent.

Le comptoir de Nancy a deux entrepôts : l'un à Beauvais, l'autre à Abbeville.

Il n'est pas douteux que si l'entente existant aujourd'hui venait à cesser, les prix baisseraient aussitôt d'une manière assez sensible; mais comme l'événement l'a déjà prouvé bien des fois, cette baisse serait sans aucune influence sur le prix de la vente au détail.

Le déposant communique à la Commission des lettres d'avis d'un négociant de Nantes à des marchands ou détaillants de sel de la région de l'Est, pour offrir des sels de l'Ouest aux prix suivants :

Sur wagon, à Nantes, de 11 fr. 30 cent. à 11 fr. 40 cent. suivant la qualité.

En gare d'Épinal, de Metz, de Mulhouse, 14 fr. 90 cent. à 15 francs; en gare de Châlons, 14 fr. 35 cent. à 14 fr. 40 cent.

MISSION A. — uestions. Les sels de l'Est s'expédient, ou par le chemin de fer, ou par le canal. MEURTHE. — M. Bosso.

51. Les frais de transport des sels par le chemin de fer sont réglés par un tarif spécial dont les prix sont sensiblement moins élevés que ceux du tarif ordinaire.

Ces frais sont, pour ne citer que quelques exemples :

Pour Paris............................... 1f 20c par 100 kilog.
Pour Châlons............................ 0 60
Pour Bar................................. 0 50
Pour la plupart des localités du département du Nord, environ 2 francs.

Le déposant ne peut d'ailleurs que s'en référer au tarif lui-même; le tarif ordinaire est de 8 centimes par tonne et par kilomètre, ce qui représente plus que l double du tarif spécial.

Les frais de transport par le canal sont un peu moins élevés que par le chemin de fer : ainsi, pour Paris, ce n'est que 1 franc pour 100 kilogrammes; mais, naturellement, la durée du transport est beaucoup plus longue.

Les expéditions par canal ne s'appliquentguère qu'aux grosses livraisons comme celles qui sont faites aux fabriques de produits chimiques: à Chauny ou à Saint-Gobain par exemple. La plupart des sels à destination de Paris sont expédiés par la voie ferrée.

Jadis le transport des sels de l'Est à Paris coûtait au moins 6 francs le quintal, et, à Lille, 8 francs.

Une partie des produits des salines de l'Est est expédiée en Belgique ou aux raffineries du Nord; mais ces produits ne consistent qu'en sel gemme en roche ou égrugé; le comptoir n'a donc pas à intervenir.

87. Le déposant voudrait voir élever le droit sur les sels importés par la frontière suisse; ce droit n'est que de 50 centimes par quintal, et il n'est pas suffisamment protecteur pour les sels de l'Est. Effectivement, pour aller des salines de l'Est à Mulhouse, par exemple, le sel de l'Est supporte 75 à 80 centimes de frais de transport, tandis que ces frais, pour atteindre la même destination, ne sont que de 30 centimes pour les sels suisses.

En 1858, il est entré 15,000 quintaux de sels suisses en Alsace : cette année, il en est déjà entré 5 à 6,000 quintaux.

Le droit à l'importation de ces sels devrait au moins être doublé pour être suffisamment protecteur.

Les salines de l'Est se sont, il est vrai, entendues, il y a quelques années, avec les salines suisses pour que ces dernières renoncent à introduire leurs produits en France, à charge de réciprocité de la part des salines françaises. Mais de nouvelles salines s'étant plus récemment établies en Suisse, les produits étrangers ont reparu en Alsace.

64. Le déposant s'élève énergiquement contre cette assertion que le sel de l'Est gagne en poids après sa sortie de l'usine : sans s'attacher à des faits accidentels, il affirme que, règle générale, le sel de l'Est, le sel loyal et marchand, c'est-à-dire celui qui a dépuré trois mois dans le magasin de l'usine, perd de son poids en cours de transport, et que son déchet est de 1 p. 0/0. A l'appui de son dire, il met sous les yeux de la Commission plusieurs lettres de ses clients :

« *Remiremont*, 13 octobre 1866 : On se plaint de l'humidité de vos sels. Signé OBRY. »

« *Abbeville*, 12 septembre 1866 : J'ai reçu il y a quelques jours le bateau *le Saint-Pierre* qui a été chargé par Saint-Nicolas le 1er août. J'ai constaté à l'arrivée un déficit de 1,300 kilogrammes sur deux parties de sel gris, et les sels en sacs pèsent de 48 à 50 kilogrammes *brut*. Signé BARRÉ, entreposeur du comptoir d'Abbeville. »

« *Abbeville*, 29 juin : Vous remarquerez que notre inventaire se solde par une balance négative; c'est le *déchet en magasin* constaté à la fin de mai sur les sels blancs qui a absorbé le bénéfice du mois. Il est fâcheux que les sels blancs donnent autant de déchet : les sacs présentent à peine, à l'arrivée, 50 kilogrammes *brut*. Après un séjour en magasin d'un mois ou de six semaines, chaque sac perd au moins 2 à 3 kilogrammes. Signé BARRÉ. »

« *Troyes*, 28 juillet 1866 : Est-ce que vous ne pourriez pas demander à la régie de mettre le poids dans les sacs? Beaucoup de clients ne veulent plus de vos sels, surtout du gris. Aujourd'hui on m'en rapporte trois sacs. Il est vrai que ce sel nous arrive, à nous et aux marchands qui reçoivent directement, avec 96, 97 et 98 kilogrammes. J'en ai pesé, il y a un mois, qui n'allaient qu'à 96 kilogrammes avec la toile. Nous ne demandons pas d'excédant, mais au moins le compte. Signé GIBBELLE. »

« *Lille*, 16 octobre 1866 : Voici ce que M. Legros d'Hirson m'écrit relativement à sa dernière réclamation : Il y a à me diminuer 125 kilogrammes sel fin de la dernière facture : il était encore bien humide, et un préjudice de 10 centimes par sac. Signé DUPUY. »

Le déposant pourrait représenter nombre de réclamations de ce genre. Il communique également à la Commission deux procès-verbaux d'essai concernant des livraisons de sel à la manufacture des tabacs de Strasbourg : il résulte authentiquement de ces pièces que ces deux fournitures ont subi, du fait de l'eau contenue dans le sel, des réfactions de 6 et de 7.45 p. 0/0

82. Etant donné deux sels également bien fabriqués et bien séchés, s'il était

démontré que l'un deux retînt une proportion d'eau plus forte que l'autre, le déposant reconnaît qu'il pourrait être conforme à l'équité d'imposer l'un moins que l'autre; mais c'est une hypothèse dont la justesse ne lui est nullement démontrée. Il considère comme une utopie une modification qui consisterait à substituer au mode d'imposition actuel une imposition basée sur la richesse du sel en chlorure de sodium : une modification de ce genre n'est pas susceptible d'application pratique.

La suppression de l'impôt pourrait augmenter la consommation du sel dans une certaine mesure; il est à présumer que l'agriculture surtout en emploierait davantage. A son point de vue personnel et au point de l'industrie salicole, le déposant n'a pas à désirer cette suppression, qui aurait vraisemblablement pour résultat d'exciter encore la production déjà trop développée, et d'amener entre les producteurs une concurrence encore plus grande.

M. MARCOT,

Négociant, membre de la chambre de commerce de Nancy.

(Déposition orale.)

M. Marcot est entrepositaire des produits de Dieuze; il ne fait qu'accessoirement le commerce du sel et n'opère que sur 800 ou 900 sacs par an.

[Q]uestion. 19. Le sel lui est livré, rendu en gare de Nancy, au prix de 15 fr. 80 cent. le sac de 100 kilogrammes, droit acquitté; à ce prix de 15 fr. 80 cent., il faut ajouter 20 centimes de camionnage et déchargement.

Le déposant revend pour son compte, au prix de 17 francs le sac, soit aux épiciers, soit aux boulangers, aux charcutiers ou même parfois aux cultivateurs. Il reste donc à l'entrepositaire un bénéfice brut de 1 franc, dont il a à déduire les frais de transport chez l'épicier et la dépense de la sacherie.

Il n'y a pas longtemps que le prix de revente a été porté à 17 francs; il était antérieurement de 16 fr. 75 cent.; la même différence de 25 centimes en moins existait dans le prix auquel le sel était livré par l'usine de Dieuze.

Le déposant vend le sel fin au prix de 20 francs le sac, mais en très-petite quantité, à peine vingt-cinq sacs par an.

Les épiciers revendent le sel ordinaire au prix de 20 centimes le kilogramme; c'est le prix auquel ils l'ont toujours vendu, même quand ils l'avaient à meilleur marché.

M. DE VAUGUÉRIN,

Directeur des contributions indirectes à Nancy.

(Déposition écrite.)

Questions. 16, 18. La production annuelle moyenne du département de la Meurthe a été pour la période 1857 à 1861 de 68,700 tonnes, et pour la période 1862 à 1866 de 123,000 tonnes[1].

19[1]. Voici le tableau présentant, pour chacune des années 1846 à 1865, le prix des diverses espèces de sel sur le carreau de la mine, dans le département de la Meurthe (les 100 kilogrammes, droit acquitté).

ANNÉES.	SEL GRIS.	SEL BLANC.	SEL GEMME.
1846	"	33f 50c	30f 50c
1847	"	33 30	30 20
1848	"	20 00	13 40
1849	19f 00c	19 00	12 25
1850	"	16 80	"
1851	"	16 80	"
1852	"	16 40	"
1853	16 50	16 65	11 50
1854	16 50	16 60	11 50
1855	15 00	15 30	11 50
1856	15 50	16 40	11 50
1857	15 25	16 60	11 50
1858	15 50	16 10	11 80
1859	15 50	16 50	11 60
1860	15 30	15 50	11 90
1861	15 00	15 40	11 35
1862	15 50	15 50	11 35
1863	14 75	15 25	12 30
1864	15 30	16 00	11 50
1865	15 50	16 25	11 50

21, 22. L'emploi du sel, pour les usages agricoles, n'a pas pris les développements espérés; quelques essais ont été effectués aussi dans la métallurgie, mais les expériences n'ont pas encouragé davantage les industriels. La consommation alimentaire s'est élevée avec l'accroissement de la population. Les envois de sels à destination des fabriques de produits chimiques deviennent de plus en plus importants.

[1] Les renseignements statistiques adressés par M. le directeur des contributions indirectes, en réponse aux Questions 16 et 18, sont compris dans les tableaux généraux transmis par la direction générale et insérés au *Résumé synoptique*. (Note de la Commission.)

MISSION A. — Questions. MEURTHE. — M. de Vauguérin.

46. Une production annuelle de 5,000 tonnes exige un capital d'environ 500,000 francs; vingt-huit ouvriers à 2 fr. 50 cent. par jour; frais d'administration, 15,000 francs; entretien des bâtiments, etc., 15,000 francs.

52. Par suite des mesures réglementaires que nécessite la perception de l'impôt, le prix de vente subit une augmentation des plus minimes.

64. Les sels de l'Est gagnent en poids lorsqu'ils sont expédiés très-secs.

81. Les salines, et spécialement celle de Saint-Nicolas, livrent les sels dans un état complet de dessiccation; pesée presque chaude, la denrée gagne en cours de route, et, en y ajoutant l'allocation de 4 hectogrammes par 100 kilogrammes (les sacs sont souvent de 50 kilogrammes), les industriels se procurent des excédants qui leur permettent, soit de réduire leurs prix, soit d'accorder à leurs commettants une bonification dans les pesées; ce qui donnerait lieu de penser que là serait une source de bénéfices, c'est que, depuis quelque temps, l'usine de Saint-Nicolas paye l'impôt au comptant sur les produits destinés à l'entrepôt de Paris, au lieu de lever des acquits-à-caution qui ne seraient déchargés au lieu d'arrivée qu'après vérification de la marchandise.

Les excédants peuvent difficilement se produire au moment de l'enlèvement, car le poids des sels est vérifié et contre-vérifié; les ordres sévères de l'Administration à cet égard sont strictement exécutés.

82. A moins d'analyses chimiques, l'adoption de la richesse salifère comme base de l'impôt donnerait lieu à des discussions sans nombre, et pourrait en même temps amener les industriels à altérer leurs produits.

83. Le commerce gagnerait à l'établissement d'un droit proportionné à la richesse réelle des sels, mais les intérêts du Trésor en souffriraient, puisque aujourd'hui le droit se perçoit sur des matières étrangères au chlorure de sodium, dans une proportion de 8 p. 0/0.

92. Les mesures actuelles ne paraissent pas susceptibles de modifications, car elles sauvegardent les intérêts du Trésor. Toutefois, elles imposent aux producteurs une charge assez lourde, en leur interdisant toute opération en dehors de la présence des agents de l'Administration.

93. La dénaturation des sels destinés à la fertilisation des terres pourrait être opérée dans les salines par l'addition d'une quantité suffisante de noir animal, et, pour l'alimentation des bestiaux, par un mélange de paille hachée ou de son.

Commission A.

M. LE DIRECTEUR DE LA MANUFACTURE DES TABACS DE STRASBOURG.

Meurthe — M. le Directeur de la manufacture des tabacs de Strasbourg.

(Déposition écrite.)

Question. 61. Pendant l'exercice 1864 seulement, on a employé, dans notre établissement, du sel gemme, et les réfactions opérées pendant ce laps de temps ont donc porté à la fois sur les matières terreuses et sur l'humidité. Depuis, on y a renoncé, et l'on est revenu au sel raffiné, de sorte que les réfactions n'ont plus été faites que pour cause d'humidité.

Voici d'ailleurs les tableaux relatifs à chacune des quatre dernières années. Les taux partiels correspondent, pour les sels gros, à des livraisons qui ont varié de 15,000 à 22,000 kilogrammes, et pour les sels fins, pour des livraisons variant de 3,000 à 5,000 kilogrammes environ :

EXERCICE 1863.

TAUX D'HUMIDITÉ P. 0/0.

SEL RAFFINÉ GROS. — TAUX PARTIELS.		SEL RAFFINÉ FIN. — TAUX PARTIELS.	
3.70 3.25 2.25 1.05 3.10 4.46	Taux moyen : 2.97 p. %.	2.15 3.60	Taux moyen : 2.87 p. %.

EXERCICE 1864.

SEL GEMME.				SEL RAFFINÉ FIN.	
MATIÈRES TERREUSES. — Taux partiels.		HUMIDITÉ. — Taux partiels.		HUMIDITÉ. — Taux partiels.	
3.00 2.49 1.63 1.74 1.60 2.19 2.10	Taux moyen : 2.10 p. %.	3.72 0.18 0.34 0.30 0.10 0.54 0.32	Taux moyen : 0.80 p. %.	2.98 1.28	Taux moyen : 2.13 p. %.

M. le Directeur de la manufacture des tabacs de Strasbourg.

M. Braconnier.

EXERCICE 1865.			
SEL RAFFINÉ GROS. — TAUX PARTIELS.		SEL RAFFINÉ FIN. — TAUX PARTIELS.	
1.71 1.70 1.70 5.22 3.15 4.07 3.62 4.02 6.00	Taux moyen : 3.46 p. %.	1.39 1.00 1.20 2.29 1.87	Taux moyen : 1.57 p. %.
EXERCICE 1866. — TAUX D'HUMIDITÉ P. 0/0.			
SEL RAFFINÉ GROS. — TAUX PARTIELS.		SEL RAFFINÉ FIN. — TAUX PARTIELS.	
7.63 7.45 6.00 4.90 4.70 3.55 5.60	Taux moyen : 5.69 p. %.	4.05 1.70 2.70 3.50	Taux moyen : 2.99 p. %.

M. BRACONNIER,

Ingénieur ordinaire des mines du département de la Meurthe.

(Déposition écrite.)

Questions.

13. A Varangéville, la saline a coûté en premier établissement 1,175,000 fr.; la mine, 310,000 francs.

A Dieuze, le capital, pour la saline seule, est de 2,800,000 francs; le fonds de roulement est de 450,000 francs.

14. La saline de Varangéville a été fondée en 1852; la société de Dieuze a acquis les usines de la reine Christine d'Espagne; les anciens livres n'ont pas été livrés, et l'on ignore quel capital elle avait engagé à Dieuze; le seul moyen de se renseigner serait de s'adresser aux Domaines qui ont opéré la vente faite par l'État à la reine en 1842 et 1843.

15. A Varangéville, les intérêts et dividendes ont varié de 5 à 8 p. 0/0, et peuvent être établis, en moyenne, à 7 p. 0/0.

A Dieuze, la reine Christine, seule propriétaire des salines, n'a pas fait connaître à ses successeurs dans l'industrie la quantité de revenus qu'elle en tirait. La société actuelle a acheté en 1860, 1861, 1862; elle a consacré tous ses bénéfices à l'extension et à la rénovation de ses fabriques de produits chimiques, seule branche productive d'après ses assertions; par conséquent, pas de dividendes, d'accord avec les actionnaires. En 1862, on a soldé le compte des dépenses et l'on n'a donné que 40 francs par action; en 1863, 30 francs; en 1864, 60 francs; enfin, en 1865, 80 francs. Ces dividendes se rapportent à toute la société, qui comprend huit usines, dont plusieurs en Franche-Comté. Dans cette répartition, les sels entrent pour une partie relativement minime, en comparaison des résultats acquis par les produits chimiques, dont la fabrication a doublé. On ne fait aucun doute que la fabrication du sel dans les diverses salines de la société donne à peine l'intérêt de 5 p. 0/0 du capital engagé.

Questions.

16. A Varangéville, la saline a commencé à fonctionner en 1854 et a produit moyennement 115,000 quintaux par an; à Dieuze, la production moyenne annuelle est de 200,000 quintaux.

17. La production de la saline de Varangéville a d'abord été excitée par les débouchés qu'ont ouverts aux sels les nouvelles voies économiques terminées en 1853 : 1° le canal de la Marne au Rhin et son raccordement avec les canaux du Nord par le canal de la Marne à l'Aisne; 2° les chemins de fer de l'Est et leurs raccordements avec les chemins de fer étrangers. Cette production a ensuite été limitée ou restreinte par la concurrence des nombreuses concessions salifères accordées depuis dix ans, notamment dans le département de la Meurthe. La production de ces nouvelles concessions peut s'élever aujourd'hui à 1,200,000 quintaux métriques, c'est-à-dire à plus du double de ce que vendaient, il y a seize ans, les salines de l'Est alors existantes.

18. A Varangéville, les quantités totales vendues depuis 1854 donnent pour moyenne, par année, les chiffres ci-dessous :

Intérieur	1,279,000 kilogrammes.
Exportation	91,000
Pêche	"

A Dieuze, on a exporté 50,000 quintaux en Prusse, et le reste a été vendu à l'intérieur.

19. La facilité avec laquelle varie le prix des sels rend impossible une réponse même approximative à cette question.

20. En 1852, la vente des sels de la Meurthe était limitée, à l'ouest, aux départements des Ardennes, de la Marne et de l'Aube, où ils rencon-

traient déjà les sels de l'Ouest; au sud, au département du Haut-Rhin. Aujourd'hui, à Dieuze, les prix de vente sur le carreau de la mine sont de 4 francs les 100 kilogrammes; ces prix ont dû être plus élevés à l'époque où la concurrence n'existait pas dans l'Est et où encore les voies de transport ne permettaient pas aux sels de l'Ouest et du Midi l'accès des marchés autrefois spéciaux aux sels de l'Est; on manque d'ailleurs de tout document à cet égard. La société de Dieuze vend partout où elle peut arriver, même sans bénéfice; la loi de toute exploitation étant de produire et de produire beaucoup pour atténuer les frais généraux, les impôts, etc., on ne craint jamais de sacrifier le bénéfice dès l'instant qu'il n'y a pas de perte sèche. Paris et les départements de l'ancienne Lorraine et de l'Alsace sont les débouchés principaux de cette société.

Questions.

46. A Varangéville, on occupe environ deux cents ouvriers avec des salaires qu'on peut évaluer en moyenne à 3 francs par jour, plusieurs catégories étant à l'entreprise. Les frais d'entretien des bâtiments varient de 25 à 40,000 francs. A Dieuze, on occupe quatre-vingt-deux hommes pour la fabrication et la vente, avec des salaires de 1 fr. 85 cent. en moyenne. Les frais d'entretien sont évalués à 40,000 francs par an.

47. A Varangéville, on a une source naturelle à 25 degrés; le même degré est obtenu dans le puits inondé de la saline de Dieuze.

48. L'eau salée est amenée à Varangéville et à Dieuze directement dans les poêles de concentration.

49. A Varangéville, on consomme au moins 50 kilogrammes de houille par quintal de sel fabriqué; cette houille, très-chargée de schiste, vient de Sarrebruck et coûte 20 fr. 10 cent. la tonne, rendue à l'usine. Les mêmes chiffres peuvent être adoptés pour l'usine de Dieuze.

50. A Rosières-Varangéville, l'égrugeage du sel coûte environ 2 fr. 50 cent. par tonne; on ne fait qu'une seule sorte de sels gemmes égrugés. A Dieuze, on comptait autrefois 3 francs.

54. A Dieuze, après trois mois de magasinage, la composition chimique du sel peut être établie ainsi qu'il suit :

Eau	7.00
Matières insolubles	0.60
Chlorure de magnésium / Sulfate de magnésie	0.40
Sulfate de soude	1.50
Chlorure de sodium	90.50
	100.00

57. Le commerce ne tient aucun compte de la richesse des sels en chlorure de sodium.

58. On modifie la couleur du sel en le colorant avec de l'argile; on obtient ainsi le sel gris de l'Est.

60. Les sels de l'Est ne sont jamais vendus pour salaisons de pêche.

63. Un sel bien fabriqué contient, après trois mois de magasinage, au moins 7 p. 0/0 d'eau; il perd alors du poids en voyageant par un temps sec; il en gagne un peu, au contraire, par un temps moyennement humide; mais, pendant un temps très-humide, il perd beaucoup par le coulage.

69. Les sels de l'Est se vendent d'abord dans les départements de l'ancienne Lorraine et de l'Alsace, de la Franche-Comté, de la Bourgogne et de la Champagne. Depuis douze à treize ans, c'est-à-dire depuis l'ouverture des canaux et des chemins de fer, ils ont pris leur part du marché de Paris et de ses départements limitrophes. Ils alimentent environ le tiers de la consommation des cinq départements du Nord : Oise, Aisne, Somme, Pas-de-Calais, Nord. Enfin, ils étendent parfois leurs ventes dans les départements de l'ancienne Normandie, de Dieppe à Cherbourg et au Mans. Ils rencontrent les sels du Midi vers Lyon, en Saône-et-Loire, Allier, Nièvre, Loiret, et les sels de l'Ouest, de Paris au Havre et sur le littoral de la Manche.

70. La consommation alimentaire intérieure absorbe environ, en sels de l'Est (Lorraine et Franche-Comté), 925,000 quintaux; les fabriques de produits chimiques, 250,000. Les emplois du sel en agriculture, soit pour condiment aux fourrages, soit comme préparation d'engrais, sont presque nuls; on ne profite pas des mesures qui ont pour objet de livrer le sel à demi-droit, sous condition de dénaturation.

1, 72, 73. Le sel gemme en roche sert principalement aux raffineurs du Nord et de la Belgique; il est aussi employé, mais en faibles quantités, dans les verreries de l'intérieur et de l'étranger. Le sel gemme égrugé est presque exclusivement employé dans les fabriques de produits chimiques de la France et de l'étranger.

On vend tant en France qu'à l'étranger :

Sels en roche	110,000 quintaux.
Sels égrugés	300,000

74. Ce qu'on appelle l'entente des salines de l'Est n'est autre chose qu'une

convention par laquelle chaque établissement a réduit proportionnellement sa fabrication au niveau des ventes possibles, afin de ne pas avilir le prix des sels par une production qui pourrait excéder d'un grand tiers les débouchés présentés par la consommation.

Chaque établissement conserve son autonomie, fabrique à ses risques et périls, fournit à sa clientèle dans la mesure de son contingent et dans le rayon où les produits ont le moins de trajet à faire pour supporter le moins de transport possible : ce sont des frais de traction gagnés pour tout le monde. En formant cette entente, les salines de l'Est ont voulu que, dans aucun cas, le prix de vente des sels de l'Est ne puisse jamais excéder, au détail, 20 centimes (y compris le droit de 10 centimes) le kilogramme, prix qui a toujours existé dans le temps de la plus vive concurrence au seul profit des détaillants. Cette fixation paraît avoir été maintenue jusqu'à présent avec fermeté et vigilance. Cette entente n'a pas eu pour objet de créer aux provenances rivales de l'Est une concurrence déloyale, car il paraît probable que les salines de l'Est, livrées à leur complet antagonisme, iraient attaquer plus énergiquement encore le rayon de vente de leurs rivaux, par la nécessité où elles seraient d'écouler l'excès de leur production, afin d'atténuer leurs frais généraux, en les répartissant sur une vente plus considérable. Elle a eu pour effet d'empêcher la ruine de quelques-unes des compagnies de l'Est et le dépérissement du plus grand nombre des autres, ce qui serait infailliblement arrivé, puisque, depuis quinze ans, cinq nouvelles concessions ont été accordées dans la Meurthe, sur le canal de la Marne au Rhin, et que la production de ces cinq nouvelles concessions peut être de 1,250,000 quintaux ajoutés à la production antérieure.

L'entente des salines de l'Est finit avec l'année 1866; la plupart des directeurs de salines paraissent disposés à la continuer, en ce sens que, tout en doutant de cette continuation, ils prétendent chacun de leur côté ne vouloir rien faire pour la rompre. Il nous paraît certain que les directeurs des salines qui sont associées à des fabriques de produits chimiques (exemple : Dieuze, qui possède une magnifique fabrique de produits chimiques, et Art-sur-Meurthe, dont le principal actionnaire est M. Kessner, fabricant de produits chimiques à Thann) sont tous disposés à rompre l'entente commerciale. Celui d'Art-sur-Meurthe, dans le but de ruiner surtout la production du sel gemme et les salines nouvelles qui voudraient s'établir, n'hésiterait pas à baisser immédiatement son prix de vente à 1 fr. 50 cent. pour le sel raffiné, droits non compris. L'avilissement du prix du sel subsisterait ainsi pendant plusieurs années, et les salines se feraient une concurrence désastreuse; lorsque quelques-unes d'entre elles auraient succombé, celles qui subsisteraient renouvelleraient l'entente en achetant les actions vendues à vil prix et rétabliraient les choses sur le pied primitif. Ces dispositions,

Commission A. bien connues de la plupart des directeurs des salines menacées, leur Meurthe.
causent de grandes inquiétudes; ainsi, la saline de Sommerviller devait MM. Braconn
entreprendre la création d'une mine de sel gemme; le projet paraît Daguin.
actuellement abandonné.

Questions.
75. Les prix de vente sont plus élevés, il est vrai, dans les départements de l'Est que dans ceux du rayon extrême : d'abord, parce que ces départements consomment principalement des sels de quarante-huit et quatre-vingt-seize heures qui coûtent plus cher que ceux de vingt-quatre, douze et six heures; en second lieu, parce que telle est la condition de toutes les industries qui, pour étendre leur vente et par conséquent leur fabrication, font des concessions sur les points les plus éloignés, afin d'atténuer leurs frais généraux en les répartissant sur de plus grandes masses.

82. On ne connait pas de procédé rapide et simple pour déterminer le titre d'un sel en chlorure de sodium; on peut affirmer néanmoins que ce procédé, fût-il trouvé, donnerait lieu à d'énormes abus, confié qu'il serait à de nombreux agents subalternes, et que ces abus tourneraient au détriment du Trésor, attendu que le commerce des sels, pas plus que les consommateurs, ne tiennent le moindre compte de la richesse des sels en chlorure de sodium.

93. On dénature les sels livrés à l'agriculture par leur mélange de sulfate de fer, d'aloès ou d'absinthe; ces mélanges sont coûteux, augmentent le poids de la marchandise et sont une entrave aux agriculteurs qui y ont renoncé; d'ailleurs, ils ne seraient nullement un obstacle à la fraude.

M. DAGUIN,

Directeur du comptoir commercial des salines de l'Est, à Paris.

(Déposition orale et écrite.)

16. La saline de Saint-Nicolas-Varangéville est outillée de manière à fournir annuellement 25,000 tonnes de sel gemme et 40,000 tonnes de sel raffiné.

54, 62. M. Daguin déclare avoir fait un très-grand nombre d'analyses du sel de l'Est et y avoir toujours trouvé environ 8 p. o/o d'eau. Ce sel renferme, en outre, une quantité de matières étrangères variable de 2 à 2 1/2 p. o/o, et se composant de sulfate de soude, chlorure de magnésium, sulfate de chaux.

Les sels de Marennes, et en général ceux de la Charente-Inférieure, sont très-analogues aux sels de l'Est quant à la composition. Les sels de

MISSION A. — Bouin, Beauvoir, des Sables, sont des sels de bonne qualité. Ceux de l'île de Ré sont plus déliquescents. La plus mauvaise qualité est représentée par les sels de la Loire-Inférieure. MEURTHE. — M. Daguin.

La déliquescence du sel est d'autant moindre que le grain est plus gros : aussi le sel est-il meilleur quand il a séjourné plus longtemps dans l'œillet.

M. Daguin avait conclu, il y a quelques années, un marché sur du sel de l'Ouest qui lui avait été donné comme renfermant 6 p. 0/0 d'eau. L'analyse ultérieure démontra qu'il y en avait en réalité 8 p. 0/0. On doit d'ailleurs considérer ces dosages comme très-délicats et donnant très-facilement lieu à des erreurs de 1 à 2 p. 0/0.

En résumé, les sels de l'Est, pour arriver à l'état de sels marchands, doivent être conservés trois mois en magasin; les sels de l'Ouest, pour être marchands, doivent être récoltés depuis six mois; et si l'on prend les sels marchands de part et d'autre, il n'y a certainement pas plus de 1/2 p. 0/0 de différence entre les quantités d'eau que ces sels contiennent.

Questions.

58. Le sel de l'Est vendu à Paris est du sel grisonné artificiellement. Le préjugé qui attribuait au sel gris une qualité supérieure était si fortement enraciné à Paris que jamais l'Est n'y aurait pu vendre sans son procédé de coloration. D'ailleurs, la teinte grise est actuellement beaucoup moins foncée que celle qu'on a été obligé de donner dans l'origine. On la diminue progressivement, et aujourd'hui les sels gris de l'Est vendus à Paris sont au moins aussi blancs que les sels lavés de l'Ouest.

59. Le sel de l'Ouest bien fabriqué est aussi bon que le sel blanc de l'Est, 1/4 p. 0/0 d'argile ne pouvant avoir d'influence sur la qualité du sel; mais il n'est pas meilleur.

L'odeur de violette ne se rencontre que dans le sel de l'Ouest récemment récolté. Le sel d'un an l'a complétement perdue.

63. Les opérations que M. Daguin a faites autrefois sur le sel de l'Ouest lui ont démontré que, entre le moment où le sel est mis en barque et celui où il est vendu au détaillant, il se produit environ 2 p. 0/0 de déchet.

Il a d'ailleurs la conviction que la déperdition qu'éprouve le sel de l'Est est exactement la même.

64. Les sels de l'Est peuvent gagner en cours de transport, mais dans certaines conditions. Si des sacs de sel sont couchés dans un wagon, sans qu'il y ait superposition de sacs les uns sur les autres, il y aura toujours une perte notable si le transport est effectué par un temps sec, et une perte insignifiante si le transport s'est fait par un temps très-

humide; mais si les sacs sont transportés superposés les uns sur les autres, comme c'était le cas lorsqu'on se servait de la navigation et qu'un bateau transportait 1,500 sacs, alors les sacs du dessous recevront l'humidité des autres, et leur poids pourra être augmenté dans une proportion très-forte. Il en est qui ont été trouvés pesant 115 kilogrammes.

Dans un magasin où les sacs sont par rangs superposés, les sacs du dessous pèseront toujours 106 à 107 kilogrammes, tandis que ceux du dessus pèseront moins de 100 kilogrammes.

Questions. 19, 69.

Le comptoir commercial des salines de l'Est établi à Paris a d'abord pour principal débouché le département de la Seine. M. Daguin remet à la Commission le tableau des prix de vente dans différentes localités, par 100 kilogrammes, droit acquitté :

DÉPARTEMENTS.		PRIX EN SALINE.	PRIX DE TRANSPORT.	PRIX DE VENTE.	OBSERVATIONS.
SEINE et SEINE-ET-MARNE		12f 30c	1f 20c	13f 50c	Dans ce tableau ne figurent pas les ventes faites par le syndicat de Nancy, dans les départements du Nord, Pas-de-Calais, Somme, Aisne, Ardennes, Meuse, Moselle, Meurthe, Vosges, Bas-Rhin, Haut-Rhin, Haute-Saône, Marne, Haute-Marne et Aube. Les prix pour le Havre, Fécamp et Dieppe, sont les mêmes; le transport est de 10 centimes en plus environ.
SEINE-ET-OISE		12 00	1 20	13 50	
LOIRET	Sel moyen	11 75	2 25	14 00	
	Sel de table	12 25	2 25	15 00	
SEINE-INFÉRIEURE	Sel moyen	12 20	1 80	14 00	
	Sel de table	13 20	1 80	15 00	
MANCHE	Sel moyen	11 90	2 35	14 25	
	Sel de table	12 40	2 35	14 75	
CALVADOS	Sel moyen	12 50	2 15	14 65	
	Sel de table	13 00	2 15	15 15	
SARTHE	Sel moyen	12 00	2 00	14 00	
	Sel de table	13 00	2 00	15 00	

PRIX DE VENTE À PARIS DE 1861 À 1866.

ANNÉES.	PRIX EN SALINE.	PRIX DE TRANSPORT.	PRIX DE VENTE.	OBSERVATIONS.
1861	12f 30c	1f 20c	13f 50c	Depuis le 1er octobre dernier, par suite de la hausse survenue sur les marais de l'Ouest, on vend à Paris 13 fr. 50 c. A ces prix, il faut ajouter 6 fr. par 100 kilogrammes pour le droit d'octroi, sur les sels consommés dans l'intérieur de Paris.
1862	12 05	1 20	13 25	
1863	11 75	1 20	12 95	
1864, 1865 et 1866	12 35	1 20	13 25	

La vente du sel de l'Est à Paris va toujours en croissant, ce qui tient soit à l'augmentation de la population, soit à la défaveur de plus en plus grande qui frappe le sel de l'Ouest.

Le sel de l'Est se vend sur toute la côte qui s'étend de Granville à Dunkerque, et il y est très-menaçant pour le sel de l'Ouest.

Pour le transport à ces localités les chemins de fer ont un tarif commun.

Il se vend du sel de l'Est au Mans, mais extrêmement peu à Orléans. La limite de son débouché au sud est Étampes.

Il s'est vendu à Rennes du sel de l'Est raffiné pour sel de table, mais il ne s'en vend plus.

Les fabriques de produits chimiques du département de la Seine-Inférieure consomment beaucoup de sel de l'Est. La consommation alimentaire de Rouen en absorbe aussi une notable quantité. Quant aux raffineries du nord de la France, elles en consomment peu. Cette industrie est en voie de disparaître. Les raffineries belges subsistent parce que la loi belge interdit l'entrée des sels étrangers raffinés, si ce n'est ceux destinés aux fabriques de produits chimiques. L'Est vend quelque peu à Bruxelles et à Gand.

Parmi les causes de l'accroissement de prospérité des salines de l'Est se trouve en première ligne le perfectionnement des moyens de transport. Le transport par eau est économique, mais il est très-lent. Les 100,000 kilogrammes de sel que porte un bateau ne trouvent pas un épicier pour les acheter; il faut qu'un intermédiaire se charge de les emmagasiner et de les livrer aux détaillants par fractions. Le chemin de fer dispense de l'intermédiaire et de l'emmagasinage, qui grèvent le sel de frais considérables, parce qu'il permet de livrer le sel par wagons. C'est la commodité que présentent ces livraisons successives de faible importance, faites directement par la saline à l'épicier, qui constitue la grande supériorité de la voie de fer sur la voie d'eau. C'est grâce à elle que les sels de l'Est luttent à Bruxelles et à Gand avec les sels anglais qui arrivent par bateaux; c'est elle qui a été la cause première du développement des salines de l'Est.

Le transport des salines de l'Est à Paris coûte 11 fr. 20 cent. la tonne par chemin de fer; à 2 francs de différence, on préfère encore le chemin de fer au canal.

La nuance grise du sel de l'Ouest a été une seconde cause de sa défaveur.

La récolte venant à manquer dans l'Ouest, l'Est se présente sur ses marchés et vend momentanément à un prix moins élevé que l'Ouest. Le consommateur fait alors presque forcément usage du sel blanc; mais il s'aperçoit bientôt que la blancheur n'ôte rien à la qualité et il ne veut plus revenir au sel gris.

Une raffinerie de sel gemme existe à la Villette, mais on n'y raffine qu'une quantité insignifiante de sel, 200 ou 300 quintaux par mois. Ce sel est destiné à un certain nombre d'épiciers de Paris qui vendent le sel raffiné en cornets, et trouvent avantage à l'avoir léger. Or le transport opère un certain tassement dans le sel, et le sel raffiné qui arrive à Paris

Commission A. — est toujours plus dense qu'à la saline. Il y a donc avantage à ce point de vue à raffiner le sel gemme sur le lieu de la vente. D'ailleurs, les sels raffinés sur place sont plus flatteurs à l'œil; le voyage leur fait perdre leur éclat.

Meurthe — M. Daguin.

Le sel se vend à Paris à des marchands en demi-gros, au nombre d'environ vingt-cinq, qui font en même temps le commerce des produits chimiques. Le prix de vente du sel gris de l'Est est de 13 fr. 50 cent. les 100 kilogrammes. Ce prix est augmenté de 10 centimes quand le sel est rendu chez l'acheteur, excepté pour quelques clients de parfaite solvabilité. On emploie alors le matériel de camionnage lorsqu'il est inoccupé.

On vend aussi 13 fr. 50 cent. aux épiciers qui font la demande d'une dizaine de sacs par exemple; mais on augmente toujours le prix de 25 centimes si le sel doit être rendu chez eux.

Le prix du sel blanc est un peu plus élevé, parce que la consommation en est restreinte. Les prix de vente sur les divers marchés dépendant du comptoir de Paris sont indiqués dans le tableau remis par M. Daguin.

On vend quelquefois à perte, si l'on fait entrer les frais généraux dans le prix de revient du sel, mais on ne descend jamais au-dessous du prix de revient, déduction faite des frais généraux. Dès que sur cette différence on trouve à gagner 15 à 20 centimes, on vend, parce que l'accroissement dans la production diminue les frais généraux.

M. Daguin a eu, il y a trois mois, une entrevue avec M. Benoit, du Pouliguen, de laquelle il est résulté que, à Caen, le sel de l'Est se vend plus cher que le sel de l'Ouest. Malgré cette différence, l'Est vend souvent parce qu'il livre par petites quantités.

Questions. 87. Le droit qui frappe les sels importés par la frontière suisse est trop peu élevé. 1 fr. 50 cent. pour toute espèce de sel venant de l'étranger serait une protection suffisante, trop forte même pour les sels suisses. Ce droit permettrait l'entrée d'une certaine quantité de sels anglais, mais pas assez pour écraser les producteurs français. M. Daguin serait très-disposé à accepter le maintien de l'état de choses actuel.

82. De 1830 à 1847, la moyenne des prix de vente des sels de l'Ouest était de 2 fr. 10 cent. les 100 kilogrammes; le prix au détail a été de 40 centimes le kilogramme pendant toute cette période. Actuellement, il est de 20 centimes. — La diminution représente donc exactement la réduction de l'impôt. M. Daguin ne croit pas que la suppression de l'impôt soit une mesure de nature à augmenter beaucoup la consommation du sel. Comme producteur, il ne la désire pas.

93. Un agriculteur lui a dit avoir obtenu avec le sel de bons résultats pour

l'élève des bestiaux, mais de mauvais pour l'engrais des terres. Il suffit de 12 kilogrammes par an de sel gemme en roche pour un bœuf, et de 4 kilogrammes pour un mouton.

Il est très-difficile de se renseigner sur les conséquences qu'a eues la suppression de l'impôt du sel en Angleterre sur la consommation de cette denrée par l'agriculture, à cause de la non-intervention du Gouvernement. D'ailleurs, la culture anglaise est différente de la culture française, et la même mesure peut se traduire dans les deux pays par des effets différents.

Question. 92. Des facilités de plombage devraient être accordées aux sels destinés à l'exportation et aux fabriques de produits chimiques.

Pendant les mois de novembre et de décembre, le matériel fermé des chemins de fer manque souvent complétement, et l'on se trouve en retard de 70 à 80,000 sacs pour les livraisons. Il serait très-utile de pouvoir alors employer des wagons bâchés avec une ficelle et un seul plomb.

M. Daguin ne se plaint d'ailleurs pas de la façon dont se fait le service des contributions indirectes.

M. Daguin joint à sa déposition la note suivante :

Les producteurs de l'Ouest demandent que toute remise à titre de déchet soit supprimée pour les sels de l'Est, et que la remise à eux accordée soit maintenue à 5 p. 0/0 pour les expéditions par terre, et portée à 7 p. 0/0 pour les expéditions par mer.

L'antagonisme entre les sels de l'Ouest et les sels de l'Est date de loin. Les premiers, depuis longtemps favorisés par les voies de transport les plus économiques, la mer, les canaux ou les rivières, possédaient d'immenses débouchés. Toute la consommation de l'ouest, du nord-ouest, du nord et du centre de la France puisait à cette source, aussi bien que la pêche et certains pays étrangers, tels que la Belgique et la Hollande; et les sels de l'Est, relégués dans la Lorraine, l'Alsace et la Franche-Comté, ne desservaient qu'un rayon relativement insignifiant.

Néanmoins, la compagnie fermière des salines avait fait des efforts pour agrandir la fabrication des salines de l'État, et, grâce à la supériorité de ses produits, était parvenue à fournir jusqu'à Paris une certaine fraction des sels dits de luxe, tels que les sels finsfins de table. C'en était trop pour les producteurs de l'Ouest qui, dès 1835 et 1836, réclamaient l'abolition du monopole des salines de l'Est, en lui attribuant la perte d'une portion bien insignifiante alors de leurs marchés.

Ces réclamations et des considérations d'un ordre infiniment plus élevé amenèrent la loi qui ordonna la libre fabrication dans l'Est et la mise en vente des salines de l'État.

Ces salines n'avaient alors d'autre moyen de transport que le roulage, toujours très-coûteux, si on le compare à la voie d'eau. Le prix de la voiture pour Paris, ce centre de consommation toujours croissant et de plus en plus disputé, était alors de 60 à 70 francs la tonne pour des quantités limitées dont l'accroissement eût occasionné une telle rareté dans les moyens de transport que c'eût été l'équivalent d'une impossibilité.

A la suite de la loi qui rendait libre la fabrication dans l'Est, le Gouvernement s'occupa d'un règlement d'administration publique ayant pour objet la détermination des remises à titre de déchet sur les sels des diverses provenances, l'Ouest, le Midi et l'Est, à raison des degrés variables d'humidité qui s'y rencontraient, et par ordonnance du 8 décembre 1843, sur l'avis du comité consultatif des arts et manufactures et, l'on pourrait dire, malgré les conclusions de cet avis, la remise à titre de déchet fut fixée à 5 p. o/o pour l'Ouest, 3 p. o/o pour l'Est et le Midi. Le droit sur le sel étant alors de 30 francs les 100 kilogrammes, les remises dont il s'agit équivalaient à 1 fr. 50 cent. pour l'Ouest, 90 centimes pour l'Est et le Midi; d'où résultait une prime de 60 centimes pour l'Ouest.

Bientôt prit naissance dans l'Ouest une industrie nouvelle qui produisait ce que l'on nomme dans le commerce des sels lavés et étuvés. Cette industrie consiste à prendre des sels bruts sur les marais, à les débarrasser, par un lavage dans de l'eau saturée de sel, de la couche argileuse qui en grisonne la surface et des sels déliquescents qu'ils renferment, puis à les dessécher sur des plaques de tôle.

On obtient ainsi des sels d'une nuance presque blanche et privés d'une portion de l'eau hygrométrique que contiennent tous les sels à divers degrés. Des réclamations s'élevèrent de la part de ceux qui, ensevelis dans la routine, ne voulurent pas appliquer à leurs produits ce perfectionnement accessible à tous, et à la suite desdites réclamations, le 10 avril 1846, après avoir soumis la question au comité consultatif des arts et manufactures, le Gouvernement rendait une ordonnance qui réduisait à 3 p. o/o la remise à titre de déchet sur les sels lavés et étuvés de l'Ouest.

L'activité de l'intérêt privé substitué, depuis 1840, à la ferme de l'État, avait, malgré les imperfections des transports, imprimé une certaine extension à la vente des sels de l'Est, et leurs rivaux, cherchant toujours ailleurs que dans le perfectionnement de leur fabrication un remède à la concurrence bien insignifiante qui leur était faite, furent les plus ardents promoteurs de l'abaissement ou même de la suppression de l'impôt. Leurs efforts, servis par des propositions successives de M. Demesmay, amenèrent la réduction à 10 francs, à dater du 1er janvier 1849.

Par suite de cet abaissement, la remise, pour l'Ouest, de 5 p. o/o représentait 50 centimes, et de 3 p. o/o pour l'Est et le Midi, 30 centimes; soit 20 centimes d'avantage pour l'Ouest, au lieu de 60 centimes qu'il possédait sous la législation antérieure. Les réclamations inconsidérées de l'Ouest avaient diminué de 40 centimes la faveur dont il jouissait.

C'est à cette époque de 1849 qu'il faut placer de nouvelles réclamations des producteurs du Midi, des fabricants des sels lavés et étuvés de l'Ouest, et d'un groupe de producteurs de sels raffinés du département des Basses-Pyrénées. Les divers industriels réclamaient tant contre l'ordonnance du 8 décembre 1843 que contre l'ordonnance du 10 avril 1846, et le Gouvernement, après examen consciencieux de leurs doléances, rendait, le 23 juillet 1849, un décret, encore en vigueur aujourd'hui, fixant à 5 p. o/o la remise à titre de déchet sur les sels ignigènes et les sels étuvés de l'Ouest, lorsqu'ils sont expédiés par mer, en vrac, et sur les sels du Midi lorsqu'ils sont expédiés des ports du Midi dans ceux de l'Océan (grand cabotage).

C'est depuis cette même époque que, grâce à l'impulsion donnée aux grands travaux publics dans toute la France, les départements de l'Est, jusqu'alors déshérités de toute voie économique, ont été dotés du chemin de fer de Paris à Strasbourg et du canal de la Marne au Rhin. Pour profiter de ces améliorations, d'importantes salines ont été créées sur les bords du canal et du chemin de fer, et n'ont reculé devant aucun sacrifice pour introduire dans leur fabrication les procédés les plus perfectionnés et les plus économiques. Les transports pour Paris, par le fait de l'abaissement successif des tarifs, provoqué par l'État dans un esprit de sollicitude pour les consommateurs et les industriels, se sont trouvés réduits à 12 francs la tonne, soit 48 à 58 francs de diminution sur les cours anciens. A cet état de choses nouveau correspondait le développement colossal des salines anglaises, aux environs de Liverpool et de Birmingham, et l'autorisation donnée aux pêcheurs français, pour les mettre à l'abri de l'inconstance des cours des sels de l'Ouest, de s'approvisionner à l'étranger moyennant un droit de 50 centimes par tonne. Toutes ces circonstances ont, il est vrai, paralysé, pour les sels de l'Ouest, des débouchés importants, mais n'ont en rien modifié les proportions d'humidité qui existent dans les sels des diverses provenances. Les allocations à titre de déchet n'ont jamais eu pour objet de protéger une industrie nationale contre une industrie similaire nationale. Elles n'ont jamais été qu'un acte d'équité de l'État envers le consommateur et le fabricant, en faisant payer un droit égal à tous les sels également humides, et en compensant les différences d'humidité par des différences correspondantes sur ledit droit.

On étuve dans l'Est une certaine quantité de sels, comme on en étuve dans l'Ouest. Cet étuvage, dans l'Est, a surtout pour objet d'éviter un trop grand développement de magasins, en ôtant artificiellement au sel l'excès d'humidité que lui enlève un séjour de trois mois dans les salorges.

Les producteurs de sel de l'Ouest, si l'on en excepte les fabricants de sels lavés, étuvés, n'ont rien fait pour améliorer leur fabrication. Si leur demande pour contre-balancer cette inertie a pour objet de faire fixer les allocations à titre de déchet sans tenir compte des degrés d'humidité respectifs, les producteurs de l'Est protestent énergiquement contre elle; mais si le but de cette demande est de vérifier à nouveau les proportions réelles d'humidité renfermée dans les sels de diverses provenances, proportions déjà étudiées à l'occasion des ordonnances des 2 décembre 1843, 10 avril 1846 et 23 juillet 1849, nous nous y associons sans hésiter; car, sans nul doute, il serait établi que les sels de l'Est ne renferment pas moins d'humidité que leurs concurrents de l'Ouest, et nous obtiendrons les mêmes conditions que ces derniers, ou tout au moins le même traitement que les sels étuvés et ignigènes, pour ceux de nos produits qui sont livrés par eau et en vrac.

M. BURTON,

Administrateur délégué de la société anonyme des anciennes Salines domaniales de l'Est.

(Déposition orale et écrite.)

Après avoir fait répondre, par les directeurs de ses usines, à toutes les demandes du Questionnaire, la compagnie des anciennes Salines domaniales de l'Est désire faire présenter à l'Enquête quelques observations générales, par ses administrateurs, sur le chapitre V, relatif aux questions d'impôt et d'administration.

Question. 92.

Tout d'abord on doit être surpris qu'il n'ait été posé aucune question sur les règlements administratifs si compliqués, si divers et on peut dire souvent si confus, appliqués à l'industrie et au commerce des sels, et sur les effets qu'ils produisent sur ce commerce et sur cette industrie.

On est ensuite conduit à se demander comment le Gouvernement a pu consacrer, dans une circonstance aussi grave qu'une enquête publique, une sorte de séparation d'antagonisme, même entre des producteurs français, et qu'il ait paru chercher quels traitements différents il pouvait appliquer aux uns et aux autres, comme s'il ne devait pas la même protection à tous, qu'ils soient établis, ceux-ci à l'ouest, les uns à l'est et les autres au midi du territoire de l'Empire.

On a peut-être été entraîné dans cette voie par la différence des régimes auxquels, sans s'en être rendu un compte suffisant, on a soumis jusqu'à ce jour l'industrie des sels dans ces diverses régions. Cette différence est provenue sans doute de ce que les salines de l'intérieur étaient surveillées par les contributions indirectes, et les salines du littoral par les douanes, formant deux administrations séparées. Mais aujourd'hui que ces deux services sont dirigés par la même administration supérieure, il est permis d'espérer qu'il suffira de signaler dans cette enquête solennelle, un système aussi injuste pour le faire cesser.

Qu'est-ce que le sel au point de vue économique?

Une production industrielle, obtenue du travail fait par les uns sur les eaux salées amenées de la mer, par les autres sur les eaux salées extraites du sein de la terre : on peut, avec les eaux de la mer convenablement travaillées, obtenir des sels aussi beaux et aussi purs que ceux provenant des eaux des mines de l'intérieur, comme on peut aisément faire produire à ces dernières eaux des sels aussi grossiers et aussi impurs que ceux obtenus du premier jet des eaux de la mer.

En vertu de quelle loi le Gouvernement peut-il intervenir dans ces fabrications et chercher à réglementer différemment les unes et les autres suivant qu'il croirait rencontrer des conditions différentes de travail? Est-ce que, comme l'a très-bien dit M. Dupin au Sénat, le soleil est le même dans le Nord que dans le Midi, et le Gouvernement pourrait-il chercher à favoriser les vins de Suresnes pour leur rendre plus facile la concurrence avec les vins de Bordeaux?

D'après la loi, tout fabricant français qui livre du sel à la consommation doit payer au Trésor une somme fixée. Des décrets ou règlements d'administration publique fixent le mode de perception de cette somme, les conditions de payement, les déchets, etc., qui doivent évidemment être les mêmes pour tous, et cependant cela n'est pas : non-seulement on accorde plus de déchets aux uns qu'aux autres, ce qui revient à une immixtion de l'État dans l'appréciation de la fabrication et paraît contraire aux prescriptions de la loi générale, mais encore on soumet les usines à des réglementations différentes selon qu'elles sont situées au midi, à l'ouest ou à l'est.

Ainsi on exige des uns des clôtures complètes d'un certain nombre de mètres de hauteur, avec une seule ouverture pour tous les services; on leur impose la construction dispendieuse de magasins clos et fermés, dont les agents du fisc détiennent les clefs; on les oblige à peser tous les sels entrant dans ces magasins, et s'il arrive qu'en les évacuant on trouve un déchet supérieur à 8 p. o/o du poids entré, on fait payer droit et double droit sur les quantités dépassant ces 8 p. o/o; en sorte que le fabricant perd d'abord sa marchandise, ce qui peut provenir souvent d'une faute de fabrication de sels rentrés trop humides, d'un accident; il est ensuite puni d'une amende exorbitante, d'une perte d'argent égale à trois ou quatre fois la valeur de ce qu'il a déjà perdu.

On exige des uns que tous les sels devant sortir de l'usine soient pesés par quintaux pris un à un et mis en sacs en présence d'un agent

Commission A.

Meurthe — M. Bur…

de la régie, tandis qu'on tolère chez les autres les pesées faites par moyenne sur un certain nombre de mesures de capacité, toujours égales et employées pour la délivrance; on impose aux salines de l'intérieur l'obligation de loger dans les bâtiments de l'usine, moyennant un loyer qui n'est jamais rémunérateur, les employés de la régie; aucun travail de mouvement des sels, dans l'intérieur de l'usine, ne peut être fait qu'en présence de ces employés et à des heures fixées par l'Administration supérieure. Toutes ces mesures restrictives et coûteuses ne sont pas imposées aux salins producteurs de sel, situés sur le bord de la mer; il serait cependant aisé de démontrer que la surveillance est plus facile et par suite la fraude moins à craindre dans les établissements ayant une superficie restreinte, comme les salines de l'intérieur, que dans les marais salants du littoral couvrant plusieurs milliers d'hectares.

Nous ne demandons pas que le Gouvernement impose à ces marais salants les mêmes obligations, les mêmes dépenses supportées jusqu'ici par les salines de l'intérieur : nous émettons seulement le vœu qu'une nouvelle réglementation soit faite, la même pour tous; qu'elle soit surtout plus simple, plus claire, plus économique pour les fabricants et pour l'État, dont tous les droits fiscaux peuvent être assurés avec un personnel bien moindre que celui employé aujourd'hui.

Nous demandons que le système des acquits-à-caution soit généralisé et appliqué à tous les sels dirigés soit sur les entrepôts de l'intérieur, soit sur les frontières, soit voyageant par mer; qu'on supprime les plombs et que partout on puisse faire voyager les sels en vrac aussi bien en wagon qu'en bateau.

C'est en donnant toutes les facilités possibles à l'industrie qu'on peut seulement arriver à lutter sur les marchés étrangers avec l'Angleterre; elle a exporté, dans les six premiers mois de 1866, 324,536 tonnes de sel, tandis que la France n'en a sorti, par toutes nos frontières, que 75,156, encore en y comprenant 36,608 pour les navires français allant à la pêche.

Il serait également très-important, pour l'industrie des saliniers et des fabricants de produits chimiques, d'obtenir les mêmes facilités pour les sels expédiés aux fabriques de ces derniers.

Nous avons soumis à la Commission, avec prière de les reporter au Gouvernement, des observations relatives à l'exécution de la loi du 2 juillet 1862, et du droit de 30 centimes fixé par le décret du 13 décembre 1862, pour chaque quintal de sel employé à la fabrication des produits chimiques.

D'après la loi (art. 16), les sels destinés à la fabrication de la soude doivent être délivrés en franchise de droit, sous les conditions déterminées par les règlements antérieurs au décret du 17 mars 1852; mais, comme ces règlements étaient impossibles à exécuter, le décret a posé le principe qu'ils seraient remplacés par une surveillance dont chaque fabricant doit payer les frais : ils avaient été évalués, par le Gouvernement, à 6,000 francs par fabrique. Sur la demande d'un certain nombre de fabricants, et malgré nos protestations, remises à MM. le Président du Conseil d'État et le directeur général des douanes, on a fixé le coefficient 30 centimes, parce qu'on décomposait alors 65,000 tonnes de sel, et qu'on avait ainsi un produit de 195,000 francs, couvrant très-largement les dépenses; mais, depuis, la fabrication a augmenté et on doit avoir employé en 1865, dans les fabriques de soude, 110,000 tonnes de sel environ.

L'industrie des produits chimiques a donc payé 330,000 francs, soit 150,000 francs environ de plus qu'elle ne doit d'après les prescriptions de la loi.

Il nous semble inutile d'insister sur les entraves que cette taxe apporte au développement d'une importante industrie et sur la nécessité de revenir aux projets primitifs et si équitables du Gouvernement : faire payer à chacun la dépense qu'il occasionne pour être exonéré du droit sur le sel qu'il emploie: ni plus ni moins.

Cette modification n'entraînerait aucune réclamation, de la part des étrangers, sur le droit qu'ils payent en compensation des charges imposées aux fabricants français par le régime de l'exercice; il serait facile de démontrer qu'elle devrait plutôt entraîner une augmentation du montant de ce droit, car les petites fabriques supporteront en réalité plus de 30 centimes par quintal, et la protection du Gouvernement envers les étrangers doit surtout s'étendre aux industries les moins fortes.

D'après les renseignements officiels que nous avons pu nous procurer, l'Angleterre aura décomposé, en 1866, 325,000 tonnes de sel, et la France 110,000 tonnes environ. Pense-t-on qu'on aide les fabriques françaises à arriver au chiffre de travail des Anglais, en leur offrant la perspective de payer ensemble un impôt de 800,000 francs de plus que les dépenses qu'elles occasionnent à l'État?

Nous ne parlerons pas ici du régime d'exercice auquel sont soumises ces fabriques; il nous suffira de dire que nous démontrerons, quand on nous y autorisera, qu'il est impossible.

C'est avec toutes ces restrictions inutiles, suivant nous, à la perception régulière des impôts dus à l'État, qu'on empêche l'industrie de se développer et qu'on restreint par suite la consommation du sel en France.

Question. 93.

Nous émettons le vœu qu'on applique enfin la loi de 1840, et qu'on donne le sel en franchise à l'agriculture: d'après le nombre de demandes faites pour ainsi dire journellement, nous ne doutons pas qu'il en résulte une grande consommation et, par suite, un grand bien.

Il semble, malgré la résistance faite jusqu'ici par l'Administration, que rien ne doit être plus simple au point de vue fiscal, puisque nos voisins en Prusse, en Allemagne, en Suisse, où les droits de consommation sont plus élevés qu'en France, ont adopté ce système et des procédés de dénaturation qu'ils jugent donner toute garantie au Trésor.

Nous n'avons pas la prétention de proposer une combinaison que nous croyons trop facile à trouver; nous nous bornerons seulement à dire que le véritable moyen de simplification est de dénaturer le sel dans l'usine, ou sur le marais salant, avant de l'expédier à la consommation.

Questions 87, 88. En ce qui concerne les droits de douane à appliquer aux sels étrangers, nous pensons qu'ils devraient être les mêmes sur les diverses frontières soit de mer, soit de terre, et que le Gouvernement doit avant tout se préoccuper de la défense des sels de l'Ouest, qui sont plus menacés par les sels anglais, produits à si bas prix et n'ayant pas à supporter de transports par terre pour arriver dans la consommation du littoral; nous nous trouvons donc défendus de ce côté par les droits imposés en vue des sels de l'Ouest; mais, comme on peut aujourd'hui, grâce aux canaux et aux chemins de fer, tourner la frontière de mer en entrant par celle de terre, nous croyons qu'on devrait appliquer un droit de 1 fr. 50 cent. au minimum sur tous les sels entrant par les frontières du Nord et de l'Est, et ne pas maintenir pour les sels suisses le tarif privilégié de 60 centimes par quintal. Ce tarif est évidemment insuffisant, surtout si on tient compte des charges imposées aux salines françaises par l'exercice et les règlements administratifs.

M. FOURNIER,

Négociant, de la maison Fournier frères, à la Villette, correspondant et entrepositaire de la saline de Sommerviller (Meurthe).

(Déposition orale et écrite.)

La maison Fournier a deux établissements, l'un à la Villette, l'autre à Meaux; elle reçoit annuellement de l'usine de Sommerviller : dans l'entrepôt de la Villette, environ 22,000 quintaux de sel; dans l'entrepôt de Meaux, environ 5,000.

64. Les sels sont expédiés de Sommerviller à l'entrepôt par bateau et en sacs plombés, et il est facile d'observer à l'arrivée d'un chargement les variations de poids qui se produisent en cours de transport; elles sont presque toujours les mêmes, tout en affectant très-diversement les différentes parties du chargement; c'est-à-dire que les sacs qui forment le dessus du chargement présentent presque toujours un déchet plus ou moins considérable, tandis que les sacs des couches inférieures présentent habituellement un excédant de poids; ainsi il n'est pas rare que les sacs placés au fond du chargement arrivent avec un excédant de poids de

4 à 5 kilogrammes p. o/o. Mais en définitive et dans les conditions normales un chargement de sel perd de son poids plutôt qu'il ne gagne en cours de transport.

Tout compte fait, les variations qui se produisent dans le poids des sels, tant en cours de transport que pendant leur séjour en entrepôt, se soldent par une perte de 1 kilogramme et demi p. o/o. Cette perte est au compte de la saline.

Questions. 58. Une partie des sels livrés à la consommation est teintée en gris; ce grisonnement s'opère soit à la saline, soit à l'entrepôt; quand il s'opère à l'entrepôt, les frais de l'opération sont remboursés par la saline sur le prix de 20 centimes par quintal: c'est ce que coûte effectivement l'opération du grisonnement. La teinte donnée aux sels n'est pas toujours la même; elle est subordonnée aux goûts et aux habitudes des consommateurs des diverses localités; ainsi les sels qui passent par l'entrepôt de Meaux reçoivent une teinte un peu plus prononcée.

L'opération du grisonnement n'a pas seulement pour objet de répondre aux préférences du consommateur, elle sert en même temps à prévenir dans une certaine mesure une spéculation préjudiciable aux intérêts des salines de l'Est.

Il pourrait arriver par exemple, eu égard aux prix différentiels de la vente sur les divers points de la région alimentée par les salines de l'Est, eu égard au tarif réduit du transport des sels sur le chemin de fer de l'Est, et surtout eu égard au bas prix du fret par la voie d'eau de Paris à Nancy, que des sels blancs achetés à Paris pussent être réexpédiés vers les lieux de production et s'y vendre encore à un prix légèrement inférieur au prix fixé par les salines, tout en laissant quelque bénéfice à celui qui ferait la spéculation; mais cette spéculation devient impossible avec les sels grisonnés, lesquels ne seraient pas de défaite dans la région de l'Est, où l'on est habitué à ne consommer que du sel blanc.

51. Le prix ordinaire des transports par bateau varie de 9 fr. 50 cent. à 10 fr. 50 cent.; par suite d'arrangements avec la batellerie, le prix du transport des sels de la saline de Sommerviller à l'entrepôt de M. Fournier est fixé à 10 francs la tonne. Le transport en chemin de fer coûterait 12 francs la tonne.

M. Fournier n'a pas à intervenir dans la fixation des prix de vente des sels qui sortent de son entrepôt; il a une commission fixe comme entrepositaire, et vend le sel aux prix fixés par le syndicat des salines de l'Est. Ce prix qui a été porté, il y a peu de temps, à 13 fr. 50 cent. pour le sel ordinaire, avait été longtemps de 13 fr. 25 cent. le quintal. Le sel de table se vend 16 francs; il ne représente pas, en quantité, plus de un vingtième des ventes du déposant.

La maison Fournier vend soit aux marchands en demi-gros, soit aux épiciers, mais principalement aux premiers.

Le sel consommé à Paris est grevé d'un droit d'octroi de 6 francs par quintal; c'est une denrée dont la revente au détail ne donne à l'épicier qu'un bénéfice à peu près nul; dans le commerce de l'épicier, c'est un article sacrifié dont on n'est approvisionné que pour attirer la clientèle.

Question. 92. L'impôt de consommation se payant à la saline, le déposant n'a aucun rapport avec l'Administration et, conséquemment, n'a aucune explication à donner sur les mesures qui ont pour objet d'assurer la garantie des droits du Trésor. Toutefois il aurait une réclamation à faire en ce qui concerne la perte du sel en cours de transport. Il peut arriver (cela a eu lieu) que, par suite d'un accident de navigation, le chargement d'un bateau se perde en cours de transport. Le réclamant voudrait qu'en pareil cas la constatation bien et dûment faite de l'événement et de ses conséquences, c'est-à-dire de la perte du chargement, donnât droit à la restitution de l'impôt perçu. L'Administration ne l'entend pas ainsi, paraît-il; car le déposant s'est déjà trouvé une fois dans le cas de faire une demande en restitution de droits pour perte de chargement, et cette demande n'a pas été accueillie. Or, comme tous les chargements sont assurés, comme la prime d'assurance est proportionnelle à la valeur de la marchandise; comme, dans le cas présent, la valeur de la marchandise est augmentée dans une énorme proportion par le droit, il en résulte que le principe de la non-restitution du droit perçu a pour conséquence de faire élever le taux d'assurance des chargements de sel à un chiffre bien supérieur au chiffre que comporterait la valeur intrinsèque de la marchandise. Le taux de l'assurance dans l'état actuel des choses est de plus de 2 francs par tonne, si l'on passe par la Marne, qui est la voie la plus directe; il est moindre si l'on passe par l'Oise et la Seine.

M. Fournier joint à sa déposition la note suivante :

Il n'est pas besoin de dire combien le dégrèvement serait populaire. Il serait très-profitable à l'industrie du sel. En face d'une consommation stationnaire, cette industrie ne peut progresser, et tout producteur nouveau n'arrive sur le marché qu'au détriment des anciennes salines, tandis que d'autres articles de consommation ont vu depuis quelques années les débouchés croître au fur et à mesure des moyens de production (la viande, les œufs, le beurre, le poisson, etc. etc.)

Le dégrèvement augmenterait la consommation dans les usages domestiques, mais ses bons effets se feraient sentir surtout dans l'*industrie* et l'*agriculture*.

Les différentes industries qui emploient le sel sans jouir du dégrèvement recevraient une vive impulsion, et c'est aux usiniers qu'il appartient de démontrer l'heureuse influence que le dégrèvement aurait sur leur industrie.

L'*agriculture* consommerait beaucoup plus de sel, non sans doute dès la première année, mais progressivement. L'expérience de 1848, où la culture ne sembla pas profiter du sel à bon marché, ne saurait être considérée comme concluante. Cette période d'essai fut trop courte; et d'ailleurs, l'année prêtait-elle aux essais, aux innovations en culture? Les fermiers avaient d'autres préoccupations. Il est plus rationnel de s'enquérir des habitudes de la culture anglaise et d'étudier suivant quelle progression s'est développée chez elle la consommation du sel, en remarquant que ce produit doit être plus nécessaire à nous qu'à nos voisins.

Si petite que l'on suppose la quantité annuellement consommée par un bœuf, un cheval, un mouton, on arrive à un chiffre formidable si l'on multiplie cette quantité par le nombre de têtes de bétail en France. Cet emploi direct par les bestiaux peut se généraliser, et il n'est pas le seul.

Ne pourrait-on pas mélanger le sel à d'autres engrais, le répandre sur des couches de fumiers, etc. etc.

Sans agiter cette question du sel comme engrais agricole, question controversée depuis longtemps, puisque dans la Bible le sel répandu sur la terre est l'emblème de la stérilité, on s'en servira dans les années humides pour la conservation des fourrages, on en recouvrira les pulpes en silos, on en répandra sur les pommes de terre malades et prêtes à s'échauffer. En un mot, le sel prendra sur une grande échelle, au profit des bestiaux, le rôle si utile qu'il remplit dans nos conserves alimentaires.

La viande, le poisson, le beurre, etc. sont conservés par le sel pour l'alimentation de l'homme; pourquoi n'aurait-on pas le fourrage salé, les betteraves salées, etc. pour les animaux? C'est une question de proportion en quantité convenable. De là tout un ensemble de conjectures favorables à l'accroissement de la consommation et, par suite, de la production.

Une plus forte production amènerait de la baisse sur le prix du sel, et la baisse, réagissant à son tour dans le même sens, stimulerait l'accroissement de consommation.

Le prix du sel est actuellement de 13 fr. 50 cent. les 100 kilogrammes hors Paris et de 19 fr. 50 cent. les 100 kilogrammes dans Paris. Voyons quels sont les éléments de ce prix de 19 fr. 50 cent. et, parmi ces éléments, ceux qui sont susceptibles de baisse dans l'hypothèse d'un dégrèvement et d'une consommation plus forte. Le tableau suivant indique les variations:

COMMISSION A.

MEURTHE.

M. Fourr

ÉLÉMENTS DU PRIX DE REVIENT.	AVEC LA LÉGISLATION ACTUELLE.	AVEC LE DÉGRÈVEMENT.
1° Octroi	6f 00c	〃
2° Impôt	10 00	〃
3° Combustible	0 95	0f 95c
4° Frais en saline	0 60	0 35
5° Fonds de roulement	0 20	0 10
6° Transport	1 10	0 80
7° Frais d'agence	0 50	0 25
8° Sacs vides	0 15	〃
TOTAL	19 50	2 45

On pourrait grouper autrement ces éléments constitutifs du prix de revient, mais le résultat essentiel à considérer, c'est l'influence du dégrèvement sur l'ensemble.

Si le sel tombait à 2 fr. 50 cent. ne pourrait-on pas abaisser les droits de douane sans redouter la concurrence à l'étranger?

Remarquons les éléments du tableau précédent:

1° Les droits d'octroi n'existent guère qu'à Paris, et ils n'affectent pas les intérêts agricoles.

2° L'impôt, que nous portons à 10 francs, est de 9 fr. 70 cent.; mais le déchet du sel et l'intérêt d'argent représentent au moins les 30 centimes.

3° Le prix de 95 centimes résulte de l'hypothèse d'un quintal de charbon à 1 fr. 90 cent. pour produire 2 quintaux de sel. Le dégrèvement n'aura aucune influence sur ce prix; aussi nous le maintenons dans les deux hypothèses.

4° Les frais généraux à la saline seront bien diminués par une production double et les salines seront du même coup exonérées des frais de logement des employés de la régie, des clôtures, des frais de pesage, et de toutes les formalités aujourd'hui indispensables pour la perception de l'impôt.

5° Le fonds de roulement sera moindre dès que le produit vaudra 2 fr. 50 cent. soit 1 fr. 40 cent. en saline au lieu de 13 fr. 50 cent.

6° Le transport se fera avec plus d'économie et plus de concurrence dès que le marinier n'aura plus dans son bateau qu'une valeur de 3,000 francs au lieu de 18,000 francs.

7° Les frais d'agence diminueront par quintal, puisque la vente sera doublée et que le ducroire portera sur une valeur de 2 fr. 50 cent., au lieu de porter comme aujourd'hui sur 19 fr. 50 cent.

8° Les sacs vides enfin seront inutiles; et c'est une somme de complications, de frais pour les salines dans l'état actuel. Pour un mouvement annuel de 20,000 quintaux venant par eau de Sommerviller à Paris, il en faut de 12 à 15,000 s'usant très-rapidement. Chaque sac pèse 2 kilogrammes et son aller et son retour constituent un poids mort de 4 p. 0/0.

DÉPARTEMENT DE LA HAUTE-SAÔNE.

Dans le département de la Haute-Saône, l'Enquête a eu lieu du 3 au 7 août 1866. Elle a été annoncée et le Questionnaire a été publié par des insertions faites dans le *Journal de la Haute-Saône* des 19 mai et 28 juillet 1866.

Une note spéciale invitait les personnes qui pourraient avoir des observations ou des renseignements à présenter à la Commission à en donner avis à la préfecture.

La Commission s'est complétée par l'adjonction de :

MM. Marlet, secrétaire général de la préfecture;
Trayvou, président de la chambre de commerce de Gray.

Elle a visité la saline de Gouhenans.

Elle a reçu des déclarations orales ou écrites de :

MM.

1° Destremau, président du conseil d'hygiène et de salubrité de l'arrondissement de Lure;
2° Gros de Montagne, directeur des contributions indirectes;
3° de la Martinière, président de la société d'agriculture de la Haute-Saône;
4° Dormoy, ingénieur des mines à Vesoul;
5° Maurice Franck, gérant de la saline de Gouhennas;
6° Dromard, directeur de la saline de Melecey-Fallon;
7° Jules Didier, fabricant d'engrais et pharmacien à Lure.

Commission B.

DÉPARTEMENT DE LA HAUTE-SAÔNE.

M. DESTREMAU,

Président du conseil d'hygiène et de salubrité de l'arrondissement de Lure; au nom de ce conseil.

(Déposition écrite.)

Questions.

64. Il est vrai que les sels de l'Est gagnent en poids au lieu de perdre en cours de transport. N'étant livrés au commerce qu'après un séjour de six mois en magasin, ils sont expurgés à peu près complétement de sels déliquescents, et, s'ils sont transportés par un temps humide, le chlorure de sodium peut absorber une quantité notable d'eau hygrométrique qui reste dans la masse et peut en augmenter le poids de 3 à 5 p. o/o. Le contraire a lieu pour les sels de l'Ouest, en raison de la plus grande quantité de sels déliquescents qu'ils contiennent.

74. Une entente existe réellement entre les proprétaires de salines, mais il n'est pas possible d'affirmer qu'elle change abusivement les conditions d'une loyale concurrence.

75. Il est fait usage de prix différentiels et les sels sont vendus, sur les points les plus éloignés du centre de production, moins cher que sur les points les plus rapprochés de ce centre.

79. Il n'y a pas lieu d'établir une différence proportionnelle dans les taux des déchets de route, attendu que si les saliniers de l'Ouest employaient des procédés moins défectueux, ils pourraient, comme ceux du Midi, diminuer considérablement la dose des sels déliquescents.

81. Les déchets alloués actuellement sont suffisants pour couvrir les déperditions survenues en cours de transport.

82. Il y a lieu de maintenir l'état actuel de perception, attendu que, pour l'établir d'après la richesse du sel en chlorure de sodium, il faudrait créer de nouveaux employés de la régie, des chimistes à poste fixe qui devraient faire continuellement les analyses des sels à livrer, ce qui compliquerait singulièrement le service et deviendrait onéreux pour l'État, sans avantage aucun pour le public, qui n'y gagnerait rien.

93. Il serait possible d'adopter un moyen de dénaturation du sel autre que ceux qui sont actuellement prescrits; ce moyen consisterait à verser dans un sac de sel un litre d'eau auquel on ajouterait 5 grammes d'acide phénique impur, ce qui rendrait cette substance tout à fait impropre

aux usages culinaires, tout en lui donnant une qualité pour le bétail et pour les engrais.

94. Il est exact que l'eau de mer est un bon engrais; on peut, sans craindre les abus, accorder de plus grandes facilités aux cultivateurs à qui l'on permettrait de prendre de l'eau de mer en franchise de droit.

M. GROS DE MONTAGNE,

Directeur des contributions indirectes pour le département de la Haute-Saône.

(Déposition écrite.)

13. La Haute-Saône n'a pas d'établissements où se traite le sel gemme en roche. A Gouhenans et à Melecey-Fallon, on opère par dissolution.

Le capital de Gouhenans est de 3 millions de francs, savoir : 1 million en obligations et 2 millions en actions.

La saline de Melecey-Fallon, qui appartient à divers propriétaires, est exploitée par la société de Gouhenans, moyennant une redevance annuelle de 25,000 francs; on dit que le capital engagé est de 700,000 francs.

15. Les actions de Gouhenans ont donné les dividendes suivants :

En 1854	37f 50c
1855	32 75
1856	37 05
1857	33 30
1858	15 86
1859	14 75
De 1860 à 1865	Néant.

16, 17. Les quantités produites sont, sur une moyenne de dix ans, de 870 tonnes par an pour Melecey-Fallon et de 9,700 tonnes pour Gouhenans.

La production est restée stationnaire à Gouhenans depuis 1854, par suite de la création d'un assez grand nombre de salines dans la Meurthe. De plus, l'ouverture de plusieurs voies ferrées a permis aux sels de mer, dont le prix de revient est moins élevé, d'arriver jusque dans le rayon de la saline.

Quant à la saline de Melecey-Fallon, sa production a été très-restreinte, notamment en 1861, 1862 et 1863, par suite de la concurrence des établissements du Jura et du Doubs, ce dernier département étant le marché principal de la saline de Melecey-Fallon. Depuis cette époque, par suite de l'entente existant entre tous les industriels de l'Est, la production a repris son cours normal.

19. Depuis l'établissement des salines, les prix ont varié de 3 fr. 75 cent. à 5 francs par 100 kilogrammes. Aujourd'hui, le prix est de 4 fr. 25 cent.

COMMISSION B. droits non compris, ou 13 fr. 95 cent. droits compris, soit 139 fr. 50 c. la tonne. Ils n'ont pas varié davantage sur les divers marchés situés dans le rayon des établissements. HAUTE-SAÔ[NE] — M. Gros de [...]tagne.

Questions. 20. Depuis 1850, le rayon des ventes n'a pas changé, à quelques faibles exceptions près, sauf depuis l'entente entre toutes les salines de l'Est. Ce rayon a alors été divisé de manière à éviter les frais de transport. Il se compose aujourd'hui, pour les salines de Gouhenans et de Melecey-Fallon, des départements de la Haute-Saône, des Vosges, du Haut-Rhin, de la Haute-Marne, de l'Aube et du Doubs.

21. La consommation intérieure tend à se développer tous les jours, les quantités livrées à l'industrie après avoir été restreintes pendant les années 1857, 1858 et 1859, prennent chaque année des proportions plus considérables.

22. La facilité des transports par les voies ferrées donne accès aux sels marins jusque dans nos contrées; mais le prix peu élevé des sels de l'Est permet toujours de soutenir la concurrence avec avantage.

23. Le droit applicable aux sels étrangers venant par la frontière de terre autre que la Belgique, à leur entrée en France, est de 50 centimes par 100 kilogrammes, plus le double décime, soit 60 centimes.

Les quantités importées depuis 1861, venant de la Suisse, se résument ainsi :

1861	252,992 kilog.
1862	1,320
1863	"
1864	"
1865	134,186
1866	300,783
TOTAL	689,281

51. Les frais divers relatifs à l'expédition sont, par tonne, de 50 centimes pour main-d'œuvre, 2 fr. 50 cent. pour toile d'emballage et 3 fr. 50 cent. ou 4 francs pour transport de la saline à Lure, où le chargement emprunte la voie ferrée. Le tarif des chemins de fer de l'Est est de 6 cent. 30 mill. par tonne et par kilomètre, plus 50 centimes par tonne pour chargement et déchargement.

52. Les mesures réglementaires que nécessite la perception de l'impôt et l'intérêt des sommes avancées jusqu'à l'époque où le sel entre dans la

M. Gros de Montagne.

consommation, peuvent produire une augmentation de prix de vente de 1 franc à 1 fr. 50 cent. par tonne.

Quant au sel dénaturé, les formalités fiscales sont trop compliquées et trop dispendieuses, en les ajoutant au prix d'achat ordinaire, pour que les cultivateurs emploient cette matière pour l'alimentation des bestiaux.

Les curins de chaudières des salines, qui sont livrés en franchise sous la formalité de l'acquit-à-caution, sont, dans la Haute-Saône, seuls employés comme engrais en les mélangeant avec du fumier. En ce qui touche l'exportation, la vente des sels est encore moins avantageuse, car les négociants sont obligés, pour s'assurer de la vente, de faire des réductions de prix sur ceux que pourraient obtenir chez eux les acheteurs.

[Q]uestions.

53. Les usines de la Haute-Saône ne fabriquent qu'une seule qualité de sel qui se divise en trois espèces : sel fin, sel menu, sel moyen ou gros; le mode de fabrication et le prix de vente sont les mêmes pour les trois espèces.

54. La composition chimique des sels de Gouhenans et de Melecey-Fallon, qui s'obtiennent par l'évaporation, se répartit ainsi :

Chlorure de sodium	90.05
——— de magnésium	0.75
Sulfate de magnésie	1.45
——— de chaux	0.95
Matières insolubles	0.15
Eau hygrométrique	6.65
TOTAL	100.00

64. Les sels expédiés bien secs, comme le sont, en général, ceux qui sortent des salines de l'Est, peuvent gagner en poids par l'absorption de l'humidité atmosphérique. Si, au contraire, les produits déliquescents abondent, comme dans ceux de l'Ouest, les sels, après avoir augmenté en poids, finissent par couler, et il se produit un déchet qui peut être assez considérable. Il faut une température extrêmement humide pour que les sels de l'Est subissent une coulure de quelque importance, attendu qu'ils ont de six à dix-huit mois de séjour en magasin, et quelquefois même deux ans. Les réclamations des entreposeurs ne paraissent pas fondées en ce qui concerne la quotité allouée pour déchet.

69. La saline de Gouhenans expédie dans les départements de la Haute-Saône, du Haut-Rhin, des Vosges, de la Haute-Marne et de l'Aube.

COMMISSION B. La saline de Melecey-Fallon a pour principal débouché le département du Doubs. HAUTE-SA[ÔNE]

M. Gros de[...]tagne.

Les sels de l'Ouest arrivent, dit-on, mais par petites quantités dans le Doubs, la Haute-Marne, l'Aube et même la Haute-Saône. Ceux du Midi pénètrent jusqu'à Lure.

Questions.

70. Les salines de Gouhenans et de Melecey-Fallon ont expédié, chaque année moyenne, de 1855 à 1865, 400,000 kilogrammes sur les fabriques de produits chimiques, et 10 millions de kilogrammes pour la consommation.

Les sels de la Haute-Saône ne sont pas employés à l'alimentation des bestiaux ni à la fabrication des engrais. Pour ce dernier usage, on commence à utiliser les curins des chaudières dont le transport en franchise a été autorisé sous la formalité de l'acquit-à-caution, et qui, mélangés avec des fumiers, produisent de bons résultats pour l'agriculture.

74. Une entente existe entre les saliniers de l'Est. Ils ont à Nancy un comptoir qui règle la fabrication et les livraisons de chaque saline, le rayon de vente, et même les prix par destination.

75. Les prix sont établis de telle sorte que les sels vendus dans les localités les plus éloignées du rayon coûtent le même prix et quelquefois moins, pour soutenir la concurrence, que ceux livrés à la consommation sur les marchés les plus rapprochés des salines.

78. Dans les contrées de l'Est, les sels étrangers pénètrent dans les départements du Haut-Rhin, de la Haute-Saône et du Doubs. En 1861, 1862, 1865 et 1866, il est entré par la douane de Saint-Louis (Haut-Rhin) 689,281 kilogrammes de sels provenant de l'Allemagne et de la Suisse.

80. Le taux des déchets actuels doit être maintenu. Il arrive bien quelquefois que des sacs éprouvent un déchet de 5 p. o/o, mais cela ne tient qu'à la mauvaise confection des emballages et des chargements qui, souvent mal couverts, subissent trop vivement l'influence de la température.

81. La quotité allouée pour déchets est très-suffisante et n'est jamais atteinte dans les magasins des salines. Mais si par entrepôts l'on entend les dépôts faits dans certaines localités, le taux alloué peut devenir insuffisant dans le cas où l'on aurait à entreposer des sels ayant subi les inconvénients signalés.

82. Le système actuel de perception doit être maintenu. L'impôt basé sur

la richesse des sels en chlorure de sodium susciterait de grandes difficultés et des réclamations incessantes.

Questions.

83. Le Trésor y perdrait assurément, et le commerce en général ne trouverait que des entraves dans l'application de cette mesure.

84. L'analyse chimique permanente deviendrait indispensable; l'établissement d'une moyenne ne pourrait être qu'arbitraire et donnerait lieu à d'incessantes contestations.

92. Toute innovation dans les sûretés prises pour la rentrée de l'impôt pourrait devenir préjudiciable aux intérêts du Trésor.

93. Toutefois, on pourrait adopter un autre mode de dénaturation pour les sels à livrer à l'agriculture, mode simple et peu coûteux, le voici :

Il suffirait d'imprégner le sel de la manière suivante :

Acide phénique impur	0k 05gr
Carbonate de soude	0 05
Eau	1 00

pour 100 kilogrammes de sel.

Le sel ainsi imprégné devient, dit-on, tout à fait impropre aux usages culinaires, et il peut être avantageusement employé pour l'alimentation du bétail.

Cette solution préparée en grand ne coûterait que 5 centimes par sac; elle suffirait pour altérer complétement la saveur du sel et le rendre impropre à la consommation, à moins de le soumettre à des préparations plus coûteuses que les droits. Elle n'augmente pas le poids du sel et peut s'employer instantanément au moment même de la livraison. Il en résulte qu'en l'adoptant, l'État rendrait un grand service à l'agriculture, qui verrait mettre à sa disposition un riche élément d'engrais et une ressource précieuse pour l'alimentation des bestiaux.

M. DE LA MARTINIÈRE,

Président de la société d'agriculture de la Haute-Saône.

(Déposition écrite.)

93. On a longtemps contesté la puissance du sel en agriculture. La vérité est enfin reconnue et les hommes les plus autorisés admettent que le sel est un des plus puissants excitants de la végétation. Mélangé avec d'autres substances qui forment la base des composts, le sel maintient le sol dans un état convenable d'humidité.

Un agriculteur distingué du département du Loiret, M. Danicourt, a rendu à ses terres, couvertes d'alluvions siliceuses par les débordements de la Loire, en 1856, toute leur fécondité au moyen d'un compost salin dont voici la formule :

Pour les terres siliceuses ou argilo-siliceuses :

1° Un mètre cube (soit 10 hectolitres) de chaux vive, qu'on laisse exposée à l'air pendant un mois, mais à l'abri de la pluie;

2° Une quantité égale de cendres ou de charrées de soude, ajoutée peu à peu à la chaux pulvérulente, de manière à ne pas volatiliser cette dernière (ce mélange fournit la potasse);

3° Un mètre cube de fiente de volailles ou de moutons, ou bien de poudrette (substances ammoniacales);

4° 2 tonnes de sel de coussin (chlorures);

5° 600 kilogrammes de phosphate fossile (phosphates).

On manipule le tout trois fois à la pelle, on écrase les petites mottes qui se forment, on passe à la grille, et l'opération est faite.

Le poids total du compost est de 6,000 kilogrammes; il suffit pour 18 ou 20 hectares. Il ne revient pas à plus de 15 à 18 francs par hectare. On peut en engraisser les terres chaque année et suppléer ainsi au fumier de ferme qui manque partout.

Pour les terres calcaires, on peut diminuer l'élément chaux et augmenter la proportion de cendres ou de matières ammoniacales ou phosphatées.

La puissance du sel combiné à d'autres éléments est donc démontrée. A ce propos, ne peut-on pas rappeler ici les magnifiques résultats obtenus par les agriculteurs bretons et normands, en mélangeant à la chaux des fumiers ordinaires et de la tangue, cette vase salée qui, répandue sur les champs et les prairies, accroît immédiatement leur fertilité?

Mais les sels de coussin ne pourront pas suffire aux demandes des cultivateurs. Il faut donc favoriser l'emploi du sel ordinaire. A cet effet, dans le rayon des salines, il suffit d'autoriser les mélanges de sel pur pulvérisé avec des nitrates, des phosphates et des substances ammoniacales concentrées. Ces mélanges seraient livrés, sans payer de droit, aux cultivateurs, sous la garantie de l'acquit-à-caution, et pourraient être employés dans la formation des composts avec toute autre substance complémentaire prise sur place à la ferme. Hors du rayon des salines, il faudrait qu'au besoin, dans le chef-lieu de chaque arrondissement, il existât un entrepôt de sel où seraient offerts les mélanges élémentaires du sel avec les phosphates, nitrates, silicates, etc. Les agents des contributions indirectes assisteraient à ces mélanges, avec lesquels les agriculteurs pourraient ensuite former chez eux leurs composts. Les acquits-à-caution empêcheraient la fraude. Ce système paraît au déposant ne pas

MM.
de la Martinière.
Dormoy.

exposer le Trésor à des pertes sérieuses et devoir donner une vive impulsion à l'agriculture française.

L'Administration est déjà entrée dans cet ordre d'idées. Elle a autorisé dernièrement dans le département de la Haute-Saône la circulation sans droits des curins ou résidus de fabrication extraits des poêles d'évaporation. Les cultivateurs qui ont profité de cette faveur ont obtenu avec les curins de très-beaux résultats, aussi bien pour l'alimentation de leur bétail que pour l'amendement de leurs terres.

Les curins offrent à l'analyse :

1° Eau	12	à	13 p. 0/0
2° Chlorure de sodium	54		55
3° Sulfate de chaux	20		21
4° Sulfate de magnésie	12		13
	98		102
		100	

Le déposant ne saurait trop encourager le Gouvernement à tout tenter pour favoriser l'agriculture; elle rendra au centuple les avances qui lui seront faites. Qu'il soit permis d'espérer qu'un jour viendra où une nouvelle réduction de l'impôt sur le sel sera opérée.

Questions. 94. Il est certain que l'eau de mer peut être employée avec avantage pour couper les purins et arroser les fumiers. Le déposant estime que la circulation pourrait en être sans inconvénient autorisée en franchise. En effet, a-t-on jamais songé aux frais énormes qu'il faudrait faire pour extraire du sel de quelques hectolitres d'eau de mer? Quant aux eaux mères et aux eaux salées extraites des trous de sonde des salines de l'Est, la justice et l'intérêt de nos départements voudraient qu'elles pussent également circuler en franchise, à la condition qu'elles fussent ramenées *au degré de densité des eaux de mer,* soit 3 degrés et demi.

M. DORMOY,

Ingénieur des mines à Vesoul.

(Déposition écrite.)

13. Dans la compagnie de Gouhenans, le capital engagé est, depuis 1854, de 3 millions, dont 2 millions pour la saline et 1 million pour la mine de houille et la fabrique de produits chimiques. Ces 2 millions comprennent 280,000 francs de fonds de roulement.

A Fallon, le capital engagé est évalué à 150,000 francs pour la saline.

15. Le capital de Gouhenans est divisé en six mille actions de 500 francs,

mais quatre mille seulement sont émises et participent aux dividendes. Au lieu d'émettre les deux mille autres, on a contracté un emprunt de 1 million. Les dividendes et intérêts cumulés ont été de :

En 1854	35f 50c par action.
1855	32 75
1856	37 05
1857	33 30
1858	15 86
1859	14 75

1860 à 1865, zéro. On s'est borné à payer les intérêts de l'emprunt de 1 million.

Pour Fallon, ce renseignement n'a pas pu nous être donné.

Questions.

16. Depuis 1854 jusqu'à 1865, on a fabriqué 90,000 quintaux par an à Gouhenans et 4,000 à 5,000 quintaux à Fallon. En tout, moins de 100,000 quintaux.

17. La production est restée stationnaire, 1° à cause de la création de nouvelles salines en Lorraine; 2° parce que les sels de l'Ouest et du Midi peuvent pénétrer dans la région de l'Est, tandis que les tarifs différentiels du chemin de fer de l'Est sont un obstacle à la diffusion des sels de Gouhenans et de Fallon.

D'où vient la cherté des transports sur la voie de l'Est? D'abord de ce qu'il n'y a pas d'autre voie de transport pour lui faire concurrence, ensuite de ce que les sels venant de l'ouest et du midi servent plus facilement de marchandise de retour pour remplir les wagons qui ont circulé dans l'autre sens. Ces deux causes sont toutes naturelles, et c'est à tort que les compagnies des salines s'en plaindraient, puisqu'elles-mêmes établissent pour leurs sels des tarifs différentiels, ainsi qu'on le verra dans la réponse à la Question 75.

19. Sur le carreau des usines, le quintal de sel se vend depuis longtemps 3 fr. 25 cent., non compris les droits. A Mulhouse, il se vend 14 fr. 50 cent., y compris 9 fr. 70 cent. de droits. Net, 4 fr. 80 cent.

20. La limite extrême du marché est, pour les salines de ce département, Mulhouse à l'est et Troyes à l'ouest. Avant 1854, on employait pour les transports le canal du Rhône au Rhin.

46. Une usine capable de produire 9,000 tonnes existe, en pratique (celle de Gouhenans), avec un capital de 2 millions. Elle occupe quarante-cinq ouvriers, payés à raison de 1 fr. 75 cent. par jour, en moyenne. Les frais d'administration peuvent s'élever à 20,000 francs.

On peut estimer, d'après des données purement théoriques, qu'on pourrait construire une saline capable de produire 10,000 tonnes annuellement avec un capital de 600,000 francs; on aurait 20,000 francs de frais d'administration et 10,000 francs de frais d'entretien.

Questions. 47. Les eaux, à la sortie des puits forés et à l'entrée dans les poêles, atteignent également 24 degrés et demi Bäumé.

49. On brûle, tout compris, 800 kilogrammes de houille pour une tonne de sel. Dans les salines de la Haute-Saône, on emploie de la houille de qualité inférieure, pyriteuse et schisteuse, extraite des terrains kempériens, à très-peu de distance de la saline. Cette houille n'est pas vendue au public; on estime son prix à 8 fr. 50 cent. la tonne.

51. Les frais de sacs sont de 25 centimes par quintal à la charge de l'acheteur. Les frais de transport sont, par quintal, de 30 centimes, de Gouhenans à Lure, par terre.

52. Les mesures réglementaires n'amènent pas une augmentation sensible dans le prix du sel, mais elles gênent beaucoup les fabricants. La compagnie de Gouhenans a à loger onze employés de la régie; elle a immobilisé pour cet objet un capital considérable et ne reçoit que 1,200 francs d'indemnité, somme qui est absorbée par les réparations annuelles et menus frais. Elle trouve encore des obstacles dans les heures de fermeture et d'ouverture des bureaux de ces employés, qui ne peuvent se prêter aux nécessités commerciales comme le ferait un chef d'usine pour lui-même; la circulation intérieure des sels dans l'usine est gênée par plusieurs mesures restrictives; on la rend responsable des déchets de magasin, bien que ce soient les employés, auxquels elle ne commande pas, qui possèdent la clef de ce magasin.

53. Le sel du département de la Haute-Saône est blanc, léger; il possède en général les qualités favorables à la vente. Ces qualités tiennent à une fabrication perfectionnée.

54. Les sels, en sortant de la chaudière, tiennent 10 à 12 p. 0/0 d'eau. Après être restés six mois en magasin, ils contiennent, d'après la déclaration de la société de Gouhenans, les matières suivantes :

Eau	7k 650
Magnésie	0 240
Chaux et quantités insolubles	0 049
TOTAL des matières étrangères	7 939
Chlorure de sodium	92 061
TOTAL	100 000

Commission B. — Haute-Sa[ône] — M. Dorn[...]

Cependant, d'après d'autres renseignements, nous pensons que les sels doivent contenir moins d'eau après un certain séjour en magasin et que l'on peut poser pour la composition des sels entrant dans le commerce les limites suivantes :

Eau	3k 30 à	0k 82	par quintal.
Chlorure de magnésium	0 43	0 40	
Chlorure de calcium	"	0 23	
Sulfate de chaux	0 69	0 49	
Total des matières étrangères.	4 42	1 94	
Chlorure de sodium	95 58	98 06	
Total	100 00	100 00	

Questions.

57\. En ce qui concerne l'alimentation, la richesse plus ou moins grande des sels en chlorure de sodium importe peu; car certaines matières étrangères qu'il peut contenir à faible dose, comme les bromures, les iodures, etc. lui donnent plutôt un goût agréable.

L'industrie recherche le sel pur, qui lui donne plus de matière utile.

58\. Afin de donner à leurs sels la couleur grise particulière aux sels de l'Ouest, les saliniers de l'Est les arrosent avec un lait d'argile, mais ces sels altérés ne sont recherchés que pour un petit nombre d'usages.

61\. Le degré de siccité des sels de l'Est dépend du séjour plus ou moins long en magasin. Nous venons de voir qu'ils tiennent 10 à 12 p. 0/0 d'eau en sortant de la fabrication et qu'ils arrivent au bout d'un certain temps à ne plus tenir que 3 à 4 p. 0/0 d'eau.

62\. Les différences hygrométriques entre les divers sels sont le résultat d'une foule de causes : perfectionnement de la fabrication, présence des sels étrangers, renouvellement plus ou moins fréquent des eaux mères, égouttage et magasinage plus ou moins long, exposition des magasins aux divers vents, intempéries de l'air, etc.

64\. Les sels de l'Est ne gagnent pas de poids en cours de transport, ils en perdent au contraire, en général; mais, par le perfectionnement de la fabrication, on parvient à réduire cette perte.

65\. Les sels du Midi s'avancent vers l'Est jusqu'à Lure et se vendent même autour de Fallon et de Gouhenans, depuis que les producteurs du Midi sont parvenus à atteindre la couleur blanche, indice de la pureté.

Questions. M. Dormoy.

66. Les sels de l'Ouest s'avancent jusque dans les départements de Seine-et-Marne et de l'Aube. Leur prix par quintal est de 11 fr. 35 cent. sur wagon, pris dans l'Ouest.

69. Les sels fabriqués dans le département se vendent dans la Haute-Saône et les parties contiguës du Doubs, du Haut-Rhin, des Vosges et de la Haute-Marne. Sur la ligne de Mulhouse, qui leur sert d'artère, ils se vendent à Mulhouse, Belfort, Vesoul, Langres, Chaumont, Troyes et Nogent-sur-Seine, qui est leur limite vers l'ouest.

Dans l'Est, il n'y a pas, comme dans d'autres parties de la France, de marchés principaux pour le sel.

74. Il existe entre les différents producteurs une entente signée, établie sur des bases fixes : elle leur permet évidemment de tenir les prix plus élevés que s'il y avait concurrence entre eux.

Cette entente est très-ancienne, mais de temps en temps elle est rompue et renouée.

75. Des prix différentiels existent : le sel se vend plus cher à Lure qu'à Vesoul et à Vesoul qu'à Gray, parce qu'à mesure qu'on s'éloigne de Gouhenans et de Fallon, les sels de ces deux localités rencontrent la concurrence des sels du Midi, et ne peuvent plus se soutenir au prix maximum qui est de 17 fr. 50 cent. le quintal.

79. Comme nous pensons que les saliniers de l'Ouest pourraient faire cesser la déliquescence de leurs sels par des perfectionnements de fabrication, nous verrions dans une différence proportionnelle de droits un encouragement fatal à conserver des procédés arriérés.

80. Le taux du déchet devrait être très-large pour éviter les réclamations; il vaudrait mieux élever le taux de l'impôt, de manière à retrouver le même chiffre. Quant à la proportion entre les taux de déchet, on pourrait la fixer à 4 p. o/o pour les sels du Midi, 5 p. o/o pour ceux de l'Est et 6 p. o/o pour ceux de l'Ouest.

81. Les excédants trouvés dans les entrepôts sont souvent le résultat d'une fraude des marchands de sel; cette fraude consiste à retirer et à vendre sans payer de droits une certaine quantité de sel qui voyage en vrac et à le remplacer par de l'eau au moment de le faire entrer à l'entrepôt.

82. Le mode actuel d'impôt est le seul rationnel; c'est sur la quantité de sel que l'impôt doit être assis.

83. Pour le commerce, le taux de l'impôt est seul important; quant à l'État, il se trouverait astreint, par l'impôt assis sur le titre, à entretenir une armée de chimistes dont les opérations auraient encore besoin de contrôle.

84. En supposant que les droits varient suivant la qualité du sel, pour constater le titre, il faudrait titrer le chlorure par voie humide, comme on le fait actuellement en chimie.

Comme l'analyse entraînerait de grandes lenteurs, il vaudrait mieux recourir à des moyennes, bien que ce procédé soit hasardeux. En ce cas, on pourrait prendre 95 p. 0/0 de chlorure de sodium comme moyenne.

87, 88. Il faudrait modifier les droits qui frappent à l'importation les sels étrangers par voie de diminution, parce qu'il faut toujours laisser entrer les choses qui peuvent nous servir.

93. Le procédé de dénaturation qui est prescrit est le plus mauvais de tous et empêche absolument la vente du sel pour l'agriculture, qu'il faudrait favoriser, ne serait-ce qu'au point de vue fiscal. La chimie donne vingt moyens de dénaturation infaillibles et qui permettront de vendre réellement du sel pour cet emploi.

94. L'eau de mer employée par petites doses est utile en agriculture. On devrait augmenter les facilités accordées, et il serait sans doute facile de se prémunir contre les abus.

M. MAURICE FRANCK,

Gérant de la saline de Gouhenans.

(Déposition orale et écrite.)

13, 14, 15. La saline de Gouhenans appartient à une société en commandite fondée en 1854, au capital de 3 millions de francs divisés en six mille actions et portant pour raison sociale Maurice Franck et Cie. Quatre mille actions seulement ont été émises; mais d'un autre côté on a créé pour un million d'obligations, et on a emprunté, en 1865, 320,000 francs destinés à l'achat de trois petites concessions de houille, situées dans le voisinage de la houillère de Gouhenans. Celle-ci, ainsi qu'une usine de produits chimiques estimée 500,000 francs, appartient à la compagnie propriétaire de Gouhenans. Le fonds de roulement est de 280,000 francs. Depuis 1860 il n'a été distribué aucun dividende aux actionnaires. Mais les intérêts du million d'obligations ont été servis, et depuis le commencement de l'année 1863 on a consacré les bénéfices faits par la société à éteindre des dettes antérieurement contractées.

16. La production du sel à Gouhenans, de 1854 à 1865, s'est élevée en moyenne à 9,000 tonnes par an. Le prix de revient peut être ainsi déterminé par tonne :

Extraction des eaux salées	0f 26c
Combustible	6 45
Main-d'œuvre (fabrication et expédition)	2 12
Entretien	1 73
Frais généraux (contributions, assurances, frais de gérance, d'administration et de bureau, intérêts de la dette flottante).	5 75
TOTAL	16 31

Le chiffre du capital engagé, intérêts et amortissement, représente par tonne une somme de 16 fr. 67 cent. Le prix de revient sera bientôt diminué de 2 fr. 25 cent., car la dette flottante ne tardera pas à disparaître. On fabriquera alors à 14 fr. 06 cent. la tonne.

17. La production est restée stationnaire de 1854 à ce jour; la cause en est dans la création de plusieurs salines importantes en Lorraine, et dans la plus grande facilité que l'ouverture des chemins de fer a procurée aux salins du Midi et de l'Ouest de venir vendre des sels jusqu'à notre porte. Nous signalerons encore que nous sommes empêchés de vendre dans un plus grand rayon, parce que nous sommes mal traités dans les tarifs du chemin de fer de l'Est. Nous payons beaucoup plus que les salines du bassin de Nancy pour des distances égales, et même pour arriver dans certaines localités dont nous sommes plus rapprochés. Il suffit de jeter les yeux sur le tarif spécial n° 7 pour se convaincre des faits que nous avançons.

1er exemple. — Entre Varangéville et Colmar il y a 202 kilomètres, le prix de transport est de 6 fr. 05 cent., tandis qu'entre Lure et Colmar le prix de transport est de 7 fr. 30 cent. pour une distance de 122 kilomètres seulement. Nous avons donc 1 fr. 25 cent. de port de plus, malgré une distance moindre de 80 kilomètres.

2e exemple. — Entre Lure et Troyes, il y a la même distance qu'entre Varangéville et Mulhouse, 245 kilomètres; nous devrions évidemment payer le même prix, mais il n'en est pas ainsi : nous payons 12 fr. 25 cent. tandis que de Varangéville à Mulhouse, on ne paye que 7 fr. 35 cent.

18. Les ventes de sel se sont élevées en 1865, à l'intérieur à 87,000 quintaux; à l'étranger à 3,000 quintaux.

19. Voici, depuis 1860, la moyenne des prix de vente d'une tonne,

de sel rendue à Lure. Le prix de transport de la saline à Lure est de 3 francs.

En 1860	29f 60c
1861	30 40
1862	23 36
1863	28 00
1864	37 70
1865	37 00

Questions.
20. La limite extrême des ventes de Gouhenans s'étend vers Troyes et vers Mulhouse. En remontant à dix ans, Gouhenans pouvait vendre le sel dans un plus grand périmètre, mais il a été refoulé par les raisons exprimées au n° 17 ci-devant. Nous vendons 3,000 quintaux à la factorerie de Porentruy (Suisse).

23. Les sels suisses nous font concurrence dans le Haut-Rhin et ils font chaque jour de nouveaux progrès.

40. Le nombre des ouvriers est de quarante-cinq; leur salaire moyen est par jour de 1 fr. 75 cent. Les frais d'administration s'élèvent à 27,000 francs par an. Les frais d'entretien des bâtiments, des magasins, appareils, machines, etc., s'élèvent à 18,000 francs.

47, 48. Les eaux extraites des trous de sonde et amenées aux poêles titrent 24 degrés et demi.

49. La quantité de combustible consommée par tonne de sel est de 750 kilogrammes de houille pyriteuse et schisteuse; elle est extraite des terrains kempériens à environ 1,500 mètres de la saline; son prix est de 8 fr. 50 cent. la tonne.

51. Les frais d'emballage sont à la charge des acheteurs; les frais d'expédition et de transport s'élèvent à 3 francs les 1,000 kilogrammes entre la saline et la gare de Lure; de ce point jusqu'à destination, ils sont à la charge des acheteurs.

52. Il est difficile d'indiquer par des chiffres les charges que nous occasionnent les mesures réglementaires; mais il est évident qu'elles nous causent des dépenses considérables, alors que les sels du Midi et de l'Ouest sont dispensés de toute mesure restrictive dans le genre de celles que nous allons indiquer ci-après :

1° Logement d'un personnel nombreux pour une somme extraordinairement faible. Il y a neuf employés pour la saline et deux pour la fa-

[...]ssion B. brique. Ils occupent des bâtiments dont la construction a coûté plus de 40,000 francs, et dont les réparations, l'assurance et les contributions occasionnent des frais annuels de 1,000 francs environ. En retour de ces charges, la régie ne donne par an que 1,200 francs; Haute-Saône. — M. M. Franck.

2° Réparations fréquentes dans ces logements;

3° Entretien, chauffage et éclairage de huit bureaux absolument inutiles à notre service et ne servant qu'à abriter les employés de la régie;

4° Nécessité d'emmagasiner le sel et de l'expédier à de certaines heures, d'où des pertes de temps journalières pour les ouvriers et les voituriers:

5° Nécessité de faire deux pesages, l'un à l'entrée, l'autre à la sortie des sels des magasins, celui à l'entrée pouvant parfaitement être évité;

6° Responsabilité des déchets de magasin, quoiqu'ils soient fermés et cadenassés par les employés de a régie;

7° Obligation de payer des plombs à 10 centimes pour le sel expédié sous acquit-à-caution, tandis que nous pourrions les fournir à moins de 1 centime.

[...]estions. 53. Le sel de Gouhenans est blanc, léger, ayant la forme recherchée pour la consommation; il exige des emballages plus grands que les sels de mer ou de la Suisse.

Le sel de Gouhenans est préféré au sel de mer et au sel de la Suisse parce que la fabrication a été portée au plus haut degré de perfectionnement connu, et aussi parce qu'il est remisé dans des bâtiments construits à grands frais où il n'est pas atteint par les intempéries. Cette préférence ne lui est cependant accordée qu'à la condition que le prix de vente ne soit pas plus élevé que celui de la concurrence.

54. La composition des sels de Gouhenans ayant six mois de magasin et livrés à la vente se détaille comme suit:

Eau	7.650 p. 0/0
Magnésie	0.240
Chaux	0.042
Matières insolubles	0.007
Chlorure de sodium par défalcation	92.071
Total	100,000

Nous nous rapportons aux analyses que la Commission fera sans doute faire des sels des autres provenances pour s'assurer de leur richesse en chlorure de sodium.

58. Nous vendons des sels d'un gris clair, sous la dénomination de *sel gris de l'Est*, lorsque cela nous est demandé. Les quantités en sont fort

peu importantes, mais ils ne peuvent pas être comparés avec les sels de l'Ouest qui sont beaucoup plus foncés et ont une forme différente.

Questions.

59. Le sel de l'Ouest ne peut avoir aucune préférence du consommateur, et, en fait, le sel de l'Est lui est préféré partout où les prix de transport lui permettent d'arriver; cette préférence est due à sa couleur et à la forme de ses grains.

62. Il n'est pas possible de démontrer les variations hygrométriques qui existent dans les différents sels sans une analyse élémentaire. Elles tiennent aux intempéries, à une mauvaise fabrication ou à un mauvais conditionnement.

63. Les sels en cours de transport perdent généralement de leur poids par un temps sec et coulent lorsqu'ils sont atteints par la pluie; dans ce dernier cas, la perte peut être très-grande s'il est tombé beaucoup d'eau sur le sel.

64. Il n'est pas vrai que les sels de l'Est gagnent en poids en cours de transport.

65. Les sels du Midi sont vendus dans tout notre rayon et jusque dans notre canton depuis que la fabrication de ces sels s'est perfectionnée, et est venue imiter la qualité et la couleur des sels de l'Est. Il vient en ce moment des sels de mer à Lure et aux environs qui sont vendus au même prix que les nôtres.

66. Le rayon des ventes à l'intérieur des sels de l'Ouest s'étend dans tout l'ouest de la France, dépasse Paris, Seine-et-Marne et l'Aube. Ils ne sont pas acceptés dans nos environs à cause de leur couleur, et malgré les offres réitérées qui sont faites à la consommation.

69. Nos principaux marchés sont : Mulhouse, Belfort, Vesoul, Langres, Chaumont, Bar-sur-Aube et Troyes. Le prix de vente varie suivant la concurrence que nous sommes obligés de faire aux divers sels de mer et aux salines suisses.

Dans les localités rapprochées de la saline, les prix sont un plus élevés que dans les localités plus éloignées.

74. Il n'existe aucune entente propre à changer abusivement les conditions d'une loyale concurrence; la preuve la plus certaine, c'est que le sel se vend toujours au même prix à la consommation, 20 centimes le kilogramme au détail, dans toutes les localités de notre rayon.

Entre les salines de l'Est et la saline de Gouhenans, il a été convenu que chaque établissement conserverait ses marchés pour ne pas se faire une concurrence onéreuse; cet engagement se comprend d'autant mieux que les salines de l'Est possèdent la plus grande partie des actions de Gouhenans.

Les salines de Lorraine et de la Haute-Saône qui produisent les mêmes sels et vendent sur les mêmes marchés, ont formé entre elles un syndicat pour le placement de leurs produits. Le syndicat a eu pour but de faire cesser une concurrence ruineuse qui aurait entraîné à leur perte les petites salines et laissé debout des usines puissantes qui auraient pu abuser de leur position.

La première condition du syndicat a été que dans tous les cas aucune augmentation de prix ne serait faite sur le sel livré à la consommation; c'est ce qui a eu lieu.

Questions. 75. Il est fait usage de tarifs différentiels, c'est-à-dire que nous vendons les sels meilleur marché pour les localités où nous rencontrons la concurrence.

79, 80. Il n'y a pas lieu d'établir une différence proportionnelle dans le taux des déchets de route, attendu que les sels de l'Ouest ne sont pas plus déliquescents que ceux du Midi et que ce serait encourager une mauvaise fabrication. Il est évident que dans l'Ouest on en est encore aux errements les plus anciens, et nous demandons que le déchet de route soit égal pour tous.

81. Les déchets alloués actuellement peuvent être considérés comme insuffisants dans certains cas.

82, 83. Il nous semble plus simple que l'impôt continue à être perçu sur la quantité, et, au contraire, difficile de l'asseoir sur la richesse en chlorure de sodium. Cette innovation n'apporterait aucun avantage au commerce, à moins que l'impôt ne fût diminué. Quant au Trésor, elle amènerait sans nul doute un surcroît de dépenses nécessitées par les analyses et par une application plus difficile de l'impôt.

84. Il n'existe pas à notre connaissance un procédé pratique et prompt pour constater le titre du sel en chlorure de sodium; recourir à des moyennes serait très-hasardeux.

87. Il serait à désirer que les droits qui frappent à leur entrée en France les sels suisses fussent portés à 1 fr. 25 cent. les 100 kilogrammes.

89. Nous ne voyons aucune utilité à diviser la France en zones avec application de tarifs différentiels. Il est plus équitable de frapper les sels étrangers d'un droit unique.

92. Nous sommes certains qu'il est possible de diminuer, sans atténuer les garanties contre la fraude, les charges qui résultent pour les producteurs de sel des mesures prises pour assurer la rentrée des droits sur le sel. Mais nous ne demandons pas, comme beaucoup de fabricants de produits chimiques, que la taxe de 3 francs par tonne de sel employée soit remplacée par un abonnement fixe. Elle est avantageuse pour les petits producteurs comme nous, en ce qu'elle nous évite de payer une redevance dont l'importance couvre entièrement les frais de surveillance de nos usines.

93. L'obligation de dénaturer le sel conformément aux règlements actuellement existants rend l'emploi du sel dénaturé absolument impossible; le droit de 5 francs par 100 kilogrammes a également contribué à ce que les cultivateurs n'achetassent pas de ce sel.

94. Nous ne pouvons nous prononcer sur le mérite de l'eau de mer comme engrais; mais si son utilité était établie par l'expérience, toute facilité devrait être donnée à l'agriculteur pour en faire usage. Les salines de l'Est dans ce cas devraient être autorisées à délivrer aux cultivateurs de l'eau salée au même degré de salure que l'eau de mer.

M. DROMARD,

Directeur de la saline de Melecey-Fallon.

(Déposition orale et écrite.)

13, 15. La saline de Melecey-Fallon appartient à MM. de Raincourt, Legrand et quelques autres intéressés. La concession a été faite en 1843 et l'exploitation a commencé en 1850. La saline est affermée pour 25,000 francs par an à M. Martelet, qui l'a sous-louée, pour une durée de quinze ans, à partir de 1857, à la compagnie propriétaire de la saline de Gouhenans. Elle produit depuis quatre ou cinq ans 1,000 ou 1,200 tonnes de sel chaque année; auparavant elle ne fabriquait que la moitié de cette quantité.

18. De 1850 à 1866, la saline de Fallon a vendu pour la consommation intérieure 13,000 tonnes environ. Elle a expédié pour la Valachie, en 1860, 50 tonnes de sel.

Le prix de vente est, en moyenne, depuis longtemps déjà, de 13 fr. 25 cent. les 100 kilogrammes, pris sur le carreau de l'usine, pour les
19. localités éloignées. Les acheteurs de Melecey-Fallon et des localités voisines payent 16 francs les 100 kilogrammes.

46. La saline emploie six ouvriers à 1 fr. 50 cent. par jour pendant trois cent vingt-cinq jours de l'année. Les frais annuels d'administration coûtent environ 4,000 francs; ceux d'entretien des bâtiments, appareils, machines, etc., 2,500 francs à peu près.

47. Originairement, le sel était extrait d'une mine exploitée par puits et galeries. Aujourd'hui la mine est noyée. Une pompe mue par une machine à vapeur élève l'eau salée, laquelle est ensuite amenée dans deux poêles. Le nouveau système d'exploitation fait réaliser de grandes économies; en effet, le sel gemme contenant près de 20 p. 0/0 de matières étrangères, on était obligé de le faire dissoudre, puis recristalliser.

49. La salure de l'eau est de 25 degrés. La houille consommée est tirée de Gouhenans; elle est de mauvaise qualité : il en faut 820 kilogrammes par tonne de sel; son prix d'achat à la houillère est de 8 fr. 50 cent. la tonne, et le transport coûte 4 fr. 50 cent., ce qui la met à 13 francs la tonne à l'usine.

51. Les frais d'emballage sont à la charge des acheteurs; il en est de même des frais de transport, sauf ceux de la saline à la station de l'Isle-sur-le-Doubs, qui sont de 5 fr. 50 cent. par tonne pour 18 kilomètres.

52. Le déposant estime à 2 fr. 50 cent. par tonne les charges résultant pour lui de l'obligation de faire les réparations et de payer les impôts des bâtiments affectés au logement des agents des contributions, de chauffer leurs bureaux et d'avancer les sommes nécessaires au payement de l'impôt. Cette dernière obligation est particulièrement lourde pour lui; souvent ses expéditions n'atteignent pas 3,000 kilogrammes, et il ne peut, par conséquent, profiter de l'escompte.

57. Le commerce ne se préoccupe nullement de la richesse du sel en chlorure de sodium. Les sels des diverses provenances sont tous vendus par les intermédiaires 20 centimes le kilogramme au détail.

58. Le déposant déclare n'avoir jamais imité la couleur grise des sels de l'Ouest.

74. Depuis quelques années, à la suite d'une concurrence ruineuse, les salines de l'Est ont formé un syndicat pour la vente de leurs produits, en stipulant comme condition première qu'aucune augmentation n'aurait lieu sur le sel livré à la consommation. On ne peut donc leur reprocher une manœuvre déloyale, puisque le consommateur ne paye pas plus cher qu'auparavant et que le vendeur au détail conserve une rétribution suffisante.

75. Les fabricants de sel de l'Est font usage de prix différentiels; mais peuvent-ils agir autrement pour résister à la concurrence de l'Ouest et du Midi?

81. Nos entrepositaires de sel se plaignent souvent que les sacs qui leur sont expédiés subissent un déchet réel plus fort que le déchet légal de 3 p. 0/0.

92. Parmi les réformes que l'Administration des contributions devrait opérer, il faut signaler la réduction dans le nombre des employés préposés à la surveillance des salines. Ainsi, à Fallon, où six ouvriers seulement sont occupés, il y a cinq agents des contributions.

M. JULES DIDIER,

Pharmacien de première classe, fabricant d'engrais à Lure.

(Déposition orale et écrite.)

93. L'emploi du sel en agriculture présente de très-grands avantages. Quand il est donné directement aux bestiaux, il facilite leur digestion et active leur appétit; quand il est répandu sur des fourrages humides, il les empêche de se moisir, fait périr les champignons que développe la fermentation, et permet aux moutons comme aux vaches de s'assimiler tous les principes nutritifs que contiennent les fourrages légèrement avariés. Toutefois, et malgré ses avantages incontestables, le sel ne saurait être donné impunément en trop grande quantité au bétail. Ainsi 30 kilogrammes de sel par an sont bien suffisants pour une vache, et 5 à 6 pour un mouton.

Jamais le sel ne deviendra d'un usage général dans nos campagnes, avant qu'il puisse être livré aux cultivateurs en franchise de tous droits. L'impôt de 5 francs par 100 kilogrammes est trop élevé pour que les agriculteurs puissent tous donner du sel à leurs bestiaux.

La question de dénaturation est peut-être plus importante encore que celle de la livraison du sel en franchise. Le déposant pense l'avoir résolue, grâce au procédé de dénaturation suivant : on délaye 10 grammes d'acide phénique impur et 10 grammes de carbonate de soude hydraté dans un litre d'eau, puis on arrose avec cette eau 100 kilogrammes de sel. L'emploi de l'acide phénique impur aura pour résultat de mettre le Trésor à l'abri de toute tentative de renaturation : cette opération exigerait une manipulation aussi coûteuse que l'impôt lui-même; car, tandis que l'acide pur devient complétement volatil à une température un peu élevée, l'acide impur, même volatilisé, laissera toujours la masse imprégnée de produits empyreumatiques, et l'odeur pénétrante de ces hydrocarbures fera repousser le sel, ainsi altéré, de l'alimentation humaine.

Il n'en est pas de même pour l'alimentation du bétail. Il est vrai que les animaux refusent pendant un ou deux jours au plus les aliments imprégnés de sel dénaturé par le procédé ci-dessus indiqué; mais ils s'y habituent ensuite graduellement et ils arrivent à consommer ce produit sans difficulté.

Dès que les éleveurs pratiqueront cette méthode d'alimentation, il en résultera pour eux un avantage immense, tant au point de vue de la santé des animaux que pour l'hygiène des étables.

Le sel phénique est un vermifuge parfait qui délivre promptement l'animal envahi par les parasites internes. De plus, si on en imprègne les litières, les étables seront purgées des insectes et des parasites externes, et le fumier gagnera en richesse. Il empêche et détruit la moisissure et fixe à l'état de chlorhydrate l'ammoniaque, dont l'odeur nauséabonde décèle l'évaporation permanente.

Employée dans les fourrages, cette préparation les préservera des moisissures et des poussières qui engendrent les maladies les plus redoutables, par les champignons imperceptibles qu'elles entraînent dans l'alimentation du bétail.

Le déposant a reçu en 1865 l'autorisation d'employer en franchise dans sa fabrique d'engrais les curins (ou résidus de fabrication extraits des poêles d'évaporation) provenant de la saline de Gouhenans. Il les a utilisés très-avantageusement pour fixer les gaz ammoniacaux que contiennent les matières animales dont il se sert pour la confection de ses engrais. Outre qu'ils désinfectent les engrais, les curins en augmentent beaucoup la qualité, grâce à la forte proportion de chlorure de sodium, 50 p. 0/0, et de sulfate de chaux, 20 p. 0/0, qu'ils contiennent.

La saline de Gouhenans, en vendant ses curins au déposant, réalise un bénéfice de 10 francs par tonne; elle trouve en même temps le moyen de se débarrasser de produits qui l'encombraient et qu'elle était obligée d'enfouir.

Le déposant recommande vivement aux agriculteurs qui pourront se procurer des curins de les utiliser de la manière suivante dans leurs étables et bergeries :

On prend un bloc de curins du poids de quelques kilogrammes; on le badigeonne sur toutes ses faces avec du goudron, en ayant soin de faire cette opération au soleil, et on le dépose dans la mangeoire entre deux bêtes pour les vaches, ou entre dix têtes pour les moutons. Les animaux les abordent difficilement d'abord, mais ils finissent par les lécher; lorsqu'ils les ont complétement dénudés, on badigeonne de nouveau avec le goudron.

Depuis cette pratique, le déposant n'a pas une seule bête malade; il était loin d'en être de même auparavant.

Question. 94.

Les chlorures magnésiens, potassiques et sodiques, contenus dans les eaux de la mer les rendent évidemment très-utiles à l'agriculture; elles serviraient de la manière la plus efficace pour arroser les fumiers, qu'elles enrichiraient beaucoup, et pour former des composts terreux qui produiraient d'excellents résultats dans toute espèce de culture.

On pourrait, sans crainte d'aucun abus, permettre aux cultivateurs l'emploi de ces eaux, à la seule condition de les transporter dans des tonneaux fraîchement goudronnés, ce qui empêcherait toute extraction profitable de sel marin.

Ce procédé s'appliquerait non-seulement aux eaux de mer, mais aux eaux provenant des salines et des sources salées et aux eaux mères. Ces dernières ont des conditions particulières de fertilisation, parce qu'elles sont très-riches en sel de potasse.

DÉPARTEMENT DU DOUBS.

Dans le département du Doubs, l'Enquête a eu lieu du 31 juillet au 2 août 1866. Elle a été annoncée et le Questionnaire a été publié par des insertions faites dans les journaux ci-après :

La Franche-Comté des 24 mai et 26 juillet;
Le Courrier Franc-Comtois du 26 juillet;
Le Recueil des actes administratifs, n° 13, année 1866.

Une note spéciale invitait les personnes qui pourraient avoir des observations ou des renseignements à présenter à la Commission à en donner avis à la préfecture.

La Commission s'est complétée par l'adjonction de :

MM. DE CHEVIGNÉ, secrétaire général de la préfecture;
SAINTE-AGATHE, président de la chambre de commerce de Besançon.

Elle a visité la saline d'Arc-et-Senans.

Elle a reçu des déclarations orales ou écrites de :

MM.

1° VAN CASSEL, directeur des douanes et des contributions indirectes, à Besançon;
2° RÉSAL, ingénieur des mines, chargé du sous-arrondissement minéralogique de Besançon;
3° BRETILLOT, banquier à Besançon, membre du conseil général du Doubs;
4° MONNOT-ARBILLEUR, membre du conseil d'arrondissement de Besançon;
5° Paul LAURENS, président de la société d'agriculture de Besançon;
6° OUTHENIN-CHALANDRE, administrateur de la société anonyme des anciennes Salines domaniales de l'Est et BUQUET père, directeur des salines de Montmorot et de Salins (Jura);
7° LALANCE, maire de Montbéliard;
8° BOURQUARD, maire de Russey;
9° BARRAL, maire de Morteau;
10° SCHLUMBERGER, commissionnaire en sel à Besançon.

Commission B.

DÉPARTEMENT DU DOUBS.

M. VAN CASSEL,

Directeur des douanes et des contributions indirectes, à Besançon.

(Déposition orale et écrite.)

Questions.

1. Il n'existe dans le département qu'un seul établissement où se fabrique le sel gemme raffiné : la fabrique d'Arc-et-Senans.

16. Elle a expédié 83,872 tonnes pendant les vingt dernières années.

Par une progression ascendante, marquée toutefois de variations, les expéditions se sont élevées de 2,635 tonnes (année 1846) à 4,719 tonnes (année 1865).

17. L'augmentation de la production, qui a doublé en vingt ans [1], paraît devoir être attribuée à la facilité plus grande des communications par les routes ordinaires et les voies ferrées, et à la préférence que les consommateurs accordent en général aux sels de l'Est, parce qu'ils ont, à poids égal, un volume plus grand que les sels du Midi.

Toutes les quantités de sel fabriquées dans l'usine ont été vendues à l'intérieur pour la consommation alimentaire, sauf les sept quantités suivantes qui ont été, les trois premières, exportées en Suisse, les autres expédiées sur les fabriques de soude de Saint-Pons, Javel-Paris et Venissieux, ou employées à la nourriture des bestiaux.

Exportations en Suisse :

1846	134,400 kilog.
1847	609,000
1848	245,000
Total	988,400

18. Expéditions sur les fabriques de soude :

1863	307,300 kilog.
1864	286,000
1865	54,600
Total	647,900

Agriculture. — Nourriture des bestiaux :

1848 .... 873 kilog.

[1] Voir pages 374 et 375 la déposition de M. Résal, et la déposition de M. Chalandre, page 383.

MISSION B. — DOUBS. — M. Van Cassel.

Après 1848, la Suisse a continué à s'approvisionner des sels de France, mais ceux qu'elle a fait venir par le département du Doubs ont été expédiés de Salins.

J'indique ci-après les quantités de sels qui ont été exportées de Salins en Suisse pendant douze années, savoir :

1853	3,779,819 kilog.
1854	3,700,176
1855	3,651,824
1857	4,285,947
1858	3,426,523
1859	2,769,186
1860	2,459,248
1861	2,476,066
1862	2,507,068
1863	2,489,923
1864	2,339,112
1865	2,454,288

Les renseignements manquent pour l'année 1856 et les années qui ont précédé 1853.

La saline d'Arc n'a, en aucun temps, livré de sel pour la pêche maritime en exemption de droit.

Quelques agriculteurs du département ont fait venir des ports des sels de coussins dans les quantités suivantes : de 1861 à 1863, 5 tonnes chaque année; en 1864, 12 tonnes, et, en 1865, 5 tonnes.

Questions. 19, 53. La saline d'Arc livre trois qualités de sel : 1° le sel moyen; 2° le sel fin ou sel ordinaire; 3° le sel fin fin ou sel de table. Il n'y a qu'un seul prix pour les deux premiers sels; on vend le dernier 1 franc de plus par 100 kilogrammes. Voici les prix payés par les détaillants pour les sels moyens et ordinaires par 100 kilogrammes, impôt acquitté :

Années	Prix	
1846 à 1848	37f 00c	
1849 et 1850	16 00 à	17f 00c
1851 à 1855	17 00	17 50
1856 et 1857	16 00	16 50
1858	15 00	15 50
1859	16 00	16 50
1860	15 50	18 00
1861	16 00	
1862	18 00	14 00
1863 à 1866	16 00	

Les quantités expédiées, en 1863, 1864, 1865, sur les fabriques de soude consistaient en résidus de fabrication impropres à l'alimentation; elles ont été livrées au prix de 2 francs les 100 kilogrammes.

Les principaux marchés qu'alimente la fabrique d'Arc sont : Besançon, Dôle, Gray, Châtillon-sur-Seine, Nevers, Tonnerre, Sens, Auxerre, Montargis, Montluçon, Moulins, Bourges, Montereau, Bar-sur-Seine.

On ne consomme presque exclusivement dans le département que du sel fin, dit ordinaire.

Les entrepositaires qui reçoivent le sel de la saline et le vendent aux détaillants gagnent environ 1 franc par 100 kilogrammes.

Avant la diminution du droit, le prix de vente au détail aux consommateurs du sel ordinaire était de 40 centimes par kilogramme : il est aujourd'hui de 20 centimes.

Il n'est vendu que très-peu de sel marin, venant exclusivement du Midi, dans le département. Son prix est inférieur à celui du sel d'Arc de 1 fr. 50 cent. par 100 kilogrammes. La quantité de sel du Midi vendue en 1865 dans l'arrondissement de Besançon s'est élevée à 109,200 kilogrammes.

Les renseignements donnés aux numéros 19 et 20 ont été pris chez des entrepositaires et des détaillants de sels, les agents de la saline ayant refusé de fournir aucune indication.

Questions. 20. On a fait connaître, au numéro 19, la limite extrême actuelle des débouchés de la saline d'Arc : en remontant à vingt ans, on remarque que c'est dans les derniers temps que ses expéditions se sont étendues aux départements du Loiret, de Seine-et-Marne, de l'Aube et du Cher, tandis qu'elle a cessé d'approvisionner les départements du Puy-de-Dôme et de l'Indre. Il est possible, d'ailleurs, que ces derniers départements soient approvisionnés par d'autres salines appartenant à la même société que la saline d'Arc.

23. Il n'y a aucune importation de sel étranger dans le département du Doubs.

47, 48. Les eaux arrivent à l'usine d'Arc-et-Senans par des conduits qui les amènent des puits forés de Salins (Jura).

Leur degré de salure varie de 20 à 23 degrés. On n'élève pas le degré de salure primitif.

57. Ni les négociants ni les consommateurs ne paraissent se préoccuper de la différence de richesse des sels en chlorure de sodium. Le sel fin fin, dit sel de table, moins riche en chlorure de sodium que le sel ordinaire, coûte plus cher, parce qu'il exige une plus grande main-d'œuvre.

61. Les sels d'Arc-et-Senans sont livrés en bon état de siccité.

MISSION B. — uestions. — 64. | DOUBS. — M. Van Cassel.

On a remarqué quelquefois que les sels de l'Est gagnaient en poids au lieu de perdre en cours de transport, mais aucune opinion ne peut être exprimée en ce qui concerne les sels de l'Ouest, qui n'arrivent pas sur les marchés du département.

La déduction de 3 p. o/o accordée aux sels de l'Est paraît largement suffisante.

82. Les sels étant taxés au poids, il est facile de déterminer le montant du droit à percevoir; mais il n'en serait plus de même si l'on devait prendre pour base la richesse relative des divers sels. Je ne connais aucun procédé pratique pour déterminer le titre des sels; en admettant l'existence de ce procédé, il aurait probablement l'inconvénient ou de laisser plus qu'aujourd'hui la porte ouverte à la fraude, ou, en compliquant la perception, d'augmenter les dépenses de l'Administration.

83. Cette innovation aurait pour conséquence inévitable de faire livrer à la consommation des sels incomplétement fabriqués, d'une qualité très-médiocre, sans être utile au commerce, qui serait forcé d'entrer dans cette voie pour soutenir la concurrence; elle serait préjudiciable aux consommateurs et ne manquerait pas, en donnant ouverture à la fraude, d'occasionner des pertes au Trésor.

87. Les approvisionnements en sel se font facilement et à bas prix dans le département, et il ne paraît pas que ces prix ne soient point suffisamment rémunérateurs pour les fabricants. Rien n'indique donc, en ce qui concerne le département, qu'il y ait lieu de modifier les droits qui frappent les sels étrangers à leur entrée en France.

92. L'Administration s'est efforcée de diminuer successivement les formalités exigées du fabricant ou du commerce, soit pour la surveillance des sels à la saline, soit pour leur expédition avant le payement du droit, soit pour leur vérification. Cependant, la formalité du pesage des sels à l'entrée et à la sortie du magasin paraissant onéreuse à certains fabricants, il serait peut-être possible de la supprimer sans danger pour le Trésor: en effet, les sels sont mis dans des magasins dont les agents des contributions ont la clef.

La faculté d'expédier le sel en vrac par wagon serait également accordée sans inconvénient; il suffirait de plomber les wagons, comme on le fait quand du sel est expédié en sacs.

Certains déposants prétendent, eu outre, que le prix payé par l'Administration des contributions indirectes, pour le logement de ses agents dans les salines, est trop faible, et qu'on arrive difficilement à obtenir d'elle l'élévation du prix des baux, quelque motivée qu'elle soit par l'augmentation du prix de toutes choses; cette assertion paraît peu fondée. Dans le cas où les fabricants et l'Administration ne tombent pas d'accord sur le règlement du loyer, des experts nommés par le préfet en fixent le prix.

Questions. 93. Il serait à désirer que les procédés de dénaturation autorisés par les règlements fussent plus nombreux. Les formalités actuelles paraissent assez gênantes aux agriculteurs du département du Doubs pour qu'ils aiment mieux acheter du sel ayant payé 10 francs d'impôt par 100 kilogrammes que d'employer du sel dénaturé.

M. RÉSAL,

Ingénieur des mines, chargé du sous-arrondissement minéralogique de Besançon.

(Déposition orale et écrite.)

1. Il existe dans le département du Jura trois salines et une dans le département du Doubs. Ces salines sont Montmorot, Salins et Grozon, dans le Jura, et Arc-et-Senans, dans le Doubs. La saline de Grozon a été établie en 1845 par la société Michelet et Cie; les trois autres ont appartenu autrefois à l'État, qui les a vendues en 1842 à la société des Salines domaniales de l'Est, raison sociale Grimaldi et Cie. Aujourd'hui elles sont toutes entre les mains de la société anonyme fondée par M. Calley-Saint-Paul en 1862.

16, 19. Les deux tableaux suivants indiquent quelles ont été les quantités de sel produites depuis vingt ans par les salines du Jura et du Doubs, les prix moyens de vente et le nombre d'ouvriers employés :

JURA.

ANNÉES.	SEL PRODUIT. (Quintaux métriques.)	PRIX MOYEN de vente, défalcation faite de l'impôt.	COMBUSTIBLE EMPLOYÉ. (Quintaux mét. et stères.)	PRIX du COMBUSTIBLE.	NOMBRE D'OUVRIERS employés.	SALAIRE TOTAL des ouvriers.
			(A)			
1846	91,276	5f 89c	B. 2,592 H. 53,573 T. 287	3f 75c 2 16 3 67	72	51,840f
1847	108,897	5 16	B. 4,788 H. 59,556 T. 708	3 50 2 18 3 67	90	47,565
1848	84,426	5 12	H. 46,963	2 18	74	38,850
1849	106,800	4 20	H. 64,500 T. 810	2 00 1 50	105	78,750
1850	110,700	4 50	H. 59,510 T. 1,768 B. 455	2 00 1 50 4 00	100	75,000

(A) Les mots bois, houille et tourbe sont désignés par les lettres B, H et T.

ANNÉES.	SEL PRODUIT (Quintaux métriques.)	PRIX MOYEN de vente, défalcation faite de l'impôt.	COMBUSTIBLE EMPLOYÉ. (Quintaux mét. et stères.)	PRIX du COMBUSTIBLE.	NOMBRE D'OUVRIERS employés.	SALAIRE TOTAL des ouvriers.
1851	120,256	4f 06c	H. 01,600 T. 500 B. 1,900	2f 00c 1 50 4 00	120	90,500f
1852	121,000	4 50	H. 72,600	2 00	110	82,500
1853	130,000	4 25	78,000	2 10	130	97,500
1854	170,553	4 25	H. 88,433 B. 1,104	2 10 4 00	160	120,000
1855	148,275	4 25	H. 81,141 B. 1,304	2 00 4 50	154	114,800
1856	145,197	4 25	H. 77,774 B. 896	3 25 4 25	170	127,500
1857	161,165	4 25	H. 92,099	2 54	170	127,500
1858	178,219	3 25	124,202	2 23	169	116,650
1859	175,791	4 00	77,110	2 28	131	98,250
1860	168,302	4 00	59,200	2 28	147	110,250
1861	117,471	2 80	58,862	2 40	87	65,250
1862	152,000	3 00	79,350	2 00	112	84,000
1863	155,000	3 00	86,000	2 00	102	76,500
1864	173,000	3 60	101,000	2 00	105	78,750
1865	194,000	3 40	106,900	2 00	101	75,750

DOUBS.

ANNÉES.	SEL PRODUIT. (Quintaux métriques.)	PRIX MOYEN de vente, défalcation faite de l'impôt.	COMBUSTIBLE EMPLOYÉ. (Quintaux mét. et stères.)	PRIX du COMBUSTIBLE.	NOMBRE D'OUVRIERS employés.	SALAIRE TOTAL des ouvriers.
1846	20,351	5f 89c	(a) //	//	//	Les chiffres n'ont pu être retrouvés.
1847	34,068	5 16	//	//	//	
1848	37,271	5 12	//	//	//	
1849	50,024	4 20	//	//	//	
1850	33,007	4 50	//	//	//	
1851	32,066	4 66	//	//	//	
1852	31,878	4 50	H. 15,991 B. 858	2f 50c 10 00	41	30,750f
1853	37,610	4 70	H. 17,270	2 50	43	41,800
1854	43,326	4 25	H. 15,108	2 00	50	37,500
1855	39,932	4 25	H. 21,364	2 25	55	39,750
1856	35,046	4 25	H. 17,523	2 00	44	34,850
1857	39,935	4 25	H. 14,955 B. 1,600	2 15 10 00	50	37,500
1858	48,294	3 25	H. 22,613	2 00	42	32,350
1859	40,068	4 00	H. 19,645	2 20	40	29,950
1860	50,000	4 00	H. 30,000	2 00	50	37,600
1861	58,000	3 25	H. 25,800	2 50	50	37,600
1862	60,500	4 00	H. 29,600 B. 1,700	2 00 1 50	48	35,400
1863	54,442	4 00	H. 29,400	2 00	38	27,400
1864	98,000	3 60	33,000	2 00	55	39,750
1865	56,700	3 45	31,700	2 00	36	24,850

(a) Les mots bois, houille et tourbe sont désignés par les lettres B, H et T.

18. Des sels de coussins ont été introduits dans la proportion suivante pour l'alimentation des bestiaux et l'amendement des terres dans le département du Doubs :

En 1861	5 tonnes.
1862	5
1863	5
1864	12
1865	5

47, 48. Les bancs salifères de la Franche-Comté ne sont pas exploités au moyen de galeries : on perce des trous de sonde et on inonde les bancs de sel. Les eaux salées sont extraites au moyen de pompes, et on les évapore dans des poêles.

Le degré de salure correspond à peu près au maximum de saturation (soit à 25° de l'aréomètre Baumé), ou à une teneur en sel de 25 à 27 p. o/o.

Lorsque la salure descend au-dessous de cet état on laisse reposer le trou de sonde pendant le temps voulu pour que la saturation soit atteinte de nouveau. Les bâtiments de graduation sont dès lors inutiles.

49. Dans les grandes poêles de Salins et de Montmorot, la consommation de houille par tonne de sel fabriquée est environ de 600 kilogrammes. Dans les poêles plus petites de Grozon, cette consommation s'élève à 610 kilogrammes.

Le combustible provient en totalité de la mine de Blanzy et revient à très-peu près à 20 francs la tonne aux trois salines. (Voir les tableaux.)

50. On n'égruge pas de sel dans le Jura et le Doubs.

53. On ne fabrique que du gros sel et du sel fin de table en évaporant à des températures différentes. La qualité est considérée comme la même au point de vue de la nature chimique de la matière.

58. On a fait quelques essais pour donner aux sels du Jura la couleur des sels gris des marais salants; mais les populations comprises dans le rayon naturel d'alimentation des trois salines ne se servent pas en général des sels de mer, auxquelles elles préfèrent les produits du pays,

70. Il n'existe pas de fabriques de produits chimiques dans le Jura et le Doubs. Toutefois, on retire des eaux mères de Montmorot du sulfate de soude, puis du sel fin, et ensuite du chlorure de potassium. Les eaux mères de salins sont vendues à l'établissement des bains.

74. Les salines de l'Est sont réunies dans les mêmes mains; mais rien n'indique qu'elles fassent une concurrence abusive aux sels des autres régions.

75. Le prix de vente sur les points éloignés du lieu de fabrication n'est pas toujours plus élevé que sur le carreau même de la mine. Il paraît qu'il en était de même quand l'État était propriétaire. Le déposant sait que les prix de vente varient suivant l'éloignement du lieu de destination, mais il ignore si on suit dans la fixation des prix une règle nettement définie.

M. BRETILLOT,

Banquier à Besançon, membre du conseil général du Doubs.

(Déposition orale.)

93. Il serait très-désirable pour la Franche-Comté, où l'élevage du bétail fait chaque année des progrès, que les droits sur le sel fussent diminués. Les formalités et les complications de la dénaturation sont telles que, malgré l'impôt de 10 francs par 100 kilogrammes qui pèse lourdement sur les cultivateurs, ceux-ci se déterminent à faire usage exclusivement de sel pur. Il paraît qu'en Prusse et en Autriche un moyen très-simple de dénaturation a été trouvé, et que la renaturation ne présente pas d'avantages suffisants pour exciter à la fraude. Il importe que le Gouvernement avise à modifier les formalités actuelles.

M. MONNOT-ARBILLEUR,

Propriétaire à la Chevillotte, membre du conseil d'arrondissement de Besançon.

(Déposition écrite.)

53, 59. Les habitants de nos contrées préfèrent, à prix égal, les sels blancs et à grain fin des salines de l'Est aux sels gris et en gros cristaux provenant des marais salants. Ce préjugé est fâcheux, et nous pensons qu'il y aurait lieu pour le Gouvernement d'user des moyens de publicité dont il dispose, notamment le *Moniteur des communes* et le *Mémorial administratif*, pour publier des avis du conseil d'hygiène engageant les habitants des montagnes à employer le sel de mer pour les besoins du ménage de préférence au sel blanc des salines. Le goître est très-fréquent dans nos contrées; il est à présumer que les combinaisons d'iode qui entrent dans le sel de mer aideraient puissamment à faire diminuer, sinon disparaître, cette fâcheuse infirmité.

57. L'usage du sel des salines est préférable pour l'alimentation du bétail.

Commission B. En effet, le sel de mer donné aux animaux à dose un peu forte peut avoir un effet tout opposé à celui que l'on désire atteindre : il agirait comme fondant sur les tissus adipeux, et, pour les vaches laitières, sur les tissus mammaires, et ferait diminuer, sinon arrêter, la sécrétion du lait. Ces inconvénients ne sont pas à craindre avec le sel raffiné des salines de l'Est, et il offre un puissant moyen de hâter l'engraissement et d'augmenter les facultés laitières des vaches. Le sel ne nourrit pas, mais il stimule, il facilite la digestion, il excite à boire ; il permet à l'animal de consommer et de s'assimiler une plus grande quantité de nourriture. On pense en Allemagne que le sel est de nécessité absolue pour l'engraissement. Les Suisses disent « 1 kilogramme de sel fait 10 kilogrammes de graisse. »

Doubs. — M. Monnot-Ar[illegible]

Questions. 71. L'emploi des sels *en roche* dans les bergeries est recommandé par tous les hommes qui se sont occupés de l'élevage et de l'engraissement du mouton. On en place des blocs en différents endroits de la bergerie, et les moutons ne manquent pas de venir lécher la pierre de sel, ce qui excite beaucoup leur appétit. Nous serions porté à croire que le sel en roche, mis à portée des animaux, quels qu'ils soient, chevaux, bœufs, vaches, moutons, aurait la plus salutaire influence sur leur santé, et nous n'hésiterions pas à essayer ce procédé, si nous connaissions la manière de se procurer le sel en roche.

Nous ne connaissons pas le sel égrugé.

74. Nous ne savons pas si les propriétaires des salines ou les saliniers se sont fait une concurrence déloyale ; mais nous croyons pouvoir affirmer qu'à différentes reprises, sur la place de Besançon, ils se sont entendus pour hausser le prix du sac de sel, mais que cette hausse a été enrayée par la spéculation d'une maison de commission de cette ville : MM. Schlumberger se décidèrent à établir un dépôt de sel de mer, et le vendirent avec un écart de 1 et de 2 francs par 100 kilogrammes sur le sel des salines de l'Est.

82. Tant que les exigences budgétaires ne permettront pas d'abolir l'impôt sur le sel, nous pensons qu'il y a lieu de percevoir les droits en prenant pour base la quantité. L'assiette de l'impôt d'après la richesse en chlorure de sodium serait onéreuse pour le Trésor sans profiter aux consommateurs.

87, 90. Le Gouvernement étant entré dans la voie du libre échange et l'ayant déjà appliqué pour les matières premières utiles à l'industrie et pour certains produits agricoles, notamment les fromages suisses, nous serions d'avis de laisser entrer les sels étrangers en franchise, sauf à les soumettre à l'impôt français : l'agriculture y trouverait un sérieux avantage.

Cette suppression du droit sur les sels étrangers profiterait naturellement à la pêche de la morue.

Questions. 93.

Dans l'état actuel de la législation, ou, du moins, telle que nous la connaissons et telle que nous l'avons subie ces dernières années (ordonnance royale du 26 février 1846), les formalités et procédés de dénaturation sont tels qu'ils équivalent à peu près à une prohibition. Nous ne pouvons mieux faire que citer un exemple emprunté à notre propre expérience. Ayant fait venir deux tonnes de sel de coussins de Dieppe, nous avons procédé à leur dénaturation en présence des agents de la douane. Nous ne pouvions opter qu'entre les deux mélanges suivants : 1° pour 5 kilogrammes de sel, 5 litres d'eau et 40 kilogrammes de son, soit, pour 2,000 kilogrammes de sel, 2,000 litres d'eau et 160,000 kilogrammes de son; 2° pour 10 kilogrammes de sel, 10 litres d'eau, 4 kilogrammes de farine de tourteaux et 40 kilogrammes de son, soit, pour 2,000 kilogrammes de sel, 2,000 litres d'eau, 800 kilogrammes de farine de tourteaux et 8,000 kilogrammes de son.

Le simple énoncé du premier mélange, et même du second, en fait voir l'absurdité.

En ce qui concerne les sels de coussins, nous pensons qu'ils pourraient être livrés à la consommation agricole sans mélange; il ne viendra à l'idée de personne de les employer aux besoins du ménage, à cause de leur odeur infecte. On ne doit pas craindre non plus qu'on révivifie ces sels: les procédés seraient trop coûteux et sortiraient d'ailleurs complétement des notions agricoles. Du reste, il serait facile aux agents de l'Administration des contributions indirectes de découvrir la fraude.

Quant aux sels neufs, c'est-à-dire n'ayant été employés à aucun usage (sels marins ou sels de salines), il serait urgent d'adopter d'autres moyens de dénaturation; nous en indiquerons quelques-uns qui nous semblent simples et efficaces.

1° Sel destiné à servir d'amendement ou à être incorporé au fumier de ferme : 3 à 4 p. o/o de suie ou de guano du Pérou;

2° Sel destiné aux fourrages ou aux animaux : 3 à 4 p. o/o de suie, ou le mélange prussien : 1/2 p. o/o d'oxyde de fer, 1 p. o/o d'absinthe en poudre.

Si la réglementation était simplifiée et qu'un des modes indiqués plus haut ou tout autre d'une application facile fût autorisé, il faudrait s'attendre à voir l'agriculture profiter largement de cette faveur, et il ne serait plus possible aux agents des contributions indirectes de satisfaire aux demandes d'assistance à la dénaturation: il faudrait nécessairement autoriser la dénaturation dans les usines ou dans les entrepôts, et là le cultivateur achèterait à prix réduit le sel dénaturé.

Questions. 82. Nous n'en persistons pas moins à faire des vœux ardents pour qu'on arrive à l'abolition complète de l'impôt du sel, qui, pour le cultivateur et l'habitant des campagnes est un objet de première nécessité. Les statisticiens portent à 5 francs par ménage la charge qui résulte des droits sur le sel; on ne se fait une idée exacte du poids de cet impôt de 5 francs que si on a vécu dans les campagnes et vu de près les privations inouïes de la classe rurale.

M. PAUL LAURENS,

Président de la société d'agriculture du Doubs.

(Déposition écrite.)

52, 92, 93. Au point de vue de l'agriculture, le sel est, dans nos trois départements de Franche-Comté d'une importance capitale. La fabrication des fromages dits de Gruyère est très-répandue dans le Doubs et dans le Jura, et elle commence à prendre de l'extension dans la Haute-Saône, sur les rives de l'Ognon.

Les appréciations statistiques les plus récentes fixent à 5 millions de kilogrammes, pour le Doubs, et à 4,600,000 kilogrammes pour le Jura, la production fromagère pendant une année.

Le traité de commerce franco-suisse, en abaissant de 16 francs à 4 francs la taxe qui frappait à l'entrée les fromages étrangers, est venu créer à notre industrie une rude concurrence; les chiffres ci-après en font foi: la Suisse avait expédié, par les frontières du Doubs, 24,087 kilogrammes de fromages, du 1er juillet au 31 décembre 1864; pendant le second semestre de 1865, sous le bénéfice de l'application des taxes réduites, il a été introduit 711,242 kilogrammes, c'est-à-dire près de *trente fois plus;* le 1er trimestre de 1866 accuse l'introduction de 367,961 kilogrammes; le trimestre correspondant de 1865 avait fourni 69,740 kilogrammes : il y a donc une surexcitation notable des importations par l'effet du traité de commerce. La réduction du prix du sel, c'est là ce que je demande en faveur de nos exploitations agricoles de fromageries et en faveur de l'élève du bétail.

Les sels qui se consomment chez nous proviennent à peu près exclusivement des salines de l'Est. Nous avons bien un entrepôt de sels du Midi, mais ces sels, qui sont compactes et serrés, ne plaisent pas à la clientèle autant que ceux de l'Est, dont la légèreté et la couleur flattent mieux le goût de l'acheteur. Les sels de l'Ouest ne sont guère connus des consommateurs du Doubs : leur aspect grisâtre les fait repousser.

Dans notre opinion, il n'y a pas à se préoccuper, pour ce qui concerne notre zone, du régime de l'industrie salicole de l'Ouest. C'est au droit de consommation que nous voulons nous en prendre. Fixé à 10 francs les 100 kilogrammes, par la loi du 23 décembre 1848, ce droit est onéreux : il augmente les charges qui pèsent déjà si lourdement sur la production agricole.

Il faut pour la salaison de nos fromages, jusqu'au moment de la maturité ou de la vente, 3 kilogrammes pour 100 kilogrammes. Ainsi, pour 5 millions de kilogrammes, qui sont le taux moyen de notre production annuelle, on doit employer 150,000 kilogrammes de sel : à 10 centimes le kilogramme, le droit de consommation est de 15,000 fr.

D'un autre côté, la fabrication fromagère exige que le régime alimentaire des vaches laitières ne laisse rien à désirer; le département du Doubs est de plus un pays d'élevages, et il serait d'un immense intérêt que le bétail pût recevoir chaque jour une ration de 150 grammes de sel. On compte chez nous 150,000 têtes de bétail; la ration de 150 grammes, que l'on est trop souvent obligé de restreindre, nécessiterait par jour l'emploi de 22,500 kilogrammes ou, par an, de 8,100,000 kilogrammes : à 10 centimes, le droit de consommation sur cette quantité représente une somme de 810,000 francs.

Ainsi, pour la salaison de nos fromages, le droit payé est de	15,000f
Pour le bétail, de	810,000
C'est un total de	825,000

prélevé sur l'industrie agricole.

Nos fromages se vendaient, naguère encore, de 110 à 120 francs les 100 kilogrammes : la concurrence des produits de la Suisse tend à faire baisser de 15 ou 20 p. 0/0 ce cours moyen. 50,0000 quintaux métriques, vendus au cours de 120 francs, faisaient réaliser 6 millions. La concurrence va réduire cette somme à 5 millions.

En face de cette réduction certaine du revenu des laborieuses populations de nos campagnes, serait-ce trop demander que l'abaissement de l'impôt du sel à 5 centimes le kilogrammes, abaissement qui concéderait à l'agriculture comtoise un dégrèvement de plus de 400,000 francs par an, et rendrait plus accessible à ses besoins une denrée véritablement indispensable ?

L'abaissement sollicité ne suffirait point encore pour rétablir l'équilibre rompu dans notre fabrication fromagère, par suite de l'introduction des fromages suisses. Il y aurait, quoi qu'il en soit, toute opportunité et toute justice à accorder à notre agriculture cette compensation du préjudice que la concurrence du dehors va lui faire subir.

Commission B. — Doubs. — MM. Paul Laurens. Outhenin-Chalandre. Buquet.

Jusqu'ici on n'a pas fait usage, dans le département, des dénaturations de sels pour amendements ou engrais. On ne paraît pas se rendre bien compte de l'effet utile à espérer de l'emploi de ces dénaturations, et puis on redoute les formalités et les déplacements, qui se traduisent toujours en frais onéreux et en perte de temps.

Dans le cours de l'exercice 1865, la Suisse a tiré des salines 24,543 quintaux métriques pour la consommation de ses habitants et les usages agricoles.

Le sel exporté n'est pas assujetti à la taxe de 10 francs le quintal métrique; nonobstant cette condition, il ne revient pas à meilleur marché que chez nous au cultivateur suisse, parce que ceux des cantons helvétiens qui ne se sont pas réservé le monopole des sels font percevoir une taxe sur cette denrée.

M. OUTHENIN-CHALANDRE,

Administrateur délégué de la société anonyme des anciennes Salines domaniales de l'Est.

M. BUQUET,

Directeur des salines de Montmorot, Grozon, Salins, Arc-et-Senans.

(Dépositions orales et écrites.)

La déposition de MM. Outhenin-Chalandre et Buquet reproduit en termes identiques, sur la presque totalité des questions, la déclaration collective reçue par la Commission A dans le département de la Meurthe, de MM. P. Buquet, directeur des salines de Dieuze, et Guyon, maire de Dieuze; on n'a donc publié ici que les quelques observations et renseignements particuliers présentés par les déposants à la Commission B.

Questions. 16. La quantité de sel produite annuellement depuis que la société anonyme des anciennes Salines domaniales a été fondée en 1862, est en moyenne, pour la Franche-Comté, de 219,000 quintaux brut, chiffre plus important que celui des années précédentes.

En Lorraine, pour Dieuze et Moyenvic, la production a été de 175,000 quintaux environ.

Les tableaux suivants indiquent la production des quatre salines de la Franche-Comté.

MM.
Outhenin-Chalandre.
Buquet.

ANNÉES.	MONTMOROT.	SALINS.	ARC.	GROZON.
	quintaux.	quintaux.	quintaux.	quintaux.
1846	63,190	29,604	38,591	"
1847	76,407	34,644	39,020	"
1848	48,216	36,346	45,830	"
1849	72,275	34,569	35,864	"
1850	65,504	45,429	41,526	"
1851	70,171	50,085	46,657	"
1852	92,596	52,229	45,600	"
1853	88,579	54,055	42,126	"
1854	108,494	61,894	43,326	"
1855	69,548	61,229	32,381	"
1856	76,467	58,518	38,016	"
1857	82,530	60,227	42,000	"
1858	93,045	58,453	41,000	"
1859	74,708	63,263	46,058	"
1860	52,428	63,170	50,503	"
1861	56,277	55,481	48,776	4,765
1862	77,362	56,913	50,401	12,531
1863	74,934	50,020	52,964	15,023
1864	97,826	55,637	56,690	19,069
1865	114,858	60,900	54,465	17,463
TOTAUX	1,555,415	1,048,666	903,800	68,851
MOYENNES annuelles calculées sur 20 années.	77,770	52,433	45,190	13,775
MOYENNE des trois salines	175,394			

Questions.

17. La Franche-Comté doit l'augmentation de sa production aux voies nouvelles de transport et aux efforts faits par la société : améliorations et agrandissements, ventes plus actives, fabriques de produits chimiques. Quant à la diminution constatée en Lorraine, elle s'explique par la concurrence faite par les concessions nombreuses que l'État, après nous avoir vendu ses salines, a accordées dans le bassin de la Meurthe.

18. Depuis la création de la société anonyme (1862), les ventes annuelles ont été, en moyenne, pour les usines de Franche-Comté :

De 199,800 quintaux à l'intérieur;
De 22,900 quintaux à l'étranger;
Pour la Lorraine, de 155,000 quintaux environ.

Le tableau suivant fait connaître les ventes des usines de Franche-Comté depuis vingt ans.

COMMISSION B. VENTES. DOUBS

MM. Outhenin-Chalandre. Buquet.

ANNÉES.	MONTMOROT.	SALINS.	ARC.	GROZON.
	quintaux.	quintaux.	quintaux.	quintaux.
1846	51,009	30,598	31,540	//
1847	60,441	28,763	34,933	//
1848	52,604	29,853	38,348	//
1849	78,810	39,295	52,974	//
1850	70,528	42,956	33,954	//
1851	78,540	44,675	33,640	//
1852	88,387	53,255	33,715	//
1853	79,120	55,875	33,600	//
1854	86,157	57,853	34,720	//
1855	78,959	57,176	31,749	//
1856	85,375	57,708	26,890	//
1857	105,398	59,443	41,000	//
1858	86,157	61,891	38,000	//
1859	57,290	61,954	41,000	//
1860	55,942	63,091	48,216	//
1861	62,931	59,922	54,091	8,823
1862	82,438	56,371	46,990	9,500
1863	81,369	58,166	57,071	15,849
1864	94,324	57,997	59,340	16,691
1865	130,825	55,759	49,464	18,288
TOTAUX	1,567,610	1,032,631	821,835	69,151
MOYENNES annuelles calculées sur 20 années.	78,380	51,631	41,091	13,875
MOYENNE des trois salines	171,102			

	quintaux.		quintaux.
Ventes à l'extérieur (moyenne annuelle)	27,661	Salins	26,817
		Arc	554
		Montmorot	290
Ventes à l'intérieur	143,441		
TOTAL	171,102		

Questions. 19. Tant que l'État a possédé les salines, le sel se payait sur le carreau de la mine 14 fr. 40 cent. les 100 kilogrammes, l'impôt payé. En 1860 et 1861, le prix du sel est descendu très-bas. Depuis 1863, il est resté à un taux à peu près constant de 3 francs à 3 fr. 20 cent. le quintal, impôt non compris. En Lorraine, le prix de vente est d'environ 3 fr. 15 cent. les 100 kilogrammes.

20. Aujourd'hui que les chemins de fer suppriment la distance, en diminuant les frais de transport, chaque région salinière n'a plus de rayon de débouchés exclusif. Ainsi les sels du Midi arrivent à Clermont-Ferrand, Auxerre, Vesoul, Besançon, et réciproquement les sels de l'Est pénètrent jusqu'à Arles, Avignon, Bourges, Orléans. Ils arrivent tous deux sur le marché suisse.

46. Le nombre d'ouvriers formateurs, chauffeurs, manipulateurs et piqueurs, varie suivant l'importance de la fabrication; il était en 1865, dans les quatre salines de Montmorot, Salins, Grozon et Arc-et-Senans, de quatre-vingt-sept pour une production d'environ 24,800 tonnes de sel; leur salaire moyen est de 2 francs par jour.

On peut évaluer de la manière suivante le prix de revient de la tonne de sel dans les salines de Franche-Comté.

Combustible	11f 27c 5
Main-d'œuvre (y compris les frais d'extraction de l'eau salée)	2 47 5
Entretien des bâtiments	1 97 5
Frais d'expédition	0 62 5
Contributions, frais d'administration locale	2 17 5
Frais généraux de Paris (y compris intérêts du capital)	8 10 0
TOTAL	26 62 5

Toutefois dans ce chiffre n'est pas comprise toute la part que doivent supporter les salines de Franche-Comté dans les frais d'administration centrale de Paris.

47. Il y a à Montmorot six trous de sonde et dix-huit poêles; à Salins, trois trous de sonde et six poêles; à Arc-et-Senans l'eau saturée est fournie par les trous de sonde de Salins et amenée par une conduite en fonte de 21,500 mètres; il y a six poêles comme à Salins; enfin à Grozon, il y a trois trous de sonde et sept poêles.

Le degré de salure des eaux extraites des trous de sonde est de 25 degrés à Montmorot et de 23 degrés à Salins; il est réduit à 22 degrés et demi à Arc par l'effet du parcours des eaux dans la conduite; à Grozon il varie entre 20 et 21 degrés dans les deux trous de sonde exploités; le troisième ne fonctionne pas parce qu'il fournit des eaux à un trop faible degré (15 degrés).

48. Le degré de salure est le même, lorsqu'on amène les eaux dans les poêles de concentration, qu'au sortir du trou de sonde.

49. La quantité de combustible consommée par tonne de sel produite varie suivant la provenance de la houille et la salure des eaux. Elle est de 580 à 620 kilogrammes par tonne de sel pour la houille de Montchanin, de 490 à 530 kilogrammes pour la houille menue de la Loire.

50. En Franche-Comté, on ne se livre pas à l'égrugeage du sel, attendu qu'on n'exploite pas le sel en roche.

51. Les frais d'emballage sont d'ordinaire à la charge de l'acheteur, qui est tenu de payer le transport. Si la saline fournit le sac, elle facture l'emballage à raison de 25 centimes par voyage, avec condition de retour. Un sac fait à peu près quatre ou cinq voyages.

Les expéditions de nos sels se font presque toujours par chemin de fer. Les rivières et canaux dont nous nous servons sont: la Seille, de Louhans à Châlon; la Saône; le canal du Centre; le canal du Berri et le canal du Nivernais.

Les frais de chargement et de déchargement s'élèvent par tonne à 90 centimes et l'assurance à 70 centimes. Les prix qu'on paye aux bateliers sont, par tonne, de 9 à 10 francs pour Nevers, Decize et Clamecy; 14 francs pour Saint-Amand et Montluçon; 12 fr. 40 cent. pour Bourges et 4 fr. 50 cent. pour Lyon; le tout rendu à quai. Les droits de navigation sont à la charge des mariniers.

52. Le prix de vente des sels est augmenté par tonne d'environ 60 centimes par les charges que fait peser sur les salines le mode de perception du droit : construction et entretien du logement des agents de la douane; location peu en harmonie avec les dépenses et à des conditions inférieures au taux normal des loyers; nécessité d'avoir portier jour et nuit; obligation d'une seule porte et d'une enceinte coûteuse; pesage des sels avant la mise en magasin, main-d'œuvre qui exige un personnel considérable; second pesage au départ par 50 kilogrammes seulement, d'où perte de temps; responsabilité des déchets survenus dans l'usine, quoique les sels soient mis dans des magasins dont la régie a la clef; impossibilité de livrer par masse à certaines heures : toutes mesures restrictives et coûteuses dont sont chargés les sels de l'Est et dont sont dispensés les marais salants de l'Ouest et du Midi. Ces observations ont déjà fait l'objet d'une réclamation de notre société à M. le Ministre des finances, par une lettre en date du 20 février 1847.

Reste enfin la nécessité de débourser la valeur du droit au moment même de l'enlèvement du sel, débours dans lequel le producteur ne rentre généralement qu'au bout de quarante-cinq jours. On est tenté au premier abord de considérer comme très-onéreuse cette obligation; mais comme le Trésor tient compte au producteur de l'escompte à 3 p. o/o et que cet escompte est fait à quatre mois et demi, quoique l'avance ne soit faite que pour quarante-cinq jours, il est plus juste de dire que le payement anticipé de l'impôt ne nuit pas au fabricant.

58. Il est vrai que les salines de Lorraine vendent des sels gris, sous le nom de *sels gris de l'Est,* mais seulement sur les marchés où, par suite d'un préjugé qui, nous l'avons dit, tend à disparaître graduellement, on leur en fait la demande. C'est surtout à Paris que les saliniers de l'Est

MISSION B. envoient leur sel gris, afin de faire concurrence aux sels de même couleur Doubs.
qu'y expédie l'Ouest. Une portion de ce sel est du reste consommée MM.
loin de Paris. Les mariniers de l'Yonne qui ont apporté du bois ou de Outhenin-Chalandre.
la farine chargent du sel comme fret de retour et le débitent en Bourgogne. Buquet.
Les sels gris de l'Est diffèrent sensiblement des sels de l'Ouest, ils sont presque blancs.

Questions.
65. Les sels du Midi se vendent sur tous les marchés de nos contrées, aux portes de nos salines comme dans nos plus hautes montagnes, depuis que la fabrication de ces sels est venue imiter celle de l'Est pour la blancheur et le grain. Leur prix de vente varie fréquemment, afin de déjouer la concurrence que leur font nos sels.

66. Les salines de l'Ouest voudraient étendre leur rayon de vente jusqu'en Franche-Comté; leurs sels sont offerts, impôt compris, à 13 fr. 55 cent. les 100 kilogrammes dans la Côte-d'Or, mais ils sont repoussés. Dans l'Yonne, il se fait quelques ventes à ce prix; dans les départements du Centre, on les cote à 13 fr. 10 cent. les 100 kilogrammes.

69. A l'intérieur, les principaux débouchés des salines de Franche-Comté sont : Besançon, Dôle, Gray, Dijon, Lyon. Sur les points ci-après où les sels de l'Est et de l'Ouest sont en concurrence, il est intéressant de connaître l'écart qui existe dans les prix de vente :

LOCALITÉS.	PRIX DE VENTE DES 100 KILOGRAMMES, DROIT COMPRIS.	
	Est.	Ouest.
Nevers	14f 00c	13f 15c
Moulins	14 00	13 50
Riom	14 00	13 50
Clermont-Ferrand	14 00	13 50
Montluçon	13 90	13 10

A l'extérieur, les salines de Franche-Comté exportent en Suisse tous les ans près de 3,000 tonnes de sel.

Depuis deux ans elles commencent à fournir les usines de produits chimiques.

87. L'abaissement des droits qui frappent à l'importation les sels anglais pourrait causer un grave préjudice aux saliniers français. En effet, les salines d'Angleterre sont encombrées de produits; elles fabriquent à bas prix et elles envahiraient nos marchés. Il convient donc de laisser les droits tels qu'ils sont; ils sont suffisamment protecteurs.

COMMISSION B. — Doubs. — MM. Outhenin-Chalandre. Buquet. Lalance. Bourquard. Barral.

Le système des zones facilite la fraude : il est désirable qu'on n'y revienne pas.

Questions. 93. Les exigences de l'Administration rendent impossible l'emploi du sel en agriculture et paralysent complétement les effets attendus de l'ordonnance de 1846. Les moyens indiqués par l'Administration pour la dénaturation du sel sont inapplicables et équivalent à une interdiction. Différents procédés sont usités en Prusse et en Belgique et vainement jusqu'ici nous avons tenté de les faire agréer par l'Administration. Pour l'amendement des terres nous recommanderions spécialement un mélange de sels et de marcs ou charrées de soude; ces deux produits concourent au même but et la charrée a l'avantage d'être un produit sans valeur. Du reste si l'on permettait aux saliniers d'avoir des approvisionnements de sel dénaturé, qu'ils pourraient vendre aux agriculteurs avec défense d'en expédier aux marchands de sel et aux industriels, la rénaturation ne serait pas à craindre parce que, faite sur de petites quantités, elle ne cuerait pas de bénéfices.

92. En ce qui concerne le sel employé dans les usines de produits chimiques, il y a deux réclamations à présenter. La première porte sur le taux élevé de la redevance de 3 francs, que les fabricants payent par tonne de sel qu'ils consomment. Ce droit représente plus que les frais de surveillance imposés au Trésor, et il est une lourde charge pour une industrie que le Gouvernement, en présence de la concurrence étrangère, a voulu favoriser. En second lieu il serait fort important que le sel dont les usines de produits chimiques ont besoin pût leur être expédié en vrac par wagons plombés. Aujourd'hui le sel qui voyage par chemin de fer doit être envoyé en sacs et il en résulte en pure perte pour l'acheteur une charge de 2 fr. 50 cent. par tonne de sel. Cette exigence est d'ailleurs une anomalie, car il est permis aux salines situées près de rivières ou de canaux d'expédier leurs sels en vrac par bateaux plombés.

M. LALANCE,
Maire de Montbéliard.

M. BOURQUARD,
Maire de Russey (arrondissement de Baume-les-Dames).

M. BARRAL,
Maire de Morteau (arrondissement de Pontarlier).

(Dépositions orales.)

71. Depuis que la loi du 28 décembre 1848 a abaissé les droits sur le sel, la consommation de cette denrée a pris un très-grand dévelop-

MM. Lalance. Bourquard. Barral.

pement dans les cantons de Montbéliard, de Morteau et de Russey. Dans ces derniers cantons, on peut dire qu'elle a quadruplé depuis cette époque. La cause en est d'abord dans la fabrication du fromage, qui, insignifiante avant 1850, a atteint depuis lors, dans les montagnes du Doubs, des proportions considérables; ensuite dans l'emploi qui en a été fait pour la nourriture des bestiaux.

[Q]uestions. 93. On saupoudre de sel les fourrages avariés, ou bien on en fait une mixture composée de graines de lin, de graines de foin et de sel. Le sel entre dans ce mélange dans la proportion de 7 à 8 kilogrammes sur 500. Une vache consomme par an 30 à 40 kilogrammes de sel; une brebis ou une chèvre, environ 12 kilogrammes.

L'emploi du sel dans la nourriture du bétail a augmenté la valeur des pâturages d'environ 50 p. 0/0 (1,200 francs l'hectare au lieu de 800 francs), par ce fait que les cultivateurs élevant plus de bestiaux et produisant une plus grande masse d'engrais, on tire ainsi du sol un meilleur profit, et le prix des fermages s'en ressent.

52, 92. Tout le sel consommé dans la contrée provient des salines de l'Est. Il acquitte les droits, et à ce propos les déposants expriment l'opinion que, si un moyen simple de dénaturation était trouvé ou si l'impôt était diminué, l'usage du sel en agriculture deviendrait plus général : beaucoup de cultivateurs l'emploieraient comme engrais. Cette diminution des droits serait un véritable bienfait que les déposants réclament avec instance.

64. Il y a quelques années, les sels de l'Ouest arrivaient à Montbéliard : on a constaté qu'ils perdaient sensiblement de leur poids pendant le transport. A volume égal, ils salent plus que les sels ignigènes. A l'inverse, les sels de l'Est, qui sont séchés à une haute température, augmentent de poids en transport et en magasin. On estime qu'ils gagnent 10 kilogrammes par tonne pour venir des salines.

19. Les prix de vente de 100 kilogrammes de sel ignigène rendus à Montbéliard ont varié, depuis 1849 jusqu'en 1865, entre 15 francs et 18 fr. 25 cent.; leurs prix d'achat à la saline ont été, pendant la même période, de 14 fr. 25 cent. à 17 fr. 90 cent. Actuellement, ils sont livrés à 16 francs à la saline et se vendent 16 fr. 75 cent. à Montbéliard.

Les prix sont les mêmes dans les cantons de Morteau et de Russey.

M. SCHLUMBERGER,

Commissionnaire en sel à Besançon.

(Déposition orale.)

Questions.

19, 65. Le déposant est, depuis 1858, chargé, par la compagnie des Salins du Midi, de la vente de ses sels à Besançon. Il a vendu, en 1860 et 1861, jusqu'à 600 tonnes de sels; son commerce est un peu moins considérable aujourd'hui. Le sel marin est livré à Besançon au prix de 15 francs les 100 kilogrammes, impôt compris; le prix est abaissé à 14 francs quand le sel est acheté par des intermédiaires qui vont le revendre dans la montagne. Le sel de mer est, dans le département, surtout employé pour les usages domestiques.

74. Au commencement de la présente année, la société Renouard et Cie qui venait d'élever les prix de vente dans le Midi et qui aurait vu avec plaisir dans l'Est un semblable mouvement de hausse, a fait un instant augmenter le prix de son sel; mais les producteurs de l'Est n'ont pas suivi ce mouvement des producteurs du Midi. Il n'est pas à croire qu'une entente entre l'Est et le Midi puisse jamais se former utilement à l'effet d'établir et de maintenir des prix de vente élevés : la concurrence des sels de Bâle y ferait obstacle. Bâle a trois salines importantes qui peuvent livrer sur nos marchés leurs sels à bas prix. Le déposant estime que le sel suisse pourrait se vendre à Besançon 14 fr. 75 cent. ou 15 francs les 100 kilogrammes.

81. Les sacs de sel qui sont expédiés du département des Bouches-du-Rhône à Besançon arrivent sans avoir subi un déchet appréciable. Il leur faut un long séjour en magasin pour qu'ils perdent de leur poids.

93, 52. Les agriculteurs ne consomment encore que des quantités de sel assez faibles. Ils sentent très-bien toute l'utilité dont le sel pourrait leur être pour l'alimentation de leur bétail, mais l'impôt de 10 francs par 100 kilogrammes leur paraît lourd et les empêche d'en acheter moitié de ce qu'ils achèteraient, si les droits étaient réduits à 5 francs par 100 kilogrammes. Quant au sel dénaturé, ils n'en font aucun usage : ils trouvent que les formalités de la dénaturation sont aussi onéreuses que l'impôt lui-même. Il faudrait que les salines ou les dépositaires de sel pussent leur fournir à bas prix du sel dénaturé.

DÉPARTEMENT DU JURA.

Dans le département du Jura, l'Enquête a eu lieu du 24 au 29 juillet 1866. Elle a été annoncée et le Questionnaire a été publié par des insertions faites dans les journaux ci-après :

Le Journal du Jura des 10, 23, 26, 30 mai et 18 juillet;
La Sentinelle du Jura des 20 mai et 18 juillet;
Le Recueil des actes administratifs de la Préfecture, n° 9 de l'année 1866.

Une note spéciale invitait les personnes qui pourraient avoir des observations ou des renseignements à présenter à la Commission à en donner avis à la préfecture.

La Commission s'est complétée par l'adjonction de :

MM. Vivaux, secrétaire général de la préfecture;
Clertan, président du tribunal de commerce de Lons-le-Saunier.

Elle a visité les lieux de fabrication de sel ignigène établis sur les salines de Montmorot et de Salins.

Elle a reçu des déclarations orales ou écrites de :

MM.

1° Recoing, directeur des contributions indirectes;
2° Le Directeur des douanes de Bourg;
3° Résal, ingénieur des mines, en résidence à Besançon;
4° Ruty, membre du conseil général, président du comice agricole;
5° Vial, inspecteur des contributions indirectes à Poligny;
6° Buquet, directeur des salines de Montmorot et de Salins;
7° Prost, banquier à Lons-le-Saunier;
8° Préponnier, directeur des bains de Salins, ancien directeur de la saline de Grozon;
9° Armand Groz, entrepositaire de sel marin à Lons-le-Saunier;
10° Maurice Chauvin, fermier aux Varaches, commune de Mouchard;
11° Darbaud, débitant de sel à Saint-Laurent;
12° Flamain, marchand de sel à Saint-Amour;
13° Benoit, marchand de sel à Censeau;
14° Jobez, membre du conseil général.

Commission B.

DÉPARTEMENT DU JURA.

M. RECOING,

Directeur des contributions indirectes du département du Jura.

M. VIAL,

Inspecteur des contributions indirectes à Poligny.

(Dépositions orales et écrites.)

Questions. 13, 24. Le département du Jura possède trois salines : l'une à Montmorot, la seconde à Grozon et la troisième à Salins; elles font partie du groupe des salines de Franche-Comté exploitées par la société des anciennes Salines de l'Est, dont le siége social est à Paris, rue Bergère, n° 25.

Cette société a été autorisée par décret impérial en date du 8 janvier 1862 pour cinquante-six ans. Son capital social est divisé en sept mille cinq cents parts. Elle a émis, en 1850 et 1851, huit mille obligations à 500 francs, amortissables à 625 francs et rapportant 25 francs d'intérêt [1].

46, 47, 48. La saline de Montmorot est alimentée par six trous de sonde à roues hydrauliques qui fournissent en moyenne, par jour, 250 tonnes d'eau. Les trous de sonde mesurent 100 à 150 mètres de profondeur. La saline emploie généralement, savoir :

2 piqueurs,
1 mécanicien,
24 chauffeurs,
60 ouvriers,
1 chef de service,
3 commis.

Ce personnel coûte annuellement..................	68,720f 00c
On brûle annuellement 9,125 tonnes de houille à 21 fr. 50 cent. la tonne, ce qui produit un total de	196,187 50
Total..............	264,907 50

Les eaux saturées de sel sont conduites dans de vastes bassins d'où, au fur et à mesure des besoins, elles coulent dans les poêles. Leur densité est généralement de 1.183; leur degré moyen, 24.

La saline de Montmorot fabrique, par année, de 12 à 13 millions de kilogrammes.

La saline de Grozon ne date que de 1855 et n'a été régulièrement exploitée qu'à partir de 1857. Sa construction a coûté 1,200,000 francs,

[1] Voir pour la production des trois salines, page 383.

elle a été vendue à la compagnie 700,000 francs; il n'y a pas d'autre capital engagé dans cette affaire.

Cette usine a cinq poêles qui produisent annuellement 1,874 tonnes de sel raffiné. Elle emploie onze ouvriers, savoir :

1 chef de service, aux émoluments de	1,200f 00c
1 mécanicien	720 00
1 piqueur, en même temps concierge	800 00
4 chauffeurs à raison de 720 francs	2,880 00
4 ouvriers manœuvres à 620 francs	2,480 00
Frais d'entretien de bâtiments, de poêles, etc.	7,000 00
Intérêts du capital engagé	35,000 00
Achat de 1,012 tonnes de houille consommées en moyenne par année, au prix de 21 fr. 80 cent. la tonne	22,061 60
TOTAL	72,141 60
A déduire le montant des frais de loyer payés par la régie pour les locaux employés par les agents des contributions indirectes	700 00
RESTE en dépenses générales	71,441 60

Des trois trous de sonde dont la profondeur est d'environ 140 mètres, deux seulement alimentent les deux bassins recevant l'eau salée, extraite à l'aide d'une pompe mue par une machine à vapeur. Le degré de salure de l'eau prise à la sortie du puits est de 23 degrés Baumé; après huit heures d'extraction, l'eau n'a plus que 19 degrés. Densité de l'eau, 1,159 et 1,012 grammes.

Le bâtiment d'exploitation et les travaux de forage de la saline de Salins ont coûté 387,606 fr. 81 cent.; le personnel se compose de quarante ouvriers, un chef formateur, un chef de délivrance, un caissier et un directeur. Les frais du personnel, d'administration et d'entretien des bâtiments et outillage s'élèvent à 35,000 francs par an.

La régie paye pour frais de loyer des locaux affectés à ses agents 870 francs par an. L'usine emploie en moyenne, par année, 3,240 tonnes de houille, au prix de 21 fr. 80 cent. la tonne.

Trois trous de sonde atteignent à 223 mètres le terrain salifère et traversent une couche de sel gemme de la puissance de 10 mètres.

Au moyen de pompes aspirantes mues par de grandes roues à auges que fait agir une prise d'eau tirée de la rivière la Furieuse, on amène au jour l'eau marquant 23 ou 24 degrés Baumé; elle est versée dans les poêles au moyen de tubes. Chaque trou de sonde en fournit journellement 500 hectolitres (1,500 hectolitres au total). La moitié de cette eau salée est dirigée par une conduite en fonte parcourant 21 kilomètres sur la saline d'Arc (Doubs), tandis que l'autre partie se rend dans des réservoirs pour alimenter six poêles.

Dans les trois usines du Jura, l'on fabrique : 1° du sel fin fin, que l'on appelle aussi sel à la minute, parce qu'on le retire des poêles à mesure qu'il s'y forme par l'évaporation des eaux;

2° Du sel fin, appelé aussi sel de huit heures, ce sel étant extrait de la poêle après ce nombre d'heures;

3° Du sel moyen, appelé également sel de soixante-douze heures, par la même raison;

4° Enfin, si l'on veut obtenir du sel plus ou moins gros, la fabrication dure de dix à vingt jours, selon que l'on veut que les cristaux soient plus ou moins compactes.

Pendant la cuite, l'eau évaporée se remplace par une quantité égale de liquide provenant de l'immersion du banc salifère.

La dernière cuite terminée, on enlève les schlots (sulfate double de chaux et de soude) déposés au fond de la chaudière, qui contient aussi les eaux mères. A Salins, on conduit les schlots et les eaux mères dans un magasin et dans trois réservoirs, afin d'en extraire plus tard des produits utiles pour l'usage des bains minéraux établis dans cette ville depuis 1860. Pour la fourniture de ces eaux et de ces produits salifères, la société des bains paye à la saline 1 franc par hectolitre d'eaux mères et 10 francs par 100 kilogrammes du produit solide des eaux mères évaporées jusqu'à siccité.

Questions. 49. La quantité de houille consommée en moyenne par tonne de sel produite est, dans les trois salines, de 540 kilogrammes. Ce combustible est tiré de Saint-Étienne (Loire) et de Montchanin (Saône-et-Loire). Il revient à 21 fr. 80 cent. la tonne, y compris les frais de transport par chemin de fer.

51. Les frais d'emballage sont de 10 centimes par sac de 100 kilogrammes; ils sont à la charge des acheteurs qui acquittent les droits, plus 20 centimes par congé.

52. Les mesures réglementaires que nécessite la perception de l'impôt n'augmentent pas le prix de vente du sel. Quant à l'intérêt des sommes avancées sur l'impôt jusqu'à l'époque où le sel entre dans la consommation, le prix du sel en est accru d'une valeur insignifiante. Cette augmentation est calculée d'après le laps de temps que mettent les entrepositaires à écouler une quantité de sel déterminée (3,200 kilogr.), dont la vente s'opère en vingt jours. L'impôt sur une pareille quantité est, après une remise de 3 p. o/o accordée par la loi aux sels de l'Est, de 310 fr. 40 c. L'intérêt annuel de cette somme est de 15 fr. 52 cent. et celui pour vingt jours, de 86 centimes. Ce résultat, divisé par la quantité de sel, fait connaître que l'intérêt de la somme avancée sur l'impôt n'est que de 2 cent.

7 mill. par 100 kilogrammes, augmentation plus que compensée par la déduction accordée à l'enlèvement des sels, à titre de déchet.

Actuellement le prix de revient d'une tonne de sel est, y compris l'intérêt des capitaux, de 22 fr. 60 cent. à 23 francs à Salins et à Montmorot. Le prix moyen de vente de la même quantité étant de 40 francs, le bénéfice net est de 17 francs par tonne.

Questions. 53. Les sels fabriqués dans le Jura se font remarquer par leur blancheur et leur bon goût; ils cristallisent en petits cubes ou prennent une forme lamelleuse. Ils sont entièrement dépouillés de sels déliquescents. C'est au mode de fabrication employé qu'est due la constitution particulière de ce produit. Les différences qui existent entre ces sels et ceux des autres origines n'ont pas d'influence sur le prix de cette denrée.

54. Il est généralement admis que 100 parties de sel raffiné, portées en magasin après l'égouttage ordinaire sur les bancs de l'atelier, contiennent en moyenne 12 p. o/o d'eau saturée, telle qu'elle existe dans la poêle lors du tirage.

Les indications ci-après font connaître la composition chimique d'un quintal métrique de sel obtenu dans les premiers temps de la marche d'une poêle ayant reçu des eaux nouvelles :

Chorure de sodium	88k 00
Eau saturée	12 00
TOTAL	100 00

Les 12 kilogrammes d'eau saturée présentent les éléments suivants :

Chorure de sodium	3k 0596
Sulfate de magnésie	0 1069
Chorure de magnésium	0 0136
Chlorure de potassium	0 0312
Eau	8 7833
TOTAL	11 9946

Cette analyse a été faite par M. Poitevin, ingénieur chimiste, sur du sel fabriqué avec de l'eau extraite des trous de sonde alimentant la saline de Montmorot. Les eaux de cette saline ne présentent pas de différences notables avec celles de Salins et de Grozon.

57. Autrefois dans le Jura on employait des sels de mer aux usages domestiques pour la salaison des viandes et des fromages. Lorsque les sels de l'Ouest étaient expédiés dans le Jura, ils y étaient vendus au même

Commission B. prix que ceux fabriqués dans les trois salines de ce département, à cause de leur qualité, et malgré leur couleur terreuse; mais cette cause de dépréciation était compensée par une salure plus riche. Jura. — MM. Recoin, Vial.

Questions. 58. L'abandon des sels de mer provient peut-être de ce qu'en vue de combattre la concurrence que ces sels faisaient à leurs produits, les saliniers cherchèrent à Montmorot et plus tard à Salins à imiter la couleur propre aux sels de l'Ouest en jetant sur les sels sortant des bancs d'épuration de la marne bleue délayée dans de l'eau.

Cette préparation artificielle n'était pas livrée sur les lieux : elle était expédiée à Dijon, où les entrepositaires de sels allaient s'approvisionner de sels de l'Ouest.

En peu de temps, les sels imités se substituèrent aux vrais sels de mer, et les fermiers du Jura qui en firent usage ne tardèrent pas à remarquer la répugnance du bétail pour les aliments dans la préparation desquels entrait une portion de ce sel. Bientôt le discrédit des sels de mer fut consommé dans le Jura, et les saliniers en bénéficièrent. Le monopole de la vente de leurs produits s'établit désormais sans redouter d'autre concurrence sérieuse que celle que lui faisait encore la saline de Saint-Nicolas (Meurthe). Cette rivalité n'existe plus aujourd'hui. La fabrication des sels gris dans les trois salines du Jura (sels imitant la couleur des sels de l'Ouest) a duré jusqu'aux premiers mois de 1862.

61, 62, 63, 64. Les sels du Jura contiennent au sortir des bancs d'épuration 12 p. o/o d'eau saturée. Après deux ou trois mois de séjour dans les magasins de la saline, les sels perdent 3 ou 4 kilogrammes de cette eau, et ils sont alors si compactes que c'est à la pioche qu'il faut les détacher de la masse. Dépouillé de sels déliquescents, le sel commun est expédié dans de telles conditions de siccité que pendant son transport il absorbe une portion de l'humidité de l'air et gagne en poids de 1 à 1 1/2 p. o/o. La quantité de 20 décagrammes accordée à titre de bon poids par pesée de 50 kilogrammes contribue également à l'augmentation de poids.

Les sels de l'Ouest contenant plus de magnésie que ceux de l'Est sont plus sujets à éprouver une déperdition en cours de transport : en effet, exposés à l'air humide, une partie se liquéfie; à l'air sec ils perdent une portion de l'eau qu'ils contiennent. De là, sans doute, la cause de diminution de poids à l'arrivée des sels de l'Ouest à leur destination, pour peu que celle-ci soit éloignée du lieu de production; déficit qui ne peut être couvert par les 5 p. o/o de déchet accordés par l'ordonnance du 8 décembre 1843.

69. Le rayon des ventes à l'intérieur pour les sels du Jura est indiqué

dans le tableau numéro 1; il présente, avec les tarifs des prix de transport par terre et par voies ferrées, les prix auxquels les salines vendent les sels et les prix de ces sels sur les principaux marchés. On peut classer dans l'ordre suivant, d'après l'importance des ventes qui leur sont faites, les départements où la saline de Montmorot envoie ses produits : Jura, Saône-et-Loire, Ain, Haute-Savoie, Allier, Nièvre, Rhône, Yonne.

Questions: 70. Les sels fabriqués aux salines de Montmorot et de Grozon sont vendus en grande partie à l'intérieur pour les usages domestiques; elles en expédient aussi à la fabrique de soude de Saint-Fons (Rhône).

L'usine de Salins vend une partie de ses sels à l'intérieur et en exporte une grande partie en Suisse.

On n'emploie pas les sels du Jura pour la fabrication d'engrais. Un certain nombre d'agriculteurs de l'arrondissement de Poligny font venir de Dieppe des sels, dits de coussins, pour la consommation du bétail et l'amendement des terres. Ces sels opèrent mieux que les sels ordinaires en raison des débris de poisson et autres substances organiques qu'ils contiennent. Ils coûtent beaucoup moins cher et ne reviennent qu'à 54 francs la tonne, dont 30 francs pour frais de transport.

74. Les salines de la Meurthe et de la Haute-Saône se sont entendues avec les salines de la Franche-Comté, Arc, Salins, Grozon et Montmorot pour que les produits de leur fabrication ne dépassent pas un rayon déterminé réservé à chaque saline et ne pénètrent pas au delà.

Ainsi, les sels des établissements ci-dessus désignés ne sont pas expédiés, côté nord, au delà du département du Doubs. Les produits des salines de la Meurthe ne s'étendent pas plus loin, au sud, que le Haut-Rhin; la saline de Gouhenans approvisionne la Haute-Saône et les Vosges.

En dehors de ces rayons convenus, toutes les salines se font concurrence et s'efforcent d'empêcher les sels du Midi et de l'Ouest de pénétrer dans la zone comprise entre Lyon, Clermont-Ferrand, Moulins, Nevers, Auxerre, Troyes et Laon.

75. Dans ce but, il est fait usage de prix différentiels, calculés de telle sorte qu'avec les frais de transport, laissés à la charge de l'acheteur, ces prix ne sont nulle part supérieurs à 157 fr. 50 cent. la tonne, impôt compris.

Il résulte de là que si les frais de transport sont élevés, les salines, déduisant du prix de vente indiqué ci-dessus le montant de ces frais, vendent leurs produits à un taux plus élevé sur les lieux rapprochés du centre de fabrication, que sur les points qui en sont les plus éloignés.

Une faveur est faite aux entrepositaires des localités où sont situées les salines. Là, le prix de vente des sels n'est que de 154 francs la tonne; les frais de chargement et de transport à la charge des entrepositaires sont estimés à 2 fr. 50 cent. la tonne. Ceux-ci obtiennent donc le sel à 1 franc meilleur marché que les marchands plus éloignés.

Questions. 79. Si l'on admet que les sels de l'Ouest sont plus déliquescents que les sels d'autres provenances, le déchet supérieur qui leur est accordé paraît justifié.

82. L'impôt sur le sel doit continuer à être perçu sur les quantités de cette denrée et non d'après sa richesse en chlorure de sodium. Avec ce dernier système, il faudrait à tout moment se livrer à des expériences. D'ailleurs, il n'y a pas de procédé pratique découvert jusqu'ici pour apprécier la richesse du sel en chlorure de sodium.

93. En ce qui touche spécialement l'agriculture, il y aurait intérêt à modifier les moyens de dénaturation du sel prescrits par les règlements actuels, qui datent de 1846, époque où le droit sur le sel était de 3 décimes par kilogramme. L'agriculture recule, non pas devant le droit de 5 francs par 100 kilogrammes, mais devant la dépense des substances indiquées pour dénaturer les sels. Deux mélanges sont prescrits par l'article 1er de l'ordonnance du 26 février 1846. Dans chacun de ces mélanges, il entre 40 kilogrammes de son ordinaire qui coûtent en moyenne 5 fr. 50 cent.; cette quantité de son est ajoutée à 5 litres d'eau pour dénaturer 5 kilogrammes de sel, dont la valeur, droit compris, est de 40 centimes.

Quelques agriculteurs praticiens nous ont affirmé que 5 kilogrammes de sel, 5 litres d'eau et 10 kilogrammes de son ordinaire ou mêlé de recoupe formaient un mélange suffisant pour prévenir toute manœuvre frauduleuse.

Un deuxième mélange pourrait également être adopté; il consisterait en 10 kilogrammes de sel, 10 litres d'eau, 1 kilogramme de farine de tourteaux de graines oléagineuses et 10 kilogrammes de son ordinaire mêlé de recoupes.

Si ces proportions étaient adoptées, l'usage du sel comme engrais ou mêlé à la nourriture des bestiaux se répandrait partout et donnerait un essor nouveau à l'industrie des salines de toute nature.

22. Depuis que l'impôt a été réduit des deux tiers, la consommation du sel dans le Jura a augmenté d'environ 26 p. o/o. Cette augmentation peut se répartir ainsi :

COMMISSION B.
—

JURA.
—
MM. Recoing.
Vial.
le Directeur des douanes de Bourg.

Amélioration de la qualité des fourrages humides	4 p. o/o.
Alimentation du bétail	9
Salaison des viandes	5
Fabrication des fromages façon gruyère	6
Consommation du ménage	2

On voit qu'à ce dernier point de vue la consommation est restée à peu près stationnaire; mais, en somme, la production s'est accrue : ainsi, en ce qui concerne les salines de Salins et de Grozon, leurs ventes à l'intérieur ont augmenté de 33 p. o/o en huit ans.

M. LE DIRECTEUR DES DOUANES DE BOURG.

(Déposition écrite.)

M. le Directeur transmet des renseignements sur la consommation du sel dans le département de l'Ain et dans l'arrondissement de Saint-Claude (Jura), dépendant de sa direction.

DÉPARTEMENT DE L'AIN.

Ce département est généralement approvisionné par les sels du Midi, sauf le pays de Gex où les sels de l'Est sont employés dans la proportion de 9/10 contre 1/10. A Nantua, les sels du Midi coûtent 10 francs la tonne meilleur marché que ceux de l'Est. Leur prix varie dans le département entre 14 et 16 francs les 100 kilogrammes pour les sels communs, impôt compris.

La consommation moyenne par individu est de 5 kilogrammes par an.

Dans le pays de Gex, la fabrication du fromage emploie presque exclusivement du sel de l'Est, sauf en ce qui touche les *persillés*, pour lesquels on se sert de préférence du sel du Midi.

Dans la montagne, la consommation du sel est régulière pour la nourriture du bétail. Elle est exceptionnelle dans la plaine.

ARRONDISSEMENT DE SAINT-CLAUDE (JURA).

Pour la fabrication du fromage persillé ou de Septmoncel, emploi exclusif du sel du Midi. On le donne également aux bestiaux. Prix : 20 francs les 100 kilogrammes, rendu chez les fromagers.

Pour la fabrication des gruyères et la consommation alimentaire, emploi exclusif du sel de Montmorot. On le donne aussi aux bestiaux.

Prix en gros dans les dépôts	17f les 100 kilog.
— rendu en montagne	18
— au détail	20

Quantité consommée annuellement :

MM. le Direct des doua de Bourg. Ruty.

Par vache.. 30 kilog.
Par chèvre, brebis.................................. 12

Les sels donnés au bétail ne sont pas dénaturés et payent la taxe ordinaire de 10 francs les 100 kilogrammes.

Consommation domestique : 5 à 6 kilogrammes par tête. On ne fait point d'application du sel aux engrais.

Le sel de l'Ouest et les sels étrangers n'arrivent pas dans la contrée.

M. RUTY,

Membre du conseil général du département du Jura, président de comice agricole.

(Déposition orale.)

Questions. 93, 52. L'usage du sel, déjà fréquent dans le Jura pour l'agriculture, deviendrait bien plus général si les formalités de la dénaturation étaient simplifiées. La compagnie des anciennes Salines domaniales de l'Est pourrait alors établir dans les chefs-lieux de canton des entrepôts de sel dénaturé, dont les agriculteurs pourraient faire provision, au lieu d'acheter du sel pur, ayant payé le droit de 10 francs par 100 kilogrammes.

46. Depuis quelques années, la situation de l'industrie salicole dans l'Est a été beaucoup améliorée par la création des chemins de fer et par les progrès apportés dans les procédés de fabrication. Ses produits sont fort appréciés. Le déposant croit savoir que la compagnie des Salines domaniales a l'intention de centraliser à Montmorot toute sa fabrication. Le chemin de fer projeté de Lons-le-Saunier à Châlon-sur-Saône y amènera à bon marché les houilles de Blanzy et ouvrira un nouveau débouché à ses sels. En outre, la concentration de la fabrication à la saline de Montmorot permettra d'économiser les frais qu'entraîne actuellement une double administration à Lons et à Salins, et d'éviter les chômages momentanés qu'une fabrication plus considérable que la consommation impose aux usines de Grozon, Arc-et-Senans et Salins.

93. Le déposant remet à la Commission un article par lui publié en 1862 dans le *Bulletin agricole* du département, sur la consommation et l'utilité du sel en agriculture. Il est dit dans ce travail que l'emploi du sel est indispensable à la fabrication du fromage, à la conservation du beurre et des viandes, et qu'il est très-utile pour l'engraissement du bétail, ainsi que pour l'amélioration des fourrages rentrés dans de mauvaises conditions ou provenant de sols humides. L'auteur croit pouvoir fixer ainsi qu'il suit les quantités de sel que chaque jour on devrait, dans le Jura, donner aux animaux : bœufs et vaches, 40 grammes; chevaux et

juments, 15 grammes; porcs, 15 grammes; chèvres, 4 grammes; moutons, 2 grammes. Il évalue à plus de 1,950 tonnes la quantité de sel employée annuellement dans le département du Jura pour les usages agricoles et la fabrication du fromage. Enfin, il insiste sur les avantages que retirerait l'agriculture de la franchise des sels nécessaires à ses besoins.

M. PROST,

Banquier à Lons-le-Saunier.

(Déposition orale.)

Questions. 46 Le déposant s'est pendant longtemps occupé de la question salicole; depuis dix ans il l'a un peu perdue de vue. On estimait alors à 22 fr. 50 cent. ou 24 francs le prix de revient de la tonne de sel, intérêts du capital engagé compris. Le prix de revient n'est plus aussi élevé aujourd'hui par suite de la création des chemins de fer, de l'augmentation d'un cinquième dans la production et de certaines diminutions opérées dans les frais de fabrication et de direction.

75. La compagnie Calley-Saint-Paul fait usage de prix différentiels; elle vend moins cher loin des salines, là où la concurrence des sels du Midi et de l'Ouest se fait sentir.

24. Les actions de cette société, qui ont été émises à 500 francs, ont sur le marché une valeur actuelle de 850 à 860 francs. Du reste, elles se négocient peu. Leur dividende est de 60 à 80 francs par an.

74. En faisant une vive concurrence aux producteurs de sel du Midi et de l'Ouest, les saliniers de l'Est ont en vue de les amener à s'entendre avec eux pour la fixation de leurs débouchés respectifs. Le déposant sait que plusieurs fois des propositions ont à cet effet été adressées au Midi qui, jusqu'ici, ne les a pas acceptées. Ainsi il y a à Lons-le-Saunier un entrepositaire de sel de mer qui vend à meilleur marché que les dépositaires de sel de l'Est.

9. Depuis quelque temps les prix de vente des sels ignigènes ont été abaissés à 15 fr. 50 cent. les 100 kilogrammes, impôt compris. Mais il faut remarquer que le bénéfice que fait, sur chaque tonne, la compagnie n'est pas partout le même. Elle doit tenir compte à ses entrepositaires des frais de transport qui sont quelquefois très-considérables, et le bénéfice est diminué d'autant. En somme, le déposant estime que le bénéfice net, intérêts du capital engagé payés, est de 10 à 12 francs par tonne.

M. PRÉPONNIER,

Directeur des bains de Salins.

(Déposition orale.)

Questions. 46, 47. Le déposant a été pendant trois ans propriétaire de la saline de Grozon. Il l'a achetée sur saisie au commencement de l'année 1858, et l'a vendue moyennant 700,000 francs, au mois de décembre 1860 à la société Calley-Saint-Paul et Cie.

Ayant dirigé une exploitation salicole, il peut indiquer quel est le prix de revient d'une tonne de sel. Ce prix était à Grozon de 25 francs, frais d'expédition non compris, car dans l'Est ces frais sont à la charge de l'acheteur. On peut considérer le prix de revient de l'usine de Grozon comme un maximum pour les sels de l'Est; en effet, tandis que dans les autres salines l'eau sort des trous de sonde en général à 24 degrés, elle n'atteint dans les puits de Grozon que 22 degrés dans le premier, 18 degrés dans le second et 16 degrés dans le troisième. En outre, on faisait usage dans cette saline d'une houille de très-mauvaise qualité, exigeant 800 kilogrammes par tonne de sel, proportion qu'on est loin d'atteindre avec les houilles de Blanzy.

Le prix de revient de la tonne de sel ne doit pas dépasser 20 francs dans les salines de Montmorot et de Salins. Quant au prix de vente, il est à Salins même de 160 francs les 1,000 kilogrammes, droit compris. Or le prix de revient étant de 20 francs, l'impôt de 96 francs, et la remise à l'entrepositaire de 7 fr. 50 cent., le bénéfice est par tonne de 36 fr.
75. 50 cent. pour le producteur. Il est vrai que la compagnie ne fait pas partout un bénéfice aussi considérable; à mesure qu'elle expédie ses sels sur des marchés plus éloignés, la concurrence la force, soit à ne pas ajouter intégralement les frais de transport au prix de vente du sel pris à la saline, soit même à livrer son sel à meilleur marché qu'elle ne le fait près des lieux de production.

Pendant les derniers temps de son exploitation, le déposant a cherché à faire concurrence à la société Calley-Saint-Paul et Cie. Il vendait le sel 130 francs la tonne et forçait son concurrent à abaisser ses prix. C'est pour faire cesser cette concurrence que la société Calley-Saint-Paul et Cie a acheté Grozon.

65, 69. Les sels du Midi pénètrent dans l'Est jusqu'aux portes des salines. Ainsi, à Salins, les sels des deux régions se vendent au même prix.

Les sels produits dans le Jura sont consommés surtout dans les départements environnants, comme ceux de l'Ain, du Doubs, de la Côte-d'Or ils sont aussi exportés pour la Suisse.

82. L'impôt sur le sel doit continuer à porter sur les quantités de cette denrée et ne doit pas être établi sur la richesse relative des divers sels en chlorure de sodium.

M. GROZ,

Entrepositaire de sel à Lons-le-Saunier.

(Déposition orale.)

1, 53, 65. Depuis trois ans, le déposant tient à Lons-le-Saunier un entrepôt de sel marin, dans lequel il vend, chaque année, de 25 à 30 tonnes. Il est le correspondant de la maison Masson, de Dijon. Les sels lui sont livrés à 14 fr. 60 cent. les 100 kilogrammes rendus en gare de Lons-le-Saunier; il les vend 15 fr. 25 cent.; toutefois son bénéfice n'est que de 50 centimes, parce qu'il a à payer 15 centimes pour le transport de la gare au magasin.

Les habitants du pays aiment mieux, pour les usages domestiques, le sel de l'Est, qui est moins lourd et qui a plus de volume à poids égal. Le sel de mer est seul employé dans la confection des fromages persillés; il est repoussé par les fabricants de fromage de Gruyère.

Le déposant tire son sel de Miramas (Bouches-du-Rhône). En général, le sac de 100 kilogrammes arrive à Lons-le-Saunier sans avoir perdu de son poids en cours de transport; mais, après quinze à vingt jours de magasin, il subit quelquefois un léger déchet. A plusieurs reprises, le déposant a reçu des plaintes de ses acheteurs, qui constataient des manquements de 3 à 4 kilogrammes par sac de 100 kilogrammes.

M. MAURICE CHAUVIN,

Fermier aux Varaches, commune de Mouchard (Jura).

(Déposition orale.)

3, 19. Le déposant et ses deux frères emploient le sel en agriculture: ils s'en servent pour la salaison des fourrages. Ils élèvent cent vingt-cinq ou cent trente têtes de gros bétail, et consomment annuellement 5 tonnes de sel. Ce sel leur est expédié de Dieppe; il a déjà servi à la pêche; son prix est de 56 francs la tonne rendue à Mouchard; répandu sur le foin, les animaux le préfèrent au sel naturel. Quant à ce dernier sel, il se vend tellement cher que les agriculteurs ne peuvent l'employer que pour les usages domestiques: il vaut en ce moment 156 francs la tonne livrée en gare de Mouchard.

COMMISSION B.

JURA.
MM. Darba[illegible]
Benoi[illegible]
Flama[illegible]
Ch. Jo[illegible]

M. DARBAUD,

Débitant de sel à Saint-Laurent-du-Jura.

M. BENOIT,

Marchand de sel à Censeau.

M. FLAMAIN,

Marchand de sel en gros à Saint-Amour.

(Dépositions écrites.)

Questions. 21, 93. Depuis que les droits sur le sel ont été diminués en 1848, la consommation du sel a doublé dans le Jura. Les cultivateurs emploient le sel pour amender les fourrages avariés; ils le donnent aussi au bétail par poignées ou dissous dans de l'eau.

Dans le canton de Saint-Laurent, la consommation alimentaire du sel n'atteint que le tiers de la consommation agricole.

Il serait d'un grand intérêt que les cultivateurs pussent acheter le sel à des prix moins élevés.

81. Le déchet légal alloué aux sels de l'Est n'est pas suffisant.

87. Il n'y a pas lieu de modifier les droits qui frappent à leur entrée en France les sels étrangers.

M. CHARLES JOBEZ,

Membre du conseil général du Jura, propriétaire-agriculteur à Montorge (Doubs).

(Déposition écrite).

93, 52. M. Jobez élève sur son domaine une grande quantité de bétail; il emploie le sel avec succès pour l'alimentation de ses animaux. Jusqu'en 1865, il a fait usage de sel ignigène; depuis deux ans, il fait venir de Dieppe des sels ayant déjà servi à la pêche. Les fourrages humides que l'on saupoudre avec ces sels, dits de coussins, sont acceptés sans répugnance par le bétail. L'introduction du sel de pêcheries paraît devoir donner une impulsion nouvelle à la consommation agricole du sel; ainsi, jusqu'en 1865, le déposant ne consommait annuellement, en moyenne, que 2,100 kilogrammes de sel ignigène, et, depuis lors, il emploie 5,000 kilogrammes de sel de coussins, sans parler de quelques centaines de kilogrammes de sel raffiné pour les usages domestiques.

Les formalités gênantes de la dénaturation ont empêché le déposant, il y a plusieurs années déjà, de faire des expériences sur l'emploi du sel comme amendement pour les engrais.

RÉGION DU SUD-OUEST.

DÉPARTEMENT UNIQUE

BASSES-PYRÉNÉES.

DÉPARTEMENT DES BASSES-PYRÉNÉES.

Dans le département des Basses-Pyrénées, l'Enquête a eu lieu du 16 au 22 juillet 1866. Elle a été annoncée et le Questionnaire a été publié par une insertion au numéro du *Mémorial des Pyrénées* du 19 mai 1866.

Elle s'est complétée par l'adjonction de :

MM. D'ÉTIGNY, secrétaire général de la préfecture;
DÉTROYAT, président de la chambre de commerce de Bayonne.

La Commission a visité les usines de Salies et de Villefranque.

Elle a reçu les dépositions de :

MM.

1° DE GRIMALDI, propriétaire de la saline de Briscous;

2° DE MIRAMON, négociant à Bayonne, exploitant les produits fabriqués dans les salines de Briscous par la Société civile des sels de Bayonne;

3° LAURENT, directeur des salines de Villefranque;

4° PÉCAUT, directeur de la saline de Salies;

5° SABATIER, épicier à Pau;

6° MALAN, *idem*;

7° L'Ingénieur des mines du sous-arrondissement de Pau;

8° Le Directeur des douanes de Bayonne.

Commission A.

DÉPARTEMENT DES BASSES-PYRÉNÉES.

M. DE GRIMALDI,

Propriétaire de la saline de Briscous (Basses-Pyrénées).

(Déposition orale.)

Questions. 13. Les salines de M. de Grimaldi lui coûtent 1 million de francs, et lui rapportent en moyenne 55,000 à 60,000 francs par an : elles donnent donc un revenu de 5 à 6 p. o/o, tous frais payés.

20, 21, 22. A l'exception de très-faibles quantités, les sels de Briscous ne dépassent pas la ligne de Cette à Bordeaux : les sels de la Méditerranée, qui sont entre les mains des propriétaires du canal et du chemin de fer du Midi, leur opposent une barrière infranchissable.

Les salines des Basses-Pyrénées ne sont pas susceptibles de développement; aussi M. de Grimaldi ne considère-t-il pas comme sérieux les bruits qui ont cours au sujet d'une exploitation de sel gemme devant s'établir à Dax avec un capital de 3 millions de francs : le débouché manquerait à cette saline, et le sel gemme qu'elle fournirait renfermerait, comme celui déjà exploité dans les Basses-Pyrénées, des matières terreuses et siliceuses qui en rendraient le traitement très-coûteux.

Quant aux marais salants de l'Ouest, M. de Grimaldi les considère comme fatalement destinés à périr. Ceux du Midi résisteront, parce qu'ils produisent du sel blanc peu déliquescent; mais l'Ouest verra se restreindre de plus en plus son rayon de vente, et l'Est finira par lui enlever jusqu'à ses départements de production. On verra se consommer en France la ruine des marais salants de l'Ouest, comme on a vu périr les marais salants de l'Angleterre; mais alors la question des marais de l'Ouest cessera d'être une question industrielle.

Il arrivera un moment où le sel de l'Est sera rendu dans l'Ouest au prix de 15 francs la tonne, parce que le sel est une marchandise très-recherchée par les chemins de fer comme appoint.

49. Le prix de revient du sel à Briscous, y compris les frais généraux, mais non compris l'intérêt et l'amortissement du capital engagé, était de 2 fr. 09 cent. les 100 kilogrammes lorsque la houille coûtait 32 francs la tonne rendue à Bayonne. Actuellement la tonne coûte 28 francs à Bayonne; rendue à la saline elle revient à 32 francs. Cette réduction du prix du combustible abaissera le prix de revient du sel de 20 centimes par 100 kilogrammes. La consommation de combustible est plus consi-

dérable à Briscous que dans les salines de l'Est, parce que les sources salées n'atteignent que 21 à 23 degrés de l'aréomètre. Lorsque la houille arrivait à Dieuze par char, M. de Grimaldi la payait 2 fr. 20 cent. à 2 fr. 40 cent. les 100 kilogrammes. Les chemins de fer et les canaux ont dû en faire baisser notablement le prix.

Questions. 54. La composition chimique du sel est partout à peu près la même. M. de Grimaldi a pourtant rencontré en Espagne du sel provenant de l'évaporation de l'eau d'une source salée, qui était du chlorure de sodium presque pur; mais partout ailleurs le sel renferme des corps étrangers qui sont toujours: sulfates de chaux, de magnésie, de soude, etc.

59. Les préférences qui peuvent subsister encore pour le sel de l'Ouest ne sont basées que sur un préjugé. En fait, le même poids de sel blanc de l'Est sale plus que le même poids de sel de l'Ouest, parce que le premier ne renferme pas de matières terreuses étrangères.

62, 63, 64. Les sels de l'Ouest éprouvent en général un déchet plus considérable que ceux de l'Est et du Midi. Cette perte plus grande tient d'abord à ce que, dans l'Ouest, on livre le sel au moment où il sort du marais, tandis qu'on le conserve en camelles dans le Midi, et en magasin dans l'Est. Une seconde cause d'augmentation de déchet résulte de la quantité plus grande de chlorure de magnésium que, à durée égale de conservation, les sels de l'Ouest renferment, relativement à ceux de l'Est et du Midi.

Dans la zone intermédiaire entre l'Est et l'Ouest, le département des Ardennes, par exemple, on mélangeait par parties égales le sel de l'Ouest avec le sel gemme égrugé de l'Est : l'aspect du mélange était à très-peu près celui du sel de l'Ouest, et la siccité parfaite du sel gemme compensait la déliquescence du sel de l'Ouest. Ce n'est qu'ainsi mélangé qu'on a pu faire accepter en France le sel gemme pour la consommation, et cependant la Pologne et la Catalogne n'en consomment pas d'autre.

Le sel de l'Est, selon qu'il est plus ou moins bien fabriqué, fait aussi plus ou moins de déchet : ainsi la dessiccation sur un banc d'épuration placé au-dessus de la poêle produit du sel plus déliquescent que la dessiccation sur un banc disposé latéralement. Dans le premier procédé, en effet, l'eau se perd par évaporation, et les sels déliquescents restent; dans le second, au contraire, une partie notable de l'eau se perd à l'état liquide et entraîne alors des sels déliquescents. M. de Grimaldi, après avoir employé le premier procédé dans ses usines, l'a abandonné pour le second.

82. La fixation de l'impôt d'après la richesse en chlorure de sodium

constituerait une prime à l'imperfection, ce qu'on ne verra jamais en France : d'ailleurs les différences de richesse des sels des diverses régions sont faibles, et l'Ouest ne pourrait retirer de cette réforme qu'une minime protection qui ne le sauverait pas de la ruine.

Questions. 92. M. de Grimaldi se plaint vivement des façons d'agir différentes de la douane et des contributions indirectes : l'Administration des contributions indirectes pèse le sel comme de l'or. M. de Grimaldi se félicite de n'avoir plus affaire qu'avec la douane.

M. DE MIRAMON,

Négociant à Bayonne, exploitant les produits fabriqués dans les salines de Briscous, par la société civile des sels de Bayonne.

(Déposition orale et écrite.)

13, 14. La saline de Briscous se composait dans le principe de plusieurs concessions distinctes; l'exploitation des premières concessions date de 1835. En 1864, les concessionnaires se sont fusionnés en une société dite *Société civile des sels de Bayonne*. Cette société a pour administrateur M. de Grimaldi.

Le capital engagé dans la saline de Briscous peut être évalué à 600,000 francs; ce prix résulte des dernières mutations de propriété qui ont eu lieu en 1857, 1858 et 1859. Il ne peut être donné d'autre renseignement sur la valeur de la saline dans le passé.

15. M. de Miramon croit pouvoir dire que l'exploitation divise, antérieure à l'état actuel, ne donnait que peu ou point de bénéfices aux propriétaires. Il n'est pas en mesure de donner de renseignements sur les résultats de la nouvelle exploitation à ce point de vue.

16, 17. La production pendant les neuf dernières années a été d'environ 5,000 tonnes par an; elle serait susceptible d'être sensiblement développée si l'abaissement du tarif des chemins de fer permettait d'étendre le rayon des ventes. Moyennant quelques travaux d'installation dont il évalue approximativement la dépense à une cinquantaine de mille francs, le déposant pense que la production pourrait être doublée, et ce doublement de production pourrait diminuer de 20 p. 0/0 le prix de revient.

18. Les produits de la saline de Briscous vont à la consommation intérieure et servent exclusivement aux usages domestiques; quelques expéditions ont été faites pour l'exportation et la pêche, mais elles ne constituent qu'un fait accidentel et n'ont qu'une importance très-limitée.

Les sels pour la consommation intérieure sont vendus 14 francs les 100 kilogrammes rendus à Bayonne.

19\. Les sels pour l'exportation ont été vendus sous vergues 3 fr. 50 cent.; ce sont les produits inférieurs de la fabrication.

20\. Pendant les vingt premières années, les principaux débouchés des produits de Briscous ont été Bayonne, Pau et Tarbes. Depuis 1855, époque de l'ouverture du chemin de fer, les débouchés se sont étendus; les produits de Briscous vont aujourd'hui à Mont-de-Marsan, à Bordeaux, dans le Gers, et arrivent presque jusqu'à Agen.

46\. Le capital engagé pour une saline pouvant produire 5 à 6,000 tonnes de sel est de 60 à 70,000 francs pour fonds de roulement et droits sur les sels, en supposant ce sel vendu à un mois; en le vendant à un plus long terme, ce capital s'augmenterait dans la même proportion. Le nombre d'ouvriers est, en moyenne, de trente-cinq à quarante, payés, suivant leur emploi, 2 fr. 50 cent., 2 francs, 1 fr. 75 et 1 fr. 50 cent. par jour. Outre ce personnel nécessaire à la fabrication et à l'entretien des bâtiments et appareils, les salines de Briscous occupent journellement dix à douze bouviers pour le transport des sels jusqu'à Bayonne, au prix de 4 francs la tonne. Les frais d'entretien sont, en moyenne, de 10,000 francs par an.

47\. Les eaux extraites des puits ont 22 et 24 degrés. L'extraction a lieu au moyen de pompes mues par des chevaux. L'établissement occupe dix à douze chevaux tant pour le mouvement des eaux que pour les transports. L'entretien d'un cheval peut être évalué à 350 francs par an.

Deux puits seulement sont en activité : ce sont ceux qui donnent la meilleure eau. Il existe dans la saline plusieurs autres puits qui sont en chômage et qui pourraient être utilisés si les besoins de la production l'exigeaient.

48\. Même degré de salure pour les eaux introduites dans les poêles; à Briscous, il n'y a que des puits ou sources d'eau salée.

49\. On consomme de la houille et du bois, mais beaucoup plus de houille que de bois, environ cinq sixièmes de houille contre un sixième de bois. La fabrication du sel fin exigeant un feu plus vif, ce n'est que pour produire cette espèce de sel qu'on emploie le bois.

Pour produire une tonne de sel, on brûle 450 à 500 kilogrammes de houille. La houille vient de Newport (Angleterre); elle coûte, rendue à l'usine, de 30 à 33 francs la tonne. La houille française reviendrait, à Bayonne, à 35 ou 36 francs la tonne.

Le bois coûte de 6 francs à 6 fr. 50 cent. la mesure équivalant à 1 stère un quart; la dépense du chauffage au bois est la même que celle du chauffage à la houille.

On fait en ce moment des essais de chauffage à la tourbe; les résultats en sont encore incertains. La tourbe employée à Briscous s'extrait d'une tourbière considérable située dans les Landes; la cherté des frais de transport est une des difficultés que rencontrera l'emploi de ce combustible.

Questions. 51. Les sels du Midi ont un tarif de faveur qui nuit essentiellement aux sels de l'Ouest et ignigènes des Basses-Pyrénées. Les fabricants ont vainement réclamé à cet égard auprès de la compagnie du Midi.

Les sels s'expédient de l'usine par charrettes jusqu'à Bayonne; le trajet est de 12 kilomètres. Les frais de ce transport sont de 40 centimes les 100 kilogrammes, y compris le déchargement à Bayonne.

FRAIS DE TRANSPORT DE BAYONNE AUX PRINCIPAUX DÉBOUCHÉS.

Bayonne à Bordeaux, 9 francs la tonne, soit 4 centimes et demi par tonne et par kilomètre;

Bayonne à Dax, 2 fr. 50 cent. la tonne;

Bayonne à Morcenx et Mont-de-Marsan, 6 francs la tonne.

Bayonne à Pau, 11 fr. 50 cent. la tonne, soit 10 centimes par tonne et par kilomètre, plus les frais de camionnage;

Bayonne à Tarbes, 16 fr. 50 cent.

La compagnie des chemins du Midi a fait espérer un rabais de moitié sur les frais de transport entre Bayonne et Pau. Jadis, avant l'établissement du chemin de fer entre ces deux villes, le transport s'effectuait un tiers par eau, deux tiers par terre; il coûtait de 13 à 14 francs la tonne pour un trajet de 105 kilomètres. Le transport entre Bayonne et Mont-de-Marsan s'effectuait par la batellerie avant l'établissement du chemin de fer; il coûtait 7 fr. 50 cent. la tonne : le tarif actuel de 6 francs la tonne par chemin de fer n'a pas permis à la batéllerie de se maintenir.

Un millier de tonnes s'expédie en Bretagne. Morlaix est la destination la plus habituelle. Le sel qui fait l'objet de ces envois est du sel très-fin, servant à la salaison du beurre; il s'expédie par cabotage. Le fret est de 14 francs en été, 15 francs en hiver.

52. Le fabricant paye l'impôt à l'enlèvement du sel; il vend à un ou deux mois de terme; il y a là pour lui une perte d'intérêts; mais il trouve une compensation dans l'escompte.

53. Les usines de Briscous produisent quatre espèces de sel : le gros, le demi-gros, le demi-fin, le fin. La production la plus considérable est celle des qualités intermédiaires, demi-gros et demi-fin. En variant la production, on cherche à l'accommoder aux différents goûts et aux diverses habitudes. Les sels de Briscous contiennent 96 à 97 p. 0/0 de chlorure de sodium, le surplus est de l'eau.

Autrefois on les faisait étuver; on se contente aujourd'hui de les laisser sécher un jour ou deux près des chaudières, sur des plans inclinés au-dessous desquels se trouvent des rigoles, puis on les met en magasin. Le stock en magasin est habituellement d'un millier de tonnes environ, sauf en hiver, époque où les livraisons sont beaucoup plus actives et où les magasins se vident. Il arrive même qu'on livre des sels au moment où ils sortent de la chaudière.

Le poids des sels est, en moyenne, par hectolitre, de 68 kilogrammes pour le sel gros, 72 kilogrammes pour le sel demi-gros et demi-fin, 80 kilogrammes pour le sel fin.

En mêlant quelques blancs d'œuf à l'eau d'évaporation, on obtient des sels plus légers; c'est un procédé qu'on emploie seulement quand l'acheteur le demande.

Avant l'établissement des usines de Briscous, la consommation locale était alimentée par l'usine de Salies et par les sels de l'Ouest. Aujourd'hui, les sels de l'Ouest n'arrivent plus. Les sels de la Méditerranée tendent, au contraire, à arriver, et les tarifs de faveur dont ils jouissent sur les chemins du Midi rendent leur concurrence redoutable.

Les sels allaient jadis des Basses-Pyrénées jusqu'à Toulouse; ils en ont été repoussés. Cependant les sels des Basses-Pyrénées se défendent par les qualités qui les distinguent des sels de la Méditerranée : les premiers sont doux et fondants, tandis que les derniers sont durs et corrosifs.

Le déposant n'admet pas la supériorité des sels de Salies sur ceux de Briscous; il pense que, fabriqués dans les mêmes conditions, les sels ignigènes des Basses-Pyrénées ont les mêmes qualités.

La fabrication de Briscous est dirigée par un contre-maître qu'on a fait venir de l'Est et qui a amélioré les procédés de fabrication; c'est ainsi qu'on a pu empêcher, ou du moins diminuer de beaucoup la formation des croûtes épaisses qui se déposaient dans le fond et sur les parois des chaudières.

57. La différence de richesse des sels en chlorure de sodium a pour influence, quel que soit l'emploi de ces sels, de grever indifféremment du même impôt l'eau hygrométrique ou interposée dont la quantité est susceptible de varier, non-seulement suivant le plus ou moins d'humi-

dité de l'atmosphère, mais aussi pour les sels ignigènes, d'après la cristallisation que l'on veut obtenir.

Questions.

58. Les saliniers de l'Est ont pu, dans le temps, donner quelquefois à leurs sels la teinte propre à ceux de l'Ouest pour s'ouvrir un débouché sur quelques marchés approvisionnés par ces derniers.

Le procédé consistait à introduire dans la poêle d'*imitation* une certaine quantité d'argile grise ou verdâtre, suivant la teinte qu'on voulait obtenir. Ces sels, ainsi colorés par cette teinture à bon marché, qui n'est, d'ailleurs, autre chose que celle involontairement rencontrée dans les bassins de cristallisation de l'Ouest établis en argile de ces diverses nuances, ces sels, dis-je, étaient, il est vrai, préférés aux sels blancs, aux sels purs de l'Est, dans certaines contrées habituées aux sels de l'Ouest, dans lesquelles le préjugé existe peut-être même encore aujourd'hui, que le sel gris vert ou roux sale plus que le sel blanc : pour elles, la richesse en chlorure de sodium consiste sans doute dans la partie colorante.

61. Le degré de siccité des sels tient à leur séjour plus ou moins prolongé soit sur des séchoirs, soit dans des magasins où ces sels se débarrassent à la longue d'une partie de l'eau qu'ils contiennent. L'absence de ces procédés d'épuration ou de dessiccation pour les sels de l'Ouest doit contribuer à la grande déliquescence dont se plaignent leurs producteurs. Les moyens d'abriter leurs produits et de les préserver des influences climatériques sont fort simples : pourquoi n'en feraient-ils pas l'essai ? Ils ne s'obtiennent pas, il est vrai, sans des frais considérables d'établissement et d'entretien.

62, 63. Les variations hygrométriques entre les différents sels dépendent beaucoup des caprices de l'atmosphère. L'allocation pour déchet de route peut bien, suivant la saison et les conditions dans lesquelles le sel s'expédie, n'être pas atteinte pour certains points rapprochés de celui de l'expédition, comme, pour d'autres plus éloignés, ce déchet peut être dépassé : il est assez difficile de normaliser une situation à cet égard. Les moyennes établies ont dû l'être à la suite d'essais répétés et suivis d'une manière rigoureuse. On renouvellerait d'ailleurs ces essais à l'infini que, presque chaque fois, suivant le moment dans lequel on s'y livrerait, ils présenteraient des résultats différents. Je ne vois ainsi rien de mieux que le maintien de ce qui existe.

64. Lors même que les sels de l'Est, comme ceux des Basses-Pyrénées, gagneraient en cours de transport, comme le prétendent MM. les saliniers de l'Ouest, ce qui est fort contestable, ces sels ne peuvent jamais

MISSION A. gagner en poids que par l'humidité qu'ils absorberaient en route; mais comme cette humidité ne peut, en aucun cas, représenter que de l'eau à zéro, l'augmentation de poids demeurerait ainsi de nulle valeur pour la salaison, et le Trésor n'a point à s'en préoccuper. Il est inutile d'ajouter que cette prétendue augmentation serait sans profit pour le producteur. BASSES-PYRÉNÉES. M. de Miramon.

Questions. 66. Les rayons de vente des sels des Basses-Pyrénées sont Bordeaux, la Gascogne et les départements limitrophes.

67. Pour les mêmes sels, le taux du fret au point de débarquement est: pour Redon, 14 francs; Nantes, 14 francs; Bordeaux, 10 francs; le Havre, 15 francs; Dieppe et Dunkerque, 14 francs la tonne.

74. Il n'existe aucune entente entre les propriétaires de salines des Basses-Pyrénées. Les salines de Briscous sont réunies en vertu d'un décret rendu en Conseil d'État.

79. S'il y avait lieu d'établir une différence proportionnelle dans le taux des déchets, elle serait profitable aux sels des Basses-Pyrénées, plus déliquescents que ceux du Midi.

80, 81. Les acheteurs se plaignent généralement du déchet que font les sels qui leur sont livrés. Il est certain que, fréquemment, dans le transport à Pau ou Oloron, par exemple, le déchet atteint 5 p. 0/0; les sels expédiés à Morlaix y parviennent habituellement avec une perte égale au déchet de 3 p. 0/0.

82, 83. L'impôt doit continuer à être perçu comme il l'a été jusqu'à présent; l'assiette de l'impôt sur le titre du sel donnerait lieu à d'innombrables difficultés pratiques; d'ailleurs, le titre du sel ne peut avoir d'importance pour les établissements industriels auxquels le sel est livré en exemption d'impôt; mais, pour la consommation, l'acheteur ne se préoccupe en aucune façon que le sel renferme un peu plus ou un peu moins de chlorure de sodium.

87. Les salines des Basses-Pyrénées pourraient réclamer contre les sels étrangers un droit plus protecteur que celui qui existe.

93. Les moyens de dénaturation connus ne peuvent s'utiliser que pour les sels livrés aux produits chimiques. On n'a rien découvert jusqu'à présent qui puisse faire profiter l'agriculture d'une exonération ou d'une suppression d'impôt. Une dénaturation opérée autrement qu'à l'aide de

Commission A. — matières infectantes permettrait dans certaines contrées de remédier par l'emploi du sel à la mauvaise qualité des fourrages. Malheureusement la chimie n'a rien pu découvrir encore à cet égard. Le mélange du son au sel, dont on a fait l'essai dans certaines salines, n'est généralement pas applicable; on a dû y renoncer.

Basses-Py... — MM. de Mi... Laure...

M. LAURENT,

Directeur des salines de Villefranque (près Bayonne), appartenant à la maison Kühlmann et Cie, de Lille.

(Déposition orale.)

Questions. 13, 46. En ce qui concerne la saline de Villefranque, le capital consacré à la mine est d'environ 200,000 francs, et celui consacré aux travaux extérieurs, comprenant la saline proprement dite, est d'environ 300,000 fr., ce qui constitue un capital de 500,000 francs environ engagé dans cette exploitation.

14. L'exploitation de la mine de Larralde (ou Villefranque) ne remonte guère qu'à une dizaine d'années; les premiers travaux ont été commencés en 1854, et, depuis cette époque jusqu'à ce jour, le capital engagé a augmenté en raison des nouvelles installations qui ont été faites au fur et à mesure du développement de l'industrie et de l'extension des affaires.

16, 18. La quantité de sel de toute nature sortie de la saline de Villefranque depuis 1862 a été, en moyenne, de 1,500 tonnes.

La presque totalité de ces produits a été consommée à l'intérieur; de très-faibles quantités ont été exportées.

Si quelque peu de nos sels ont été embarqués pour la pêche maritime, ils doivent être également en faibles quantités; les sels de Portugal leur sont préférés en raison de la grande différence de prix; cependant nos sels sont employés pour la salaison du poisson, dans les pêcheries établies sur les côtes du golfe de Gascogne; mais la pêche ne donnant pas également toutes les années, cette vente est très-irrégulière.

La production du sel gemme dans la saline de Villefranque, près Bayonne, a été limitée par l'absence dans le voisinage de fabriques de produits chimiques pouvant consommer cette nature de sel.

17. La production des sels raffinés ne serait pas si limitée et leur rayon de vente s'étendrait beaucoup plus loin si la compagnie du Midi accordait des tarifs plus réduits pour les transports; les sels marins du Midi

jouissent seuls de ces tarifs réduits, et arrivent à très-bas prix dans les départements du Sud-Ouest.

Dans les années où les marais salants donnent peu, les sels raffinés doivent avoir un cours plus facile sur les places où les prix de ces deux natures de produits s'équilibrent sensiblement par suite des différences du prix des transports résultant de la distance des lieux de production aux lieux de vente.

Questions. 19. Les prix des sels gemmes rendus à Bayonne à bord des navires ont généralement varié entre 1 franc et 1 fr. 50 cent. les 100 kilogrammes.

Les sels raffinés acquittés ont subi les variations suivantes depuis 1861, époque de l'établissement de la raffinerie de Villefranque :

Année				
Année 1861	prix moyen de	15f 00c	à 16f	les 100 kilog.
1862	———	14 00	16	
1863	———	14 00	15	
1864	———	13 75	15	
1865	———	13 75	14	

Les transports de la mine de Villefranque à Bayonne sont peu coûteux; un chemin de fer de 1,600 mètres amène les sels de l'usine au bord de la Nive, à 4 kilomètres en amont de la ville; des bateaux chargeant de 20 à 30 tonnes font ensuite le service des transports jusqu'à la gare maritime de Bayonne.

Ces frais de transport ne dépassent pas 15 centimes par 100 kilogrammes.

Les transports sur Bordeaux, tarifés à 4 centimes et demi par tonne et par kilomètre, augmentent les prix ci-dessus de 90 centimes par 100 kilogrammes sur la place de Bordeaux, tandis que les sels du Midi franchissent la distance de Cette à Bordeaux presque pour la même somme.

20. La limite extrême des débouchés a été, pour les sels bruts : Dunkerque et Nantes; pour les sels raffinés : Pau, Mont-de-Marsan, Tarbes; Bordeaux et quelques villes entre Bordeaux et Agen, pour les sels fins de luxe seulement.

Nos sels fins vont également en assez grandes quantités sur la Bretagne, pour la salaison des beurres.

Le nombre des ouvriers employés journellement à Villefranque varie entre cinquante et soixante; leur salaire moyen est de 2 francs. Ce nombre d'ouvriers serait suffisant pour fournir largement à une production une fois et demie plus forte.

Les frais d'entretien et d'administration sont énormes relativement à la valeur du produit fabriqué (4 francs les 100 kilogrammes), et ils pèsent lourdement sur le prix des sels en raison de la faible production, restreinte encore par suite des prix onéreux de transport qui empêchent l'extension des rayons de vente.

Questions.

48. Les eaux saturées menées dans les chaudières d'évaporation marquent de 23 à 24 degrés.

49. Le sel gemme est élevé au jour par une machine à vapeur, puis la dissolution jusqu'à saturation s'effectue par divers procédés dans des grands bassins en ciment.

La dépense de combustible pour produire 1,000 kilogrammes de sel est d'environ 400 kilogrammes de charbon anglais qui coûte, rendu à Bayonne, de 30 à 32 francs la tonne, et sur le lieu d'emploi, 2 francs en plus pour le transport jusqu'à la saline.

La tourbe extraite dans les environs de Bayonne fournit également un chauffage économique ; mais son emploi régulier est difficile à cause des difficultés d'approvisionnement.

50. On n'égruge pas les sels de mine, car aucun débouché ne s'offre pour les sels égrugés.

51. Comme nous l'avons déjà dit au n° 19, les frais d'emballage et de transport ne dépassent pas 15 centimes par 100 kilogrammes.

Le tarif que nous applique la compagnie du Midi, et qu'elle appelle tarif réduit, est de 4 centimes et demi par tonne et par kilomètre; il serait à désirer que cette compagnie ne fît pas de préférences en faveur de tel ou tel industriel et qu'elle nous appliquât le tarif des sels du Midi se dirigeant de Cette sur Bordeaux ; de la sorte nous arriverions à Bordeaux avec 5 ou 6 francs de transport par tonne, au lieu de 9 francs que nous payons actuellement. Nous ne saurions trop nous appesantir sur ces préférences marquées qui limitent ou ruinent l'industrie d'un pays au profit d'un autre.

Les frets pour les ports de Bretagne sont généralement de 15 francs par tonne.

52. La valeur des sels est tellement faible que les moindres frais pèsent lourdement sur cette marchandise. Il serait donc à désirer que l'Administration des douanes, tout en conservant un contrôle actif et sûr, cherchât à donner toutes facilités aux fabricants, afin de leur éviter de nombreux remaniements, pesages, sacs plombés, etc. etc. L'emploi de wagons ou bateaux plombés nous semble pouvoir arriver à des résultats aussi sûrs que les moyens rigoureux et coûteux employés jusqu'au jourd'hui.

 Les sels raffinés de Nortwich, près Liverpool, sont plus purs que les sels des mines de France, les sels bruts étant eux-mêmes d'une pureté remarquable.

Le rapport des bonis de 5 p. o/o et de 3 p. o/o entre les provenances de l'Ouest et du Midi paraît justifié pour les sels bruts; mais aucune différence ne doit exister pour les sels raffinés.

Questions.

57. Quant aux sels destinés à la fabrication des produits chimiques, les sels du Midi sont l'objet d'une préférence marquée sur les sels de l'Ouest, et la différence commerciale peut être évaluée à 10 p. o/o environ; cela tient à leur plus grande pureté.

Dans quelques localités, l'habitude d'employer les sels de l'Ouest pour les raffineries leur fait donner la préférence sur les sels du Midi.

58. En raison du prix des transports, les sels de l'Ouest, quoique bon marché, arrivent, sur certaines places de l'Est (où ils sont à tort ou à raison en faveur), à coûter aussi cher que les sels raffinés; il n'est donc pas étonnant que les salines de l'Est aient cherché à imiter la couleur de ces sels. Cette manœuvre se pratiquait encore il y a fort peu de temps, et avait l'avantage de lancer dans la circulation des sels d'une blancheur douteuse qui auraient été difficilement acceptés par le commerce comme sels raffinés blancs.

59. L'emploi dans telle ou telle contrée des sels marins et raffinés de tous grains est plutôt basée sur une longue et vieille habitude et sur les préjugés que sur des qualités sérieusement reconnues au produit préféré.

Ainsi, nos sels fins trouvent un débit considérable sur certaines places où les sels gros sont rejetés, et, dans d'autres contrées, on préfère le sel très-gros. Chaque contrée prétend, avec raison, croyons-nous, que le sel qu'elle préfère *sale le mieux;* en effet, quelle que soit la grosseur de leur grain, ces sels renferment la même quantité de principes salifères; quoique, cependant, il soit à peu près certain que, pour les salaisons de longue durée, les sels gros et grenus sont préférables.

60. Les sels étrangers, et en particulier ceux de Saint-Ubbes, sont plus recherchés; leur cristallisation est plus compacte et les cristaux sont plus réguliers.

61, 64. L'humidité varie de 5 à 10 p. o/o selon que les sels sont de récolte plus ou moins ancienne. Si les sels de l'Ouest perdent en cours de transport plus de 5 p. o/o, c'est qu'ils sont de trop récente récolte.

71. Le sel gemme en roche est utilisé pour le raffinage et pour la fabrication de certains produits chimiques; il n'entre pas directement dans la consommation alimentaire.

74. Aucune entente n'existe entre les salines des Basses-Pyrénées.

77. Les sels de Portugal approvisionnent en grande quantité la pêche maritime.

79, 80, 81. Les allocations actuelles accordées aux sels de provenances diverses nous paraissent équitables; la perte ou déchet semblait tenir plus à l'ancienneté de la récolte qu'à l'état plus ou moins déliquescent des sels.

Les bonis actuels pourraient suffire; mais si des sels exceptionnellement humides donnent lieu à un excédant de déchet, il convient de laisser à l'Administration la faculté de les affranchir de la réclamation pour les droits.

82, 83. Tenir compte de la composition variable des sels de commerce amènerait des complications fort gênantes pour le commerce et pour l'Administration des douanes; il y aurait lieu, dès lors, de tenir compte aussi de l'impureté des sels gemmes et de leur appliquer un régime particulier.

84. Il faudrait avoir recours à une analyse chimique assez compliquée.

85. Les allocations de sel de troque ne doivent pas être rétablies. La vieille coutume seule a soutenu cet abus jusqu'en 1840, où il a été supprimé par la loi du 17 juin.

86. Nous ne pensons pas qu'il y ait lieu de supprimer aux sels du Midi l'augmentation de remise de 2 p. 0/0 pour le grand cabotage.

87, 90. L'industrie des sels n'est pas assez prospère pour avoir recours à la production étrangère; ce serait au préjudice des extracteurs, car, en général, il y a un boni dont l'acheteur bénéficie; cela est si vrai que, lorsqu'on vend aux fabricants de produits chimiques, on vend plus cher.

92. On devrait appliquer gratuitement les plombs de douane, et ne faire payer que le débours qu'ils occasionnent.

93, 94. Le sel ou l'eau de mer ne peuvent être utilisés qu'exceptionnellement pour l'agriculture et dans certaines contrées; on a beaucoup exagéré les avantages de l'emploi du sel; l'expérience le démontre tous les jours.

M. PÉCAUT,

Directeur de la saline de Salies.

(Déposition orale et écrite.)

estions. 3, 14. L'existence de la saline de Salies remonte à une époque si ancienne que la date en est inconnue. Elle a toujours été considérée comme étant la propriété de ceux qui avaient découvert la source et qui s'étaient établis sur ses bords pour l'exploiter. Cette propriété s'est perpétuée et transmise entre leurs descendants, suivant une charte que l'on retrouve dans les archives de Salies et qui porte la date du 16 novembre 1587. Ces règles de transmission, encore en vigueur aujourd'hui, sont complétement différentes de l'ordre normal des successions. On comprend qu'il soit très-difficile de déterminer le capital engagé dans l'exploitation de cette source, ainsi que la valeur de la source elle-même.

Si l'on remonte à cinquante ans en arrière, on a l'occasion de reconnaître que d'importantes améliorations et augmentations ont eu lieu, tant dans l'aménagement de la source que relativement aux bâtiments et appareils d'exploitation. Ainsi, pour ne parler que de l'époque qui s'est écoulée depuis 1852, on a construit un appendice au bâtiment primitif, destiné à recevoir de nouvelles chaudières, lequel a coûté 10,000 francs; plus, une maison pour le préposé des contributions indirectes, laquelle a coûté 3,000 francs. Les frais de couverture de la source, du nouvel aqueduc, du manége neuf s'élèvent à 52,000 francs; ceux de l'établissement de bains à 35,000 francs. Un mur d'enceinte, surmonté d'une grille, a coûté 17,000 francs. Mais la dépense la plus importante est celle de l'acquisition de la saline d'Oràas, qui a été faite en 1860, pour le prix de 180,000 francs, y compris le matériel, les existences en bois, en sel et autres. Cette acquisition a été faite pour absorber une exploitation rivale et améliorer ainsi les conditions de celle de Salies.

15. Après la loi de 1840, l'administration de la saline, nommée par les part-prenants (propriétaires), l'afferma au sieur Moreau, pour le prix annuel de 110,000 francs. Cette ferme dura jusqu'en 1848. A cette époque, les conditions du bail changèrent, et M. Moreau promit un minimum de 60,000 francs pour prix de ferme, avec éventualité d'augmentation calculée d'après la prospérité espérée pour la saline.

En 1852, M. Moreau fut remplacé par un autre gérant, auquel je fus adjoint pour les ventes. Mais ce système cessa en 1855, faute d'avoir pu donner des bénéfices. Il se présenta un nouveau fermier qui promit 60,000 francs, qu'il paya pendant trois ans; mais il s'y ruina. Ce fut alors, c'est-à-dire en 1858, que j'ai été nommé gérant, avec appointements fixes de 2,400 francs et une remise de 5 p. 0/0 sur les bénéfices excédant 60,000 francs.

16. Il m'est impossible de déterminer la quantité de sel produite par la saline d'Oràas avant son annexion. Quant à Salies, je ne puis le faire que pour l'époque postérieure à mon entrée en fonctions. Je remets à la Commission les rapports annuels de mon administration, qui renferment un compte rendu moral et matériel de mes opérations pour les années 1858 et suivantes, jusques et y compris 1865.

17, 18. J'ai toujours produit la quantité que comporte l'état actuel de mon usine, c'est-à-dire 3 à 4,000 tonnes par an. Pour satisfaire aux besoins de ma clientèle, je prends même annuellement 1,000 à 1,200 tonnes à la saline de Briscous, qui me les vend 14 francs les 100 kilogrammes sur place. Je vends presque tout à l'intérieur. J'ai fait cependant quelques expéditions à Montévidéo au prix de 2 fr. 50 cent. à 3 francs les 100 kilogrammes, transportés à Bayonne. Ces expéditions ne m'ont donné aucun bénéfice.

19, 20. Mes prix de vente à l'intérieur sont déterminés par l'influence de la concurrence. A Salies, c'est 18 francs les 100 kilogrammes, droit acquitté; et je vends même jusqu'à 20 francs dans quelques pays environnants. Mais à mesure qu'on s'éloigne, les prix diminuent. A Pau, ils sont de 15 à 16 francs; à Bordeaux et dans le bassin de la Garonne, jusqu'à Montauban, 15 francs. Ces prix ont peu varié par le passé.

Le rayon de mes ventes tend à s'agrandir.

46. La saline de Salies fabrique en moyenne 3,000 tonnes de sel.

La somme moyenne mise en mouvement ou somme de roulement est de 160,000 francs. La saline occupe en moyenne soixante-dix ouvriers (ouvriers de jour et ouvriers de nuit).

Les ouvriers employés à l'usine sont payés, en moyenne, 1 fr. 50 cent. les hommes, et 90 centimes les femmes (il y a environ dix-huit femmes), pour douze à quatorze heures de travail.

Les frais généraux sont en moyenne de 55,000 francs.

L'entretien des bâtiments est de 10,000 francs.

47. La saline de Salies reçoit l'eau salée directement des sources qui sourdent à la base d'une colline gypseuse et se réunissent au centre de la ville, dans un réservoir qui, jusqu'en 1863, était à ciel ouvert, mais qui, à cette époque, fut voûté et se nivelle maintenant avec la place du Baya, où se trouve l'hôtel de la mairie.

L'eau nous arrive tout naturellement avec une pompe d'aspiration dans l'établissement même, chargée en moyenne de 22 degrés de salure à l'aréomètre de Baumé. L'entrée de l'eau dans les chaudières s'opère donc à 22 degrés.

48. Ainsi qu'on l'a vu dans la visite qui a été faite, l'eau descend à même du réservoir dans les poêles de concentration. L'action de la chaleur, en provoquant l'évaporation, détermine la concentration de l'eau au degré suffisant pour la cristallisation du sel. Cette évaporation est poussée plus ou moins activement selon la qualité de sel que l'on veut produire. Pour obtenir du gros sel, on chauffe moins activement et on emploie des appareils plus grands que pour la production du sel fin. Le premier séjourne un certain temps au fond de la chaudière et n'est recueilli qu'à des intervalles plus ou moins éloignés, lorsque l'eau renfermée dans l'appareil a déposé tout son sel. Le second, au contraire, se recueille d'une manière continue sur le devant de la chaudière, tandis qu'à l'arrière se produit une alimentation continue aussi pour remplacer l'eau qui s'évapore.

Les chaudières qui fabriquent le gros sel sont vidées après deux ou trois cuissons. Il s'écoule alors une certaine quantité d'eau mère marquant 30 degrés à l'aréomètre, que l'on utilise en été pour l'établissement de bains et que l'on rejette en hiver. Chaque quinzaine, on opère leur nettoyage en enlevant la croûte de 2 ou 3 centimètres d'épaisseur qui s'est déposée au fond. Les chaudières qui fabriquent le sel fin ne sont vidées que lors de leur nettoyage qui se pratique aussi après quinze jours d'emploi, et l'eau mère qui en provient est utilisée ou rejetée de la même façon.

A tort ou à raison, on laisse toujours une certaine quantité d'eau mère dans les chaudières pour commencer une opération : on considère que cette eau fait l'office d'un levain.

La récolte du sel s'opère au moyen de râteaux en bois, à l'aide desquels on porte le sel dans des paniers coniques placés au-dessus des chaudières et qui permettent au sel de s'égoutter et de se sécher. On enlève ces paniers pour porter le sel en magasin, lorsqu'on fait une nouvelle récolte dans la chaudière.

Le combustible employé pour commencer une opération est le bois en fagots. C'est même le seul qu'on emploie dans la fabrication du sel fin pour laquelle on a besoin d'une flamme très-active afin de produire une vive ébullition. Mais, pour le gros sel, après une demi-journée de marche, on substitue au petit bois le gros bois et la houille.

Indépendamment du sel fin et du gros sel, on fabrique aussi des qualités intermédiaires en modérant plus ou moins le feu. Les diverses parties d'une même chaudière, étant chauffées d'une manière différente, produisent d'ailleurs des sels un peu différents quant à la cristallisation. Mais le sel fin, qu'on appelle sel fin de luxe, est le seul qui se produise d'une manière continue.

49 Par tonne de sel fabriqué, nous employons en moyenne 2,000 kilo-

grammes de bois représentant une somme de 20 francs. Nous essayons depuis une année l'emploi de la houille. Il en faut environ une demi-tonne pour produire une tonne de sel. Je la tire d'Angleterre. Elle me coûte environ 34 francs rendue à Bayonne. J'en ai acheté exceptionnellement au prix de 28 francs. Le transport de Bayonne à l'usine est de 6 francs. J'ai brûlé jusqu'ici environ un dixième de houille pour neuf dixièmes de bois. Je n'emploie que du bois sec qui me revient à 1 franc les 100 kilogrammes, le bois en fagots comme le gros bois. L'emploi des deux sortes de combustibles constitue à peu près la même dépense.

Questions. 51. Les frais d'emballage, d'expédition et de transport sont, en moyenne, de 40,000 francs.

Salies se trouve ne pouvoir correspondre qu'avec le chemin de fer du Midi, soit qu'il prenne la direction de Bordeaux, soit qu'il prenne celle de Toulouse. Le tarif de la compagnie est de 10 centimes par kilomètre et par tonne.

Le tarif général du chemin de fer du Midi est de 10 centimes par tonne et par kilomètre. Ce tarif est en vigueur de Bayonne à Pau. Mais, de Bayonne à Bordeaux, on ne paye que 9 fr. 70 cent. la tonne. Les frais de transport de Salies à Pau s'élèvent à 7 fr. 50 cent. la tonne, trajet entier en voiture.

De Salies à Bayonne, les sels voyagent par terre jusqu'à Peyrehorade, où on les embarque sur l'Adour; le coût de ce transport est de 5 francs la tonne.

Il serait vivement à désirer, dans l'intérêt de nos sels, que la compagnie du chemin de fer les traitât sur un pied d'égalité avec les sels du Midi, qu'elle transporte de Cette à Bordeaux pour un prix bien inférieur à celui que nous payons nous-mêmes pour une distance moindre.

53. Les eaux salées de Salies tiennent en dissolution du chlorure de sodium, du chlorure de potassium et de calcium, du sulfate de chaux, de magnésie, de soude et de potasse, du carbonate de magnésie, de l'iodure et du bromure de sodium. (Réveil et O. Henry père et fils.)

Ce sont ces divers éléments qui ont fait que le sel de Salies a été déclaré, à l'exposition de Paris (1860), par M. Dumas, le sel le plus pur de tous les sels connus. Il se distingue par sa qualité fondante et pénètre parfaitement dans les pores des chairs. C'est à ce sel que le jambon de Bayonne doit la réputation européenne dont il jouit, puisque, jusqu'en 1835, époque à laquelle furent découvertes les sources de Briscous, le département ne renfermait pas d'autres fabriques.

61. Le degré de siccité du sel est en rapport direct avec la date de la fabrication. Généralement les sels de Salies sont mis dans le commerce aussi-

tôt après qu'ils ont été fabriqués. Je ne puis guère faire de provision que pendant l'été pour la vente de l'hiver.

L'atmosphère plus ou moins humide influe également sur l'état hygrométrique du sel.

estions. 2, 63. Nous déclarons sincèrement, offrant de le prouver au besoin, que les sels de Salies, par cela même qu'ils sont purs de matières étrangères, sont très-légers et par conséquent très-fondants, et nous font, indépendamment des 3 p. o/o accordés pour déchet de route, un déchet de 5 p. o/o dans le parcours de Salies à Pau, qui est notre principale place de vente (la distance n'est que de 56 kilomètres). La vérification du fait que j'articule est très-facile; elle peut être faite à notre insu. Notre magasin général se trouve à Pau, place Bosquet, n° 12; il est ouvert tous les jours; le sel y est expédié en sacs de 20 kilogrammes : soumis à l'épreuve, MM. les commissaires n'y trouveront que 19 kilogrammes de sel. C'est donc un déchet de route de 8 p. o/o que nous réclamons en faveur du consommateur, au lieu du déchet de 3 p. o/o qui nous est accordé. Le Gouvernement fera un acte de justice en faisant droit à notre réclamation.

73. Les quantités vendues sont, en moyenne, de 3,000 tonnes par an.

78. La concurrence des sels étrangers est menaçante à Bordeaux et à Bayonne; cette concurrence est fondée sur la différence du prix de revient, les sels étrangers n'ayant à supporter que le coût du fret qui, dans certains cas, est insignifiant, soit qu'ils se chargent en lest grenier, soit qu'ils chargent à destination, venant prendre à Bordeaux du vin ou autres denrées, à Bayonne des matières résineuses ou denrées alimentaires (froment, maïs), tandis que nous avons : frais de fabrication et frais de transport à raison de 10 centimes par kilomètre et par tonne.

M. JOSEPH SABATIER,

Epicier à Pau.

(Déposition orale.)

Le déposant ne fait plus le commerce du sel depuis une vingtaine d'années; mais il croit pouvoir néanmoins donner à la Commission les renseignements suivants sur les prix de vente en gros et de revente au détail.

19. Les épiciers de Pau se fournissent des sels de Salies et de Briscous; mais principalement de ceux de Salies qui sont plus propres. Ces deux salines vendent le même prix, soit 3 fr. 50 cent. à 3 fr. 75 cent. le sac de

20 kilogrammes rendu à Pau. Les détaillants revendent 20 centimes le kilogramme le sel, soit fin, soit en grains. Les salines de Salies et de Briscous vendent aussi leurs sels dans les départements des Landes, des Hautes-Pyrénées et du Gers. Les salaisons dans le département des Basses-Pyrénées se font avec les sels du pays, et s'il est arrivé quelquefois que les viandes salées se soient corrompues, ce n'était que lorsque la salaison était mal faite.

M. MALAN,

Épicier à Pau.

(Déposition orale.)

Questions.

19. Le déposant achète des sels de Salies, moyennant le prix de 3 fr. 50 c. le sac de 20 kilogrammes rendu à Pau. Tout dernièrement le sac de 20 kilogrammes se vendait encore 3 fr. 75 cent.. La baisse de 25 centimes est le résultat de la concurrence. Il y a d'ailleurs des variations assez fréquentes dans le prix de vente.

Le déposant revend au détail au prix de 25 centimes le kilogramme, le sel en grains, et croit que c'est le prix moyen dans la ville de Pau. Il revend le sel fin 30 centimes le kilogramme, bien qu'il l'achète le même prix que le sel en grains. Lorsqu'il revend un sac de 20 kilogrammes, il fait une petite concession.

A Pau et dans le département, le sel ne se vend qu'au poids.

M. L'INGÉNIEUR DES MINES DU SOUS-ARRONDISSEMENT DE PAU.

(Déposition écrite.)

46, 47, 48, 49. La saline d'Oràas achetée dernièrement 180,000 francs a produit :

En 1861	1,054 tonnes de sel raffiné.
1864	1,330
1865	1,113

Soit en moyenne 1,165 tonnes de sel raffiné par an.

Le prix d'achat, 180,000 francs, doit être diminué comme comprenant des éléments étrangers, tels que champs, prés et existences en sels, et doit être porté à 160,000 francs environ.

Ce qui donne 137,339 francs pour prix du capital engagé dans l'établissement d'une usine capable de produire annuellement 1,000 tonnes de sel raffiné.

Ce prix est certainement exagéré et s'explique par ce fait que Salies, en achetant Oràas, se débarrassait d'un concurrent redoutable en assurant sa propre prospérité, et c'est pour cela que le prix d'achat d'Oràas dû être aussi considérable, tout en restant pour Salies une excellente spéculation.

A Briscous, les usines ont été vendues dans les conditions suivantes :

Lardenary, vendu en 1857	75,100f
Latscalde, vendu en 1858	90,500
La Tuilerie, vendue en 1858	80,000
Salfharitz, vendu en 1859	70,000
Élichague et le Centre, estimés	150,000
	465,600

Soit 465,600 francs pour la valeur des salines de Briscous actuellement réunies.

Ces salines ont produit :

En 1853	5,273 tonnes de sel.
1854	5,553
1855	4,845
1860	6,600
1861	6,519
1864	5,600
	34,390

Soit en moyenne, par année, 5,731 tonnes de sel raffiné.

Ce qui donne pour prix du capital engagé dans les salines de Briscous, et pour 1,000 tonnes par année, 81,242 francs. Ce chiffre me paraît plus rapproché de la vérité que celui indiqué ci-dessus pour Oràas.

En 1864, Salies employait de soixante-dix à quatre-vingts ouvriers, soit en moyenne soixante-quinze pour une production annuelle de 2,813 tonnes, ce qui donne pour une usine de ce genre, capable de produire 1,000 tonnes par an, le nombre de vingt-huit ouvriers.

Dans la même année, Oràas produisait 1,330 tonnes de sel avec vingt ouvriers, ce qui donne un résultat inférieur, mais ce qui s'explique, attendu qu'à Oràas les chaudières, moins nombreuses et plus vastes, nécessitent, pour une production donnée, une main-d'œuvre moins active.

En 1864, Briscous produisait 5,600 tonnes de sel avec trente-cinq ouvriers seulement, ce qui donne sept ouvriers seulement environ pour 1,000 tonnes par an.

Des écarts semblables doivent surprendre, et cependant ils s'expliquent très-facilement.

A Salies, le combustible employé est le bois débité en longs fagots, brûlant par conséquent très-rapidement et demandant un entretien constant, d'autant plus que les chaudières sont nombreuses et petites, que les foyers sont très-restreints, et qu'avec un combustible flambant, introduit par petites portions, il est nécessaire de veiller constamment au feu. Ajoutons à cela les transports incessants nécessités par l'emploi d'un combustible qui dure peu dans le foyer, et de là une main-d'œuvre considérable. Cette main-d'œuvre diminue dans la saline d'Oràas, par le seul fait de l'emploi de plus grandes chaudières munies de foyers plus considérables; mais elle se réduit encore plus à Briscous, par suite de l'emploi de la houille, combustible qui dure au feu et n'exige pas un chargement incessant.

Dans le chiffre de soixante-quinze ouvriers indiqué ci-dessus pour Salies entre le nombre des ouvriers employés pour amener à l'usine le bois provenant des taillis voisins; mais si l'on veut tenir compte seulement des ouvriers dans la saline, il faut adopter le chiffre de quarante-huit ouvriers seulement, dont douze femmes, pour une production de 2,813 tonnes, soit dix-huit ouvriers pour 1,000 tonnes.

A Salies, l'eau traitée dans la saline provient d'une source naturelle présentant, depuis qu'elle a été ouverte, 23 à 24 degrés de salure.

A Oràas, l'eau traitée provient de puits forés et présente la même densité.

Il en est de même à Briscous.

Avec des eaux aussi rapprochées du point de saturation, il n'est nullement nécessaire d'augmenter, par des moyens plus ou moins complexes et toujours coûteux, le degré de salure; il n'y a pas à faire de bâtiments de graduation; il n'y a pas lieu d'ajouter du sel en roche; mais il convient seulement de laisser séjourner l'eau salée dans des réservoirs en ciment pour le dépôt des matières terreuses et la clarification des dissolutions conduites ultérieurement dans les poêles d'évaporation, ce qui ne peut d'ailleurs qu'augmenter quelque peu le degré de salure, déjà très-élevé.

Salies et Oràas utilisent les taillis des environs, et se servent de fagots très-longs et flambants qui se payent 1 franc les 100 kilogrammes, quand ils sont composés de branches minces, et 1 fr. 20 cent., quand ils sont composés de rondins; c'est-à-dire de branches de plus forte grosseur.

On peut compter qu'une tonne de sel exige 1,500 kilogrammes de bois.

Briscous emploie exclusivement le charbon anglais, qui revient à environ 34 francs la tonne. On doit compter sur l'emploi de 464 kilogrammes de houille par tonne de sel.

Villefranque se sert également de charbon qui lui revient à peu près

M. l'Ingénieur des mines de Pau.

au même prix, et utilise parfois la tourbe des bords de l'Adour, dont il m'est impossible de fixer le prix d'achat et dont il faut environ une tonne pour la même quantité de sel.

L'eau de la source de Salies, qui présente depuis les derniers aménagements un degré de salure à peu près constant, quel que soit le temps, est amenée par le moyen d'une pompe et d'un manége dans de grands réservoirs en ciment disposés en tête des lignes de chaudières. Dans ces réservoirs l'eau salée se clarifie, ou pour mieux dire achève de se clarifier, en même temps que, par l'addition d'un peu de chaux, on détermine par double décomposition la séparation d'une certaine quantité de sulfate de chaux. Ce simple procédé préalable, dû à Berthier, a, comme on le sait, une grande importance au point de vue de la composition des eaux mères que fournissent ultérieurement les chaudières.

L'eau salée est ensuite dirigée dans l'une des quarante chaudières de l'usine de Salies. Ces chaudières sont, à Salies, très-petites et sont chauffées avec des fagots au moyen de foyers tout à fait primitifs.

De deux choses l'une, ou l'on veut du sel fin, ou l'on veut du gros sel.

Dans le premier cas, l'eau doit être maintenue en ébullition presque constante, afin de troubler la cristallisation et d'éviter les dépôts considérables sur un même point : il est certain que l'emploi d'un combustible ardent au feu, tel que le bois de Salies, et de petites chaudières que l'on surveille facilement, a des avantages au point de vue de la qualité et de la régularité des produits; mais la main-d'œuvre doit être coûteuse.

Dans le second cas, l'eau salée doit être chauffée très-doucement; la cristallisation doit être aussi tranquille et aussi régulière que possible, et il est hors de doute que pour cette fabrication les grandes chaudières et un combustible durant au feu, avec des foyers convenablement aménagés, réaliseraient à Salies une économie notable.

Quand, après les cristaux de sel, les matières étrangères vont commencer à se déposer, ce que l'on sait par la pratique d'après l'abaissement du niveau de l'eau dans la chaudière, l'opération doit être arrêtée; le sel déposé à l'extrémité de la chaudière la plus éloignée du foyer doit être enlevé, égoutté, séché et mis en magasin; les eaux mères sont écoulées et perdues, et de temps en temps les croûtes terreuses et salines adhérant aux parois sont enlevées et jetées; les agriculteurs ignorants du pays ne tirent de ces croûtes aucun parti.

L'installation générale de Salies est des plus défectueuses et de grandes économies de détail seraient possibles avec un plan d'ensemble plus convenable, des magasins mieux situés, des foyers mieux compris, et surtout avec l'emploi de grandes chaudières pour le gros sel, et d'un combustible n'exigeant pas une main-d'œuvre constante. Mais les produits de l'usine sont estimés, et avec raison, ce qui tient suivant moi à la nature même de la source naturelle de Salies.

Commission A.

Basses-Pyréné

M. l'Ingénieur mines de P

L'eau salée a en effet subi, avant d'arriver à la surface, un filtrage souterrain qui la prive certainement des particules solides en suspension qui seraient, lors de la cristallisation, autant de centres et de noyaux d'attache des cristaux de sel; et la présence de semblables matières, inévitables lorsqu'on traite des eaux salées artificiellement, soit par puits, soit par dissolution de sel en roche, et impossibles à séparer complétement par le seul séjour dans des réservoirs qui peuvent être assez vastes, mais qui doivent être limités pour éviter de trop grands frais, a l'inconvénient de former au centre du cristal de sel un noyau solide qui rend le sel lourd et pesant, en même temps qu'il croque sous la dent.

Je crois, en outre, qu'à Salies l'évaporation s'arrête avant le dépôt complet du sel contenu dans la dissolution; c'est ainsi que j'explique la bonne qualité mais aussi la cherté du sel produit dans cette usine.

Pour les autres salines, moins bien favorisées sous le rapport de la source salée, le traitement est identique, avec cette différence que les chaudières sont plus grandes et que l'installation générale est moins vicieuse.

Quant à Villefranque, le sel en roche extrait de la mine est débourbé, dissous; l'eau est clarifiée et traitée, mais sans avoir la pureté et les avantages d'une dissolution longuement préparée par la nature; l'installation générale est mieux comprise, ce qui n'empêche pas qu'il y aurait tout avantage à extraire, non le sel en roche, mais l'eau obtenue en exploitant par dissolution comme à Oràas et à Briscous. Cela serait d'autant plus facile que le seul fait de l'exploitation en roche aurait préparé de grandes chambres de dissolution.

M. l'ingénieur des mines joint à sa déelaration le tableau ci-après, relatif à la fabrication du sel dans les Basses-Pyrénées.

ANNÉES.	MINES DE SEL gemme.	SOURCES salées exploitées.	CHAUDIÈRES D'ÉVAPORATION.	COMBUSTIBLES CONSOMMÉS.		NOMBRE des ouvriers employés	SEL PRODUIT.
				HOUILLE.	BOIS.		
				quint.	quint.		quint.
1864	1	9	74	33,834	68,646	145	110,977
1863	1	9	74	49,400	57,600	145	156,256
1862	1	9	74	49,500	58,000	135	152,800
1861	1	9	74	47,600	57,000	135	147,746
1860	1	9	"	"	"	"	107,000
1859	1	9	74	29,850	64,000	113	99,650
1858	1	9	60 actives 11 inact^ves.	30,000	79,000	113	100,900
1857	1	9	60 10	34,382	78,000	116	108,065
1856	1	8	65 7	29,700	68,400	118	116,874
1855	1	11	53 19	14,000	95,000 6,000 tourbe.	109	108,795
1854	1	9	64 10	17,500	115,959 8,000 tourbe.	95	120,306
1853	1	9	62 12	8,469	142,700 6,020 tourbe.	92	109,152

M. le Directeur des douanes de Bayonne.

M. LE DIRECTEUR DES DOUANES DE BAYONNE.

(Déposition écrite.)

M. le directeur des douanes de Bayonne joint aux documents qu'il remet à la Commission d'Enquête l'extrait d'une note sur l'industrie des sels dans le département des Basses-Pyrénées, qu'il a adressée en 1861 à l'Administration supérieure des douanes; il considère les renseignements contenus dans cette note comme s'appliquant presque complétement à la situation actuelle. On résume ci-après cette note et les autres documents :

Il existe dans le département des Basses-Pyrénées cinq établissements où le sel est fabriqué à l'aide de combustible. Ces établissements sont les salines de Villefranque, de Briscous, d'Urcuit, de Salies et d'Oràas.

A Villefranque, on extrait le sel en roche au moyen de puits et galeries; dans les autres salines, le sel est extrait en dissolution des sources d'eau salée.

Voici le mouvement de la fabrication du sel dans les cinq usines, depuis 1856 :

ANNÉES.	BRISCOUS.	URCUIT.	VILLE-FRANQUE.	SALIES.	ORAAS.	TOTAL.
	tonnes.	tonnes.	tonnes.	tonnes.	tonnes.	tonnes.
1856	5,354	345	Chômage.	2,700	1,488	9,887
1857	6,194	153	"	2,284	1,345	9,976
1858	5,416	204	*Idem.*	2,613	949	9,182
1859	5,202	360	*Idem.*	3,242	1,212	10,016
1860	6,380	367	223	3,443	1,401	11,814
1861	6,780	350	3,309	3,187	1,057	14,683
1862	5,205	337	2,465	2,928	1,202	12,137
1863	5,046	352	1,911	2,445	873	10,627
1864	4,954	351	1,566	2,887	1,337	11,095
1865	4,824	350	1,789	2,759	1,143	10,865
TOTAL GÉNÉRAL	....	....	....	....	....	110,282

Si l'on divise en deux périodes les dix années dont la production est indiquée dans le tableau qui précède, on remarquera que la fabrication est en progrès : car, dans la première période quinquennale (1856-1860), la production annuelle n'était en moyenne que de 10,000 tonnes, tandis que, dans la deuxième période (1861-1865), elle s'est élevée à 12,000 tonnes.

Avant 1848, année de la réduction de l'impôt sur le sel, la fabrication ne s'élevait en moyenne qu'à 8,500 tonnes (période 1843-1847).

COMMISSION A.

BASSES-PYRÉN[ÉES]

M. le Direc[teur] des douane[s de] Bayonne.

Le prix de revient de la tonne de sel (frais de fabrication, intérêt et amortissement du capital engagé réunis) peut être établi, pour les différentes usines, de la manière suivante :

Villefranque	23 à 25f
Briscous	27f 60c
Urcuit	36 00
Salies	25 00
Oràas	25 00

Voici la nature, les quantités relatives et le prix du combustible employé dans ces usines :

NOM DES ÉTABLISSEMENTS.	NATURE DU COMBUSTIBLE.	QUANTITÉ CONSOMMÉE par tonne de sel.	PRIX DE LA TONNE de combustible rendue à l'usine.
Villefranque	Houille	400 à 450 kilog.	32 à 35f
Briscoûs	*Idem*	450 à 500	35
Urcuit	*Idem*	800	32 à 33
Salies	Bois	1,250	10f 50c
Oràas	*Idem*	1,500	11f

Les salines des Basses-Pyrénées n'ont d'autres débouchés que le département et les quatre ou cinq départements limitrophes. Toutefois, elles exportent chaque année, par le cabotage, environ 1,000 tonnes, dont la plus grande partie est consommée en Bretagne pour les salaisons de beurre.

ENQUÊTE SUPPLÉMENTAIRE.

ORLÉANS. — TOURS. — LE MANS. — SAINT-MALO. — ROUEN.

FÉCAMP. — LILLE.

DUNKERQUE. — LYON. — PARIS. — LIVERPOOL.

ENQUÊTE SUPPLÉMENTAIRE.

1867.

Ont été entendus :

A Orléans, le 2 décembre :

MM.

1° Germon, président de la chambre de commerce d'Orléans;
2° Morize-Jouvellier.. } négociants en sel;
3° Fousset.......... } négociants en sel;
4° Bigot frères...... } négociants en sel;
5° Le Directeur des contributions indirectes.

A Tours, le 3 décembre :

MM.

1° Bruneau-Cornu..... } marchands de sel en gros;
2° Charpentier....... } marchands de sel en gros;
3° Caillard, syndic de la marine, à Tours;
4° Tétedois, marinier de la Loire.

Au Mans, le 4 décembre :

MM.

1° Quentin-Vérité, président de la chambre de commerce du Mans, ancien négociant en sel;
2° Vérité, membre du conseil général de la Sarthe, ancien négociant en sel;
3° David, négociant en sel;
4° Pellier frères, fabricants de salaisons au Mans;
5° Michel Vielle, négociant en sel à Sablé.

A Saint-Malo, le 5 décembre :

MM.

1° Palmié, négociant en sel, raffineur de sel;
2° Lemoine.......... } armateurs pour la pêche de la morue;
3° Hovius........... } armateurs pour la pêche de la morue;
4° Le Pomellec...... } armateurs pour la pêche de la morue;
5° Guibert.......... } armateurs pour la pêche de la morue;
6° L'Inspecteur des douanes.

COMMISSION B.

A Rouen, le 9 décembre :

MM.

1° LEMIRE, président de la chambre de commerce de Rouen, négociant en sel;

2° MALÉTRA.........} fabricants de produits chimiques à Rouen;
3° CHOUILLOU........}

4° MARIN, négociant en beurre à Rouen.

A Fécamp, le 10 décembre :

MM.

1° HOULBRÈGUE........} armateurs pour la pêche à Terre-Neuve;
2° BRUMENT.........}

3° CHÉDRU..........} armateurs pour la pêche, saleurs de poissons;
4° Martin DUVAL.....}

5° MOREL, marchand de sel en gros;

6° Le Receveur des douanes.

A Lille, le 12 décembre :

MM.

1° KÜHLMANN, président de la chambre de commerce de Lille, fabricant de produits chimiques;

2° PATOUX, fabricant de produits chimiques à Aniche;

3° VIRNOT, raffineur de sel à Lille;

4° Le Directeur des douanes.

A Dunkerque, le 13 décembre :

MM.

1° Charles VANCAUWENBERGUE..} armateurs pour la pêche d'Islande;
2° SOETENAÉYE............}

3° BROQUANT, armateur pour la petite pêche;

4° JANSSOONE, *idem;*

5° WOUTERMAERTENS, raffineur de sel, négociant en sel;

6° HAMOIR...........} négociants en sel;
7° MOREEL-DECHERF....}

8° L'Inspecteur des douanes.

LYON. Renseignements transmis par l'Inspecteur des douanes.

PARIS, Renseignements transmis par le Directeur des douanes et le Directeur de l'octroi.

LIVERPOOL. Renseignements transmis par le Consul de France à Liverpool.

ORLÉANS.

M. GERMON,

Président de la chambre de commerce d'Orléans.

(Déposition orale.)

Questions.
59, 64, 81. Je ne m'occupe pas spécialement du commerce du sel, mais j'ai toujours entendu dire que le déchet légal de 5 p. o/o accordé au sel de l'Ouest est insuffisant, pour peu que ce sel reste un certain temps en magasin ou en entrepôt.

Il paraîtrait que le sel de l'Ouest a, particulièrement quand il est jeune, une saveur particulière, une sorte d'odeur de violette qui plaît aux consommateurs. Sa déliquescence est une condition nuisible au point de vue des déchets, mais elle est considérée comme une qualité pour certains usages industriels, notamment pour la boulangerie.

Je n'ai pas entendu dire que les sels ignigènes de l'Est fassent des déchets, ni qu'ils gagnent du poids en cours de transport.

M. MORIZE-JOUVELLIER,

Négociant en sel à Orléans.

(Déposition orale.)

5, 66, 69. M. Morize-Jouvellier exerce sa profession depuis dix-huit ans. Il achète et revend annuellement environ 15,000 tonnes de sels.

Il emploie les sels des trois régions, mais son approvisionnement consiste particulièrement en sels de l'Ouest. Il tire ses sels ignigènes des usines de Lorraine; il a un entrepôt à Istres (Bouches-du-Rhône) pour les sels du Midi et fait venir de la Rochelle ses sels de l'Ouest.

19, 51. Le sel de l'Ouest, rendu dans les magasins du déposant, revient actuellement à 13 fr. 22 c. les 100 kilogrammes; il est vendu 14 francs aux détaillants, qui le revendent au public de 15 à 20 centimes le kilogramme.

Voici comment se décompose le prix de 13 fr. 22 ci-dessus indiqué :

Achat au marais	1f 60c
Impôt	9 40
Transport à la Rochelle	0 35
Mise en sac à la Rochelle	0 15
Transport à Orléans	1 62
Camionnage	0 10
Total par 100 kilogrammes	13 22

Le prix au marais de 16 francs la tonne, indiqué dans le détail ci-dessus, est un prix anomal, dû aux mauvaises récoltes de 1866 et 1867. Dans les années d'abondance, le sel vaut en général de 6 à 7 francs en Charente-Inférieure. Dans les années de rareté comme celle-ci, il atteint des cours très-élevés; il est coté actuellement 19 francs la tonne sur le marché de la Rochelle.

En général, les cours de la Loire-Inférieure se tiennent plus haut que ceux de la Charente-Inférieure : aussi le rayon des ventes de Nantes dépasse-t-il rarement Tours.

Questions. 54, 61, 64, 81. Le déchet des sels de l'Ouest transportés du marais à la Rochelle et de la Rochelle à Orléans peut être évalué en totalité à 8 p. o/o, dont 6 p. o/o du marais à la Rochelle, et 2 p. o/o de la Rochelle à Orléans; c'est là un chiffre moyen s'appliquant confusément au sel jeune comme au sel vieux. En dehors de sa déliquescence naturelle, le sel subit des transbordements qui lui causent des déperditions sensibles. C'est là une condition fâcheuse dont l'Est est affranchi par la proximité de ses usines des chemins de fer. Il arrive, en outre, assez fréquemment que des erreurs matérielles ont lieu dans le pesage au marais.

Le sel du Midi perd très-peu : 1 p. o/o environ de Miramas à Orléans. Il ne gagne pas.

Le sel de l'Est non-seulement ne perd pas, mais gagne en cours de transport. M. Morize-Jouvellier le sait pertinemment et l'affirme. Ce gain est de 3 à 4 p. o/o des salines à Orléans.

Les sels lavés de l'Ouest subissent un déchet sensiblement supérieur à celui subi par les sels bruts des marais. La cause en est dans ce fait que les raffineurs du Croisic et du Pouliguen expédient leurs produits aussitôt après le lavage. La consommation des sels lavés est insignifiante dans l'Orléanais; ils sont vendus 10 francs de plus par tonne que les sels bruts.

Les sels raffinés de l'Ouest subissent un déchet presque égal à celui des sels lavés. Ils ne viennent pas à Orléans à cause de leur prix élevé et de leur déchet considérable. Il y a tout avantage pour le commerce de ce pays à faire venir des sels ignigènes de l'Est qui sont moins chers et déchettent moins. Le déposant en conclut que l'industrie du raffinage pourra difficilement se développer dans l'Ouest.

59. Le sel de l'Ouest a incontestablement une saveur particulière supérieure aux sels des autres régions. Mais cette supériorité n'a pas d'influence sur la vente ordinaire, dans laquelle le détaillant agit seul, selon son intérêt, et fait accepter son choix par l'acheteur.

58. Les sels de l'Ouest gris et rouges ne sont plus demandés ni acceptés.

75. Les saliniers de l'Est et du Midi ont dans leurs ventes des prix différentiels combinés selon les distances. Mais les saliniers de l'Ouest les imitent en établissant des prix différents suivant la destination des produits : ainsi ils vendent plus cher aux armateurs qu'aux négociants en gros pour la consommation intérieure.

87. Toute mesure qui faciliterait l'entrée des sels étrangers aggraverait la condition déjà si fâcheuse de l'Ouest. M. Morize-Jouvellier la verrait avec regret.

93. Le déposant vend aux agriculteurs environ 80 tonnes de sel de coussins par an. Les formalités imposées par l'Administration des contributions indirectes en entravent l'emploi; quelquefois aussi les agents exécutent la lettre des règlements avec trop de rigueur. Ainsi certains d'entre eux se sont refusés à autoriser la substitution d'un mélange de pulpes de betteraves au mélange réglementaire de son et d'eau. Ce sont là des prohibitions excessives qui découragent le consommateur.

M. FOUSSET,

Négociant en sel à Orléans.

(Déposition orale.)

20, 51, 66. Le déposant tire exclusivement son sel de Nantes et de la Rochelle. Une seule fois, en 1861, il a fait venir du sel ignigène de Montmorot (Jura), afin de parer à une hausse exceptionnelle dans les prix du sel de l'Ouest. En effet, la récolte de 1860 avait été presque nulle, et la tonne de sel, en gare de Nantes ou de la Rochelle, valut jusqu'à 35 francs. Actuellement les 1,000 kilogrammes achetés en gare valent 25 fr. 50 cent. à Nantes et 27 fr. 70 cent. à la Rochelle; cette différence dans le prix d'achat disparaît par l'effet des tarifs de transport, qui sont plus élevés de 2 francs entre la Rochelle et Orléans qu'entre Nantes et Orléans.

M. Fousset vend le sel aux détaillants 14 fr. 25 cent. les 100 kilogrammes avec un bénéfice de 4 fr. 50 cent. à 5 francs par tonne, car le sel ainsi vendu lui revient, droit acquitté, à 13 fr. 80 cent. se décomposant comme suit :

Impôt	9f 50c
Frais d'achat	2 50
Transport de la Rochelle à Orléans	1 65
Camionnage de la gare au magasin	0 15
TOTAL	13 80

Les épiciers vendent le sel au détail entre 15 et 20 centimes le kilogramme.

53, 57, 59. Dans l'Orléanais, les populations préfèrent au sel de l'Est le sel de l'Ouest gris blanc qu'elles demandent particulièrement. Dans le Gâtinais, cependant, on se sert, pour la confection des fromages, de sel noir et terreux.

Les charcutiers repoussent pour leurs salaisons le sel du Midi aussi bien que le sel de l'Est, comme trop durs et desséchant la viande.

61, 63, 64. Le déposant a toujours fait venir ses sels par la voie ferrée; le déchet légal de 5 p. o/o lui paraît largement suffisant pour couvrir les déchets qui se produisent pendant le transport. Il n'achète, il est vrai, que des sels vieux, c'est-à-dire ayant un an ou dix-huit mois d'âge. Le coulage en magasin n'est pas considérable, à condition que le sel soit mis dans des locaux secs et à l'abri des courants d'air.

En général, les détaillants n'exigent pas que le sel qu'ils achètent soit repesé; toutefois, lorsqu'ils craignent que le sel n'ait fait un déchet considérable, on le pèse de nouveau et alors on le vend un peu plus cher. En ce cas, on constate parfois un déchet de 10 p. o/o sur le poids des sels jeunes, mais pour les sels appelés loyaux et marchands le déchet ne dépasse jamais 5 p. o/o.

Quant aux sels ignigènes de l'Est, ils sont loin de faire des déchets; parfois ils présentent des excédants de poids de 1 à 2 kilogrammes par sac de 100 kilogrammes.

MM. BIGOT FRÈRES,

Négociants en sel à Orléans.

(Déposition écrite.)

59, 65. Nous vendons concurremment les divers sels français. La consommation alimentaire est habituée au sel de l'Ouest; mais elle l'abandonne dès que les prix de vente en deviennent trop élevés.

61, 63, 64. Lorsque le sel de l'Ouest est nouveau et voyage par une température humide, son déchet est énorme. La remise légale de 5 p. o/o est souvent insuffisante pour couvrir le double déchet du transport et d'un séjour prolongé dans le magasin.

Le sel de l'Est présente toujours des excédants de poids; celui du Midi ne perd ni ne gagne.

LE DIRECTEUR DES CONTRIBUTIONS INDIRECTES D'ORLÉANS.

M. le Directeur des contributions indirectes d'Orléans.

(Déclaration écrite.)

Questions. 65, 66. Les sels expédiés à Orléans proviennent principalement de Nantes et de la Rochelle. Nous en recevions, il y a quelques années, d'Aigues-Mortes; mais le commerce d'Orléans a cessé ses relations dans ces contrées.

Ils se divisent en sels blancs, sels gris blanc et sels gris. Les transports ont généralement lieu par chemin de fer. Les arrivages par eau sont fort rares et, pour ainsi dire, exceptionnels. Nous n'avons aucun renseignement sur l'âge des sels habituellement expédiés.

La plupart des sels entrant actuellement à Orléans y arrivent après avoir acquitté l'impôt aux lieux d'expédition; ils ne touchent donc plus à l'entrepôt, et les déchets subis en cours de transport ne peuvent plus être constatés administrativement.

63, 64. Les négociants affirment que, malgré la rapidité du transport et la facilité de la vente, le déchet peut être évalué à 3 p. o/o en cours de route et à 2 p. o/o environ pendant un séjour de quinze jours en magasin.

La saison et la température exercent une assez grande influence sur ce déchet: les sels jeunes, par un temps humide, se fondent en eau très-facilement et peuvent perdre jusqu'à 10 et 15 p. o/o dans un délai de six à huit jours. Les sels vieux résistent beaucoup mieux aux variations atmosphériques.

93. Il résulte des états de la direction que la consommation agricole des sels de coussins tend à s'accroître dans le département du Loiret et les départements voisins. Ainsi, en 1866, il est parti de l'entrepôt d'Orléans 62,700 kilogrammes de sels de coussins, et dans les onze premiers mois de 1867, 70,400 kilogrammes. Ils sont expédiés dans des sacs de 100 kilogrammes et voyagent sous acquits-à-caution. Les acheteurs sont principalement des propriétaires des départements du Loiret, du Cher, de l'Indre, de la Nièvre, d'Eure-et-Loir, de Loir-et-Cher et de Seine-et-Marne. En outre, certains propriétaires du Loiret ont fait venir directement et sous acquits-à-caution, de Dieppe, du Havre, de Fécamp et de la Rochelle, 12 tonnes de sels de coussins en 1866, et 24 pendant les onze premiers mois de 1867.

TOURS.

M. BRUNEAU-CORNU,

Marchand de sel en gros à Tours.

(Déposition orale.)

Questions. 57, 66. Je vends annuellement environ 3,000 tonnes de sel de marais, 30 tonnes de sel raffiné et 20 tonnes de sel lavé que je fais venir de la Rochelle et de Nantes. Je donne la préférence aux sels de l'Ouest sur ceux de l'Est, non pas à cause de leur saveur et de leurs qualités particulières, mais à raison de leur prix moins élevé.

Cependant, en 1861, la rareté de la récolte dans l'Ouest ayant exercé une hausse excessive sur les prix, j'ai fait venir des sels de l'Est pour approvisionner ma clientèle.

19, 51. Les sels de marais se payent actuellement à la Rochelle de 2 fr. 10 cent. à 2 fr. 90 cent. les 100 kilogrammes, selon leur blancheur, et reviennent à Tours à 13 fr. 25 cent., qui se décomposent ainsi :

Prix d'achat à la Rochelle, en moyenne	2f 10c
Mise en sac	0 20
Impôt	9 40
Transport de la Rochelle à Tours	1 15
Camionnage	0 15
Retour et usure des sacs	0 15
Commission du banquier	0 10
TOTAL GÉNÉRAL	13 25

Je le revends aux détaillants 14 francs avec bénéfice de 75 centimes par 100 kilogrammes. Au détail le public paye 20 centimes le kilogramme.

Les raffinés et les ignigènes se vendent de 10 à 20 centimes de plus. Les ignigènes de l'Est arrivent à Tours à 16 francs les 100 kilogrammes, frais et droit compris.

64, 81. J'achète quelquefois des sels sur le marais; ils sont embarqués sous acquits-à-caution, et, quand ils sont déchargés à Nantes ou à la Rochelle, on constate un déchet de 4 à 5 p. o/o. En outre, de Nantes ou de la Rochelle à Tours, un nouveau déchet se produit; on peut l'évaluer de 2 à 3 p. o/o. Il faut, toutefois, remarquer que les sels achetés au marais sont très-souvent des sels jeunes d'un, deux ou trois mois, très-déliquescents. Je les préfère pour les ventes à la mesure, parce qu'à poids égal ils ont un volume plus grand; on regagne sur la quantité vendue ce que l'on a pu perdre en poids par l'effet de la déliquescence. La vente à la mesure est rendue nécessaire, la plupart du temps, par la concurrence des bateliers de la Loire, qui adoptent presque exclusivement ce mode de livraison.

Questions.
61. La différence de poids du sel nouveau au sel vieux est rendue sensible par les chiffres suivants :

Sel vieux.................... 75 à 80 kilogrammes l'hectolitre.
Sel nouveau.................. 65 à 70

Le déchet des sels lavés de l'Ouest varie suivant leur degré d'étuvage. Lorsqu'ils sont bien étuvés, leur déchet est insensible. Dans le cas contraire, ils perdent autant que les sels bruts.

J'ai constaté qu'en général les raffinés de l'Ouest perdaient autant que les sels bruts. Je n'ai pu m'expliquer ce fait qu'en supposant qu'ils étaient mal étuvés.

Les sels ignigènes de l'Est ne gagnent ni ne perdent; la pesée à Tours constate un poids conforme à la pesée au départ de l'usine.

93. L'agriculture locale ne consomme pas de sel. La cause en est dans la cherté de cette denrée, et dans les complications ou la rigueur des formalités réglementaires.

M. CHARPENTIER,

Négociant en sel et en denrées coloniales à Tours.

(Déposition orale.)

7, 59, 61, 66. Je tire mes sels de Nantes et de la Rochelle. En cours de transport, ils ne perdent pas plus de 1 p. o/o par un temps humide, et de 2 p. o/o par un temps sec. Les déchets sont les mêmes pour les sels lavés de l'Ouest. En magasin, le déchet peut être évalué à 1 p. o/o par mois. Ce n'est là du reste qu'un chiffre très-approximatif et très-variable, car le déchet dépend essentiellement des conditions dans lesquelles se trouve le magasin, s'il est humide ou non, et bien ou mal clos.

Le sel léger, celui de Noirmoutier par exemple, est souvent préféré par les détaillants qui vendent à la mesure.

93. En Touraine, l'agriculture ne consomme pas de sel, pas même de sel de coussins. Ce sel de coussins, quand il est blanc et qu'il a perdu son odeur de poisson, est parfois acheté à bas pris par les boulangers, pour la fabrication du pain.

Commission C. | Tours. — MM. Caillard. Têtedois.

M. CAILLARD.

Syndic de la marine, à Tours.

M. TÊTEDOIS,

Marinier de la basse Loire et marchand de sel.

(Dépositions orales.)

Questions. 51. Autrefois, presque tous les transports de sel avaient lieu par bateaux sur la Loire; ils occupaient cent cinquante à deux cents mariniers. Aujourd'hui, ils se font par les chemins de fer, et l'on compte à peine vingt-cinq à trente mariniers vendeurs de sel, entre Nantes et Orléans. Au delà de cette ville, la batellerie a complétement disparu, devant la concurrence des chemins de fer.

66. Les déposants transportent presque exclusivement des sels bruts de l'Ouest, rarement de petites quantités de sel raffiné provenant des usines du Croisic et du Pouliguen. Ils achètent à Nantes le sel acquitté.

61, 62, 63. On peut évaluer qu'en moyenne les sels bruts font en cours de transport un déchet de 3 p. o/o; mais cette indication n'a rien de rigoureux, car les ventes du sel ont lieu tantôt au poids et tantôt à la mesure, ce qui ne permet pas aux mariniers de constater avec précision la perte réelle subie par le sel.

Le sel raffiné ne subit pas de déchet appréciable. Vendu et voyageant en sacs, il pèse 50 kilogrammes en arrivant à Tours, comme au départ de Nantes.

Les sels vieux perdent moins en cours de transport que les sels nouveaux; cependant les mariniers achètent souvent ces derniers parce que leur légèreté les rend plus avantageux pour les ventes à la mesure; leur plus grand volume compense largement le coulage qu'ils éprouvent.

Le déchet du sel varie suivant l'humidité de l'atmosphère; il est toujours plus élevé en été qu'en hiver, parce qu'en été l'évaporation est plus active.

Le sel en vrac, dans un bateau ponté, perd plus que le sel sous bâche dans un bateau ouvert; dans ce dernier cas, en effet, il est recouvert de toiles et de paillassons et mieux à l'abri de l'air que placé en tas dans un bateau ponté.

44. Les déposants se plaignent des droits de navigation perçus sur la Loire; ils demandent qu'on les supprime. La circulation sur les fleuves devrait être aussi libre que la circulation sur les grandes routes.

LE MANS.

M. QUENTIN-VÉRITÉ,

Président de la chambre de commerce du Mans, ancien négociant.

(Déposition écrite et orale.)

uestions. 19, 20. J'ai cessé depuis sept ans mon commerce de sel. Lorsque je l'exerçais je ne m'approvisionnais que dans l'Ouest, presque exclusivement à Nantes, les salines de l'Est n'ayant pas encore pris leur développement actuel. Le sel était amené de Nantes au Mans par bateaux aux prix de 13 fr. 50 cent. à 14 fr. 50 cent. les 100 kilogrammes, prix d'achat, impôt, frais de transport et frais accessoires compris. Le prix sur le marais variait de 1 fr. 50 cent. à 6 francs les 100 kilogrammes, selon les années d'abondance ou de rareté.

Je faisais venir également de petites quantités de sel raffiné du Pouliguen.

, 58, 59. Les sels de l'Ouest sont généralement menus, tendres, très-fondants et sujets à faire un déchet assez grand. Cependant ils continuent d'être généralement préférés dans les contrées qui ont eu de tout temps l'habitude de s'en servir; ils ne transmettent qu'une très-médiocre amertume aux salaisons. Naturellement très-déliquescents, ils imprègnent plus facilement, plus profondément les viandes et autres salaisons, ils leur assurent une conservation plus certaine. Ils ont en ce point une supériorité incontestable.

Les sels du Midi ne sont employés dans les contrées du Centre et de l'Ouest qu'exceptionnellement, à la suite d'années pluvieuses, lorsque la récolte des marais de la Vendée a été mauvaise ou médiocre, et qu'il existe une très-grande hausse dans les prix de cette région. Leur grain est beaucoup plus gros, plus sec, plus dur et surtout plus blanc. Ils possèdent et transmettent aux salaisons un goût âcre; leur emploi exige des précautions plus minutieuses, une surveillance plus souvent exercée, et encore le résultat obtenu est-il souvent peu satisfaisant.

Les sels de l'Est sont produits industriellement par des compagnies pourvues d'un outillage perfectionné et de capitaux largement suffisants, dont la puissance a été accrue par un accord intime qui a pu produire dans ces derniers temps des excès véritablement répréhensibles.

Ces établissements passant leurs sels à l'étuve peuvent graduer leur conditionnement, les livrer au commerce, à la consommation, ou contenant beaucoup de parties aqueuses ou dans un état de siccité presque complète. Indépendamment de la blancheur, ils donnent à leurs produits la

Commission B. — Le Mans — M. Quentin-V

forme, l'apparence des sels de l'Ouest. Sans cette précaution, le consommateur les eût difficilement acceptés.

Certains intermédiaires vont jusqu'à les falsifier, en mélangeant de la terre aux sels qui leur sont livrés, pour leur donner la nuance grise des sels de l'Ouest.

Ces sels de l'Est ont tous les défauts des sels du Midi; ils sont peu fondants, très-secs, et ont un arrière-goût prononcé d'âcreté. Si les détaillants les préfèrent souvent, c'est qu'ils ont sur les sels de l'Ouest l'avantage de ne pas donner de déchet.

Questions. 55. Les sels d'Espagne ont la plus grande analogie avec les sels du Midi par leur dureté, leur blancheur et leur grande insensibilité à l'humidité.

54, 61, 70, 80, 81. Les sels de l'Ouest ont d'abord à subir des déchets du lieu de production au lieu où les droits sont acquittés. Ces droits sont exigés non-seulement sur les quantités trouvées à la vérification en douane, mais encore sur celles constatées au lieu d'enlèvement. Ils subissent encore les déchets de transport et de magasinage. On sera dans le vrai en les évaluant en totalité à une moyenne de 5 p. o/o, soit pour les sels vieux 4 p. o/o, et 6 p. o/o pour les sels nouveaux.

Les sels lavés perdent autant que les sels bruts, et les raffinés du Pouliguen, plus ou moins, selon leur degré d'étuvage.

Pour les sels du Midi et ceux de l'Est, ces déchets sont nuls; il y a plus : mis en vrac dans des magasins servant depuis quelque temps spécialement à ce genre de dépôt, ils gagnent au moins 2 ou 3 p. o/o de poids, pendant un séjour de deux à trois semaines. Or, comme le prix de revient du sel se compose du prix d'achat, des droits à acquitter, des déchets à subir, du prix de transport, il s'ensuit qu'à prix d'achat égal sur les lieux de production, les sels du Midi et de l'Est reviennent à un prix sensiblement moins élevé que ceux de l'Ouest.

Ceci nous conduit naturellement à formuler le vœu que les différentes industries salinières soient mises dans une position d'égalité, et pour y arriver nous signalerons comme une mesure équitable la suppression de la remise de 3 p. o/o qui est faite aux salines de l'Est, et l'augmentation de celle accordée aux marais de l'Ouest de 2 p. o/o, qui serait portée à 7 p. o/o.

60. J'ignore si les sels français sont moins recherchés à l'étranger pour les salaisons de pêche que les sels d'autres provenances. Si on veut faire allusion aux sels de l'Ouest, il doit nécessairement en être ainsi. Ces sels sont trop déliquescents pour pouvoir supporter de longs voyages, en raison des déchets énormes qu'ils produiraient.

90. Je pense que les droits réduits qui frappent les sels étrangers destinés

 à la pêche de la morue, devraient être entièrement supprimés dans l'intérêt de l'industrie de la grande pêche et dans celui de la marine nationale.

Questions. 87, 88. Quant aux droits qui grèvent à leur entrée en France les sels étrangers destinés à la consommation, ils devraient être plutôt augmentés que diminués. Une diminution serait le coup de grâce pour les marais de la Vendée.

En résumé, la question soumise aux conseils du Gouvernement exige une prompte solution. Pressée par les efforts persévérants des compagnies de l'Est, la zone dont les marais de l'Ouest conservent encore l'approvisionnement se rétrécit chaque jour; le découragement des paludiers aidant, elle aura bientôt cessé d'exister. Est-il sage, est-il prudent de nous rendre complétement dépendants, pour un objet de première et indispensable nécessité, d'établissements placés à nos extrêmes frontières, qui peuvent être rapidement enlevés par une nation ennemie, et de nous exposer à la possibilité d'un événement qui provoquerait un malaise universel?

M. VÉRITÉ,

Membre du conseil général de la Sarthe, ancien négociant en sel.

(Déposition orale.)

M. Vérité adhère complétement aux observations présentées ci-dessus par M. le président de la chambre de commerce du Mans.

44. Il insiste particulièrement sur l'avantage que les usines de l'Est, placées à proximité des voies ferrées, ont sur les producteurs de l'Ouest, dont les marais, situés loin des lieux d'expédition, nécessitent des transports et des transbordements dispendieux. En outre, les lenteurs de ces transports obligent les négociants en sel à faire des approvisionnements considérables, entraînant des avances de fonds, tandis que les sels de l'Est sont expédiés et reçus presque immédiatement après la commande. Il en résulte, au détriment des saliniers de l'Ouest, un désavantage que le déposant évalue de 1 à 3 p. 0/0.

M. DAVID FILS,

Négociant en sel au Mans.

(Déposition orale.)

[5]7, 50, 66. Le déposant est à la tête de la plus ancienne maison de sel du Mans. Il peut dire qu'en général, dans le pays, on ne se préoccupe ni de l'origine ni de la saveur des différents sels : on ne s'inquiète que de leur

COMMISSION B. — Le Mans. — M. David fils

blancheur. Ce fait est si vrai que, pour mieux faire accepter aux détaillants le sel ignigène, on le leur vend sous le nom de sel de Saint-Gilles, nom qu'on donnait autrefois dans le Maine au sel de l'Ouest le plus blanc et le mieux lavé. La faveur dont jouit le sel raffiné de l'Est tient donc à sa belle couleur. Il est incontestable cependant que le sel de l'Ouest a une qualité supérieure pour les salaisons de poissons et de viande.

Questions. 69. Quoi qu'il en soit, les sels ignigènes font chaque année des progrès, et il est à constater qu'une fois qu'ils ont forcé les sels de l'Ouest à reculer, ceux-ci ne regagnent plus le terrain qu'ils ont perdu.

61, 64, 65. Les déchets que subissent les différents sels ont été relevés avec grand soin par le déposant; il peut donc donner les détails suivants :

Déchet total subi par le sel brut et raffiné de l'Ouest jusqu'à sa sortie du magasin	5 à 6 p. o/o
Déchet du sel lavé de l'Ouest	3 p. o/o
Déchet du sel du Midi	Pas appréciable.
Déchet du sel ignigène, à peu près	1 p. o/o

Autrefois les sels raffinés de l'Est ne donnaient pas de déchet, mais ils font une légère perte depuis que les usines ont une production beaucoup plus développée, et que, ne fabriquant le sel qu'au fur et à mesure des demandes du commerce, elles ne le laissent plus sécher suffisamment en magasin.

La consommation du sel du Midi et du sel lavé du Croisic et du Pouliguen est peu importante dans le département.

51. M. David appelle l'attention de la Commission sur les tarifs spéciaux des compagnies de chemins de fer; ces tarifs constituent des prix différentiels qui changent arbitrairement les conditions d'une loyale concurrence, et qui ont pour but de ruiner la batellerie sur les fleuves et canaux, au grand détriment de l'intérêt général.

91. La remise légale accordée aux sels ne devrait être calculée que sur les quantités réellement constatées au port de déchargement. Cette innovation serait équitable et avantageuse pour l'Ouest, dont les produits subissent forcément un double transport par terre et par eau, tandis que ceux de l'Est ne sont soumis qu'au transport par terre.

87, 88. L'entrée en franchise des sels étrangers consommerait la ruine des marais salants de l'Ouest, sans profiter beaucoup aux consommateurs.

93. Les embarras des formalités fiscales entravent presque entièrement l'emploi du sel en agriculture, et cependant un grand nombre de cultivateurs de la Sarthe désireraient pouvoir l'employer dans leurs exploitations.

MM. PELLIER FRÈRES,

Fabricants de salaisons au Mans.

(Déposition écrite.)

53. Les qualités particulières des sels français ou étrangers des différentes provenances sont connues seulement des négociants en sels, des saleurs et autres hommes spéciaux, mais elles ne sont pas assez appréciées. La question de prix domine trop souvent celle de la qualité et fait négliger le choix des provenances dont les produits conviennent le mieux à telles ou telles industries et aux usages domestiques.

59. Il est constant que le sel de l'Ouest a une saveur et des qualités particulières. Sa déliquescence le fait pénétrer plus promptement que les autres dans les tissus des matières organiques, auxquelles il communique moins d'amertume que le sel gemme. Il possède, en outre, un arome qui le rend particulièrement propre aux industries alimentaires, aux salaisons, aux conserves, aux usages domestiques.

60. Les sels minéraux de l'Est ne convenant pas aux salaisons de la pêche (morues, sardines, harengs) ni à celle des viandes, et les sels de l'Ouest, malgré leurs qualités spéciales, coûtant plus cher, étant sujets à plus de déchets que les sels marins étrangers, les armateurs préfèrent ces derniers pour leur industrie.

63, 64. La quotité des déchets varie suivant la température et les distances, mais elle est notoirement plus considérable sur les sels des marais salants de l'Ouest, toujours chargés de matières terreuses et plus déliquescents, que sur les sels de l'Est et du Midi.

Les sels marins de l'Ouest sont les plus hygrométriques des sels français. Ils perdent par les transports et en magasin une partie de l'eau absorbée et de l'eau de cristallisation, ainsi que des matières étrangères qu'ils renferment. Les sels minéraux, au contraire, gagnent en poids au moment du chargement et du magasinage par l'effet de leur constitution chimique et de leur siccité supérieure.

Les déposants emploient exclusivement des sels de l'Ouest (en 1866 ils ont fait saler 40 millions de sardines en vert); ils constatent souvent des déficit de 10 à 15 p. o/o et plus.

COMMISSION B. — Questions. 44, 51. Les sels marins de l'Ouest ne peuvent soutenir la concurrence des sels de l'Est, du Midi et des sels étrangers par les motifs qui viennent d'être énoncés, et, en outre, à raison des prix et de la difficulté des moyens de transport et des chargements des navires aux lieux de production. Ces transports et chargements sont aujourd'hui sur les marais salants de Guérande ce qu'ils étaient au XVe siècle. Si cet état de choses se perpétue et si le Gouvernement ne trouve pas le moyen de venir en aide aux populations salicoles, les salines seront bientôt abandonnées et deviendront les marais pontins de la France. LE MANS. — MM. Pellier frères, Michel Vielle.

M. MICHEL VIELLE,

Marchand de sel en gros à Sablé.

(Déposition orale et écrite.)

19, 66, 69. La consommation de la Sarthe est principalement en sels de l'Ouest. Il y a quelques années, les sels de l'Est venaient peu sur le marché du Mans; c'est à peine s'il s'en présentait 100 tonnes par an; aujourd'hui il s'en négocie au moins 1,200 tonnes. Toutefois, tant que les prix des sels de l'Ouest se maintiendront sur les marais de 10 à 15 francs la tonne, ils continueront à être préférés dans nos contrées; mais si ces prix s'élevaient à 20, 25 et 30 francs, les sels de l'Est prendraient une grande place dans la consommation locale, parce que, à prix égal, leur blancheur et leur grain flattent plus l'acheteur (1).

Les sels de l'Est remplacent sur nos marchés les sels lavés de l'Ouest, par le double motif qu'ils sont plus blancs et que leur prix de transport est moins élevé sur la ligne de Paris au Mans et sur la ligne se dirigeant du Mans sur la Normandie.

53, 59. Les qualités respectives et distinctives, autres que la nuance, des sels provenant des diverses régions sont peu connues et peu appréciées par les consommateurs de nos contrées. Cependant les sels de l'Ouest y sont préférés à tous autres, surtout pour les salaisons de porc. Les consommateurs prétendent qu'ils se dissolvent plus facilement, salent plus fortement et conservent mieux la viande. Ils prétendent aussi que les sels de l'Est et du Midi donnent un goût âcre à leur viande.

Pour l'usage de la cuisine, il en est de même; on préfère les sels de l'Ouest; on prétend également que les sels de l'Est et du Midi donnent un goût âcre aux aliments.

---

(1) Depuis dix ans, le prix moyen de 1,000 kilogrammes sur les marais de Bouin, de Beauvoir et de Noirmoutier, peut être évalué à 15 francs. Pour Bouin spécialement, le prix a varié dans ces dernières années de 11 à 16 francs.

MISSION B. Mais il en est autrement dans la Normandie, où la vente des sels de l'Est a pris un grand développement depuis quelques années et domine celle des sels de l'Ouest. De tout temps, cette contrée a préféré les sels blancs. Nous y vendions beaucoup de sels lavés pour la salaison des beurres et la consommation du ménage. Quand les sels de l'Est sont apparus, ils ont, comme dans la Sarthe, complétement remplacé les sels lavés, à raison de leur blancheur et de leur prix qui, en Normandie, n'est pas plus élevé, et même est moindre cette année où la mauvaise récolte a déterminé une grande hausse sur les marais. LE MANS. — M. Michel Vielle.

4, 79, 81. Le déchet varie beaucoup selon la température lors du chargement et du déchargement. Chargé par un temps humide et déchargé par un temps sec, le sel donne un déchet. Dans le cas inverse, il donne un excédant. Quelquefois le négociant souffre de ces variations, car, lors de la vérification d'arrivée, il est exposé à répondre soit des manquants dépassant le boni légal, soit des excédants constatés.

J'évalue comme suit les déchets moyens subis par les sels de l'Ouest :

Du marais à Sablé	3 à 3 1/2 p. 0/0
——— au Mans	4 à 4 1/2 p. 0/0
——— à la sortie du magasin	5 p. 0/0

Voici, pour plus de détails, les déchets différents subis du marais à Sablé par les mêmes sels, suivant leur âge :

Sels de trois mois	4 à	6 p. 0/0
——— six mois	3	5
——— plus d'un an	2	3

Les sels de l'Est, dans les premières années de leur apparition dans nos contrées, nous donnaient régulièrement leur poids et même quelquefois des excédants; ils étaient secs, bien étuvés, et devaient avoir séjourné longtemps en magasin. Depuis quelques années, ils nous donnent un déficit d'au moins 1 p. 0/0 à partir des salines jusqu'à la livraison à la consommation; cela provient de ce qu'ils sont moins secs et ne doivent pas avoir séjourné longtemps en magasin.

On dit que, sur d'autres points, des négociants affirment trouver des excédants; nous-même en connaissons un qui nous a dit en trouver d'assez importants; en ce qui nous concerne, depuis quelques années seulement, nous constatons des déchets.

44. Les commerçants du Mans et de Sablé sont en position de vendre à des prix avantageux à la consommation; mais ils en sont empêchés par l'inégalité des tarifs des chemins de fer.

Commission B. — Le Mans. — M. Michel Vi[illegible]

Par un tarif spécial, le transport des sels au départ de la gare d'Angers est fixé comme suit :

D'Angers à Sablé, pour 49 kilomètres	2f 50c
D'Angers au Mans, pour 97 kilomètres	3 50

tandis qu'expédiés de la gare de Sablé, il est :

De Sablé au Mans, pour 48 kilomètres	3 75
De Sablé à une distance de 97 kilomètres	5 25

Sablé est à 60 kilomètres de Mayenne; pour y arriver par chemin de fer, il faut parcourir 145 kilomètres et payer 7 fr. 25 cent.

De Redon à Mayenne, il y a 140 kilomètres, et par chemin de fer 176 kilomètres, et on ne paye que 6 fr. 25 cent.

Le Gouvernement, en tolérant aux chemins de fer le droit d'établir des tarifs aussi injustes, permet aux compagnies de ruiner à leur volonté le commerce de telle ou telle ville pour en favoriser d'autres. Toutes les villes ont cependant le même droit à sa protection, puisque toutes contribuent aux charges publiques.

Le transport de Nantes à Sablé par chemin de fer coûte par tonne 8 francs; de Nantes à Sablé, par navigation (la Loire et la Sarthe), le transport est de 4 francs la tonne.

C'est donc une différence de 4 francs par tonne.

Question. 93. Les agriculteurs emploient peu de sel; ils en reconnaissent l'efficacité, mais il est à penser que les difficultés et les embarras des mélanges réglementaires les détournent d'en faire usage.

SAINT-MALO.

M. PALMIÉ,

Marchand de sel en gros, ancien membre de la chambre de commerce de Saint-Malo.

(Déposition orale et écrite.)

Questions. 21, 68. M. Palmié est depuis plus de quarante ans engagé dans le commerce du sel. Le chiffre de ses affaires s'est élevé jadis jusqu'à 25,000 ou 30,000 tonnes par an; mais il est réduit actuellement à 5,000 tonnes environ. C'est la concurrence des chemins de fer, si redoutable pour le cabotage, qui lui a enlevé la plus grande partie de ses marchés.

Lorsque son commerce était florissant, il faisait venir du sel à Saint-Malo aux époques où le fret était bas; puis sur les quantités arrivées il faisait la répartition suivante : il livrait à la consommation alimentaire, passible de l'impôt, les chargements qui arrivaient sans déchet ou avec une faible perte de poids; il vendait aux armateurs pour la pêche de la morue, qui ne sont pas soumis à l'impôt, ceux qui, arrivés dans des conditions moins favorables, pouvaient donner du déchet. De la sorte il évitait l'effet du déchet sur les quantités soumises à l'impôt.

9, 65, 66. Pendant les deux années 1865 et 1866, le prix moyen du sel gris de l'Ouest a été de 9 à 10 francs, et celui du sel blanc de 10 à 12 francs la tonne mise à bord. Les sels lavés et étuvés se sont vendus de 15 à 16 francs, et les sels raffinés de 37 à 40 francs les 1,000 kilogrammes sous vergues. En ce moment les prix sont plus élevés parce que les dernières récoltes ont été mauvaises; les voici par tonne :

Sel blanc	22f à 25f
Sel gris	16 à 21
Sel lavé et étuvé	25 à 27
Sel raffiné	40 à 44

Le sel raffiné des Basses-Pyrénées se vend sous vergues 40 francs les 1,000 kilogrammes; on obtient une réduction de prix considérable quand on achète 100 tonnes à la fois.

Le prix moyen du sel brut du Midi est de 10 à 12 francs la tonne, et celui du sel moulu varie entre 12 et 14 francs.

57, 59. Pour la consommation alimentaire on apprécie généralement les sels de l'Ouest lorsqu'ils sont blancs. Quant au sel gris, c'est par ignorance que dans certaines parties de la Bretagne on le préfère au sel blanc

COMMISSION B. — L'odeur de violette qu'on lui attribue tient uniquement à la présence de l'argile. La preuve en est que le sel blanc, par exemple celui de Noirmoutier, n'a aucune odeur. Du reste, les populations commencent à se déshabituer du sel gris. SAINT-MALO — M. Palmié.

Questions. 53, 60. Pour la pêche de la morue, on emploie généralement les sels de l'Ouest à bord des navires qui font la pêche sur le grand banc de Terre-Neuve. Ils se dissolvent plus facilement que le sel du Midi, et on prétend qu'ils sont moins âcres pour le poisson. Au contraire à Saint-Pierre, à Miquelon, à la Côte et au Golfe on sale les morues avec du sel français du Midi, de Cadix ou de Saint-Ubbes. Les sels blancs de l'Ouest conviendraient également, mais ils se vendent trop cher, et comme ils sont moins cristallisés et moins lourds, il en faut emporter un plus grand chargement pour rapporter la même quantité de poisson salé.

Les pêcheurs ne font pas usage de sel anglais, quoiqu'il soit très-blanc et d'un prix peu élevé, parce que ce sel âcre et desséchant ne convient pas à leur procédé de salaison qui diffère de celui des Anglais. Ceux-ci saupoudrent la morue à la main, tandis que les Français salent la morue par masses et à la pelle.

67. En général, les navires terre-neuviens vont eux-mêmes charger du sel dans la Méditerranée ou en Espagne; ils s'adressent peu aux négociants en sel des ports de la Manche. Depuis deux ans M. Palmié ne trouve plus de caboteurs qui consentent à lui apporter du sel du Midi, moyennant 20 francs de fret par tonne. On fait venir à Saint-Malo le sel de l'Ouest avec un fret de 8 à 11 francs par tonne, et le sel raffiné des Basses-Pyrénées, avec un fret de 13 à 15 francs les 1,000 kilogrammes.

54, 61, 62, 64. Quand on parle des déchets que font les différents sels, il faut avoir soin de considérer, non pas les sels jeunes susceptibles de déchets à variations extrêmes, mais les sels vieux et exempts d'avaries de mer. Ceux-ci constituent seuls un produit véritablement marchand. Or les sels ne sont réputés vieux qu'après un an de récolte, ou du moins après avoir été séchés par les grands froids de l'hiver. Ceci bien expliqué, on peut affirmer que le déchet de route est d'environ 1 p. o/o, tant pour le sel de l'Ouest que pour le sel du Midi transporté par cabotage.

Le déchet d'entrepôt est en dix-huit mois:
Pour le sel du Midi, de 1 à 2 p. o/o.
Pour le sel brut de l'Ouest, de 2 à 3 p. o/o.
Pour le sel lavé et étuvé de l'Ouest, de 1 à 2 p. o/o.
Pour le sel raffiné de l'Ouest, néant.
Pour le sel raffiné du Sud-Ouest, néant.

Ces indications sont précises et résultent des nombreuses constatations faites par le déposant pendant sa longue pratique. Bien entendu, ce qu'il dit des sels lavés et raffinés s'applique à du sel qui a subi un bon étuvage et qui a voyagé en sacs.

uestions. 79. Il n'y a donc pas lieu d'augmenter la remise légale de 5 p. o/o dont jouit le sel de l'Ouest; il résulte évidemment de ce qui précède que cette remise couvre largement les déchets. Il semble même qu'en équité on devrait ne pas accorder de remise légale au sel qui du marais ou de l'usine est immédiatement expédié à l'intérieur par la voie ferrée, car du moment qu'il est livré aux commerçants, il est livré à la consommation. Dans ce système on ne maintiendrait les remises pour déchet qu'au sel qui subit un transport par cabotage, et on pourrait en ce cas réduire à 3 p. o/o la remise actuelle de 5 p. o/o.

91. Mais si un changement aussi radical n'est pas apporté à la législation, on devrait au moins n'appliquer qu'au port de destination, et d'après les quantités trouvées dans le navire, les remises pour déchet qui aujourd'hui sont calculées *a priori* au moment de l'embarquement des sels destinés à voyager par cabotage. Il est injuste de ne leur accorder qu'une remise égale à celle dont jouissent les sels qui sont transportés directement par chemin de fer; en plus que ceux-ci ils ont à subir les lenteurs et les pertes qui résultent d'un transport par mer et d'un séjour à l'entrepôt. On ne doit pas oublier, en effet, que la difficulté d'écouler une denrée qui leur arrive par chargements de 200 à 300 tonnes à la fois, astreint les négociants des ports à des approvisionnements dont sont exempts les négociants de l'intérieur, qui reçoivent par wagons des expéditions de quelques tonnes seulement, au fur et à mesure des besoins de leur clientèle.

…, 77, 90. Il n'y a pas lieu d'augmenter le droit de 5 francs par tonne dont est frappé le sel étranger destiné à la pêche de la morue. Cette élévation serait pour les armateurs une aggravation de charges que ne justifie pas l'état précaire de leur industrie. S'ils achètent du sel en Espagne et en Portugal, c'est qu'ils le jugent indispensable pour la vente de leurs morues.

Le prix du sel est en moyenne, à Cadix et à Sétubal, de 12 fr. 50 cent. la tonne rendue à bord, le fret de 15 francs, et les droits de douane de 5 fr. 50 cent., y compris le décime. Les 1,000 kilogrammes de sel étranger reviennent donc au port d'armement à 33 francs. Or dans les ports de la Manche les armateurs pourraient se procurer à bien meilleur compte du sel de l'Ouest.

Mais s'il ne faut pas élever, il ne faut pas non plus diminuer le droit de 5 francs par tonne, car les marais salants sont dans une telle situation que toute mesure qui restreindrait leur marché paraît inopportune.

Commission B. — Questions. 78, 87, 88.

Saint-Ma — M. Palm

A ce même point de vue, on ne saurait trop s'élever contre la diminution des droits qui frappent à leur entrée en France les sels anglais. Ces sels sont produits à très-bas prix, ils sont de bonne qualité, et s'ils n'étaient pas frappés d'un droit élevé, ils inonderaient tous nos ports de la Manche et de l'Océan. Prenons pour exemple la ville de Saint-Malo: en supposant que le sel anglais reste soumis à un droit de douane égal à celui payé par le sel étranger qu'emploient les pêcheurs de morue, on arrive aux résultats suivants :

SEL ANGLAIS.

Prix du sel sous vergues	10f 00c	la tonne.
Fret	8 00	
Droit de douane	5 50	
Frais de mise à l'entrepôt	2 00	
Total	25 50	

SEL DE L'OUEST (SEL GRIS).

Prix d'achat	12f 00c	la tonne.
Fret	12 00	
Frais de mise à l'entrepôt	2 00	
Total	26 00	

Ainsi le sel gris de l'Ouest coûterait plus cher à Saint-Malo que le sel raffiné anglais. Mais on ne peut pas mettre en parallèle ces deux qualités de sel; le sel blanc des marais de la Vendée et de la Charente-Inférieure peut seul être comparé au sel anglais. Or son prix moyen de vente est de 16 à 18 francs, ce qui élève le prix de la tonne rendue à Saint-Malo à 30 ou 32 francs. On comprend que dans ces conditions la concurrence ne lui serait pas possible. En outre, comme les salines d'Angleterre sont encombrées de produits et qu'elle peuvent fabriquer du sel en quantités illimitées, il est certain que le prix de vente du sel anglais baisserait.

Le fret cesserait de même d'être aussi élevé qu'aujourd'hui par suite de la facilité qu'ont les navires anglais de trouver dans nos ports des marchandises de retour. On voit que la suppression des droits sur le sel d'Angleterre porterait le dernier coup à nos marais salants de l'Ouest.

Le consommateur en profiterait peu, car une différence de quelques francs sur 1,000 kilogrammes est pour lui insignifiante, et elle serait d'ailleurs retenue exclusivement par l'intermédiaire. On ne peut donc que souhaiter le maintien des droits existants.

M. LEMOINE,

Armateur à Saint-Malo.

(Déposition écrite.)

…estions. , 59, 60. N'ayant employé que des sels français, je ne m'occuperai que de ceux dont je me sers pour la pêche de la morue soit aux Bancs, soit à Terre-Neuve.

Pour ce qui me concerne, lorsque j'ai pu me procurer à prix égal des sels d'Hyères, Bouc ou Cette, je leur ai donné la préférence sur les sels provenant des marais de l'Ouest.

La morue non séchée, salée avec ces sels et même avec ceux de Cadix ou de Lisbonne, est toujours préférée sur les principaux marchés, particulièrement à Cette, Bordeaux ou la Rochelle où elle se vend ordinairement 2 francs de plus par 100 kilogrammes. Elle doit cette plus-value à la blancheur des sels employés.

Les sels de l'Ouest les plus estimés pour la pêche sont ceux de l'île de Ré, de Marennes, de l'île d'Oleron, de Noirmoutier et du Croisic; on donne généralement la préférence aux sels de l'île de Ré. Ils sont d'une couleur plus claire, moins gris et moins rougeâtres que ceux des autres marais de l'Ouest, qui trop souvent laissent sur le poisson des taches de vase qui s'enlèvent difficilement au lavage.

54, 80. Je n'ai jamais entendu dire que les sels de l'Est gagnassent en poids et que ceux de l'Ouest (vieux sels) perdissent plus de 5 p. 0/0. Les sels nouveaux entassés sur les marais de l'Ouest et recouverts avec des mottes et de la terre, et expédiés dans les quatre, cinq ou six mois de la récolte, peuvent bien donner plus de 5 p. 0/0 de déchet; mais je ne puis le certifier, n'ayant employé que des sels vieux.

J'ai mis rarement des sels en entrepôt afin d'éviter les déchets et les frais de chargement et de rechargement, qui montent à 4 fr. 50 cent. ou 5 francs par tonneau de 1,000 kilogrammes, y compris les dépenses occasionnées pour charrois, portefaix, loyer de sacs, mesurage par des ouvriers désignés par la douane, et surtout afin d'échapper au payement des droits de consommation sur les déficits quand il n'y a plus de boni.

76. Le prix du sel à Liverpool varie de 12 fr. 50 cent. à 16 fr. 25 cent. par 1,000 kilogrammes, suivant la finesse du grain. Le prix du fret varie de 13 à 15 francs.

76. Il me semble que si le Gouvernement voulait favoriser les armateur pour la pêche de la morue, il affranchirait tous les sels employés par cette industrie. N'est-il pas déraisonnable de voir les navires armés pour la pêche

Commission B. — Saint-Malo. — MM. Lemoine, A. Hovius.

d'Islande obtenir tous les sels étrangers en franchise, tandis que ceux employés aux côtes ouest et est de Terre-Neuve et sur les Bancs, sont frappés d'un droit de 5 francs par 1,000 kilogrammes? Ne serait-il pas rationnel d'imposer le même droit aux sels employés à la pêche d'Islande qui a pris un développement considérable, tandis que depuis trois à quatre ans nos expéditions aux côtes ouest et est de Terre-Neuve ont diminué des deux tiers?

M. AUGUSTE HOVIUS,

Armateur à Saint-Malo.

(Déposition écrite.)

Questions, 53, 59. Les qualités respectives des sels français ou étrangers sont évidemment connues et appréciées par les diverses industries employant les sels. Elles ont certainement une influence tant sur les prix que sur l'application à laquelle ces différents sels sont soumis.

Le sel de l'Ouest est préféré en France par le commerce de détail. Mais, n'envisageant les questions qui nous sont posées qu'au point de vue des armements pour la pêche de la morue, nous disons que le marché de Bordeaux, principal débouché de la morue dite *morue verte*, c'est-à-dire seulement salée et non séchée, établit une différence de prix en faveur du poisson préparé avec des sels blancs provenant de nos salins du Midi ou de l'étranger.

Le motif en est que la morue salée avec le sel blanc donne moins de déchet à la sécherie que celle qui a reçu du sel gris de nos marais de l'Ouest, attendu que ceux-ci contiennent une notable partie de vase qui se sèche, s'évapore et ne fait pas corps avec la morue.

60. L'étranger ou plutôt les Anglais, qui possèdent l'île de Terre-Neuve, font prendre du sel soit à Cadix, soit en Portugal, par les navires qui vont charger des morues à Saint-Jean de Terre-Neuve à destination du Brésil, de l'Espagne, du Portugal, de l'Italie, etc. Il est certain qu'ils ne viendront pas chercher nos sels de l'Ouest, donnant plus de déchet à la sécherie du poisson et coûtant plus cher que ceux d'Espagne ou du Portugal.

Ils n'iront point non plus chercher dans la Méditerranée ce qu'ils trouvent à Cadix, Lisbonne, Sétuval, au même prix qu'à Bouc ou aux îles d'Hyères. Le fret du sel pour le transporter sur les lieux de pêche est plus élevé que le prix de cette marchandise, et les Anglais, qui savent calculer leur prix de revient, vont prendre, à qualité égale, ce qu'ils peuvent rendre à destination avec le moins de frais.

Nous envoyons à Saint-Pierre-Miquelon, tous les ans, des quantités considérables de sel, tant de nos marais que d'Espagne et de Portugal.

Avant d'envoyer nos navires chercher ce sel, nous raisonnons aussi sur le prix de revient, fret compris, et sur la destination du poisson : de là nos préférences pour tel ou tel point.

Il existe aux Antilles une petite île appelée Saint-Martin, dépendant de la Guadeloupe, dont une portion appartient à la France et l'autre à la Hollande. Cette île possède dans ses deux régions des étangs salins de la plus grande fertilité; le sel s'y forme pour ainsi dire tout naturellement, sous l'empire seul de l'évaporation. Une société franco-hollandaise est à la tête de cet établissement; malheureusement elle éprouve des embarras financiers qui l'empêchent de profiter des ressources immenses que présente cette industrie. Ces étangs salins, mis en état d'exploitation, pourraient rendre les plus grands services à nos pêcheries de Saint-Pierre-Miquelon, en fournissant aux navires qui transportent les morues des lieux de pêche aux Antilles, un fret de retour avantageux.

Le sel de l'île de Saint-Martin coûterait, rendu à Saint-Pierre-Miquelon, 20 francs de moins par 1,000 kilogrammes que celui provenant d'Espagne ou de Portugal. En supposant une exportation de Saint-Martin de 10,000 tonnes, ce serait 200,000 francs par an que gagnerait le commerce de la pêche de la morue, plus 150,000 francs affectés comme fret aux navires-transports qui aujourd'hui reviennent des Antilles sur lest.

Ce serait donc une grande concurrence pour les sels de la Péninsule.

Il est regrettable, à ce point de vue, que lors des prêts faits par l'État à l'industrie française, on n'ait pu y faire comprendre les étangs salins de l'île de Saint-Martin pour la faible somme de 300,000 francs.

Questions 64, 81. Le déchet varie suivant la longueur de la traversée. Il est plus considérable sur les sels nouveaux que sur les anciens. Il est aussi plus élevé sur les sels de l'Ouest, vu leur état vaseux, que sur les sels de l'Est.

Le chiffre moyen des déchets de chaque provenance ne peut être établi qu'à l'aide de documents qui nous manquent.

Il n'est pas à notre connaissance que les sels de l'Est gagnent en poids.

Quant à ceux de l'Ouest, le déchet de 5 p. 0/0 est souvent dépassé.

87, 90. Dans l'intérêt de la production du sel en France, il n'y a pas lieu de toucher à la législation actuelle sur l'introduction des sels étrangers, en ce qui concerne la consommation alimentaire. Relativement aux sels destinés à la pêche de la morue, il convient de maintenir les droits actuels; les augmenter nuirait aux intérêts du commerce de la pêche de la morue.

Puisque l'on s'occupe de l'importante question des sels, le déposant se permet de faire observer qu'il y a anomalie et injustice à rembourser les droits du sel employé au salage des beurres, lards, etc., à destination de l'étranger, quand le consommateur en France subit cette plus-value sur les mêmes denrées : il suit de cette disposition que le consommateur étranger est affranchi d'une taxe qui est acquittée par les citoyens français.

M. LE POMELLEC,

Armateur pour la pêche de la morue, à Saint-Servan.

(Déposition écrite.)

Questions. 53, 59. Je ne parlerai ici qu'au point de vue de la pêche de la morue et des salaisons de porc et de beurre, seules industries employant des sels que je connaisse bien.

Pour la préparation de la morue, les sels blancs produits par les salins de la Méditerranée sont de beaucoup préférables, quand surtout la morue doit être conservée et consommée *au vert*. Cependant leur prix est en général de 4 à 8 francs supérieur au prix des sels de l'Ouest, à cause du fret plus considérable qu'il faut payer.

En général les sels d'Espagne, surtout ceux de Cadix, sont à peu près égaux à ceux de la Méditerranée.

Les sels gris produits sur les marais de l'ouest de la France sont très-convenables pour la préparation de la morue qui doit être séchée. Ceux de l'île de Ré sont les meilleurs. Le poisson préparé avec ces sels donne un déchet beaucoup plus considérable que celui préparé avec des sels du Midi.

Pour les salaisons de porc, ce sont les seuls qu'on emploie dans notre pays, et nous sommes généralement d'accord pour croire qu'ils font de meilleures salaisons que les autres.

Pour les beurres on n'emploie guère que des sels raffinés de l'Ouest; cependant dans les campagnes on emploie quelque peu le sel brut de l'Ouest.

A mon avis le choix du sel pour la pêche est beaucoup plus souvent déterminé par la différence du fret à payer que par la qualité de la denrée.

Je ne connais aux sels de l'Ouest aucune propriété particulière, si ce n'est leur plus grande facilité de fusion pour faire les salaisons en saumures.

60. Il est certain que les Anglais de Terre-Neuve emploient presque exclusivement du sel de Liverpool et presque pas de sel français. Cela tient à deux causes: le défaut absolu de fret de retour pour les navires français qui porteraient du sel français à Halifax ou Saint-Jean de Terre-Neuve, et principalement au système de salaison de la morue par les Anglais, qui ne mettent qu'une mince raie de sel, très-fine, au milieu de la morue ouverte, au lieu de la couvrir de sel pour la préparer

comme font les Français. Il faut pour la préparation anglaise du sel plus fin et plus facile à fondre que le nôtre.

Questions. 61, 80. Je crois qu'en général le déchet des sels de l'Ouest est plus considérable que celui des sels de la Méditerranée et d'Espagne.

On n'emploie en général que les sels d'une année de fabrication antérieure, c'est-à-dire ayant treize à dix-huit mois de temps passé sur les marais; dans ce cas ils ont peu de déchet. Quand ce sont des sels fabriqués dans l'année, le déchet est considérable.

Je n'ai jamais mis qu'une fois du sel en entrepôt, et j'ai eu un déchet plus considérable que le déchet réglementaire.

52, 92. Il m'a toujours été impossible de comprendre pourquoi on mesurait, à la sortie d'entrepôt une marchandise mesurée à l'entrée et pourquoi, quand il y avait déficit, l'entrepositaire en était responsable, puisque si par hasard une fraude avait été commise, elle l'aurait été sous la surveillance et la responsabilité de l'Administration des douanes.

87. Je ne crois pas qu'il y ait lieu de modifier les droits d'entrée qui frappent les sels étrangers par les raisons qui me font demander le maintien conditionnel des droits sur le sel employé à la pêche.

90. Il y a, relativement au sel destiné à la pêche de la morue, deux questions : le droit imposé aux sels de pêche de provenance étrangère, et son application inégale aux divers armements.

Le droit en lui-même n'est point excessif et me semble suffisamment protecteur pour les intérêts des salins français. C'est une partie encore intacte du grand système de protection que la marine française voit abandonner avec tant de regrets. A ce point de vue jamais je n'en demanderai la suppression; je désire que mes intérêts et ceux de mon pays soient protégés dans une juste mesure par le Gouvernement, et je souhaite qu'en accordant un peu de protection à la marine on en accorde aux autres industries qui en ont besoin.

Mais en admettant ce système de protection, je voudrais qu'il fût également réparti sur tous, et je ne comprends pas pourquoi les navires qui font la pêche en Islande sont affranchis de tous droits sur le sel étranger, quand ceux qui font la pêche à Terre-Neuve sont tenus de payer ce droit.

Je demanderai donc que tous les pêcheurs payent le droit de 5 francs pour 1,000 kilogrammes sur le sel employé à la pêche, ou, si on ne veut pas revenir sur une faveur accordée, que la même faveur soit accordée à tous les armements de pêche.

M. GUIBERT,

Armateur pour la pêche de la morue, à Saint-Servan.

(Déposition écrite.)

Questions. 53, 59, 60. En ce qui concerne l'industrie de la pêche de la morue, les diverses qualités de sel produites, tant en France qu'à l'étranger, sont connues et appréciées. Je les classerai dans l'ordre suivant : en première ligne les sels de Cadix et Lisbonne, ensuite ceux des salins du Midi, et enfin les sels des marais de l'Ouest.

Le prix de ces diverses qualités est plus ou moins élevé, suivant l'importance de la production. Cette année, par suite d'une mauvaise récolte, les sels de l'Ouest sont fort chers.

Le sel de l'Ouest est très-convenable pour la préparation du poisson; mais comme il est plus fondant que celui du Midi et de l'Espagne, la morue préparée avec ce sel est moins estimée des acheteurs. Aussi, sur les marchés de Bordeaux et de la Rochelle, le poisson préparé avec le sel de l'Ouest se vend-il 2 francs de moins par 100 kilogrammes.

Si les sels français sont moins recherchés à l'étranger pour les salaisons de pêche que les sels d'autres provenances, cela tient uniquement à leur prix qui est toujours plus élevé que celui de Cadix et Lisbonne. En ce moment, par exemple, le sel vaut à l'île de Ré 18 fr. 50 cent. les 1,000 kilogrammes, tandis qu'en Espagne et en Portugal on l'obtient de 11 à 12 francs.

64, 81. Le déchet sur les sels du midi de la France peut être estimé à 5 p. o/o, et à 7 ou 8 p. o/o sur ceux de l'Ouest, en calculant pour les deux sels la même durée de trajet.

Il ne m'est pas possible de me prononcer en ce qui concerne les sels de l'Est.

Le déchet en entrepôt se produit dans la même proportion pour les sels des deux provenances.

87. La suppression des droits sur les sels étrangers à leur entrée en France amènerait nécessairement un plus grand développement dans la consommation.

90. Le droit qui frappe les sels étrangers destinés à la pêche de la morue est considérable, puisqu'il s'élève à 50 p. o/o de la valeur; il n'est du reste supporté que par les armements pour la pêche au grand Banc et aux côtes est et ouest de Terre-Neuve; les armements d'Islande en sont exempts. Il serait donc de toute équité de traiter de la même manière ces

MMISSION B. deux sortes d'armements. En supprimant les droits dont sont frappés les sels étrangers destinés à la pêche de la morue aux côtes de l'île de Terre-Neuve et au grand Banc, le Gouvernement, tout en faisant une chose juste, favoriserait une industrie qui forme un grand nombre de marins à l'État, et dont la situation est devenue des plus critiques.

SAINT-MALO.

MM.

Guibert.

l'Inspecteur des douanes de Saint-Malo.

M. L'INSPECTEUR DES DOUANES DE SAINT-MALO.

(Déposition écrite.)

Questions. 53, 59.

Les sels du midi de la France, les sels d'Espagne et surtout les sels de Portugal sont plus blancs, plus purs et plus riches que les sels bruts des marais de l'Ouest; aussi sont-ils employés de préférence à ceux-ci pour la pêche de la morue. Les produits qu'on obtient avec ces sels sont en apparence plus beaux, flattent davantage l'œil du consommateur et par suite sont mieux cotés sur les marchés. Les poissons préparés avec ces espèces de sels jouissent d'une plus-value de 2 francs à 2 fr. 25 cent. par 100 kilogrammes, qui procure aux vendeurs un avantage assez important.

Avec les sels lavés et étuvés de l'Ouest on obtiendrait certainement des produits identiques à ceux obtenus avec les sels du Midi, d'Espagne et de Portugal, peut-être même plus goûtés, plus délicats. Mais le prix élevé de ces sels (20 à 22 francs la tonne rendue sous vergues, tandis que les sels du Midi, d'Espagne et de Portugal ne coûtent que 13 à 14 francs), ne permet guère d'en faire usage pour les armements.

Pour la salaison des viandes et des beurres, les sels bruts ou lavés des marais salants de l'Ouest sont employés de préférence aux autres sels parce qu'ils sont plus déliquescents, qu'ils s'incorporent mieux et qu'ils ont moins d'âcreté au goût.

Pour la pêche de la morue comme pour les autres salaisons, les sels bruts de Marennes ou de l'île de Ré étant plus blancs, moins imprégnés de vase que les sels des marais de la Vendée ou de la Loire-Inférieure, sont plus recherchés que ces derniers.

C'est là une question de goût et d'habitude, car je ne crois pas qu'il y ait entre les sels blancs de l'Ouest et ceux du Midi, le degré de force excepté, une différence de saveur telle que l'on puisse, dans les usages domestiques, donner la préférence aux uns plutôt qu'aux autres. Dans le Midi on se sert des sels du pays broyés et pulvérisés; dans nos contrées, au contraire, on emploie presque exclusivement les sels lavés ou raffinés de l'Ouest ou les sels raffinés des salines de Briscous, connus dans le commerce sous la dénomination de sels raffinés de Bayonne. C'est là une question de goût et d'habitude.

Commission B. — Questions. Saint-Malo. — M. l'Inspecteur des douanes de Saint-Malo.

60. Par les mêmes motifs qui font que nos armateurs préfèrent pour la pêche de la morue les sels du Midi et les sels d'Espagne et de Portugal, ces sels doivent également être plus recherchés à l'étranger. La différence des prix suffirait seule, du reste, pour expliquer et justifier cette préférence : ainsi, tandis que les prix des sels de l'Ouest varient, année moyenne bien entendu, de 12 à 22 francs les 1,000 kilogrammes, les sels du Midi, comme les sels d'Espagne et de Portugal, ne se payent guère que 13 à 14 francs.

64, 79, 80, 81. En général, tous les sels raffinés sont mis en sacs en sortant de l'étuve, et par conséquent en bon état de siccité : ces sels absorbent donc nécessairement de l'humidité dans le transport et par suite gagnent un peu de poids. Tel est le cas des sels de l'Est.

L'important est donc de rechercher le déchet éprouvé par les sels bruts, lavés et étuvés qui sont transportés en vrac, et de savoir si ces sels perdent plus que le déchet de 5 p. 0/0 réglementaire.

D'après les relevés faits sur les registres de douane des ports de Saint-Malo, Saint-Servan et Dinan, pour les sels arrivés et vérifiés pendant les années 1866 et 1867, la moyenne du déchet éprouvé par les sels bruts du Midi et par les sels bruts lavés et étuvés de l'Ouest, dans le transport des lieux de chargement aux ports d'arrivée, n'a pas, sauf le cas d'avaries de mer, atteint 2 p. 0/0.

Ce déchet a varié :

1° Pour les sels du Midi, de		1k 15	à 1k 50 p. 0/0.
2° Pour les sels de l'Ouest	bruts gris, de	1 00	1 50
	lavés et étuvés, de	0 60	1 30

Il n'est donc pas exact de dire que les sels de l'Ouest perdent plus que le déchet réglementaire de 5 p. 0/0 ; ce déchet, au contraire, me paraît plus que suffisant, et je n'hésite pas à dire qu'avec les facilités de transport qu'offrent aujourd'hui les chemins de fer, ce serait ruiner le commerce des sels dans nos ports que de porter ce déchet à un taux plus élevé.

Quant aux sels raffinés de Bayonne et de l'Ouest, qui sont mis, en sortant de l'étuve et par conséquent dans un état complet de siccité, dans des sacs déjà imprégnés de sel, le déchet, quand ces sels nous arrivent francs d'avaries, est insignifiant; il atteint à peine 0.30 p. 0/0; le déchet légal de 3 p. 0/0 qui leur est alloué est donc aussi bien suffisant.

Si on consulte encore les relevés faits en douane, on trouve que le déchet subi par les différents sels dans les entrepôts soldés pendant les années 1866 et 1867 a été, en moyenne, savoir :

SAINT-MALO.

—

M. l'Inspecteur des douanes de Saint-Malo.

1° Pour les sels du Midi, de.................. 0^k 25 à 1^k 30 p. o/o.

2° Pour les sels de l'Ouest { bruts gris, de........ 0 60 1 30
{ lavés et étuvés, de... 0 60 2 50

Mais je dois faire observer que les entrepôts, à Saint-Malo surtout, sont généralement composés de masses de sel accumulées à des époques différentes, qui ne forment plus dès lors qu'une seule masse jouissant d'un déchet ou boni commun; or, ce boni ne pouvant être déterminé qu'à l'apurement de l'entrepôt, il devient à peu près impossible d'apprécier l'importance du déchet subi par chaque masse en particulier.

En définitive, je crois être dans le vrai en évaluant de la manière suivante le déchet subi par les différents sels en entrepôt dans les conditions normales de siccité et de séjour, dix-huit mois par exemple, durée légale de l'entrepôt spécial :

1° Sels du Midi, de.............................. 1 à 2 p. o/o.

2° Sels de l'Ouest { bruts gris, de..................... 2 3
{ lavés et étuvés, de................ 1 2

Si au déchet subi par les sels pendant leur séjour de dix-huit mois en magasin, on ajoute le déchet subi dans le transport du lieu de chargement au port d'arrivée, on reconnaîtra que, même pour les sels de l'Ouest, qui sont ceux qui éprouvent le plus de déperdition, ce déchet n'atteint pas encore l'allocation réglementaire de 5 p. o/o.

Questions. …, 70, 76, 77, 87.

Le plus ou moins d'abondance des récoltes influe nécessairement sur le prix des sels; j'ai cru devoir, pour arriver à déterminer dans des conditions suffisamment satisfaisantes le prix de revient à Saint-Malo des différentes espèces de sel, opérer sur la moyenne des prix des trois dernières années (1865, 1866 et 1867).

Il résulte du tableau comparatif de ces prix [1] que, tandis que la

---

[1] *Tableau comparatif du prix de revient des sels français et étrangers aux ports de Saint-Malo et de Saint-Servan, calculé sur la moyenne des prix des trois années 1865 à 1867.*

	SELS DU MIDI.		SELS DE L'OUEST.				SELS RAFFINÉS de Bayonne.	SELS D'ESPAGNE et de Portugal.
	NON CRIBLÉS.	CRIBLÉS.	BRUTS gris.	BRUTS blancs.	LAVÉS et ÉTUVÉS.	RAFFINÉS.		
	la tonne ou 1,000k	la tonne ou 1,000k	la tonne ou 1,000k	la tonne ou 1,000k	la tonne ou 1,000k	la tonne ou 1,000k	la tonne ou 1,000k	la tonne ou 1,000k
Prix des sels, rendus sous vergues, aux lieux d'embarquement..............	10f à 12f	13f à 14f	12f à 15f	16f à 18f	20f à 22f	38f à 42f	40f	13f à 14f
Prix du fret des lieux d'embarquement aux ports de la Manche...............	20 à 25	20 à 25	8 à 11	8 à 11	8 à 11	8 à 11	13f à 15f	12 à 15
Montant du prix de revient dans les ports de la Manche.....................	30 à 37	33 à 39	20 à 26	22 à 29	28 à 33	46 à 53	53 à 55	25 à 29

Les frais accessoires de déchargement aux ports d'arrivée et de transport du point de débarquement à l'entrepôt sont de 1 fr. 50 cent. par kilogramme.

Il y a, en outre, les frais d'assurance.

Commission B. — Saint-Malo. — M. l'Inspecteur des douanes à Saint-Malo.

moyenne du prix de revient des sels d'Espagne et de Portugal n'a guère été au delà de 25 à 29 francs la tonne ou les 1,000 kilogrammes, cette moyenne pour les sels du Midi, par suite de l'élévation du prix du fret et de la difficulté de se procurer des moyens de transport, a été de 30 à 37 francs et de 33 à 39 francs, suivant la qualité des sels.

Quant aux sels de l'Ouest, si les bruts gris ne reviennent, rendus dans nos ports, que de 20 à 26 francs la tonne, par contre les bruts blancs atteignent les prix de 22 à 29 francs, et les sels lavés et étuvés, les seuls qui pourraient lutter avec avantage, pour la qualité des produits, avec les sels étrangers, surtout en ce qui touche la pêche de la morue, atteignent les prix de 28 à 33 francs.

Les sels raffinés de l'Ouest reviennent de 46 à 53 francs, et ceux de Bayonne de 53 à 55 francs.

Malgré ces différences de prix, nos sels de l'une ou l'autre contrée ne me paraissent pas avoir à redouter, du moins en ce qui concerne la consommation, la concurrence des sels étrangers, parce qu'ils sont protégés par les droits spéciaux qui frappent ces derniers à leur importation en France.

Ces droits me paraissent d'ailleurs suffisamment protecteurs et je ne crois pas qu'il y ait lieu de les modifier.

Questions. 90. Jusqu'en 1848, la faculté d'employer pour la pêche de la morue des sels étrangers avait été réservée, en vertu de l'arrêté du Gouvernement du 20 vendémiaire an XI et de l'ordonnance du 11 novembre 1814, aux armements à destination de l'Islande et du Doggers-Bank. C'était seulement aux époques où, par suite de l'insuffisance de la production des sels nationaux, leur prix s'élevait à un taux extraordinaire, qu'il était permis, exceptionnellement, de recourir, pour la pêche à la côte et au banc de Terre-Neuve, à l'usage des sels d'Espagne et de Portugal.

En 1848, l'Assemblée nationale voulant donner de nouveaux encouragements à l'industrie de la pêche de la morue, décida, par une loi rendue le 23 novembre, que tous les navires expédiés pour la pêche de la morue, quels que fussent les parages où elle s'effectuerait, auraient la faculté de faire leurs approvisionnements soit en sel de France et des colonies françaises d'outre-mer, qui leur serait délivré en franchise, soit en sel étranger de toute origine et de toute provenance pour lequel ils seraient tenus d'acquitter un droit de douane de 50 centimes, plus les décimes additionnels, par 100 kilogrammes; mais en même temps cette même loi continuait à affranchir de toute taxe les sels étrangers employés pour la pêche d'Islande et du Doggers-Bank.

Qu'à une époque où les ports du Nord armaient seuls pour l'Islande ou le Doggers-Bank et où les produits de cette pêche n'alimentaient encore qu'un rayon assez restreint, le Gouvernement ait cru devoir donner

M. l'Inspecteur des douanes de Saint-Malo.

d'abord, puis maintenir ensuite, un encouragement à cette industrie en exemptant de toute taxe les sels étrangers qu'elle employait pour ses armements, on ne peut que l'approuver; mais aujourd'hui que presque tous les ports d'armement pour la pêche de la morue arment plus ou moins pour la pêche d'Islande, que les produits de cette pêche viennent sur tous les marchés, sur ceux de l'Ouest comme sur ceux du Midi, en concurrence avec les produits de la pêche de Terre-Neuve, ce traitement de faveur, selon moi, n'a plus raison d'être, et je crois qu'il n'y aurait pas seulement équité, mais bien encore un grand intérêt au point de vue de l'inscription maritime, à placer tous les armements, quels que soient les parages où la pêche s'effectue, sous un même régime d'égalité, et par conséquent de supprimer le droit spécial de 50 centimes dont sont frappés les sels étrangers, employés à la pêche de la morue à Terre-Neuve.

Question. 23.

Nous ne recevons pas à Saint-Malo des chargements de sels gemmes anglais, ni bruts ni raffinés, et je n'ai pu me procurer de renseignements satisfaisants sur les prix de ces sels à Liverpool.

Nos armateurs pour la pêche de la morue, les seuls qui reçoivent ici des sels étrangers, n'emploient que des sels d'Espagne ou de Portugal.

ROUEN.

M. LEMIRE,

Président de la chambre de commerce de Rouen, armateur, négociant en sel.

(Déposition orale et écrite.)

Questions. 66, 69. Mon commerce de sel, autrefois très-important, a sensiblement décru. Rouen était le marché principal pour l'alimentation de la Picardie, de la Normandie et de la Flandre; ces provinces s'approvisionnent aujourd'hui à Abbeville, Dunkerque et autres ports.

Le sel de l'Ouest seul approvisionnait Rouen autrefois; il est encore préféré pour la consommation alimentaire. Les sels bruts de Marennes, les sels lavés et raffinés du Croisic et du Pouliguen se rencontrent sur notre marché. Mais le sel de l'Est, dont la production s'est développée depuis quelques années dans une proportion énorme, lui fait une concurrence redoutable. J'en fais moi-même venir quelques tonnes chaque année.

53, 59. Les différences qu'on peut établir entre les sels de l'Ouest et ceux de l'Est, considérés comme comestibles, tiennent peut-être plutôt à certains préjugés qu'à des causes bien réelles.

A Rouen, les consommateurs donnent une préférence marquée au sel marin de l'Ouest. Il paraît que, pour les salaisons de beurre ou de viande, il a une grande supériorité sur celui de l'Est, qui est plus dur, plus difficile à la fonte, de sorte qu'il ne se répand pas aussi également dans toutes les parties de la matière à saler; il a aussi, dit-on, une certaine âcreté que n'a pas le sel marin.

L'industrie paraît attacher quelque différence entre ces deux natures de sels, différence qui, dans certains cas, la porte à employer par moitié chacune des deux espèces.

60. J'ignore par quel motif on va souvent chercher des sels à l'étranger pour certaines pêches, mais le fait paraît exister. Le bon marché est sans doute la cause principale de cette préférence.

64, 79, 81. Le déchet de route, pour les sels venant de l'Ouest par navire, varie généralement de 1 à 2 p. o/o, suivant la longueur du voyage. Un déchet à peu près semblable existe, en outre, sur les mêmes sels pendant leur séjour dans les magasins en attendant le moment de la vente.

Je pense qu'il existe quelque différence de déchet entre les sels de l'Ouest et ceux de l'Est ou du Midi; ces derniers étant généralement plus secs doivent éprouver moins de déperdition.

MISSION B. Je ne saurais dire si les sels vieux donnent, ainsi que beaucoup de personnes le prétendent, moins de déchet que les sels nouveaux; mais je pense que l'influence de l'atmosphère au moment de la saunaison, du chargement et du trajet, entre pour beaucoup dans le déchet. Les lieux de dépôt, trop secs ou trop humides, contribuent aussi à la déperdition du poids des sels. ROUEN. MM. Lemire. Malétra.

Questions. 87. Il me semble que le droit sur les sels étrangers devrait être maintenu. Le dégrèvement ne profiterait qu'à l'intermédiaire, à l'exclusion du consommateur et au préjudice des saliniers de l'Ouest dont la situation précaire serait aggravée.

M. MALÉTRA,

Fabricant de produits chimiques.

(Déposition orale et écrite.)

5, 66, 69. Ma maison est une des plus anciennes de Rouen. Depuis la lutte ouverte avec l'Angleterre par le traité de commerce de 1860, ma fabrication s'est développée et ma consommation annuelle s'est élevée progressivement de 2,000 tonnes à 8 ou 9,000 tonnes.

Autrefois j'employais presque exclusivement des sels de l'Ouest et du Midi. Depuis plusieurs années l'abaissement des prix et les facilités des transports nous ont amené les sels gemmes de l'Est à des conditions avantageuses qui m'ont déterminé à leur donner la préférence, à tel point que, sur les 9,000 tonnes que je consomme annuellement, les sels de l'Ouest ne figurent environ que pour un neuvième.

.9. La moyenne des prix de l'Ouest est à Marennes de 12 francs à 12 fr. 50 cent. la tonne rendue à bord. En ce moment les prix sont de 15 francs à 15 fr. 50 cent. Le fret de Marennes à Rouen est de 12 francs.

71. Quand le sel de l'Ouest dépasse 12 francs, on a plus de bénéfice à faire venir du sel gemme de Varangéville qui, rendu à quai à Rouen, ne revient qu'à 23 francs la tonne et qui, contenant moins d'eau, donne un plus fort rendement. Le sel de l'Ouest exige, il est vrai, moins d'acide, mais cette circonstance ne compense pas l'infériorité du rendement et la plus grande dépense de main-d'œuvre.

Je n'emploie ni raffinés ni sels lavés de l'Ouest et de l'Est, à cause de la cherté de leurs prix.

54, 57. Les fabricants de produits chimiques tiennent grand compte de la richesse des sels.

Voici le résultat des analyses comparatives relevées sur mes livres, indiquant la richesse en chlorure de sodium entre les sels de l'Ouest et de l'Est que j'emploie :

Moyenne de 22 bateaux de l'Ouest................ 86 p. o/o.
Moyenne de 16 bateaux de l'Est................... 93

Sous le rapport industriel, les sels gemmes étant plus riches en chlorure de sodium ont une valeur réelle plus grande, surtout comparés aux sels de l'Ouest, qui renferment beaucoup plus d'eau; la même raison n'est pas applicable aux sels du Midi, qui sont plus purs que ceux de l'Ouest.

Questions. 59. Le sel de l'Ouest, en raison des sels de magnésie qu'il contient et qui constituent en grande partie son impureté, a une saveur assez prononcée qui le fait distinguer et souvent préférer par bon nombre de consommateurs; c'est ce qui justifie jusqu'à un certain point son emploi exclusif dans notre contrée pour certains usages, notamment la salaison des beurres.

60. Il est probable que si parfois les ports de pêche de l'ouest de la France se sont approvisionnés de sels de Portugal, c'est à cause de sa richesse en chlorure de sodium et de sa grosse cristallisation, égales à celles des sels du midi de la France, et surtout à cause de son bon marché, dû à un transport moins coûteux que celui des ports français de la Méditerranée. Je ne pense pas qu'il y ait lieu d'admettre d'autres motifs, les sels de Portugal ayant la même composition que ceux du midi de la France.

64, 79, 81. Le boni de 5 p. o/o alloué au sel de l'Ouest pour couvrir le déchet de route est suffisant, quand ce sel a été bien récolté et chargé dans de bonnes conditions d'âge et de température; dans le cas contraire, le déchet est plus grand et doit être attribué aux mauvaises conditions de la marchandise.

Si le sel de l'Ouest est placé dans un magasin suffisamment sec, il perd peu de son poids et la tolérance de 5 p. o/o est rarement dépassée depuis son embarquement jusqu'à sa sortie réglementaire.

Les sels gemmes bruts broyés ne perdent pas de leur poids pendant un trajet opéré dans de bonnes conditions.

Ils ne gagnent pas sensiblement en magasin, de même que les sels de l'Ouest ne perdent pas d'une façon sensible.

Les sels du Midi, à cause de leur nature, perdent moins de leur poids dans le trajet que les sels de l'Ouest.

J'ai souvent mis en magasin pendant deux ou trois mois 1,500 à 2,000 tonnes de sel brut de l'Est et toujours j'ai retrouvé à la sortie les mêmes quantités.

87. Il est constant que l'industrie saunière a besoin d'être efficacement

 protégée, sous peine d'avoir le même sort que d'autres branches trop mal traitées par le traité de commerce et qui subissent les fluctuations du marché étranger et de l'Angleterre, surtout pour le nord et l'ouest de la France. Il y a donc lieu de maintenir les droits actuels sur les sels étrangers.

Questions. 92. La redevance de 30 centimes par 100 kilogrammes imposée aux fabricants de produits chimiques sur les sels employés à leur fabrication est trop élevée. Elle dépasse de beaucoup les frais de surveillance. Ainsi ma fabrique est exercée par quatre employés dont le traitement s'élève à 5,000 francs seulement et je supporte, en outre du loyer coûteux que je leur donne, une redevance annuelle d'environ 27,000 francs.

M. CHOUILLOU,

Fabricant de produits chimiques à Rouen.

(Déposition orale.)

66, 69, 70, 71. Le déposant est depuis dix ans à la tête d'une usine de produits chimiques, dans laquelle il consomme annuellement 4,000 tonnes de sel gemme égrugé de l'Est et de sel brut gris de l'Ouest. Il y a quelques années il employait également du sel du Midi à gros grains; il a cessé d'en faire venir quand la société Renouard lui a demandé un prix supérieur à 32 francs par tonne, rendue sous vergues à Rouen.

19, 51. En 1866, le déposant a acheté du sel brut de l'Ouest livrable dans le port de Rouen à raison de 28 fr. 50 cent. les 1,000 kilogrammes. Souvent il a atteint des prix plus élevés. Le sel gemme arrive à Rouen à 23 fr. 50 cent. ou 24 francs la tonne. Il est expédié de Varangéville par voie d'eau.

A ce sujet, le déposant demande que les droits sur les canaux soient supprimés ou du moins abaissés, et qu'on poursuive activement les travaux d'amélioration de la Seine.

53, 57. Pour la fabrication des produits chimiques, le sel le plus avantageux est le sel gemme égrugé, à raison de sa plus grande richesse en chlorure de sodium; puis vient le sel du Midi et, enfin, le sel de l'Ouest. Quoique ce dernier soit le plus facilement attaqué par l'acide sulfurique, cet avantage ne compense pas l'infériorité de son rendement. Naturellement les fabricants de produits chimiques tiennent compte dans leurs prix d'achat de la richesse relative des différents sels.

61, 64. Le déchet du sel de l'Ouest est en cours de transport d'environ 1.5 p. o/o. Le sel gemme présente plutôt des excédants de poids.

Quant au déchet de magasin, le déposant ne saurait le préciser, parce que dans les magasins les sels de différentes provenances sont mélangés et sont employés concurremment.

Questions. 87. Bien que l'abolition des droits sur les sels étrangers soit de nature à profiter aux fabricants de produits chimiques, l'état de choses actuel doit être maintenu pour ne pas aggraver la situation précaire des marais salants de l'Ouest, si dignes d'intérêt.

78. Le prix du sel gemme blanc anglais doit être en ce moment de 8 à 10 francs la tonne à Liverpool. En 1866, s'il n'avait pas eu les droits de douane à payer, le déposant aurait pu en faire venir à Rouen à 25 francs la tonne.

92. La redevance de 3 francs imposée aux fabricants de produits chimiques par tonne de sel employée est assurément exagérée. Son objet est de couvrir les frais de surveillance du Trésor, et elle produit beaucoup plus; elle devrait donc être réduite. Il ne faut pas oublier qu'en outre les fabricants sont obligés de loger les agents des contributions, ce qui impose aux usiniers des déboursés considérables. Chez M. Chouillou, le bâtiment construit pour eux a coûté 40,000 francs.

M. MARIN,

Négociant en beurre à Rouen.

(Déposition orale.)

19, 20, 53. M. Marin emploie pour ses salaisons de beurre environ 50 tonnes de sel raffiné par an. La maison dont il est le chef est fondée depuis quarante-sept ans. Il ne tirait autrefois son sel que des raffineries de l'Ouest; mais aujourd'hui, toutes les fois que les raffineries de l'Ouest font subir à leurs prix une grande augmentation, il s'approvisionne aux salines de l'Est. C'est, par exemple, ce qui est arrivé en 1861, alors que les sels raffinés de l'Ouest étaient tenus à 220 francs la tonne rendue à Rouen à domicile, droits acquittés.

Le sel de l'Ouest est préférable pour les salaisons au sel de l'Est; il est moins âcre. Plus il est étuvé et sec, meilleur il est.

61, 64. Le déposant, n'achetant le sel de l'Ouest que chez des négociants en gros de Rouen, ne peut pas indiquer personnellement avec précision quels en sont les déchets de route et de magasin. D'après les renseignements qui lui ont été donnés, il paraît que le premier déchet est d'à peu près 2 p. 0/0, et le second un peu supérieur. Quant au sel de l'Est qu'il fait venir directement, il peut affirmer qu'il présente toujours des excédants, et que ces excédants ne disparaissent pas dans le séjour en magasin.

Questions. 55, 78. D'après une expérience qu'il a faite, il y a quelques années, le sel raffiné anglais ne paraît pas au déposant convenable pour la salaison du beurre; il est trop dur et trop compacte.

En ce moment les prix sont à Liverpool :

	Raffiné de première qualité	Gemme brut
	17f 50c	10f 00c
A ajouter pour venir à Rouen :		
Mise à bord en Angleterre	4 00	4 00
Fret	12 50	12 50
Remorquage	1 25	1 25
Déchargement, mise en magasin	1 50	1 50
TOTAL	36 75	29 25

LE DIRECTEUR DES DOUANES DE ROUEN.

(Déposition écrite.)

61, 44. Du 1er janvier 1866 au 10 décembre 1867, les constatations faites par les agents de la direction des douanes de Rouen donnent, en moyenne, les résultats suivants en ce qui concerne les déchets de route :

	Quantités vérifiées.	Déchet.
Sels bruts de l'Ouest	8,334 tonnes.	1.02 p. 0/0.
Sels lavés de l'Ouest	2,413	0.04
Sels raffinés de l'Ouest	180	1.11
Sels gemmes de l'Est	15,661, excédant de	0.77

54, 71. Les sels bruts proviennent presque tous de Marennes, de Noirmoutier et de l'île de Ré; les sels lavés et raffinés, du Croisic et du Pouliguen. Les uns et les autres ont été amenés à Rouen par cabotage.

Les sels gemmes ont été également expédiés par bateaux aux fabricants de produits chimiques de la Seine-Inférieure. Ils viennent de la Meurthe.

Quant aux sels du Midi, ils n'arrivent pas dans le ressort de la direction des douanes de Rouen.

La consommation des *sels de coussins* dans l'étendue de la direction de Rouen a été de 1,235 quintaux métriques en 1866 et de 923 pendant les onze premiers mois de 1867. Ces quantités ont principalement servi à l'amendement des terres et à l'amélioration des herbages.

FÉCAMP.

M. HOULBRÈGUE,

Armateur pour la pêche de Terre-Neuve.

(Déposition orale.)

Questions. 53, 59, 60. Ma maison existe à Fécamp depuis trente-cinq ans. Sa spécialité consiste dans les armements pour le banc de Terre-Neuve et dans la confection de morues vertes dont le séchage se fait à terre. Autrefois j'employais pour cet usage presque exclusivement du sel de l'Ouest, mais les acheteurs ayant reconnu qu'il donnait à la morue une couleur terreuse, j'ai dû le délaisser et m'approvisionner de préférence en sels français du Midi et en sels d'Espagne et de Portugal.

D'autre part, les sels de ces provenances me sont plus avantageux, car ils servent de fret de retour à nos navires dont les marchés de vente sont principalement Cette et Bordeaux. Les capitaines partant de Fécamp pour aller au Banc préfèrent aussi prendre en passant leur chargement de sel à Sétubal.

Les sels de l'Ouest sont, comme saveur et comme déliquescence, d'une supériorité incontestable pour les salaisons; mais leur couleur terreuse les fait délaisser. Les sels de Cadix viennent ensuite, même avant les sels français de la Méditerranée, plus secs et plus corrosifs. Les sels de Portugal, moins purs, n'ont que le troisième rang.

Je n'emploie ni sel de l'Est ni sel anglais.

19, 76, 77. A Cette, le prix du sel criblé, rendu à bord, est en moyenne de 11 fr. 50 cent. à 13 fr. 50 la tonne; à Cadix et à Sétubal de 9 fr. 50 cent. à 12 francs.

Le fret de Cette à Fécamp est de 15 francs. De Cadix et Sétubal à Fécamp les frais de transport et autres s'élèvent à 12 francs environ.

64, 79, 81. Le déchet des sels de l'Ouest est pour le transport du port d'expédition au port de déchargement de 1 1/2 à 2 p. 0/0. Dans les entrepôts de Fécamp, qui sont dans des conditions peu favorables, le déchet s'augmente de 3 p. 0/0 environ. En somme l'allocation de 5 p. 0/0 suffit.

Le déchet des sels du Midi est pour le transport à peu près le même, à raison de la longueur de la traversée. Peut-être en magasin est-il moindre de 1/2 p. 0/0.

La remise de 5 p. 0/0, accordée à ces sels voyageant par grand cabotage, me paraît donc suffisante.

90. Je considérerais comme juste et avantageux de ne faire porter les remises légales accordées que sur les quantités constatées au port de déchargement.

87. Le droit qui frappe le sel étranger devrait être supprimé en faveur de la pêche du maquereau et du hareng. Cette suppression donnerait aux armateurs pour la petite pêche de grandes facilités. Ainsi un pêcheur français pourrait faire plusieurs petites pêches dans une même campagne. Il irait vendre sur les côtes anglaises le produit de sa première pêche, y charger le sel nécessaire pour une seconde pêche et rentrer en France avec ce second chargement.

La pêche de Terre-Neuve devrait être assimilée à celle d'Islande et déchargée de tout droit sur les sels étrangers.

Il est à désirer qu'en 1871 le régime des primes à la grande pêche soit maintenu. Cette industrie si utile au recrutement de la marine est un peu en souffrance. Elle mérite d'être soutenue et encouragée.

76, 77, 78. Voici d'après les renseignements qui m'ont été transmis le 3 décembre de Liverpool quels sont les prix actuels du sel minéral anglais, franco à bord :

	par tonneau de 1,015 kilog.
A. Sel gemme brut, pour être raffiné	7f 50c
B. Sel blanc raffiné :	
Pour les produits chimiques, sel commun	13 75
Pour la morue, extra grené	15 65
Pour le beurre, fin grené	15 65
Pour la table, fin étuvé	17 50

Ces prix comprennent tous les frais pour rendre le sel franco à bord à Liverpool.

Les frets pour les ports français de la Manche sont d'environ 10 francs par tonneau; pour les ports de l'Océan environ 12 francs par tonneau.

Les pêcheurs anglais préfèrent toujours ce sel parce qu'il est parfaitement propre, se dissout vite et assure ainsi la conservation du poisson plus rapidement. Le sel Saint-Ubbes brut est employé seulement, dans quelques rares occasions, pour couvrir le sommet des barils d'un sel gros qui ne se dissout pas aussi vite que le sel de mine anglais, qui est chimiquement pur. Le sel marin décolore la chair des animaux.

La totalité des pêcheries du Labrador, de Terre-Neuve et d'Amérique, aussi bien que du cap Nord et d'Écosse, emploient pour la morue le sel anglais, généralement mélangé moitié de sel commun et moitié de sel extra grené; ces deux sels réunis pénètrent mieux l'objet que l'on sale.

Les prix du sel à Liverpool ont varié considérablement. Pour bien des années le prix du sel commun, franco à bord, n'a été que de 10 francs par tonneau; mais, par suite d'une demande considérable pour les Indes orientales et les États du sud de l'Amérique, il s'est tenu les deux années dernières à 11 francs par tonne, franco à bord.

M. BRUMENT,

Armateur pour la grande et la petite pêche.

(Déposition orale.)

Questions. 60. J'emploie les sels français du Midi et ceux d'Espagne et de Portugal pour la grande pêche au banc de Terre-Neuve et pour la salaison de la morue *plate*. Ces sels sèchent plus rapidement et plus complétement le poisson : ils sont réputés égaux en qualité.

Pour la pêche du hareng et du maquereau et pour celle d'Islande, où se confectionne la morue *ronde*, je préfère les sels de l'Ouest comme pénétrant plus facilement les chairs du poisson et lui communiquant un goût plus agréable. Néanmoins la teinte grise donnée par le sel de l'Ouest cause à la marchandise une dépréciation de 1 p. 0/0 sur les salaisons faites avec les sels du Midi, d'Espagne et de Portugal.

64, 79, 81. Le sel de l'Ouest, âgé d'un an, transporté et entreposé dans les conditions ordinaires, supporte comme déchet total maximum environ 4 p. 0/0. Je ne me suis pas rendu compte du déchet éprouvé par les sels du Midi.

Je demande en faveur des saliniers de l'Ouest le maintien du droit sur les sels étrangers destinés à la consommation domestique, mais je demande la suppression de ces droits pour les sels destinés à la petite comme à la grande pêche par les mêmes motifs que ceux exposés avant moi par M. Houlbrègue.

M. CHÉDRU,

Saleur de poissons, armateur pour la grande et la petite pêche, à Fécamp.

(Déposition orale.)

53, 59, 60. M. Chédru exerce son industrie depuis vingt-neuf ans. Il emploie pour la salaison des morues vertes pêchées à Terre-Neuve les sels du Midi, d'Espagne ou de Portugal; pour celle des harengs et maquereaux les sels bruts de l'Ouest. Il livre sa pêche particulièrement à des sécheurs de Bordeaux et de Cette. Ces industriels tiennent à la blancheur du poisson; ils payent 1 franc par 55 kilogrammes ou 5 p. 0/0 de moins la morue salée avec du sel de l'Ouest à cause de sa couleur terreuse. On doit reconnaître cependant que les sels de l'Ouest corrodent moins le poisson que les sels des autres provenances; c'est là une qualité réelle qu'ils doivent à leur déliquescence; c'est aussi ce qui explique la préférence dont jouit en général le sel de Cadix, qui joint à sa blancheur une certaine déliquescence.

Questions.
19. Le prix du sel gris blanc de l'Ouest a été en moyenne pendant les dix dernières années de 15 francs la tonne mise à bord. Le fret jusqu'à Fécamp est de 10 ou 11 francs par tonne.

Pendant la même période le sel du Midi à moyens cristaux, dit *sel criblé*, s'est vendu à Cette entre 11 et 13 francs la tonne, sous vergues.

64, 79, 81. Le déposant estime à 4 ou 5 p. o/o le déchet que subit le sel de l'Ouest tant pendant la durée du transport qu'en entrepôt. Il ne peut pas préciser le déchet du sel du Midi.

87, 88, 90. M. Chédru demande le maintien des droits actuels sur le sel étranger destiné à la consommation alimentaire, afin de ne pas empirer la situation déjà si mauvaise des marais salants de l'Ouest. Mais en ce qui concerne les droits qui frappent les sels étrangers employés tant par la petite que par la grande pêche, il pense qu'ils devraient être supprimés. En effet, ils sont pour l'Ouest une faible protection et entravent l'industrie des pêcheurs. En outre, les armateurs pour la pêche à la morue sur les côtes d'Islande et au Doggers-Bank, peuvent prendre les sels étrangers en franchise; on ne s'explique plus un pareil privilége en présence des développements pris par la pêche d'Islande. On ne peut pas même le justifier par ce fait qu'elle serait particulièrement dangereuse et aurait en conséquence besoin d'encouragement, car les compagnies d'assurances maritimes exigent le même prix pour les navires terre-neuviens que pour ceux d'Islande. Il est donc temps d'égaliser la position de tous les armateurs, en étendant à ceux qui n'en jouissent pas aujourd'hui la franchise pour l'emploi du sel étranger.

M. MARTIN DUVAL,

Saleur de poissons, armateur pour la grande pêche, à Fécamp.

(Déposition orale.)

19. M. Duval évalue à 17 ou 18 francs le prix moyen que pendant les dix dernières années a atteint la tonne de sel de l'Ouest mise à bord.

53, 57, 60. Il insiste sur la supériorité incontestable qu'a ce sel pour faire de bonnes salaisons de poisson et de viande. Il a été constaté que la morue salée avec le sel de l'Ouest, quelque grise qu'elle soit à la surface, est à l'intérieur plus blanche que la morue salée avec du sel du Midi ou d'Espagne, et qu'elle n'est jamais atteinte par ces taches qu'en termes spéciaux on appelle le *rouge*. Si les populations du midi de la France se fournissent de morues salées avec du sel blanc, cela tient uniquement à ce que les sécheurs préfèrent ces morues, qui ne donnent au séchage qu'un déchet de 16 à 17 p. o/o, tandis que les morues salées avec du sel de l'Ouest perdent au séchage de 21 à 22 p. o/o.

Dans le nord de la France on reconnaît une meilleure qualité aux morues salées avec le sel de l'Ouest qu'aux morues salées avec le sel du Midi et on n'emploie ce dernier sel que pour le repacquage.

Questions. 64, 79, 81, 87, 90. En ce qui concerne les déchets et le prix du fret, M. Duval s'en réfère aux renseignements fournis par M. Chédru. Il demande également comme lui le maintien des droits actuels sur le sel étranger destiné à la consommation alimentaire et le dégrèvement complet du sel employé par la grande et la petite pêche.

M. MOREL,

Marchand de sel à Fécamp.

(Déposition orale.)

19, 67, 69. Je suis depuis vingt ans dans le commerce du sel. Je vends annuellement 300 tonnes environ, livrées pour la plupart à la consommation alimentaire. Presque toutes mes livraisons se font en sel blanc de l'Ouest; je l'achète en moyenne 15 francs la tonne, sous vergues, aux Sables-d'Olonne; le fret pour venir à Fécamp est de 10 francs. Le peu de sel raffiné que je consomme est tiré de l'usine de Varangéville, en Lorraine; il m'est livré en gare de Fécamp à 150 francs la tonne, droit acquitté. Autrefois je faisais venir le sel raffiné du Croisic et de l'île de Ré, mais j'ai dû abandonner ces marchés, les prix s'y étant maintenus supérieurs de 10 fr. par tonne au sel raffiné de l'Est. En achetant aux usines de Lorraine, j'ai en outre l'avantage de recevoir ma marchandise rapidement, à jour fixe et par petites quantités, selon mes besoins.

66. En tenant compte du prix d'achat, de l'impôt, du fret et des frais divers, la tonne de sel de l'Ouest revient à Fécamp à 130 francs. Je la livre aux détaillants à raison de 140 francs, mais les frais de livraison sont à ma charge. Au détail le sel est revendu 20 centimes le kilogramme.

64, 79, 81. J'évalue à peu près, pour le sel de l'Ouest, à 1.5 p. o/o le déchet de transport et à 2 ou 2.5 p. o/o le déchet d'entrepôt pendant une année. En somme la remise légale de 5 p. o/o n'est pas dépassée, mais elle est

MM. Morel.

absorbée parce que le sel est mis en magasin à sa sortie de l'entrepôt et y fait encore un léger déchet.

Le sel de l'Est, en moyenne, ne perd ni ne gagne. Parfois il présente des excédants de 2 p. o/o. Dans d'autres cas, quand il a été mal séché, il subit une certaine déperdition.

Questions. 87.

Je suis partisan du maintien des droits qui frappent aujourd'hui le sel étranger destiné à la consommation alimentaire. Je considère que la concurrence du sel raffiné anglais ruinerait les marais salants de l'Ouest, ce qui serait un fait très-regrettable.

le Receveur des douanes de Fécamp.

M. LE RECEVEUR DES DOUANES DE FÉCAMP.

(Déposition écrite.)

Du 1er janvier 1866 au 1er décembre 1867, 32 navires, chargés de sel de l'Ouest, ont eu leurs cargaisons vérifiées par les agents de la douane, dans le port de Fécamp. 3 de ces navires ont fait des déclarations d'avaries; ils portaient 4,052 quintaux métriques de sel, qui ont subi un déchet de route de 2.34 p. o/o. Des 29 restants, 12 navires chargés de 13,176 quintaux métriques ont présenté un boni de 1.14 p. o/o; 17 portant 16,898 quintaux métriques ont offert un déficit de 0.83 p. o/o.

Pendant la même période, il est sorti de l'entrepôt de Fécamp 2,026 quintanx métriques de sel du Midi, accusant, pour le séjour à l'entrepôt, un déchet de 1.23 p. o/o; 28,529 quintaux métriques de sel de l'Ouest, dont 25,800 quintaux métriques avec un déchet de 1.82 p. o/o, et 2,720 quintaux métriques avec un boni de 0.55 p. o/o, ce qui donne, pour la totalité des 28,521 quintaux métriques, un déchet de 1.64 p. o/o; 3,321 quintaux métriques de sel étranger, dont 3,263 quintaux métriques avec un déchet de 1.50 p. o/o, et 584 quintaux métriques avec un boni de 0.34, soit, pour les 3,321 quintaux métriques, un déchet de 1.47 p. o/o.

Pendant la même période, il a été livré à l'agriculture 2,862 quintaux métriques de sels de coussins.

LILLE.

M. KÜHLMANN,

Président de la chambre de commerce, fabricant de produits chimiques.

(Déposition orale.)

Questions. 71, 72. Je possède trois usines de produits chimiques dans lesquelles on consomme annuellement 6 à 7,000 tonnes de sel gemme égrugé; il vient des salines de Varangéville-Saint-Nicolas (Meurthe). Primitivement on employait du sel de l'Ouest, puis on s'est servi pendant quelques années du sel du Midi; enfin on a abandonné les sels marins pour les sels gemmes de l'Est.

53, 69. Cet abandon est aujourd'hui un fait presque général dans les usines du nord et de l'est de la France; il est dû au plus fort rendement en sulfate qu'offre le sel gemme. Cependant il faut reconnaitre que le sel de l'Ouest présente l'avantage d'une décomposition rapide et complète, et que le sel du Midi, jouissant d'une plus grande pureté, fournit d'excellents sulfates, surtout pour la verrerie. Aussi les fabricants de produits chimiques ont-ils d'abord hésité à employer le sel gemme; ils lui reprochaient une décomposition difficile et des tassements dans les chaudières. Mais la plus grande abondance de produits que donne son emploi a fait surmonter toutes les difficultés.

56. En Angleterre les fabricants de produits chimiques commencent également à faire usage de sel gemme; jusqu'à ces derniers temps, ils ne s'étaient approvisionnés que de sel raffiné, quoiqu'ils payassent la tonne de sel raffiné 11 ou 12 frans aux saliniers de Chester et de Nortwich et qu'ils pussent leur acheter une tonne de sel en roche pour 4 fr. 25 cent. ou 5 francs. Mais aujourd'hui ils ne peuvent plus vendre leurs produits chimiques aussi cher qu'autrefois, et, malgré la puissance de l'habitude ils sont obligés de renoncer à la matière première la plus coûteuse pour adopter celle dont le prix est plus bas.

57. A ce propos, je ferai observer que la faveur dont jouit telle ou telle qualité de sel tient le plus souvent à l'habitude qu'en ont les populations. Combien peu de gens connaissent la composition chimique et les propriétés véritables des différents sels!

Il est incontestable que la préférence qu'ont les consommateurs pour une espèce de sel tient souvent à un pur préjugé; ainsi, pourquoi certaines contrées demandent-elles à être approvisionnées avec du sel gris, certaines autres avec du sel en gros cristaux? Pourquoi, prenant un exemple que je connais tout particulièrement, certains cantons des Basses-Pyrénées ne veulent-ils recevoir que du sel de la saline de Briscous et certains autres que du sel de la saline de Salies, quoique ces deux établissements donnent des produits identiques? Il en est des qualités des divers sels comme des marques de fabrique, auxquelles le commerce attache souvent une préférence non justifiée.

Questions. 19. En ce moment, les sels du Midi rendus à mes usines de Lille coûtent 35 ou 40 francs la tonne; ceux de l'Ouest, 30 ou 35 francs; les sels gemmes égrugés, 22 fr. 50 cent. ou 23 francs.

61, 81. Les remises actuelles pour déchet de route, que les règlements accordent aux sels des trois régions, sont parfaitement suffisantes; elles laissent même des bonis quand le sel n'a pas été expédié dans des conditions particulièrement mauvaises. Ces bonis sont une chose si réelle et si constante que les négociants en sel ne donnent pas d'autre nom que celui de *bonis légaux* aux remises légales. Ils comptent toujours que les sels de l'Ouest et du Midi envoyés par cabotage leur donneront, au moment du déchargement, un boni à peu près égal à la moitié de leur remise de 5 p. o/o. En 1858, lorsqu'on supprima les droits sur le sel destiné à la fabrication des produits chimiques, j'ai dû payer la tonne quelques centimes de plus qu'auparavant, parce qu'avec l'impôt avait disparu le bénéfice sur la remise légale. Quoi qu'il en soit, en tenant compte des déchets que les sels de l'Ouest et du Midi supportent, tant en cours de transport par mer que pendant leur transport postérieur par terre et leur séjour à l'entrepôt et en magasin, il faut dire que la remise de 5 p. o/o, si elle n'est pas dépassée, est presque entièrement absorbée.

64. Je ne puis pas donner de renseignements sur les déchets subis par le sel raffiné de l'Est, ne l'ayant jamais employé, mais, d'après mon expérience, je puis affirmer que le sel gemme n'éprouve que des déchets insignifiants.

62. Du reste, pour connaître exactement le taux des déchets, on n'a qu'à consulter les constatations qu'en fait la douane. Ses pesées sont d'une précision et d'une impartialité que personne ne saurait contester, car elle opère en présence des vendeurs et des acheteurs et, d'autre part, elle n'est pas, comme les saliniers, partie intéressée dans la question des déchets.

87. Je ne suis pas d'avis que l'on abaisse les droits qui pèsent actuellement

sur les sels étrangers à leur entrée en France. La diminution des droits aurait en effet ce malheureux résultat de ruiner les marais salants de l'Ouest, et cela sans compensation; car ni la consommation alimentaire ni l'industrie des produits chimiques ne profiteraient de la concurrence anglaise. La France, en effet, avec ses salins du Midi, ses marais salants de l'Ouest, ses salines de l'Est et du Sud-Ouest, a une production en sel presque infinie et les prix de vente de cette denrée sont déjà très-bas.

Questions. 78. Les prix des sels anglais ont beaucoup varié. En ce moment, à Liverpool, sous vergues, la tonne de sel gemme en roche vaut de 7 à 8 francs; la tonne de sel raffiné commun vaut 12 fr. 50 cent.

De Liverpool à Dunkerque, le fret varie entre 15 et 18 francs; l'assurance est de 1 1/2 p. 0/0 environ; les frais accessoires de déchargement et de mise en entrepôt sont, par tonne, de 1 fr. 50 cent. ou 2 francs.

Si les droits sur le sel anglais étaient abaissés, il n'est pas probable qu'il pût faire concurrence à nos sels de l'Est dans le nord de la France. L'élévation du fret l'empêcherait également de pénétrer dans nos ports de la Méditerranée; mais de Liverpool aux ports de l'Océan le fret est très-bas, et il pourrait y arriver en grandes quantités.

M. PATOUX,

Fabricant de produits chimiques à Aniche (Nord).

(Déposition orale.)

19, 53. La fabrique de produits chimiques que j'exploite à Aniche est fondée depuis 1845. Dans le principe, j'employais les sels de Marennes, mais comme ils ne me donnaient pas la quantité de sulfate réglementaire, c'est-à-dire 107 parties de sulfate contre 100 de sel mis en traitement, j'ai eu recours aux sels du Midi, qui rendaient de 7 à 8 p. 0/0 de plus que les sels de l'Ouest. Depuis un an environ, j'ai abandonné également les sels d'Hyères pour m'approvisionner exclusivement en sels gemmes de Varangéville-Saint-Nicolas. Le rendement n'en est pas de beaucoup supérieur à celui des sels du Midi, qui donnent même un meilleur sulfate, mais le prix en est sensiblement inférieur et ne s'élève qu'à 25 francs la tonne rendue, par bateau, à mon usine, tandis que le sel d'Hyères me revenait à 40 francs.

61, 64, 81. La question des déchets est très-complexe. Les sels subissent en cours de transport des influences diverses qui produisent, à l'arrivée, des déchets ou des excédants. Chargé par un temps sec et transporté par un temps humide, le sel marin, qu'il soit de l'Ouest ou du Midi, gagne en poids. Chargé et transporté dans des conditions inverses, le résultat est également inverse. L'âge du produit doit aussi être pris en grande considération. Souvent le sel de l'Ouest qui m'était envoyé n'avait que deux ou trois mois et, par conséquent, était expédié chargé d'humidité. Les sels du Midi, au contraire, étaient généralement embarqués très-secs au salin.

Les mêmes circonstances influent également sur le déchet d'entrepôt ou de magasin, que les sels proviennent du Midi ou de l'Ouest; il faut ajouter à ces circonstances les conditions de conservation plus ou moins favorables dans lesquelles se trouvent les entrepôts. Ainsi, à la douane de Dunkerque, on a constaté quelquefois sur les sels du Midi eux-mêmes des déchets considérables.

Questions. 87. Au premier abord, l'intérêt des fabricants de produits chimiques semblerait réclamer la diminution ou la suppression des droits dont sont frappés les sels étrangers. Mais, en y regardant de près et en décomposant le prix total auquel le sel gemme de Liverpool pourrait nous être livré, on reconnait que l'avantage serait nul. Le sel gemme est vendu 7 à 8 francs la tonne sous vergues, à Liverpool; en y ajoutant le fret de Liverpool à Dunkerque, qui est de 12 francs, les frais divers de déchargement, d'entrepôt, de transport à l'intérieur, on arriverait, à Aniche, à un prix qui laisserait l'avantage aux sels venus de l'Est. Il reste alors à examiner si les producteurs de sel français, ceux de l'Ouest surtout, n'éprouveraient pas de cette diminution un préjudice considérable qu'il convient de leur éviter.

M. VIRNOT,

Raffineur de sel à Lille.

(Déposition orale.)

40, 54. Il y a aujourd'hui six raffineries de sel à Lille. Quelques établissements de même nature existent à Dunkerque; ceux qui existaient dans les arrondissements de Cambrai et de Saint-Quentin ont disparu devant la concurrence des sels de l'Est.

Les sels fabriqués par les raffineries du département du Nord sont des sels légers, formés de nombreuses trémies superposées, qu'on ne laisse égoutter que douze heures et qu'on ne garde pas plus de huit jours en magasin. On les nomme *sels de Cambrai*. Par suite d'une vieille habitude, ils sont préférés dans le pays.

20. Autrefois, M. Virnot faisait venir du sel de l'Ouest pour être soumis au raffinage; il l'achetait en général à Marennes, comme plus sec, moins

déliquescent que le sel de la Loire-Inférieure, du Croisic, par exemple. Plus tard il a acheté du sel du Midi; enfin, depuis 1860 il n'emploie plus que du sel gemme provenant des salines de Varangéville-Saint-Nicolas.

Questions.

57. Au point de vue du rendement au raffinage, le sel le plus avantageux est assurément le sel gemme; sa puissance d'absorption de l'eau est plus grande que celle de tout autre. Pour 100 kilogrammes bruts, il donne 106 à 107 raffinés. Le sel du Midi, au contraire, rend un peu moins de 100 kilogrammes; quant au sel de l'Ouest, il perd toujours au moins 10 p. o/o. Le raffinage du sel gemme de l'Est procure donc au raffineur un bénéfice de 6 à 7 p. o/o sur l'impôt, puisque les droits ne sont payés que sur le sel brut et que le gain de 6 à 7 p. o/o fait par le raffinage échappe à l'impôt. C'est une véritable prime de 6 à 7 francs par tonne.

Le sel raffiné que fabrique le déposant perd en moyenne 2 à 3 p. o/o postérieurement à sa sortie du magasin. Ce déchet considérable tient à la forte proportion d'eau qu'il renferme par l'effet de son mode de fabrication.

61, 63. M. Virnot ne peut pas indiquer exactement le déchet subi en cours de transport par le sel brut de l'Ouest. Ce déchet varie beaucoup suivant l'âge du sel et l'état de la température, tant au moment du chargement que pendant la durée du transport.

29, 53. Le sel raffiné de l'Ouest est plus déliquescent que le sel ignigène de l'Est; il contient, en effet, plus de chlorure de magnésium. Mais si l'on avait soin de rejeter les eaux mères, et de faire disparaître les sels déliquescents, on obtiendrait avec le sel brut de l'Ouest du sel raffiné ayant à peu près la même composition que le sel ignigène.

19, 69. Le déposant vend son sel raffiné 150 francs la tonne, mise en sacs et prise à l'usine. Les 1,000 kilogrammes de sel gemme, droit acquitté, lui sont livrés chez lui par la société Daguin et Cie, moyennant 120 fr. 50 cent; le raffinage coûte 30 francs, prix élevé qui s'explique par l'emploi d'un charbon de première qualité, frappé en outre de droits d'octroi non remboursés ultérieurement, parce que presque tout le sel se vend dans la ville même de Lille.

78. Le prix des sels gemmes anglais de première qualité est en ce moment de 20 francs la tonne sous vergues à Liverpool. Même avec une réduction de droits, il ne paraît pas probable qu'il puisse pénétrer dans le département du Nord à cause de l'élévation du prix du fret.

M. Virnot trouverait équitable que l'impôt ne portât que sur les sels solubles. Les agents de la douane prélèveraient des échantillons d'après lesquels serait déterminée la richesse moyenne de chaque expédition de sel.

LE DIRECTEUR DES DOUANES DE LILLE.

(Déposition écrite.)

61. Les états que tient la douane démontrent que le sel gemme provenant des salines de Varangéville-Saint-Nicolas ne subit généralement, en cours de transport, ni perte ni augmentation de poids. Ainsi, en 1866, les trois usines de produits chimiques de la Madeleine, Loos et Aniche, situées dans le ressort de la direction des douanes de Lille, ont reçu, soit par voie de terre, soit par les canaux et rivières, 5,542 tonnes de sel gemme; or ces 5,542 tonnes n'ont fourni qu'un excédant de 11 tonnes sur les quantités portées aux acquits-à-caution. La vérification de chaque expédition n'accuse que des différences de poids insignifiantes.

DUNKERQUE.

MM. CHARLES VANCAUWENBERGHE ET SOETENAEYE,

Armateurs pour la pêche d'Islande.

(Dépositions orales.)

Questions. 53, 59, 60. Les armateurs de Dunkerque ne font la pêche à la morue que sur les côtes d'Islande. La pêche au Doggers-Bank est depuis quelques années délaissée; au contraire celle d'Islande se développe et tend à reprendre l'importance qu'elle avait autrefois. Ce développement est dû aux bons résultats des dernières pêches et à l'élévation du prix de la morue; il n'est entravé que par la difficulté de trouver des marins et par leurs exigences toujours croissantes. La pêche d'Islande est, il est vrai, particulièrement pénible. Tandis qu'à Terre-Neuve les morues sont prises au moyen d'immenses lignes de fond qui constituent de véritables filets, en Islande elles sont prises avec des lignes à la main. Ce procédé exige plus d'attention, d'habileté et de force; chaque pêcheur a environ dix-huit heures de travail par jour.

En Islande, on ne pratique que la pêche de la morue verte. Rapportée à Dunkerque dans la seconde moitié de septembre, elle est lavée, mise dans la saumure et renfermée dans des tonneaux d'une contenance de 135 kilogrammes. Elle est consommée principalement à Paris, dans les départements du nord et de l'est de la France, et jusque dans la vallée de la Loire. Sur tous ces marchés, on tient à la blancheur de la chair; aussi les pêcheurs de Dunkerque n'emploient-ils que des sels de Portugal, d'Espagne et du Midi. Parmi ces différents sels, on préfère celui de Saint-Ubbes, dont la légère déliquescence fait d'excellentes salaisons. Le sel de l'Ouest a toujours été repoussé comme vaseux et donnant au poisson une couleur grise désagréable. Quant au sel de l'Est, on lui reproche d'être trop âcre et de dessécher la morue.

76, 77. Après avoir déposé à Dunkerque leur chargement de morue, les navires de pêche vont eux-mêmes s'approvisionner sur les côtes de Portugal du sel qui leur sera nécessaire pour la campagne suivante. Ils le rapportent en vrac, puis, rentrés au port, ils le mettent en magasin ou en entrepôt, et au moment de leur départ pour la pêche, le chargent dans des tonneaux.

Le sel de Saint-Ubbes vaut actuellement, en Portugal, 10 francs la tonne, mise à bord. Le fret de Saint-Ubbes à Dunkerque est de 15 à 20 francs. Les sels qu'on achète à Saint-Ubbes ont généralement un an. Pendant leur séjour en entrepôt leur déchet est de 1 à 2 p. 0/0.

MM. Charles Vancauwenberghe et Soetenaeye. Broquant.

De même que les Dunkerquois, les pêcheurs d'Islande, belges et hollandais, emploient spécialement du sel de Portugal pour la salaison de leurs morues. Les Anglais, qui emploient pour la préparation de la morue une méthode spéciale, se servent, au contraire, de sel raffiné de Liverpool.

Questions. 90. Les armateurs pour la pêche d'Islande, qui reçoivent en franchise les sels étrangers, n'ont pas à se préoccuper de la réduction des droits sur les sels de cette provenance, destinés à la grande pêche. L'avantage dont la législation actuelle les fait seuls profiter, se justifie, du reste, par les difficultés exceptionnelles de la pêche d'Islande. Les bâtiments qui font cette pêche restent en mer six mois, du 15 mars au 15 septembre, et se tiennent dans des parages exposés à de fréquentes tempêtes. Si les compagnies d'assurances maritimes ne demandent pas des primes beaucoup plus élevées pour les navires d'Islande que pour ceux de Terre-Neuve, cela tient à ce que les premiers sont d'une excellente construction et d'un fort tonnage, qu'ils sont montés par des équipages de choix et ont tous comme patrons des pilotes de la côte.

M. BROQUANT,

Armateur pour la petite pêche.

(Déposition orale.)

53, 59, 60. M. Broquant a exercé autrefois l'industrie de saleur en gros; il s'est donc rendu compte des qualités respectives des différents sels. Pour la salaison du hareng, le meilleur sel est celui de l'Ouest, qu'il vienne de Marennes ou du Croisic. En effet, le hareng a une chair très-tendre, et pour qu'il conserve sa souplesse en même temps que son bon goût, il faut qu'il ne soit pas saisi par le sel et que la saumure ne le pénètre que peu à peu. Ce double résultat est obtenu avec le sel de l'Ouest. Au contraire, les sels du Midi, de l'Est et de Liverpool sont trop âcres et dessèchent le poisson; ainsi, tandis qu'une saumure faite avec une quantité donnée de ces derniers sels marquera 24 degrés à l'aréomètre au bout de quatre jours, une saumure faite avec la même quantité de sel de l'Ouest n'atteindra 24 degrés qu'au bout de neuf jours. La supériorité du sel de l'Ouest pour la préparation des poissons de petite pêche est donc positivement établie.

Il n'en est pas de même pour la salaison des morues. Les acheteurs ne veulent que de la morue ayant une belle couleur blanche, et en employant les sels de l'Ouest, qui sont terreux, on n'obtiendrait que de la morue d'une teinte grise. Aussi les pêcheurs de morue s'approvisionnent presque tous de sel en Portugal, en Espagne, dans le midi de la France et jusqu'en Sardaigne. Quoique les sels de toutes ces régions soient blancs et fassent de bonnes salaisons, on montre une certaine préférence pour le sel de Saint-Ubbes. Les pêcheurs qui emploient le sel de l'Ouest prétendent que la morue salée avec du sel blanc est souvent tachée de *rouge;* mais ces taches n'existent que si elle a été mal tranchée, mal *essanguée*, comme disent les pêcheurs.

Questions. 57. Il est incontestable que les sels du Midi et de l'étranger ont, à poids égal, un plus grand pouvoir salant que le sel de l'Ouest. Mais les acheteurs se préoccupent moins de la richesse absolue des différentes espèces de sel que de leurs qualités respectives, et la préférence des consommateurs se détermine bien plutôt par la saveur et l'aspect que par la composition chimique.

90. M. Broquant connaît et repousse la prétention émise par certains armateurs pour la petite pêche, de pouvoir employer du sel étranger avec un simple droit de 5 francs par tonne et de vendre leurs produits à l'étranger. Le jour, en effet, où nos pêcheurs de harengs et de maquereaux auraient la faculté d'écouler en Angleterre les produits de leur pêche, les Anglais demanderaient, par réciprocité, d'avoir le droit de vendre leurs harengs dans les ports français. Or ils sont placés dans de bien meilleures conditions que nous pour la pêche; ils peuvent donc vendre leurs produits à meilleur marché; la concurrence qu'ils feraient à nos pêcheurs ne tarderait pas à être désastreuse.

M. JANSSOONE,

Raffineur de sel.

(Déposition orale.)

60. Les pêcheurs de morues emploient le sel de Portugal de préférence au sel de l'Ouest, parce qu'il est plus blanc, et que les morues se vendent plus cher quand elles ont une couleur blanche que lorqu'elles présentent une teinte grise. Ils le préfèrent également au sel du Midi, parce qu'il est plus facile pour les navires des ports de la Manche d'aller chercher du sel en Portugal que de franchir le détroit de Gibraltar et de remonter jusqu'à Cette, Bouc ou Hyères, pour s'approvisionner de sel.

65. La raffinerie qu'exploite le déposant est fondée depuis longues années. Il l'alimente avec du sel du Midi, qui est apporté à Dunkerque comme fret de retour par des navires ayant déchargé des marchandises du Nord dans les ports de la Méditerranée. Il achète ce sel à des négociants de Dunkerque moyennant 130 francs, droit acquitté.

19, 57, 61. Le sel raffiné fabriqué par le déposant sert à la consommation alimentaire dans l'arrondissement de Dunkerque. C'est du sel léger, façon dite *de Cambrai*. Il est vendu à la mesure, de 13 à 14 francs l'hectolitre, droit compris. L'hectolitre pèse, en moyenne, 65 kilogrammes. Comme l'impôt est perçu au poids et que les ventes se font à la mesure, on comprend que l'intérêt des raffineurs les pousse à faire des sels légers. Or, de 100 kilogrammes de sel du Midi, on retire au raffinage 82 à 85 kilogrammes environ de sel pur; de 100 kilogrammes de sel de l'Ouest, au contraire, on n'en tire que 76 à 78 kilogrammes seulement. L'infériorité de richesse des sels de l'Ouest est donc le motif déterminant qui les fait exclure par le déposant de son raffinage. Le sel gemme de l'Est en est également écarté, parce qu'à raison des frais de transport il revient à l'usine à un prix plus élevé que le sel du Midi.

92. Le système qui consisterait à ne faire payer l'impôt aux raffineurs que sur les quantités de sel raffiné par eux livrées à la consommation, et non pas sur les quantités de sel brut par eux achetées, aurait le grand avantage de leur permettre d'acheter le sel dont ils ont besoin, aussi bien dans l'Ouest que dans le Midi, puisque les déchets de raffinage ne seraient pas aggravés par l'impôt. Mais, pour sauvegarder les droits du Trésor, il faudrait que les raffineries fussent soumises à l'exercice comme le sont aujourd'hui les usines de produits chimiques. Le déposant exprime à ce sujet la crainte que la surveillance de la douane ne soit gênante et difficile.

M. WOUTERMAERTENS,

Négociant en sel et raffineur de sel à Dunkerque.

(Déposition écrite et orale.)

65, 66. Le déposant ne raffine que des sels du Midi et de l'Ouest. En effet, dans l'arrondissement de Dunkerque, on est habitué aux sels marins, et, pour satisfaire aux nécessités de son commerce, M. Woutermaertens n'achète pas de sels de l'Est.

19, 67. Le prix actuel du sel du Midi est, à Hyères, de 10 francs la tonne mise à bord; le fret jusqu'à Dunkerque est de 22 francs les 1,100 kilogrammes. Sur les marais de l'Ouest, la tonne vaut, cette année, 17 fr. 50 cent. sous vergues; elle ne valait que 11 à 12 francs l'année dernière. Le fret est de 10 francs les 1,100 kilogrammes.

57. Les différences de qualité que présentent les sels n'ont que peu d'influence sur leur prix vénal. S'ils sont recherchés à l'exclusion les uns des

autres, c'est pure affaire de goût et d'habitude. Cependant, il est à croire que les sels marins seraient partout préférés aux sels de mine, si l'impôt de consommation ne pesait pas sur les matières étrangères qu'ils renferment.

Questions. 60. Le sel de l'Ouest n'est pas estimé pour la salaison des morues qui se vendent sans être séchées, parce que la vase qu'il dépose les salit. Au contraire, il est apprécié pour la salaison du hareng, parce qu'il pénètre doucement et sans la durcir la chair délicate de ce poisson. Les sels du Midi ont les mêmes qualités pour la salaison que les sels étrangers; mais beaucoup d'armateurs, à cause de la moins grande distance, aiment mieux prendre un chargement de sel à Saint-Ubbes, à Lisbonne ou à Cadix qu'à Cette, Bouc ou Hyères.

61, 81. Le déchet est, en moyenne, pour les sels de l'Ouest et du Midi, de 2.5 p. o/o en cours de transport par mer, et de 1.5 p. o/o, tant à l'entrepôt que pendant le transport à l'intérieur pour parvenir chez les raffineurs et les détaillants. Mais, bien entendu, il ne s'agit là que de sels déjà vieux, car les sels jeunes font des pertes au moins doubles. Les négociants ne demandent jamais que des sels vieux; mais souvent, à la suite de mauvaises récoltes, quand les réserves sur les marais sont épuisées, on leur expédie des sels jeunes.

82. Pour être équitablement établi, l'impôt ne devrait porter que sur la richesse relative des différents sels en principes salants. Il faudrait donc accorder à l'Ouest une remise légale de 15 p. o/o, et au Midi une remise de 10 p. o/o.

92. En tout cas, afin de ne pas faire payer aux raffineurs les droits sur des matières impures et sans valeur, il conviendrait d'accorder aux sels destinés au raffinage une remise spéciale proportionnée à leur richesse.

87. On ne pourrait pas supprimer les droits actuels sur le sel étranger sans porter une grave atteinte à l'industrie salicole française et au cabotage, qui trouve aujourd'hui, dans les transports de sel marin, un fret de retour considérable.

78. Les prix des sels anglais sont actuellement, à Liverpool, fixés de la manière suivante :

Sel gemme brut, la tonne sous vergues.............	6f 50c à 7f 50c
Sel raffiné pour la pêche............................	10 50
Sel raffiné ordinaire................................	16 50

De Liverpool à Dunkerque, le fret est de 10 à 12 francs la tonne.

M. HAMOIR,

Négociant en sel à Dunkerque.

(Déposition écrite et orale.)

Questions. 65, 66. Je me livre depuis près de vingt ans au commerce du sel. Quelques années auparavant, le sel du Midi avait fait pour la première fois apparition à Dunkerque, en concurrence avec les sels de l'Ouest, qui alimentaient exclusivement ce marché. Aujourd'hui, il les domine dans tout l'arrondissement.

19, 67. Une hausse excessive et anomale se manifeste parfois dans les prix de vente des sels de l'Ouest, à la suite d'une mauvaise récolte. Ainsi, en 1861, la tonne a valu jusqu'à 50 francs sous vergues, alors que son prix ordinaire est de 10 ou 12 francs. Dans le Midi, de pareils écarts ne se produisent pas; depuis longtemps la tonne vaut environ 10 francs. Quant au fret, il varie entre 16 et 25 francs la tonne de 1,100 kilogrammes, des ports de la Méditerranée à Dunkerque; en ce moment, il est un peu supérieur à 20 francs.

53. Les qualités respectives et distinctives des sels des trois régions françaises sont généralement bien connues et appréciées, par suite de l'emploi qui en est fait depuis longtemps. Il n'en est pas de même des sels étrangers, qu'un droit de douane empêche d'utiliser dans la fabrication des produits chimiques et dans l'alimentation; ils ne sont guère connus que par quelques négociants des ports de mer et par les armateurs, qui peuvent les employer par suite des règlements spéciaux édictés en faveur de leur industrie. Les qualités respectives des sels ont peu d'influence sur leur valeur vénale, qui se fixe par la plus ou moins grande abondance des récoltes et par le prix des frets. En général, l'emploi en varie un peu chaque année et on donne la préférence à ceux qui coûtent le moins; il n'y a d'exception que pour la salaison de certains produits de pêche ou des viandes, pour lesquels on a toujours recours aux mêmes qualités, quel qu'en soit le prix.

59. Les sels de l'Ouest ont une saveur plus douce et moins de mordant que les autres sels; ils pénètrent plus lentement, en agissant moins violemment sur les surfaces. Ils sont préférés pour la salaison des viandes, et ce qui le prouve, c'est que la vente est toujours plus active à l'époque de ces salaisons. Ils sont également préférés pour la salaison des harengs, des sardines et autres poissons de petite dimension, dont la chair délicate durcit sous l'influence des autres sels, et il est probable qu'on leur donnerait aussi la préférence pour toutes les morues si, par la vase

qu'ils contiennent, ils n'altéraient la blancheur de certaines spécialités, pour lesquelles cette qualité est exigée dans le commerce.

Questions. 60. A l'exception des sels de l'Ouest, dont la qualité est spéciale et sur lesquels la vase qu'ils contiennent a dû jeter une défaveur, les sels de mine et les sels marins du midi de la France offrent les mêmes qualités que les sels de même origine dans les autres contrées d'Europe. Dans ma pensée, ce sont les prix de revient qui ont créé en général les préférences et réglé des habitudes dont il semble plus tard difficile de retrouver les causes; nous les voyons cependant se modifier sous l'influence des variations de prix. Ainsi, lorsque le manque de récolte a fait renchérir les sels en Portugal et en Espagne, tandis que le midi de la France était plus favorisé, les étrangers sont venus chercher du sel en France, parce qu'ils y trouvaient un avantage pécuniaire, malgré un parcours plus long, et ils ont cessé leurs achats lorsque la balance a penché en sens inverse.

61, 62. L'importance des déchets varie beaucoup suivant l'âge des sels, la durée du transport et la saison dans laquelle ce transport se trouve effectué.

En hiver, les traversées sont plus difficiles, mais elles sont plus courtes; en été, il y a moins de chances d'avaries que par les mauvais temps, mais les calmes rendent les traversées plus longues.

Si à la suite des récoltes abondantes il y a des réserves sur les marais salants, on ne chargera à l'automne que des sels d'un an et on n'abordera les sels de la dernière récolte que plus tard, tandis que si les réserves sont épuisées, il faudra immédiatement entamer les nouvelles récoltes. Il y a donc une multiplicité de causes qui ne permettent point d'établir exactement le taux des déchets.

L'Administration des douanes possède les documents les plus certains pour établir la moyenne des déchets, puisqu'ils résument les opérations de tous les commerçants, et ceux-ci ne peuvent donner avec certitude que les résultats partiels qui leur sont propres.

J'ai fait une moyenne des déchets constatés depuis cinq à six ans sur les chargements de sel que j'ai reçus, et j'ai trouvé les chiffres suivants par 100 kilogrammes.

63, 64.

Sel du Midi.	Perte de mer	2.67
———	Perte d'entrepôt	0.53
	Perte totale	3.20

Je dois faire remarquer que, parmi les chargements que j'ai reçus, il s'en trouvait une certaine quantité destinée aux produits chimiques, et que ma moyenne doit être probablement plus faible que celle trouvée par d'autres négociants.

Sel de l'Ouest.	Perte de mer	1.82
———	Perte d'entrepôt	1.09
	PERTE TOTALE	2.91

Les sels du Midi, quoique plus riches, plus durs et contenant moins d'eau de cristallisation que les sels de l'Ouest, subissent cependant un déchet plus élevé que ces derniers, à cause de la longueur des traversées en destination de notre port. Les traversées varient de trente à soixante jours et durent parfois jusqu'à trois mois, tandis, que pour les sels de l'Ouest, elles durent de quinze à trente jours. Mais il faut remarquer que la perte d'entrepôt est double pour les sels de l'Ouest.

Là ne s'arrêtent point les déchets des sels marins; ils en subissent encore d'autres dans les manipulations et les transports nécessaires pour les faire arriver aux marchands et aux raffineurs de l'intérieur. Autrefois, presque toutes nos expéditions se faisaient par eau, et, suivant la longueur du parcours, il était d'usage d'accorder au batelier un déchet de route de 1 à 2 p. o/o. Actuellement, la majorité des transports se fait par chemin de fer, et malgré un trajet plus rapide, la perte n'est pas moins forte, parce que le sel, sortant d'entrepôts humides, subit davantage les influences atmosphériques. Aussi avons-nous de fréquentes difficultés avec nos acheteurs, qui réclament des réductions pour des différences qui se sont élevées jusqu'à 3 kilogrammes par sac de 100 kilogrammes; on peut donc dire en réalité que les sels marins, lorsqu'ils arrivent à la consommation, ont perdu la totalité de la remise de 5 p. o/o qui leur est accordée par les règlements.

Questions. 64. Je ne puis m'exprimer avec la même certitude en ce qui concerne les sels de l'Est, parce que je n'ai point eu assez d'occasions d'en faire usage; mais ce que je puis affirmer, c'est que les commerçants de l'intérieur nous objectent continuellement que nos sels marins leur arrivent toujours avec des déchets, tandis que le sel de l'Est leur donne des excédants de poids. Toutefois, si on s'explique aisément que les sels raffinés de l'Est présentent un excédant de poids, il paraît difficile que le sel en roche puisse absorber de l'humidité en quantité suffisante pour donner des excédants notables, et ceux qui sont accusés par les acheteurs doivent provenir d'autres causes, peut-être d'un mode de pesage différent.

54, 57, 92. La défaveur qu'éprouvent les sels marins en présence des sels de l'Est ne tient pas seulement à ces causes, elle est due encore plus à la diffé-

COMMISSION B. — DUNKERQUE. — M. Hamoir.

rence de richesse saline. Lorsqu'ils sont soumis au raffinage, la différence de rendement les place dans une infériorité fâcheuse; il est, en effet, reconnu par l'expérience que 100 kilogrammes de sel brut de l'Est rendent au raffinage de 100 à 102 kilogrammes.

100 kilogrammes de sel du Midi ne produisent que 95 kilogrammes.

100 kilogrammes de sel de l'Ouest ne donnent que 88 à 90 kilogrammes, et les petits sels de Bretagne des environs de Redon ont même un rendement inférieur encore.

Mais en prenant pour base les chiffres ronds de 100, 95 et 90 p. 0/0, si on en déduit les conséquences en présence du droit tel qu'il est établi actuellement, on arrive aux résultats suivants :

100 kilogrammes de sel de roche, jouissant d'une remise légale de 3 p. 0/0 pour un déchet de sortie qui n'existe pas, ont acquitté un droit de consommation de 9 fr. 70 cent., et ils produisent 100 kilogrammes de sel raffiné; ces 100 kilogrammes ne sont donc grevés que d'un droit de 9 fr. 70 cent.

100 kilogrammes de sel du Midi, réduits à 95 kilogrammes par déchet de route lorsqu'ils arrivent au raffineur du Nord, ont acquitté 9 fr. 50 cent. de droit, puisqu'il leur est accordé une remise de 5 p. 0/0. Les 95 kilogrammes, à raison d'un rendement de 95 p. 0/0, produisent 90 kilog. 25 gr. de sel raffiné, sur lesquels pèse un droit de 9 fr. 50 cent., ce qui représente pour 100 kilogrammes de sel raffiné un droit de 10 fr. 53 cent.

100 kilogrammes de sel de l'Ouest, réduits à 95 kilogrammes par le déchet de route, ont acquitté le droit de 9 fr. 50 cent. Ces 95 kilogrammes, à raison d'un rendement de 90 p. 0/0, produisent en sel raffiné 85 kilog. 50 gr., et le droit de 9 fr. 50 cent., prélevé sur la matière brute qui les a fournis, représente 11 fr. 11 cent. par 100 kilogrammes.

Ainsi, par suite de la différence de richesse des matières brutes dont ils sont extraits, 100 kilogrammes de sel raffiné ont payé un droit de :

9 fr. 70 cent. lorsqu'ils proviennent du sel de l'Est;
10 fr. 53 cent. lorsqu'ils proviennent du sel du Midi;
11 fr. 11 cent. lorsqu'ils proviennent du sel de l'Ouest.

La différence est donc en faveur du sel de l'Est :

De 83 centimes par rapport au sel du Midi;
De 1 fr. 41 cent. par rapport au sel de l'Ouest.

Questions. 52, 69.

Si on ajoute à cela que les sels de l'Est peuvent être expédiés directement des lieux de production au consommateur sans avoir à subir, comme les sels marins, les manipulations et frais pour mise en entrepôt, et que les tarifs des chemins de fer protégent à leur tour les sels de l'Est, puisqu'à parcours égal les sels qui sont dirigés des ports vers l'intérieur payent un prix de transport plus élevé que ceux qui rayonnent du centre vers les côtes, on comprendra facilement que dans le nord de la France le sel de l'Est ait supplanté presque entièrement les sels marins, si ce n'est pour quelques usages spéciaux, tels que les salaisons de viande.

Questions. 87, 88. Il ne me semble pas qu'il y ait lieu de modifier le droit qui frappe les sels étrangers. Les divers sels que produit la France peuvent assurer en tout temps son approvisionnement à des prix modérés. Un abaissement de droit ne favoriserait que l'intérêt de quelques négociants des ports de mer et serait désastreux pour l'Ouest dans les années de mauvaise récolte; en effet, dès que les producteurs de cette région élèveraient leurs prix, les sels anglais pourraient venir leur faire une concurrence avantageuse jusque sur les lieux mêmes de production.

78. A Liverpool, sous vergues :

Le sel en roche vaut de	8f 00c à	8f 50c	par 1,015 kilog.
Le sel pour salaison de poisson	12 00	13 50	
Le sel blanc, demi-gros	15 50	16 00	
Le sel blanc, gros,	16 50	17 00	
Le sel fin pour table	18 00	18 50	

Le fret de Liverpool à Dunkerque est, en moyenne, de 12 à 15 francs par tonneau de 1,015 kilogrammes.

51. Les frais de déchargement et mise en entrepôt sont ici les mêmes pour les sels étrangers et les sels français.

Pour déchargement et mise en entrepôt, ils sont de	0f 18c par 100 kilog.
Pour sortie d'entrepôt et mise sur wagon, ils sont de	0 18
Ensemble	0 36

Si le navire est en second lors du déchargement les frais sont plus élevés de 2 centimes; il y a également un supplément de 2 centimes à la sortie, lorsque l'expédition se fait par bateau.

M. MOREEL-DECHERF,

Négociant en sel à Dunkerque.

(Déposition orale et écrite.)

53. Un exercice de quarante ans dans le commerce a permis au déposant de se rendre compte des qualités respectives des sels marins.

Ceux de l'Ouest ont une supériorité incontestable pour la salaison de la viande, du beurre et du hareng; s'ils ne conviennent pas pour la salaison de la morue, c'est qu'étant plus ou moins terreux, ils lui donnent

Commission B. — Dunkerque. — M. Morcel-Decherf.

une couleur grise qui ne plaît point aux consommateurs. Ils sont fort appréciés par les raffineurs, parce qu'ils se dissolvent facilement.

Quant aux sels du Midi, leur blancheur les fait rechercher pour la consommation alimentaire et la salaison de la morue. Leur pureté les fait employer dans les raffineries, quoique leurs grains soient trop gros et trop durs.

Questions. 69. Le déposant n'a jamais vendu de sels de l'Est. Il se bornera donc à dire que, dans le département du Nord, ils ont peu à peu chassé les sels marins des principaux marchés, et que leurs succès s'expliquent par l'excellente situation des salines auprès des voies ferrées et des canaux, ainsi que par les avantages tout spéciaux que leur font, au point de vue des tarifs de transport, les différentes compagnies de chemins de fer.

19, 67. Dans l'Ouest, les prix du sel varient beaucoup, suivant l'importance des récoltes. On peut dire cependant qu'en moyenne la tonne de sel vaut de 10 à 15 francs, frais de mise à bord non compris. Le fret est environ de 10 à 15 francs des marais de l'Ouest à Dunkerque.

Dans le Midi, les variations dans les prix de vente sont moins grandes; la tonne de sel y a une valeur de 10 francs au minimum et de 15 francs au maximum. Mais des ports de la Méditerranée à Dunkerque le fret est assez élevé, soit 20 francs environ par tonne.

60. Les armateurs pour la grande pêche ont une certaine préférence pour les sels étrangers, particulièrement pour ceux de Portugal. Ces sels joignent à une grande blancheur une certaine déliquescence qui permet au poisson salé de conserver sa souplesse. En outre, les navires de pêche réalisent une économie de temps et de fret en chargeant du sel à Saint-Ubbes ou à Cadix, au lieu d'aller s'approvisionner à Cette ou à Marseille.

61, 64, 81. En moyenne, le sel de l'Ouest perd 2 p. o/o pendant la traversée de Marennes à Dunkerque, et le sel du Midi, 2 à 3 p. o/o pendant la traversée d'Hyères à Dunkerque. Le déchet élevé subi par les sels du Midi a pour cause la longueur du trajet par mer, dont la durée est, suivant les saisons, de un à trois mois, tandis que le transport des côtes de l'Océan à Dunkerque s'opère entre dix et vingt-cinq jours.

En entrepôt, les sels marins des deux régions font le même déchet, de 0.5 à 1.5 p. o/o. Puis, après leur sortie d'entrepôt, ils subissent encore une perte de 1 à 2 p. o/o par l'effet du transport et des manipulations diverses qui leur sont imposés pour parvenir chez les détaillants et les raffineurs. La remise légale de 5 p. o/o est donc entièrement absorbée.

MM. Moreel-Decherf. l'Inspecteur des douanes de Dunkerque.

Il est de notoriété publique qu'en cours de transport les sels gemmes de l'Est gagnent 1 p. o/o et les sels ignigènes 3 p. o/o.

Questions. 80, 91. Afin que l'égalité devant l'impôt soit rétablie entre les différents sels, le déposant demande que l'on accorde aux sels de l'Ouest une remise légale de 15 p. o/o et aux sels du Midi une remise de 12 p. o/o. Il estime que ces remises ne seraient que la représentation exacte de l'eau, de la terre et des matières impures contenues tant dans les sels de l'Ouest que dans ceux du Midi. En outre, il lui paraîtrait équitable que les remises ne portassent que sur les quantités trouvées au port de débarquement ou à la sortie de l'entrepôt.

78, 87. L'abaissement des droits qui atteignent le sel anglais serait le coup de mort pour les marais salants. Le bon marché et la beauté du sel raffiné de Liverpool ne permettraient pas aux sels bruts de l'Ouest de soutenir la concurrence. Lorsqu'en 1848 les droits sur le sel furent pendant quelques mois supprimés, il est entré à Dunkerque une certaine quantité de sel raffiné anglais; il y arriverait encore si les droits étaient abaissés.

M. L'INSPECTEUR DES DOUANES DE DUNKERQUE.

(Déposition écrite.)

23. Du 1er janvier 1866 au 1er décembre 1867, il est entré dans le port de Dunkerque 6,528 tonnes de sels étrangers, provenant presque exclusivement des salins de Saint-Ubbes et de Cagliari, et presque tous destinés aux salaisons de pêche. Le sel raffiné anglais ne figure au chiffre de l'importation que pour 600 tonnes.

65, 66. Pendant la même période, 14 navires venant d'Hyères, de Bouc et de Cette ont débarqué à Dunkerque 2,832 tonnes de sel du Midi, et 28 navires ont apporté des différents ports de l'Océan 3,200 tonnes de sel de l'Ouest.

61, 81. Le déchet de route moyen, constaté lors de la vérification, a été de 1.94 p. o/o pour le sel du Midi, et de 1.47 p. o/o pour le sel de l'Ouest.

18. Il a été livré à la consommation alimentaire 2,450 tonnes de sel de l'Ouest et 1,985 tonnes de sel du Midi. Les armateurs pour la grande pêche ont employé en franchise 11,201 tonnes de sel étranger et 896 tonnes seulement de sel français.

LYON.

M. L'INSPECTEUR DES DOUANES DE LYON.

(29 décembre 1866.)

D'après la lettre de M. le Président de la Commission d'Enquête sur les sels, les renseignements demandés ont pour but principal de constater aussi exactement que possible quel est le déchet subi soit en cours de transport, soit en magasin, que le transport ait lieu par terre ou par eau, et le dépôt en magasin particulier ou en entrepôt public.

Il est recommandé d'indiquer la provenance du sel, l'âge qu'il avait lorsqu'il a été expédié du marais ou de l'usine, le déchet de transport qu'il a subi et qui est constaté dans certains cas par l'acquit-à-caution, le déchet de magasin, la durée du transport et du séjour en magasin, la différence entre le déchet éprouvé dans le transport par eau et le transport par terre, l'influence qu'ont paru exercer sur le déchet la saison, le climat et l'état de la température.

Conformément à ces instructions, j'ai cherché à obtenir tous les renseignements que la Commission elle-même aurait pu recueillir, si elle s'était rendue dans le département.

SEL MARIN.

Question. 65. Lyon est un centre important de consommation de sel marin. La quantité sur laquelle la taxe est perçue par le receveur principal de ma résidence s'élève annuellement à 36 millions de kilogrammes en moyenne.

Sur ces 36 millions, il en entre seulement de 3 à 4 en entrepôt.

Cet approvisionnement, formé dans les sept premiers mois de l'année, est destiné à avoir toujours sous la main une quantité suffisante pour répondre aux commandes et prévenir les difficultés que peuvent susciter l'étiage, les inondations, les glaces et d'autres circonstances imprévues.

La majeure partie du sel dirigé sur Lyon est livré à la vente en cours de transport ou à l'arrivée.

Le commerce en gros n'est fait à Lyon que par la maison Clerc frères et par la compagnie des Salins du Midi, formée sous la raison A. Renouard et Cie, qui a pour représentant M. Zindel.

Le sel vendu par la compagnie provient des salins de Provence (Giraud, Laroque, Fos) et de Peccais (salins de l'Abbé, Gaujouse, Fangouse, Quarante-Sols, Perrier, Estaque, Mourgues, etc.).

Les frères Clerc, dont les opérations sont beaucoup plus restreintes, achètent dans les mêmes salins. Ils s'approvisionnent aussi aux Nouveaux-Salins d'Hyères, exploités par C. Gérard et Cie.

M. l'Inspecteur des douanes de Lyon.

En général le sel est expédié des marais dans la seconde année. On attend qu'il ait perdu, en s'égouttant dans les pilots aussi nommés mulots ou camelles, les sels magnésiens qu'il renferme et qu'il ait en même temps séché et blanchi.

On n'établit pas à Lyon des catégories pour le sel du Midi. Tout celui qui est livré à la consommation est de première qualité.

Sur les lieux d'extraction, le sel est ordinairement mis en sacs qui arrivent en bateaux jusqu'à Arles, Avignon ou Lunel. Quelquefois il est expédié en vrac et dans ce cas la mise en sacs se fait sur ces points, d'où il est réexpédié sur Lyon en bateau ou chemin de fer, mais presque toujours en chemin de fer depuis plusieurs années.

Questions.

61. *Déchet de route.* — Les registres de l'entrepôt permettent d'établir le déchet de route. Nous connaissons en effet la date des acquits-à-caution, celle d'entrée en magasin, la quantité portée au départ sur l'expédition et celle qui a été reconnue à l'arrivée; mais on s'exposerait à des erreurs si la constatation ne reposait que sur des faits isolés. Pour obtenir une moyenne hors de contestation, j'ai demandé un relevé embrassant les trois dernières années.

Dans cette période, il a été présenté à l'entrepôt 127 acquits-à-caution, pour 8,437,830 kilogrammes de sel et le déficit à imputer sur le déchet légal de 3 p. o/o s'est élevé à 41,994 kilogrammes ou 0.497 p. o/o.

Le nombre total des jours de transport étant de 3,938, la moyenne par acquit est de 31.

Il n'apparaît pas des différences sensibles suivant la saison.

81. *Déchet d'entrepôt.* — Les registres permettent aussi d'établir le déchet en entrepôt en consultant les comptes ouverts apurés. J'ai fait remonter les recherches à 1860, date de l'installation dans l'établissement actuel et les observations reposent ainsi sur vingt apurements de magasins.

Voici le résumé :

Total des quantités expédiées des salins d'après les acquits-à-caution et déclarées, à l'arrivée, pour l'admission en entrepôt dans ces magasins.	15,280,407k	
Déchet légal de 3 p. o/o	458,412	458,412k
Quantités passibles de la taxe, déduction faite des 3 p. o/o de déchet à allouer	14,821,995	
Pertes de poids subies en cours de transport du salin à l'entrepôt (1)		81,292
A reporter	14,821,995	377,120

(1) Ce déchet de route est de 523 grammes p. o/o et un peu plus fort par conséquent que celui qui résulte de la moyenne des trois dernières années; mais la différence est si faible que les deux moyennes se corroborent.

Report	14,821,995k	377,120k
Portion du déchet composant le boni à l'entrée en entrepôt	377,120	
Quantités réellement entrées en magasin	15,199,115	
(Nombre d'opérations successives d'entrée : 170, en moyenne de 8 à 9 par magasin.)		
Total des quantités sorties des magasins	15,109,761	
(Nombre d'opérations successives de sortie : 872, en moyenne de 43 à 44 par magasin.)		
Déficit depuis l'entrée en magasin { dans les limites du boni	89,354	89,354
Déficit depuis l'entrée en magasin { plus fort que le boni	*Jamais.*	
(Je passe sous silence deux légers excédants de poids constatés depuis l'entrée en magasin, par suite de différences de tare dans les épreuves.)		
Solde du boni restant à l'entrepositaire à la sortie du magasin		287,766

Nombre de jours écoulés, pour les vingt apurements, depuis la première opération d'entrée jusqu'à la dernière opération de sortie : 7,795; en moyenne, 389 jours de durée totale par magasin; mais il ne faut pas perdre de vue qu'il y avait successivement de huit à neuf entrées et de quarante-trois à quarante-quatre sorties.

Le déficit de 89,354 kilogrammes, qui s'est produit sur 15,199,115 kilogrammes depuis l'entrée en magasin, représente 0,587 p. o/o.

C'est donc un déchet de 1.084 p. o/o qui s'est produit, soit en route, soit en entrepôt, depuis le départ du marais (0.497 + 0.587 = 1.084).

J'ai conféré de la question avec les marchands en gros.

M. Zindel, représentant de la compagnie des Salins du Midi, dont les bureaux sont quai de la Charité, n° 22, a bien voulu me communiquer ses livres, qui sont parfaitement tenus et offrent des éléments sérieux d'appréciation, pourvu qu'on ne recherche que le résultat final.

Le magasin particulier de la compagnie est comme une succursale de l'entrepôt.

Le sel arrivant directement des marais est inscrit à raison de 100 kilogrammes par sac, sans tenir compte du déchet de route. Celui qui est pris à l'entrepôt et versé en magasin avant d'être livré aux acheteurs est inscrit au poids de la douane à la sortie d'entrepôt, c'est-à-dire en tenant compte du déchet de route et du déchet d'entrepôt; mais il ne sortait d'entrepôt que 146,100 kilogrammes sur 1,041,100 kilogrammes, dont j'ai suivi l'apurement.

Du 1er janvier 1863 au 16 octobre de la même année, il avait été reçu en magasin, en 68 arrivages, 868,200 kilogrammes, dont 54,200 sortant d'entrepôt, et le stock, au 16 octobre suivant, réduit par des sorties journalières, dénotait un déchet de 12,492 kilogrammes ou 1.439 p. o/o.

Au 14 mars 1864, après 53 autres arrivages, comprenant 172,900 kilogrammes, dont 91,900 sortaient d'entrepôt, la quantité totale reçue en magasin, depuis le 1er février 1863, s'élevait à 1,041,100 kilogrammes, et le déchet à 14,967 kilogrammes ou 1.437 p. o/o.

Il n'y a pas eu, d'après la déclaration de M. Zindel, de recensement plus récent.

D'après les données acquises en douane, le déchet de route entre dans celui de 1k 437g
pour.. 0 497

Cette soustraction ramène le déchet éprouvé depuis l'arrivée à.. 0 940
dont il faut déduire 587 grammes de déchet d'entrepôt sur la quantité prise dans cet établissement et formant le septième de la quantité totale ou $\frac{0.587}{7}$ =.. 0 083

Le déchet dans le magasin particulier de la compagnie est ainsi de.. 0 857

Il est plus fort qu'en entrepôt, et l'explication en est facile. Plus le sel est remué, plus il perd, et dans ce magasin il y a journellement des sorties.

Si l'on a soin de laisser sécher convenablement le sel marin du Midi, avant de l'enlever des marais, l'allocation d'un déchet de 3 p. o/o laisse donc en général un boni de 1 kilog. 563 gr. au moment où le sel est livré aux débitants.

MM. Clerc frères, dont le magasin est quai de Retz, n° 16, ont déclaré qu'ils n'avaient pas fait d'inventaire depuis le 1er avril 1862, le magasin ne s'étant plus vidé entièrement. Je ne sais s'ils tiennent un compte ouvert régulier ; ils n'ont pas paru disposés à communiquer leurs livres, et, en général, je n'ai obtenu d'eux que des indications vagues, dénuées de tout caractère authentique.

Il est avéré cependant que cette maison constate des déchets, qui épuisent presque entièrement les 3 p. o/o en magasin ou en route, et les dépassent quelquefois. Ses plus forts déchets se rapportent au sel provenant des Nouveaux-Salins d'Hyères.

D'après deux lettres des 28 août et 1er octobre 1866, dont il m'a été donné connaissance, il a été reconnu en effet à Arles, au moment du transbordement, un déficit de 1,800 kilogrammes sur 100,000 kilogrammes, et un autre de 2,500 kilogrammes sur 78,000 kilogrammes.

Le sel était arrivé des salins d'Hyères à Arles en vrac et par bateau. Il est probable qu'il n'avait pas été laissé assez longtemps en tas pour sécher.

M. l'Inspecteur des douanes de Lyon.

J'ai vu quelques-uns des principaux débitants de sel, particulièrement M. Ferla, épicier, quai de Bondy, n° 1. Ils n'ont pu me fournir aucune donnée ni sur la durée moyenne de séjour en magasin, ni sur le déchet éprouvé suivant le magasin, la saison et le séjour en magasin.

Ces détaillants ne tiennent pas de compte-matières et mêlent dans leur caisse les produits de la vente du sel avec ceux des autres marchandises.

Le sel ne reste chez eux que peu de jours. Quelquefois, cependant, ils ont des approvisionnements pour deux ou trois mois, qu'ils renouvellent sans régularité.

Mais il est évident que, par suite de la multiplicité des pesées, il doit y avoir dans le magasin des débitants un déchet plus fort qu'en entrepôt et dans le magasin des marchands en gros, et que cette perte, ajoutée aux déchets successifs éprouvés depuis le départ des marais, finit par absorber complétement la remise de 3 p. o/o.

SEL IGNIGÈNE DE L'EST.

Questions.

69. Les salines de l'Est établissent des dépôts à Lyon pour faire concurrence au sel marin du Midi ; mais ils y trouvent un faible débouché et les droits ne sont pas acquittés ici. Il ne m'a pas été possible de me procurer des données certaines.

FABRIQUES DE SOUDE.

70. Dans les fabriques de soude, il est employé du sel de seconde qualité. S'il provient du Midi, il est ordinairement passé au crible, opération qui exige qu'il soit encore humide et par conséquent peu ancien.

Celui qu'on reçoit des salines de l'Est et qu'on mélange parfois avec le sel du Midi, pour accélérer la décomposition, est moins sec ; mais le mode de pesage adopté, la tombée sans doute, est favorable à l'acheteur, et, à l'arrivée, il y a beaucoup plus souvent excédant que déficit.

J'aurais voulu établir des moyennes avec les registres des fabriques de soude, par des relevés semblables à ceux qui ont été faits à l'entrepôt. Les résultats étant incohérents, par divers motifs, dont l'explication ne répandrait aucune lumière sur la question, j'ai dû y renoncer.

PARIS.

LE DIRECTEUR DES DOUANES DE PARIS.

(3 février 1867.)

Le mouvement des sels arrivés à Paris sous le régime des douanes, de 1862 à 1866, se trouve résumé dans le relevé annexé ci-après sous le n° 1.

La décroissance qui existe, pour les sels de l'Ouest, d'après ce relevé, doit exactement exprimer le dommage que ces sels ont éprouvé par la concurrence des sels de l'Est. En raison de l'éloignement des lieux de production, les sels de l'Ouest sont habituellement, en effet, expédiés sur Paris sans acquittement préalable des droits.

Pour les sels de l'Est, au contraire, les acquittements sur les lieux de production ont pris, dans ces dernières années, un grand développement. Les relevés de la douane ne présentent aujourd'hui qu'une assez faible part des sels de cette origine qui concourent à l'approvisionnement de Paris.

DÉCHETS DE ROUTE.

La douane de Paris ne peut fournir de renseignements sur le déchet de route des sels marins. Ces sels ne viennent habituellement à Paris qu'après rupture de charge à Rouen ou au Havre. Le déchet de route se produit surtout antérieurement à l'arrivée dans ces ports : les écritures de la douane de Paris n'en font pas mention.

Sur les sels gemmes entrés à l'entrepôt de Paris depuis 1855, le déchet de route a été de 0.06 p. 0/0. (Relevé ci-après, n° 2.)

Pour les sels de même origine arrivés dans les trois fabriques de soude de Javel, Chauny et Saint-Roch-lez-Amiens, les excédants reconnus à l'arrivée ont, dans l'ensemble, dépassé les déchets. (Relevé ci-après, n° 3.)

DÉCHETS EN ENTREPÔT.

D'après les résultats constatés à l'apurement des salorges depuis 1847, les déchets éprouvés par les sels dans l'entrepôt de Paris ont été de 1 p. 0/0 pour les sels gemmes; 0.74 p. 0/0 pour les sels marins venus en vrac, c'est-à-dire pour les sels marins bruts; 2.38 p. 0/0 pour les sels marins venus en sacs, c'est-à-dire pour les sels marins lavés ou raffinés. (Relevé ci-après, n° 4.)

Pour les sels marins venus en sacs, la quotité du déchet est relativement élevée : les constatations n'ont porté que sur de faibles quantités, ce qui peut en atténuer la valeur.

PIÈCES JUSTIFICATIVES.

DIRECTION DE PARIS.

I.

SELS DES TROIS RÉGIONS ARRIVÉS À PARIS (1852 À 1866).

ANNÉES.	SELS DU MIDI.			SELS DE L'OUEST.			SELS DE L'EST.			TOTAL GÉNÉRAL.
	PLACÉS en entrepôt.	LIVRÉS sans toucher à l'entrepôt.	TOTAL.	PLACÉS en entrepôt.	LIVRÉS sans toucher à l'entrepôt.	TOTAL.	PLACÉS en entrepôt.	LIVRÉS sans toucher à l'entrepôt.	TOTAL.	
	kilog.	kilog.	kilog.	kilog.	kilog.	kilog.	kilog.	kilog.	kilog.	kilog.
1852	123,600	2,323	125,923	2,898,151	6,755,357	9,653,508	575,000	//	575,000	10,354,431
1853	//	//	//	1,609,822	3,722,203	5,332,025	415,800	//	415,800	5,747,825
1854	206,898	//	206,898	1,114,873	578	1,115,451	217,120	265,163	482,292	1,804,641
1855	145,068	//	145,068	1,369,641	219	1,369,860	195,300	//	195,300	1,710,228
1856	//	//	//	2,531,953	3,298,619	5,830,572	513,845	//	513,845	6,344,417
1857	//	//	//	1,157,104	3,982,524	5,139,628	814,276	3,852,385	4,666,661	9,806,289
1860	//	//	//	216,679	//	216,679	180,200	6,497,351	6,677,551	6,894,230
1861	//	367,242	367,242	177,696	//	177,696	179,450	5,568,770	5,748,220	6,293,158
1862	//	732,350	732,350	15,311	11,792	27,103	1,242,769	7,081,194	8,323,963	9,083,416
1863	//	//	//	230,081	//	230,081	75,000	9,821,347	9,896,347	10,126,428
1864	//	//	//	151,619	//	151,619	189,000	8,031,794	8,220,794	8,372,413
1865	//	//	//	150,834	//	150,834	//	5,980,050	5,980,050	6,130,884
1866	//	//	//	96,169	7,400	103,569	35,000	1,154,300	1,189,300	1,292,869

II.

DÉCHETS DE ROUTE CONSTATÉS SUR LES SELS GEMMES À L'ARRIVÉE EN ENTREPÔT.

ANNÉES.	QUANTITÉS EXPÉDIÉES des salines.	QUANTITÉS RECONNUES à l'arrivée.	EXCÉDANTS.	DÉFICIT.	OBSERVATIONS.
	kilog.	kilog.	kilog.	kilog.	
1855	145,068	145,068	//	//	
1856	514,185	513,845	//	340	
1857	815,400	814,276	//	1,124	
1858	219,900	219,895	//	5	Il a été constaté un excédant de 114 kilogrammes et un déficit de 119 kilogrammes.
1859	154,700	154,700	//	//	
1860	180,200	180,200	//	//	
1861	179,450	179,450	//	//	
1862	1,243,920	1,242,769	//	1,151	Il a été constaté un excédant de 100 kilogrammes et un déficit de 1,251 kilogrammes.
1863	75,000	75,000	//	//	
1864	189,000	189,000	//	//	
1865	//	//	//	//	
1866	35,000	35,000	//	//	
TOTAUX	3,751,823	3,749,203	//	2,620	

III.

EXCÉDANTS ET DÉFICIT RECONNUS SUR LES SELS GEMMES À L'ARRIVÉE DANS LES FABRIQUES.

ANNÉES.	CHAUNY.						JAVEL.						SAINT-ROCH-LEZ-AMIENS.					
	QUANTITÉS		TOTAL des différences reconnues		DIFFÉRENCES sur l'ensemble.		QUANTITÉS		TOTAL des différences reconnues		DIFFÉRENCES sur l'ensemble.		QUANTITÉS		TOTAL des différences reconnues		DIFFÉRENCES sur l'ensemble.	
	portées sur les acquits-à-caution.	reconnues à l'arrivée.	en plus.	en moins.	Excédants.	Déficit.	portées sur les acquits-à-caution.	reconnues à l'arrivée.	en plus.	en moins.	Excédants.	Déficit.	portées sur les acquits-à-caution.	reconnues à l'arrivée.	en plus.	en moins.	Excédants.	Déficit.
	kilog.	kilog.	kilog.	kilog.	kilog.	kilog.	kilog.	kilog.	kilog.	kilog.	kilog.	kilog.	kilog.	kilog.	kilog.	kilog.	kilog.	kilog.
863..	10,984,600	11,018,060	73,690	40,230	33,460	»	2,337,700	2,337,000	7,500	8,200	»	700	917,000	925,671	8,671	»	8,671	»
864..	13,938,700	14,005,930	88,090	21,460	67,230	»	2,132,000	2,144,850	16,200	3,350	12,850	»	815,000	826,100	11,100	»	11,100	»
865..	11,525,367	11,596,400	110,168	39,135	71,033	»	2,102,500	2,100,046	2,776	5,230	»	2,454	548,000	546,700	»	1,300	»	1,300
866..	17,963,002	18,201,338	245,036	6,700	238,336	»	1,972,000	1,970,750	5,950	7,200	»	1,250	671,000	684,800	13,800	»	13,800	»
TAUX.	54,411,669	54,821,728	517,584	107,525	410,059	»	8,544,200	8,552,646	32,426	23,980	12,850	4,404	2,951,000	2,983,271	33,571	1,300	33,571	1,300
ésultats pour les quatre ans : EXCÉDANT……			410,059k				EXCÉDANT…..		8,446k				EXCÉDANT…..		32 271k			

RÉCAPITULATION POUR LES TROIS FABRIQUES.

Chauny……………………………	54,411,669	54,821,728	»	»	410,059	»
Javel……………………………	8,544,200	8,552,646	»	»	8,446	»
Saint-Roch-les-Amiens………………	2,951,000	2,983,271	»	»	32,271	»
TOTAL GÉNÉRAL……….	65,906,869	66,357,645	»	»	450,776	»

IV.

DÉCHETS EFFECTIFS ÉPROUVÉS PAR LES SELS EN ENTREPÔT, D'APRÈS LES RÉSULTATS CONSTATÉS À L'APUREMENT DES SALORGES, À PARTIR DE 1847.

ESPÈCE DE SEL.	QUANTITÉS ENTRÉES, boni compris.	BONI À L'ENTRÉE.	BONI RESTANT à la sortie.	DÉCHET EFFECTIF.	PROPORTION DU DÉCHET EFFECTIF.
	kilog.	kilog.	kilog.	kilog.	
Sel gemme………………………………	6,054,789	177,684	115,527	62,157	1 p. 0/0.
Sel marin venu en vrac………………………	5,555,256	148,287	106,845	41,442	0.74 p. 0/0.
Sel marin venu en sacs………………………	364,032	16,137	7,466	8,671	2.38 p. 0/0.

ADMINISTRATION DE L'OCTROI DE PARIS.

(8 février 1867.)

RELEVÉ DES QUANTITÉS DE SELS GRIS ET BLANC INTRODUITES DANS PARIS DEPUIS LES VINGT DERNIÈRES ANNÉES.

ANNÉES.	QUANTITÉS.	OBSERVATIONS.
	kilogrammes.	
1847	5,211,925	
1848	4,757,917	
1849	5,420,622	
1850	5,374,347	
1851	5,375,742	
1852	6,014,163	
1853	6,156,025	
1854	6,285,330	
1855	6,923,033	
1856	6,906,696	
1857	7,345,305	
1858	7,330,563	
1859	7,547,228	
1860	10,037,124	Annexion.
1861	10,591,126	
1862	12,031,395	
1863	11,386,057	
1864	10,877,530	
1865	11,921,530	
1866	12,630,978	

LIVERPOOL.

M. LE CONSUL DE FRANCE A LIVERPOOL.

Liverpool, le 28 avril 1867.

J'ai l'honneur de transmettre à Votre Excellence (M. le Ministre des affaires étrangères) les renseignements qu'Elle a bien voulu demander, à la date du 12 avril, au consulat de Liverpool, sur les prix de vente et de fret du sel anglais.

Questions. 76, 73. La première question était ainsi formulée : Quels ont été, pendant les cinq dernières années, les prix de vente, sous vergues, à Liverpool, des sels raffinés et des sels gemmes anglais par tonne? Le tableau suivant répond à cette question.

ANNÉES.	SEL DE ROCHE.	SEL RAFFINÉ brut.	SEL RAFFINÉ ordinaire.	OBSERVATIONS.
	fr. c.	fr. c.	fr. c.	
1862	6 85	9 65	13 40	Le sel brut anglais, appelé ici *common salt*, est, au dire des négociants de Liverpool, égal en qualité au sel raffiné de France. Il y a ici, comme on le voit, une différence constante de 3 shillings (3 fr. 75 cent.) entre le prix du sel brut et celui du sel raffiné.
1863	6 85	10 30	14 05	
1864	6 85	9 35	13 10	
1865	8 10	11 55	15 30	
1866	8 10	14 35	18 10	

77. La deuxième question était : Quels ont été, par tonne également, les prix du fret des mêmes sels aux différents ports français du littoral de l'Océan et de la Manche?

Ces prix, qui ont toujours été les mêmes que ceux du fret des charbons, ont varié selon le chiffre des arrivages de grains. Le minimum a été de 10 francs et le maximum de 15 francs ; ils atteignent ce dernier chiffre aujourd'hui, le commerce des céréales de France étant tout à fait nul depuis le commencement de l'année.

L'impôt sur le sel fut établi, en Angleterre, sous le règne de Guillaume III. En 1798, il était de 6 fr. 25 cent. par boisseau de 36 litres 35 centilitres; élevé ensuite à 18 fr. 75 cent., il fut réduit, en 1823, à 2 fr. 50 cent., et totalement supprimé en 1825. Aussi, le prix du sel, qui était, au temps de l'impôt, de 45 centimes, n'est-il plus que de 5 centimes. La consommation annuelle du Royaume-Uni dépasse

COMMISSION B. — LIVERPOOL. — M. le Consul de France à Liverpool.

300,000 tonnes et sa production 1 million. Liverpool figure pour près des cinq sixièmes dans la totalité des exportations des sels anglais.

En 1866, il en est sorti par la Mersey, 772,641 tonnes à destination des pays ci-après, savoir :

Côte d'Angleterre	70,108 tonnes.
États-Unis	159,006
Indes-Orientales	140,668
Amérique anglaise	76,289
Russie	35,784
Hollande	24,945
Prusse	21,668
Belgique	15,892

Question. 23.

Pendant la même année, il n'a été expédié en France que 220 tonneaux de sel raffiné, dont 195 pour Dunkerque et 25 pour le Havre; rien en 1865, 1864 et 1863; en 1863, 122 tonnes de sel de pêche ont été expédiées à Boulogne et autant à Fécamp.

VOCABULAIRE TECHNIQUE.

A

Agneau. Couche de sel formant la base d'une gerbe.

Aiguille. Canal régnant le long des tables salantes et servant soit à les vider, soit à les remplir.

Arde. Petite digue de séparation entre les partènements.

Avant-pièce. Bassin terminant la série des chauffoirs.

B

Battage. Voyez *Javelage*.

Bessoir. Réservoir pour les eaux extraites des trous de sonde.

C

Camelle. Grand tas de sel rectangulaire.

Chauffoir. Bassin servant à la concentration préparatoire des eaux salées.

Chlorure de sodium. Nom scientifique du sel vulgaire.

Courroir. Canal d'alimentation des tables salantes venant déboucher dans les aiguilles.

Cristallisoir. Bassin dans lequel les eaux saturées laissent déposer le sel.

Curain. Incrustation qui se forme au fond des poêles.

E

Évaporatoire. Chapeau en planches qui recouvre les poêles et sur lequel on fait égoutter le sel.

F

Feutre. Tapis végétal qui revêt le fond des tables.

Figue. Fragment de feutre souillant le sel.

Finfin (Sel). Sel le plus fin.

G

Gemme (Sel). Sel minéral.

Gerbe. Petit tas de sel obtenu par l'opération du battage.

Gravier. Chaussée destinée à recevoir les camelles.

Gât (Marais). Marais salant abandonné.

I

Ignigène (Sel). Sel obtenu par l'évaporation d'eaux salées au moyen de combustible.

J

Javelage. Opération qui consiste à détacher le sel des tables et à le mettre en tas appelés *javelles.*

L

Levage. Récolte du sel.

M

Marin (Sel). Chlorure de sodium, même d'origine non marine.

Marais salant. Surface sur le bord de la mer, consacrée à l'évaporation solaire des eaux de la mer.

Mère (Eau). Eau qui a, par évaporation, laissé déposer le sel qu'elle contenait.

P

Partènement. Chauffoir.

Pièce maîtresse. Cristallisoir placé en tête de la série des tables salantes dans les salins à cristallisation fractionnée.

Poêle. Chaudière rectangulaire pour l'évaporation des eaux salées au moyen du combustible.

S

Salin. Marais salant dans le midi.

Saline. Fabrique de sel ignigène dans l'Est et le département des Basses-Pyrénées.

Saturation. État d'une dissolution qui ne peut plus dissoudre aucune quantité d'un sel qu'elle contient déjà.

Saunier. Ouvrier chargé de la conduite des eaux dans un salin.

Schlot. Voyez *Curain.*

Schlotage. Opération d'enlèvement du schlot.

T

Table salante. Cristallisoir.

Tympan. Roue élévatoire pour le mouvement des eaux.

V

Vierge (Eau). Eau de mer plus ou moins concentrée, n'ayant jamais déposé de sel.

TABLE ALPHABÉTIQUE

DES NOMS DES DÉPOSANTS

COMPRIS DANS LE SECOND VOLUME.

A

B

C

D

E

F

G

H

J

K

L

M

S

T

V

W

www.ingramcontent.com/pod-product-compliance
Ingram Content Group UK Ltd.
Pitfield, Milton Keynes, MK11 3LW, UK
UKHW021840190726
13855UKWH00001B/67

9 782013 423137